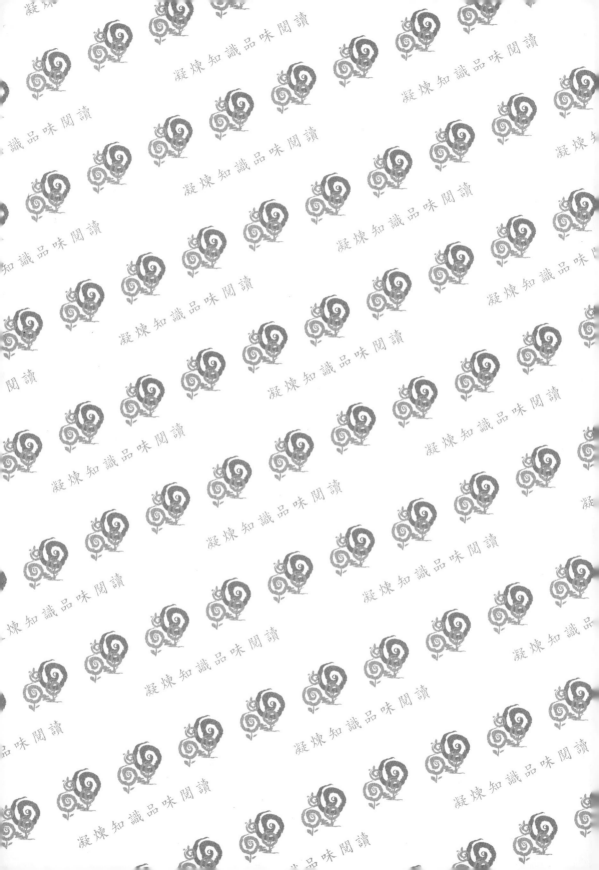

高等微積分(下)

趙 文 敏 著

美國芝加哥大學數學分析博士
國立台灣師範大學數學系教授

五南圖書出版公司 印行

謹以本書紀念我的母親

趙玉環女士（1912—1989）

序　言

　　自本書上冊出版以來，曾多次接到讀者來函，對本書有諸多建言，也有諸多鼓勵。筆者甚為感動，謹在此致謝。

　　本書下冊的內容，雖然大部分在上冊出版時已經規劃完成，但在得到讀者的意見後，也做了大幅修改。讀者將會發現下冊各章節中，例題的數量較上冊為多，特別是第八、九及十等三章。由於做了修改的工作，以及打字排版上的一些耽擱，致使本書下冊的出版，延宕不少時日，謹在此表示歉意。

趙文敏於臺灣師大數學系

中華民國九十三年八月

自 序

　　在數學系的課程中，高等微積分是最重要的核心科目之一，因為它是引領學生進入近代分析數學領域的入門科目。但在學生的學習方面，高等微積分卻也是困難度最高的科目之一，因為它的內容抽象而又要求敘述嚴謹。由於國內缺乏以中文編寫的高等微積分教材，學生的學習只能仰賴以外文編寫的書籍。本人在數學系講授高等微積分多年，深切體會文字的隔閡也是高等微積分學習難度高的另一個重要原因。由於這個緣故，編寫一本中文的高等微積分書籍乃成為本人多年來的心願。事實上，在前此數年間，本人已陸續編寫完成各部分章節，做為本人所開授之高等微積分課程的講義，並在講授過程中進行增刪與修訂。

　　全書共十章，分成上、下冊，供數學系高等微積分的八至十學分課程之用。茲將各章內容介紹如下：

　　第一章為實數系，其內容以實數系的完備性為中心。首先，以「有理數系 Q 是一個有序體而且正整數系 N 具有良序性」做為基本假設，由此定義實數及其加法運算、乘法運算與次序關係，並證明「實數系 R 是一個具有完備性的有序體」。其次，專節討論實數系完備性的各種等價敘述，包括最小上界、最大下界、有界單調數列、Cauchy 數列及區間套等概念與完備性的關係。最後，介紹完備性的一些簡單應用，包括指數函數與對數函數的定義、實數的小數表示法與 Cantor 集等。

　　第二章是歐氏空間的拓樸性質，其內容為介紹本書所要使用的拓樸概念與拓樸性質。首先，將有限集、無限集、可數集與不可數集等概念加以介紹，以供後文的討論之用。其次，介紹歐氏空間的各種結構，包括向量空間、內積空間、賦範空間與賦距空間等。最後，介紹歐氏空間中的開集、閉集、緊緻集與連通集等。

　　第三章是極限與連續，其內容包括點列、函數列與多變數向量值函

數的極限,以及多變數向量值函數的連續性與均勻連續性。在點列的討論中,包含子點列、聚點概念及 Bolzano-Weiertrass 定理,也包含實數數列的上、下極限概念。對於函數列,討論重點是均勻收斂的概念。在連續函數的討論中,保持緊緻性與連通性自然是不可或缺的兩個重要定理。

第四章是 R^k 上的微分,其內容為多變數向量值函數的微分理論。偏導數、方向導數、高階導數、全微分與高階全微分等是本章中的重要概念,連鎖規則、均值定理、Taylor 定理、反函數定理與隱函數定理等是本章中的重要定理,在微分的應用中,Lagrange 乘數法也列入討論。

第五章是 R^k 上的 Riemann 積分,其內容為多變數實數值函數的 Riemann 積分理論。為使積分的區域不侷限在區間等特殊形式的集合,本章中專節討論 Jordan 可測集與 Jordan 容量的概念。積分理論中的 Fubini 定理與變數代換定理自然是本章中不可少的。

第六章是 Riemann-Stieltjes 積分,其內容為實變數實數值函數的 Riemann-Stieltjes 積分理論。為使 Riemann-Stieltjes 積分的討論不流於空洞,本章中專節討論有界變差函數的概念,然後考慮連續函數對有界變差函數的 Riemann-Stieltjes 積分。

第七章是線積分與面積分,其內容是將 Riemann 積分推廣到積分的區域為曲線或曲面的情形。在討論主題之前,專節介紹曲線與曲面的相關性質,如曲線的求長問題、曲面的定向問題等。Green 定理、Gauss 定理與 Stokes 等是本章的重要定理。不過,本章所討論的題材,在後面三章的討論中都沒使用。

第八章是無窮級數與無窮乘積,其內容為無窮級數與無窮乘積的收斂理論及相關的應用。在無窮級數方面,正項級數與一般級數的斂散性檢驗法是一個主要的討論主題,其他如絕對收斂、級數的重排、級數的 Cauchy 乘積與二重級數等也都列入討論。至於無窮乘積,則仿無窮級數的方法來討論。

第九章是函數項級數,其內容為函數項級數的收斂理論。對於函數項級數,均勻收斂概念及各種檢驗法是一個主要的討論主題。其次,冪

級數、Taylor 級數與 Fourier 級數，更是函數項級數的討論中不可遺漏的題材。

　　第十章是瑕積分，其內容為瑕積分的收斂理論及相關的應用。瑕積分的收斂理論與無窮級數的收斂理論有許多相似之處，斂散性與均勻收斂的檢驗法也有許多相似的定理。其次，探討瑕積分的收斂理論，自然要附帶介紹 Gamma 函數與 Beta 函數，因為它們經常出現在實際應用之中。

　　本書之編寫，採取嚴密處理的方式。除了以大一微積分為預備知識、也引用少數線性代數的定理外，其他內容在書中都給了證明。不過，本書中的一部分定理，例如：反函數定理、隱函數定理、秩的定理、Fubini定理與變數代換定理等，在相關理論中都是很重要的定理，但其證明過程卻頗為繁複抽象。對於此類定理，初學者不必強求在第一次學習時就要對其證明融會貫通，而應該先講究對定理的內容、意義及如何應用有所瞭解。等到未來對近代分析數學的訓練與素養更為精進時，再回頭研讀這類定理的證明，自然可以得心應手了。

　　為了讓本書能順利與讀者見面，參與編輯、排版、打字與校對的女士與先生們，都投入了許多心力，特別是五南圖書出版公司劉靜瑜小姐細心而不厭其煩的校稿，更令人佩服，在此一併致謝。

　　作者雖努力想編寫一本對讀者們有幫助的高等微積分書籍，唯因個人能力有限，疏漏之處在所難免，尚望海內方家，不吝指正。

趙文敏於臺灣師大數學系
中華民國八十八年八月

目　次

〚附 上 冊 目 次〛

第 6 章

Riemann-Stieltjes 積分

　　前章所介紹的 Riemann 積分，可以朝向幾種方向加以推廣，本章及下一章分別介紹其中的兩種。本章所要討論的 Riemann-Stieltjes 積分，乃是 Thomas Joannes Stieltjes（1856～1894，荷蘭人）在 1894 年討論某些連分數（continued fraction）的極限時所引進的。它可以將無窮級數與 Riemann 定積分引為它的特例，而且在**泛函分析**（functional analysis）上也有重要的應用。不過，後者的牽涉較廣，在本章中我們不討論這個問題。

$6-1$ 　 定義與性質

　　Riemann-Stieltjes 積分的概念所討論的函數，乃是單實變數的有界實數值函數。因此，討論過程中當然會引用一維緊緻區間的分割。由於一維區間 $[a,b]$ 的每個分割的分割區間都是依序地左右排列，所以，只需列出分割區間的端點 $\{a = x_0 < x_1 < \cdots < x_n = b\}$，就已知分割為 $\{[x_0, x_1], [x_1, x_2], \cdots, [x_{n-1}, x_n]\}$。

　　若 $P = \{a = x_0 < x_1 < \cdots < x_n = b\}$ 與 $Q = \{a = y_0 < y_1 < \cdots < y_m = b\}$ 都是區間 $[a,b]$ 的分割，則所謂分割 Q 是分割 P 的**細分**，乃是表示集

合 $\{x_0 , x_1 , \cdots , x_n \}$ 是集合 $\{ y_0 , y_1 , \cdots , y_m \}$ 的子集。

甲、Riemann-Stieltjes 積分的定義

【定義 1】設 $f , \alpha : [a,b] \to \mathbf{R}$ 是一維緊緻區間 $[a,b]$ 上的兩個有界函數，而 $P = \{ a = x_0 < x_1 < \cdots < x_n = b \}$ 是 $[a,b]$ 的一個分割。對每個 $i = 1, 2, \cdots , n$，t_i 是區間 $[x_{i-1} , x_i]$ 上任一點，則形如下式右端的和稱為函數 f 對函數 α 對應於分割 P 的一個 **Riemann-Stieltjes 和**（Riemann-Stieltjes sum），以 $S(f,\alpha,P)$ 表之，亦即：

$$S(f,\alpha,P) = \sum_{i=1}^{n} f(t_i)(\alpha(x_i) - \alpha(x_{i-1})) 。$$

在 Riemann-Stieltjes 和的記號 $S(f,\alpha,P)$ 中，沒有將點 $t_1 , t_2 , \cdots , t_n$ 包含在內，所以，$S(f,\alpha,P)$ 也算是一個不完整的記號，這種現象與 §5-1 定義 3 ⑴所定義的 Riemann 和 $R(f,P)$ 相似。在下文中，讀者應隨時記得：$S(f,\alpha,P)$ 是指 f 對 α 對應於 P 的**任意** Riemann-Stieltjes 和。

【定義 2】設 $f , \alpha : [a,b] \to \mathbf{R}$ 是一維緊緻區間 $[a,b]$ 上的兩個有界函數。若存在一個實數 s 使得下述性質成立：對每個正數 ε，都可找到區間 $[a,b]$ 的一個分割 P_0 使得：對於 P_0 的每個細分 P 以及函數 f 對函數 α 對應於分割 P 的每個 Riemann-Stieltjes 和 $S(f,\alpha,P)$，恆有 $|S(f,\alpha,P) - s| < \varepsilon$，則稱函數 f 對函數 α 在區間 $[a,b]$ 上**可 Riemann-Stieltjes 積分**（Riemann-Stieltjes integrable），實數 s 稱為函數 f 對函數 α 在 $[a,b]$ 上的 **Riemann-Stieltjes 積分**（Riemann-Stieltjes integral）。f 對 α 在 $[a,b]$ 上的 Riemann-Stieltjes 積分若存在則必唯一（參看練習題 1），我們通常寫成

$$\int_a^b f(x) \, d\alpha(x) 。$$

函數 f 稱為此 Riemann-Stieltjes 積分的**被積分函數**（integrand），而函

數 α 稱為**積分函數**（integrator）。

【例 1】（Riemann 積分是 Riemann-Stieltjes 積分的特殊情形）

若 $\alpha(x) = x$，而 $f : [a,b] \to R$ 為任意有界函數，則所謂 f 對 α 在 $[a,b]$ 上可 Riemann-Stieltjes 積分，乃是表示 f 在 $[a,b]$ 上可 Riemann 積分，而且 f 對 α 在 $[a,b]$ 上的 Riemann-Stieltjes 積分，就是 f 在 $[a,b]$ 上的 Riemann 積分。‖

【例 2】若 $\alpha : [a,b] \to R$ 是常數函數，則對每個有界函數 $f : [a,b] \to R$，函數 f 對函數 α 在 $[a,b]$ 上都可 Riemann-Stieltjes 積分，而且 Riemann-Stieltjes 積分值都等於 0。事實上，f 對 α 對應於任何分割 P 的每個 Riemann-Stieltjes 和都等於 0。‖

乙、Riemann-Stieltjes 積分的基本性質

本小節所介紹的七個性質，除定理 2 外，其餘在一維的 Riemann 積分也都成立，只需令 $\alpha(x) = x$ 即可。定理 1 與定理 3 在 Riemann 積分中的對應性質，在 §5-1 中我們採用上、下積分的方法來證明，這種證法在此處並不適用，因為當積分函數 α 不是單調函數時，我們無法定義 Riemann-Stieltjes 型的上、下積分。

【定理 1】（Riemann-Stieltjes 積分對被積分函數呈線性）

設 $f_1, f_2, \alpha : [a,b] \to R$ 都是有界函數，$c_1, c_2 \in R$。若 f_1 與 f_2 都對 α 在 $[a,b]$ 上可 Riemann-Stieltjes 積分，則 $c_1 f_1 + c_2 f_2$ 對 α 在 $[a,b]$ 上也可 Riemann-Stieltjes 積分，而且

$$\int_a^b (\, c_1 f_1(x) + c_2 f_2(x) \,)\, d\alpha(x) = c_1 \int_a^b f_1(x)\, d\alpha(x) + c_2 \int_a^b f_2(x)\, d\alpha(x)。$$

證：設 ε 為任意正數，令 $\delta = \varepsilon / (|c_1| + |c_2| + 1)$。因為函數 f_1 對函數 α 在 $[a,b]$ 上可 Riemann-Stieltjes 積分，所以，對於正數 δ，可找到 $[a,b]$ 的一個分割 P_1 使得：對於 P_1 的每個細分 P 以及 f_1 對 α 對應於 P 的每

個 Riemann-Stieltjes 和 $S(f_1, \alpha, P)$，恆有

$$\left| S(f_1, \alpha, P) - \int_a^b f_1(x)\, d\alpha(x) \right| < \delta \ \text{。}$$

因為函數 f_2 對函數 α 在 $[a, b]$ 上可 Riemann-Stieltjes 積分，所以，對於正數 δ，可找到 $[a, b]$ 的一個分割 P_2 使得：對於 P_2 的每個細分 P 以及 f_2 對 α 對應於 P 的每個 Riemann-Stieltjes 和 $S(f_2, \alpha, P)$，恆有

$$\left| S(f_2, \alpha, P) - \int_a^b f_2(x)\, d\alpha(x) \right| < \delta \ \text{。}$$

令 P_0 表示 P_1 與 P_2 的一個共同細分，則 P_0 是 $[a, b]$ 的一個分割。設分割 P 是分割 P_0 的一個細分，而 $S(c_1 f_1 + c_2 f_2, \alpha, P)$ 是函數 $c_1 f_1 + c_2 f_2$ 對函數 α 對應於分割 P 的一個 Riemann-Stieltjes 和，則 P 是 P_1 的一個細分、也是 P_2 的一個細分，而且

$$S(c_1 f_1 + c_2 f_2, \alpha, P) = c_1 S(f_1, \alpha, P) + c_2 S(f_2, \alpha, P) \ \text{。}$$

請注意：上式表示 $S(c_1 f_1 + c_2 f_2, \alpha, P)$ 可寫成某個 $S(f_1, \alpha, P)$ 與某個 $S(f_2, \alpha, P)$ 的線性組合。綜和上述三式，可得

$$\left| S(c_1 f_1 + c_2 f_2, \alpha, P) - c_1 \int_a^b f_1(x)\, d\alpha(x) - c_2 \int_a^b f_2(x)\, d\alpha(x) \right|$$

$$\leq |c_1| \left| S(f_1, \alpha, P) - \int_a^b f_1(x)\, d\alpha(x) \right|$$

$$+ |c_2| \left| S(f_2, \alpha, P) - \int_a^b f_2(x)\, d\alpha(x) \right|$$

$$\leq (|c_1| + |c_2|)\delta < \varepsilon \ \text{。}$$

於是，$c_1 f_1 + c_2 f_2$ 對 α 在 $[a, b]$ 上可 Riemann-Stieltjes 積分，而且定理的等式成立。∥

【定理 2】（Riemann-Stieltjes 積分對積分函數呈線性）

　　設 $f, \alpha_1, \alpha_2 : [a, b] \to \boldsymbol{R}$ 都是有界函數，$c_1, c_2 \in \boldsymbol{R}$。若 f 對 α_1 與 α_2 都在 $[a, b]$ 上可 Riemann-Stieltjes 積分，則 f 對 $c_1 \alpha_1 + c_2 \alpha_2$ 在

$[a,b]$ 上也可 Riemann-Stieltjes 積分，而且

$$\int_a^b f(x) \, d(c_1\alpha_1(x) + c_2\alpha_2(x)) = c_1 \int_a^b f(x) \, d\alpha_1(x) + c_2 \int_a^b f(x) \, d\alpha_2(x) \, \text{。}$$

證：與定理 1 的證法類似，留為習題。‖

【定理 3】（Riemann-Stieltjes 積分對積分區間的可加性）

設 $f, \alpha : [a,b] \to \boldsymbol{R}$ 為二有界函數，$c \in (a,b)$。若 f 對 α 在區間 $[a,c]$ 與 $[c,b]$ 上都可 Riemann-Stieltjes 積分，則 f 對 α 在 $[a,b]$ 上可 Riemann-Stieltjes 積分，而且

$$\int_a^b f(x) \, d\alpha(x) = \int_a^c f(x) \, d\alpha(x) + \int_c^b f(x) \, d\alpha(x) \, \text{。}$$

證：設 ε 為任意正數，因為函數 f 對函數 α 在 $[a,c]$ 上可 Riemann-Stieltjes 積分，所以，對於正數 $\varepsilon/2$，可找到 $[a,c]$ 的一個分割 P_1 使得：對於 P_1 的每個細分 Q_1 以及 f 對 α 對應於 Q_1 的每個 Riemann-Stieltjes 和 $S(f,\alpha,Q_1)$，恆有

$$\left| S(f,\alpha,Q_1) - \int_a^c f(x) \, d\alpha(x) \right| < \frac{\varepsilon}{2} \, \text{。}$$

因為函數 f 對函數 α 在 $[c,b]$ 上可 Riemann-Stieltjes 積分，所以，對於正數 $\varepsilon/2$，可找到 $[c,b]$ 的一個分割 P_2 使得：對於 P_2 的每個細分 Q_2 以及 f 對 α 對應於 Q_2 的每個 Riemann-Stieltjes 和 $S(f,\alpha,Q_2)$，恆有

$$\left| S(f,\alpha,Q_2) - \int_c^b f(x) \, d\alpha(x) \right| < \frac{\varepsilon}{2} \, \text{。}$$

令 $P_0 = P_1 \bigcup P_2$，則 P_0 是區間 $[a,b]$ 的一個分割且 $c \in P_0$。設 Q 是分割 P_0 的一個細分，令 $Q_1 = Q \bigcap [a,c]$ 且 $Q_2 = Q \bigcap [c,b]$，則 $[a,c]$ 的分割 Q_1 是分割 P_1 的細分，而且 $[c,b]$ 的分割 Q_2 是分割 P_2 的細分。設 $S(f,\alpha,Q)$ 是函數 f 對函數 α 對應於分割 Q 的一個 Riemann-Stieltjes 和，則 $S(f,\alpha,Q)$ 可表示成兩個 Riemann-Stieltjes 和 $S(f,\alpha,Q_1)$ 與 $S(f,\alpha,Q_2)$ 的和。於是，可得

$$\left| S(f,\alpha,Q) - \int_a^c f(x)\,d\alpha(x) - \int_c^b f(x)\,d\alpha(x) \right|$$

$$= \left| S(f,\alpha,Q_1) + S(f,\alpha,Q_2) - \int_a^c f(x)\,d\alpha(x) - \int_c^b f(x)\,d\alpha(x) \right|$$

$$\leq \left| S(f,\alpha,Q_1) - \int_a^c f(x)\,d\alpha(x) \right| + \left| S(f,\alpha,Q_2) - \int_c^b f(x)\,d\alpha(x) \right|$$

$$< \frac{\varepsilon}{2} + \frac{\varepsilon}{2} = \varepsilon \quad \text{。}$$

於是，f 對 α 在 $[a,b]$ 上可 Riemann-Stieltjes 積分，而且定理的等式成立。‖

【定理 4】（將積分區間縮小）

設 $f,\alpha:[a,b] \to R$ 為有界函數，$[c,d] \subset [a,b]$。若 f 對 α 在 $[a,b]$ 上可 Riemann-Stieltjes 積分，則 f 對 α 在子區間 $[c,d]$ 上也可 Riemann-Stieltjes 積分。

證：本定理不能仿照定理 3 的方法來證明，我們留給讀者使用定理 8 的 Cauchy 條件給以證明，參看練習題 5。‖

Riemann-Stieltjes 積分的概念涉及被積分函數與積分函數，我們當然想知道這兩個函數的角色是不是可以對調？下面的定理 5 就討論這個問題。在定理 5 的等式中，若有關的函數滿足本節定理 7 的條件，則定理 5 的等式就是 Riemann 定積分中的分部積分法。所以，我們把定理 5 稱為 Riemann-Stieltjes 積分的**分部積分法**（integration by parts）。

【定理 5】（Riemann-Stieltjes 積分的分部積分法）

設 $f,\alpha:[a,b] \to R$ 為二有界函數。若 f 對 α 在 $[a,b]$ 上可 Riemann-Stieltjes 積分，則 α 對 f 在 $[a,b]$ 上也可 Riemann-Stieltjes 積分，而且

$$\int_a^b f(x)\,d\alpha(x) = f(b)\alpha(b) - f(a)\alpha(a) - \int_a^b \alpha(x)\,df(x) \quad \text{。}$$

證：設 ε 為任意正數。因為 f 對 α 在 $[a,b]$ 上可 Riemann-Stieltjes 積

分，所以，對於正數 ε ，可找到 $[a,b]$ 的一個分割 P_0 使得：對於 P_0 的每個細分 P 以及 f 對 α 對應於分割 P 的每個 Riemann-Stieltjes 和 $S(f,\alpha,P)$ ，恆有

$$\left| S(f,\alpha,P) - \int_a^b f(x)\, d\alpha(x) \right| < \varepsilon \, 。 \qquad (*)$$

設 $Q = \{a = x_0 < x_1 < \cdots < x_n = b\}$ 是分割 P_0 的一個細分而

$$S(\alpha,f,Q) = \sum_{i=1}^n \alpha(t_i)\,(f(x_i) - f(x_{i-1}))$$

是函數 α 對函數 f 對應於分割 Q 的一個 Riemann-Stieltjes 和。因為

$$f(b)\alpha(b) - f(a)\alpha(a) = \sum_{i=1}^n (f(x_i)\alpha(x_i) - f(x_{i-1})\alpha(x_{i-1})) \, ，$$

所以，可得

$$f(b)\alpha(b) - f(a)\alpha(a) - S(\alpha,f,Q)$$
$$= \sum_{i=1}^n f(x_{i-1})(\alpha(t_i) - \alpha(x_{i-1})) + \sum_{i=1}^n f(x_i)(\alpha(x_i) - \alpha(t_i)) \, 。$$

根據上式右端的表示法，可知此式是函數 f 對函數 α 對應於分割 P_0 的細分 $P = \{a = x_0 \leq t_1 \leq x_1 \leq t_2 \leq x_2 \leq \cdots \leq t_n \leq x_n = b\}$ 的一個 Riemann-Stieltjes 和。於是，依(*)式，可得

$$\left| f(b)\alpha(b) - f(a)\alpha(a) - S(\alpha,f,Q) - \int_a^b f(x)\, d\alpha(x) \right| < \varepsilon \, 。$$

由此可知：函數 α 對函數 f 在 $[a,b]$ 上可 Riemann-Stieltjes 積分，而且

$$\int_a^b \alpha(x)\, df(x) = f(b)\alpha(b) - f(a)\alpha(a) - \int_a^b f(x)\, d\alpha(x) \, 。$$

這就是所欲證的結果。∥

【定理 6】（Riemann-Stieltjes 積分的變數代換法）

若函數 $f : [c,d] \to \boldsymbol{R}$ 對函數 $\alpha : [c,d] \to \boldsymbol{R}$ 在區間 $[c,d]$ 上可

Riemann-Stieltjes 積分，而函數 $g : [\,a\,,b\,] \to [\,c\,,d\,]$ 是嚴格單調的連續函數，則函數 $f \circ g$ 對函數 $\alpha \circ g$ 在 $[\,a\,,b\,]$ 上可 Riemann-Stieltjes 積分，而且

$$\int_a^b (f \circ g)(x)\, d(\alpha \circ g)(x) = \int_{g(a)}^{g(b)} f(y)\, d\alpha(y) \, \text{。}$$

證：我們設 g 是嚴格遞增的連續函數而且 $c = g(a)$、$d = g(b)$。於是，依 §3-5 定理 16 (2)，可知 $g([\,a\,,b\,]) = [\,c\,,d\,]$。

設 ε 為任意正數，因為 f 對 α 在 $[\,c\,,d\,]$ 上可 Riemann-Stieltjes 積分，所以，對於正數 ε，可找到 $[\,c\,,d\,]$ 的一個分割 Q_0 使得：對於 Q_0 的每個細分 Q 以及 f 對 α 對應於分割 Q 的每個 Riemann-Stieltjes 和 $S(f, \alpha, Q)$，恆有

$$\left| S(f, \alpha, Q) - \int_c^d f(y)\, d\alpha(y) \right| < \varepsilon \, \text{。} \qquad (*)$$

令 $P_0 = \{\, g^{-1}(y) \mid y \in Q_0 \,\}$，則 P_0 是 $[\,a\,,b\,]$ 的一個分割。對於分割 P_0 的任意細分 $P = \{\, a = x_0 < x_1 < \cdots < x_n = b \,\}$，令 $Q = \{\, c = g(x_0) < g(x_1) < \cdots < g(x_n) = d \,\}$。因為 g 是嚴格遞增函數，所以，Q 是 $[\,c\,,d\,]$ 的分割而且它是 Q_0 的一個細分。設

$$S(f \circ g, \alpha \circ g, P) = \sum_{i=1}^n (f \circ g)(t_i)((\alpha \circ g)(x_i) - (\alpha \circ g)(x_{i-1}))$$

為函數 $f \circ g$ 對函數 $\alpha \circ g$ 對應於分割 P 的一個 Riemann-Stieltjes 和。因為

$$S(f \circ g, \alpha \circ g, P) = \sum_{i=1}^n (f(g(t_i))(\alpha(g(x_i)) - \alpha(g(x_{i-1}))))$$

而且我們可由函數 g 的嚴格遞增性得知：$g(t_i) \in [\, g(x_{i-1}), g(x_i) \,]$，$i = 1, 2, \cdots, n$，所以，$S(f \circ g, \alpha \circ g, P)$ 等於函數 f 對函數 α 對應於分割 Q 的一個 Riemann-Stieltjes 和。於是，依 (*) 式，可得

$$\left| S(f \circ g, \alpha \circ g, P) - \int_c^d f(y)\, d\alpha(y) \right| < \varepsilon \, \text{。}$$

由此可知：函數 $f \circ g$ 對函數 $\alpha \circ g$ 在 $[a,b]$ 上可 Riemann-Stieltjes 積分，而且定理的等式成立。‖

請注意：當定理 6 中的函數 g 是嚴格遞減函數時，定理等式右端的 Riemann-Stieltjes 積分的上限小於下限，它所指的意義與定積分的情況相同，亦即：

$$\int_{g(a)}^{g(b)} f(y)\, d\alpha(y) = -\int_{g(b)}^{g(a)} f(y)\, d\alpha(y) \text{ 。}$$

【定理 7】（化成 Riemann 積分來計算）

設 $f, \alpha : [a,b] \to \boldsymbol{R}$ 為二有界函數。若函數 f 對函數 α 在 $[a,b]$ 上可 Riemann-Stieltjes 積分，且函數 α 在 $[a,b]$ 上連續可微分，則函數 $f\alpha'$ 在 $[a,b]$ 上可 Riemann 積分，而且

$$\int_a^b f(x)\, d\alpha(x) = \int_a^b f(x)\alpha'(x)\, dx \text{ 。}$$

證：設 ε 為任意正數，因為 f 對 α 在 $[a,b]$ 上可 Riemann-Stieltjes 積分，所以，對於正數 $\varepsilon/2$，可找到 $[a,b]$ 的一個分割 P_1 使得：對於 P_1 的每個細分 P 以及 f 對 α 對應於 P 的每個 Riemann-Stieltjes 和 $S(f, \alpha, P)$，恆有

$$\left| S(f, \alpha, P) - \int_a^b f(x)\, d\alpha(x) \right| < \frac{\varepsilon}{2} \text{ 。}$$

因為 f 在 $[a,b]$ 上有界，所以，必可找到一個正數 M 使得每個 $x \in [a,b]$ 都滿足 $|f(x)| \leq M$。因為 α' 在 $[a,b]$ 上連續，所以，α' 在 $[a,b]$ 上均勻連續。於是，對於正數 $\varepsilon/(2M(b-a))$，必可找到一正數 δ 使得：當 $s, t \in [a,b]$ 且 $|s-t| < \delta$ 時，恆有 $|\alpha'(s) - \alpha'(t)| < \varepsilon/(2M(b-a))$。選取分割 P_1 的一個細分 P_0 使得 $|P_0| < \delta$。設分割 $P = \{a = x_0 < x_1 < \cdots < x_n = b\}$ 是分割 P_0 的一個細分，而

$$R(f\alpha', P) = \sum_{i=1}^n f(t_i)\alpha'(t_i)(x_i - x_{i-1})$$

是函數 $f\alpha'$ 對分割 P 的一個 Riemann 和。令

$$S(f,\alpha,P) = \sum_{i=1}^{n} f(t_i)(\alpha(x_i) - \alpha(x_{i-1}))\,。$$

對每個 $i=1,2,\cdots,n$，因為函數 α 在 $[x_{i-1},x_i]$ 上連續且在 (x_{i-1},x_i) 上可微分，所以，依 Lagrange 均值定理，可找到一個 $s_i \in (x_{i-1},x_i)$ 使得 $\alpha(x_i) - \alpha(x_{i-1}) = \alpha'(s_i)(x_i - x_{i-1})$。更進一步地，因為 $|s_i - t_i| \leq |P| \leq |P_0| < \delta$，所以，$|\alpha'(s_i) - \alpha'(t_i)| < \varepsilon/(2M(b-a))$。於是，可得

$$\left| R(f\alpha',P) - \int_a^b f(x)\,d\alpha(x) \right|$$

$$\leq \left| R(f\alpha',P) - S(f,\alpha,P) \right| + \left| S(f,\alpha,P) - \int_a^b f(x)\,d\alpha(x) \right|$$

$$\leq \sum_{i=1}^{n} \left| f(t_i) \right| \left| \alpha'(t_i) - \alpha'(s_i) \right| (x_i - x_{i-1}) + \frac{\varepsilon}{2}$$

$$\leq \sum_{i=1}^{n} M \cdot \frac{\varepsilon}{2M(b-a)} \cdot (x_i - x_{i-1}) + \frac{\varepsilon}{2}$$

$$= \varepsilon\,。$$

由此可知：函數 $f\alpha'$ 在 $[a,b]$ 上可 Riemann 積分，而且定理的等式成立。‖

　　前面所提的七個定理，除定理 4 外，其餘各定理都對 Riemann-Stieltjes 積分值的計算頗為有用。不過，還得配合下面定理 10 與 §6-2 定理 13 所介紹的存在性條件。

　　丙、Riemann-Stieltjes 可積分性的條件

【定理 8】（Riemann-Stieltjes 可積分性的 Cauchy 條件）

　　若 $f,\alpha : [a,b] \to \boldsymbol{R}$ 為二有界函數，則 f 對 α 在 $[a,b]$ 上可 Riemann-Stieltjes 積分的充要條件是：對每個正數 ε，都可找到 $[a,b]$ 的一個分割 P_0 使得：對於 P_0 的每對細分 P 與 Q，以及 f 對 α 分別對

應於 P 與 Q 的每對 Riemann-Stieltjes 和 $S(f,\alpha,P)$ 與 $S(f,\alpha,Q)$，恆有 $\left|S(f,\alpha,P)-S(f,\alpha,Q)\right|<\varepsilon$ 。

證：必要性：設 f 對 α 在$[a,b]$上可 Riemann-Stieltjes 積分，而且其 Riemann-Stieltjes 積分值為 s 。設 ε 為任意正數，依定義，必可找到 $[a,b]$的一個分割P_0使得：對於 P_0 的每個細分 P 以及 f 對 α 對應於 P 的每個 Riemann-Stieltjes 和 $S(f,\alpha,P)$，恆有$\left|S(f,\alpha,P)-s\right|<\varepsilon/2$。於 是，對於 P_0 的每對細分 P 與 Q，以及 f 對 α 分別對應於 P 與 Q 的每 對 Riemann-Stieltjes 和 $S(f,\alpha,P)$ 與 $S(f,\alpha,Q)$，恆有

$$\left|S(f,\alpha,P)-S(f,\alpha,Q)\right| \leq \left|S(f,\alpha,P)-s\right| + \left|S(f,\alpha,Q)-s\right|$$
$$<\varepsilon/2+\varepsilon/2=\varepsilon \text{ 。}$$

充分性：設定理的假設條件成立。對每個正整數 n，依假設，必 可找到$[a,b]$的一個分割P_n使得：對於 P_n 的每對細分 P 與 Q，以及 f 對 α 分別對應於 P 與 Q 的每對 Riemann-Stieltjes 和 $S(f,\alpha,P)$ 與 $S(f,\alpha,Q)$，恆有

$$\left|S(f,\alpha,P)-S(f,\alpha,Q)\right|<1/n \text{ 。}$$

我們可以假設$P_1 \subset P_2 \subset \cdots \subset P_n \subset \cdots$。對每個正整數 n，選定函數f對 函數 α 對應於 P_n 的一個 Riemann-Stieltjes 和 $S(f,\alpha,P_n)$。當$m,n \in N$ 而且 $m \geq n$ 時，因為 P_m 是 P_n 的細分，所以，依 P_n 的定義，可得 $\left|S(f,\alpha,P_m)-S(f,\alpha,P_n)\right|<1/n$。由此可知：數列$\{S(f,\alpha,P_n)\}$是一個 Cauchy 數列。依實數系的完備性，可知數列$\{S(f,\alpha,P_n)\}$收斂於某 實數s。我們將證明s是函數f對函數 α 在$[a,b]$上的 Riemann-Stieltjes 積分。

設 ε 為任意正數，選取 $n_0 \in N$ 使得$\left|S(f,\alpha,P_{n_0})-s\right|<\varepsilon/2$ 且 $2/n_0<\varepsilon$。於是，對於分割P_{n_0}的每個細分 P 以及 f 對 α 對應於 P 的 每個 Riemann-Stieltjes 和 $S(f,\alpha,P)$，恆有

$$\left|S(f,\alpha,P)-s\right| \leq \left|S(f,\alpha,P)-S(f,\alpha,P_{n_0})\right| + \left|S(f,\alpha,P_{n_0})-s\right|$$

$$< \frac{1}{n_0} + \frac{\varepsilon}{2} < \frac{\varepsilon}{2} + \frac{\varepsilon}{2} = \varepsilon \; \text{。}$$

由此可知：函數 f 對函數 α 在 $[a,b]$ 上可 Riemann-Stieltjes 積分。‖

　　下面是 Riemann-Stieltjes 可積分性的一個必要條件，此條件在 Riemann 積分中不具任何意義。

【定理 9】（Riemann-Stieltjes 可積分性的一個必要條件）

　　設 $f, \alpha : [a,b] \to \boldsymbol{R}$ 為二有界函數。若 f 對 α 在 $[a,b]$ 上可 Riemann-Stieltjes 積分，則對每個 $c \in (a,b]$，f 與 α 兩個函數中至少有一在點 c 左連續；對每個 $c \in [a,b)$，f 與 α 兩個函數中至少有一在點 c 右連續。

證：留給讀者利用定理 8 給以證明，參看練習題 6。‖

【例 3】設 $f, \alpha : [0,2] \to \boldsymbol{R}$ 定義如下：若 $0 \leq x \leq 1$，則 $f(x) = 0$；若 $1 < x \leq 2$，則 $f(x) = 1$；若 $0 \leq x < 1$，則 $\alpha(x) = 0$；若 $1 \leq x \leq 2$，則 $\alpha(x) = 1$。顯然地，f 在 1 沒有右連續，α 在 1 沒有左連續。另一方面，對於 $[0,2]$ 中含有 1 為一分割點的任意分割 P，f 對 α 對應於分割 P 的每個 Riemann-Stieltjes 和都等於 0。因此，f 對 α 在 $[0,2]$ 上可 Riemann-Stieltjes 積分，且其積分值為 0。‖

　　在 Riemann 積分中，我們可以將被積分函數在有限多個點的值加以更換，而不會影響它的 Riemann 可積分性、也不會改變它的 Riemann 積分值。（參看 §5-3 定理 2。）但在 Riemann-Stieltjes 積分中，情況則不相同。例如：在例 3 中，函數 f 與 α 只在一個點 1 的值不相等，而 f 對 α 在 $[0,2]$ 上可 Riemann-Stieltjes 積分。另一方面，因為函數 α 在點 1 沒有左連續，所以，依定理 9，函數 α 對 α 在 $[0,2]$ 上不可 Riemann-Stieltjes 積分。由此可知：在 Riemann-Stieltjes 積分中，即使只將被積分函數在積分區間的一個點的值加以更換，都可能使它喪失 Riemann-Stieltjes 可積分性。

下面是 Riemann-Stieltjes 可積分性的一個充分條件，它可以提供許多可積分的例子。

【定理 10】（Riemann-Stieltjes 可積分性的充分條件之一）

設 $f, \alpha : [a,b] \to R$ 為二有界函數。若函數 α 在 $[a,b]$ 上可微分，而且 f 與 α' 都在 $[a,b]$ 上可 Riemann 積分，則 f 對 α 在 $[a,b]$ 上可 Riemann-Stieltjes 積分，而且

$$\int_a^b f(x)\, d\alpha(x) = \int_a^b f(x)\alpha'(x)\, dx \text{。}$$

證：選取一正數 M 使得每個 $x \in [a,b]$ 都滿足 $|f(x)| \leq M$。另一方面，因為函數 f 與 α' 都在 $[a,b]$ 上可 Riemann 積分，所以，依 §5-3 定理 11，$f\alpha'$ 在 $[a,b]$ 上可 Riemann 積分。

設 ε 為任意正數，因為 $f\alpha'$ 在 $[a,b]$ 上可 Riemann 積分，所以，對於正數 $\varepsilon/2$，可找到 $[a,b]$ 的一個分割 P_1 使得：對於 P_1 的每個細分 P 以及 $f\alpha'$ 對分割 P 的每個 Riemann 和 $R(f\alpha', P)$，恆有

$$\left| R(f\alpha', P) - \int_a^b f(x)\alpha'(x)\, dx \right| < \frac{\varepsilon}{2} \text{。}$$

因為函數 α' 在 $[a,b]$ 上可 Riemann 積分，所以，對於正數 $\varepsilon/(2M)$，依 §5-1 定理 10 的 Riemann 條件，可找到 $[a,b]$ 的一個分割 P_2 使得：對於 P_2 的每個細分 P，恆有

$$0 \leq U(\alpha', P) - L(\alpha', P) < \varepsilon/(2M) \text{。}$$

令 $P_0 = P_1 \bigcup P_2$。設分割 $P = \{a = x_0 < x_1 < \cdots < x_n = b\}$ 是分割 P_0 的一個細分，而

$$S(f, \alpha, P) = \sum_{i=1}^n f(t_i)(\alpha(x_i) - \alpha(x_{i-1}))$$

是函數 f 對函數 α 對應於分割 P 的一個 Riemann-Stieltjes 和。對每個 $i = 1, 2, \cdots, n$，因為函數 α 在 $[x_{i-1}, x_i]$ 上連續且在 (x_{i-1}, x_i) 上可微分，所以，根據 Lagrange 均值定理，必可找到一個 $s_i \in (x_{i-1}, x_i)$ 使得

$\alpha(x_i) - \alpha(x_{i-1}) = \alpha'(s_i)(x_i - x_{i-1})$。令

$$R(f\alpha', P) = \sum_{i=1}^{n} f(t_i)\alpha'(t_i)(x_i - x_{i-1}) \text{,}$$

則可得

$$\left| S(f, \alpha, P) - \int_a^b f(x)\alpha'(x)\, dx \right|$$

$$\leq \left| S(f, \alpha, P) - R(f\alpha', P) \right| + \left| R(f\alpha', P) - \int_a^b f(x)\alpha'(x)\, dx \right|$$

$$\leq \sum_{i=1}^{n} \left| f(t_i) \right| \left| \alpha'(s_i) - \alpha'(t_i) \right| (x_i - x_{i-1}) + \frac{\varepsilon}{2}$$

$$< M \cdot (U(\alpha', P) - L(\alpha', P)) + \frac{\varepsilon}{2}$$

$$< \varepsilon \text{ 。}$$

由此可知：函數 f 對函數 α 在 $[a, b]$ 上可 Riemann-Stieltjes 積分，而且定理的等式成立。‖

請注意：根據定理 10 的證明，我們發現定理 10 的假設條件可以放寬為：f 是 $[a, b]$ 上的有界函數；α 在 $[a, b]$ 上連續，而且除有限多個點外，α 在 $[a, b]$ 的其餘各點都可微分；α' 與 $f\alpha'$ 在 $[a, b]$ 上可 Riemann 積分。在這些假設條件下，定理 10 的結論仍成立。

【例 4】依定理 10，函數 $f(x) = x$ 對函數 $\alpha(x) = x^3$ 在區間 $[0, 1]$ 上可 Riemann-Stieltjes 積分，而且

$$\int_0^1 x\, dx^3 = \int_0^1 x \cdot 3x^2 dx = \frac{3}{4} \text{ 。}$$

若改用分部積分法計算，則為

$$\int_0^1 x\, dx^3 = x^4 \bigg|_0^1 - \int_0^1 x^3 dx = 1 - \frac{1}{4} = \frac{3}{4} \text{ 。 ‖}$$

【例 5】依定理 10，函數 $f(x) = \sin x$ 對函數 $\alpha(x) = \sin x$ 在 $[0, \pi/2]$ 上

可 Riemann-Stieltjes 積分，而且

$$\int_0^{\pi/2} \sin x \, d \sin x = \int_0^{\pi/2} \sin x \cos x \, dx = \frac{1}{2} \sin^2 x \Big|_0^{\pi/2} = \frac{1}{2} \text{。}$$

若改用分部積分法計算，則為

$$\int_0^{\pi/2} \sin x \, d \sin x = \sin^2 x \Big|_0^{\pi/2} - \int_0^{\pi/2} \sin x \, d \sin x \text{。}$$

由此得

$$\int_0^{\pi/2} \sin x \, d \sin x = \frac{1}{2} \sin^2 x \Big|_0^{\pi/2} = \frac{1}{2} \text{。} \; \|$$

丁、有限和與 Riemann-Stieltjes 積分

當積分函數 $\alpha : [a, b] \to R$ 是階梯函數時，Riemann-Stieltjes 積分值可以寫成有限項的和，我們說明如下。所謂 α 是階梯函數，乃是表示區間 $[a, b]$ 有一個分割 $P = \{ a = x_0 < x_1 < \cdots < x_n = b \}$ 使得：對每個 $i = 1, 2, \cdots, n$，α 在開區間 (x_{i-1}, x_i) 上都是常數函數。

【定理 11】（將 Riemann-Stieltjes 積分值表成有限和）

若 $\alpha : [a, b] \to R$ 是前段所提的階梯函數，而有界函數 $f : [a, b] \to R$ 具有下述性質：在點 $x_0, x_1, x_2, \cdots, x_{n-1}$ 處，f 與 α 兩函數中至少有一個右連續；在點 $x_1, x_2, x_3, \cdots, x_n$ 處，f 與 α 兩函數中至少有一個左連續；則 f 對 α 在 $[a, b]$ 上可 Riemann-Stieltjes 積分，而且

$$\int_a^b f(x) \, d\alpha(x) = f(a)(\alpha(a+) - \alpha(a)) + f(b)(\alpha(b) - \alpha(b-))$$
$$+ \sum_{i=1}^{n-1} f(x_i)(\alpha(x_i+) - \alpha(x_i-)) \text{，}$$

其中，$\alpha(x_i+)$ 表示 α 在 x_i 的右極限 $\lim_{x \to x_i+} \alpha(x)$，$\alpha(x_i-)$ 表示 α 在 x_i 的左極限 $\lim_{x \to x_i-} \alpha(x)$。

證：因為 $a = x_0$ 而 $b = x_n$，所以，定理中的等式右端可改寫成

$$\sum_{i=1}^{n} [f(x_{i-1})(\alpha(x_{i-1}+) - \alpha(x_{i-1})) + f(x_i)(\alpha(x_i) - \alpha(x_i-))]。$$

於是，我們只須證明：對每個 $i = 1, 2, \cdots, n$，f 對 α 在 $[x_{i-1}, x_i]$ 上可 Riemann-Stieltjes 積分，而且

$$\int_{x_{i-1}}^{x_i} f(x) \, d\alpha(x)$$
$$= f(x_{i-1})(\alpha(x_{i-1}+) - \alpha(x_{i-1})) + f(x_i)(\alpha(x_i) - \alpha(x_i-))。 \qquad (*)$$

如此，依定理 3，即知 f 對 α 在 $[a, b]$ 上可 Riemann-Stieltjes 積分，而且定理的等式成立。

要證明 $(*)$ 式成立，我們將 x_{i-1} 與 x_i 分別改寫成 c 與 d，以使記號較為簡潔。於是，α 在 (c, d) 上是常數函數，f 與 α 兩個函數中至少有一在點 c 為右連續，且至少有一在點 d 為左連續。由此可知：

$$\lim_{t \to c+} (f(t) - f(c))(\alpha(c+) - \alpha(c)) = 0，$$
$$\lim_{t \to d-} (f(t) - f(d))(\alpha(d) - \alpha(d-)) = 0。$$

設 ε 為任意正數，因為上述二極限式成立，所以，可找到一個正數 δ 使得：$\delta < (d-c)/2$ 且當 $s \in [c, c+\delta)$ 而 $t \in (d-\delta, d]$ 時，恆有

$$\left| f(s) - f(c) \right| \left| \alpha(c+) - \alpha(c) \right| < \varepsilon/2，$$
$$\left| f(t) - f(d) \right| \left| \alpha(d) - \alpha(d-) \right| < \varepsilon/2。$$

令 $Q_0 = \{c < c+\delta < d-\delta < d\}$，則 Q_0 是 $[c, d]$ 的一個分割。對於 Q_0 的任意細分 $Q = \{c = y_0 < y_1 < \cdots < y_m = d\}$，若 $S(f, \alpha, Q)$ 是 f 對 α 對應於分割 Q 的一個 Riemann-Stieltjes 和，則依函數 α 的特殊性質，可得

$$S(f, \alpha, Q) = f(s)(\alpha(c+) - \alpha(c)) + f(t)(\alpha(d) - \alpha(d-))，$$

其中 $s \in [c, y_1] \subset [c, c+\delta)$ 且 $t \in [y_{m-1}, d] \subset (d-\delta, d]$。請注意：因為 α 在 (c, d) 上是常數函數，所以，$\alpha(y_1) = \alpha(c+) = \alpha(d-)$

$=\alpha(y_{m-1})$。於是，可得

$$\left| S(f,\alpha,Q) - f(c)(\alpha(c+) - \alpha(c)) - f(d)(\alpha(d) - \alpha(d-)) \right|$$
$$\leq \left| f(s) - f(c) \right| \left| \alpha(c+) - \alpha(c) \right| + \left| f(t) - f(d) \right| \left| \alpha(d) - \alpha(d-) \right|$$
$$< \varepsilon/2 + \varepsilon/2 = \varepsilon \ \circ$$

由此可知：f 對 α 在 $[c,d]$ 上可 Riemann-Stieltjes 積分，而且

$$\int_c^d f(x)\,d\alpha(x) = f(c)(\alpha(c+) - \alpha(c)) + f(d)(\alpha(d) - \alpha(d-)) \ \circ \ \|$$

　　因為最大整數函數是一個階梯函數，所以，我們可以將定理 11 的結果應用到最大整數函數，而得下述定理。

【定理 12】（每個有限和都可表成 Riemann-Stieltjes 積分）

　　若 $\sum_{i=1}^n a_i$ 為一個有限和，依此定義一個函數 $f:[0,n] \to \boldsymbol{R}$ 如下：對每個 $i=1,2,\cdots,n$ 及每個 $x \in (i-1,i]$，令 $f(x)=a_i$；又 $f(0)=0$；則可得

$$\sum_{i=1}^n a_i = \int_0^n f(x)\,d[x] \ \circ$$

證：最大整數函數是一個階梯函數，而且它在每個整數點都右連續而沒有左連續，但函數 f 在整數點 $1,2,\cdots,n$ 處都左連續。所以，依定理 11，函數 f 對函數 $[x]$ 在 $[0,n]$ 上可 Riemann-Stieltjes 積分，而且定理的等式成立。$\|$

　　下面的定理給出一個重要的公式，它將 Riemann 積分的值與被積分函數在整數點之值的和建立關係，所以，這個公式既可用來「以有限和估計積分值」、也可用來「以積分值估計有限和」。例如：它可用來估計近似積分法像梯形法、矩形法與 Simpson 法中的誤差。

【定理 13】（每個有限和都可表成 Riemann-Stieltjes 積分）

　　若函數 $f:[a,b] \to \boldsymbol{R}$ 在 $[a,b]$ 上連續可微分，則可得

$$\sum_{a < n \le b} f(n) = \int_a^b f(x)\,dx + \int_a^b f'(x)(x-[x])\,dx$$

$$+ f(a)(a-[a]) - f(b)(b-[b]) \text{。}$$

證：因為函數 f 在 $[a,b]$ 上連續可微分，亦即：f' 在 $[a,b]$ 上連續，所以，f' 在 $[a,b]$ 上可 Riemann 積分。因為函數 $x-[x]$ 在 $[a,b]$ 上也可 Riemann 積分，所以，依定理 10，函數 $x-[x]$ 對 f 在 $[a,b]$ 上可 Riemann-Stieltjes 積分，而且

$$\int_a^b (x-[x])\,df(x) = \int_a^b f'(x)(x-[x])\,dx \text{。}$$

另一方面，因為函數 $x-[x]$ 對 f 在 $[a,b]$ 上可 Riemann-Stieltjes 積分，所以，依定理 5，函數 f 對函數 $x-[x]$ 在 $[a,b]$ 上也可 Riemann-Stieltjes 積分，而且

$$\int_a^b f(x)\,d(x-[x]) = f(b)(b-[b]) - f(a)(a-[a])$$

$$- \int_a^b (x-[x])\,df(x) \text{。}$$

因為 f 是連續函數，所以，f 對階梯函數 $[x]$ 在 $[a,b]$ 上也可 Riemann-Stieltjes 積分。於是，綜合以上兩式，即得

$$\int_a^b f(x)\,dx = \int_a^b f(x)\,d[x] + \int_a^b f(x)\,d(x-[x])$$

$$= \sum_{a < n \le b} f(n) + f(b)(b-[b]) - f(a)(a-[a])$$

$$- \int_a^b f'(x)(x-[x])\,dx \text{。}$$

移項即得定理所欲證的等式。 $\parallel$

定理 13 中的等式通常稱為 **Euler** 求和公式（Euler's summation formula）。當公式中的 a 與 b 都是整數時，此求和公式可寫成下述形式（參看練習題第 13 題):

$$\sum_{n=a}^b f(n) = \int_a^b f(x)\,dx + \int_a^b f'(x)(x-[x]-\frac{1}{2})\,dx + \frac{f(a)+f(b)}{2} \text{。}$$

練習題 6-1

1. 試證：若有界函數 $f : [a,b] \to R$ 對有界函數 $\alpha : [a,b] \to R$ 在 $[a,b]$ 上可 Riemann-Stieltjes 積分，則其 Riemann-Stieltjes 積分值必唯一。

2. 試證：對任意有界函數 $\alpha : [a,b] \to R$，恆有
$$\int_a^b d\alpha(x) = \alpha(b) - \alpha(a) \text{。}$$

3. 設 $\alpha : [a,b] \to R$ 為一有界函數。若區間 $[a,b]$ 上的每個單調函數對 α 的 Riemann-Stieltjes 積分恆等於 0，則 α 是常數函數。試證之。

4. 試證定理 2。

5. 試證定理 4。

6. 試證定理 9。

7. 試求下列各 Riemann-Stieltjes 積分：

   (1) $\int_0^1 x^3 \, dx^2$ 。

   (2) $\int_0^\pi \sin x \, d\cos x$ 。

   (3) $\int_0^4 x^3 \, d|x-2|$ 。

   (4) $\int_{-\pi/2}^{\pi/2} e^{|x|} \, d\sin x$ 。

   (5) 函數 $f(x) = x$ 對 Cantor 三分函數 $F : [0,1] \to [0,1]$ 在 $[0,1]$ 上的 Riemann-Stieltjes 積分。

   (6) 函數 $f(x) = x$ 對下述有界函數 $\alpha : [0,1] \to R$ 在 $[0,1]$ 上的 Riemann-Stieltjes 積分。函數 $\alpha : [0,1] \to R$ 定義如下：
   $$\alpha(x) = \begin{cases} x, & \text{若 } 0 \le x \le 1/3 \text{；} \\ x+3/4, & \text{若 } 1/3 < x < 2/3 \text{；} \\ x+9/8, & \text{若 } 2/3 \le x \le 1 \text{。} \end{cases}$$

8. 設 $f, g, \alpha : [a,b] \to R$ 為有界函數。若 f, g, f^2, g^2 與 fg 都

對 α 在 $[a,b]$ 上可 Riemann-Stieltjes 積分，試證下述積分型的 Lagrange 等式：

$$\frac{1}{2}\int_a^b \left[\int_a^b [\,f(x)g(y)-f(y)g(x)\,]^2\, d\alpha(y) \right] d\alpha(x)$$

$$=\left(\int_a^b (\,f(x)\,)^2\, d\alpha(x) \right)\left(\int_a^b (\,g(x)\,)^2\, d\alpha(x) \right)$$

$$-\left(\int_a^b f(x)\, g(x)\, d\alpha(x) \right)^2 \ 。$$

當 α 是遞增函數時，可得下述 Cauchy-Schwarz 不等式：

$$\left(\int_a^b f(x)\, g(x)\, d\alpha(x) \right)^2$$

$$\leq\left(\int_a^b (\,f(x)\,)^2\, d\alpha(x) \right)\left(\int_a^b (\,g(x)\,)^2\, d\alpha(x) \right) 。$$

9.設 $f,g,\alpha:[a,b]\to \boldsymbol{R}$ 為有界函數。若函數 f,g 與 fg 都對 α 在 $[a,b]$ 上可 Riemann-Stieltjes 積分，試證：

$$\frac{1}{2}\int_a^b \left[\int_a^b (\,f(x)-f(y)\,)(\,g(x)-g(y)\,)\, d\alpha(y) \right] d\alpha(x)$$

$$=(\,\alpha(b)-\alpha(a)\,)\int_a^b f(x)\, g(x)\, d\alpha(x)$$

$$-\left(\int_a^b f(x)\, d\alpha(x) \right)\left(\int_a^b g(x)\, d\alpha(x) \right) 。$$

當 f,g 與 α 都是遞增函數時，可得下述 Cauchy-Schwarz 不等式：

$$\left(\int_a^b f(x)\, d\alpha(x) \right)\left(\int_a^b g(x)\, d\alpha(x) \right)$$

$$\leq (\,\alpha(b)-\alpha(a)\,)\int_a^b f(x)\, g(x)\, d\alpha(x) 。$$

10.設 $\{a_n\}$ 為一數列，定義函數 $f:[1,+\infty)\to \boldsymbol{R}$ 如下：對每個 $x\geq 1$，令

$$f(x)=\sum_{n\leq x}a_n=\sum_{n=1}^{[x]}a_n \ 。$$

若 $\alpha : [1,c] \to R$ 在 $[1,c]$ 上連續可微分，試利用 Riemann-Stieltjes 積分證明下式：

$$\sum_{n \le c} a_n \alpha(n) = -\int_1^c f(x) \alpha'(x)\, dx + f(c) \alpha(c) \ 。$$

11.試利用 Euler 求和公式證明下述等式：

(1) $\displaystyle\sum_{k=1}^n \frac{1}{k^s} = \frac{1}{n^{s-1}} + s \int_1^n \frac{[x]}{x^{s+1}}\, dx \ , \quad$ 若 $s \ne 1$ 。

(2) $\displaystyle\sum_{k=1}^n \frac{1}{k} = \ln n - \int_1^n \frac{x - [x]}{x^2}\, dx + 1 \ 。$

12.若 $f : [1,2n] \to R$ 在 $[1,2n]$ 上連續可微分，試證下述等式：

$$\sum_{k=1}^{2n} (-1)^k f(k) = \int_1^{2n} f'(x)([x] - 2[x/2])\, dx \ 。$$

13. 函數 $\varphi_1, \varphi_2 : [0, +\infty) \to R$ 定義如下：若 $x \ge 0$，則 $\varphi_1(x) = x - [x] - 1/2$，而 $\varphi_2(x)$ 等於 φ_1 在 $[0,x]$ 上的 Riemann 積分。若 $f : [1,n] \to R$ 在 $[1,n]$ 上二次連續可微分，試證明下述等式：

$$\sum_{k=1}^n f(k) = \int_1^n f(x)\, dx + \int_1^n f'(x)\, \varphi_1(x)\, dx + \frac{1}{2}(f(1) + f(n))$$

$$= \int_1^n f(x)\, dx - \int_1^n f''(x)\, \varphi_2(x)\, dx + \frac{1}{2}(f(1) + f(n)) \ 。$$

14.試利用練習題 13 證明下述等式：

$$\ln(n!) = (n + \frac{1}{2}) \ln n - n + 1 + \int_1^n \frac{\varphi_2(x)}{x^2}\, dx \ 。$$

思考題　6-1

設 $f, \alpha : [a,b] \to R$ 為二有界函數。若存在一個實數 s 使得下述性質成立：對每個正數 ε，都可找到一個正數 δ 使得：對於

區間 $[a,b]$ 上每個滿足 $|P|<\delta$ 的分割 P 以及函數 f 對函數 α 對應於分割 P 的每個 Riemann-Stieltjes 和 $S(f,\alpha,P)$，恆有 $|S(f,\alpha,P)-s|<\varepsilon$，則稱函數 f 對函數 α 在閉區間 $[a,b]$ 上可 **(*)-Riemann-Stieltjes 積分**，實數 s 稱為函數 f 對函數 α 在區間 $[a,b]$ 上的**(*)-Riemann-Stieltjes 積分**。

1. 試證：若 f 對 α 在 $[a,b]$ 上可(*)-Riemann-Stieltjes 積分，則 f 對 α 在 $[a,b]$ 上必可 Riemann-Stieltjes 積分，而且兩積分值相等。

2. 試利用例 3 證明上題的逆敘述不成立。

3. 試證：若 f 對 α 在 $[a,b]$ 上可 Riemann-Stieltjes 積分，而且 f 與 α 沒有共同的不連續點，則 f 對 α 在 $[a,b]$ 上可(*)-Riemann-Stieltjes 積分。

4. 試證本節的定理 1、2、4、5、6、7、8、10 等八個定理對於 (*)-Riemann-Stieltjes 積分都成立。

5. 試證：若 f 對 α 在 $[a,b]$ 上可(*)-Riemann-Stieltjes 積分，則 f 與 α 在 $[a,b]$ 上沒有共同的不連續點。（與本節定理 9 比較。）

6. 試舉例說明：當 f 對 α 在 $[a,c]$ 與 $[c,b]$ 上都可(*)-Riemann-Stieltjes 積分時，f 對 α 在區間 $[a,b]$ 上不一定可(*)-Riemann-Stieltjes 積分。但當可(*)-Riemann-Stieltjes 積分時，本節定理 3 的等式仍成立。

6-2 有界變差函數

在 Riemann 積分中，我們知道：$[a,b]$ 上的每個連續函數在 $[a,b]$ 上都可 Riemann 積分。對於 Riemann-Stieltjes 積分，我們提出類似的問題：函數 α 應該有什麼特性，才能保證 $[a,b]$ 上的每個連續函數都

對 α 在 $[a,b]$ 上可 Riemann-Stieltjes 積分呢？本節的目的，就是要討論這種函數。

甲、定義與例子

設 $f, \alpha : [a,b] \to \mathbf{R}$ 為二有界函數且 f 在 $[a,b]$ 上連續。對於 $[a,b]$ 的某個分割 P_0 的任意細分 P_1 與 P_2，以及函數 f 對函數 α 分別對應於分割 P_1 與 P_2 的任意 Riemann-Stieltjes 和 $S(f, \alpha, P_1)$ 與 $S(f, \alpha, P_2)$，若 $P = \{ a = x_0 < x_1 < \cdots < x_n = b \}$ 表示分割 P_1 與 P_2 的最小共同細分，則此二 Riemann-Stieltjes 和之差可寫成

$$S(f, \alpha, P_1) - S(f, \alpha, P_2) = \sum_{i=1}^{n} (f(s_i) - f(t_i))(\alpha(x_i) - \alpha(x_{i-1})) \text{。}$$

請注意：上式右端中的 s_i 與 t_i 不一定屬於 $[x_{i-1}, x_i]$。不過，因為 f 在區間 $[a,b]$ 上（均勻）連續，所以，對任意正數 ε，當分割 P_1 與 P_2 的範數 $|P_1|$ 與 $|P_2|$ 足夠小時，仍然可以使得 $|f(s_i) - f(t_i)| < \varepsilon$ 對每個 $i = 1, 2, \cdots, n$ 都成立。於是，得

$$\left| S(f, \alpha, P_1) - S(f, \alpha, P_2) \right| \leq \varepsilon \cdot \sum_{i=1}^{n} \left| \alpha(x_i) - \alpha(x_{i-1}) \right| \text{。}$$

由此可知：只要可找到一正數 M 使得 $\sum_{i=1}^{n} \left| \alpha(x_i) - \alpha(x_{i-1}) \right| \leq M$ 對分割 P_0 的所有細分 $P = \{ a = x_0 < x_1 < \cdots < x_n = b \}$ 都成立，就可得

$$\left| S(f, \alpha, P_1) - S(f, \alpha, P_2) \right| \leq M\varepsilon \text{。}$$

依 §6-1 定理 8 的 Cauchy 條件，f 對 α 在 $[a,b]$ 上可 Riemann-Stieltjes 積分。

前段的說明可用來寫出下面的定義。

【定義 1】設 $f : [a,b] \to \mathbf{R}$ 為定義在緊緻區間 $[a,b]$ 的一函數。對於 $[a,b]$ 的任意分割 $P = \{ a = x_0 < x_1 < \cdots < x_n = b \}$，我們以 $v_f(P)$ 表示下面的和：

$$v_f(P) = \sum_{i=1}^{n} \left| f(x_i) - f(x_{i-1}) \right| \text{。}$$

若存在一個正數 M 使得：對於區間 $[a,b]$ 的每個分割 P，恆有 $v_f(P) \le M$，則稱 f 是 $[a,b]$ 上的一個**有界變差函數**（a function of bounded variation）。

下面兩個簡單定理給出兩類有界變差函數。

【定理 1】（有界變差函數實例之一）

若 $f: [a,b] \to \mathbf{R}$ 是單調函數，則 f 是 $[a,b]$ 上的有界變差函數。

證：設 f 是單調遞增函數。

對於 $[a,b]$ 的每個分割 $P = \{ a = x_0 < x_1 < \cdots < x_n = b \}$，恆有

$$v_f(P) = \sum_{i=1}^{n} \left| f(x_i) - f(x_{i-1}) \right| = \sum_{i=1}^{n} (f(x_i) - f(x_{i-1})) = f(b) - f(a) \text{。}$$

由此可知：f 是 $[a,b]$ 上的有界變差函數。 ‖

【定理 2】（有界變差函數實例之二）

若函數 $f: [a,b] \to \mathbf{R}$ 在 $[a,b]$ 上滿足 Lipschitz 條件，則 f 是 $[a,b]$ 上的有界變差函數。

證：因為 f 在 $[a,b]$ 上滿足 Lipschitz 條件，所以，必有一正數 M 使得：對任意 $x, y \in [a,b]$，恆有 $\left| f(x) - f(y) \right| \le M \left| x - y \right|$。

設 $P = \{ a = x_0 < x_1 < \cdots < x_n = b \}$ 是 $[a,b]$ 的一個分割，則得

$$v_f(P) = \sum_{i=1}^{n} \left| f(x_i) - f(x_{i-1}) \right| \le \sum_{i=1}^{n} M(x_i - x_{i-1}) = M(b-a) \text{。}$$

由此可知：f 是 $[a,b]$ 上的有界變差函數。 ‖

【系理 3】（有界變差函數實例之三）

若函數 $f: [a,b] \to \mathbf{R}$ 在 $[a,b]$ 上連續、在 (a,b) 上可微分而且有一個正數 M 使得 $\left| f'(x) \right| \le M$ 對每個 $x \in (a,b)$ 都成立，則 f 是

[a,b] 上的有界變差函數。

證：對任意 $x,y \in [a,b]$ ， $x<y$ ，因為函數 f 在 $[x,y]$ 上連續、在 (x,y) 上可微分，所以，依 Lagrange 均值定理，可找到一個 $z \in (x,y)$ $\subset (a,b)$ 滿足 $f(x) - f(y) = f'(z)(x-y)$ 。於是，依假設，得

$$\left| f(x) - f(y) \right| = \left| f'(z) \right| \left| x-y \right| \le M \left| x-y \right| 。$$

由此可知：f 在 $[a,b]$ 上滿足 Lipschitz 條件。依定理 2 ，f 是 $[a,b]$ 上的有界變差函數。 ‖

【例 1】設函數 f：$[0,1] \to \boldsymbol{R}$ 定義如下： $f(0) = 0$ ；而若 $0 < x \le 1$ ，則 $f(x) = x^2 \sin(1/x)$ 。顯然地，函數 f 在 $[0,1]$ 上連續。另一方面，對每個 $x \in (0,1)$ ， $f'(x) = 2x \sin(1/x) - \cos(1/x)$ 。於是，$\left| f'(x) \right| \le 3$ 。換言之，函數 f 在 $(0,1)$ 上可微分而且 f' 在 $(0,1)$ 上有界。依系理 3 ，f 是 $[0,1]$ 上的有界變差函數。 ‖

【例 2】設函數 f：$[0,1] \to \boldsymbol{R}$ 定義如下：若 $0 \le x \le 1$ ，則 $f(x) = x^{1/2}$ 。因為 f 是遞增函數，所以，依定理 1 ，f 是 $[0,1]$ 上的有界變差函數。另一方面，對每個 $x \in (0,1)$ ， $f'(x) = (1/2) x^{-1/2}$ 。顯然地，f' 在 $(0,1)$ 上不是有界函數。由此可見：「 f' 有界」並不是「f 為有界變差」的必要條件。 ‖

【例 3】設函數 f：$[0,1] \to \boldsymbol{R}$ 定義如下： $f(0) = 0$ ；而若 $0 < x \le 1$ ，則 $f(x) = x \sin(\pi/x)$ 。顯然地，函數 f 在 $[0,1]$ 上連續，但我們將證明 f 不是 $[0,1]$ 上的有界變差函數。由此可見：「f 連續」並不是「f 為有界變差」的充分條件。對每個 $n \in \boldsymbol{N}$ ， $n>1$ ，令

$$P_n = \left\{ 0 < \frac{2}{2n-1} < \frac{2}{2n-2} < \cdots < \frac{2}{3} < \frac{2}{2} \right\} ,$$

則 P_n 是區間 $[0,1]$ 的一個分割。若將分割點自左至右寫成 $x_0 < x_1 < \cdots < x_{2n-2}$ ，則得

$$v_f(P_n) = \sum_{i=1}^{2n-2} | f(x_i) - f(x_{i-1}) | = 4 \left(\frac{1}{3} + \frac{1}{5} + \cdots + \frac{1}{2n-1} \right) \text{。}$$

因為無窮級數 $\sum_{k=1}^{\infty} (1/(2k-1))$ 是發散級數，所以，沒有任何正數能大於所有的和 $v_f(P_n)$。由此可知：f 不是 $[0,1]$ 上的有界變差函數。$\parallel$

【定義 2】若函數 $f : [a,b] \to \mathbf{R}$ 是 $[a,b]$ 上的有界變差函數，則集合

$$\{ v_f(P) \mid P \text{ 是} [a,b] \text{的一個分割} \}$$

是有界集合。此集合的最小上界稱為 f 在 $[a,b]$ 上的**全變差**（total variation），以 $V_f[a,b]$ 表之。

　　對任意有界變差函數 $f : [a,b] \to \mathbf{R}$，顯然有 $V_f[a,b] \geq 0$。更進一步地，$V_f[a,b] = 0$ 的充要條件是：f 為 $[a,b]$ 上的常數函數。若 $f : [a,b] \to \mathbf{R}$ 是遞增函數，則顯然有 $V_f[a,b] = f(b) - f(a)$。若 $f : [a,b] \to \mathbf{R}$ 滿足 Lipschitz 條件 $| f(x) - f(y) | \leq M | x - y |$，則可得 $V_f[a,b] \leq M(b-a)$。

　　乙、有界變差函數的性質

【定理 4】（有界變差函數必是有界函數）

　　若 $f : [a,b] \to \mathbf{R}$ 是 $[a,b]$ 上的有界變差函數，則 f 在 $[a,b]$ 上有界。事實上，每個 $x \in [a,b]$ 都滿足 $| f(x) | \leq | f(a) | + V_f[a,b]$。

證：對每個 $x \in [a,b]$，$P = \{ a \leq x \leq b \}$ 是 $[a,b]$ 的一個分割。於是，可得

$$| f(x) - f(a) | \leq | f(x) - f(a) | + | f(b) - f(x) | = v_f(P) \leq V_f[a,b] \text{。}$$

由此可得 $| f(x) | \leq | f(a) | + V_f[a,b]$。$\parallel$

【定理 5】（有界變差與四則運算）

　　設 $f, g : [a,b] \to \mathbf{R}$ 為二函數。

　　⑴若 f 與 g 是 $[a,b]$ 上的有界變差函數，則 $f+g$、$f-g$ 與 fg

也都是$[a,b]$上的有界變差函數，而且

$$V_{f \pm g}[a,b] \le V_f[a,b] + V_g[a,b] \; ;$$
$$V_{f \cdot g}[a,b] \le \|g\|_\infty \cdot V_f[a,b] + \|f\|_\infty \cdot V_g[a,b] \; 。$$

⑵若 f 與 g 是 $[a,b]$ 上的有界變差函數，而且存在一個正實數 m 使得每個 $x \in [a,b]$ 都滿足 $|g(x)| \ge m$ ，則 f/g 也是 $[a,b]$ 上的有界變差函數，而且

$$V_{1/g}[a,b] \le (1/m^2) V_g[a,b] \; 。$$

證：⑴設 $P = \{ a = x_0 < x_1 < \cdots < x_n = b \}$ 是 $[a,b]$ 的任意分割，則得

$$v_{f \pm g}(P) = \sum_{i=1}^{n} \left| (f(x_i) \pm g(x_i)) - (f(x_{i-1}) \pm g(x_{i-1})) \right|$$
$$\le \sum_{i=1}^{n} \left| f(x_i) - f(x_{i-1}) \right| + \sum_{i=1}^{n} \left| g(x_i) - g(x_{i-1}) \right|$$
$$\le V_f[a,b] + V_g[a,b] \; 。$$

由此可知：$f \pm g$ 是 $[a,b]$ 的有界變差函數，而且 $V_{f \pm g} \le V_f + V_g$ 。同理，可得

$$v_{f \cdot g}(P) = \sum_{i=1}^{n} \left| f(x_i)g(x_i) - f(x_{i-1})g(x_{i-1}) \right|$$
$$\le \sum_{i=1}^{n} \left| f(x_i) - f(x_{i-1}) \right| \left| g(x_i) \right| + \sum_{i=1}^{n} \left| f(x_{i-1}) \right| \left| g(x_i) - g(x_{i-1}) \right|$$
$$\le \|g\|_\infty \cdot V_f[a,b] + \|f\|_\infty \cdot V_g[a,b] \; 。$$

由此可知：$f \cdot g$ 是 $[a,b]$ 上的有界變差函數，而且

$$V_{f \cdot g} \le \|g\|_\infty \cdot V_f + \|f\|_\infty \cdot V_g \; 。$$

⑵根據⑴的結果，我們只須證明 $1/g$ 是 $[a,b]$ 上的有界變差函數。設 $P = \{ a = x_0 < x_1 < \cdots < x_n = b \}$ 是 $[a,b]$ 的任意分割，則得

$$v_{1/g}(P) = \sum_{i=1}^{n} \left| \frac{1}{g(x_i)} - \frac{1}{g(x_{i-1})} \right|$$

$$\leq \sum_{i=1}^{n} \frac{1}{\left| g(x_i) \right| \left| g(x_{i-1}) \right|} \left| g(x_i) - g(x_{i-1}) \right|$$

$$\leq \frac{1}{m^2} \cdot V_g[a,b] \, \text{。}$$

由此可知：$1/g$ 是 $[a,b]$ 上的有界變差函數，且 $V_{1/g} \leq (1/m^2) \, V_g$。 $\|$

【定理 6】（全變差對區間的可加性）

若函數 $f: [a,b] \to \mathbf{R}$ 是 $[a,b]$ 上的有界變差函數，則對每個 $c \in (a,b)$，f 是 $[a,c]$ 與 $[c,b]$ 上的有界變差函數，而且

$$V_f[a,b] = V_f[a,c] + V_f[c,b] \, \text{。}$$

證：我們先證明函數 f 是區間 $[a,c]$ 與區間 $[c,b]$ 上的有界變差函數。

設 $P_1 = \{ a = y_0 < y_1 < \cdots < y_k = c \}$ 與 $P_2 = \{ c = z_0 < z_1 < \cdots < z_l = b \}$ 分別為區間 $[a,c]$ 與區間 $[c,b]$ 的任意分割，則 $P_1 \cup P_2$ 是 $[a,b]$ 的一個分割，於是，得

$$v_f(P_1) + v_f(P_2) = \sum_{i=1}^{k} \left| f(y_i) - f(y_{i-1}) \right| + \sum_{j=1}^{l} \left| f(z_j) - f(z_{j-1}) \right|$$

$$= v_f(P_1 \cup P_2)$$

$$\leq V_f[a,b] \, \text{。} \tag{*}$$

由此可知：$[a,c]$ 的每個分割 P_1 都滿足 $v_f(P_1) \leq V_f[a,b]$。於是，f 是 $[a,c]$ 上的有界變差函數。同理，f 是 $[c,b]$ 上的有界變差函數。更進一步地，由(*)式以及 §1-2 定理 4 (1)，可得

$$V_f[a,c] + V_f[c,b] \leq V_f[a,b] \, \text{。}$$

另一方面，設 $P = \{ a = x_0 < x_1 < \cdots < x_n = b \}$ 是區間 $[a,b]$ 的任意分割，若 $c \in [x_{k-1}, x_k]$，則 $P_1 = \{ a = x_0 < x_1 < \cdots < x_{k-1} \leq c \}$ 是區間 $[a,c]$ 的一個分割而 $P_2 = \{ c \leq x_k < x_{k+1} < \cdots < x_n = b \}$ 是區間 $[c,b]$ 的一個分割，而且

$$v_f(P) = \sum_{i=1}^{n} \left| f(x_i) - f(x_{i-1}) \right|$$

$$= \sum_{i=1}^{k-1} \left| f(x_i) - f(x_{i-1}) \right| + \left| f(x_k) - f(x_{k-1}) \right| + \sum_{i=k+1}^{n} \left| f(x_i) - f(x_{i-1}) \right|$$

$$\leq \sum_{i=1}^{k-1} \left| f(x_i) - f(x_{i-1}) \right| + \left| f(c) - f(x_{k-1}) \right|$$

$$+ \left| f(x_k) - f(c) \right| + \sum_{i=k+1}^{n} \left| f(x_i) - f(x_{i-1}) \right|$$

$$= v_f(P_1) + v_f(P_2)$$

$$\leq V_f[a,c] + V_f[c,b] \ 。$$

由此可得

$$V_f[a,b] \leq V_f[a,c] + V_f[c,b] \ 。$$

因此，定理的等式成立。∥

　　有了定理 6 之後，我們可以進一步利用全變差概念定義一個遞增函數，進而得出下述重要定理。

【定理 7】（有界變差的充要條件）

　　若 $f: [a,b] \to R$ 為一函數，則 f 是 $[a,b]$ 上的有界變差函數的充要條件是：f 可表示成 $[a,b]$ 上的兩個遞增函數的差。

證：充分性：若 $f = g - h$，其中的 $g, h: [a,b] \to R$ 都是遞增函數，則依定理 1 及定理 5⑴，可知 f 是 $[a,b]$ 上的有界變差函數。

　　必要性：設 f 是 $[a,b]$ 上的有界變差函數。定義一個函數 V：$[a,b] \to R$ 如下：$V(a) = 0$，而對每個 $x \in (a,b]$，令

$$V(x) = V_f[a,x] \ 。$$

函數 V 稱為函數 f 的**全變差函數**。因為 $f = V - (V - f)$，所以，我們只需證明 V 與 $V - f$ 都是 $[a,b]$ 上的遞增函數即可。

　　對每個 $x \in (a,b]$，因為 $V_f[a,x] \geq 0$，所以，得 $V(x) \geq V(a)$。其次，對任意 $x, y \in (a,b]$，$x < y$，依定理 6，可得

$$V(y) - V(x) = V_f[a,y] - V_f[a,x] = V_f[x,y] \geq 0 \ 。$$

由此可知：V 是 $[a,b]$ 上的遞增函數。另一方面，對任意 $x,y \in [a,b]$，$x < y$，依 $V_f[x,y]$ 的定義，可得

$$
\begin{aligned}
(V-f)(y) - (V-f)(x) &= (V(y) - V(x)) - (f(y) - f(x)) \\
&= V_f[x,y] - (f(y) - f(x)) \\
&\geq |f(y) - f(x)| - (f(y) - f(x)) \geq 0 \text{ 。}
\end{aligned}
$$

由此可知：$V-f$ 是 $[a,b]$ 上的遞增函數。 ‖

　　將一個有界變差函數表示成兩個遞增函數的差，其表示法當然不會唯一。例如：若有界變差函數 $f:[a,b] \to \boldsymbol{R}$ 表示成 $f = g - h$，其中 $g,h:[a,b] \to \boldsymbol{R}$ 是遞增函數，則對於任意遞增函數 $k:[a,b] \to \boldsymbol{R}$，恆有 $f = (g+k) - (h+k)$，這也是將 f 表示成兩個遞增函數之差的另一個例子。更進一步地，當 k 是嚴格遞增函數時，$g+k$ 與 $h+k$ 也是嚴格遞增函數。這表示：每個有界變差函數都可表示成兩個嚴格遞增函數之差，也就是說，定理 7 中的充要條件可以將「遞增函數」改成「嚴格遞增函數」。

　　將一個有界變差函數表示成兩個遞增函數之差的許多表示法中，有一個表示法被視為是標準表示法，我們說明如下：設 $f:[a,b] \to \boldsymbol{R}$ 是 $[a,b]$ 上的一個有界變差函數，仿照定理 7 的證明中定義函數 f 的全變差函數 $V:[a,b] \to \boldsymbol{R}$，再定義兩個函數 $P, N:[a,b] \to \boldsymbol{R}$ 如下：對每個 $x \in [a,b]$，令

$$
P(x) = \frac{1}{2}(V(x) + f(x) - f(a)) \text{，}
$$

$$
N(x) = \frac{1}{2}(V(x) - f(x) + f(a)) \text{，}
$$

則函數 P 與 N 都是非負的遞增函數，而且對每個 $x \in [a,b]$，恆有

$$
V(x) = P(x) + N(x) \text{，}
$$
$$
f(x) = P(x) - N(x) + f(a) \text{ 。}
$$

函數 P 與 N 分別稱為函數 f 的**正變差函數**與**負變差函數**，要了解這兩

個名詞的含義，可參看練習題 7 與 8。

丙、有界變差與連續性

【定理 8】（有界變差函數的不連續點）

　　若 $f: [a,b] \to R$ 是 $[a,b]$ 上的有界變差函數，則 f 在 $[a,b)$ 中每個點的右極限都存在，f 在 $(a,b]$ 中每個點的左極限都存在，而且 f 至多只有可數個不連續點。

證：因為 f 可表示成兩個遞增函數的差，所以，本定理依 §3-4 定理 12 及定理 15 立即可得。$\parallel$

【定理 9】（有界變差函數及其全變差函數的連續點）

　　若 $f: [a,b] \to R$ 是 $[a,b]$ 上的有界變差函數，而 $V: [a,b] \to R$ 是 f 的全變差函數，則

　　⑴對每個 $c \in [a,b)$，f 在點 c 右連續的充要條件是 V 在點 c 右連續。事實上，對此種點 c，恆有

$$V(c+) - V(c) = \left| f(c+) - f(c) \right| \, \text{。}$$

　　⑵對每個 $c \in (a,b]$，f 在點 c 左連續的充要條件是 V 在點 c 左連續。事實上，對此種點 c，恆有

$$V(c) - V(c-) = \left| f(c) - f(c-) \right| \, \text{。}$$

　　⑶對每個 $c \in [a,b]$，f 在點 c 連續的充要條件是 V 在點 c 連續。

證：我們只證明⑴。設 $c \in [a,b)$，我們欲證：

$$\lim_{x \to c+} \left(V(x) - V(c) - \left| f(x) - f(c) \right| \right) = 0 \, \text{。}$$

　　設 ε 為任意正數，依全變差 $V_f[c,b]$ 的定義，必可找到區間 $[c,b]$ 的一個分割 $P = \{ c = x_0 < x_1 < \cdots < x_n = b \}$ 使得

$$0 \leq V_f[c,b] - v_f(P) < \varepsilon \, \text{。}$$

對每個 $x \in (c,x_1)$，令 $P_x = P \cup \{x\}$，則得 $v_f(P_x) \geq v_f(P)$。於是，得

$$0 \leq V_f[c,b] - v_f(P_x) \leq V_f[c,b] - v_f(P) < \varepsilon \text{。}$$

因為 $\{x < x_1 < x_2 < \cdots < x_n = b\}$ 是 $[x,b]$ 的一個分割，所以，可得

$$\left| f(x_1) - f(x) \right| + \sum_{i=2}^{n} \left| f(x_i) - f(x_{i-1}) \right| \leq V_f[x,b] \text{。}$$

於是，對每個 $x \in (c, x_1)$，恆有

$$0 \leq V_f[c,x] - \left| f(x) - f(c) \right|$$

$$= V_f[c,b] - V_f[x,b] - v_f(P_x) + \left| f(x_1) - f(x) \right| + \sum_{i=2}^{n} \left| f(x_i) - f(x_{i-1}) \right|$$

$$\leq V_f[c,b] - v_f(P_x) < \varepsilon \text{。}$$

因為 $V_f[c,x] = V(x) - V(c)$，所以，由前面證明可知欲證的右極限成立。因為函數 V 是遞增函數，所以，$V(c+)$ 與 $V(c-)$ 都存在，於是，得 $V(c+) - V(c) = \left| f(c+) - f(c) \right|$。 ||

【定理 10】（連續且有界變差的充要條件）

　　若 $f : [a,b] \to \boldsymbol{R}$ 為一連續函數，則 f 是 $[a,b]$ 上的有界變差函數的充要條件是：f 可表示成 $[a,b]$ 上的兩個連續遞增函數的差。

證：依定理 7 及定理 9 (3) 立即可得。 ||

【定理 11】（有界變差函數的跳躍度之和）

　　若 $f : [a,b] \to \boldsymbol{R}$ 是 $[a,b]$ 上的有界變差函數，令 D 表示 f 的所有不連續點所成的集合，則

$$\sum_{x \in D} \left(\left| f(x+) - f(x) \right| + \left| f(x) - f(x-) \right| \right) \leq V_f[a,b] \text{，}$$

$$\sum_{x \in D} \left| f(x+) - f(x-) \right| \leq V_f[a,b] \text{。}$$

證：因為 $\left| f(x+) - f(x-) \right| \leq \left| f(x+) - f(x) \right| + \left| f(x) - f(x-) \right|$，所以，第二個不等式乃是第一個不等式的必然結果。我們只須證明第一個不等式。

　　依定理 8，可知集合 D 是一個可數集，設 $\{x_1, x_2, \cdots, x_n\}$ 是 D 的

任意有限子集且 $x_1 < x_2 < \cdots < x_n$，則依定理 9 以及函數 V 的遞增性，可得（請注意：在下式中，$f(a-)$ 表示 $f(a)$，$f(b+)$ 表示 $f(b)$。）

$$\sum_{i=1}^{n} \left(\left| f(x_i+) - f(x_i) \right| + \left| f(x_i) - f(x_i-) \right| \right)$$

$$= \sum_{i=1}^{n} \left(V(x_i+) - V(x_i-) \right)$$

$$= V(x_n+) - V(x_1-) - \sum_{i=1}^{n-1} \left(V(x_{i+1}-) - V(x_i+) \right)$$

$$\leq V(x_n+) - V(x_1-)$$

$$\leq V_f[a,b]。$$

因為上述結果對於 D 的每個有限子集都成立，所以，可知定理的第一個不等式成立。$\|$

根據定理 11 的第二個不等式，當 D 的所有元素表示成一個數列 $\{x_n\}_{n=1}^{\infty}$ 時，級數 $\sum_{n=1}^{\infty} \left(f(x_n+) - f(x_n-) \right)$ 是一個絕對收斂級數。因為此級數絕對收斂，這表示該級數的各項任意對調順序時，級數的斂散性與和都不受影響。(參看 §8-1 定理 10。) 因此，我們可以直接寫成

$$\sum_{x \in D} \left| f(x+) - f(x-) \right|，$$

而不必在意 D 中各元素如何編排順序。

【定義 4】設 $f: [a,b] \to \mathbf{R}$ 是 $[a,b]$ 上的有界變差函數，令 D 表示 f 的所有不連續點所成的集合，定義一函數 $f_s: [a,b] \to \mathbf{R}$ 如下：對每個 $x \in (a,b]$，令

$$f_s(x) = (f(x) - f(x-)) + \sum_{\substack{a \leq c < x \\ c \in D}} (f(c+) - f(c-))，$$

而 $f_s(a) = 0$。函數 f_s 稱為函數 f 的**跳躍函數**（saltus function 或 jump function）。

【定理 12】（跳躍函數的性質）

若 $f\colon [a,b] \to \boldsymbol{R}$ 是 $[a,b]$ 上的有界變差函數，則

⑴ $f - f_s$ 是 $[a,b]$ 上的連續函數。

⑵ f_s 是 $[a,b]$ 上的有界變差函數，而且對每個 $x \in (a,b)$ ，恆有

$$V_{f_s}[a,x] \leq V_f[a,x] \text{ 。}$$

證：首先注意到：對任意 $x,y \in [a,b]$ ， $x < y$ ，恆有

$$f_s(y) - f_s(x)$$

$$= (f(y) - f(y-)) - (f(x) - f(x-)) + \sum_{\substack{x \leq c < y \\ c \in D}} (f(c+) - f(c-))$$

$$= (f(y) - f(y-)) + (f(x+) - f(x)) + \sum_{\substack{x < c < y \\ c \in D}} (f(c+) - f(c-)) \text{ 。}$$

其次，設 $D = \{ c_n \mid n \in \boldsymbol{N} \}$ ，則依定理 11 第一個不等式，可知級數

$$\sum_{n=1}^{\infty} (| f(c_n+) - f(c_n) | + | f(c_n) - f(c_n-) |)$$

是收斂級數。

⑴設 ε 為任意正數，而 $x \in [a,b)$ 。因為上述級數收斂，所以，可找到一個 $n_0 \in \boldsymbol{N}$ 使得

$$\sum_{n > n_0}^{\infty} (| f(c_n+) - f(c_n) | + | f(c_n) - f(c_n-) |) < \frac{\varepsilon}{2} \text{ 。}$$

另一方面，因為 $f(x+)$ 存在，所以，必可找到一個正數 δ 使得 $c_1, c_2, \cdots, c_{n_0}$ 都不屬於 $(x, x+\delta)$ ，而且當 $y \in (x, x+\delta)$ 時，恆有 $| f(y) - f(x+) | < \varepsilon/2$ 。於是，當 $y \in (x, x+\delta)$ 時，可得

$$\left| f(y) - f_s(y) - f(x) + f_s(x) \right|$$

$$= \left| f(y-) - f(x+) - \sum_{x < c < y} (f(c+) - f(c-)) \right|$$

$$\leq \left| f(y) - f(y-) \right| + \left| f(y) - f(x+) \right| + \sum_{x < c < y} \left| f(c+) - f(c-) \right|$$

$$\leq \left| f(y) - f(x+) \right| + \sum_{n > n_0}^{\infty} \left(\left| f(c_n+) - f(c_n) \right| + \left| f(c_n) - f(c_n-) \right| \right)$$

$$< \frac{\varepsilon}{2} + \frac{\varepsilon}{2} = \varepsilon \, \circ$$

由此可知：$\lim_{y \to x+} (f(y) - f_s(y) - f(x) + f_s(x)) = 0$，亦即：函數 $f - f_s$ 在點 x 右連續。同理可證：對每個 $x \in (a,b)$，函數 $f - f_s$ 在點 x 左連續。於是，函數 $f - f_s$ 是 $[a,b]$ 上的連續函數。

(2)設 $P = \{ a = x_0 < x_1 < \cdots < x_n = b \}$ 是 $[a,b]$ 的一個分割，則得

$$v_{f_s}(P) = \sum_{i=1}^{n} \left| f_s(x_i) - f_s(x_{i-1}) \right|$$

$$\leq \sum_{i=1}^{n} \left(\left| f(x_i) - f(x_i-) \right| + \left| f(x_{i-1}+) - f(x_{i-1}) \right| + \sum_{x_{i-1} < c < x_i} \left| f(c+) - f(c-) \right| \right)$$

$$\leq \sum_{c \in D} \left(\left| f(c+) - f(c) \right| + \left| f(c) - f(c-) \right| \right)$$

$$\leq V_f[a,b] \, \circ$$

由此可知：函數 f_s 是 $[a,b]$ 上的有界變差函數，而且 $V_{f_s}[a,b] \leq V_f[a,b]$。仿上法可證得：對每個 $x \in (a,b)$，恆有 $V_{f_s}[a,x] \leq V_f[a,x]$。$\parallel$

定理 12 告訴我們：定義域為有限閉區間的有界變差函數都可表示成一個連續（且有界變差）函數與一個跳躍函數的和。此處所定義的跳躍函數可以看成是階梯函數推廣到無限的情形。事實上，跳躍函數可以表示成無限多個階梯函數的和，參看練習題 11。

丁、有界變差函數與 Riemann-Stieltjes 積分

下面的定理正是甲小節第一段所作引言的回應。

【定理 13】（Riemann-Stieltjes 可積分性的充分條件之二）

　　若 $f:[a,b]\to R$ 是 $[a,b]$ 上的連續函數而 $\alpha:[a,b]\to R$ 是 $[a,b]$ 上的有界變差函數，則 f 對 α 在 $[a,b]$ 上可 Riemann-Stieltjes 積分。

證：設 ε 為任意正數，因為 f 在緊緻區間 $[a,b]$ 上連續，所以，依§3-6 定理 10，f 在 $[a,b]$ 上均勻連續。於是，對於正數 $\varepsilon/V_\alpha[a,b]$，必可找到一個正數 δ 使得：當 $s,t\in[a,b]$ 且 $|s-t|<\delta$ 時，恆有 $|f(s)-f(t)|<\varepsilon/V_\alpha[a,b]$。選取 $[a,b]$ 的一個分割 P_0 使得 $|P_0|<\delta$。設 P_1 與 P_2 是 P_0 的兩個細分，而 $S(f,\alpha,P_1)$ 與 $S(f,\alpha,P_2)$ 是 f 對 α 分別對應於分割 P_1 與 P_2 的 Riemann-Stieltjes 和，令 P 表示 P_1 與 P_2 的最小共同細分。若 $P=\{a=x_0<x_1<\cdots<x_n=b\}$，則 $S(f,\alpha,P_1)$ 與 $S(f,\alpha,P_2)$ 可分別表示成下述形式：

$$S(f,\alpha,P_1)=\sum_{i=1}^{n}f(s_i)(\alpha(x_i)-\alpha(x_{i-1}))\ ,$$

$$S(f,\alpha,P_2)=\sum_{i=1}^{n}f(t_i)(\alpha(x_i)-\alpha(x_{i-1}))\ 。$$

在上述表示式中，對每個 $i=1,2,\cdots,n$，s_i 與 t_i 不一定屬於 $[x_{i-1},x_i]$，但分割 P_0 必有一個分割區間同時包含 s_i、t_i 與 $[x_{i-1},x_i]$。因此，對每個 $i=1,2,\cdots,n$，恆有 $|s_i-t_i|\le|P_0|<\delta$。於是，得

$$\left|S(f,\alpha,P_1)-S(f,\alpha,P_2)\right|\le\sum_{i=1}^{n}\left|f(s_i)-f(t_i)\right|\left|\alpha(x_i)-\alpha(x_{i-1})\right|$$

$$\le\frac{\varepsilon}{V_\alpha[a,b]}\cdot\sum_{i=1}^{n}\left|\alpha(x_i)-\alpha(x_{i-1})\right|$$

$$\le\frac{\varepsilon}{V_\alpha[a,b]}\cdot V_\alpha[a,b]=\varepsilon\ 。$$

依§6-1 定理 8 的 Cauchy 條件，f 對 α 在 $[a,b]$ 上可 Riemann-Stieltjes 積分。∥

有界變差函數

【系理 14】（Riemann-Stieltjes 可積分性的充分條件之三）

設 $f:[a,b]\to \mathbf{R}$ 是 $[a,b]$ 上的有界變差函數而 $\alpha:[a,b]\to \mathbf{R}$ 是 $[a,b]$ 上的連續函數，則 f 對 α 在 $[a,b]$ 上可 Riemann-Stieltjes 積分。

證：依定理 13 及 §6-1 定理 5 即得。 ∥

前面的定理 13 有兩個逆向的性質。

【定理 15】（有界變差函數的一項特性）

設 $\alpha:[a,b]\to \mathbf{R}$ 為一有界函數。若 $[a,b]$ 上的每個連續函數都對函數 α 在 $[a,b]$ 上可 Riemann-Stieltjes 積分，則 α 是 $[a,b]$ 上的有界變差函數。

證：我們採用間接證法來證明本定理，亦即：假設 α 不是 $[a,b]$ 上的有界變差函數，我們將在區間 $[a,b]$ 上找到一個連續函數 $f:[a,b]\to \mathbf{R}$，使得 f 對 α 在 $[a,b]$ 上不可 Riemann-Stieltjes 積分。

設 $\alpha:[a,b]\to \mathbf{R}$ 不是 $[a,b]$ 上的有界變差函數，我們先證明：可找到一個 $c\in[a,b]$ 使得下述二性質中至少有一成立：

(1) $c\in[a,b)$，而對每個 $d\in(c,b]$，α 都不是 $[c,d]$ 上的有界變差函數。

(2) $c\in(a,b]$，而對每個 $d\in[a,c)$，α 都不是 $[d,c]$ 上的有界變差函數。

其證明如下：因為 α 不是 $[a,b]$ 上的有界變差函數，所以，依定理 6，α 不可能在 $[a,(a+b)/2]$ 上與在 $[(a+b)/2,b]$ 上都是有界變差函數。設 $[a_1,b_1]$ 表示此二閉區間之一而 α 不是 $[a_1,b_1]$ 上的有界變差函數。仿此法，我們可得一系列的閉區間：

$$[a,b]\supset[a_1,b_1]\supset[a_2,b_2]\supset\cdots\supset[a_n,b_n]\supset\cdots,$$

使得：對每個 $n\in \mathbf{N}$，恆有 $b_n-a_n=(b-a)/2^n$，而且 α 不是 $[a_n,b_n]$ 上的有界變差函數。依 §1-2 定理 11（區間套定理），恰有一個實數

c 屬於每一個 $[a_n, b_n]$。很容易就可證明：對於實數 c，上述二性質至少有一個成立。

假設 c 滿足上述的性質(2)。設 $M = \sup\{|\alpha(x)| \mid x \in [a, b]\}$。因為 α 不是 $[a, c]$ 上的有界變差函數，所以，對於正數 $2M+1$，可找到 $[a, c]$ 的一個分割 $\{a = x_0 < x_1 < \cdots < x_{n_1} < c\}$ 使得 $c - x_{n_1} < 1$ 而且

$$\sum_{i=1}^{n_1} |\alpha(x_i) - \alpha(x_{i-1})| + |\alpha(c) - \alpha(x_{n_1})| > 2M + 1 \text{。}$$

因為 $|\alpha(c) - \alpha(x_{n_1})| \le 2M$，所以，得

$$\sum_{i=1}^{n_1} |\alpha(x_i) - \alpha(x_{i-1})| > 1 \text{。}$$

同理，因為 α 不是 $[x_{n_1}, c]$ 上的有界變差函數，所以，可找到 $[x_{n_1}, c]$ 的一個分割 $\{x_{n_1} < x_{n_1+1} < \cdots < x_{n_2} < c\}$ 使得 $c - x_{n_2} < 1/2$ 而且

$$\sum_{i=n_1+1}^{n_2} |\alpha(x_i) - \alpha(x_{i-1})| > 1 \text{。}$$

依數學歸納法，我們可找到一個嚴格遞增實數數列 $\{x_i\}_{i=1}^{\infty}$ 以及一個嚴格遞增整數數列 $\{n_k\}_{k=0}^{\infty}$ 使得：$n_0 = 0$、$\{x_i \mid i \in N\} \subset [a, c)$、而且對每個 $k \in N \cup \{0\}$，恆有 $0 < c - x_{n_{k+1}} < 1/(k+1)$ 以及

$$\sum_{i=n_k+1}^{n_{k+1}} |\alpha(x_i) - \alpha(x_{i-1})| > 1 \text{。} \tag{*}$$

對每個 $i \in N$，令 $\varepsilon_i = \mathrm{sgn}\,(\alpha(x_i) - \alpha(x_{i-1}))$，則

$$\varepsilon_i \cdot (\alpha(x_i) - \alpha(x_{i-1})) = |\alpha(x_i) - \alpha(x_{i-1})| \text{。}$$

定義函數 $f \colon [a, b] \to R$ 如下：

(1)若 $x \in [a, x_1]$，則令 $f(x) = \varepsilon_1$；

(2)若 $x = x_i$ 且 $n_{k-1} < i \le n_k$，則令 $f(x) = \dfrac{\varepsilon_i}{k}$；

(3)若 $x \in [x_{i-1}, x_i]$，則令

$$f(x) = \frac{x_i - x}{x_i - x_{i-1}} \cdot f(x_{i-1}) + \frac{x - x_{i-1}}{x_i - x_{i-1}} \cdot f(x_i) \;;$$

(4)若 $x \in [c, b]$ ，則令 $f(x) = 0$ 。

顯然地，函數 $f: [a, b] \to \mathbf{R}$ 是連續函數，我們將證明 f 對 α 在 $[a, c]$ 上不可 Riemann-Stieltjes 積分。於是，f 對 α 在 $[a, b]$ 上不可 Riemann-Stieltjes 積分。

設 $P_0 = \{a = y_0 < y_1 < \cdots < y_m < c\}$ 是 $[a, c]$ 的一個分割。因為 $\lim_{k \to \infty} x_{n_k} = c$，所以，必可找到一個 $k \in \mathbf{N}$ 使得 $y_m < x_{n_k} < c$。因為級數 $\sum_{n=1}^{\infty} 1/(n + k)$ 發散，所以，可找到一個正整數 l 使得 $l > k$ 且

$$\frac{1}{k+1} + \frac{1}{k+2} + \cdots + \frac{1}{l} > 1 \;。$$

令 $P_1 = P_0 \bigcup \{x_{n_k}\}$ 且 $P_2 = P_0 \bigcup \{x_{n_k}, x_{n_k+1}, \cdots, x_{n_{k+1}}, \cdots, x_{n_l}\}$，則 P_1 與 P_2 都是 P_0 的細分。在分割 P_1 與 P_2 的每個分割區間中，選用 f 在區間的右端點的函數值而作出兩個 Riemann-Stieltjes 和 $S(f, \alpha, P_1)$ 與 $S(f, \alpha, P_2)$，則依(*)式可得

$$\left| S(f, \alpha, P_1) - S(f, \alpha, P_2) \right| = \left| \sum_{i=n_k+1}^{n_l} f(x_i)(\alpha(x_i) - \alpha(x_{i-1})) \right|$$

$$= \left| \sum_{j=k+1}^{l} \frac{1}{j} \cdot \sum_{i=n_{j-1}+1}^{n_j} \left| \alpha(x_i) - \alpha(x_{i-1}) \right| \right|$$

$$> \sum_{j=k+1}^{l} \frac{1}{j}$$

$$> 1 \;。$$

由此可知：函數 f 對函數 α 在 $[a, c]$ 上不滿足§6-1 定理 8 的 Cauchy 條件。於是，f 對 α 在 $[a, c]$ 上不可 Riemann-Stieltjes 積分。∥

【定理 16】（連續函數的一項特性）

設 $f: [a, b] \to \mathbf{R}$ 為一有界函數。若 f 對 $[a, b]$ 上的每個有界變差

函數都在$[a,b]$上可 Riemann-Stieltjes 積分，則f是$[a,b]$上的連續函數。

證：設 c 是$[a,b)$上任一點，定義函數$\alpha:[a,b]\to R$如下：若$a\le x\le c$，則$\alpha(x)=0$；若$c<x\le b$，則$\alpha(x)=1$。因為α是遞增函數，所以，依定理 1，α是$[a,b]$上的有界變差函數。依假設，f對α在$[a,b]$上可 Riemann-Stieltjes 積分。設ε是任意正數，依§6-1 定理 8 的 Cauchy 條件，必可找到$[a,b]$的一個分割P，使得函數f對函數α對應於分割 P 的任意兩個 Riemann-Stieltjes 和S_1與S_2都滿足$|S_1-S_2|<\varepsilon$。設$P=\{a=x_0<x_1<\cdots<x_n=b\}$且$x_{j-1}\le c<x_j$，則對每個$x\in(c,x_j)$，令

$$S_1(f,\alpha,P)=\sum_{\substack{i=1\\i\ne j}}^{n}f(t_i)(\alpha(x_i)-\alpha(x_{i-1}))+f(x)(\alpha(x_j)-\alpha(x_{j-1})),$$

$$S_2(f,\alpha,P)=\sum_{\substack{i=1\\i\ne j}}^{n}f(t_i)(\alpha(x_i)-\alpha(x_{i-1}))+f(c)(\alpha(x_j)-\alpha(x_{j-1}))。$$

根據分割P的性質以及$\alpha(x_j)-\alpha(x_{j-1})=1-0=1$，可得

$$|f(x)-f(c)|=|S_1(f,\alpha,P)-S_2(f,\alpha,P)|<\varepsilon。$$

由此可知：函數f在每個$c\in[a,b)$都右連續。

同理可證函數f在每個$c\in(a,b]$都左連續。於是，$f:[a,b]\to R$是$[a,b]$上的連續函數。$\|$

本節的最後兩個定理，我們要討論連續函數對跳躍函數的 Riemann-Stieltjes 積分，它們可視為§6-1 定理 11 與定理 12 的推廣。

【定理 17】（連續函數對跳躍函數的積分）

若 $f:[a,b]\to R$是$[a,b]$上的連續函數，$\alpha:[a,b]\to R$是$[a,b]$上的有界變差函數，$\alpha_s:[a,b]\to R$是α的跳躍函數，則

$$\int_a^b f(x) \, d\alpha_s(x) = \sum_{x \in D} f(x)(\alpha(x+) - \alpha(x-)) \, ,$$

其中，集合 D 是函數 α 的所有不連續點所成的集合。（請注意：$\alpha(a-)$ 指 $\alpha(a)$，$\alpha(b+)$ 指 $\alpha(b)$。）

證：因為 α 是 $[a,b]$ 上的有界變差函數，所以，依定理 12，其跳躍函數 α_s 也是 $[a,b]$ 上的有界變差函數。因為 f 是 $[a,b]$ 上的連續函數，所以，依定理 13，f 對 α_s 在 $[a,b]$ 上可 Riemann-Stieltjes 積分。

設 ε 為任意正數。因為 f 對 α_s 在 $[a,b]$ 上可 Riemann-Stieltjes 積分，所以，對於正數 $\varepsilon/2$，必可找到 $[a,b]$ 的一個分割 P_0 使得：對於分割 P_0 的每個細分 P 以及 f 對 α_s 對應於分割 P 的每個 Riemann-Stieltjes 和 $S(f, \alpha_s, P)$，恆有

$$\left| S(f, \alpha_s, P) - \int_a^b f(x) \, d\alpha_s(x) \right| < \frac{\varepsilon}{2} \, \circ$$

另一方面，因為 f 在 $[a,b]$ 上連續，所以，f 在 $[a,b]$ 上均勻連續。於是，對於正數 $\varepsilon/2V_\alpha[a,b]$，必可找到一個正數 δ 使得：當 $s, t \in [a,b]$ 且 $|s-t| < \delta$ 時，恆有 $|f(s) - f(t)| < \varepsilon/2V_\alpha[a,b]$。選取 P_0 的一細分 $P = \{a = x_0 < x_1 < \cdots < x_n = b\}$ 使得 $|P| < \delta$，設

$$S(f, \alpha_s, P) = \sum_{i=1}^n f(t_i)(\alpha_s(x_i) - \alpha_s(x_{i-1}))$$

是 f 對 α_s 對應於 P 的一個 Riemann-Stieltjes 和，則依定理 11 可得

$$\left| S(f, \alpha_s, P) - \sum_{x \in D} f(x)(\alpha(x+) - \alpha(x-)) \right|$$

$$= \left| \sum_{i=1}^n f(t_i) \left[(\alpha(x_i) - \alpha(x_i-)) + (\alpha(x_{i-1}+) - \alpha(x_{i-1})) \right. \right.$$

$$\left. \left. + \sum_{\substack{x_{i-1} < x < x_i \\ x \in D}} (\alpha(x+) - \alpha(x-)) \right] - \sum_{i=1}^n \left[\sum_{\substack{x_{i-1} < x < x_i \\ x \in D}} f(x)(\alpha(x+) - \alpha(x-)) \right] \right.$$

$$-\sum_{i=1}^{n} f(x_i)\left((\alpha(x_i)-\alpha(x_i-))\right) - \sum_{i=0}^{n-1} f(x_i)\left((\alpha(x_i+)-\alpha(x_i))\right)\Bigg|$$

$$\leq \sum_{i=1}^{n}\Big[\sum_{\substack{x_{i-1}<x<x_i \\ x\in D}} \big|f(t_i)-f(x)\big|\,\big|\alpha(x+)-\alpha(x-)\big|\Big]$$

$$+\sum_{i=1}^{n} \big|f(t_i)-f(x_i)\big|\,\big|(\alpha(x_i)-\alpha(x_i-)\big|$$

$$+\sum_{i=0}^{n-1} \big|f(t_{i+1})-f(x_i)\big|\,\big|(\alpha(x_i+)-\alpha(x_i)\big|$$

$$\leq \frac{\varepsilon}{2V_\alpha[a,b]}\cdot\sum_{x\in D}\left(\big|\alpha(x+)-\alpha(x)\big|+\big|\alpha(x)-\alpha(x-)\big|\right)$$

$$\leq \frac{\varepsilon}{2V_\alpha[a,b]}\cdot V_\alpha[a,b]=\frac{\varepsilon}{2}\;\text{。}$$

由此可得

$$\left|\sum_{x\in D} f(x)(\alpha(x+)-\alpha(x-)) - \int_a^b f(x)\,d\alpha_s(x)\right|<\varepsilon\;\text{。}$$

因為上述不等式對每個正數 ε 都成立，所以，可知定理的等式成立。‖

【系理 18】（絕對收斂級數都可表成 Riemann-Stieltjes 積分）

若 $\sum_{n=1}^{\infty} a_n$ 為一絕對收斂級數，定義一個函數 $\alpha:[0,1]\to \boldsymbol{R}$ 如下：對每個 $x\in(0,1]$，令 $\alpha(x)=\sum_{kx\geq1} a_k$；又 $\alpha(0)=0$，則對每個 $k\in\boldsymbol{N}$，恆有

$$\sum_{n=k}^{\infty} a_n = \int_0^{1/k} 1\,d\alpha(x)\;\text{。}$$

證：根據定理 17，我們只須證明下述各性質：

　　(1)α 是 $[0,1]$ 上的有界變差函數。

　　(2)對每個 $n\in\boldsymbol{N}$，恆有

$$\alpha((1/n)+) = \alpha(1/n) \text{ 及 } \alpha(1/n) - \alpha((1/n)-) = a_n \text{ 。}$$

(3) α 在每個 $x \in [0,1] - \{ 1/n \mid n \in N \}$ 都連續。

(4) $\alpha = \alpha_s$ 。

上述各性質留給讀者自行證明（參看練習題 12）。 ‖

練習題　6－2

1. 若 $f: [a,b] \to [c,d]$ 是 $[a,b]$ 上的有界變差函數，而 $g:$ $[c,d] \to \mathbf{R}$ 在 $[c,d]$ 上滿足 Lipschitz 條件，則 $g \circ f$ 是 $[a,b]$ 上的有界變差函數。試證之。

2. 若 $f: [a,b] \to [c,d]$ 是遞增函數，而 $g: [c,d] \to \mathbf{R}$ 是 $[c,d]$ 上的有界變差函數，則 $g \circ f$ 是 $[a,b]$ 上的有界變差函數。試證之。

3. 試證：函數 $f: [a,b] \to \mathbf{R}$ 是 $[a,b]$ 上的有界變差函數的充要條件是：存在一個遞增函數 $g: [a,b] \to \mathbf{R}$ 使得：對任意 $x,y \in [a,b]$ ， $x < y$ ，恆有
$$|f(x) - f(y)| \leq g(y) - g(x) \text{ 。}$$

4. 設 a 與 b 為二正數，定義一個函數 $f: [0,1] \to \mathbf{R}$ 如下： $f(0) = 0$ ；而對每個 $x \in (0,1]$ ， $f(x) = x^a \sin(1/x^b)$ 。試證： f 是 $[0,1]$ 上的有界變差函數的充要條件是 $a > b$ 。

5. 設 $a \in \mathbf{R}$ 且 $0 < a < 1$ ，而 $[0,1] \bigcap \mathbf{Q} = \{ r_n \mid n \in N \}$ ，其中，當 $n \neq m$ 時，恆有 $r_n \neq r_m$ 。定義一個函數 $f: [0,1] \to \mathbf{R}$ 如下：若 $x \in [0,1]$ 是無理數，則 $f(x) = 0$ ；若 $x = r_n$ ，則 $f(x) = a^n$ 。試證： f 是 $[0,1]$ 上的有界變差函數。

6. 設 $\sum_{n=1}^{\infty} a_n$ 是一個發散級數，其中的每個 a_n 都是正數。定義一個函數 $f: [0,1] \to \mathbf{R}$ 如下：對每個 $n \in N$ ，令 $f(1/(2n-1)) = 0$ 而 $f(1/(2n)) = a_n$ ；而在其他的 $x \in [0,1]$ ， $f(x)$ 定義為任意值。

試證：f 不是 $[0,1]$ 上的有界變差函數。

7. 設 $f：[a,b]\to R$ 為一函數，對於分割 $Q=\{\,a=x_0<x_1<\cdots<x_n=b\,\}$，令

$$p_f(Q)=\sum_{i=1}^{n}\,(\,f(x_i)-f(x_{i-1}))^{+}\,,$$

$$n_f(Q)=\sum_{i=1}^{n}\,(\,f(x_i)-f(x_{i-1}))^{-}\,。$$

試證：f 是 $[a,b]$ 上的有界變差函數的充要條件是：兩集合 $\{\,p_f(Q)\,\big|\,Q\text{是}[a,b]\text{的分割}\}$ 與 $\{n_f(Q)\,\big|\,Q\text{是}[a,b]\text{的分割}\}$ 都有上界。當此條件成立時，令 $P_f[a,b]$ 與 $N_f[a,b]$ 分別表示此二集合的最小上界，$P_f[a,b]$ 稱為 f 在 $[a,b]$ 上的**正變差**（positive variation），$N_f[a,b]$ 稱為 f 在 $[a,b]$ 上的**負變差**（negative variation）。試證：

$$P_f[a,b]+N_f[a,b]=V_f[a,b]\,,$$

$$P_f[a,b]-N_f[a,b]=f(b)-f(a)\,。$$

8. 若 $f：[a,b]\to R$ 是 $[a,b]$ 上的有界變差函數，而函數 $P：[a,b]\to R$ 與 $N：[a,b]\to R$ 分別表示 f 的正變差函數與負變差涵數。試證：

(1)若 $x\in(a,b]$，則 $P(x)=P_f[a,x]$，$N(x)=N_f[a,x]$。

(2)若 $x\in(a,b]$，則

$$P(x)-P(x-)=(\,f(x)-f(x-))^{+}\,,$$

$$N(x)-N(x-)=(\,f(x)-f(x-))^{-}\,。$$

(3)若 $x\in[a,b)$，則

$$P(x+)-P(x)=(\,f(x+)-f(x))^{+}\,,$$

$$N(x+)-N(x)=(\,f(x+)-f(x))^{-}\,。$$

9. 若 $f：R\to R$ 是一多項函數，試證：在每個緊緻區間 $[a,b]$ 上，

f是一個有界變差函數，並討論f在$[a,b]$上的全變差、正變差與負變差的表示法。

10. 設$f:[a,b] \to \boldsymbol{R}$是$[a,b]$上的有界變差函數，而函數$P$與$N$分別表示$f$的正變差函數與負變差涵數。若$g,h:[a,b] \to \boldsymbol{R}$為二遞增函數且滿足$f=g-h$，試證：對任意$x,y \in [a,b]$，$x<y$，恆有

$$P(y)-P(x) \le g(y)-g(x)，$$
$$N(y)-N(x) \le h(y)-h(x)，$$

亦即：$g-P$與$h-N$都是遞增函數。

11. 設$f:[a,b] \to \boldsymbol{R}$是$[a,b]$上的有界變差函數，而$D=\{x_n \mid n \in N\}$是$f$的所有不連續點所成的集合。對每個$x \in N$，定義函數$f_n:[a,b] \to \boldsymbol{R}$如下：

$$f_n(x) = \begin{cases} 0, & \text{若 } x \in [a,x_n); \\ f(x_n)-f(x_n-), & \text{若 } x=x_n; \\ f(x_n+)-f(x_n-), & \text{若 } x \in (x_n,b]。 \end{cases}$$

試證：$\sum_{n=1}^{\infty} f_n$在$[a,b]$上均勻收斂，其和為f的跳躍函數f_s。

12. 試完成系理 18 的證明。

思考題 6-2

設$f:[a,b] \to \boldsymbol{R}$為一函數，若對每個正數$\varepsilon$，都可找到一個正數$\delta$使得：對於區間$[a,b]$中滿足$\sum_{i=1}^{n}(b_i-a_i)<\delta$的任意有限多個兩兩不相交的開子區間$(a_i,b_i)$，$1 \le i \le n$，恆有

$$\sum_{i=1}^{n} \left| f(b_i)-f(a_i) \right| < \varepsilon，$$

則稱f在$[a,b]$上絕對連續（absolutely continuous）。

1. 若函數$f:[a,b] \to \boldsymbol{R}$在$[a,b]$上絕對連續，則$f$在$[a,b]$上連

續，而且 f 是 $[a,b]$ 上的有界變差函數。

2.試舉例說明上題的逆敘述不成立。

3.試證：若函數 $f:[a,b] \to R$ 在 $[a,b]$ 上滿足 Lipschitz 條件，則 f 在 $[a,b]$ 上絕對連續。

4.若函數 $f,g:[a,b] \to R$ 在 $[a,b]$ 上絕對連續，則 $f+g$、$f-g$ 與 $f \cdot g$ 都在 $[a,b]$ 上絕對連續。另一方面，若 $\inf \{ |g(x)| \mid x \in [a,b] \} > 0$，則 f/g 也在 $[a,b]$ 上絕對連續。

5.若函數 $f:[a,b] \to [c,d]$ 在 $[a,b]$ 上絕對連續，而函數 $g:[c,d] \to R$ 在 $[c,d]$ 上滿足 Lipschitz 條件，則 $g \circ f$ 也在 $[a,b]$ 上絕對連續。

6.若函數 $f:[a,b] \to [c,d]$ 在 $[a,b]$ 上絕對連續且為遞增函數，而函數 $g:[c,d] \to R$ 在 $[c,d]$ 上絕對連續，則 $g \circ f$ 也在 $[a,b]$ 上絕對連續。

7.試證：本節中的定理 13、14、15 與 16 對於(*)-Riemann-Stieltjes 積分都成立。

$\dfrac{6-3}{}$ 對遞增函數的 Riemann-Stieltjes 積分

在 Riemann-Stieltjes 積分中，若以遞增函數做為積分函數，則除了根據§6-2 定理 1 與定理 13，可知連續函數對它們都可 Riemann-Stieltjes 積分外，它們還擁有更多與 Riemann 積分相類似的性質。

甲、上積分與下積分

【定義 1】設 $f:[a,b] \to R$ 為一有界函數，$\alpha:[a,b] \to R$ 為一遞增函數，而 $P = \{ a = x_0 < x_1 < \cdots < x_n = b \}$ 為 $[a,b]$ 的一個分割。

(1)對每個 $i = 1, 2, \cdots, n$，令 $M_i = \sup \{ f(x) \mid x \in [x_{i-1}, x_i] \}$，則

下式右端的和稱為函數 f 對函數 α 對應於分割 P 的 **Darboux-Stieltjes 上和**（upper Darboux-Stieltjes sum），以 $U(f,\alpha,P)$ 表之，亦即：

$$U(f,\alpha,P) = \sum_{i=1}^{n} M_i(\alpha(x_i) - \alpha(x_{i-1}))。$$

(2)對每個 $i = 1, 2, \cdots, n$，令 $m_i = \inf\{f(x) \mid x \in [x_{i-1}, x_i]\}$，則下式右端的和稱為函數 f 對函數 α 對應於分割 P 的 **Darboux-Stieltjes 下和**（lower Darboux-Stieltjes sum），以 $L(f,\alpha,P)$ 表之，亦即：

$$L(f,\alpha,P) = \sum_{i=1}^{n} m_i(\alpha(x_i) - \alpha(x_{i-1}))。$$

【引理 1】（上和與下和的簡單性質）

設 $f : [a,b] \to \mathbf{R}$ 為一有界函數，$\alpha : [a,b] \to \mathbf{R}$ 為一遞增函數。

(1)對於 $[a,b]$ 的每個分割 P，以及函數 f 對函數 α 對應於 P 的每個 Riemann-Stieltjes 和 $S(f,\alpha,P)$，恆有

$$L(f,\alpha,P) \leq S(f,\alpha,P) \leq U(f,\alpha,P)。$$

(2)若分割 P_2 是分割 P_1 的細分，則

$$U(f,\alpha,P_1) \geq U(f,\alpha,P_2)，\quad L(f,\alpha,P_1) \leq L(f,\alpha,P_2)。$$

(3)對於 $[a,b]$ 的任意二分割 P_1 與 P_2，恆有

$$L(f,\alpha,P_1) \leq U(f,\alpha,P_2)。$$

證：甚易，留為習題。‖

【定義 2】設 $f : [a,b] \to \mathbf{R}$ 為有界函數，$\alpha : [a,b] \to \mathbf{R}$ 為遞增函數。

(1)集合 $\{U(f,\alpha,P) \mid P$ 是 $[a,b]$ 的分割$\}$ 有下界，其最大下界稱為函數 f 對函數 α 在 $[a,b]$ 上的 **Darboux-Stieltjes 上積分**（upper Darboux-Stieltjes integral），表示如下：

$$\overline{\int_a^b} f(x)\,d\alpha(x) = \inf\{U(f,\alpha,P) \mid P$$ 是 $[a,b]$ 的分割$\}。$$

⑵集合$\{L(f,\alpha,P)\mid P$是$[a,b]$的分割$\}$有上界，其最小上界稱為函數f對函數α在$[a,b]$上的 **Darboux-Stieltjes 下積分**（lower Darboux-Stieltjes integral），表示如下：

$$\underline{\int_a^b} f(x)\,d\alpha(x) = \sup\,\{L(f,\alpha,P)\mid P$是$[a,b]$的分割$\}\,。$$

下面是 Darboux-Stieltjes 上、下積分的一些基本性質。

【定理2】（上積分與下積分的大小關係）

　　若$f:[a,b]\to \boldsymbol{R}$為有界函數，而$\alpha:[a,b]\to \boldsymbol{R}$為遞增函數，則

$$\underline{\int_a^b} f(x)\,d\alpha(x) \leq \overline{\int_a^b} f(x)\,d\alpha(x)\,。$$

證：由引理1⑶及§1-2定理3⑵即得。‖

【定理3】（上、下積分與係數積）

　　設$f:[a,b]\to \boldsymbol{R}$為有界函數，$\alpha:[a,b]\to \boldsymbol{R}$為遞增函數，$c\in \boldsymbol{R}$。

　　⑴若$c\geq 0$，則可得

$$\overline{\int_a^b}(cf)(x)\,d\alpha(x) = c\cdot\overline{\int_a^b} f(x)\,d\alpha(x)\,，$$
$$\underline{\int_a^b}(cf)(x)\,d\alpha(x) = c\cdot\underline{\int_a^b} f(x)\,d\alpha(x)\,。$$

　　⑵若$c<0$，則可得

$$\overline{\int_a^b}(cf)(x)\,d\alpha(x) = c\cdot\underline{\int_a^b} f(x)\,d\alpha(x)\,，$$
$$\underline{\int_a^b}(cf)(x)\,d\alpha(x) = c\cdot\overline{\int_a^b} f(x)\,d\alpha(x)\,。$$

證：依 Darboux-Stieltjes 上、下積分的定義及§1-2定理2即得。‖

【定理4】（上、下積分與加法）

　　設$f,g:[a,b]\to \boldsymbol{R}$為有界函數而$\alpha:[a,b]\to \boldsymbol{R}$為遞增函數，

對遞增函數的 *Riemann-Stieltjes* 積分

則

$$\underline{\int_a^b} f(x)\,d\alpha(x) + \underline{\int_a^b} g(x)\,d\alpha(x) \le \underline{\int_a^b} \big(f(x)+g(x)\big)\,d\alpha(x)$$

$$\le \overline{\int_a^b} \big(f(x)+g(x)\big)\,d\alpha(x) \le \overline{\int_a^b} f(x)\,d\alpha(x) + \overline{\int_a^b} g(x)\,d\alpha(x) \text{。}$$

證：仿§5-1 定理 6 的證法即得。‖

【定理 5】（上、下積分能保持次序）

設 $f, g:[a,b] \to \mathbf{R}$ 為有界函數而 $\alpha:[a,b] \to \mathbf{R}$ 為遞增函數。
若每個 $x \in [a,b]$ 都滿足 $f(x) \le g(x)$，則

$$\overline{\int_a^b} f(x)\,d\alpha(x) \le \overline{\int_a^b} g(x)\,d\alpha(x) \text{，}$$

$$\underline{\int_a^b} f(x)\,d\alpha(x) \le \underline{\int_a^b} g(x)\,d\alpha(x) \text{。}$$

特例：若 $m, M \in \mathbf{R}$ 且每個 $x \in [a,b]$ 都滿足 $m \le f(x) \le M$，則

$$m\,(\alpha(b)-\alpha(a)) \le \underline{\int_a^b} f(x)\,d\alpha(x) \le \overline{\int_a^b} f(x)\,d\alpha(x)$$

$$\le M\,(\alpha(b)-\alpha(a)) \text{。}$$

證：依 Darboux-Stieltjes 上、下積分的定義及§1-2 定理 3 (3)即得。‖

【定理 6】（上、下積分可分區計算）

若 $f:[a,b] \to \mathbf{R}$ 為有界函數，而 $\alpha:[a,b] \to \mathbf{R}$ 為遞增函數，
則對每個 $c \in (a,b)$，恆有

$$\overline{\int_a^b} f(x)\,d\alpha(x) = \overline{\int_a^c} f(x)\,d\alpha(x) + \overline{\int_c^b} f(x)\,d\alpha(x) \text{，}$$

$$\underline{\int_a^b} f(x)\,d\alpha(x) = \underline{\int_a^c} f(x)\,d\alpha(x) + \underline{\int_c^b} f(x)\,d\alpha(x) \text{。}$$

證：留為習題（參看§5-1 定理 8 的證明）。‖

乙、可積分性的充要條件

當積分函數是遞增函數時，我們可以利用 Darboux-Stieltjes 上積

分與下積分的概念來敘述 Riemann-Stieltjes 可積分性的一個充要條件。

【定理 7】（Riemann-Stieltjes 可積分性的充要條件之二—— Darboux 條件）

若 $f: [a,b] \to \boldsymbol{R}$ 為有界函數，$\alpha : [a,b] \to \boldsymbol{R}$ 為遞增函數，則函數 f 對函數 α 在 $[a,b]$ 上可 Riemann-Stieltjes 積分的充要條件是：函數 f 對函數 α 在 $[a,b]$ 上的 Darboux-Stieltjes 上積分與下積分相等。當這條件成立時，f 對 α 在 $[a,b]$ 上的 Darboux-Stieltjes 上、下積分的共同值就是 f 對 α 在 $[a,b]$ 上的 Riemann-Stieltjes 積分，即：

$$\int_a^b f(x)\, d\alpha(x) = \underline{\int_a^b} f(x)\, d\alpha(x) = \overline{\int_a^b} f(x)\, d\alpha(x) \, 。$$

證：充分性：設 f 對 α 在 $[a,b]$ 上的 Darboux-Stieltjes 上積分與下積分相等，令 s 表示它們的共同值。設 ε 為任意正數，因為 Darboux-Stieltjes 上積分 s 是所有 Darboux-Stieltjes 上和的最大下界，所以，對於正數 ε，必可找到 $[a,b]$ 的一個分割 P_1 使得 $U(f,\alpha,P_1) < s+\varepsilon$。另一方面，因為 Darboux-Stieltjes 下積分 s 是所有 Darboux-Stieltjes 下和的最小上界，所以，對於正數 ε，必可找到 $[a,b]$ 的一個分割 P_2 使得 $L(f,\alpha,P_2) > s-\varepsilon$。選取分割 P_1 與 P_2 的一個共同細分 P_0，則對於 P_0 的每個細分 P 以及 f 對 α 對應於分割 P 的每個 Riemann-Stieltjes 和 $S(f,\alpha,P)$，因為分割 P 也是分割 P_1 與 P_2 的共同細分，所以，依引理 1，可得

$$S(f,\alpha,P) \le U(f,\alpha,P) \le U(f,\alpha,P_1) < s+\varepsilon ，$$
$$S(f,\alpha,P) \ge L(f,\alpha,P) \ge L(f,\alpha,P_2) > s-\varepsilon 。$$

由此可得 $|S(f,\alpha,P)-s| < \varepsilon$。依 §6-1 定義 2，可知函數 f 對函數 α 在 $[a,b]$ 上可 Riemann-Stieltjes 積分，而其 Riemann-Stieltjes 積分值就是 s。

必要性：設函數 f 對函數 α 在 $[a,b]$ 上可 Riemann-Stieltjes 積分，而且其 Riemann-Stieltjes 積分值就是 s，我們要證明 s 是函數 f 對

函數 α 在$[a,b]$上的 Darboux-Stieltjes 上積分及下積分。設 ε 為任意
正數,依§6-1 定義 2,對於正數 $\varepsilon/2$,必可找到$[a,b]$的一個分割
$P = \{\, a = x_0 < x_1 < \cdots < x_n = b \,\}$ 使得:f 對 α 對應於分割 P 的每個
Riemann-Stieltjes 和 $S(f,\alpha,P)$ 都滿足 $|S(f,\alpha,P) - s| < \varepsilon/2$。對每個
$i = 1, 2, \cdots, n$,令

$$M_i = \sup \{\, f(x) \mid x \in [\, x_{i-1} , x_i \,] \,\} \,,$$
$$m_i = \inf \{\, f(x) \mid x \in [\, x_{i-1} , x_i \,] \,\} \,,$$

則對於正數 $\varepsilon/2(\,\alpha(b) - \alpha(a)\,)$,必可找到 $y_i, z_i \in [\, x_{i-1} , x_i \,]$ 使得

$$0 \le M_i - f(y_i) < \varepsilon/2(\,\alpha(b) - \alpha(a)\,) \,,$$
$$0 \le f(z_i) - m_i < \varepsilon/2(\,\alpha(b) - \alpha(a)\,) \,。$$

令

$$S_1(f,\alpha,P) = \sum_{i=1}^{n} f(y_i)(\,\alpha(x_i) - \alpha(x_{i-1})\,) \,,$$

$$S_2(f,\alpha,P) = \sum_{i=1}^{n} f(z_i)(\,\alpha(x_i) - \alpha(x_{i-1})\,) \,,$$

則 $S_1(f,\alpha,P)$ 與 $S_2(f,\alpha,P)$ 都是 f 對 α 對應於分割 P 的 Riemann-
Stieltjes 和。於是,可得

$$\overline{\int_a^b} f(x)\,d\alpha(x) \le U(f,\alpha,P)$$

$$= (\,U(f,\alpha,P) - S_1(f,\alpha,P)\,) + S_1(f,\alpha,P)$$

$$= \sum_{i=1}^{n} (\,M_i - f(y_i)\,)(\,\alpha(x_i) - \alpha(x_{i-1})\,) + S_1(f,\alpha,P)$$

$$< \frac{\varepsilon}{2(\,\alpha(b) - \alpha(a)\,)} \cdot \sum_{i=1}^{n} (\,\alpha(x_i) - \alpha(x_{i-1})\,) + (s + \frac{\varepsilon}{2})$$

$$= s + \varepsilon \,,$$

$$\underline{\int_a^b} f(x)\,d\alpha(x) \ge L(f,\alpha,P)$$

$$= (\,L(f,\alpha,P) - S_2(f,\alpha,P)\,) + S_2(f,\alpha,P)$$

$$= \sum_{i=1}^{n} (m_i - f(z_i))(\alpha(x_i) - \alpha(x_{i-1})) + S_2(f, \alpha, P)$$

$$> -\frac{\varepsilon}{2(\alpha(b) - \alpha(a))} \cdot \sum_{i=1}^{n} (\alpha(x_i) - \alpha(x_{i-1})) + (s - \frac{\varepsilon}{2})$$

$$= s - \varepsilon \text{。}$$

換言之，對任何正數 ε，恆有

$$s - \varepsilon < \underline{\int_a^b} f(x)\, d\alpha(x) \le \overline{\int_a^b} f(x)\, d\alpha(x) < s + \varepsilon \text{。}$$

因此，f 對 α 在 $[a,b]$ 上的 Darboux-Stieltjes 上積分及下積分都等於 s。 ‖

其次，我們利用 Darboux-Stieltjes 上和及下和來敘述 Riemann-Stieltjes 可積分性的另一個充要條件。

【定理 8】（Riemann-Stieltjes 可積分性的充要條件之三—— Riemann 條件）

若 $f:[a,b] \to \mathbf{R}$ 為有界函數，$\alpha:[a,b] \to \mathbf{R}$ 為遞增函數，則函數 f 對函數 α 在 $[a,b]$ 上可 Riemann-Stieltjes 積分的充要條件是：對每個正數 ε，都可找到 $[a,b]$ 的一個分割 P，使得

$$0 \le U(f, \alpha, P) - L(f, \alpha, P) < \varepsilon \text{。}$$

證：假設函數 f 對函數 α 在 $[a,b]$ 上不可 Riemann-Stieltjes 積分，則依定理 7，f 對 α 在 $[a,b]$ 上的 Darboux-Stieltjes 上積分及下積分不相等。令 ε 表示 Darboux-Stieltjes 上積分減去 Darboux-Stieltjes 下積分所得的差，則 $\varepsilon > 0$。對於 $[a,b]$ 的任意分割 P，恆有

$$U(f, \alpha, P) - L(f, \alpha, P) \ge \overline{\int_a^b} f(x)\, d\alpha(x) - \underline{\int_a^b} f(x)\, d\alpha(x) = \varepsilon \text{。}$$

由此可知定理中的條件是 Riemann-Stieltjes 可積分性的一個充分條件。

必要性：設f對α在$[a,b]$上可 Riemann-Stieltjes 積分，則依定理 7，f對α在$[a,b]$上的 Darboux-Stieltjes 上積分及下積分相等，令其共同值為s。設ε為任意正數，依 Darboux-Stieltjes 上、下積分的定義，對於正數$\varepsilon/2$，必可找到$[a,b]$的兩個分割P_1與P_2使得 $U(f,\alpha,P_1)<s+\varepsilon/2$ 而 $L(f,\alpha,P_2)>s-\varepsilon/2$。選取分割$P_1$與$P_2$的一個共同細分$P$，則得

$$U(f,\alpha,P)-L(f,\alpha,P)\leq U(f,\alpha,P_1)-L(f,\alpha,P_2)$$
$$<(s+\varepsilon/2)-(s-\varepsilon/2)=\varepsilon \text{ 。}$$

由此可知定理中的條件是 Riemann-Stieltjes 可積分性的一個必要條件。‖

【系理 9】（不同積分函數的比較）

設$f:[a,b]\to R$為有界函數，$\alpha,\beta:[a,b]\to R$為兩個遞增函數。若f對α在$[a,b]$上可 Riemann-Stieltjes 積分，而且對任意 $x,y\in[a,b]$，$x<y$，恆有$\alpha(y)-\alpha(x)\geq\beta(y)-\beta(x)$，亦即：$\alpha-\beta$ 也是遞增函數，則f對β在$[a,b]$上也可 Riemann-Stieltjes 積分，而且當$f\geq 0$時，可得

$$\int_a^b f(x)\,d\alpha(x)\geq\int_a^b f(x)\,d\beta(x) \text{ 。}$$

證：留為習題。‖

【定理 10】（對有界變差函數及其全變差函數的可積分性）

若$f:[a,b]\to R$為有界函數，$\alpha:[a,b]\to R$為$[a,b]$上的有界變差函數，$V:[a,b]\to R$為α的全變差函數，則f對α在$[a,b]$上可 Riemann-Stieltjes 積分的充要條件是f對V在$[a,b]$上可 Riemann-Stieltjes 積分。

證：必要性：設f對α在$[a,b]$上可 Riemann-Stieltjes 積分，選取一個正數M使每個$x\in[a,b]$都滿足$|f(x)|\leq M$。設ε為任意正數，依全變差的定義以及可積分性的 Cauchy 條件，必可找到$[a,b]$的一個分

割 $P = \{\, a = x_0 < x_1 < \cdots < x_n = b\,\}$ 使得

$$0 \le V(b) - \sum_{i=1}^{n} \bigl|\, \alpha(x_i) - \alpha(x_{i-1})\,\bigr| < \frac{\varepsilon}{4M} \,,$$

而且 f 對 α 對應於 P 的任意兩個 Riemann-Stieltjes 和 $S_1(f,\alpha,P)$ 與 $S_2(f,\alpha,P)$ 都滿足

$$\bigl|\, S_1(f,\alpha,P) - S_2(f,\alpha,P)\,\bigr| < \frac{\varepsilon}{4} \,\text{。}$$

對每個 $i = 1,2,\cdots,n$ ，令 M_i 與 m_i 分別表示集合 $\{\, f(x) \mid x \in [x_{i-1}, x_i]\,\}$ 的最小上界與最大下界，我們選取 f 對 α 對應於 P 的兩個 Riemann-Stieltjes 和 $S_1(f,\alpha,P)$ 與 $S_2(f,\alpha,P)$：

$$S_1(f,\alpha,P) = \sum_{i=1}^{n} f(s_i)(\alpha(x_i) - \alpha(x_{i-1})) \,,$$

$$S_2(f,\alpha,P) = \sum_{i=1}^{n} f(t_i)(\alpha(x_i) - \alpha(x_{i-1})) \,,$$

其中的點 s_i 與 t_i 選法如下：若 $\alpha(x_i) - \alpha(x_{i-1}) \ge 0$ ，則 $s_i, t_i \in [x_{i-1}, x_i]$ 滿足

$$0 \le M_i - f(s_i) < \frac{\varepsilon}{8V_\alpha[a,b]} \,,\quad 0 \le f(t_i) - m_i < \frac{\varepsilon}{8V_\alpha[a,b]} \,;$$

若 $\alpha(x_i) - \alpha(x_{i-1}) < 0$ ，則 $s_i, t_i \in [x_{i-1}, x_i]$ 滿足

$$0 \le f(s_i) - m_i < \frac{\varepsilon}{8V_\alpha[a,b]} \,,\quad 0 \le M_i - f(t_i) < \frac{\varepsilon}{8V_\alpha[a,b]} \,\text{。}$$

於是，不論 $\alpha(x_i) - \alpha(x_{i-1}) \ge 0$ 或 $\alpha(x_i) - \alpha(x_{i-1}) < 0$ ，都有

$$(M_i - m_i)\bigl|\, \alpha(x_i) - \alpha(x_{i-1})\,\bigr|$$

$$\le (f(s_i) - f(t_i))(\alpha(x_i) - \alpha(x_{i-1})) + \frac{\varepsilon}{4V_\alpha[a,b]}\bigl|\, \alpha(x_i) - \alpha(x_{i-1})\,\bigr| \,\text{。}$$

由此可得

$$\sum_{i=1}^{n} (M_i - m_i)\left|\alpha(x_i) - \alpha(x_{i-1})\right|$$

$$\le (S_1(f,\alpha,P) - S_2(f,\alpha,P)) + \frac{\varepsilon}{4V_\alpha[a,b]}\sum_{i=1}^{n}\left|\alpha(x_i) - \alpha(x_{i-1})\right|$$

$$< \frac{\varepsilon}{4} + \frac{\varepsilon}{4} = \frac{\varepsilon}{2} \, \circ$$

利用上述不等式，可得

$$U(f,V,P) - L(f,V,P))$$

$$= \sum_{i=1}^{n} (M_i - m_i)(V(x_i) - V(x_{i-1}))$$

$$= \sum_{i=1}^{n} (M_i - m_i)(V(x_i) - V(x_{i-1}) - \left|\alpha(x_i) - \alpha(x_{i-1})\right|)$$

$$+ \sum_{i=1}^{n} (M_i - m_i)\left|\alpha(x_i) - \alpha(x_{i-1})\right|$$

$$< 2M \cdot \sum_{i=1}^{n} (V(x_i) - V(x_{i-1}) - \left|\alpha(x_i) - \alpha(x_{i-1})\right|) + \frac{\varepsilon}{2}$$

$$= 2M \cdot (V(b) - \sum_{i=1}^{n}\left|\alpha(x_i) - \alpha(x_{i-1})\right|) + \frac{\varepsilon}{2}$$

$$< 2M \cdot \frac{\varepsilon}{4M} + \frac{\varepsilon}{2} = \varepsilon \, \circ$$

依定理 8，可知 f 對 V 在 $[a,b]$ 上可 Riemann-Stieltjes 積分。

充分性：假設 f 對 V 在 $[a,b]$ 上可 Riemann-Stieltjes 積分。設 ε 為任意正數，依定理 8，必可找到 $[a,b]$ 的一個分割 P_0 使得 $0 \le U(f,V,P_0) - L(f,V,P_0) < \varepsilon$ 。設 P_1 與 P_2 是分割 P_0 的任意二細分而 $S(f,\alpha,P_1)$ 與 $S(f,\alpha,P_2)$ 分別為 f 對 α 對應於 P_1 與 P_2 的任意 Riemann-Stieltjes 和，我們欲證 $\left|S(f,\alpha,P_1) - S(f,\alpha,P_2)\right| < \varepsilon$ 。令 $P = \{a = x_0 < x_1 < \cdots < x_n = b\}$ 表示 P_1 與 P_2 的最小共同細分，則 $S(f,\alpha,P_1)$ 與 $S(f,\alpha,P_2)$ 可分別表示成下述形式：

$$S(f,\alpha,P_1) = \sum_{i=1}^{n} f(s_i)(\alpha(x_i) - \alpha(x_{i-1})) \quad ,$$

$$S(f,\alpha,P_2) = \sum_{i=1}^{n} f(t_i)(\alpha(x_i) - \alpha(x_{i-1})) \quad 。$$

在上述表示式中，對每個 $i = 1, 2, \cdots, n$，s_i 與 t_i 不一定屬於 $[x_{i-1}, x_i]$，但分割 P_0 必有一個分割區間同時包含 s_i、t_i 與 $[x_{i-1}, x_i]$。因此，可得

$$\left| S(f,\alpha,P_1) - S(f,\alpha,P_2) \right| \le \sum_{i=1}^{n} \left| f(s_i) - f(t_i) \right| \left| \alpha(x_i) - \alpha(x_{i-1}) \right|$$

$$\le \sum_{i=1}^{n} \left| f(s_i) - f(t_i) \right| (V(x_i) - V(x_{i-1}))$$

$$\le U(f,V,P_0) - L(f,V,P_0)$$

$$< \varepsilon \quad 。$$

依 §6-1 的 Cauchy 條件，可知 f 對 α 在 $[a,b]$ 上可 Riemann-Stieltjes 積分。∥

上述定理 10 中的充要條件可以改用正變差函數與負變差函數來敘述，參看練習題 4。

丙、遞增的積分函數所引出的更多性質

下面的定理 11 至定理 24 都是當積分函數是遞增函數時，Riemann-Stieltjes 積分所具有的更進一步性質。請注意：這些性質都可應用到單變數的 Riemann 積分而得出相對的性質。

【定理 11】（遞增的積分函數使 Riemann-Stieltjes 積分可保持次序）

若 $\alpha : [a,b] \to R$ 為遞增函數，而有界函數 $f, g : [a,b] \to R$ 都對 α 在 $[a,b]$ 上可 Riemann-Stieltjes 積分，且每個 $x \in [a,b]$ 都滿足 $f(x) \le g(x)$，則

$$\int_a^b f(x)\,d\alpha(x) \le \int_a^b g(x)\,d\alpha(x) \quad 。$$

證：對於 $[a,b]$ 的每個分割 $P=\{a=x_0<x_1<\cdots<x_n=b\}$，因為 $f(x)\leq g(x)$ 對每個 $x\in[a,b]$ 都成立而 α 是遞增函數，所以，顯然可得

$$U(f,\alpha,P)\leq U(g,\alpha,P)。$$

於是，依定義 2 (1)及定理 7 即得本定理。 ‖

【定理 12】（遞增的積分函數使可積分性擴及絕對值）

若 $\alpha:[a,b]\to\mathbf{R}$ 為遞增函數，而有界函數 $f:[a,b]\to\mathbf{R}$ 對 α 在 $[a,b]$ 上可 Riemann-Stieltjes 積分，則函數 $|f|$ 對 α 在 $[a,b]$ 上也可 Riemann-Stieltjes 積分，而且

$$\left|\int_a^b f(x)\,d\alpha(x)\right|\leq\int_a^b|f(x)|\,d\alpha(x)。$$

證：因為 α 是遞增函數，所以，仿 §5-3 定理 10 的證明，可知：對於區間 $[a,b]$ 的任意分割 P，恆有

$$U(|f|,\alpha,P)-L(|f|,\alpha,P)\leq U(f,\alpha,P)-L(f,\alpha,P)。$$

於是，依定理 8 的 Riemann 條件，即可知 $|f|$ 對 α 在 $[a,b]$ 上可 Riemann-Stieltjes 積分。

另一方面，因為 $-|f(x)|\leq f(x)\leq|f(x)|$ 對每個 $x\in[a,b]$ 都成立，所以，依定理 11 及 §6-1 定理 1，即可得定理中的不等式。 ‖

請注意：依本節定理 10、§6-1 定理 2 及 §6-2 定理 7，可知定理 12 在 α 是 $[a,b]$ 上的有界變差函數時也成立。不過，定理中的不等式必須修正（參看練習題 5）。另外，再注意到練習題 7 對定理 12 的推廣。

【定理 13】（遞增的積分函數使可積分性擴及乘積）

若 $\alpha:[a,b]\to\mathbf{R}$ 為遞增函數，而有界函數 $f,g:[a,b]\to\mathbf{R}$ 都對 α 在 $[a,b]$ 上可 Riemann-Stieltjes 積分，則函數 fg 對 α 在 $[a,b]$ 上

也可 Riemann-Stieltjes 積分。

證：因為 $fg=(1/4)((f+g)^2-(f-g)^2)$，所以，依§6-1 定理 1，我們只須證明：「若 $\alpha:[a,b]\to R$ 為遞增函數，而有界函數 f：$[a,b]\to R$ 對 α 在 $[a,b]$ 上可 Riemann-Stieltjes 積分，則函數 f^2：$[a,b]\to R$ 對 α 在 $[a,b]$ 上也可 Riemann-Stieltjes 積分。」

選取一個正數 M 使每個 $x\in[a,b]$ 都滿足 $|f(x)|\leq M$。因為 α 是遞增函數，所以，仿§5-3 定理 11 的證明，可知：對於區間 $[a,b]$ 的任意分割 P，恆有

$$U(f^2,\alpha,P)-L(f^2,\alpha,P)\leq 2M\cdot(U(f,\alpha,P)-L(f,\alpha,P))。$$

於是，依定理 8 的 Riemann 條件，即可知 f^2 對 α 在 $[a,b]$ 上可 Riemann-Stieltjes 積分。||

請注意：依本節定理 10、§6-1 定理 2 及§6-2 定理 7，可知定理 13 在 α 是 $[a,b]$ 上的有界變差函數時也成立。

定理 13 中的乘積 fg 對 α 的 Riemann-Stieltjes 積分，可以作某種形式的變換，參看定理 16(4)。

【定理 14】（Riemann-Stieltjes 積分的第一均值定理）

設 $\alpha:[a,b]\to R$ 為遞增函數。

(1)若有界函數 f：$[a,b]\to R$ 對 α 在 $[a,b]$ 上可 Riemann-Stieltjes 積分，則必有一個實數 r 使得

　　$\inf\{f(x)\mid x\in[a,b]\}\leq r\leq\sup\{f(x)\mid x\in[a,b]\}$，

　　$\displaystyle\int_a^b f(x)\,d\alpha(x)=r\cdot\int_a^b 1\,d\alpha(x)=r(\alpha(b)-\alpha(a))$。

(2)若函數 f：$[a,b]\to R$ 在 $[a,b]$ 上連續，則必可找到一個 $c\in[a,b]$ 使得

　　$\displaystyle\int_a^b f(x)\,d\alpha(x)=f(c)\cdot\int_a^b 1\,d\alpha(x)=f(c)(\alpha(b)-\alpha(a))$。

證：若 $\alpha(a)=\alpha(b)$，則 α 是 $[a,b]$ 上的常數函數。於是，得

$$\int_a^b f(x)\,d\alpha(x) = 0 = \int_a^b 1\,d\alpha(x) \text{。}$$

此時，每個實數 r 都能使(1)中的等式成立。

設 $\alpha(a) < \alpha(b)$ 。令

$$M = \sup\{f(x) \mid x \in [a,b]\} \text{，} \quad m = \inf\{f(x) \mid x \in [a,b]\} \text{。}$$

因為每個 $x \in [a,b]$ 都滿足 $m \le f(x) \le M$ ，所以，依定理 11，可得

$$m \cdot \int_a^b 1\,d\alpha(x) \le \int_a^b f(x)\,d\alpha(x) \le M \cdot \int_a^b 1\,d\alpha(x) \text{。}$$

由此可知：只要令

$$r = \left(\int_a^b f(x)\,d\alpha(x) \right) \Big/ \left(\int_a^b 1\,d\alpha(x) \right) \text{，}$$

即得 $m \le r \le M$ 且(1)中的等式成立。

當 $f:[a,b] \to \boldsymbol{R}$ 在 $[a,b]$ 上連續時，依§3-5 系理 9 與系理 11，可知必有一個 $c \in [a,b]$ 使得 $f(c) = r$ 。 $\parallel$

將定理 14 中的 f 與 α 互換性質時，可得另一個均值定理。不過，這兩個均值定理在將「遞增函數」改成「有界變差函數」時都不成立。

【定理 15】（Riemann-Stieltjes 積分的第二均值定理）

若 $f:[a,b] \to \boldsymbol{R}$ 是遞增函數而 $\alpha:[a,b] \to \boldsymbol{R}$ 是連續函數，則可找到一個 $c \in [a,b]$ 使得

$$\int_a^b f(x)\,d\alpha(x) = f(a) \cdot \int_a^c 1\,d\alpha(x) + f(b) \cdot \int_c^b 1\,d\alpha(x) \text{。}$$

證：依§6-2 系理 14，f 對 α 在 $[a,b]$ 上可 Riemann-Stieltjes 積分。再依§6-1 定理 5 的分部積分法，可得

$$\int_a^b f(x)\,d\alpha(x) = f(b)\alpha(b) - f(a)\alpha(a) - \int_a^b \alpha(x)\,df(x) \text{。}$$

因為 α 是連續函數而 f 是遞增函數，所以，依定理 14 (2)，有一個

$c \in [a,b]$ 滿足

$$\int_a^b \alpha(x)\,df(x) = \alpha(c)\,(f(b) - f(a))\,。$$

將兩式合併，即得所欲證的結果。 ∥

【定理 16】（以 Riemann-Stieltjes 積分的上限做為變數的函數）

若 $\alpha : [a,b] \to \mathbf{R}$ 為遞增函數，且有界函數 $f : [a,b] \to \mathbf{R}$ 對 α 在 $[a,b]$ 上可 Riemann-Stieltjes 積分，定義函數 $F : [a,b] \to \mathbf{R}$ 如下：對每個 $x \in [a,b]$，令

$$F(x) = \int_a^x f(t)\,d\alpha(t)\,，$$

則可得

(1) F 是 $[a,b]$ 上的有界變差函數。

(2) α 的連續點都是 F 的連續點。

(3) 若 f 在點 $c \in (a,b)$ 連續而 α 在點 c 可微分，則 F 在點 c 可微分且

$$F'(c) = f(c)\alpha'(c)\,。$$

(4) 若有界函數 $g : [a,b] \to \mathbf{R}$ 對 α 在 $[a,b]$ 上可 Riemann-Stieltjes 積分，則 g 對 F 在 $[a,b]$ 上也可 Riemann-Stieltjes 積分，而且

$$\int_a^b g(x)\,dF(x) = \int_a^b f(x)g(x)\,d\alpha(x)\,。$$

證：令 $M = \sup\{\,|f(x)|\,\big|\,x \in [a,b]\,\}$。

(1) 設 $P = \{\,a = x_0 < x_1 < \cdots < x_n = b\,\}$ 是 $[a,b]$ 的一個分割，則依定理 11 與 12，可得

$$\sum_{i=1}^n |F(x_i) - F(x_{i-1})| = \sum_{i=1}^n \left| \int_{x_{i-1}}^{x_i} f(t)\,d\alpha(t) \right| \le \sum_{i=1}^n \int_{x_{i-1}}^{x_i} |f(t)|\,d\alpha(t)$$

$$\le \sum_{i=1}^n M\,(\alpha(x_i) - \alpha(x_{i-1})) = M\,(\alpha(b) - \alpha(a))\,。$$

由此可知：函數 F 是 $[a,b]$ 上的有界變差函數。

(2)設 $c \in [a, b)$ ，則對每個 $x \in (c, b]$ ，恆有

$$\left| F(x) - F(c) \right| = \left| \int_c^x f(t) \, d\alpha(t) \right| \le M(\alpha(x) - \alpha(c)) \, \text{。}$$

因為 $\alpha(c+)$ 與 $F(c+)$ 都存在，所以，由上述不等式可得

$$\left| F(c+) - F(c) \right| \le M(\alpha(c+) - \alpha(c)) \, \text{。}$$

由此可知：若函數 α 在點 c 右連續，則函數 F 也在點 c 右連續。同理可證：若 α 在點 $c \in (a, b]$ 左連續，則 F 也在點 c 左連續。

(3)設 ε 為任意正數，令 $\eta = \min\{1, \, \varepsilon/(1 + |\alpha'(c)| + |f(c)|)\}$ 。因為

$$\lim_{x \to c} f(x) = f(c) \, , \quad \lim_{x \to c} \frac{\alpha(x) - \alpha(c)}{x - c} = \alpha'(c) \, ,$$

所以，必可找到一個正數 δ 使得：當 $0 < |x - c| < \delta$ 時，恆有

$$\left| f(x) - f(c) \right| < \eta \, , \quad \left| \frac{\alpha(x) - \alpha(c)}{x - c} - \alpha'(c) \right| < \eta \, \text{。}$$

對滿足 $0 < |x - c| < \delta$ 的每個 x ，依定理 14 (1)，必可找到一個滿足 $\inf\{f(y) \mid y \in [c \wedge x, c \vee x]\} \le r_x \le \sup\{f(y) \mid y \in [c \wedge x, c \vee x]\}$ 的實數 r_x 使得

$$F(x) - F(c) = \int_c^x f(x) \, d\alpha(x) = r_x(\alpha(x) - \alpha(c)) \, \text{。}$$

因為每個 $y \in [c \wedge x, c \vee x]$ 都滿足 $|y - c| < \delta$ ，所以，依 δ 的定義，集合 $\{f(y) \mid y \in [c \wedge x, c \vee x]\}$ 是區間 $(f(c) - \eta, f(c) + \eta)$ 的子集。於是，得 $r_x \in [f(c) - \eta, f(c) + \eta]$ 。更進一步地，得

$$\left| \frac{F(x) - F(c)}{x - c} - f(c)\alpha'(c) \right| = \left| r_x \cdot \frac{\alpha(x) - \alpha(c)}{x - c} - f(c)\alpha'(c) \right|$$

$$\le \left| r_x - f(c) \right| \left| \frac{\alpha(x) - \alpha(c)}{x - c} - \alpha'(c) \right|$$

$$+\left|\alpha'(c)\right|\left|r_x - f(c)\right| + \left|f(c)\right|\left|\frac{\alpha(x)-\alpha(c)}{x-c}-\alpha'(c)\right|$$

$$<\eta^2 + \left|\alpha'(c)\right|\eta + \left|f(c)\right|\eta$$

$$\leq \eta\left(1+\left|\alpha'(c)\right|+\left|f(c)\right|\right)\leq\varepsilon \ \circ$$

由此可知：$F'(c)=f(c)\alpha'(c)$。

⑷設 ε 為任意正數，因為 g 對 α 在 $[a,b]$ 上可 Riemann-Stieltjes 積分，所以，必可找到 $[a,b]$ 的一個分割 P_0 使得 $U(g,\alpha,P_0)$ $-L(g,\alpha,P_0)<\varepsilon/M$。其次，設 $P=\{a=x_0<x_1<\cdots<x_n=b\}$ 是分割 P_0 的一個細分，而

$$S(g,F,P)=\sum_{i=1}^{n}g(t_i)\cdot\int_{x_{i-1}}^{x_i}f(t)\,d\alpha(t)=\sum_{i=1}^{n}\int_{x_{i-1}}^{x_i}f(t)g(t_i)\,d\alpha(t)$$

是函數 g 對函數 F 對應於分割 P 的一個 Riemann-Stieltjes 和。對每個 $i=1,2,\cdots,n$，令 M_i 與 m_i 分別表示集合 $\{g(t)\mid t\in[x_{i-1},x_i]\}$ 的最小上界與最大下界。於是，得

$$\left|S(g,F,P)-\int_a^b f(t)g(t)\,d\alpha(t)\right|$$

$$=\left|\sum_{i=1}^{n}\int_{x_{i-1}}^{x_i}f(t)\left(g(t_i)-g(t)\right)d\alpha(t)\right|$$

$$\leq\sum_{i=1}^{n}\int_{x_{i-1}}^{x_i}\left|f(t)\right|\left|g(t_i)-g(t)\right|d\alpha(t)$$

$$\leq\sum_{i=1}^{n}M\left(M_i-m_i\right)\left(\alpha(x_i)-\alpha(x_{i-1})\right)$$

$$=M\cdot\left(U(g,\alpha,P)-L(g,\alpha,P)\right)$$

$$\leq M\cdot\left(U(g,\alpha,P_0)-L(g,\alpha,P_0)\right)$$

$$<\varepsilon \ \circ$$

由此可知：g 對 F 在 $[a,b]$ 上可 Riemann-Stieltjes 積分，且定理的等式成立。‖

請注意：當 $\alpha(x) = x$ 時，定理 16 的(3)就是微積分基本定理。另一方面，依本節定理 10、§6-1 定理 2 以及§6-2 定理 5、7、9，可知定理 16 的(1)、(2)與(4)在 α 是[a,b]上的有界變差函數時也成立。至於定理 16 的(3)，當 α 是[a,b]上的有界變差函數時，可將定理 16(3)的假設改成「若 f 在點 $c \in (a,b)$ 連續而 α 及其全變差函數都在點 c 可微分」，此時定理 16 (3)的結論仍然成立。對於有界變差函數 α：[a,b] $\to$ **R**，α 與其全變差函數在(a,b)上是否有同時可微分的點呢？答案是肯定的。這種點事實上有很多，但這項性質的證明通常都需使用測度（measure）的概念。

有了定理 16 之後，由前面所提的均值定理可得出 Riemann 積分的均值定理。

【定理 17】（Riemann 積分的均值定理）

(1)若 f, g：[a,b] $\to$ **R** 都是連續函數，而且每個 $x \in [a,b]$ 都滿足 $g(x) \geq 0$，則必可找到一個 $c \in [a,b]$ 使得

$$\int_a^b f(x)g(x)\,dx = f(c) \cdot \int_a^b g(x)\,dx \text{。}$$

(2)若 f：[a,b] $\to$ **R** 是遞增函數，而 g：[a,b] $\to$ **R** 是連續函數，則對滿足 $A \leq f(a+)$ 與 $B \geq f(b-)$ 的任意實數 A 與 B，必可找到一個 $c \in [a,b]$ 使得

$$\int_a^b f(x)g(x)\,dx = A \cdot \int_a^c g(x)\,dx + B \cdot \int_c^b g(x)\,dx \text{。}$$

(3)若 f：[a,b] $\to$ [$0,+\infty$) 是非負的遞增函數，而 g：[a,b] $\to$ **R** 是連續函數，則對滿足 $B \geq f(b-)$ 的每個實數 B，必可找到一個 $c \in [a,b]$ 使得

$$\int_a^b f(x)g(x)\,dx = B \cdot \int_c^b g(x)\,dx \text{。}$$

證：不論是(1)、(2)或(3)，因為 g 是連續函數，所以，令

$$\alpha(x) = \int_a^x g(t)\, dt, \qquad x \in [\,a\,, b\,],$$

則依定理 16⑶，可知 α 在 $(\,a\,, b\,)$ 上可微分而且 $\alpha' = g$。

⑴因為 g 是非負函數，所以，α 是遞增函數。於是，依定理 14 ⑵與定理 16⑷，必可找到一個 $c \in [\,a\,, b\,]$ 使得

$$\int_a^b f(x)g(x)\, dx = \int_a^b f(x)\, d\alpha(x)$$
$$= f(c)\,(\,\alpha(b) - \alpha(a)\,) = f(c) \cdot \int_a^b g(x)\, dx。$$

⑵定義另一函數 $f_1 : [\,a\,, b\,] \to \boldsymbol{R}$ 如下： $f_1(a) = A$，$f_1(b) = B$，而對每個 $x \in (\,a\,, b\,)$，令 $f_1(x) = f(x)$。因為 $A \leq f(a+)$ 且 $B \geq f(b-)$，所以，f_1 也是一個遞增函數。依定理 15，必可找到一個 $c \in [\,a\,, b\,]$ 使得

$$\int_a^b f_1(x)\, d\alpha(x) = f_1(a) \cdot \int_a^c 1\, d\alpha(x) + f_1(b) \cdot \int_c^b 1\, d\alpha(x)。$$

再依定理 16⑷，即得

$$\int_a^b f_1(x)g(x)\, dx = f_1(a) \cdot \int_a^c g(x)\, dx + f_1(b) \cdot \int_c^b g(x)\, dx。$$

因為函數 fg 與 $f_1 g$ 最多只在兩個點的函數值不相等，所以，$f_1 g$ 與 fg 的 Riemann 積分相等。由此得

$$\int_a^b f(x)g(x)\, dx = \int_a^b f_1(x)g(x)\, dx$$
$$= A \cdot \int_a^c g(x)\, dx + B \cdot \int_c^b g(x)\, dx。$$

⑶在⑵中令 $A = 0$ 即得。 ∥

定理 17⑶通常稱為 Bonnet 定理。

【定理 18】（含有參變數的 Riemann-Stieltjes 積分）

若 $f : [\,a\,, b\,] \times [\,c\,, d\,] \to \boldsymbol{R}$ 為連續函數，而 $\alpha : [\,a\,, b\,] \to \boldsymbol{R}$ 為遞增函數，定義函數 $F : [\,c\,, d\,] \to \boldsymbol{R}$ 如下：對每個 $y \in [\,c\,, d\,]$，令

$$F(y) = \int_a^b f(x, y)\, d\alpha(x) \text{,}$$

則 F 是 $[c, d]$ 上的連續函數。換言之，對每個 $y_0 \in [c, d]$，恆有

$$\lim_{y \to y_0} \int_a^b f(x, y)\, d\alpha(x) = \int_a^b f(x, y_0)\, d\alpha(x) \text{。}$$

證：設 ε 為任意正數。因為函數 f 在緊緻集 $I = [a, b] \times [c, d]$ 上連續，所以，依 §3-6 定理 10，f 在 I 上均勻連續。於是，對於正數 $\varepsilon / (\alpha(b) - \alpha(a))$，必可找到一個正數 δ 使得：當 I 中任意兩個點 (x_1, y_1) 與 (x_2, y_2) 滿足 $\| (x_1, y_1) - (x_2, y_2) \| < \delta$ 時，恆有 $| f(x_1, y_1) - f(x_2, y_2) | < \varepsilon / (\alpha(b) - \alpha(a))$。設 $y_1, y_2 \in [c, d]$ 滿足 $| y_1 - y_2 | < \delta$，則對每個 $x \in [a, b]$，點 (x, y_1) 與 (x, y_2) 恆滿足 $\| (x, y_1) - (x, y_2) \| < \delta$。於是，依定理 11，可得

$$\left| F(y_1) - F(y_2) \right| \leq \int_a^b \left| f(x, y_1) - f(x, y_2) \right| d\alpha(x) \leq \varepsilon \text{。}$$

由此可知：F 在 $[c, d]$ 上均勻連續，因此在 $[c, d]$ 上連續。 $\|$

定理 18 中的結果在 α 是 $[a, b]$ 上的有界變差函數時也成立，我們可由此引出 Riemann 積分中的一個重要結果。

【定理 19】（含有參變數的 Riemann 積分）

若 $f : [a, b] \times [c, d] \to \boldsymbol{R}$ 為連續函數，而函數 $g : [a, b] \to \boldsymbol{R}$ 在 $[a, b]$ 上可 Riemann 積分，定義函數 $F : [c, d] \to \boldsymbol{R}$ 如下：對每個 $y \in [c, d]$，令

$$F(y) = \int_a^b f(x, y)\, g(x)\, dx \text{,}$$

則 F 是 $[c, d]$ 上的連續函數。換言之，對每個 $y_0 \in [c, d]$，恆有

$$\lim_{y \to y_0} \int_a^b f(x, y)\, g(x)\, dx = \int_a^b f(x, y_0)\, g(x)\, dx \text{。}$$

證：因為 g 在 $[a, b]$ 上可 Riemann 積分，所以，只要令

$$\alpha(x) = \int_a^x g(t)\, dt \,, \quad x \in [\,a,b\,] \,,$$

則依定理 16(1)與定理 16(4)，可知：α 是$[\,a,b\,]$上的有界變差函數，而且對每個$y \in [\,c,d\,]$，恆有

$$F(y) = \int_a^b f(\,x,y\,)\, g(x)\, dx = \int_a^b f(\,x,y\,)\, d\alpha(x) \,。$$

依定理 18，可知 F 是$[\,c,d\,]$上的連續函數。‖

【定理 20】（微分與積分的互換）

若$\alpha : [\,a,b\,] \to \mathbf{R}$為遞增函數，函數$f : [\,a,b\,] \times [\,c,d\,] \to \mathbf{R}$的偏導函數$D_2 f$ 在$[\,a,b\,] \times [\,c,d\,]$上連續，而且對每個$y \in [\,c,d\,]$，下述 Riemann-Stieltjes 積分

$$F(y) = \int_a^b f(\,x,y\,)\, d\alpha(x)$$

存在，則對每個$y_0 \in [\,c,d\,]$，$F'(y_0)$存在而且

$$F'(y_0) = \int_a^b D_2 f(\,x,y\,)\, d\alpha(x) \,。$$

證：設ε為任意正數，因為函數$D_2 f$ 在緊緻集$[\,a,b\,] \times [\,c,d\,]$上連續，所以，$D_2 f$ 在 $[\,a,b\,] \times [\,c,d\,]$ 上均勻連續。於是，對於正數$\varepsilon / (\alpha(b) - \alpha(a))$，必可找到一正數$\delta$ 使得：當$[\,a,b\,] \times [\,c,d\,]$中任意兩個點 (x_1, y_1) 與 (x_2, y_2) 滿足$\| (x_1, y_1) - (x_2, y_2) \| < \delta$ 時，恆有$\left| D_2 f(x_1, y_1) - D_2 f(x_2, y_2) \right| < \varepsilon / (\alpha(b) - \alpha(a))$。設 $y, y_0 \in [\,c,d\,]$ 而且$\left| y - y_0 \right| < \delta$，則對每個$x \in [\,a,b\,]$，依 Lagrange 均值定理，必可找到介於 y 與 y_0 之間的一個實數 y_x，使得 $f(\,x,y\,) - f(\,x,y_0\,) = (y - y_0) \cdot D_2 f(\,x, y_x\,)$。由此得

$$\left| \frac{f(\,x,y\,) - f(\,x,y_0\,)}{y - y_0} - D_2 f(\,x,y_0\,) \right|$$

$$= \left| D_2 f(\,x, y_x\,) - D_2 f(\,x, y_0\,) \right| < \frac{\varepsilon}{\alpha(b) - \alpha(a)} \,。$$

更進一步地，得

$$\left| \frac{F(y) - F(y_0)}{y - y_0} - \int_a^b D_2 f(x, y_0) \, d\alpha(x) \right|$$

$$\leq \int_a^b \left| \frac{f(x, y) - f(x, y_0)}{y - y_0} - D_2 f(x, y_0) \right| d\alpha(x)$$

$$\leq \varepsilon \ 。$$

由此可知：$F'(y_0)$ 存在而且定理的等式成立。請注意：此處所提的（偏）導數，在端點處都是指單側導數。 ‖

定理 20 中的結果在 α 是 $[a, b]$ 上的有界變差函數時也成立。

【定理 21】（積分與積分的互換）

若 $f : [a, b] \times [c, d] \to R$ 為連續函數，而 $\alpha : [a, b] \to R$ 與 $\beta : [c, d] \to R$ 都是遞增函數，定義兩個函數 $F : [c, d] \to R$ 與 $G : [a, b] \to R$ 如下：對每個 $x \in [a, b]$ 與每個 $y \in [c, d]$ ，令

$$F(y) = \int_a^b f(u, y) \, d\alpha(u) \ , \ G(x) = \int_c^d f(x, v) \, d\beta(v) \ ,$$

則可得

$$\int_c^d F(y) \, d\beta(y) = \int_a^b G(x) \, d\alpha(x) \ 。$$

換言之，兩次 Riemann-Stieltjes 積分的前後次序可互換如下：

$$\int_c^d \left[\int_a^b f(x, y) \, d\alpha(x) \right] d\beta(y) = \int_a^b \left[\int_c^d f(x, y) \, d\beta(y) \right] d\alpha(x) \ 。$$

證：依定理 18，函數 F 在 $[c, d]$ 上連續。因為函數 β 是 $[c, d]$ 上的遞增函數，所以，F 對 β 在 $[c, d]$ 上可 Riemann-Stieltjes 積分。同理，G 對 α 在 $[a, b]$ 上可 Riemann-Stieltjes 積分。

設 ε 為任意正數，因為函數 f 在緊緻集 $[a, b] \times [c, d]$ 上連續，所以，依 §3-6 定理 10，f 在 $[a, b] \times [c, d]$ 上均勻連續。於是，對於正數 $\varepsilon / (\alpha(b) - \alpha(a))(\beta(d) - \beta(c))$ ，必可找到一個正數 δ 使得：對於

$[a,b] \times [c,d]$ 中滿足 $\|(x,y)-(x',y')\| < \delta$ 的任意二點 (x,y) 與 (x',y')，恆有

$$|f(x,y) - f(x',y')| < \frac{\varepsilon}{(\alpha(b)-\alpha(a))(\beta(d)-\beta(c))} \ \text{。}$$

選取一個 $n \in \mathbb{N}$ 使得 $(b-a)/n < \delta/\sqrt{2}$ 且 $(d-c)/n < \delta/\sqrt{2}$，作兩區間 $[a,b]$ 與 $[c,d]$ 的 n 等分分割 $\{a = x_0 < x_1 < \cdots < x_n = b\}$ 與 $\{c = y_0 < y_1 < \cdots < y_n = d\}$。對任意 $i, j = 1, 2, \cdots, n$，令 M_{ij} 與 m_{ij} 分別表示函數 f 在 $[x_{i-1}, x_i] \times [y_{j-1}, y_j]$ 上的最小上界與最大下界，則應用定理 14 (1) 兩次，可得

$$m_{ij}(\alpha(x_i)-\alpha(x_{i-1}))(\beta(y_j)-\beta(y_{j-1}))$$
$$\leq \int_{y_{j-1}}^{y_j} \left[\int_{x_{i-1}}^{x_i} f(x,y)\,d\alpha(x) \right] d\beta(y)$$
$$\leq M_{ij}(\alpha(x_i)-\alpha(x_{i-1}))(\beta(y_j)-\beta(y_{j-1})) \ \text{，}$$
$$m_{ij}(\alpha(x_i)-\alpha(x_{i-1}))(\beta(y_j)-\beta(y_{j-1}))$$
$$\leq \int_{x_{i-1}}^{x_i} \left[\int_{y_{j-1}}^{y_j} f(x,y)\,d\beta(y) \right] d\alpha(x)$$
$$\leq M_{ij}(\alpha(x_i)-\alpha(x_{i-1}))(\beta(y_j)-\beta(y_{j-1})) \ \text{。}$$

因為函數 f 在區間 $[x_{i-1}, x_i] \times [y_{j-1}, y_j]$ 上連續，所以，必可在此區間上找到點 (s_i, t_j) 與 (s_i', t_j') 使得

$$\int_{y_{j-1}}^{y_j} \left[\int_{x_{i-1}}^{x_i} f(x,y)\,d\alpha(x) \right] d\beta(y)$$
$$= f(s_i, t_j)(\alpha(x_i)-\alpha(x_{i-1}))(\beta(y_j)-\beta(y_{j-1})) \ \text{，}$$
$$\int_{x_{i-1}}^{x_i} \left[\int_{y_{j-1}}^{y_j} f(x,y)\,d\beta(y) \right] d\alpha(x)$$
$$= f(s_i', t_j')(\alpha(x_i)-\alpha(x_{i-1}))(\beta(y_j)-\beta(y_{j-1})) \ \text{。}$$

由此可得

$$\left| \int_c^d F(y)\,d\beta(y) - \int_a^b G(x)\,d\alpha(x) \right|$$

$$= \left| \sum_{i=1}^{n} \sum_{j=1}^{n} (f(s_i, t_j) - f(s_i', t_j'))(\alpha(x_i) - \alpha(x_{i-1}))(\beta(y_j) - \beta(y_{j-1})) \right|$$

$$\leq \sum_{i=1}^{n} \sum_{j=1}^{n} \left| f(s_i, t_j) - f(s_i', t_j') \right| (\alpha(x_i) - \alpha(x_{i-1}))(\beta(y_j) - \beta(y_{j-1}))$$

$$\leq \sum_{i=1}^{n} \sum_{j=1}^{n} \frac{\varepsilon}{(\alpha(b) - \alpha(a))(\beta(d) - \beta(c))}(\alpha(x_i) - \alpha(x_{i-1}))(\beta(y_j) - \beta(y_{j-1}))$$

$$= \varepsilon \, \circ$$

因為上述結論對每個正數 ε 都成立，所以，可知定理的等式成立。 ‖

定理 21 中的結果在 α 與 β 分別是 $[a,b]$ 上與 $[c,d]$ 上的有界變差函數時也成立，我們可由此引出 Riemann 積分中的一項結果。

【定理 22】（積分與積分的互換之二）

若 $f: [a,b] \times [c,d] \to \mathbf{R}$ 為連續函數，而且 $g: [a,b] \to \mathbf{R}$ 與 $h: [c,d] \to \mathbf{R}$ 分別在 $[a,b]$ 上與 $[c,d]$ 上可 Riemann 積分，則

$$\int_c^d \left[\int_a^b f(x,y)\, g(x)\, h(y)\, dx \right] dy = \int_a^b \left[\int_c^d f(x,y)\, g(x)\, h(y)\, dy \right] dx \, \circ$$

證：因為 g 與 h 分別在 $[a,b]$ 上與 $[c,d]$ 上可 Riemann 積分，所以，只要令

$$\alpha(x) = \int_a^x g(t)\, dt \, , \quad x \in [a,b] \, ,$$

$$\beta(y) = \int_c^y h(t)\, dt \, , \quad y \in [c,d] \, ,$$

則依定理 16 與定理 21 即得。 ‖

下面是三個收斂定理。

【定理 23】（Riemann-Stieltjes 積分的收斂定理之一）

若 $\alpha: [a,b] \to \mathbf{R}$ 為遞增函數，而函數列 $\{ f_n: [a,b] \to \mathbf{R} \}$ 在 $[a,b]$ 上均勻收斂於 $f: [a,b] \to \mathbf{R}$，而且每個 f_n 都對 α 在 $[a,b]$ 上

可 Riemann-Stieltjes 積分，則 f 對 α 在 $[\,a\,,b\,]$ 上可 Riemann-Stieltjes 積分，而且

$$\int_a^b f(x)\,d\alpha(x) = \lim_{n\to\infty} \int_a^b f_n(x)\,d\alpha(x)\ 。$$

證：設 ε 為任意正數，因為函數列 $\{\,f_n\,\}$ 在 $[\,a\,,b\,]$ 上均勻收斂於函數 f，所以，對於正數 $\varepsilon/3(\alpha(b)-\alpha(a))$，必可找到一個正整數 n 使得：對每個 $x\in[\,a\,,b\,]$，恆有 $|\,f_n(x)-f(x)\,|<\varepsilon/3(\alpha(b)-\alpha(a))$。因為 f_n 對 α 在 $[\,a\,,b\,]$ 上可 Riemann-Stieltjes 積分，所以，對於正數 $\varepsilon/3$，必可找到 $[\,a\,,b\,]$ 的一個分割 P_0 使得：對於分割 P_0 的任意細分 P_1 與 P_2，以及 f_n 對 α 分別對應於分割 P_1 與 P_2 的任意 Riemann-Stieltjes 和 $S(\,f_n\,,\alpha\,,P_1\,)$ 與 $S(\,f_n\,,\alpha\,,P_2\,)$，恆有 $|\,S(\,f_n\,,\alpha\,,P_1\,)-S(\,f_n\,,\alpha\,,P_2\,)\,|<\varepsilon/3$。設分割 $P=\{\,a=x_0<x_1<\cdots<x_k=b\,\}$ 與 $Q=\{\,a=y_0<y_1<\cdots<y_l=b\,\}$ 為分割 P_0 的任意細分，而

$$S(\,f,\alpha\,,P)=\sum_{i=1}^k f(s_i)(\,\alpha(\,x_i\,)-\alpha(\,x_{i-1}\,))\ 與$$

$$S(\,f,\alpha\,,Q)=\sum_{j=1}^l f(t_j)(\,\alpha(\,y_j\,)-\alpha(\,y_{j-1}\,))$$

分別為 f 對 α 對應於分割 P 與 Q 的任意 Riemann-Stieltjes 和，令

$$S(\,f_n\,,\alpha\,,P)=\sum_{i=1}^k f_n(s_i)(\,\alpha(\,x_i\,)-\alpha(\,x_{i-1}\,))\ ，$$

$$S(\,f_n\,,\alpha\,,Q)=\sum_{j=1}^l f_n(t_j)(\,\alpha(\,y_j\,)-\alpha(\,y_{j-1}\,))\ ，$$

則可得

$$\begin{aligned}
&|\,S(\,f,\alpha\,,P)-S(\,f,\alpha\,,Q)\,|\\
&\leq \sum_{i=1}^k |\,f(s_i)-f_n(s_i)\,|(\,\alpha(\,x_i\,)-\alpha(\,x_{i-1}\,))\\
&+|\,S(\,f_n\,,\alpha\,,P)-S(\,f_n\,,\alpha\,,Q)\,|
\end{aligned}$$

$$+ \sum_{j=1}^{l} \left| f_n(t_j) - f(t_j) \right| (\alpha(y_j) - \alpha(y_{j-1}))$$

$$< \frac{\varepsilon}{3} + \frac{\varepsilon}{3} + \frac{\varepsilon}{3} = \varepsilon \, 。$$

依 §6-1 定理 8 的 Cauchy 條件，可知 f 對 α 在 $[a,b]$ 上可 Riemann-Stieltjes 積分。

其次，設 ε 為任意正數，因為 $\{f_n\}$ 在 $[a,b]$ 上均勻收斂於 f，所以，對於正數 $\varepsilon/(\alpha(b)-\alpha(a))$，可找到一個 $n_0 \in N$ 使得：當 $n \geq n_0$ 時，對每個 $x \in [a,b]$，恆有 $\left| f_n(x) - f(x) \right| < \varepsilon/(\alpha(b)-\alpha(a))$。於是，對每個 $n \geq n_0$，恆有

$$\left| \int_a^b f_n(x)\,d\alpha(x) - \int_a^b f(x)\,d\alpha(x) \right| \leq \int_a^b \left| f_n(x) - f(x) \right| d\alpha(x)$$

$$\leq \int_a^b \frac{\varepsilon}{\alpha(b)-\alpha(a)}\,d\alpha(x) = \varepsilon \, 。$$

由此可知定理中的極限式成立。‖

定理 23 中的結果在 α 是 $[a,b]$ 上的有界變差函數時也成立。

【定理 24】（Riemann-Stieltjes 積分的收斂定理之二）

若函數 $\alpha : [a,b] \to R$ 與每個函數 $\alpha_n : [a,b] \to R$ $(n \in N)$ 都是 $[a,b]$ 上的遞增函數而且 $\lim_{n\to\infty} V_{\alpha_n - \alpha}[a,b] = 0$，又有界函數 $f : [a,b] \to R$ 對每個 α_n 都在 $[a,b]$ 上可 Riemann-Stieltjes 積分，則 f 對 α 在 $[a,b]$ 上也可 Riemann-Stieltjes 積分，而且

$$\int_a^b f(x)\,d\alpha(x) = \lim_{n\to\infty} \int_a^b f(x)\,d\alpha_n(x) \, 。$$

證：證法與定理 23 相似，留為習題。‖

定理 24 中的結果在 α 是 $[a,b]$ 上的有界變差函數時也成立。

【定理 25】（Riemann-Stieltjes 積分的收斂定理之三）

若 $f: [a,b] \to \mathbf{R}$ 為連續函數，函數列 $\{\alpha_n : [a,b] \to \mathbf{R}\}$ 在 $[a,b]$ 上逐點收斂於函數 $\alpha : [a,b] \to \mathbf{R}$，每個 α_n $(n \in \mathbf{N})$ 都是 $[a,b]$ 上的有界變差函數而且有一個 $K > 0$ 使得 $V_{\alpha_n}[a,b] \leq K$ 對每個 $n \in \mathbf{N}$ 都成立，則函數 α 也是 $[a,b]$ 上的有界變差函數，而且

$$\int_a^b f(x)\,d\alpha(x) = \lim_{n \to \infty} \int_a^b f(x)\,d\alpha_n(x) \ .$$

證：對於 $[a,b]$ 的每個分割 $P = \{a = x_0 < x_1 < \cdots < x_m = b\}$，恆有

$$v_\alpha(P) = \sum_{i=1}^{m} \left| \alpha(x_i) - \alpha(x_{i-1}) \right|$$

$$= \lim_{n \to \infty} \sum_{i=1}^{m} \left| \alpha_n(x_i) - \alpha_n(x_{i-1}) \right| \leq \overline{\lim_{n \to \infty}} V_{\alpha_n}[a,b] \leq K \ .$$

於是，α 是 $[a,b]$ 上的有界變差函數，且 $V_\alpha[a,b] \leq K$。因為 f 是 $[a,b]$ 上的連續函數，所以，依 §6-2 定理 13，f 對 α 在 $[a,b]$ 上可 Riemann-Stieltjes 積分。任選一正數 M 使得每個 $x \in [a,b]$ 都滿足 $|f(x)| \leq M$。

其次，設 ε 為任意正數，因為函數 f 在區間 $[a,b]$ 上均勻連續，所以，對於正數 $\varepsilon/(4K)$，必可找到一個正數 δ 使得：當 $x, y \in [a,b]$ 且 $|x - y| < \delta$ 時，恆有 $|f(x) - f(y)| < \varepsilon/(4K)$。選定 $[a,b]$ 的一個分割 $P = \{a = x_0 < x_1 < \cdots < x_m = b\}$ 使得 $|P| < \delta$。因為函數列 $\{\alpha_n - \alpha\}$ 在 $[a,b]$ 上逐點收斂於 0，所以，可得

$$\lim_{n \to \infty} \sum_{i=1}^{m} \left| (\alpha_n - \alpha)(x_i) - (\alpha_n - \alpha)(x_{i-1}) \right| = 0 \ .$$

於是，對於正數 $\varepsilon/(2M)$，必可找到一個 $n_0 \in \mathbf{N}$ 使得：當 $n \geq n_0$ 時，恆有

$$\sum_{i=1}^{m} \left| (\alpha_n - \alpha)(x_i) - (\alpha_n - \alpha)(x_{i-1}) \right| < \frac{\varepsilon}{2M} \ .$$

於是，當 $n \geq n_0$ 時，恆有

$$\left| \int_a^b f(x)\, d\alpha_n(x) - \int_a^b f(x)\, d\alpha(x) \right|$$

$$\leq \left| \sum_{i=1}^m \int_{x_{i-1}}^{x_i} (f(x) - f(x_i))\, d(\alpha_n - \alpha)(x) \right| + \left| \sum_{i=1}^m \int_{x_{i-1}}^{x_i} f(x_i)\, d(\alpha_n - \alpha)(x) \right|$$

$$\leq \sum_{i=1}^m \frac{\varepsilon}{4K} \cdot V_{\alpha_n - \alpha}[x_{i-1}, x_i] + \sum_{i=1}^m M \cdot \left| (\alpha_n - \alpha)(x_i) - (\alpha_n - \alpha)(x_{i-1}) \right|$$

$$< \frac{\varepsilon}{4K} \cdot V_{\alpha_n - \alpha}[a, b] + M \cdot \frac{\varepsilon}{2M}$$

$$\leq \frac{\varepsilon}{4K} \cdot (2K) + M \cdot \frac{\varepsilon}{2M} = \varepsilon \quad 。$$

由此可知定理的極限式成立。（註：上述第二個 $\leq$ 號成立，係根據練習題 5。）‖

練習題　6－3

1. 試證引理 1。
2. 試證定理 6。
3. 試證系理 9。
4. 若 $f: [a, b] \to \boldsymbol{R}$ 為有界函數，$\alpha: [a, b] \to \boldsymbol{R}$ 為 $[a, b]$ 上的有界變差函數，則 f 對 α 在 $[a, b]$ 上可 Riemann-Stieltjes 積分的充要條件是：f 對 α 的正變差函數與負變差函數都在 $[a, b]$ 上可 Riemann-Stieltjes 積分。
5. 若有界函數 $f: [a, b] \to \boldsymbol{R}$ 對有界變差函數 $\alpha: [a, b] \to \boldsymbol{R}$ 在 $[a, b]$ 上可 Riemann-Stieltjes 積分，而 $V: [a, b] \to \boldsymbol{R}$ 是 α 的全變差函數，則

$$\left| \int_a^b f(x)\, d\alpha(x) \right| \leq \int_a^b \left| f(x) \right| dV(x)$$

$$\leq (\sup \{ \left| f(x) \right| \mid x \in [a, b] \}) \cdot V(b) \quad 。$$

6.若 $f\colon [a,b] \to \boldsymbol{R}$ 為連續函數，$\alpha\colon [a,b] \to \boldsymbol{R}$ 為 $[a,b]$ 上的有界變差函數，而 $V\colon [a,b] \to \boldsymbol{R}$ 是 α 的全變差函數，令

$$F(x) = \int_a^x f(t)\, d\alpha(t), \quad x \in [a,b] 。$$

試證：

(1)對每個 $c \in [a,b)$，恆有

$$F(c+) - F(c) = f(c)(\alpha(c+) - \alpha(c)) ;$$

(2)對每個 $c \in (a,b]$，恆有

$$F(c) - F(c-) = f(c)(\alpha(c) - \alpha(c-)) 。$$

(3)對每個 $c \in [a,b]$，恆有

$$V_F[a,c] \le \int_a^c |f(x)|\, dV(x) 。$$

(4)若 $\alpha(x) = x$，則對每個 $c \in [a,b]$，恆有

$$V_F[a,c] = \int_a^c |f(x)|\, dx 。$$

7.若 $\alpha\colon [a,b] \to \boldsymbol{R}$ 為遞增函數，而有界函數 $f\colon [a,b] \to \boldsymbol{R}$ 對 α 在 $[a,b]$ 上可 Riemann-Stieltjes 積分，試證：對每個 $p \ge 1$，函數 $|f|^p$ 都對 α 在 $[a,b]$ 上可 Riemann-Stieltjes 積分。

8.若有界函數 $f,g\colon [a,b] \to \boldsymbol{R}$ 對遞增函數 $\alpha\colon [a,b] \to \boldsymbol{R}$ 在 $[a,b]$ 上都可 Riemann-Stieltjes 積分，則對滿足 $p^{-1} + q^{-1} = 1$ 的任意正數 p 與 q，恆有

$$\int_a^b |f(x)g(x)|\, d\alpha(x)$$
$$\le \left(\int_a^b |f(x)|^p\, d\alpha(x) \right)^{1/p} \cdot \left(\int_a^b |g(x)|^q\, d\alpha(x) \right)^{1/q} 。$$

試證之。（上述不等式稱為 Holder 不等式。）

9.若有界函數 $f,g\colon [a,b] \to \boldsymbol{R}$ 對遞增函數 $\alpha\colon [a,b] \to \boldsymbol{R}$ 在 $[a,b]$ 上都可 Riemann-Stieltjes 積分，則對每個 $p \ge 1$，恆有

$$\left(\int_a^b \left| f(x) + g(x) \right| d\alpha(x) \right)^{1/p}$$

$$\leq \left(\int_a^b \left| f(x) \right|^p d\alpha(x) \right)^{1/p} + \left(\int_a^b \left| g(x) \right|^p d\alpha(x) \right)^{1/p} \ .$$

試證之。（上述不等式稱為 Minkowski 不等式。）

10.若 $\alpha : [a,b] \to \boldsymbol{R}$ 為遞增函數，則對每個有界函數 f：$[a,b] \to \boldsymbol{R}$ 及任意正數 $0 < p < q$，當 $\left| f \right|^p$ 對 α 在 $[a,b]$ 上可 Riemann-Stieltjes 積分時，可得

$$\left(\int_a^b \left| f(x) \right|^p d\alpha(x) \right)^{1/p}$$

$$\leq \left(\int_a^b \left| f(x) \right|^q d\alpha(x) \right)^{1/q} (\alpha(b) - \alpha(a))^{(q-p)/pq} \ .$$

11.若 $f: [a,b] \to \boldsymbol{R}$ 為遞增函數，而函數列 $\{\alpha_n : [a,b] \to \boldsymbol{R}\}$ 在 $[a,b]$ 上均勻收斂於函數 $\alpha : [a,b] \to \boldsymbol{R}$，而且函數 f 對每個 α_n 在 $[a,b]$ 上都可 Riemann-Stieltjes 積分，試證：f 對 α 也在 $[a,b]$ 上可 Riemann-Stieltjes 積分，而且

$$\int_a^b f(x) \, d\alpha(x) = \lim_{n \to \infty} \int_a^b f(x) \, d\alpha_n(x) \ .$$

12.試證定理 12。

思考題　6-3

1.試證：本節中的定理 10、11、12、13、14、15、16、18、20、21、23、24 與 25 對於(*)-Riemann-Stieltjes 積分都成立。但是，定理 7 與定理 8 的充要條件則否。

2.若 $f: [a,b] \to \boldsymbol{R}$ 為有界函數，$\alpha : [a,b] \to \boldsymbol{R}$ 為遞增函數，則 f 對 α 在 $[a,b]$ 上可(*)-Riemann-Stieltjes 積分的充要條件是：對每個正數 ε，都可找到一個正數 δ 使得：對於 $[a,b]$ 上

滿足 $|P| < \delta$ 的每個分割 P，恆有

$$0 \leq U(f, \alpha, P) - L(f, \alpha, P) < \varepsilon \ \ 。$$

第 7 章

線積分與面積分

本書上冊第五章中所建立的 Riemann 積分理論，乃是在平直的集合上考慮函數的可積分性。例如：單變數函數的 Riemann 積分乃是在直的一維有限區間上進行，二變數函數的 Riemann 積分乃是在平的二維 Jordan 可測集上進行。若將直的一維有限區間改用彎曲的「線」來代替，則就可以引出線積分的概念。若將平的二維平面區域改用彎曲的「面」來代替，則就可以引出面積分的概念。本章就是要討論這兩種概念，但在介紹這兩種積分之前，必須對曲線與曲面作一些背景說明。

$7-1$ R^k 中 的 曲 線

甲、曲線的意義與有關概念

初等數學中的「曲線」一詞，通常都是指一個集合，也就是該曲線上所有點所成的集合，例如：我們說橢圓是一曲線。這種將曲線視為集合的做法，在本章的許多討論中會有所不足。因為我們除了要知道集合之外，往往也需要了解點的描繪過程。為配合這項需要，將曲

線視為函數才會比較方便，且看下述定義。

【定義 1】所謂 R^k 中的一**曲線**（curve），乃是指形如 $\gamma:[a,b] \to R^k$ 的一個連續函數。若 $\gamma:[a,b] \to R^k$ 是 R^k 中一曲線，則集合 $\{\gamma(t) \mid t \in [a,b]\}$ 稱為曲線 γ 的**跡**（trace），以 $|\gamma|$ 表之。點 $\gamma(a)$ 與點 $\gamma(b)$ 分別稱為 γ 的**始點**（initial point） 與**終點**（terminal point）。若曲線 γ 的始點與終點重合，亦即：$\gamma(a) = \gamma(b)$，則稱曲線 γ 為一**封閉曲線**（closed curve）。若區間 $[a,b]$ 中有兩個相異的數 t_1 與 t_2 滿足 $\gamma(t_1) = \gamma(t_2)$，則點 $\gamma(t_1)$ 稱為曲線 $\gamma:[a,b] \to R^k$ 的一個**多重點**（multiple point）。若曲線 $\gamma:[a,b] \to R^k$ 在區間 $[a,b)$ 與 $(a,b]$ 上都是一對一函數，則稱曲線 γ 為一**簡單曲線**（simple curve）。事實上，若曲線 $\gamma:[a,b] \to R^k$ 是非封閉的簡單曲線，則 γ 是一對一函數、也因此沒有多重點。若曲線 $\gamma:[a,b] \to R^k$ 是封閉的簡單曲線，則 γ 只有一個多重點，它就是 $\gamma(a)$。

描述 R^k 中的一曲線 $\gamma:[a,b] \to R^k$ 時，通常寫成 $\gamma(t) = (\gamma_1(t), \gamma_2(t), \cdots, \gamma_k(t))$，或寫成參數方程式的形式：

$$\begin{cases} x_1 = \gamma_1(t) \\ x_2 = \gamma_2(t) \\ \cdots\cdots\cdots \\ \cdots\cdots\cdots \\ x_k = \gamma_k(t) \end{cases} , \quad (t \in [a,b]),$$

其中，t 稱為點 $(\gamma_1(t), \gamma_2(t), \cdots, \gamma_k(t))$ 所對應的參數。

在 §1-3 中，我們曾提到 R^k 中有填滿空間的曲線或 Peano 曲線存在。對於此種曲線，它的跡是 R^k 中的一個區間。若將曲線視為點集合，亦即將曲線與其跡不加區分，則 Peano 曲線似乎沒有任何幾何性質值得探討了。

不同的兩曲線可能有相同的跡。例如：令

$$\gamma(t) = (\cos t, \sin t), \qquad t \in [0, 2\pi];$$

$$\delta(t) = (\cos 2t, \sin 2t), \qquad t \in [0, 2\pi];$$

則可得 $|\gamma| = |\delta| = \{(x, y) \mid x^2 + y^2 = 1\}$。當 t 由 0 變動至 2π 時，$\gamma(t)$ 只描繪了單位圓 $x^2 + y^2 = 1$ 一圈， 而 $\delta(t)$ 卻描繪了此單位圓兩圈，這現象表示：在 γ 與 δ 兩曲線中，點的描繪狀況是不同的。

【定義 2】設 $\gamma : [a, b] \to \boldsymbol{R}^k$ 與 $\delta : [a, b] \to \boldsymbol{R}^k$ 為 $\boldsymbol{R}^k$ 中二曲線。若可找到一個由 $[a, b]$ 映成 $[c, d]$ 的嚴格單調連續函數 φ：$[a, b] \to [c, d]$，使得 $\delta \circ \varphi = \gamma$，則稱曲線 γ 與曲線 δ **等價**（equivalent）。若 φ 為嚴格遞增連續函數，則稱 γ 與 δ 為**同向等價**（orientation-preserving equivalent）；若 φ 為嚴格遞減連續函數，則稱 γ 與 δ 為**反向等價**（orientation-reversing equivalent）。

曲線的等價關係是一種**對等關係**（equivalence relation），我們寫成一個定理。

【定理 1】（曲線的等價關係是對等關係）

曲線間的等價關係具有下述性質：

(1)反身性：每一曲線都與本身等價。

(2)對稱性：若曲線 γ_1 與曲線 γ_2 等價，則曲線 γ_2 與曲線 γ_1 等價。

(3)遞移性：若曲線 γ_1 與曲線 γ_2 等價，且曲線 γ_2 與曲線 γ_3 等價，則曲線 γ_1 與曲線 γ_3 等價。

證：由定義即得。 ‖

請注意：在定理 1 的三性質中，若「等價」二字都改成「同向等價」，則三性質仍然成立。

【例 1】下述三曲線等價：

$$\gamma_1(t) = (t, t^2), \quad t \in [0, 1];$$
$$\gamma_2(t) = (t^2, t^4), \quad t \in [0, 1];$$

$$\gamma_3(t) = \left((1+t^{1/3})/2,\ (1+2t^{1/3}+t^{2/3})/2\right),\quad t\in[-1,1]\,。\ \|$$

兩曲線等價時，它們的跡當然相同。對於簡單曲線，我們還有下面的逆向性質。

【定理2】（兩簡單曲線等價的充要條件）

若 $\gamma:[a,b]\to \boldsymbol{R}^k$ 與 $\delta:[c,d]\to \boldsymbol{R}^k$ 為二簡單曲線，則 γ 與 δ 等價的充要條件是：$|\gamma|=|\delta|$ 且 $\{\gamma(a),\gamma(b)\}=\{\delta(c),\delta(d)\}$。

證：必要性：顯然成立。

充分性：設 $|\gamma|=|\delta|$ 且 $\{\gamma(a),\gamma(b)\}=\{\delta(c),\delta(d)\}$。因為 γ 與 δ 都是簡單曲線，所以，函數 γ 在 $[a,b)$ 與 $(a,b]$ 上都是一對一、函數 δ 在 $[c,d)$ 與 $(c,d]$ 上也都是一對一。因為 $\gamma((a,b))=\delta((c,d))$，所以，函數 $(\delta|_{(c,d)})^{-1}\circ(\gamma|_{(a,b)})$：$(a,b)\to(c,d)$ 是一對一、映成函數。我們將證明 $(\delta|_{(c,d)})^{-1}\circ(\gamma|_{(a,b)})$ 在開區間 (a,b) 上嚴格單調。

對 (a,b) 的任意子區間 $[s,t]$，在 (c,d) 中選取 u 與 v 使得 $\gamma(s)=\delta(u)$、$\gamma(t)=\delta(v)$，則可得 $\gamma([s,t])=\delta([u\wedge v,u\vee v])$，其理由如下：因為 $\gamma([s,t])$ 是緊緻集而 δ 是連續函數，所以，$\delta^{-1}(\gamma([s,t]))\bigcap[c,u\wedge v]$ 是緊緻集，令 w 表示此緊緻集的最小元素，我們將證明 $w=u\wedge v$。若 $w\neq u\wedge v$，則可得 $\delta(w)\neq\gamma(s)$、$\delta(w)\neq\gamma(t)$。由此可知 $\delta(w)\in\gamma((s,t))$，亦即：$w$ 是開集 $\delta^{-1}(\boldsymbol{R}^k-\gamma([a,s]\bigcup[t,b]))\bigcap(c,u\wedge v)$ 的元素。於是，依開集的性質可知 $\delta^{-1}(\boldsymbol{R}^k-\gamma([a,s]\bigcup[t,b]))\bigcap(c,w)\neq\phi$，$\delta^{-1}(\gamma([s,t]))\bigcap(c,w)\neq\phi$，但此與 w 是 $\delta^{-1}(\gamma([s,t]))\bigcap[c,u\wedge v]$ 的最小元素矛盾。因此，$w=u\wedge v$，亦即：$\delta^{-1}(\gamma([s,t]))\bigcap[c,u\wedge v]$ 只含一個元素 $u\wedge v$ 或 $\delta^{-1}(\gamma([s,t]))\bigcap[c,u\wedge v)=\phi$。同理，$\delta^{-1}(\gamma([s,t]))\bigcap(u\vee v,d]=\phi$。於是，得 $\gamma([s,t])\subset\delta([u\wedge v,u\vee v])$。同法可得 $\delta([u\wedge v,u\vee v])\subset\gamma([s,t])$。因為函數 $\delta|_{[u\wedge v,u\vee v]}:[u\wedge v,u\vee v]\to\delta([u\wedge v,u\vee v])$ 是一對一、映成的連續函數，而且其定義域

$[u \wedge v, u \vee v]$ 是緊緻集，所以，依 §3-5 定理 15，可知其反函數 $(\delta|_{[u \wedge v, u \vee v]})^{-1} : \delta([u \wedge v, u \vee v]) \to [u \wedge v, u \vee v]$ 是連續函數。因為函數 $\gamma|_{[s,t]} : [s,t] \to \gamma([s,t])$ 一對一且映成，又 $\gamma([s,t]) = \delta([u \wedge v, u \vee v])$，所以，函數 $(\delta|_{[u \wedge v, u \vee v]})^{-1} \circ (\gamma|_{[s,t]}) : [s,t] \to [u \wedge v, u \vee v]$ 是一對一、映成的連續函數。依 §3-5 定理 17，可知函數 $(\delta|_{[u \wedge v, u \vee v]})^{-1} \circ (\gamma|_{[s,t]})$ 是嚴格單調函數，亦即：函數 $(\delta|_{(c,d)})^{-1} \circ (\gamma|_{(a,b)})$ 在 $[s,t]$ 上嚴格單調。

選取一個由閉區間所成的遞增序列 $[a_1, b_1] \subset [a_2, b_2] \subset \cdots \subset [a_n, b_n] \subset \cdots$ 使得 $(a,b) = \bigcup_{n=1}^{\infty} [a_n, b_n]$。因為函數 $(\delta|_{(c,d)})^{-1} \circ (\gamma|_{(a,b)})$ 在每個緊緻子區間 $[a_n, b_n]$ 上嚴格單調，而且這些區間兩兩互相包含，所以，$(\delta|_{(c,d)})^{-1} \circ (\gamma|_{(a,b)})$ 在所有緊緻子區間上的單調性完全相同，亦即：全都嚴格遞增或全都嚴格遞減。因此，$(\delta|_{(c,d)})^{-1} \circ (\gamma|_{(a,b)})$ 在其聯集 (a,b) 上嚴格單調。

定義一函數 $\varphi : [a,b] \to [c,d]$ 如下：$\varphi|_{(a,b)} = (\delta|_{(c,d)})^{-1} \circ (\gamma|_{(a,b)})$，而且當 $(\delta|_{(c,d)})^{-1} \circ (\gamma|_{(a,b)})$ 在區間 (a,b) 上嚴格遞增時，$\varphi(a) = c$、$\varphi(b) = d$；當 $(\delta|_{(c,d)})^{-1} \circ (\gamma|_{(a,b)})$ 在區間 (a,b) 上嚴格遞減時，$\varphi(a) = d$、$\varphi(b) = c$。顯然地，函數 φ 是嚴格單調函數，而且 $\delta \circ \varphi = \gamma$。

設函數 φ 是嚴格遞增函數。對每個 $t \in [a,b)$，在 (t,b) 中任選一個 s，並設 $\varphi(s) = u$。因為 $\delta|_{[c,u]} : [c,u] \to \delta([c,u])$ 是一對一、映成的連續函數，且 $[c,u]$ 是緊緻集，所以，依 §3-5 定理 15 可知 $(\delta|_{[c,u]})^{-1} : \delta([c,u]) \to [c,u]$ 是連續函數。因為 $\gamma|_{[a,s]} : [a,s] \to \gamma([a,s])$ 是連續函數且 $\gamma([a,s]) = \delta([c,u])$，所以，$\varphi|_{[a,s]} = (\delta|_{[c,u]})^{-1} \circ \gamma|_{[a,s]} : [a,s] \to [c,u]$ 是連續函數。由此可知函數 φ 在點 $t \in [a,b)$ 右連續。同理可證：函數 φ 在每個點 $t \in (a,b]$ 左連續。因此，函數 φ 在 $[a,b]$ 上連續。 ||

【定義 3】 若 $\gamma : [a,b] \to \boldsymbol{R}^k$ 為一曲線，則曲線

$$t \mapsto \gamma(a+b-t) \quad (t \in [a,b])$$

稱為曲線 γ 的**相反曲線**（negative），以 $-\gamma$ 表之。

    顯然地，每一曲線都與它的相反曲線反向等價。

【定義 4】 若 $\gamma : [a,b] \to \boldsymbol{R}^k$ 與 $\delta : [c,d] \to \boldsymbol{R}^k$ 為二曲線，且 $\gamma(b) = \delta(c)$，則下述曲線 $\gamma \cup \delta : [a,b+d-c] \to \boldsymbol{R}^k$ 稱為曲線 γ 與 δ 的**聯結曲線**（union）：

$$(\gamma \cup \delta)(t) = \begin{cases} \gamma(t), & \text{若 } t \in [a,b]; \\ \delta(t+c-b), & \text{若 } t \in [b,b+d-c]。 \end{cases}$$

【定理 3】 （曲線的聯結可保持同向等價關係）

    若曲線 $\gamma_1 : [a_1,b_1] \to \boldsymbol{R}^k$ 與曲線 $\gamma_2 : [a_2,b_2] \to \boldsymbol{R}^k$ 同向等價、曲線 $\delta_1 : [c_1,d_1] \to \boldsymbol{R}^k$ 與曲線 $\delta_2 : [c_2,d_2] \to \boldsymbol{R}^k$ 同向等價，且 $\gamma_1(b_1) = \delta_1(c_1)$，則 $\gamma_2(b_2) = \delta_2(c_2)$ 而且聯結曲線 $\gamma_1 \cup \delta_1$ 與 $\gamma_2 \cup \delta_2$ 同向等價。

證：因為 γ_1 與 γ_2 同向等價且 δ_1 與 δ_2 同向等價，所以，必有嚴格遞增的連續映成函數 $\varphi : [a_1,b_1] \to [a_2,b_2]$ 與 $\psi : [c_1,d_1] \to [c_2,d_2]$ 使得 $\gamma_2 \circ \varphi = \gamma_1$ 且 $\delta_2 \circ \psi = \delta_1$。因為 $\varphi(b_1) = b_2$、$\psi(c_1) = c_2$ 而且 $\gamma_1(b_1) = \delta_1(c_1)$，所以，可以證得 $\gamma_2(b_2) = \delta_2(c_2)$。定義一個函數 $\rho : [a_1,b_1+d_1-c_1] \to [a_2,b_2+d_2-c_2]$ 如下：

$$\rho(t) = \begin{cases} \varphi(t), & \text{若 } t \in [a_1,b_1]; \\ \psi(t+c_1-b_1)+b_2-c_2, & \text{若 } t \in [b_1,b_1+d_1-c_1]。 \end{cases}$$

顯然地，函數 ρ 是一個嚴格遞增的連續、映成函數，而且 $(\gamma_2 \cup \delta_2) \circ \rho = \gamma_1 \cup \delta_1$。於是，聯結曲線 $\gamma_1 \cup \delta_1$ 與 $\gamma_2 \cup \delta_2$ 同向等價。 ∥

【定義 5】設 $\gamma : [a,b] \to \mathbf{R}^k$ 為一曲線。若函數 γ 在 $[a,b]$ 上連續可微分（在左端點 a 只考慮右導數、在右端點 b 只考慮左導數），而且全微分 $d\gamma$ 在 (a,b) 上每個點的秩都是 1，則曲線 γ 稱為**平滑曲線**（smooth curve）。

若 $\gamma : [a,b] \to \mathbf{R}^k$ 為 $\mathbf{R}^k$ 中一平滑曲線，而且對每個 $t \in [a,b]$，$\gamma(t)$ 表示成 $\gamma(t) = (\gamma_1(t), \gamma_2(t), \cdots, \gamma_k(t))$ 時，則導函數 $\gamma_1', \gamma_2', \cdots, \gamma_k'$ 都是 $[a,b]$ 上的連續函數，而且對每個 $t \in (a,b)$，恆有

$$((\gamma_1'(t))^2 + (\gamma_2'(t))^2 + \cdots + (\gamma_k'(t))^2 > 0 \; 。$$

【例 2】在 $\mathbf{R}^k$ 空間中，最簡單的平滑曲線如下：

$$\gamma(t) = a + t\,u \, ，$$

其中，a 與 u 是 $\mathbf{R}^k$ 中的給定點，而且 $u \neq 0$。這個平滑曲線的跡是連接點 a 與點 $a+u$ 的直線，u 稱為此直線的一組**方向分量**（direction components），而單位向量 $(1/\|u\|)u$ 則稱為此直線的一組**方向餘弦**（direction cosines）。 $\|$

在例 1 的三曲線中，γ_1 與 γ_2 都是平滑曲線，但 γ_3 不是平滑曲線，因為 γ_3 在點 0 不可微分。由此可見：平滑曲線的同向等價曲線不一定是平滑曲線。下面的定理說明兩平滑曲線等價時的一種特殊現象，證明留為習題。

【定理 4】（同向等價的平滑曲線必是平滑地等價）

若 $\gamma : [a,b] \to \mathbf{R}^k$ 與 $\delta : [c,d] \to \mathbf{R}^k$ 為二等價的平滑曲線，且嚴格遞增的連續、映成函數 $\varphi : [a,b] \to [c,d]$ 滿足 $\delta \circ \varphi = \gamma$，則函數 φ 在 (a,b) 上為連續可微分，而且對每個 $t \in (a,b)$，恆有 $\varphi'(t) > 0$。

【定義 6】設 $\gamma : [a,b] \to \mathbf{R}^k$ 為一曲線。若存在平滑曲線 $\gamma^i : [a_{i-1}, a_i] \to \mathbf{R}^k$，$i = 1, 2, \cdots, n$，使得曲線 γ 可以表示成平滑曲線

γ^1, γ^2, $\cdots$, γ^n 的聯結曲線，亦即：$\gamma = \gamma^1 \cup \gamma^2 \cup \cdots \cup \gamma^n$，則稱曲線 γ 為一**分段平滑曲線**（piecewise smooth curve）。

本章中所討論的曲線，將以分段平滑曲線為主。

【例 3】曲線 $\gamma : [0,4] \to \mathbf{R}^2$ 定義如下：

$$\gamma(t) = \begin{cases} (t,0), & \text{若 } t \in [0,1] \text{；} \\ (1,t-1), & \text{若 } t \in [1,2] \text{；} \\ (3-t,1), & \text{若 } t \in [2,3] \text{；} \\ (0,4-t), & \text{若 } t \in [3,4] \text{。} \end{cases}$$

此曲線是一分段平滑曲線，它的跡就是以點 $(0,0)$、$(1,0)$、$(1,1)$ 與 $(0,1)$ 為頂點的正方形。 ‖

乙、曲線的弧長

對於曲線的探討，通常有兩種不同型態的幾何性質或幾何量是值得討論的。其一是大範圍的幾何性質或幾何量，它是以曲線本身或曲線的一部分為討論對象，曲線的弧長就是一個例子。其二是小範圍的幾何性質或幾何量，它是以曲線上一點的鄰域為討論對象，曲線的曲率就是一個例子。前者通常以積分的形式來呈現，後者則以微分的形式來呈現。下面是曲線弧長的定義。

【定義 7】設 $\gamma : [a,b] \to \mathbf{R}^k$ 為 $\mathbf{R}^k$ 中一曲線。對 $[a,b]$ 的每個分割 $P = \{a = t_0 < t_1 < \cdots < t_n = b\}$，令 $l(\gamma,P) = \sum_{i=1}^{n} \| \gamma(t_{i-1}) - \gamma(t_i) \|$。若集合

$$\{l(\gamma,P) \mid P \text{ 是區間} [a,b] \text{的分割}\}$$

有上界，則稱曲線 γ **可求長**（rectifiable），而此集合的最小上界稱為曲線 γ 的**弧長**（arc length），亦即：

曲線 γ 的弧長 $= \sup \{l(\gamma,P) \mid P \text{ 是區間} [a,b] \text{的分割}\}$。

定義 7 中的距離和 $\sum_{i=1}^{n} \| \gamma(t_{i-1}) - \gamma(t_i) \|$ ，乃是依序連接點 $\gamma(t_0)$ 與點 $\gamma(t_1)$、點 $\gamma(t_1)$ 與點 $\gamma(t_2)$ 、…、點 $\gamma(t_{n-1})$ 與點 $\gamma(t_n)$ 所得 n 線段的長度之和。因此，定義 7 乃是以線段的長度之和來逼近曲線的弧長。下面的定理 5 給出曲線可求長的一個充要條件。

【定理 5】（曲線可求長的充要條件）

設 $\gamma : [a,b] \to \mathbf{R}^k$ 為 $\mathbf{R}^k$ 中一曲線。若對每個 $t \in [a,b]$，$\gamma(t)$ 可表示成 $\gamma(t) = (\gamma_1(t), \gamma_2(t), \cdots, \gamma_k(t))$，則 γ 可求長的充要條件是：函數 $\gamma_1, \gamma_2, \cdots, \gamma_k$ 都是 $[a,b]$ 上的有界變差函數。更進一步地，當曲線 γ 可求長時，其弧長不大於函數 γ_1, γ_2, …, γ_k 的全變差之和。

證：必要性：設曲線 γ 可求長，而 $1 \leq j \leq k$。對於區間 $[a,b]$ 的每個分割 $P = \{ a = t_0 < t_1 < \cdots < t_n = b \}$，恆有

$$v_{\gamma_j}(P) = \sum_{i=1}^{n} \left| \gamma_j(t_{i-1}) - \gamma_j(t_i) \right| \leq \sum_{i=1}^{n} \| \gamma(t_{i-1}) - \gamma(t_i) \| \leq \text{曲線 } \gamma \text{ 的弧長。}$$

因此，函數 γ_j 是 $[a,b]$ 上的有界變差函數。

充分性：設函數 γ_1, γ_2, …, γ_k 都是 $[a,b]$ 上的有界變差函數。對於區間 $[a,b]$ 的每個分割 $P = \{ a = t_0 < t_1 < \cdots < t_n = b \}$，恆有

$$l(\gamma, P) = \sum_{i=1}^{n} \| \gamma(t_{i-1}) - \gamma(t_i) \| \leq \sum_{i=1}^{n} \sum_{j=1}^{k} \left| \gamma_j(t_{i-1}) - \gamma_j(t_i) \right| = \sum_{j=1}^{k} v_{\gamma_j}(P)$$

$$\leq \sum_{j=1}^{k} V_{\gamma_j}[a,b] \,。$$

因此，曲線 γ 可求長，而且其弧長不大於函數 γ_1, γ_2, …, γ_k 的全變差之和。$\|$

利用定理 5，很容易得出不可求長的曲線的例子。

【例 4】設函數 $f : [0,1] \to \mathbf{R}$ 定義如下：對每個 $t \in (0,1]$，$f(t) = t \sin(\pi/t)$；$f(0) = 0$。依 §6-2 例 3，f 在 $[0,1]$ 上連續，但不是 $[0,1]$

上的有界變差函數。若曲線 $\gamma : [0,1] \to \boldsymbol{R}^2$ 定義如下：對每個 $t \in [0,1]$，令 $\gamma(t) = (t, f(t))$，則依定理 4，曲線 γ 不可求長。$\parallel$

定理 6 與定理 7 是曲線弧長的基本性質。

【定理 6】（等價曲線的弧長）

若曲線 $\gamma : [a,b] \to \boldsymbol{R}^k$ 與曲線 $\delta : [c,d] \to \boldsymbol{R}^k$ 等價，且曲線 γ 可求長，則曲線 δ 也可求長，而且兩曲線的弧長相等。

證：設曲線 γ 的弧長為 l。

設 $\gamma : [a,b] \to \boldsymbol{R}^k$ 與 $\delta : [c,d] \to \boldsymbol{R}^k$ 為同向等價，則可找到一個嚴格遞增的連續、映成函數 $\varphi : [a,b] \to [c,d]$ 使得 $\delta \circ \varphi = \gamma$。對於區間 $[c,d]$ 的每個分割 $Q = \{ c = t_0 < t_1 < \cdots < t_n = d \}$，因為 $\varphi : [a,b] \to [c,d]$ 是映成函數，所以，由分割 Q 可得出區間 $[a,b]$ 的一分割 $P = \{ a = s_0 < s_1 < \cdots < s_n = b \}$ 使得：對每個 $i = 1, 2, \cdots, n$，恆有 $\varphi(s_i) = t_i$。於是，可得

$$l(\delta, Q) = \sum_{i=1}^{n} \| \delta(t_{i-1}) - \delta(t_i) \| = \sum_{i=1}^{n} \| \delta(\varphi(s_{i-1})) - \delta(\varphi(s_i)) \|$$

$$= \sum_{i=1}^{n} \| \gamma(s_{i-1}) - \gamma(s_i) \| = l(\gamma, P) \le l \, 。$$

由此可知：l 是集合 $\{ l(\delta, Q) \mid Q$ 是區間 $[c,d]$ 的分割 $\}$ 的一個上界。因此，曲線 δ 可求長。

請注意：前段的證明也可直接引用定理 5 及 §6-2 練習題 2。

設 ε 為任意正數。因為 l 是 $\{ l(\gamma, P) \mid P$ 是 $[a,b]$ 的分割 $\}$ 的最小上界，所以，$[a,b]$ 必有一個分割 $P = \{ a = s_0 < s_1 < \cdots < s_n = b \}$ 滿足 $l(\gamma, P) > l - \varepsilon$。對每個 $i = 0, 1, 2, \cdots, n$，令 $t_i = \varphi(s_i)$，則 $Q = \{ c = t_0 < t_1 < \cdots < t_n = d \}$ 是 $[c,d]$ 的一個分割，而且

$$l(\delta, Q) = l(\gamma, P) > l - \varepsilon \, 。$$

由此可知：l 是集合 $\{ l(\delta, Q) \mid Q$ 是區間 $[c,d]$ 的分割 $\}$ 的最小上

界。於是，曲線 δ 的弧長也等於 l 。$\parallel$

【定理 7】（弧長可分段計算）

設 $\gamma : [a,b] \to \mathbf{R}^k$ 為 $\mathbf{R}^k$ 中一曲線。

⑴若曲線 γ 可求長，則對於$[a,b]$的每個閉子區間$[c,d]$，曲線
$\gamma\big|_{[c,d]} : [c,d] \to \mathbf{R}^k$ 也可求長，而且其弧長不大於曲線 γ 的弧長。

⑵若 $c \in (a,b)$，而且曲線 $\gamma\big|_{[a,c]}$ 與曲線 $\gamma\big|_{[c,b]}$ 都可求長，則曲
線 γ 也可求長，　而且 γ 的弧長等於 $\gamma\big|_{[a,c]}$ 的弧長與 $\gamma\big|_{[c,b]}$ 的弧長之
和。

證：⑴設 P 是區間$[c,d]$的一個分割，則 $Q = \{a,b\} \bigcup P$ 是區間
$[a,b]$的一個分割，而且

$$l(\gamma\big|_{[c,d]}, P) = l(\gamma, Q) - \| \gamma(c) - \gamma(a) \| - \| \gamma(b) - \gamma(d) \|$$

$$\leq l(\gamma, Q) \leq 曲線 \gamma 的弧長。$$

因此，曲線 $\gamma\big|_{[c,d]} : [c,d] \to \mathbf{R}^k$ 可求長，而且其弧長不大於曲線 γ 的
弧長。

⑵令 l_1 與 l_2 分別表示 $\gamma\big|_{[a,c]}$ 的弧長與 $\gamma\big|_{[c,b]}$ 的弧長。對於$[a,b]$
的任意分割 $P = \{ a = t_0 < t_1 < \cdots < t_n = b \}$，若 $c \in [t_j, t_{j+1})$，$0 \leq j < n$，
則 $P_1 = \{ a = t_0 < t_1 < \cdots < t_j \leq c \}$ 與 $P_2 = \{ c < t_{j+1} < t_{j+2} < \cdots < t_n = b \}$ 分
別是區間$[a,c]$與$[c,b]$的分割。於是，可得

$$l(\gamma, P) = \sum_{i=1}^{n} \| \gamma(t_{i-1}) - \gamma(t_i) \|$$

$$\leq \sum_{i=1}^{j} \| \gamma(t_{i-1}) - \gamma(t_i) \| + \| \gamma(t_j) - \gamma(c) \| + \| \gamma(c) - \gamma(t_{j+1}) \|$$

$$+ \sum_{i=j+2}^{n} \| \gamma(t_{i-1}) - \gamma(t_i) \|$$

$$= l(\gamma\big|_{[a,c]}, P_1) + l(\gamma\big|_{[c,b]}, P_2)$$

$$\leq l_1 + l_2 \text{。}$$

由此可知：$l_1 + l_2$ 是集合 $\{l(\gamma, P) \mid P$ 是區間 $[a,b]$ 的分割$\}$ 的一個上界。因此，曲線 γ 可求長。

其次，設 ε 為任意正數。因為 l_1 與 l_2 分別表示曲線 $\gamma\big|_{[a,c]}$ 的弧長與曲線 $\gamma\big|_{[c,b]}$ 的弧長，所以，依弧長的定義，必可找到區間 $[a,c]$ 的一個分割 Q_1 及區間 $[c,b]$ 的一個分割 Q_2，使得

$$l(\gamma\big|_{[a,c]}, Q_1) > l_1 - \frac{\varepsilon}{2} \,,\, l(\gamma\big|_{[c,b]}, Q_2) > l_2 - \frac{\varepsilon}{2} \,\circ$$

令 $Q = Q_1 \bigcup Q_2$，則 Q 是區間 $[a,b]$ 的一個分割，而且

$$l(\gamma, Q) = l(\gamma\big|_{[a,c]}, Q_1) + l(\gamma\big|_{[c,b]}, Q_2) > l_1 + l_2 - \varepsilon \,\circ$$

因此，$l_1 + l_2$ 是集合 $\{l(\gamma, P) \mid P$ 是區間 $[a,b]$ 的分割$\}$ 的最小上界，亦即：曲線 γ 的弧長為 $l_1 + l_2$。 $\|$

【定義 8】設曲線 $\gamma : [a,b] \to \mathbf{R}^k$ 為一可求長的曲線，其弧長為 l。定義一函數 $\lambda : [a,b] \to [0,l]$ 如下：$\lambda(a) = 0$；對每個 $t \in (a,b]$，令 $\lambda(t)$ 表示曲線 $\gamma\big|_{[a,t]}$ 的弧長，則函數 λ 稱為曲線 γ 的**弧長函數**（function of arc length）。

【定理 8】（弧長函數的性質）

設曲線 $\gamma : [a,b] \to \mathbf{R}^k$ 可求長。若 $\lambda : [a,b] \to [0,l]$ 為曲線 γ 的弧長函數，則函數 λ 是遞增的連續函數。更進一步地，若函數 γ 在 $[a,b]$ 的每個開子區間上都不是常數函數，則函數 λ 是嚴格遞增函數。

證：設 $t_1, t_2 \in [a,b]$ 且 $t_1 < t_2$，依定理 7 可知：$\lambda(t_2) - \lambda(t_1)$ 等於曲線 $\gamma\big|_{[t_1, t_2]}$ 的弧長，其值為非負實數。於是，$\lambda(t_1) \le \lambda(t_2)$。更進一步地，若函數 γ 在 $[a,b]$ 的每個開子區間上都不是常數函數，則必可在開子區間 (t_1, t_2) 中找到兩點 c 與 d 使得 $\gamma(c) \ne \gamma(d)$。於是，$\lambda(t_2) - \lambda(t_1) \ge \|\gamma(c) - \gamma(d)\| > 0$，$\lambda(t_1) < \lambda(t_2)$。由此可知：弧長函數 λ 恆為遞增函數，而且當函數 γ 在 $[a,b]$ 的每個開子區間上都不是常

數函數時，弧長函數 λ 為嚴格遞增函數。

其次，設 $t_0 \in [a,b]$，則對每個 $t \in [t_0,b]$，依定理 7(2)，可得

$$0 \leq \lambda(t) - \lambda(t_0) = 曲線 \gamma\big|_{[t_0,t]} 的弧長 \leq \sum_{j=1}^{k} V_{\gamma_j}[t_0,t] \text{。}$$

因為函數 γ 的坐標函數 γ_1, γ_2, $\cdots$, γ_k 都在點 t_0 右連續，所以，依§6-2 定理 9 (1)，它們的全變差函數也都在點 t_0 右連續。於是，依上述不等式可知函數 λ 在點 t_0 右連續。同理可證函數 λ 在 $[a,b]$ 上的每個點 t_0 左連續。

因此，函數 λ 在 $[a,b]$ 上連續。 ‖

【定理 9】（等價曲線的弧長函數）

若可求長曲線 $\gamma : [a,b] \to \mathbf{R}^k$ 與 $\delta : [c,d] \to \mathbf{R}^k$ 等價，且嚴格遞增的連續、映成函數 $\varphi : [a,b] \to [c,d]$ 滿足 $\delta \circ \varphi = \gamma$，則 γ 的弧長函數 $\lambda : [a,b] \to \mathbf{R}$ 與 δ 的弧長函數 $\mu : [c,d] \to \mathbf{R}$ 滿足 $\mu \circ \varphi = \lambda$。

證：留為習題。 ‖

一般曲線的弧長並沒有簡便的公式，但分段平滑曲線的弧長，卻可以利用定積分來表示。

【定理 10】（分段平滑曲線的弧長與弧長函數）

若 $\gamma : [a,b] \to \mathbf{R}^k$ 為分段平滑曲線，則 γ 可求長，而且其弧長函數 λ 是嚴格遞增的連續函數，其表示式如下：

$$\lambda(t) = \int_a^t \|\gamma'(x)\| \, dx , \quad t \in [a,b] \text{。}$$

更進一步地，除有限多個點外，$[a,b]$ 上的其他點 t 恆滿足

$$\lambda'(t) = \|\gamma'(t)\| \text{。}$$

證：根據定理 7(2)及定積分對積分區間的可加性，我們可假設 γ 是平

滑曲線。對每個 $t \in [a,b]$，令 $\gamma(t) = (\gamma_1(t), \gamma_2(t), \cdots, \gamma_k(t))$。因為 γ 是平滑曲線，所以，導函數 γ_1'，γ_2'，$\cdots$，γ_k' 都在 $[a,b]$ 上連續。於是，可找到一個正數 M 使得：對每個 $t \in [a,b]$，恆有 $\|\gamma'(t)\| \leq M$。

設 $P = \{a = t_0 < t_1 < \cdots < t_n = b\}$ 是 $[a,b]$ 的一個分割。對每個 $i = 1, 2, \cdots, n$ 及 $j = 1, 2, \cdots, k$，因為函數 γ_j 在 $[t_{i-1}, t_i]$ 上連續且在 (t_{i-1}, t_i) 中可微分，所以，依均值定理，可找到 $t_{ij} \in (t_{i-1}, t_i)$ 使得 $\gamma_j(t_i) - \gamma_j(t_{i-1}) = \gamma_j'(t_{ij})(t_i - t_{i-1})$。因為 $\left| \gamma_j'(t_{ij}) \right| \leq \left\| \gamma'(t_{ij}) \right\| \leq M$，所以，可得

$$l(\gamma, P) = \sum_{i=1}^{n} \sqrt{\sum_{j=1}^{k} (\gamma_j(t_i) - \gamma_j(t_{i-1}))^2}$$

$$= \sum_{i=1}^{n} \sqrt{\sum_{j=1}^{k} (\gamma_j'(t_{ij}))^2} \cdot (t_i - t_{i-1}) \leq \sqrt{k} M (b-a)。$$

由此可知：$\sqrt{k} M(b-a)$ 是集合 $\{l(\gamma, P) \mid P$ 是區間 $[a,b]$ 的分割$\}$ 的一個上界。因此，曲線 γ 可求長。設其長為 l。

設 ε 為任意正數。因為函數 γ_1'，γ_2'，$\cdots$，γ_k' 都在 $[a,b]$ 上連續，所以，它們都在 $[a,b]$ 上均勻連續。於是，可找到一個正數 δ，使得：當 $r_1, r_2 \in [a,b]$ 且 $\left| r_1 - r_2 \right| < \delta$ 時，對每個 $j = 1, 2, \cdots, k$，恆有 $\left| \gamma_j'(r_1) - \gamma_j'(r_2) \right| < \varepsilon/(3\sqrt{k}(b-a))$。其次，因為弧長 l 是集合 $\{l(\gamma, P) \mid P$ 是 $[a,b]$ 的分割$\}$ 的最小上界，而且 $t \mapsto \|\gamma'(t)\|$ 在區間 $[a,b]$ 上可積分，所以，可找到區間 $[a,b]$ 的一個分割 $P = \{a = t_0 < t_1 < \cdots < t_n = b\}$，使得：$\left| P \right| < \delta$ 而且

$$0 < l - l(\gamma, P) < \varepsilon/3，$$

$$\left| \sum_{i=1}^{n} \| \gamma'(r_i) \| (t_i - t_{i-1}) - \int_a^b \| \gamma'(t) \| dt \right| < \varepsilon/3，$$

其中，$\sum_{i=1}^{n} \| \gamma'(r_i) \| (t_i - t_{i-1})$ 是函數 $t \mapsto \| \gamma'(t) \|$ 對分割 P 的任意一個 Riemann 和。仿前段的方法將距離和 $l(\gamma, P)$ 依均值定理寫成

$\sum_{i=1}^{n}\sqrt{\sum_{j=1}^{k}(\gamma'_j(t_{ij}))^2}\cdot(t_i-t_{i-1})$，因為$\left|t_{ij}-r_i\right|\le t_i-t_{i-1}\le\left|P\right|<\delta$，所以，$\left|\gamma'_j(t_{ij})-\gamma'_j(r_i)\right|<\varepsilon/(3\sqrt{k}(b-a))$。於是，可得

$$\left|l-\int_a^b\|\gamma'(t)\|\,dt\right|$$

$$\le\left|l-l(\gamma,P)\right|+\left|\sum_{i=1}^{n}\sqrt{\sum_{j=1}^{k}(\gamma'_j(t_{ij}))^2}\cdot(t_i-t_{i-1})-\sum_{i=1}^{n}\|\gamma'(r_i)\|(t_i-t_{i-1})\right|$$

$$+\left|\sum_{i=1}^{n}\|\gamma'(r_i)\|(t_i-t_{i-1})-\int_a^b\|\gamma'(t)\|\,dt\right|$$

$$<\frac{\varepsilon}{3}+\sum_{i=1}^{n}\sqrt{\sum_{j=1}^{k}(\gamma'_j(t_{ij})-\gamma'_j(r_i))^2}\cdot(t_i-t_{i-1})+\frac{\varepsilon}{3}$$

$$<\frac{\varepsilon}{3}+\sum_{i=1}^{n}\frac{\varepsilon}{3(b-a)}(t_i-t_{i-1})+\frac{\varepsilon}{3}$$

$$=\varepsilon\text{。}$$

因為上述不等式對每個正數ε都成立，所以，可知

$$l=\int_a^b\|\gamma'(t)\|\,dt\text{。}$$

同理，對每個$t\in[a,b]$，$\lambda(t)$等於定理中的公式。

因為γ是一平滑曲線，所以，函數$t\mapsto\|\gamma'(t)\|$是一個連續函數，而且每個$t\in(a,b)$都滿足$\|\gamma'(t)\|>0$。於是，當$t_1,t_2\in[a,b]$滿足$t_1<t_2$時，依§5-3定理18，恆有

$$\lambda(t_2)-\lambda(t_1)=\int_{t_1}^{t_2}\|\gamma'(t)\|\,dt>0\text{。}$$

由此可知：弧長函數λ是一嚴格遞增函數。另一方面，因為弧長函數λ是連續函數$t\mapsto\|\gamma'(t)\|$的不定積分，所以，依微積分基本定理，弧長函數λ在每個點$t\in(a,b)$的導數都存在，而且$\lambda'(t)=\|\gamma'(t)\|$。‖

【定理 11】（以弧長做為參數）

設可求長曲線 $\gamma:[a,b]\to \mathbf{R}^k$ 的弧長為 l。

(1)若 γ 的弧長函數 $\lambda:[a,b]\to[0,l]$ 是嚴格遞增函數，則曲線 $\gamma\circ\lambda^{-1}:[0,l]\to\mathbf{R}^k$ 與曲線 γ 同向等價，而且對每個 $s\in[0,l]$，曲線 $(\gamma\circ\lambda^{-1})|_{[0,s]}$ 的弧長等於 s。

(2)若 $\gamma:[a,b]\to\mathbf{R}^k$ 是分段平滑曲線，則除有限多個點外，$[0,l]$ 上的其他點 s 恆滿足 $\|(\gamma\circ\lambda^{-1})'(s)\|=1$。

證：(1)依定理 9 即得。

(2)因為除有限多個點外，$[a,b]$ 上的其他點 t 恆滿足

$$\lambda'(t)=\|\gamma'(t)\|，$$

所以，依定理 10，除有限多個點外，$[0,l]$ 上的其他點 s 恆滿足

$$(\gamma\circ\lambda^{-1})'(s)=(\lambda^{-1})'(s)\gamma'(\lambda^{-1}(s))=(1/\lambda'(\lambda^{-1}(s)))\gamma'(\lambda^{-1}(s)，$$

兩端求範數即得定理欲證的等式。 ‖

【例 5】設 a 是一正數，曲線 $\gamma:[0,2\pi]\to\mathbf{R}^2$ 定義如下：

$$\gamma(t)=(a(t-\sin t),a(1-\cos t))，\quad t\in[0,2\pi]，$$

試求其弧長。此曲線 γ 稱為**擺線**（cycloid）。

解：因為對每個 $t\in[0,2\pi]$，恆有

$$\gamma'(t)=(a(1-\cos t),a\sin t))，$$

$$\|\gamma'(t)\|=2a\sin(t/2)，$$

所以，曲線 γ 顯然是一平滑曲線。依定理 10，此曲線的弧長函數可求出如下：對每個 $t\in[0,2\pi]$，恆有

$$\lambda(t)=\int_0^t\|\gamma'(u)\|\,du=\int_0^t 2a\sin\frac{u}{2}\,du=4a(1-\cos\frac{t}{2})。$$

由此可知：曲線 γ 的弧長為 $8a$。 ‖

丙、曲線的曲率

在本小節中，我們簡單介紹曲線的切向量、主法向量與曲率的概念。

設 $\gamma : [a,b] \to \mathbf{R}^k$ 為 $\mathbf{R}^k$ 中一曲線，$t_0 \in (a,b)$。對於 $t \in [a,b]$，$t \neq t_0$，$\gamma(t) - \gamma(t_0)$ 是曲線 γ 上由點 $\gamma(t_0)$ 至點 $\gamma(t)$ 的一個**割向量**（secant vector），將此向量除以係數 $t - t_0$ 後，所得的向量 $(1/(t-t_0))$ $(\gamma(t) - \gamma(t_0))$ 與向量 $\gamma(t) - \gamma(t_0)$ 平行。當 t 趨近 t_0 時，若 $(1/(t-t_0))$ $(\gamma(t) - \gamma(t_0))$ 趨近某一向量做為其極限，則依「切線是割線的極限」這種直觀的說法，此一極限向量在曲線 γ 過點 $\gamma(t_0)$ 的切線的方向上。另一方面，因為函數 $t \mapsto (1/(t-t_0))(\gamma(t) - \gamma(t_0))$ 在 t 趨近 t_0 時的極限，乃是函數 γ 在點 t_0 的導數，所以，我們可以寫成下述定義。

【定義 9】設 $\gamma : [a,b] \to \mathbf{R}^k$ 為 $\mathbf{R}^k$ 中一曲線，$t_0 \in (a,b)$。若函數 γ 在點 t_0 的導數 $\gamma'(t_0)$ 存在且 $\gamma'(t_0) \neq 0$，則 $\gamma'(t_0)$ 稱為曲線 γ 在點 $\gamma(t_0)$ 的**切向量**（tangent vector），而 $(1/\|\gamma'(t_0)\|)\gamma'(t_0)$ 稱為曲線 γ 在點 $\gamma(t_0)$ 的**單位切向量**（unit tangent vector），以 $u_\mathrm{T}(t_0)$ 表之，即：

$$u_\mathrm{T}(t_0) = \frac{1}{\|\gamma'(t_0)\|} \gamma'(t_0) \,\text{。}$$

若 $\gamma : [a,b] \to \mathbf{R}^k$ 是分段平滑曲線，其弧長函數為 λ：$[a,b] \to [0,l]$，則除有限多個點外，$[a,b]$ 上的其他點 t 所對應的單位切向量 $u_\mathrm{T}(t)$ 都存在，而且滿足

$$\gamma'(t) = \|\gamma'(t)\| u_\mathrm{T}(t) = \lambda'(t) u_\mathrm{T}(t) \,\text{。}$$

若 $\gamma : [a,b] \to \mathbf{R}^k$ 以其弧長為參數，即：對每個 $t \in [a,b]$，恆有 $\lambda(t) = t$，則依定理 10 可知：對每個 $t \in [a,b]$，恆有 $\|\gamma'(t)\| = 1$。於是，曲線 $\gamma : [a,b] \to \mathbf{R}^k$ 在每個點 $\gamma(t)$ 的單位切向量 $u_\mathrm{T}(t)$ 就是 $\gamma'(t)$ 本身。

若 $\gamma : [a,b] \to \boldsymbol{R}^k$ 為平滑曲線,則向量值函數 $t \mapsto u_{\mathrm{T}}(t)$ ($t \in [a,b]$) 在每個點的值都是單位向量,此種向量值函數具有下述引理 12 中的特殊性質。

【引理 12】設 $f : [a,b] \to \boldsymbol{R}^k$ 為一函數。若對每個 $t \in [a,b]$,$\| f(t) \| = 1$ 恆成立,則當函數 f 在點 $t \in [a,b]$ 的導數 $f'(t)$ 存在時,恆有 $\langle f(t), f'(t) \rangle = 0$,亦即:向量 $f(t)$ 與向量 $f'(t)$ 垂直。

證:設 $f = (f_1, f_2, \cdots, f_k)$。依假設,對每個 $t \in [a,b]$,恆有
$$(f_1(t))^2 + (f_2(t))^2 + \cdots + (f_k(t))^2 = 1 \ 。$$

依乘積的導數公式立即可得所欲證的結果,參看 §4-2 練習題 5。 ‖

【定義 10】設 $\gamma : [a,b] \to \boldsymbol{R}^k$ 為 $\boldsymbol{R}^k$ 中一分段平滑曲線,$t_0 \in (a,b)$。若曲線 γ 在點 $\gamma(t_0)$ 的單位切向量 $u_{\mathrm{T}}(t_0)$ 存在,而且函數 $t \mapsto u_{\mathrm{T}}(t)$ 在點 t_0 的導數 $u_{\mathrm{T}}'(t_0)$ 存在而且 $u_{\mathrm{T}}'(t_0) \neq 0$,則向量 $u_{\mathrm{T}}'(t_0)$ 稱為曲線 γ 在點 $\gamma(t_0)$ 的**主法向量**(principal normal vector),而 $(1/\| u_{\mathrm{T}}'(t_0) \|) u_{\mathrm{T}}'(t_0)$ 稱為曲線 γ 在點 $\gamma(t_0)$ 的**單位主法向量**(principal unit normal vector),以 $u_{\mathrm{N}}(t_0)$ 表之,即:
$$u_{\mathrm{N}}(t_0) = \frac{1}{\| u_{\mathrm{T}}'(t_0) \|} u_{\mathrm{T}}'(t_0) \ 。$$

又 $\| u_{\mathrm{T}}'(t_0) \| / \| \gamma'(t_0) \|$ 稱為曲線 γ 在點 $\gamma(t_0)$ 的**曲率**(curvature),以 $\kappa(t_0)$ 表之,亦即:$\| u_{\mathrm{T}}'(t_0) \| = \kappa(t_0) \| \gamma'(t_0) \|$。依引理 12,主法向量 $u_{\mathrm{T}}'(t_0)$ 與切向量 $u_{\mathrm{T}}(t_0)$ 垂直。

【定理 13】(曲率的計算公式之一)

若曲線 $\gamma : [a,b] \to \boldsymbol{R}^k$ 在 $[a,b]$ 上可二次微分,而且在每個點 $\gamma(t)$ 的單位向量 $u_{\mathrm{T}}(t)$ 與 $u_{\mathrm{N}}(t)$ 都存在,則對每個 $t \in (a,b)$,恆有
$$\kappa(t) = \frac{\| \langle \gamma'(t), \gamma'(t) \rangle \gamma''(t) - \langle \gamma'(t), \gamma''(t) \rangle \gamma'(t) \|}{\langle \gamma'(t), \gamma'(t) \rangle^2} \ 。$$

證：因為曲線 γ 是平滑曲線，所以，對每個 $t \in (a, b)$，恆有 $\| \gamma'(t) \| \neq 0$。因為函數 γ 在 $[a, b]$ 上可二次微分，所以，對每個 $t \in (a, b)$，可得

$$\gamma'(t) = \| \gamma'(t) \| u_{\mathrm{T}}(t) ,$$

$$\gamma''(t) = \frac{\langle \gamma'(t), \gamma''(t) \rangle}{\| \gamma'(t) \|} u_{\mathrm{T}}(t) + \kappa(t) \| \gamma'(t) \|^2 u_{\mathrm{N}}(t) ,$$

$$\kappa(t) u_{\mathrm{N}}(t) = \frac{1}{\| \gamma'(t) \|^2} \gamma''(t) - \frac{\langle \gamma'(t), \gamma''(t) \rangle}{\| \gamma'(t) \|^4} \gamma'(t) 。$$

將上述後一等式兩端求範數，即得

$$\kappa(t) = \frac{\| \langle \gamma'(t), \gamma'(t) \rangle \gamma''(t) - \langle \gamma'(t), \gamma''(t) \rangle \gamma'(t) \|}{\langle \gamma'(t), \gamma'(t) \rangle^2} 。 \quad \|$$

當曲線 $\gamma : [a, b] \to \mathbf{R}^2$ 是平面上的曲線時，定理 13 中的曲率計算公式可以進一步簡化，參看練習題 6。

【系理 14】（曲率的計算公式之二）

若曲線 $\gamma : [0, l] \to \mathbf{R}^k$ 在 $[0, l]$ 上可二次微分，而且在每個點 $\gamma(s)$ 的單位向量 $u_{\mathrm{T}}(s)$ 與 $u_{\mathrm{N}}(s)$ 都存在，又設其參數為其弧長，則對每個 $s \in (0, l)$，恆有 $\kappa(s) = \| \gamma''(s) \|$。

證：因為 γ 的參數為其弧長，所以，對每個 $s \in (0, l)$，恆有 $\langle \gamma'(s), \gamma'(s) \rangle = 1$。兩邊微分，即得 $\langle \gamma'(s), \gamma''(s) \rangle = 0$。代入定理 13 的公式即可得欲證的結果。 $\|$

曲率的意義是指彎曲的程度，曲線的彎曲程度可以利用"方向對弧長的變率"來定義，我們以二維的曲線解說如下。

設曲線 $\gamma(s) = (x(s), y(s))$ 為平面上一平滑曲線，其參數為其弧長。對每個 $s \in (0, l)$，設 x 軸正方向至切向量 $\gamma'(s)$ 的有向角為 $\phi(s)$，則當 $x'(s) \neq 0$ 時，可得 $\tan \phi(s) = y'(s) / x'(s)$。兩邊微分，得

$$(\sec^2 \phi(s)) \, \phi'(s) = (x'(s)y''(s) - x''(s)y'(s))/(x'(s))^2 \text{ 。}$$

對每個 $s \in (0, l)$ ，因為 $(x'(s))^2 + (y'(s))^2 = 1$ ，所以， $x'(s)x''(s) + y'(s)y''(s) = 0$ 而且 $\sec^2 \phi(s) = 1/(x'(s))^2$ 。更進一步可得

$$
\begin{aligned}
& [\, x'(s)y''(s) - x''(s)y'(s) \,]^2 \\
&= [\, x'(s)y''(s) - x''(s)y'(s) \,]^2 + [\, x'(s)x''(s) + y'(s)y''(s) \,]^2 \\
&= [\, (x'(s))^2 + (y'(s))^2 \,][\, (x''(s))^2 + (y''(s))^2 \,] \\
&= (x''(s))^2 + (y''(s))^2 \text{ ，}
\end{aligned}
$$

因此， $\left| \phi'(s) \right| = [(x''(s))^2 + (y''(s))^2]^{1/2} = \| \gamma''(s) \| = \kappa(s)$ 。由此等式可看出 $\kappa(s)$ 確實具有度量彎曲程度的作用。

【例 6】試討論擺線 $\gamma(t) = (a(t - \sin t), a(1 - \cos t))$ $(t \in [0, 2\pi])$ 的曲率。

解：根據練習題 6 的公式，對每個 $t \in (0, 2\pi)$ ，可得

$$
\begin{aligned}
\kappa(t) &= \frac{\left| (at - a\sin t)'(a - a\cos t)'' - (at - a\sin t)''(a - a\cos t)' \right|}{([(at - a\sin t)']^2 + [(a - a\cos t)']^2)^{3/2}} \\
&= \frac{\left| (a - a\cos t)(a\cos t) - (a\sin t)(a\sin t) \right|}{((a - a\cos t)^2 + (a\sin t)^2)^{3/2}} \\
&= \frac{a^2(1 - \cos t)}{(2a^2(1 - \cos t))^{3/2}} \\
&= \frac{1}{4a\sin(t/2)} \text{ 。} \;\|
\end{aligned}
$$

下面的定義 11 是與曲率概念相關的一些名詞。

【定義 11】若曲線 $\gamma : [a, b] \to \boldsymbol{R}^k$ 在 $\gamma(t_0)$ 的曲率 $\kappa(t_0)$ 不等於 0，則 $(\kappa(t_0))^{-1}$ 稱為曲線 γ 在點 $\gamma(t_0)$ 的**曲率半徑**（radius of curvature），點 $\gamma(t_0) + (\kappa(t_0))^{-1} u_N(t_0)$ 稱為曲線 γ 在點 $\gamma(t_0)$ 的**曲率中心**（center of curvature）。曲線 $t \mapsto \gamma(t) + (\kappa(t))^{-1} u_N(t)$ （ $t \in [a, b]$ ） 稱為曲線 γ 的

漸屈線（evolute），而曲線 γ 稱為其漸屈線的**漸伸線**（involute）。

練習題　7－1

1.試證定理 4。

2.試求下述曲線的弧長：

(1)$\gamma(t) = (\cos t, \sin t, \ln \sec t)$，　$t \in [0, \pi/4]$。

(2)$\gamma(t) = (2t, t^2, \ln t)$，　$t \in [1, 4]$。

(3)$\gamma(t) = (6\sin t, t^3, 6\cos t, 3t^2)$，　$t \in [0, 2]$。

3.試證定理 9。

4.試證：若曲線 $\gamma : [a, b] \to \mathbf{R}^k$ 可求長，則其相反曲線 $-\gamma$ 也可求長。更進一步地，若 γ 的弧長函數為 $\lambda : [a, b] \to [0, l]$，則 $-\gamma$ 的弧長函數為 $t \mapsto \lambda(b) - \lambda(b + a - t)$，$t \in [a, b]$。

5.設 $f, g : [a, b] \to \mathbf{R}$ 是兩個連續的有界變差函數，對每個 $x \in (a, b)$，恆有 $f(x) < g(x)$，又 $f(a) = g(a)$ 且 $f(b) = g(b)$。利用函數 f 與 g 定義兩曲線 $\gamma, \delta : [a, 2b-a] \to \mathbf{R}^2$ 如下：

$$\gamma(t) = \begin{cases} (t, f(t)), & \text{若 } t \in [a, b] ; \\ (2b-t, g(2b-t)), & \text{若 } t \in [b, 2b-a] ; \end{cases}$$

$$\delta(t) = \begin{cases} (t, -(1/2)[g(t) - f(t)]), & \text{若 } t \in [a, b] ; \\ (2b-t, (1/2)[g(2b-t) - f(2b-t)]), & \text{若 } t \in [b, 2b-a] . \end{cases}$$

(1)試證：γ 與 δ 都是可求長曲線，而且曲線 δ 的弧長不超過曲線 γ 的弧長。

(2)試證：跡 $|\gamma|$ 與 $|\delta|$ 分別是下述集合 S 與 T 的邊界：

$S = \{(x, y) \in \mathbf{R}^2 \mid a \leq x \leq b, f(x) \leq y \leq g(x)\}$，

$T = \{(x, y) \in \mathbf{R}^2 \mid a \leq x \leq b, f(x) - g(x) \leq 2y \leq g(x) - f(x)\}$。

(3)試證：對每個 $c \in [a, b]$，令 $L_c = \{(c, y) \mid y \in \mathbf{R}\}$，則交

集 $L_c \bigcap S$ 與 $L_c \bigcap T$ 的長度相等，而且 $L_c \bigcap T$ 的中點在 x 軸上。因為 $L_c \bigcap T$ 對 x 軸成對稱，所以，T 稱為 S 對 x 軸的**對稱化**（symmetrization）。

6.若曲線 $\gamma = (\gamma_1, \gamma_2, \cdots, \gamma_k) : [a, b] \to \boldsymbol{R}^k$ 在 $[a, b]$ 上可二次微分，而且在每個點 $\gamma(t)$ 的單位向量 $u_T(t)$ 與 $u_N(t)$ 都存在，則對每個 $t \in (a, b)$，恆有

$$\kappa(t) = \frac{\{ [\sum_{j=1}^{k} (\gamma_j'(t))^2][\sum_{j=1}^{k} (\gamma_j''(t))^2] - [\sum_{j=1}^{k} \gamma_j'(t)\gamma_j''(t)]^2 \}^{1/2}}{[\sum_{j=1}^{k} (\gamma_j'(t))^2]^{3/2}} 。$$

當 $k = 2$ 時，上述公式可化簡為

$$\kappa(t) = \frac{|\gamma_1'(t)\gamma_2''(t) - \gamma_2'(t)\gamma_1''(t)|}{[(\gamma_1'(t))^2 + (\gamma_2'(t))^2]^{3/2}} 。$$

7.試討論上述第 2 題中各曲線的曲率。

8.試求上述第 2 題中各曲線的單位切向量與單位主法向量。

9.試求擺線 $\gamma(t) = (a(t - \sin t), a(1 - \cos t))$ （$t \in [0, 2\pi]$）的漸屈線。

10.設 $\gamma : [a, b] \to \boldsymbol{R}^3$ 為一曲線，若 γ 在點 $\gamma(t_0)$ 的單位切向量 $u_T(t_0)$ 與單位主法向量 $u_N(t_0)$ 都存在，則通過點 $\gamma(t_0)$、$\gamma(t_0) + u_T(t_0)$ 與 $\gamma(t_0) + u_N(t_0)$ 的平面稱為曲線 γ 在點 $\gamma(t_0)$ 的**密切平面**（osculating plane）。在此密切平面上，以曲率中心 $\gamma(t_0) + (\kappa(t_0))^{-1} u_N(t_0)$ 為圓心且以曲率半徑 $(\kappa(t_0))^{-1}$ 為半徑的圓，稱為是曲線 γ 在點 $\gamma(t_0)$ 的**密切圓**（osculating circle）或**曲率圓**（circle of curvature）。試求下述二曲線在該點的密切平面：

(1) $\gamma(t) = (\cos t, \sin t, \ln \sec t)$，　$t \in [0, \pi/4]$；$t_0 = \pi/4$。

(2) $\gamma(t) = (2t, t^2, \ln t)$，　$t \in [1, 4]$；$t_0 = 1$。

11.設曲線 $\gamma : [a, b] \to \boldsymbol{R}^3$ 為 $\boldsymbol{R}^3$ 中一曲線，若曲線 γ 在點 $\gamma(t_0)$ 的單位切向量 $u_T(t_0)$ 與單位主法向量 $u_N(t_0)$ 都存在，則此二向量

的外積 $u_T(t_0) \times u_N(t_0)$ 稱為是曲線 γ 在點 $\gamma(t_0)$ 的**單位副法向量**（unit binormal vector），以 $u_B(t_0)$ 表之，亦即：$u_B(t_0) = u_T(t_0) \times u_N(t_0)$。試證：若 $\gamma : [0, l] \to R^3$ 在 $[0, l]$ 上可三次微分，而且在每個點 $\gamma(s)$ 的三單位向量 $u_T(s)$、$u_N(s)$ 與 $u_B(s)$ 都存在，又設參數為其弧長，則必有一函數 $\tau : (0, l) \to R$ 使得下列三式成立：

$$\begin{cases} u_T'(s) = & \kappa(s)u_N(s) \\ u_N'(s) = -\kappa(s)u_T(s) & + \tau(s)u_B(s) \quad, \quad s \in (0, l)。 \\ u_B'(s) = & -\tau(s)u_N(s) \end{cases}$$

上述三等式稱為 **Serret-Frenet 公式**（Serret-Frenet formula），而 $\tau(s)$ 稱為是曲線 γ 在點 $\gamma(s)$ 的**扭率**（torsion）。

12. 若曲線 $\gamma : [a, b] \to R^3$ 在每個點 $\gamma(t)$ 的單位向量 $u_T(t)$ 與 $u_N(t)$ 都存在，而且函數 γ 在每個點 $t \in [a, b]$ 都可三次微分，試證：

$$\gamma'''(t) = [\lambda'''(t) - (\lambda'(t))^3(\kappa(t))^2]u_T(t)$$
$$+ [3\lambda'(t)\lambda''(t)\kappa(t) + (\lambda'(t))^3\kappa'(t)]u_N(t) + (\lambda'(t))^3\kappa(t)\tau(t)\,u_B(t),$$

其中的 λ、κ 與 τ 分別是 γ 的弧長函數、曲率函數與扭率函數。

$$\underline{7-2} \quad \Big|\quad 線積分$$

在本節裏，我們要介紹兩種型式的線積分，並討論兩種線積分以及二重積分等彼此間的關係。

甲、第一型線積分

【定義 1】設曲線 $\gamma : [a, b] \to R^k$ 為一可求長的曲線，而 $\lambda : [a, b] \to [0, l]$ 為其弧長函數，其中的 l 是曲線 γ 的弧長。設 f：

$A \to \boldsymbol{R}$ 為一有界函數，其定義域 $A \subset \boldsymbol{R}^k$ 包含曲線 γ 的跡 $|\gamma|$。若函數 $f \circ \gamma$： $t \mapsto f(\gamma(t))$ 對弧長函數 λ 在 $[a,b]$ 上可 Riemann-Stieltjes 積分，則 $f \circ \gamma$ 對 λ 在 $[a,b]$ 上的 Riemann-Stieltjes 積分稱為函數 f 在曲線 γ 上的**第一型線積分**（line integral of first kind of f on γ），以下式的左端表示此第一型線積分：

$$\int_\gamma f(x)\,ds = \int_a^b f(\gamma(t))\,d\lambda(t) \text{。}$$

設 $P = \{\, a = t_0 < t_1 < \cdots < t_n = b \,\}$ 是區間 $[a,b]$ 的一個分割，依§ 6-1 定義 1，函數 $f \circ \gamma$ 對函數 λ 對應於分割 P 的 Riemann-Stieltjes 和是下述形式：

$$S(f \circ \gamma, \lambda, P) = \sum_{i=1}^n f\left(\gamma(t_i')\right)\left(\lambda(t_i) - \lambda(t_{i-1})\right) \text{，}$$

其中， $t_i' \in [t_{i-1}, t_i]$， $i = 1, 2, \cdots, n$。上式右端可解說如下：將曲線 γ 分割成 n 段： $\gamma\big|_{[t_{i-1}, t_i]}$， $i = 1, 2, \cdots, n$。在每一段 $\gamma\big|_{[t_{i-1}, t_i]}$ 的跡上任選一點 $\gamma(t_i')$，然後，將函數 f 在此點的值 $f(\gamma(t_i'))$ 乘以該段的弧長 $\lambda(t_i) - \lambda(t_{i-1})$。最後，將各乘積相加，即得上述 Riemann-Stieltjes 和。有一點請注意：函數值 $f(\gamma(t_i'))$ 是函數 f 在曲線 γ 的跡 $|\gamma|$ 上某個點的值，此值似乎只與函數 f 及跡 $|\gamma|$ 有關、而與函數 γ 無關，但因為 $\gamma\big|_{[t_{i-1}, t_i]}$ 的弧長 $\lambda(t_i) - \lambda(t_{i-1})$ 與函數 γ 有關，所以，前面的 Riemann-Stieltjes 和與函數 γ 有關。

若函數 f 是曲線 γ 的跡 $|\gamma|$ 上的密度函數，則仿前面的分段、選點、以函數值乘以弧長所得的和，其實就是跡 $|\gamma|$ 的質量的近似值。這個實例可用來說明引進第一型線積分的必要性。

【例 1】若函數 f 是常數函數 1，則函數 f 在曲線 γ 上的第一型線積分等於 γ 的弧長，亦即：

$$\int_\gamma 1\,ds = \text{曲線} \gamma \text{ 的弧長。} \;\|$$

【定理 1】（第一型線積分存在的一個充分條件）

若曲線 $\gamma : [a,b] \to \mathbf{R}^k$ 是可求長曲線，而且有界函數 $f: A \to \mathbf{R}$ 在 γ 的跡 $|\gamma|$ 上每個點都連續，其中，$|\gamma| \subset A \subset \mathbf{R}^k$，則函數 f 對曲線 γ 的第一型線積分存在。

證：因為曲線 γ 的弧長函數是遞增函數，而函數 $f \circ \gamma$ 是連續函數，所以，依 §6-2 定理 13 立即可得。 ‖

【定理 2】（對等價曲線的第一型線積分）

若有界函數 $f: A \to \mathbf{R}$ 對可求長曲線 $\gamma : [a,b] \to \mathbf{R}^k$ 的第一型線積分存在，其中，$|\gamma| \subset A \subset \mathbf{R}^k$，則對於與曲線 γ 等價的任意曲線 $\delta : [c,d] \to \mathbf{R}^k$，函數 f 對曲線 δ 的第一型線積分也存在，而且

$$\int_\gamma f(x)\, ds = \int_\delta f(y)\, dz \text{。}$$

證：依 §7-1 定理 9 及 §6-1 定理 6 立即可得。 ‖

【定理 3】（第一型線積分對被積分函數呈線性）

若有界函數 $f, g: A \to \mathbf{R}$ 對可求長曲線 $\gamma : [a,b] \to \mathbf{R}^k$ 的第一型線積分都存在，其中，$|\gamma| \subset A \subset \mathbf{R}^k$，$c_1, c_2 \in \mathbf{R}$，則函數 $c_1 f + c_2 g$ 對 γ 的第一型線積分也存在，而且

$$\int_\gamma (c_1 f(x) + c_2 g(x))\, ds = c_1 \int_\gamma f(x)\, ds + c_2 \int_\gamma g(x)\, ds \text{。}$$

證：依 §6-1 定理 1 立即可得。 ‖

【定理 4】（第一型線積分對積分曲線的可加性）

設 $f: A \to \mathbf{R}$ 為一有界函數，而 $\gamma : [a,b] \to \mathbf{R}^k$ 為一可求長曲線，其中，$|\gamma| \subset A \subset \mathbf{R}^k$，又 $c \in (a,b)$。若函數 f 對曲線 $\gamma|_{[a,c]}$ 與曲線 $\gamma|_{[c,b]}$ 的第一型線積分都存在，則函數 f 對曲線 γ 的第一型線積分也存在，而且

$$\int_{\gamma} f(x)\,ds = \int_{\gamma|_{[a,c]}} f(x)\,ds + \int_{\gamma|_{[c,b]}} f(x)\,ds \text{ 。}$$

證：若曲線 γ 的弧長函數為 λ，則曲線 $\gamma|_{[a,c]}$ 與曲線 $\gamma|_{[c,b]}$ 的弧長函數分別為 $t \mapsto \lambda(t)$ $(t \in [a,c])$ 與 $t \mapsto \lambda(t) - \lambda(c)$ $(t \in [c,b])$。因此，本定理的結果依 §6-1 定理 3、定理 2 及例 2 立即可得。‖

【定理 5】（將積分曲線縮短）

若有界函數 $f : A \to R$ 對可求長曲線 $\gamma : [a,b] \to R^k$ 的第一型線積分存在，其中，$|\gamma| \subset A \subset R^k$，又 $[c,d] \subset [a,b]$，則函數 f 對曲線 $\gamma|_{[c,d]}$ 的第一型線積分也存在。

證：若 γ 的弧長函數為 $\lambda : [a,b] \to R$，則 $\gamma|_{[c,d]}$ 的弧長函數為 $t \mapsto \lambda(t) - \lambda(c)$（$t \in [c,d]$）。因此，本定理的結果依 §6-1 定理 4、定理 2 及例 2 立即可得。‖

【定理 6】（在一曲線及其相反曲線上的第一型線積分）

若有界函數 $f : A \to R$ 對可求長曲線 $\gamma : [a,b] \to R^k$ 的第一型線積分存在，其中，$|\gamma| \subset A \subset R^k$，則函數 $f : A \to R$ 對相反曲線 $-\gamma$ 的第一型線積分也存在，而且兩個線積分相等，亦即：

$$\int_{-\gamma} f(y)\,dz = \int_{\gamma} f(x)\,ds \text{ 。}$$

證：因為 $(-\gamma)(t) = \gamma(b+a-t)$，$t \in [a,b]$，所以，相反曲線 $-\gamma$ 也可求長，而且其弧長函數為 $t \mapsto \lambda(b) - \lambda(b+a-t)$，$t \in [a,b]$，其中 λ 是曲線 γ 的弧長函數。（參看 §7-1 練習題 4。）在 f 對 γ 的第一型線積分中作變數代換：$u = b+a-t$，依 §6-1 定理 6，可得

$$\int_{\gamma} f(x)\,ds = \int_{a}^{b} f(\gamma(t))\,d\lambda(t) = \int_{b}^{a} f(\gamma(b+a-u))\,d\lambda(b+a-u)$$

$$= \int_{a}^{b} f(\gamma(b+a-u))\,d\,[-\lambda(b+a-u)]$$

$$= \int_{a}^{b} f((-\gamma)(u))\,d\,[\lambda(b) - \lambda(b+a-u)] \text{ 。}$$

上式右端就是函數 $f : A \to R$ 對相反曲線 $-\gamma$ 的第一型線積分。‖

【定理 7】（第一型線積分可保持次序）

　　若有界函數 f, g：$A \to \mathbf{R}$ 對可求長曲線 γ：$[a,b] \to \mathbf{R}^k$ 的第一型線積分都存在，其中，$|\gamma| \subset A \subset \mathbf{R}^k$，而且 $|\gamma|$ 上每個點 x 都滿足 $f(x) \le g(x)$，則

$$\int_\gamma f(x)\,ds \le \int_\gamma g(x)\,ds \ 。$$

證：因為曲線 γ 的弧長函數是遞增函數，所以，依 §6-3 定理 11 立即可得。 ‖

【定理 8】（第一型線積分的可積分性可擴及絕對值）

　　若有界函數 f：$A \to \mathbf{R}$ 對可求長曲線 γ：$[a,b] \to \mathbf{R}^k$ 的第一型線積分存在，其中，$|\gamma| \subset A \subset \mathbf{R}^k$，則函數 $|f|$ 對曲線 γ 的第一型線積分也存在，而且

$$\left| \int_\gamma f(x)\,ds \right| \le \int_\gamma |f(x)|\,ds \ 。$$

證：因為曲線 γ 的弧長函數是遞增函數，所以，依 §6-3 定理 12 立即可得。 ‖

【定理 9】（第一型線積分的可積分性可擴及乘積）

　　若有界函數 f, g：$A \to \mathbf{R}$ 對可求長曲線 γ：$[a,b] \to \mathbf{R}^k$ 的第一型線積分都存在，其中，$|\gamma| \subset A \subset \mathbf{R}^k$，則函數 fg 對曲線 γ 的第一型線積分也存在。

證：因為曲線 γ 的弧長函數是遞增函數，所以，依 §6-3 定理 13 立即可得。 ‖

【定理 10】（第一型線積分的均值定理）

　　設 γ：$[a,b] \to \mathbf{R}^k$ 為一可求長曲線，其弧長為 l。

　　⑴若有界函數 f：$A \to \mathbf{R}$ 對 γ 的第一型線積分存在，其中，$|\gamma| \subset A \subset \mathbf{R}^k$，則必有一實數 r 使得：

$$\int_\gamma f(x)\,ds = rl \;, \qquad \inf f(|\gamma|) \le r \le \sup f(|\gamma|) \; 。$$

⑵若函數$f\colon A \to \boldsymbol{R}$在$|\gamma|$上連續，則必有一個$t_0 \in [a,b]$使得

$$\int_\gamma f(x)\,ds = f(t_0)l \; 。$$

證：因為曲線γ的弧長函數是遞增函數，所以，依§6-3 定理 14 立即可得。‖

【定理 11】（將第一型線積分化成 Riemann 積分來計算）

若有界函數$f\colon A \to \boldsymbol{R}$對曲線$\gamma\colon [a,b] \to \boldsymbol{R}^k$的第一型線積分存在，其中，$|\gamma| \subset A \subset \boldsymbol{R}^k$，而且$\gamma$是一分段平滑曲線，則

$$\int_\gamma f(x)\,ds = \int_a^b f(\gamma(t))\,\|\gamma'(t)\|\,dt \; 。$$

證：根據§7-1 定理 7⑵及定積分對積分區間的可加性，我們可假設γ是平滑曲線。因此，依§7-1 定理 9，曲線γ的弧長函數是連續可微分的函數。於是，依§6-1 定理 7 立即可得本定理的結果。‖

【例 2】設γ是$\boldsymbol{R}^3$中的**螺旋線**（helix）：$\gamma(t)=(a\cos t, a\sin t, bt)$，$t \in [0, 2\pi]$，其中的$a$與$b$是不為 0 的常數。試求下述線積分：

$$\int_\gamma (x^2 + y^2 + z^2)\,ds \; 。$$

解：因為$\gamma'(t)=(-a\sin t, a\cos t, b)$，$\|\gamma'(t)\|^2 = a^2 + b^2 > 0$，所以，$\gamma$是一平滑曲線。於是，依定理 11，可得

$$\int_\gamma (x^2 + y^2 + z^2)\,ds = \int_0^{2\pi} (a^2 + b^2 t^2)(a^2 + b^2)^{1/2}\,dt$$

$$= \frac{2}{3}\pi(3a^2 + 4\pi^2 b^2)(a^2 + b^2)^{1/2} \; 。 ‖$$

乙、第二型線積分

本小節中所要介紹的第二型線積分，有些作者直接稱之為線積

分，而第一型線積分則不再給以特殊名稱。

【定義 2】設曲線 $\gamma = (\gamma_1, \gamma_2, \cdots, \gamma_k) : [a, b] \to \boldsymbol{R}^k$ 為 $\boldsymbol{R}^k$ 中一可求長的曲線，而 $f = (f_1, f_2, \cdots, f_k) : A \to \boldsymbol{R}^k$ 為一有界（向量值）函數，其定義域 $A \subset \boldsymbol{R}^k$ 包含曲線 γ 的跡 $|\gamma|$。若對每個 $j = 1, 2, \cdots, k$，有界函數 $f_j \circ \gamma : t \mapsto f_j(\gamma(t))$ 都對函數 γ_j 在 $[a, b]$ 上可 Riemann-Stieltjes 積分，則此 k 個 Riemann-Stieltjes 積分之和稱為函數 f 在曲線 γ 上的**第二型線積分**（line integral of second kind of f on γ），以下式的左端表示此第二型線積分：

$$\int_\gamma f_1(x)\,dx_1 + f_2(x)\,dx_2 + \cdots + f_k(x)\,dx_k = \sum_{j=1}^k \int_a^b f_j(\gamma(t))\,d\gamma_j(t) \,。$$

對於區間 $[a, b]$ 的一分割 $P = \{a = t_0 < t_1 < \cdots < t_n = b\}$，若定義 2 的等式右端中的各個 Riemann-Stieltjes 積分在每個分割區間 $[t_{i-1}, t_i]$ 中選用相同的點 t_i'，則所得的 k 個 Riemann-Stieltjes 和的和是下述形式：

$$\sum_{j=1}^k S(f_j \circ \gamma, \gamma_j, P) = \sum_{i=1}^n \sum_{j=1}^k f_j(\gamma(t_i'))(\gamma_j(t_i) - \gamma_j(t_{i-1}))$$

$$= \sum_{i=1}^n \langle f(\gamma(t_i')), \gamma(t_i) - \gamma(t_{i-1}) \rangle \,，$$

上式右端表示：這 k 個 Riemann-Stieltjes 和的和乃是 n 對向量的內積之和，其中的第 i 對向量是 $f(\gamma(t_i'))$ 與 $\gamma(t_i) - \gamma(t_{i-1})$。它的意義可解說如下：將曲線 γ 分割成 n 段：$\gamma|_{[t_{i-1}, t_i]}$，$i = 1, 2, \cdots, n$。在每一段 $\gamma|_{[t_{i-1}, t_i]}$ 的跡上任選一點 $\gamma(t_i')$，然後將函數 f 在此點的向量值 $f(\gamma(t_i'))$ 與該段的兩端點所成的向量 $\gamma(t_i) - \gamma(t_{i-1})$ 求內積。最後，將各內積相加，即得上述 Riemann-Stieltjes 和的和。

若向量值函數 f 是一個力場（force field），則在曲線 γ 分割成 n 段後，對每個 $i = 1, 2, \cdots, n$，以向量 $\gamma(t_i) - \gamma(t_{i-1})$ 做為曲線 γ 的跡 $|\gamma|$

由點 $\gamma(t_{i-1})$ 至點 $\gamma(t_i)$ 的弧的近似、以力場 f 在點 $\gamma(t_i')$ 的力 $f(\gamma(t_i'))$ 做為曲線 γ 的跡 $|\gamma|$ 由點 $\gamma(t_{i-1})$ 至點 $\gamma(t_i)$ 的弧上每個點的力的近似，則內積 $\langle f(\gamma(t_i')), \gamma(t_i) - \gamma(t_{i-1})\rangle$ 就是力場 f 將一質點沿著曲線 γ 的跡 $|\gamma|$ 由點 $\gamma(t_{i-1})$ 運動至點 $\gamma(t_i)$ 所作的功的近似值。因此，仿前面的分段、選點、求內積所得的和，其實就是力場 f 將一質點沿著曲線 γ 的跡 $|\gamma|$ 由點 $\gamma(a)$ 運動至點 $\gamma(b)$ 所作的功的近似值。

【定理 12】（第二型線積分存在的一個充分條件）

若曲線 $\gamma : [a,b] \to \mathbf{R}^k$ 是可求長曲線，而且有界函數 $f: A \to \mathbf{R}^k$ 在 γ 的跡 $|\gamma|$ 上每個點都連續，其中，$|\gamma| \subset A \subset \mathbf{R}^k$，則 f 在 γ 上的第二型線積分存在。

證：設 $\gamma = (\gamma_1, \gamma_2, \cdots, \gamma_k)$、$f = (f_1, f_2, \cdots, f_k)$。因為 γ 可求長，所以，依 §7-1 定理 4，γ_1，γ_2，$\cdots$，γ_k 都是 $[a,b]$ 上的有界變差函數。因為 f 在 γ 的跡 $|\gamma|$ 上每個點都連續，所以，$f_1 \circ \gamma$，$f_2 \circ \gamma$，$\cdots$，$f_k \circ \gamma$ 都是連續函數。於是，依 §6-2 定理 13，對每個 $j = 1, 2, \cdots, k$，$f_j \circ \gamma$ 對 γ_j 在 $[a,b]$ 上都可 Riemann-Stieltjes 積分。於是，依定義 2，函數 f 在曲線 γ 上的第二型線積分存在。 $\|$

【定理 13】（對等價曲線的第二型線積分）

設 $\gamma : [a,b] \to \mathbf{R}^k$ 為一曲線，$f = (f_1, f_2, \cdots, f_k) : A \to \mathbf{R}^k$ 為一有界函數，其中，$|\gamma| \subset A \subset \mathbf{R}^k$。若函數 f 在曲線 γ 上的第二型線積分存在，則對於與 γ 等價的任意曲線 $\delta : [c,d] \to \mathbf{R}^k$，$f$ 在 δ 上的第二型線積分也存在，而且

$$\int_\gamma f_1(x)\, dx_1 + f_2(x)\, dx_2 + \cdots + f_k(x)\, dx_k$$
$$= \int_\delta f_1(y)\, dy_1 + f_2(y)\, dy_2 + \cdots + f_k(y)\, dy_k。$$

證：依 §6-1 定理 6 立即可得。 $\|$

【定理 14】（第二型線積分對被積分函數呈線性）

若 $f = (f_1, f_2, \cdots, f_k)$，$g = (g_1, g_2, \cdots, g_k)$：$A \to \mathbf{R}^k$ 兩個有界函數在曲線 γ：$[a, b] \to \mathbf{R}^k$ 上的第二型線積分都存在，其中，$|\gamma| \subset A \subset \mathbf{R}^k$，又 $c_1, c_2 \in \mathbf{R}$，則函數 $c_1 f + c_2 g$ 在曲線 γ 上的第二型線積分也存在，而且

$$\int_\gamma (c_1 f_1 + c_2 g_1)(x)\,dx_1 + (c_1 f_2 + c_2 g_2)(x)\,dx_2 + \cdots$$
$$+ (c_1 f_k + c_2 g_k)(x)\,dx_k$$
$$= c_1 \int_\gamma f_1(x)\,dx_1 + f_2(x)\,dx_2 + \cdots + f_k(x)\,dx_k$$
$$+ c_2 \int_\gamma g_1(x)\,dx_1 + g_2(x)\,dx_2 + \cdots + g_k(x)\,dx_k \, \circ$$

證：依 §6-1 定理 1 立即可得。‖

【定理 15】（第二型線積分對積分曲線的可加性）

設 γ：$[a, b] \to \mathbf{R}^k$ 為一曲線，$f = (f_1, f_2, \cdots, f_k)$：$A \to \mathbf{R}^k$ 為一有界函數，其中，$|\gamma| \subset A \subset \mathbf{R}^k$，又 $c \in (a, b)$。若函數 f 在曲線 $\gamma|_{[a,c]}$ 上與曲線 $\gamma|_{[c,b]}$ 上的第二型線積分都存在，則函數 f 在曲線 γ 上的第二型線積分也存在，而且

$$\int_\gamma f_1(x)\,dx_1 + f_2(x)\,dx_2 + \cdots + f_k(x)\,dx_k$$
$$= \int_{\gamma|_{[a,c]}} f_1(x)\,dx_1 + f_2(x)\,dx_2 + \cdots + f_k(x)\,dx_k$$
$$+ \int_{\gamma|_{[c,b]}} f_1(x)\,dx_1 + f_2(x)\,dx_2 + \cdots + f_k(x)\,dx_k \, \circ$$

證：依 §6-1 定理 3 與定理 2 立即可得。‖

【定理 16】（將積分曲線縮短）

若有界函數 f：$A \to \mathbf{R}^k$ 在曲線 γ：$[a, b] \to \mathbf{R}^k$ 上的第二型線積分存在，其中，$|\gamma| \subset A \subset \mathbf{R}^k$，又 $[c, d] \subset [a, b]$，則函數 f 在曲線 $\gamma|_{[c,d]}$ 上的第二型線積分也存在。

證：依 §6-1 定理 4 與定理 2 立即可得。‖

【定理 17】（在一曲線及其相反曲線上的第二型線積分）

若有界函數 $f = (f_1, f_2, \cdots, f_k) : A \to \boldsymbol{R}^k$ 在曲線 $\gamma : [a, b] \to \boldsymbol{R}^k$ 上的第二型線積分存在，其中，$|\gamma| \subset A \subset \boldsymbol{R}^k$，則函數 f 在相反曲線 $-\gamma$ 上的第二型線積分也存在，而且

$$\int_{-\gamma} f_1(x)\, dx_1 + f_2(x)\, dx_2 + \cdots + f_k(x)\, dx_k$$
$$= -\int_{\gamma} f_1(x)\, dx_1 + f_2(x)\, dx_2 + \cdots + f_k(x)\, dx_k \, \circ$$

證：設 $\gamma = (\gamma_1, \gamma_2, \cdots, \gamma_k)$。對每個 $j = 1, 2, \cdots, k$，將函數 $f_j \circ \gamma$ 對函數 γ_j 在 $[a, b]$ 上的 Riemann-Stieltjes 積分作下述變數代換：$u = b + a - t$。因為 $(-\gamma)(t) = \gamma(b + a - t)$，所以，依 §6-1 定理 6，可得

$$\int_a^b f_j(\gamma(t))\, d\gamma_j(t) = \int_b^a f_j(\gamma(b + a - u))\, d\gamma_j(b + a - u)$$
$$= -\int_a^b f_j(\gamma(b + a - u))\, d\gamma_j(b + a - u)$$
$$= -\int_a^b f_j((-\gamma)(u))\, d(-\gamma)_j(u) \, \circ$$

上式右端就是函數 $f_j \circ (-\gamma)$ 對相反曲線 $-\gamma$ 的第 j 個坐標函數 $(-\gamma)_j$ 在 $[a, b]$ 上的 Riemann-Stieltjes 積分的負值。於是，函數 f 在相反曲線 $-\gamma$ 上的第二型線積分也存在，而且定理的等式成立。 ‖

【定理 18】（將第二型線積分化成 Riemann 積分來計算）

若有界向量值函數 $f : A \to \boldsymbol{R}^k$ 對分段平滑曲線 $\gamma : [a, b] \to \boldsymbol{R}^k$ 的第二型線積分存在，其中，$|\gamma| \subset A \subset \boldsymbol{R}^k$，設 $f = (f_1, f_2, \cdots, f_k)$ 且 $\gamma = (\gamma_1, \gamma_2, \cdots, \gamma_k)$，則

$$\int_{\gamma} f_1(x)\, dx_1 + f_2(x)\, dx_2 + \cdots + f_k(x)\, dx_k$$
$$= \int_a^b [\, f_1(\gamma(t))\, \gamma_1'(t) + f_2(\gamma(t))\, \gamma_2'(t) + \cdots + f_k(\gamma(t))\, \gamma_k'(t)\,]\, dt \, \circ$$

證：根據 §7-1 定理 7 ⑵及定積分對積分區間的可加性，我們可假設 γ 是平滑曲線。因此，函數 γ_1，γ_2，$\cdots$，γ_k 都是連續可微分的函數。

於是，依§6-1 定理 7 立即可得本定理的結果。‖

【例 3】設 γ 是螺旋線：$\gamma(t) = (a\cos t, a\sin t, bt)$，$t \in [0, 2\pi]$，其中的 a 與 b 是不為 0 的常數。試求下述線積分：

$$\int_\gamma y\,dx + x\,dy + z\,dz \text{。}$$

解：因為 γ 是一平滑曲線，所以，依定理 18，可得

$$\begin{aligned}
\int_\gamma y\,dx + x\,dy + z\,dz &= \int_0^{2\pi} (-a^2\sin^2 t + a^2\cos^2 t + b^2 t)\,dt \\
&= \int_0^{2\pi} (a^2\cos 2t + b^2 t)\,dt \\
&= 2b^2\pi^2 \text{。}\ \|
\end{aligned}$$

下面的定理，乃是微積分基本定理在線積分理論中的推廣。

【定理 19】（線積分的基本定理）

設 $f = (f_1, f_2, \cdots, f_k) : U \to R^k$ 為一有界函數，其中，U 是 R^k 中的開集，又 y 與 z 是集合 U 中兩個定點。若存在一個連續可微分的函數 $\phi : U \to R$ 使得 $f = \nabla\phi$，則對滿足 $\gamma(a) = y$ 及 $\gamma(b) = z$ 的任意分段平滑曲線 $\gamma : [a, b] \to U$，恆有

$$\int_\gamma f_1(x)\,dx_1 + f_2(x)\,dx_2 + \cdots + f_k(x)\,dx_k = \phi(z) - \phi(y) \text{。}$$

證：設 $\gamma = (\gamma_1, \gamma_2, \cdots, \gamma_k)$，令 $g = \phi \circ \gamma$。因為函數 ϕ 為連續可微分，而 γ 為分段平滑曲線，所以，除有限多個點外，函數 g 在 $[a, b]$ 上的其他點也連續可微分，而且

$$\begin{aligned}
g'(t) &= D_1\phi(\gamma(t))\,\gamma_1'(t) + D_2\phi(\gamma(t))\,\gamma_2'(t) + \cdots + D_k\phi(\gamma(t))\,\gamma_k'(t) \\
&= f_1(\gamma(t))\,\gamma_1'(t) + f_2(\gamma(t))\,\gamma_2'(t) + \cdots + f_k(\gamma(t))\,\gamma_k'(t) \text{。}
\end{aligned}$$

因為函數 f 是連續函數而曲線 γ 可求長，所以，依定理 12，函數 f 在曲線 γ 上的第二型線積分存在。因為曲線 γ 是分段平滑曲線，所以，依定理 18，可得

$$\int_\gamma f_1(x)\,dx_1 + f_2(x)\,dx_2 + \cdots + f_k(x)\,dx_k$$

$$= \int_a^b [\, f_1(\gamma(t))\,\gamma_1'(t) + f_2(\gamma(t))\,\gamma_2'(t) + \cdots + f_k(\gamma(t))\,\gamma_k'(t)\,]\,dt$$

$$= \int_a^b g'(t)\,dt = g(b) - g(a) = \phi(z) - \phi(y) \, \text{。} \ \|$$

根據定理 19，當一個有界向量值函數 f 是某個連續可微分的實數值函數 ϕ 的梯度時，函數 f 在任意分段平滑曲線上的第二型線積分非常容易計算。例如：在例 3 的第二型線積分中，被積分的向量值函數為 $f(x,y,z) = (y,x,z)$，因為此函數是實數值函數 $\phi(x,y,z) = xy + (1/2)\,z^2$ 的梯度，所以，所求的線積分之值等於 $\phi(a,0,2b\pi) - \phi(a,0,0) = 2b^2\pi^2$。

關於定理 19 的結果，還有一點值得一提：當一個有界向量值函數 f 是某個連續可微分的實數值函數 ϕ 的梯度時，函數 f 在任意分段平滑曲線 $\gamma : U \to \mathbf{R}^k$ 上的第二型線積分只與曲線 γ 的端點有關，而與曲線 γ 的其他性質無關。關於這個現象，我們寫成一個定義。

【定義 3】設 $f = (f_1, f_2, \cdots, f_k) : U \to \mathbf{R}^k$ 為一有界的連續函數，其中，U 是 $\mathbf{R}^k$ 中的開集。若對於 U 中端點相同的任意兩可求長曲線 $\gamma : [a,b] \to U$ 與 $\delta : [c,d] \to U$，恆有

$$\int_\gamma f_1(x)\,dx_1 + f_2(x)\,dx_2 + \cdots + f_k(x)\,dx_k$$

$$= \int_\delta f_1(y)\,dy_1 + f_2(y)\,dy_2 + \cdots + f_k(y)\,dy_k \, \text{，}$$

則稱此第二型線積分 $\int f_1(x)\,dx_1 + f_2(x)\,dx_2 + \cdots + f_k(x)\,dx_k$ 在開集 U 中**與路徑無關**（independent of path）。請注意：所謂 $\gamma : [a,b] \to U$ 與 $\delta : [c,d] \to U$ 的端點相同，乃是指 $\gamma(a) = \delta(c)$ 且 $\gamma(b) = \delta(d)$。

下面是第二型線積分與路徑無關的兩個充要條件。

【定理 20】（與路徑無關的充要條件之一）

若 $f = (f_1, f_2, \cdots, f_k) : U \to \mathbf{R}^k$ 為開集 $U \subset \mathbf{R}^k$ 上的一個有界連

續函數，則第二型線積分 $\int f_1(x)\,dx_1 + f_2(x)\,dx_2 + \cdots + f_k(x)\,dx_k$ 在開集 U 中與路徑無關的充要條件是：對於 U 中可求長的任意封閉曲線 $\gamma : [a,b] \to U$，恆有

$$\int_\gamma f_1(x)\,dx_1 + f_2(x)\,dx_2 + \cdots + f_k(x)\,dx_k = 0 \ 。$$

證：留為習題。‖

【定理 21】（與路徑無關的充要條件之二）

若 $f = (f_1, f_2, \cdots, f_k) : U \to \mathbf{R}^k$ 為開集 $U \subset \mathbf{R}^k$ 上的一個有界連續函數，則第二型線積分 $\int f_1(x)\,dx_1 + f_2(x)\,dx_2 + \cdots + f_k(x)\,dx_k$ 在開集 U 中與路徑無關的充要條件是：可找到一個連續可微分的函數 $\phi : U \to \mathbf{R}$，使得 $f = \nabla\phi$。

證：充分性：即定理 19。

必要性：我們可假設 U 是連通集。在 U 中選取一個定點 x^0，對於 U 中任意點 x，令

$$\phi(x) = \int_\gamma f_1(x)\,dx_1 + f_2(x)\,dx_2 + \cdots + f_k(x)\,dx_k \ ,$$

其中的 γ 是始點為 x^0、終點為 x 的任意可求長曲線。根據定理的假設，線積分 $\int f_1(x)\,dx_1 + f_2(x)\,dx_2 + \cdots + f_k(x)\,dx_k$ 在開集 U 中與路徑無關，所以，上式右端不受曲線 γ 的不同選擇的影響。換言之，函數 ϕ 已定義完善（well-defined）。對每個 $x \in U$，上式所需的可求長曲線必存在，為什麼呢？因為 U 是連通開集，所以，依 §2-5 定理 20，U 中必有一多邊形曲線 $\overline{x^0 x^1} \cup \overline{x^1 x^2} \cup \cdots \cup \overline{x^{n-1} x^n}$ 使得 $x^n = x$。定義曲線 $\gamma : [0,n] \to U$ 如下：對每個 $i = 1,2,\cdots,n$ 及每個 $t \in [i-1,i]$，令 $\gamma(t) = (i-t)x^{i-1} + (t-i+1)x^i$，則 γ 是始點為 x^0、終點為 x 的一分段平滑曲線。

其次，我們要證明：對每個 $j = 1,2,\cdots,k$ 及每個 $x \in U$，恆有 $D_j \phi(x) = f_j(x)$。先選取一分段平滑曲線 $\gamma : [a,b] \to U$ 使得 $\gamma(a) = x^0$ 且 $\gamma(b) = x$。因為 x 是 U 的內點，所以，必有一正數 r 使得

$B_r(x) \subset U$。對每個 $s \in (-r, r)$，定義一曲線 $\delta_s : [b, b+1] \to U$ 如下：對每個 $t \in [b, b+1]$，令 $\delta_s(t) = x + (t-b)se_j$。於是，$\gamma \cup \delta_s$ 是始點為 x^0、終點為 $x + se_j$ 的一分段平滑曲線。依 ϕ 的定義及定理 15、定理 18，可得

$$\phi(x + se_j) = \int_\gamma f_1(x)\,dx_1 + f_2(x)\,dx_2 + \cdots + f_k(x)\,dx_k$$

$$+ \int_{\delta_s} f_1(x)\,dx_1 + f_2(x)\,dx_2 + \cdots + f_k(x)\,dx_k$$

$$= \phi(x) + \int_b^{b+1} f_j(x + (t-b)se_j)\,s\,dt$$

$$= \phi(x) + \int_0^1 f_j(x + tse_j)\,s\,dt,$$

$$\frac{\phi(x + se_j) - \phi(x)}{s} = \int_0^1 f_j(x + tse_j)\,dt。$$

因為函數 f_j 在點 x 連續，所以，當 s 趨近 0 時，上述等式右端的極限為 $f_j(x)$。由此可知：函數 ϕ 在點 x 的第 j 個偏導數存在，而且 $D_j\phi(x) = f_j(x)$。

因為對每個 $j = 1, 2, \cdots, k$，$D_j\phi = f_j$，而且函數 f_j 在開集 U 上連續，所以，函數 ϕ 在開集 U 上連續可微分。 ‖

給定一向量值函數 f，而欲求一實數值函數 ϕ 使得 $f = \nabla\phi$，利用定理 21 證明中的線積分是一種方法，採用「不定積分」的方法也是可行的，且看下例。

【例 4】設向量值函數 $f : \mathbf{R}^3 \to \mathbf{R}^3$ 定義如下：

$$f(x, y, z) = (2xy + z^2\cos x, x^2 - 2yz^3, 2z\sin x - 3y^2z^2 + 4z)。$$

試求實數值函數 $\phi : \mathbf{R}^3 \to \mathbf{R}$ 使得 $f = \nabla\phi$。

解 1：對每個點 $(u, v, w) \in \mathbf{R}^3$，令 $\gamma(t) = (ut, vt, wt)$，$t \in [0, 1]$。其次，再定義函數值 $\phi(u, v, w)$ 如下：

$\phi(u, v, w)$

$$= \int_\gamma (2xy + z^2\cos x)\,dx + (x^2 - 2yz^3)\,dy + (2z\sin x - 3y^2z^2 + 4z)\,dz$$

$$= \int_0^1 (2u^2vt^2 + uw^2t^2 \cos ut) \, dt + \int_0^1 (u^2vt^2 - 2v^2w^3t^4) \, dt$$

$$+ \int_0^1 (2w^2t \sin ut - 3v^2w^3t^4 + 4w^2t) \, dt$$

$$= (\frac{2}{3}u^2v + w^2 \sin u + \frac{2w^2}{u} \cos u - \frac{2w^2}{u^2} \sin u) + (\frac{1}{3}u^2v - \frac{2}{5}v^2w^3)$$

$$+ (-\frac{2w^2}{u} \cos u + \frac{2w^2}{u^2} \sin u - \frac{3}{5}v^2w^3 + 2w^2)$$

$$= u^2v + w^2 \sin u - v^2w^3 + 2w^2 ,$$

或寫成 $\phi(x, y, z) = x^2y + z^2 \sin x - y^2z^3 + 2z^2$。

解 2：若 $f = \nabla \phi$，則 $D_1\phi(x, y, z) = 2xy + z^2 \cos x$。於是，對變數 x 求不定積分，可知 $\phi(x, y, z) = x^2y + z^2 \sin x + c(y, z)$，其中的 $c(y, z)$ 是只含變數 y 與 z 的某個適當函數。其次，由 $f = \nabla \phi$ 又得 $D_2\phi(x, y, z) = x^2 - 2yz^3$，再由此可得 $D_1c(y, z) = -2yz^3$。對變數 y 求不定積分，即可知 $c(y, z) = -y^2z^3 + k(z)$，代入上式得 $\phi(x, y, z) = x^2y + z^2 \sin x - y^2z^3 + k(z)$，其中的 $k(z)$ 是只含變數 z 的某個適當函數。最後，由 $f = \nabla \phi$ 又得 $D_3\phi(x, y, z) = 2z \sin x - 3y^2z^2 + 4z$，由此進一步得 $k'(z) = 4z$。對變數 z 求不定積分，即可知 $k(z) = 2z^2 + C$，代入上式即得 $\phi(x, y, z) = x^2y + z^2 \sin x - y^2z^3 + 2z^2 + C$，其中的 C 是某適當常數。∥

下面寫出一個有趣的性質，做為本小節的結尾。

【定理 22】（梯度的一個有趣性質）

若 $f = (f_1, f_2, \cdots, f_k) : U \rightarrow \mathbf{R}^k$ 為開集 $U \subset \mathbf{R}^k$ 上的連續可微分的函數，而且第二型線積分 $\int f_1(x) \, dx_1 + f_2(x) \, dx_2 + \cdots + f_k(x) \, dx_k$ 在開集 U 中與路徑無關，則函數 f 在 U 中每個點的 Jacobi 方陣都是對稱方陣。

證：因為第二型線積分 $\int f_1(x) \, dx_1 + f_2(x) \, dx_2 + \cdots + f_k(x) \, dx_k$ 在開集 U 中與路徑無關，所以，依定理 21，可找到一個連續可微分的實數

值函數 $\phi : U \to \boldsymbol{R}$，使得 $f = \nabla\phi$。因為對每個 $i, j = 1, 2, \cdots, k$，函數 f_i 與 f_j 都在開集 U 上連續可微分，而且 $D_{ij}\phi = D_i f_j$ 且 $D_{ji}\phi = D_j f_i$，所以，函數 $D_{ij}\phi$ 與 $D_{ji}\phi$ 在開集 U 上連續。依 §4-1 定理 4，可得 $D_{ij}\phi = D_{ji}\phi$，進一步得 $D_i f_j = D_j f_i$。由此可知：函數 f 在 U 中每個點 x 的 Jacobi 方陣 $[D_j f_i(x)]$ 都是對稱方陣。 $\parallel$

丙、Green 定理

一個二變數向量值函數的第二型線積分在適當的情況下，可以化為某二變數實數值函數的二重積分。這個重要定理，就是本小節所要介紹的 Green 定理。

【定義 4】設 $A \subset \boldsymbol{R}^2$。

(1)若可找到二連續函數 $\alpha, \beta : [a, b] \to \boldsymbol{R}$ 使得

$$A = \{ (x, y) \mid x \in [a, b]，\alpha(x) \le y \le \beta(x) \}，$$

則稱集合 A 是一個 R_x 區域。我們以 $R_x[a, b ; \alpha(x), \beta(x)]$ 表示上述 R_x 區域。

(2)若可找到二連續函數 $\varphi, \psi : [c, d] \to \boldsymbol{R}$ 使得

$$A = \{ (x, y) \mid y \in [c, d]，\varphi(y) \le x \le \psi(y) \}，$$

則稱集合 A 是一個 R_y 區域。我們以 $R_y[\varphi(y), \psi(y) ; c, d]$ 表示上述 R_y 區域。

根據 §5-3 引理 20 及其證明，R_x 區域與 R_y 區域都是 $\boldsymbol{R}^2$ 中的緊緻 Jordan 可測集，而且 $R_x[a, b ; \alpha(x), \beta(x)]$ 的邊界為下述集合：

$$\{ (a, y) \mid \alpha(a) \le y \le \beta(a) \} \bigcup \{ (b, y) \mid \alpha(b) \le y \le \beta(b) \} \bigcup$$
$$\{ (x, \alpha(x)) \mid x \in [a, b] \} \bigcup \{ (x, \beta(x)) \mid x \in [a, b] \}。$$

同理，$R_y[\varphi(y), \psi(y) ; c, d]$ 的邊界為下述集合：

$$\{ (x, c) \mid \varphi(c) \le x \le \psi(c) \} \bigcup \{ (x, d) \mid \varphi(d) \le x \le \psi(d) \} \bigcup$$

$$\{(\varphi(y),y) \mid y \in [c,d]\} \bigcup \{(\psi(y),y) \mid y \in [c,d]\} \text{。}$$

對於 $R_x[a,b;\alpha(x),\beta(x)]$ 的邊界，我們可以定義四曲線如下：

$\gamma^1(t) = (t,\alpha(t))$，$t \in [a,b]$；

$\gamma^2(t) = (b,t)$，$t \in [\alpha(b),\beta(b)]$；

$\gamma^3(t) = (a+b-t,\beta(a+b-t))$，$t \in [a,b]$；

$\gamma^4(t) = (a,\alpha(a)+\beta(a)-t)$，$t \in [\alpha(a),\beta(a)]$。

令 $\gamma = \gamma^1 \bigcup \gamma^2 \bigcup \gamma^3 \bigcup \gamma^4$，我們稱曲線 γ 是描述 $R_x[a,b;\alpha(x),\beta(x)]$ 之邊界的**標準曲線**。關於曲線 γ 與可測集 $R_x[a,b;\alpha(x),\beta(x)]$，我們寫出一些基本性質：

⑴曲線 γ 是一封閉曲線。

⑵曲線 γ 的跡就是可測集 $R_x[a,b;\alpha(x),\beta(x)]$ 的邊界。

⑶在 $R_x[a,b;\alpha(x),\beta(x)]$ 的邊界上，γ 的參數增加的方向就是此邊界的正方向（positive direction），因為當點在邊界上沿者此方向前進時，$R_x[a,b;\alpha(x),\beta(x)]$ 恆在其邊界的左邊。

⑷若函數 α 與 β 在 $[a,b]$ 上連續可微分，則曲線 γ 是分段平滑曲線。

仿照 $R_x[a,b;\alpha(x),\beta(x)]$ 的方法，也可定義描述 R_y 區域 $R_y[\varphi(y),\psi(y);c,d]$ 之邊界的標準曲線。

【定理 23】（Green 定理的特殊情形之一）

設 $P,Q : A \to \mathbf{R}$ 為二函數，$A \subset \mathbf{R}^2$。若

⑴集合 A 既是一個 R_x 區域 $R_x[a,b;\alpha(x),\beta(x)]$、也是一個 R_y 區域；

⑵函數 P 與 Q 在集合 A 上連續可微分；

令曲線 γ 表示描述 $R_x[a,b;\alpha(x),\beta(x)]$ 之邊界的標準曲線，則

$$\int_\gamma P(x,y)\,dx + Q(x,y)\,dy = \int_A (Q_1(x,y) - P_2(x,y))\,d(x,y) \text{。}$$

證：因為函數 P 在集合 A 上連續可微分，所以，函數 $-P_2$ 在可測集 A

上連續。於是，依 §5-3 定理 21 的逐次積分法，可得

$$\int_A -P_2(x,y)\,d(x,y) = \int_a^b dx \int_{\alpha(x)}^{\beta(x)} -P_2(x,y)\,dy$$
$$= \int_a^b \left(P(x,\alpha(x)) - P(x,\beta(x)) \right) dx \ \text{。}$$

其次，因為 $\gamma = \gamma^1 \cup \gamma^2 \cup \gamma^3 \cup \gamma^4$，其中的四曲線定義如下：

$\gamma^1(t) = (t,\alpha(t))$，$t \in [a,b]$；

$\gamma^2(t) = (b,t)$，$t \in [\alpha(b),\beta(b)]$；

$\gamma^3(t) = (a+b-t,\beta(a+b-t))$，$t \in [a,b]$；

$\gamma^4(t) = (a,\alpha(a)+\beta(a)-t)$，$t \in [\alpha(a),\beta(a)]$。

所以，依定理 13 與定理 15，可得

$$\int_\gamma P(x,y)\,dx = \int_{\gamma^1} P(x,y)\,dx + \int_{\gamma^2} P(x,y)\,dx + \int_{\gamma^3} P(x,y)\,dx$$
$$+ \int_{\gamma^4} P(x,y)\,dx$$
$$= \int_a^b P(t,\alpha(t))\,dt + 0 - \int_a^b P(t,\beta(t))\,dt + 0$$
$$= \int_A -P_2(x,y)\,d(x,y) \ \text{。} \tag{*}$$

　　另一方面，因為集合 A 也是一個 R_y 區域，所以，可找到二連續函數 φ，$\psi : [c,d] \to \mathbf{R}$ 使得

$$A = \{(x,y) \mid y \in [c,d]，\ \varphi(y) \leq x \leq \psi(y)\}，$$

其中，$c = \inf\{\alpha(x) \mid x \in [a,b]\}$，$d = \sup\{\beta(x) \mid x \in [a,b]\}$，而且 φ 與 ψ 可利用 α 及 β 描述如下：

$$\varphi(y) = \begin{cases} \inf\{x \in [a,b] \mid \alpha(x)=c\}, & \text{若 } y=c ; \\ \alpha^{-1}(y) \in (a,\varphi(c)), & \text{若 } y \in (c,\alpha(a)) ; \\ a, & \text{若 } y \in [\alpha(a),\beta(a)] ; \\ \beta^{-1}(y) \in (a,\varphi(d)), & \text{若 } y \in (\beta(a),d) ; \\ \inf\{x \in [a,b] \mid \beta(x)=d\}, & \text{若 } y=d ; \end{cases}$$

$$\psi(y) = \begin{cases} \sup\{\, x\in[a,b]\,\big|\,\alpha(x)=c\,\}, & \text{若 } y=c \text{ ;} \\ \alpha^{-1}(y)\in(\psi(c),b), & \text{若 } y\in(c,\alpha(b)) \text{ ;} \\ b, & \text{若 } y\in[\alpha(b),\beta(b)] \text{ ;} \\ \beta^{-1}(y)\in(\psi(d),b), & \text{若 } y\in(\beta(b),d) \text{ ;} \\ \sup\{\, x\in[a,b]\,\big|\,\beta(x)=d\,\}, & \text{若 } y=d \text{ 。} \end{cases}$$

因為函數 Q 在集合 A 上連續可微分，所以，函數 Q_1 在可測集 A 上連續。於是，依§5-3 定理 21 的逐次積分法，可得

$$\int_A Q_1(x,y)\,d(x,y) = \int_c^d dy \int_{\varphi(y)}^{\psi(y)} Q_1(x,y)\,dx$$
$$= \int_c^d (Q(\psi(y),y) - Q(\varphi(y),y))\,dy \quad \text{。}$$

其次，因為 $\gamma = \gamma^1 \cup \gamma^2 \cup \gamma^3 \cup \gamma^4$，所以，依定理 13 與定理 15，得

$$\int_\gamma Q(x,y)\,dy = \int_{\gamma^1} Q(x,y)\,dy + \int_{\gamma^2} Q(x,y)\,dy + \int_{\gamma^3} Q(x,y)\,dy$$
$$+ \int_{\gamma^4} Q(x,y)\,dy$$
$$= \int_a^{\varphi(c)} Q(t,\alpha(t))\,d\alpha(t) + 0 + \int_{\psi(c)}^b Q(t,\alpha(t))\,d\alpha(t)$$
$$+ \int_{\alpha(b)}^{\beta(b)} Q(b,u)\,du + \int_b^{\psi(d)} Q(t,\beta(t))\,d\beta(t) + 0$$
$$+ \int_{\varphi(d)}^a Q(t,\beta(t))\,d\beta(t) + \int_{\beta(a)}^{\alpha(a)} Q(a,u)\,du$$
$$= \int_{\alpha(a)}^c Q(\varphi(u),u)\,du + 0 + \int_c^{\alpha(b)} Q(\psi(u),u)\,du$$
$$+ \int_{\alpha(b)}^{\beta(b)} Q(\psi(u),u)\,du + \int_{\beta(b)}^d Q(\psi(u),u)\,du + 0$$
$$+ \int_d^{\beta(a)} Q(\varphi(u),u)\,du + \int_{\beta(a)}^{\alpha(a)} Q(\varphi(u),u)\,du$$
$$= \int_c^d Q(\psi(u),u)\,du - \int_c^d Q(\varphi(u),u)\,du$$
$$= \int_A Q_1(x,y)\,d(x,y) \text{ 。} \tag{**}$$

將(*)式與(**)式相加，即得欲證的結果。 ‖

【定理 24】（Green 定理的特殊情形之二）

　　設 $P, Q : A \to \boldsymbol{R}$ 為二函數，$A \subset \boldsymbol{R}^2$。若

　　⑴集合 A 是一個 R_x 區域 $R_x[\,a,b\,;\,\alpha(x),\beta(x)\,]$，其中的函數 α 與 β 在 $[\,a,b\,]$ 上連續可微分；

　　⑵函數 P 與 Q 在集合 A 上連續可微分；

令曲線 γ 表示描述 $R_x[\,a,b\,;\,\alpha(x),\beta(x)\,]$ 之邊界的標準曲線，則

$$\int_\gamma P(x,y)\,dx + Q(x,y)\,dy = \int_A (Q_1(x,y) - P_2(x,y))\,d(x,y)\text{。}$$

證：因為集合 A 是一個 R_x 區域 $R_x[\,a,b\,;\,\alpha(x),\beta(x)\,]$，而且函數 P 在集合 A 上連續可微分，所以，依引理 23 證明的第一段，可得

$$\int_\gamma P(x,y)\,dx = \int_A - P_2(x,y)\,d(x,y)\text{。}$$

　　其次，因為函數 α 與 β 在 $[\,a,b\,]$ 上連續可微分，所以，曲線 γ 是一分段平滑曲線。於是，依定理 13、定理 15 與定理 18，可得

$$\begin{aligned}
\int_\gamma Q(x,y)\,dy &= \int_{\gamma^1} Q(x,y)\,dy + \int_{\gamma^2} Q(x,y)\,dy + \int_{\gamma^3} Q(x,y)\,dy \\
&\quad + \int_{\gamma^4} Q(x,y)\,dy \\
&= \int_a^b Q(t,\alpha(t))\,\alpha'(t)\,dt + \int_{\alpha(b)}^{\beta(b)} Q(b,t)\,dt \\
&\quad - \int_a^b Q(t,\beta(t))\,\beta'(t)\,dt - \int_{\alpha(a)}^{\beta(a)} Q(a,t)\,dt\text{。}
\end{aligned}$$

另一方面，依 §5-3 定理 21 的逐次積分法，可得

$$\int_A Q_1(x,y)\,d(x,y) = \int_a^b dx \int_{\alpha(x)}^{\beta(x)} Q_1(x,y)\,dy\text{。}$$

定義一函數 $F : [\,a,b\,] \to \boldsymbol{R}$ 如下：對每個 $x \in [\,a,b\,]$，令

$$F(x) = \int_{\alpha(x)}^{\beta(x)} Q(x,y)\,dy\text{。}$$

因為函數 Q 在 A 上連續可微分、而且函數 α 與 β 在 $[\,a,b\,]$ 上連續可微分，所以，依 §5-3 練習題 20，可知函數 F 在 $[\,a,b\,]$ 上連續可微分，而且對每個 $x \in [\,a,b\,]$，恆有

$$F'(x) = \int_{\alpha(x)}^{\beta(x)} Q_1(x,y)\,dy - Q(x,\alpha(x))\,\alpha'(x) + Q(x,\beta(x))\,\beta'(x)\,.$$

於是，可得

$$\int_A Q_1(x,y)\,d(x,y)$$

$$= \int_a^b [F'(x) + Q(x,\alpha(x))\,\alpha'(x) - Q(x,\beta(x))\,\beta'(x)]\,dx$$

$$= F(b) - F(a) + \int_a^b Q(x,\alpha(x))\,\alpha'(x)\,dx - \int_a^b Q(x,\beta(x))\,\beta'(x)\,dx$$

$$= \int_\gamma Q(x,y)\,dy\,.$$

這就是所欲證的結果。‖

【定理 25】（Green 定理的特殊情形之三）

設 $P, Q : A \to \mathbf{R}$ 為二函數，$A \subset \mathbf{R}^2$。若

⑴集合 A 是一個 R_y 區域 $R_y[\varphi(y), \psi(y)\,;\,c,d]$，其中的函數 φ 與 ψ 在 $[c,d]$ 上連續可微分；

⑵函數 P 與 Q 在集合 A 上連續可微分；

令曲線 γ 表示描述 $R_y[\varphi(y), \psi(y)\,;\,c,d]$ 之邊界的標準曲線，則

$$\int_\gamma P(x,y)\,dx + Q(x,y)\,dy = \int_A (Q_1(x,y) - P_2(x,y))\,d(x,y)\,.$$

證：與引理 24 類似。‖

前面三個特殊情形可以推廣成下面的定理。

【定理 26】（Green 定理）

設 $P, Q : A \to \mathbf{R}$ 為二函數，$A \subset \mathbf{R}^2$。若

⑴集合 A 可表示成有限多個子集 $A_1, A_2, \cdots, A_n$ 的聯集使得：每個 A_i 都是引理 23 ⑴、或引理 24 ⑴、或引理 25 ⑴中所描述的區域，而且每兩個相異的子集都不重疊；

⑵函數 P 與 Q 在集合 A 上連續可微分；

令曲線 γ 表示描述集合 A 之邊界的一組曲線，其中每一曲線上參數增

加的方向都是邊界的正方向，則

$$\int_\gamma P(x,y)\,dx + Q(x,y)\,dy = \int_A \left(Q_1(x,y) - P_2(x,y) \right) d(x,y) \; \text{。}$$

證：對每個 $i = 1, 2, \cdots, n$，設描述子集 A_i 之邊界的標準曲線為 δ^i。因為子集 A_i 是引理 23 (1)、或引理 24 (1)、或引理 25 (1) 中所描述的區域，而且函數 P 與 Q 在集合 A_i 上連續可微分，所以，依引理 23，或引理 24，或引理 25，可得

$$\int_{\delta^i} P(x,y)\,dx + Q(x,y)\,dy = \int_{A_i} \left(Q_1(x,y) - P_2(x,y) \right) d(x,y) \; \text{。}$$

另一方面，因為子集 A_1，A_2，$\cdots$，A_n 中兩兩不重疊，所以，依 §5-3 定理 13，可得

$$\int_A \left(Q_1(x,y) - P_2(x,y) \right) d(x,y)$$
$$= \sum_{i=1}^n \int_{A_i} \left(Q_1(x,y) - P_2(x,y) \right) d(x,y) \; \text{。}$$

我們只須證明

$$\int_\gamma P(x,y)\,dx + Q(x,y)\,dy = \sum_{i=1}^n \int_{\delta^i} P(x,y)\,dx + Q(x,y)\,dy \qquad (*)$$

即可。

因為 $A = A_1 \cup A_2 \cup \cdots \cup A_n$，所以，子集 $A_1, A_2, \cdots, A_n$ 的邊界點可能是集合 A 的內點。當某個 A_i 的邊界曲線 δ^i 的跡的一段位於集合 A 的內部時，必有另一個 A_j 的邊界曲線 δ^j 的跡也包含此段邊界，而且此段邊界對於 A_i 與 A_j 的正方向相反。因此，依定理 17，在曲線 δ^i 與 δ^j 上的第二型線積分中，跡為這段邊界的曲線的兩個第二型線積分因為同值異號而相消。於是，(*) 式中的第二型線積分之和只留下對跡在集合 A 之邊界中的曲線上的第二型線積分，它們的和等於對曲線 γ 的第二型線積分。∥

請注意：根據定理 26 的假設，定理中的集合 A 的邊界可以表示

成有限多個兩兩不相交的連通子集的聯集，其中的每個連通子集都是一簡單封閉曲線的跡。根據§7-1 定理 2，只要在每個連通子集上選定始點與終點，則跡為該連通子集的所有簡單封閉曲線都互相同向等價，再依本節定理 13，在這些簡單曲線上的第二型線積分都相等。因此，定理 26 中的簡單曲線 γ 不必特別給以定義，而且線積分也可以不寫出 γ 而改以邊界 A^b 表示如下：

$$\oint_{A^b} P(x,y)\,dx + Q(x,y)\,dy \text{ 。}$$

上式的積分記號中加個圈圈，其意義為：A^b 是有限多個兩兩不相交的簡單封閉曲線的跡的聯集，而積分的方向須沿著 A^b 的正方向。對於第一型線積分，也有相同的記號。

關於定理 26 證明的最後一段，我們以一個實例解說如下：設集合 A 是同心圓 $x^2 + y^2 = a^2$ 與 $x^2 + y^2 = b^2$ $(0 < a < b)$ 間的環狀區域，則其邊界就是上述兩同心圓，描述此邊界的正向曲線也分成兩部分，可定義如下：

$$\gamma^1(t) = (b\cos t, b\sin t)\,, \quad t \in [\,0, 2\pi\,]\,;$$
$$\gamma^2(t) = (a\cos(2\pi - t), a\sin(2\pi - t))\,, \quad t \in [\,0, 2\pi\,] \text{ 。}$$

集合 A 不是 R_x 區域、也不是 R_y 區域，若以線段連接點 $(-b, 0)$ 與 $(-a, 0)$，再以線段連接點 $(a, 0)$ 與 $(b, 0)$，則集合 A 就可表示成下述兩個 R_x 區域的聯集：

$$A_1 = \{(x,y) \in R^2 \mid a^2 \leq x^2 + y^2 \leq b^2\,, y \geq 0\}\,,$$
$$A_2 = \{(x,y) \in R^2 \mid a^2 \leq x^2 + y^2 \leq b^2\,, y \leq 0\} \text{ 。}$$

描述子集 A_1 之邊界的正向曲線 δ^1 可選為下述四曲線的聯結曲線：

$$\delta^{11}(t) = (t, 0)\,, \quad t \in [-b, -a]\,;$$
$$\delta^{12}(t) = (a\cos(2\pi - t), a\sin(2\pi - t))\,, \quad t \in [\,\pi, 2\pi\,]\,;$$
$$\delta^{13}(t) = (t, 0)\,, \quad t \in [\,a, b\,]\,;$$

$$\delta^{14}(t) = (b\cos t, b\sin t)\,, \; t\in[\,0,\pi\,]\,\circ$$

描述子集 A_2 之邊界的正向曲線 δ^2 可選為下述四曲線的聯結曲線：

$$\delta^{21}(t) = (b\cos t, b\sin t)\,, \; t\in[\,\pi,2\pi\,]\;;$$
$$\delta^{22}(t) = (a+b-t, 0)\,, \;\; t\in[\,a,b\,]\;;$$
$$\delta^{23}(t) = (a\cos(2\pi - t), a\sin(2\pi - t))\,, \;\; t\in[\,0,\pi\,]\;;$$
$$\delta^{24}(t) = (-a-b-t, 0)\,, \; t\in[\,-b,-a\,]\,\circ$$

依定理 17，可知

$$\int_{\delta^{11}} P(x,y)\,dx + Q(x,y)\,dy = -\int_{\delta^{24}} P(x,y)\,dx + Q(x,y)\,dy\,,$$

$$\int_{\delta^{13}} P(x,y)\,dx + Q(x,y)\,dy = -\int_{\delta^{22}} P(x,y)\,dx + Q(x,y)\,dy\,\circ$$

於是，可得

$$\sum_{i=1}^{2}\int_{\delta^i} P(x,y)\,dx + Q(x,y)\,dy$$

$$=\sum_{i=1}^{2}\sum_{j=1}^{4}\int_{\delta^{ij}} P(x,y)\,dx + Q(x,y)\,dy$$

$$=\int_{\delta^{12}} P(x,y)\,dx + Q(x,y)\,dy + \int_{\delta^{14}} P(x,y)\,dx + Q(x,y)\,dy$$
$$\quad + \int_{\delta^{21}} P(x,y)\,dx + Q(x,y)\,dy + \int_{\delta^{23}} P(x,y)\,dx + Q(x,y)\,dy$$

$$=\int_{\delta^{14}} P(x,y)\,dx + Q(x,y)\,dy + \int_{\delta^{21}} P(x,y)\,dx + Q(x,y)\,dy$$
$$\quad + \int_{\delta^{23}} P(x,y)\,dx + Q(x,y)\,dy + \int_{\delta^{12}} P(x,y)\,dx + Q(x,y)\,dy$$

$$=\int_{\gamma^1} P(x,y)\,dx + Q(x,y)\,dy + \int_{\gamma^2} P(x,y)\,dx + Q(x,y)\,dy\,\circ$$

下面是 Green 定理的一些應用。

【定理 27】（平面區域的面積）

若集合 $A\subset \mathbf{R}^2$ 及描述其邊界的曲線 γ 滿足定理 26 的假設條件，則下述三個第二型線積分值都等於集合 A 的面積：

$$\int_{\gamma} -y\,dx \ , \qquad \int_{\gamma} x\,dy \ , \qquad \frac{1}{2}\int_{\gamma} -y\,dx + x\,dy \ \circ$$

證：依 Green 定理立即可得。 ‖

【例 5】試利用線積分計算橢圓 $b^2 x^2 + a^2 y^2 = a^2 b^2$ 所圍區域的面積。

解：橢圓區域 $b^2 x^2 + a^2 y^2 \le a^2 b^2$ 是一個 R_x 區域，描述其邊界的簡單
封閉曲線可選為 $\gamma(t) = (\,a\cos t\,,\,b\sin t\,)$，$t \in [\,0\,,2\pi\,]$，它是平滑曲線。
依引理 24 與系理 27，可知所求面積等於

$$\frac{1}{2}\int_{\gamma} -y\,dx + x\,dy = \frac{1}{2}\int_{0}^{2\pi} \ [-b\sin t\,(-a\sin t) + a\cos t \cdot b\cos t]\,dt$$
$$= \pi ab \ \circ \ \|$$

【例 6】設 γ 為一正方向的分段平滑簡單封閉曲線，其跡 $|\gamma|$ 所圍的區
域滿足定理 26 的假設且原點的是它的一個內點。試求下述線積分：

$$\int_{\gamma} \frac{-y}{x^2 + y^2}\,dx + \frac{x}{x^2 + y^2}\ dy \ \circ$$

解：因為兩函數 $-y/(x^2 + y^2)$ 與 $x/(x^2 + y^2)$ 都在跡 $|\gamma|$ 所圍的區域
的一個內點（即原點） 不可微分，所以，不能直接使用 Green 定理。

選取一正數 a 使得圓 $x^2 + y^2 = a^2$ 包含在跡 $|\gamma|$ 所圍的區域的內
部，令 A 表示圓 $x^2 + y^2 = a^2$ 與跡 $|\gamma|$ 兩圖形間所圍的區域，則集合 A
滿足定理 26 的假設，且函數 $-y/(x^2 + y^2)$ 與 $x/(x^2 + y^2)$ 都在 A 上連
續可微分。設

$$\delta(t) = (\,a\cos(2\pi - t)\,,\,a\sin(2\pi - t)\,) \ , \quad t \in [\,0\,,2\pi\,] \ ,$$

則曲線 γ 與 δ 的跡構成集合 A 的邊界，且兩曲線的參數增加的方向都
是邊界的正方向。於是，依 Green 定理，可得

$$\int_{\gamma} \frac{-y}{x^2 + y^2}\,dx + \frac{x}{x^2 + y^2}\,dy + \int_{\delta} \frac{-y}{x^2 + y^2}\,dx + \frac{x}{x^2 + y^2}\,dy$$
$$= \int_{A^b} \frac{-y}{x^2 + y^2}\,dx + \frac{x}{x^2 + y^2}\,dy$$

$$= \int_A \left[\frac{y^2 - x^2}{(x^2 + y^2)^2} - \frac{y^2 - x^2}{(x^2 + y^2)^2} \right] d(x, y) = 0 \text{ 。}$$

於是，進一步得

$$\int_\gamma \frac{-y}{x^2 + y^2} \, dx + \frac{x}{x^2 + y^2} dy = -\int_\delta \frac{-y}{x^2 + y^2} \, dx + \frac{x}{x^2 + y^2} \, dy$$

$$= -\int_0^{2\pi} [-\sin^2(2\pi - t) - \cos^2(2\pi - t)] \, dt$$

$$= 2\pi \text{ 。 } \parallel$$

Green 定理雖然是關於二變數函數的定理，但卻可以很巧妙地用來處理多變數函數的一個重要性質，它是定理 22 在特殊集合中的逆定理。

【定理 28】（與路徑無關的充要條件之三）

若函數 $f = (f_1, f_2, \cdots, f_k) : B_r(a) \to \mathbf{R}^k$ 在開球 $B_r(a) \subset \mathbf{R}^k$ 上連續可微分，則第二型線積分 $\int f_1(x) \, dx_1 + f_2(x) \, dx_2 + \cdots + f_k(x) \, dx_k$ 在開球 $B_r(a)$ 中與路徑無關的充要條件是：函數 f 在 $B_r(a)$ 中每個點的 Jacobi 方陣都是對稱方陣。

證：必要性：即定理 22 在開球上的特例。

充分性：我們將證明有一連續可微分函數 $\phi : B_r(a) \to \mathbf{R}^k$ 滿足 $f = \nabla\phi$。於是，依定理 21，即可知本定理的結論成立。對每個點 $x = (x_1, x_2, \cdots, x_k) \in B_r(a)$，令

$$x^0 = a = (a_1, a_2, \cdots, a_k) \text{ ，}$$
$$x^1 = (x_1, a_2, \cdots, a_k) \text{ ，}$$
$$x^2 = (x_1, x_2, a_3, \cdots, a_k) \text{ ，}$$
$$\cdots\cdots\cdots\cdots\cdots\cdots\cdots\cdots\cdots\cdots$$
$$x^{k-1} = (x_1, x_2, \cdots, x_{k-1}, a_k) \text{ ，}$$
$$x^k = x = (x_1, x_2, \cdots, x_{k-1}, x_k) \text{ 。}$$

令曲線 γ_x 表示下述 k 曲線的聯結曲線：

$$\gamma^j(t) = x^{j-1} + t \cdot \operatorname{sgn}(x_j - a_j)\, e_j \, , \quad t \in [\, 0, \left| x_j - a_j \right| \,] \, , \quad j = 1, 2, \cdots, k \, ,$$

其中，$\{ e_1, e_2, \cdots, e_k \}$ 是 $\mathbf{R}^k$ 空間的標準基底。令

$$\phi(x) = \int_{\gamma_x} f_1(x)\, dx_1 + f_2(x)\, dx_2 + \cdots + f_k(x)\, dx_k$$

$$= \sum_{j=1}^{k} \int_0^{\left| x_j - a_j \right|} f_j(x^{j-1} + t \cdot \operatorname{sgn}(x_j - a_j)\, e_j)\, \operatorname{sgn}(x_j - a_j)\, dt$$

$$= \sum_{j=1}^{k} \int_0^{x_j - a_j} f_j(x^{j-1} + t\, e_j)\, dt \, ,$$

我們欲證明函數 ϕ : $B_r(a) \to \mathbf{R}^k$ 就是定理所要求的函數。對每個 $i = 1, 2, \cdots, k$，為了證明 $D_i \phi(x) = f_i(x)$，我們要將函數值 $\phi(x)$ 表示成函數 f 在另一曲線 δ_x^i 上的第二型線積分。令

$$\overline{x^0} = x^0 \, , \quad \overline{x^1} = x^1 \, , \quad \cdots \, , \quad \overline{x^{i-1}} = x^{i-1} \, ,$$

$$\overline{x^i} = (\, x_1, x_2, \cdots, x_{i-1}, a_i, x_{i+1}, a_{i+2}, \cdots, a_k\,) \, ,$$

$$\overline{x^{i+1}} = (\, x_1, x_2, \cdots, x_{i-1}, a_i, x_{i+1}, x_{i+2}, \cdots, a_k\,) \, ,$$

$$\cdots\cdots\cdots\cdots\cdots\cdots\cdots\cdots\cdots\cdots\cdots\cdots\cdots\cdots\cdots\cdots\cdots\cdots$$

$$\overline{x^{k-1}} = (\, x_1, x_2, \cdots, x_{i-1}, a_i, x_{i+1}, x_{i+2}, \cdots, x_k\,) \, ,$$

$$\overline{x^k} = x = (\, x_1, x_2, \cdots, x_{k-1}, x_k\,) \, 。$$

令曲線 δ_x^i 表示下述 k 曲線的聯結曲線：

$$\delta^1 = \gamma^1 \, , \quad \delta^2 = \gamma^2 \, , \quad \cdots \, , \delta^{i-1} = \gamma^{i-1} \, ,$$

$$\delta^j(t) = \overline{x^{j-1}} + t \cdot \operatorname{sgn}(x_{j+1} - a_{j+1})\, e_{j+1} \, , \quad t \in [\, 0, \left| x_{j+1} - a_{j+1} \right| \,] \, ,$$

$$\qquad\qquad j = i, \cdots, k-1 \, ,$$

$$\delta^k(t) = \overline{x^{k-1}} + t \cdot \operatorname{sgn}(x_i - a_i)\, e_i \, , \quad t \in [\, 0, \left| x_i - a_i \right| \,] \, 。$$

請注意：當 $i = k$ 時，$\delta_x^i = \gamma_x$。對每個 $j = i-1, i, \cdots, k-1$，令

$$\overline{\delta^j}(t) = \overline{x^j} + t \cdot \operatorname{sgn}(x_i - a_i)\, e_i \, , \quad t \in [\, 0, \left| x_i - a_i \right| \,] \, 。$$

請注意：$\overline{\delta^{i-1}} = \gamma^i$ 且 $\overline{\delta^{k-1}} = \delta^k$。 於是， 對每個 $j = i-1, i, \cdots, k-2$，

聯結曲線 $\overline{\delta^j} \cup \gamma^{j+2} \cup (-\overline{\delta^{j+1}}) \cup (-\delta^{j+1})$ 是一正方向的分段平滑的簡單封閉曲線，其跡是以點 $\overline{x^j}$、x^{j+1}、x^{j+2} 與 $\overline{x^{j+1}}$ 為頂點的矩形。設此矩形圍成的矩形區域為 A_j，則 A_j 中的點是下述形式：$\overline{x^j} + s \cdot \mathrm{sgn}\,(x_i - a_i)\,e_i + t \cdot \mathrm{sgn}\,(x_{j+2} - a_{j+2})\,e_{j+2}$，其中，$s \in [\,0, |\,x_i - a_i\,|\,]$ 而 $t \in [\,0, |\,x_{j+2} - a_{j+2}\,|\,]$。因此，函數 $f_i\big|_{A_j}$ 與 $f_{i+2}\big|_{A_j}$ 都可視為二變數函數。因為此二函數在 A_j 上連續可微分，所以，依 Green 定理，可得

$$\phi(x) - \int_{\delta_x^i} f_1(x)\,dx_1 + f_2(x)\,dx_2 + \cdots + f_k(x)\,dx_k$$

$$= \int_{\gamma^i} f_i(x)\,dx_i + \sum_{j=i+1}^{k} \int_{\gamma^j} f_j(x)\,dx_j - \sum_{j=i}^{k-1} \int_{\delta^j} f_{j+1}(x)\,dx_{j+1}$$

$$- \int_{\delta^k} f_i(x)\,dx_i$$

$$= \int_{\overline{\delta^{i-1}}} f_i(x)\,dx_i + \sum_{j=i+1}^{k} \int_{\gamma^j} f_j(x)\,dx_j - \sum_{j=i}^{k-1} \int_{\delta^j} f_{j+1}(x)\,dx_{j+1}$$

$$- \int_{\overline{\delta^{k-1}}} f_i(x)\,dx_i$$

$$= \int_{\overline{\delta^{i-1}}} f_i(x)\,dx_i + \sum_{j=i}^{k-2} \int_{\overline{\delta^j}} f_i(x)\,dx_i + \sum_{j=i+1}^{k} \int_{\gamma^j} f_j(x)\,dx_j$$

$$- \sum_{j=i}^{k-2} \int_{\overline{\delta^j}} f_i(x)\,dx_i - \int_{\overline{\delta^{k-1}}} f_i(x)\,dx_i - \sum_{j=i}^{k-1} \int_{\delta^j} f_{j+1}(x)\,dx_{j+1}$$

$$= \sum_{j=i-1}^{k-2} \int_{\overline{\delta^j}} f_i(x)\,dx_i + \sum_{j=i-1}^{k-2} \int_{\gamma^{j+2}} f_{j+2}(x)\,dx_{j+2}$$

$$- \sum_{j=i-1}^{k-2} \int_{\overline{\delta^{j+1}}} f_i(x)\,dx_i - \sum_{j=i-1}^{k-2} \int_{\delta^{j+1}} f_{j+2}(x)\,dx_{j+2}$$

$$= \sum_{j=i-1}^{k-2} \int_{\overline{\delta^j} \cup \gamma^{j+2} \cup (-\overline{\delta^{j+1}}) \cup (-\delta^{j+1})} f_i(x)\,dx_i + f_{j+2}(x)\,dx_{j+2}$$

$$= \sum_{j=i-1}^{k-2} \int_{A_j} [\,D_i f_{j+2}(x) - D_{j+2} f_i(x)\,]\,d(x_i,\,x_{j+2})$$

$$= 0 \ \text{。}$$

上式最後一個等號成立，乃是因為函數 f 在 $B_r(a)$ 中每個點的 Jacobi 方陣都是對稱方陣的緣故。由上式可知

$$\phi(x)$$
$$= \int_{\delta_x^i} f_1(x)\,dx_1 + f_2(x)\,dx_2 + \cdots + f_k(x)\,dx_k$$
$$= \sum_{j=1}^{i-1} \int_0^{|x_j-a_j|} f_j(\overline{x^{j-1}} + t \cdot \mathrm{sgn}\,(x_j - a_j)\,e_j)\,\mathrm{sgn}\,(x_j - a_j)\,dt$$
$$+ \sum_{j=i}^{k-1} \int_0^{|x_{j+1}-a_{j+1}|} f_{j+1}(\overline{x^{j-1}} + t \cdot \mathrm{sgn}\,(x_{j+1} - a_{j+1})\,e_{j+1})\,\mathrm{sgn}\,(x_{j+1} - a_{j+1})\,dt$$
$$+ \int_0^{|x_i-a_i|} f_i(\overline{x^{k-1}} + t \cdot \mathrm{sgn}\,(x_i - a_i)\,e_i)\,\mathrm{sgn}\,(x_i - a_i)\,dt$$
$$= \sum_{j=1}^{i-1} \int_0^{x_j-a_j} f_j(\overline{x^{j-1}} + se_j)\,ds + \sum_{j=i}^{k-1} \int_0^{x_{j+1}-a_{j+1}} f_{j+1}(\overline{x^{j-1}} + se_{j+1})\,ds$$
$$+ \int_0^{x_i-a_i} f_i(\overline{x^{k-1}} + se_i)\,ds \ \text{。} \tag{$*$}$$

對每個 t，$0 < |t| < r$，因為點 $x + te_i$ 與 x 只有第 i 個坐標不相同，所以，將 $\phi(x + te_i)$ 仿上述(*)式表示成在曲線 $\delta^i_{x+te_i}$ 上的線積分時，前 $k-1$ 個積分與(*)式的前 $k-1$ 個積分完全相同。由此可知：在 $\phi(x + te_i) - \phi(x)$ 中，這 $k-1$ 個線積分互相消去。於是，可得

$$\frac{\phi(x + te_i) - \phi(x)}{t} = \frac{1}{t} \int_0^{x_i+t-a_i} f_i(\overline{x^{k-1}} + se_i)\,ds - \frac{1}{t} \int_0^{x_i-a_i} f_i(\overline{x^{k-1}} + se_i)\,ds$$
$$= \frac{1}{t} \int_{x_i-a_i}^{x_i+t-a_i} f_i(\overline{x^{k-1}} + se_i)\,ds = \frac{1}{t} \int_0^t f_i(x + se_i)\,ds \ \text{。}$$

因為函數 f_i 在點 x 連續，所以，依微積分基本定理，可知上式右端當 t 趨近 0 時的極限為 $f_i(x)$，由此可得：$D_i\phi(x) = f_i(x)$。因為此式對每個點 $x \in B_r(a)$ 及每個 $i = 1, 2, \cdots, k$ 都成立，所以，$f = \nabla\phi$。 $\|$

練習題 7-2

1. 設 $\gamma(t) = (a(t - \sin t), a(1 - \cos t))$，$t \in [0, 2\pi]$，試求第一型線積分 $\int_\gamma y^2 \, ds$。

2. 設 $\gamma(t) = (5\cos t, 3\sin t)$，$t \in [0, \pi]$，試求第一型線積分 $\int_\gamma y \, ds$。

3. 設 $\gamma(t) = (t, (2/3)\sqrt{2t^3}, t^2/2)$，$t \in [0, 1]$，試求第一型線積分 $\int_\gamma xyz \, ds$。

4. 設 C 表示以 $(0, 0)$、$(1, 0)$ 與 $(0, 1)$ 為頂點的三角形，試求第一型線積分 $\oint_C (x + y) \, ds$。

5. 設 C 表示圓 $x^2 + y^2 = ax$，試求第一型線積分 $\oint_C \sqrt{x^2 + y^2} \, ds$。

6. 設 C 表示由極坐標曲線 $r = a$、$\theta = 0$ 與 $\theta = \pi/4$ 所圍成的一個扇形的邊界，試求第一型線積分 $\oint_C \exp(\sqrt{x^2 + y^2}) \, ds$。

7. 設 C 表示球面 $x^2 + y^2 + z^2 = a^2$ 與平面 $x = y$ 所交的圓，試求第一型線積分 $\oint_C \sqrt{2y^2 + z^2} \, ds$。

8. 設 C 表示球面 $x^2 + y^2 + z^2 = a^2$ 與平面 $x + y + z = 0$ 所交的圓，試求第一型線積分 $\oint_C xy \, ds$。

9. 試證定理 20。

10. 試求第二型線積分 $\int_\gamma (x^2 + y^2) \, dx + (x^2 - y^2) \, dy$，其中的曲線 γ 定義如下：$\gamma(t) = (t, 1 - |1 - t|)$，$t \in [0, 2]$。

11. 設 $\gamma(t) = (a\cos t, b\sin t)$，$t \in [0, 2\pi]$。試求第二型線積分 $\int_\gamma (x + y) \, dx + (x - y) \, dy$。

12. 設 $\gamma(t) = (1 + t, 1 + 2t, 1 + 3t)$，$t \in [0, 1]$，試求第二型線積分 $\int_\gamma x \, dx + y \, dy + z \, dz$。

13.設 $\gamma(t) = (a\cos t, a\sin t, bt)$，$t \in [0, \pi]$，試求第二型線積分
$$\int_\gamma xy\,dx + (x-y)\,dy + x^2\,dz \text{。}$$

14.設 C 表示圓 $x^2 + y^2 = a^2$，試求第二型線積分
$$\oint_C (x+y)\,dx - (x-y)\,dy \text{。}$$

15.設 C 表示以 $(0,0)$、$(1,0)$、$(1,1)$ 與 $(0,1)$ 為頂點的正方形，試求第二型線積分 $\oint_C x^2 y\,dx - xy^2\,dy$。

16.下列各向量值函數 f 都是某實數值函數 ϕ 的梯度，試求 ϕ：

(1) $f(x,y) = (\cos(x+y), \cos(x+y))$，$(x,y) \in \boldsymbol{R}^2$。

(2) $f(x,y) = (y^2 + 2x\cos y, 2xy - x^2\sin y)$，$(x,y) \in \boldsymbol{R}^2$。

(3) $f(x,y) = (1/y, -x/y^2)$，$(x,y) \in \boldsymbol{R}^2$，$y \neq 0$。

(4) $f(x,y) = (y(x^2+y^2)^{-1}, -x(x^2+y^2)^{-1})$，
$(x,y) \in \boldsymbol{R}^2$，$y \neq 0$。

(5) $f(x,y,z) = (2xy^2 + z, 2x^2y + 2yz^3, x + 3y^2z^2)$，
$(x,y,z) \in \boldsymbol{R}^3$。

(6) $f(x) = x$，$x \in \boldsymbol{R}^k$。

(7) $f(x) = \|x\|\,x$，$x \in \boldsymbol{R}^k$。

(8) $f(x) = \|x\|^{-1}\,x$，$x \in \boldsymbol{R}^k$，$x \neq 0$。

(9) $f(x) = \|x\|^{-2}\,x$，$x \in \boldsymbol{R}^k$，$x \neq 0$。

(10) $f(x) = \|x\|^{\alpha}\,x$，$\alpha \neq -2$，$x \in \boldsymbol{R}^k$，$x \neq 0$。

17.若 $\gamma : [a,b] \to \boldsymbol{R}^2$ 為一平滑的簡單封閉曲線，對每個 $t \in [a,b]$，令 $n(t)$ 表示 γ 的跡 $|\gamma|$ 過點 $\gamma(t)$ 而指向外的單位法向量，試證：γ 的跡 $|\gamma|$ 所圍的區域的面積等於 $(1/2)\int_\gamma \langle \gamma(t), n(t) \rangle\, ds$。

$$7-3 \quad \bm{R}^k \text{ 中 的 曲面}$$

甲、曲面的意義與有關概念

　　與曲線的情形類似地，初等數學中的「曲面」一詞，通常都是指一個集合，也就是該曲面上所有點所成的集合。例如：我們說球面是一曲面。但為配合不同的需要，在本章中我們將曲面視為函數，且看下述定義。

【定義 1】所謂 $\bm{R}^k$ 中的一**曲面**（surface），乃是指形如 $\sigma : A \to \bm{R}^k$ 的一個連續函數，其中，$A \subset \bm{R}^2$ 為 $\bm{R}^2$ 中一閉集。若 $\sigma : A \to \bm{R}^k$ 是 $\bm{R}^k$ 中的一曲面，則集合 $\{\sigma(u,v) \mid (u,v) \in A\}$ 稱為曲面 σ 的**跡**（trace），以 $|\sigma|$ 表之。若 A 中有兩個相異的點 (u_1, v_1) 與 (u_2, v_2) 滿足 $\sigma(u_1, v_1) = \sigma(u_2, v_2)$，則點 $\sigma(u_1, v_1)$ 稱為曲面 σ 的一個**多重點**（multiple point）。若曲面 $\sigma : A \to \bm{R}^k$ 沒有多重點，則稱曲面 σ 為一**簡單曲面**（simple surface）。若定義域 A 的邊界是一簡單曲線 $\gamma : [a,b] \to \bm{R}^2$ 的跡，則函數 $\sigma \circ \gamma : [a,b] \to \bm{R}^k$ 為 $\bm{R}^k$ 中的一曲線，稱為曲面 σ 的**稜**（edge）。若定義域 A 的邊界是由若干個簡單曲線 γ_i（$i \in I$）的跡所組成，則曲面 σ 的稜也是由對應的曲線 $\sigma \circ \gamma_i$（$i \in I$）所組成。曲面 σ 的稜的跡以 $\partial |\sigma|$ 表之。

　　在描述 $\bm{R}^k$ 中一曲面 $\sigma : A \to \bm{R}^k$ 時，除了依函數的描述方法寫成

$$\sigma(u,v) = (\sigma_1(u,v), \sigma_2(u,v), \cdots, \sigma_k(u,v))$$

之外，另一種常用的描述方法是寫成參數方程式的形式：

$$\begin{cases} x_1 = \sigma_1(u,v) \\ x_2 = \sigma_2(u,v) \\ \cdots\cdots \\ \cdots\cdots \\ x_k = \sigma_k(u,v) \end{cases} \quad (u,v) \in A \text{ ,}$$

其中，u 與 v 稱為點 $(\sigma_1(u,v),\sigma_2(u,v),\cdots,\sigma_k(u,v))$ 所對應的參數。

　　若 $\sigma:A \to \mathbf{R}^k$ 為一曲面，而 (u_0,v_0) 是定義域 A 的內部 A^0 的任一點，則集合 $I_{v_0} = \{u \in \mathbf{R} \mid (u,v_0) \in A\}$ 是 u_0 在 $\mathbf{R}$ 中的一個鄰域，而且函數 $u \mapsto \sigma(u,v_0)$（$u \in I_{v_0}$）是 $\mathbf{R}^k$ 中的一曲線。同理，集合 $J_{u_0} = \{v \in \mathbf{R} \mid (u_0,v) \in A\}$ 是 v_0 在 $\mathbf{R}$ 中的一個鄰域，而且函數 $v \mapsto \sigma(u_0,v)$（$v \in J_{u_0}$）是 $\mathbf{R}^k$ 中的一曲線。此二曲線稱為曲面 σ 在點 $\sigma(u_0,v_0)$ 的**參數曲線**（parameter curves），它們的跡都包含在曲面 σ 的跡內，而且都通過點 $\sigma(u_0,v_0)$。

【例 1】不同的兩曲面可能有相同的跡。例如：設
$$\sigma(u,v) = (u,v,\sqrt{u^2+v^2})\text{ ，}u^2+v^2 \leq 1\text{ ；}$$
$$\tau(u,v) = (u\cos v, u\sin v, u)\text{ ，}0 \leq u \leq 1\text{ ，}0 \leq v \leq 2\pi\text{ ；}$$

則可得 $|\sigma| = |\tau| = \{(x,y,z) \in \mathbf{R}^3 \mid x^2+y^2 = z^2, 0 \leq z \leq 1\}$，此圖形乃是直圓錐面 $x^2+y^2 = z^2$ 的一部分。曲面 σ 的定義域是一個圓形區域，它的邊界是一個圓：$u^2+v^2 = 1$，所以，曲面 σ 的稜的跡就是此圓對函數 σ 的映像，它是 $\mathbf{R}^3$ 中的一個圓：$x^2+y^2 = 1$、$z = 1$。另一方面，曲面 τ 的定義域是一個矩形區域 $[0,1] \times [0,2\pi]$，它的邊界是一個矩形，所以，曲面 τ 的稜的跡就是此矩形對函數 τ 的映像，它是由原點至點 $(1,0,1)$ 的線段與圓 $x^2+y^2 = 1$、$z = 1$ 兩部分所組成，其中，矩形的邊 $\{0\} \times [0,2\pi]$ 的映像只含原點，邊 $\{1\} \times [0,2\pi]$ 的映像是圓 $x^2+y^2 = 1$、$z = 1$，邊 $[0,1] \times \{0\}$ 與邊 $[0,1] \times \{2\pi\}$ 的映像都是原點至點 $(1,0,1)$ 的線段。‖

下面是一些曲面的例子。

【例2】設 $A = [0, \pi] \times [0, 2\pi]$，$R^3$ 中一曲面 $\sigma : A \to R^3$ 定義如下：

$$\sigma(u, v) = (a \sin u \cos v, \ a \sin u \sin v, a \cos u) \ ,$$
$$0 \le u \le \pi \ , \ 0 \le v \le 2\pi \ 。$$

此曲面的跡是 R^3 中的**球面** $x^2 + y^2 + z^2 = a^2$。因為曲面 σ 的定義域是一個矩形區域 $[0, \pi] \times [0, 2\pi]$，它的邊界是一個矩形，所以，曲面 σ 的稜的跡就是此矩形對函數 σ 的映像，它是圓心為原點且過點 $(0, 0, a)$、$(a, 0, 0)$ 與 $(0, 0, -a)$ 的半圓。矩形的邊 $\{0\} \times [0, 2\pi]$ 與邊 $\{\pi\} \times [0, 2\pi]$ 的映像都只含一點，分別是點 $(0, 0, a)$ 與點 $(0, 0, -a)$，邊 $[0, \pi] \times \{0\}$ 與邊 $[0, \pi] \times \{2\pi\}$ 的映像都是前面所提的半圓。‖

【例3】設 $A = [0, 2\pi] \times R$，R^3 中一曲面 $\sigma : A \to R^3$ 定義如下：

$$\sigma(u, v) = (a \cos u, \ a \sin u, v) \ , \ 0 \le u \le 2\pi \ , \ v \in R \ 。$$

曲面 σ 的跡是 R^3 中的**柱面** $x^2 + y^2 = a^2$。因為曲面 σ 的定義域的邊界是一對平行線，所以，曲面 σ 的稜的跡就是此二直線對函數 σ 的映像，它是與 z 軸平行的一直線：$x = a$、$y = 0$。‖

【例4】設 $A = [0, 2\pi] \times R$，R^3 中一曲面 $\sigma : A \to R^3$ 定義如下：

$$\sigma(u, v) = (v \cos u, \ v \sin u, v) \ , \ 0 \le u \le 2\pi \ , \ v \in R \ 。$$

此曲面的跡是 R^3 中的**錐面** $x^2 + y^2 = z^2$。因為曲面 σ 的定義域的邊界是一對平行線，所以，曲面 σ 的稜的跡就是此二直線對函數 σ 的映像，它是 xz 平面上的一直線：$x = z$、$y = 0$。‖

【例5】設 $A = [0, 2\pi] \times R$，R^3 中一曲面 $\sigma : A \to R^3$ 定義如下：

$$\sigma(u, v) = (a \cos u \cosh v, \ b \sin u \cosh v, c \sinh v) \ ,$$
$$0 \le u \le 2\pi \ , \ v \in R \ 。$$

此曲面的跡是 R^3 中的**單葉雙曲面** $x^2/a^2 + y^2/b^2 - z^2/c^2 = 1$。因為曲面 σ 的定義域的邊界是一對平行線，所以，曲面 σ 的稜的跡就是此二直線對函數 σ 的映像，它是雙曲線 $x^2/a^2 - z^2/c^2 = 1$、$y = 0$ 的一支，只有一支是由於其 x 坐標 $a\cosh v$ 恆與 a 同號的緣故。‖

【例 6】設 $A = [\,0\,,2\pi\,] \times R$，$R^3$ 中一曲面 $\sigma : A \to R^3$ 定義如下：

$$\sigma(u,v) = (\,a\cos u \sinh v\,,\ b\sin u \sinh v\,,\ c\cosh v\,)\,,$$
$$0 \le u \le 2\pi\,,\ v \in R \ 。$$

此曲面的跡是 R^3 中的**雙葉雙曲面** $x^2/a^2 + y^2/b^2 - z^2/c^2 = -1$ 的其中一葉，只有一葉是由於其 z 坐標 $c\cosh v$ 恆與 c 同號的緣故。因為曲面 σ 的定義域的邊界是一對平行線，所以，曲面 σ 的稜的跡就是此二直線對函數 σ 的映像，此映像是雙曲線 $y = 0$、$x^2/a^2 - z^2/c^2 = -1$ 的一支。‖

【例 7】設 $A = [\,0\,,2\pi\,] \times [\,0\,,2\pi\,]$，$R^3$ 中一曲面 $\sigma : A \to R^3$ 定義如下：

$$\sigma(u,v) = (\,a\cos v + b\cos u \cos v\,,\ a\sin v + b\cos u \sin v\,,\ b\sin u\,)\,,$$
$$0 \le u \le 2\pi\,,\ 0 \le v \le 2\pi\,,$$

其中，$a > b > 0$。曲面 σ 的跡的直角坐標方程式為

$$(\,\sqrt{x^2 + y^2} - a\,)^2 + z^2 = b^2\,,$$

其圖形稱為**環面**（torus），它是將圓 $(\,y - a\,)^2 + z^2 = b^2$、$x = 0$ 繞 z 軸旋轉而得的。請注意：因為 $a > b > 0$，所以，此圓與 z 軸不相交。因為曲面 σ 的定義域是矩形區域 $[\,0\,,2\pi\,] \times [\,0\,,2\pi\,]$，它的邊界是一個矩形，所以，曲面 σ 的稜的跡就是此矩形對函數 σ 的映像，它是由兩個圓所組成，其中一圓為 $x^2 + y^2 = (a+b)^2$、$z = 0$；另一圓為 $(\,x - a\,)^2 + z^2 = b^2$、$y = 0$。‖

【例 8】在本例中，我們要定義一個特殊的曲面。設 $a > b > 0$。

對每個 $v \in [\,0\,,2\pi\,]$，在以 z 軸為稜且過點 $(\,a\cos v\,,\ a\sin v\,,0\,)$ 的

半平面上，恰有一個點 P_v 具有下述兩個性質：⑴點 P_v 與原點 O 的距離等於 1；⑵向量 $\overrightarrow{OP_v}$ 與 z 軸上的向量 $(0,0,1)$ 的夾角等於 $v/2$。因為點 P_v 落在以 z 軸為稜且包含點 $(a\cos v,\ a\sin v,0)$ 的半平面上，所以，點 P_v 的坐標必是 $(k\cos v,\ k\sin v,\ l)$ 的形式且 $k>0$。因為有向線段 $\overrightarrow{OP_v}$ 與 z 軸的正半軸的夾角等於 $v/2$ 且 $\overline{OP_v}=1$，所以，可知 $l=\cos(v/2)$。因為 k 為正數，所以，可得 $k=\sin(v/2)$。由此可知：點 P_v 的 坐 標 為 $(\sin(v/2)\cos v,\ \sin(v/2)\sin v,\cos(v/2))$。 過 點 $(a\cos v,\ a\sin v,0)$ 作一有向線段 $\overrightarrow{A_vB_v}$ 使下述三性質成立：(i)點 $(a\cos v,\ a\sin v,0)$ 是線段 $\overline{A_vB_v}$ 的中點；(ii)線段 $\overline{A_vB_v}$ 的長等於 $2b$；(iii) 有 向 線 段 $\overrightarrow{A_vB_v}$ 與 有 向 線 段 $\overrightarrow{OP_v}$ 平 行 且 方 向 相 同。 令 $M=\bigcup\{\overline{A_vB_v}\mid 0\le v\le 2\pi\}$，則集合 M 是一曲面的跡，此曲面可定義如下。對 M 上每個點 P，設 $P\in\overline{A_vB_v}$ 而且由點 $(a\cos v,\ a\sin v,0)$ 至點 P 的有向長為 u，我們以 u 與 v 做參數，即可得 $\boldsymbol{R}^3$ 中一曲面 σ： $[-b,b]\times[0,2\pi]\to\boldsymbol{R}^3$ 的參數方程式如下：

$$\begin{cases} x=a\cos v+u\sin(v/2)\cos v \\ y=a\sin v+u\sin(v/2)\sin v \quad,\quad -b\le u\le b,\ 0\le v\le 2\pi。 \\ z=u\cos(v/2) \end{cases}$$

前面的圖形 M 稱為 **Mobius 帶**（Mobius' band）。當 v 固定時，M 上的點構成線段 $\overline{A_vB_v}$。當 v 等於 0 或 2π 時，對每個 $u\in[-b,b]$，恆有 $\sigma(u,0)=\sigma(-u,2\pi)=(a,0,u)$。換言之，線段 $\overline{A_0B_0}$ 與線段 $\overline{A_{2\pi}B_{2\pi}}$ 逆向重合。取一矩形紙片，兩手分持兩個短邊，將右手所持的短邊旋轉 $180°$ 後，再將兩個短邊用漿糊黏合。如此所得的圖形就像本例中的圖形 M。‖

【例 9】對每個 $u\in[0,2]$，令 P_u 表示 $\boldsymbol{R}^3$ 中的點 $(u,0,0)$，而 Q_u 表示 $\boldsymbol{R}^3$ 中 的 半 圓 $(x-1)^2+(z-1)^2=1$ 、 $y=1$ 、 $0\le z\le 1$ 上 的 點 $(u,1,1-\sqrt{2u-u^2})$，連接 $\overline{P_uQ_u}$。令 $S=\bigcup\{\overline{P_uQ_u}\mid 0\le u\le 2\}$，則 S 是一曲面 σ：$[0,2]\times[0,1]\to\boldsymbol{R}^3$ 的跡，此曲面可定義如下：對於 S

上每個點，以其 x 坐標與 y 坐標做為參數，即可得曲面 σ 的參數方程式如下：

$$\begin{cases} x = u, \\ y = v, \\ z = v - v\sqrt{2u - u^2}, \end{cases} \qquad 0 \le u \le 2 \;,\; 0 \le v \le 1 \;。\;\|$$

【例 10】對每個 $u \in [\,0,2\,]$，令 P_u 表示 $\boldsymbol{R}^3$ 中的點 $(u,0,0)$，又令 R_u 表示在上例中的半圓 $(x-1)^2 + (z-1)^2 = 1$、$y = 1$、$0 \le z \le 1$ 上且由點 $(0,1,1)$ 至 R_u 的弧長等於 $(u\pi)/2$ 的點，則點 R_u 的坐標為 $(1 - \cos(u\pi)/2, 1, 1 - \sin(u\pi)/2)$。令 $T = \bigcup \{\,\overline{P_u R_u} \mid 0 \le u \le 2\,\}$，則 T 是一曲面 $\sigma : [\,0,2\,] \times [\,0,1\,] \to \boldsymbol{R}^3$ 的跡，此曲面可定義如下：對於 T 上每個點，以 u 與其 y 坐標 v 做為參數，即可得曲面 σ 的參數方程式如下：

$$\begin{cases} x = (1-v)\,u + v\,(1 - \cos(u\pi)/2), \\ y = v, \\ z = v\,(1 - \sin(u\pi)/2), \end{cases} \qquad 0 \le u \le 2 \;,\; 0 \le v \le 1 \;。\;\|$$

【定義 2】設 $\sigma : A \to \boldsymbol{R}^k$ 與 $\tau : B \to \boldsymbol{R}^k$ 為二曲面。若存在一個由 A 映成 B 的一對一、連續函數 $\phi : A \to B$，使得：$\tau \circ \phi = \sigma$ 而且 $\phi(A^0) = B^0$，則稱曲面 σ 與 τ **等價**（equivalent）。

兩曲面等價時，它們的跡當然相同。另一方面，曲面間的等價關係是一種對等關係（equivalence relation），我們寫成一個定理。

【定理 1】（曲面的等價關係是對等關係）

曲面間的等價關係具有下述性質：

⑴反身性：每一曲面都與本身等價。

⑵對稱性：若曲面 σ^1 與曲面 σ^2 等價，則曲面 σ^2 與曲面 σ^1 等價。

⑶遞移性：若曲面 σ^1 與曲面 σ^2 等價，且曲面 σ^2 與曲面 σ^3 等價，

則曲面 σ^1 與曲面 σ^3 等價。

證：由定義即得。 ‖

【定義 3】設 $\sigma : A \to \mathbf{R}^k$ 為一曲面。若函數 σ 在 A 上連續可微分，而且全微分 $d\sigma$ 在 A^0 上每個點的秩都是 2，則曲面 σ 稱為 **平滑曲面**（smooth surface）。請注意：對於邊界 A^b 上的點 (u_0, v_0)，所謂函數 σ 在點 (u_0, v_0) 連續可微分，乃是指：可找到點 (u_0, v_0) 的一個開鄰域 U 以及一可微分函數 $\tau : U \to \mathbf{R}^k$，使得：函數 τ 在點 (u_0, v_0) 連續可微分而且 $\tau|_{A \cap U} = \sigma|_{A \cap U}$。

【例 11】在 $\mathbf{R}^k$ 空間中，最簡單的平滑曲面如下：

$$\sigma(u, v) = ua + vb + c , \quad (u, v) \in \mathbf{R}^2 ,$$

其中，a、b 與 c 是 $\mathbf{R}^k$ 中的給定點，而且向量 a 與 b 線性獨立。這個平滑曲面的跡是通過點 c 而由向量 a 與 b 所張的平面。因為函數 σ 在每個點 $(u, v) \in \mathbf{R}^2$ 的 Jacobi 方陣的行向量都分別為 a 與 b，而向量 a 與 b 線性獨立，所以，函數 σ 為一平滑曲面。 ‖

【例 12】前面的例 2 至例 8 所定義的曲面都是平滑曲面，讀者可自己證明。 ‖

若 $\sigma : A \to \mathbf{R}^k$ 為 $\mathbf{R}^k$ 中一平滑曲面，而且對每個 $(u, v) \in A$，$\sigma(u, v)$ 可表示成 $\sigma(u, v) = (\sigma_1(u, v), \sigma_2(u, v), \cdots, \sigma_k(u, v))$，則對 A^0 中每個點 (u_0, v_0)，對所有 $i = 1, 2, \cdots, k$ 及 $j = 1, 2$，偏導函數 $D_j \sigma_i$ 都在點 (u_0, v_0) 連續，而且下述二向量是線性獨立的非零向量：

$$D_1\sigma(u_0, v_0) = (D_1\sigma_1(u_0, v_0), D_1\sigma_2(u_0, v_0), \cdots, D_1\sigma_k(u_0, v_0)),$$
$$D_2\sigma(u_0, v_0) = (D_2\sigma_1(u_0, v_0), D_2\sigma_2(u_0, v_0), \cdots, D_2\sigma_k(u_0, v_0))。$$

因為向量 $D_1\sigma(u_0, v_0)$ 是曲面 σ 在點 $\sigma(u_0, v_0)$ 的參數曲線 $u \mapsto \sigma(u, v_0)$ 在點 u_0 的切向量，而向量 $D_2\sigma(u_0, v_0)$ 是曲面 σ 在點 $\sigma(u_0, v_0)$ 的參數曲線 $v \mapsto \sigma(u_0, v)$ 在點 v_0 的切向量，所以，

$D_1\sigma(u_0,v_0)$ 與 $D_2\sigma(u_0,v_0)$ 都是曲面 σ 在點 $\sigma(u_0,v_0)$ 的切向量。於是，通過點 $\sigma(u_0,v_0)$ 而由向量 $D_1\sigma(u_0,v_0)$ 與 $D_2\sigma(u_0,v_0)$ 所張的平面稱為平滑曲面 σ 過點 $\sigma(u_0,v_0)$ 的**切平面**（tangent plane）。此切平面可表示如下：

$$\tau(u,v)=\sigma(u_0,v_0)+u\,D_1\sigma(u_0,v_0)+v\,D_2\sigma(u_0,v_0)\,, \quad (u,v)\in \boldsymbol{R}^2 \text{。}$$

當 $k=3$ 時，上述切平面（的跡）也可利用一個三元一次方程式來表示。舉一例如下。

【例 13】曲面 $\sigma:\boldsymbol{R}^2\to\boldsymbol{R}^3$ 定義如下：對每個 $(u,v)\in\boldsymbol{R}^2$，令

$$\sigma(u,\mathrm{v})=(u,v,16-u^2-v^2)\text{。}$$

因為 $D_1\sigma(u,v)=(1,0,-2u)$ 且 $D_2\sigma(u,v)=(0,1,-2v)$，所以，曲面 σ 是一平滑曲面。當 $u=1$、$v=2$ 時，點 $(1,2,11)$ 處的兩參數曲線的切向量分別為 $(1,0,-2)$ 與 $(0,1,-4)$，所以，曲面 σ 在點 $(1,2,11)$ 處的切平面可利用方程式 $2x+4y+z=21$ 表示。 ‖

　　請注意：對於曲面 $\sigma:A\to\boldsymbol{R}^k$ 及一點 $(u_0,v_0)\in A^0$，只要函數 σ 在點 (u_0,v_0) 的一個開鄰域 $U\subset A$ 上連續可微分，且全微分 $d\sigma(u_0,v_0)$ 的秩等於 2，就可採用上述的方法定義曲面 σ 過點 $\sigma(u_0,v_0)$ 的切平面，並不必要求曲面 σ 是平滑曲面。

　　關於平滑曲面的等價關係，也有與平滑曲線類似的的性質。

【定理 2】（等價的平滑曲面）

　　若 $\sigma:A\to\boldsymbol{R}^k$ 與 $\tau:B\to\boldsymbol{R}^k$ 為二等價的平滑曲面，而且連續的可逆函數 $\phi:A\to B$ 滿足 $\tau\circ\phi=\sigma$，則函數 ϕ 在 A^0 上連續可微分。

證：留為習題。 ‖

【定義 4】設 $\sigma:A\to\boldsymbol{R}^k$ 與 $\tau:B\to\boldsymbol{R}^k$ 為二平滑曲面。若存在一個連續可微分的可逆函數 $\phi:A\to B$ 使得 $\tau\circ\phi=\sigma$ 且 $\phi(A^0)=B^0$，則稱曲面 σ 與 τ **平滑地等價**（smoothly equivalent）。

乙、曲面的面積

在本節裏，我們要討論曲面的面積。首先要注意的一點是：不論是將曲面視為集合或是視為函數，曲面的面積都是一個需要定義的概念。其次，曲線的弧長可以利用「內接的折線段」之長來逼近，以做為曲線弧長的定義；但在曲面的情形中，要利用「內接的平面區域」的面積之和來逼近曲面的面積，則有其技術上的困難。（參看例 15 及其後面的說明。）因此，曲面的面積通常不採用與弧長類似的定義。在本節的討論中，我們要從特殊情形中的面積公式出發，引導出適合做為曲面之面積的近似值，再根據近似值之表示式的型式得出曲面面積的「合理」定義。

首先觀察平面的情形：設平面 $\sigma : R^2 \to R^3$ 定義如下：

$$\sigma(x,y) = (x, y, ux + vy + w) , \quad (x,y) \in R^2 。$$

設 $I = [a,b] \times [c,d]$ 為 R^2 中一矩形區域，則曲面 $\sigma\big|_I$ 的跡 $\sigma(I)$ 是一平行四邊形區域。在這平行四邊形中，以頂點 $(a, c, ua + vc + w)$ 為始點、而以兩相鄰頂點為終點的兩向量分別為 $(b-a, 0, ub-ua)$ 與 $(0, d-c, vd-vc)$。因此，可得

平行四邊形區域 $\sigma(I)$ 的面積

$$= [(b-a)^2(1+u^2) \cdot (d-c)^2(1+v^2) - (ub-ua)^2(vd-vc)^2]^{1/2}$$
$$= (b-a)(d-c)(1+u^2+v^2)^{1/2}$$
$$= (1+u^2+v^2)^{1/2} \times (\text{矩形區域 } I \text{ 的面積})。$$

請注意：上式右端的 $1+u^2+v^2$ 滿足下述等式：

$$1+u^2+v^2 = (1+u^2)(1+v^2) - (uv)^2$$
$$= \| D_1\sigma(x,y) \|^2 \| D_2\sigma(x,y) \|^2 - \langle D_1\sigma(x,y), D_2\sigma(x,y) \rangle^2 。$$

對任意平滑曲面 $\sigma : A \to R^k$ 以及定義域 A 的每個內點 (x,y)，我們以 $\mathrm{S}_\sigma(x,y)$ 表示上式右端的平方根，亦即：

$$S_\sigma(x,y) = \sqrt{\|D_1\sigma(x,y)\|^2 \|D_2\sigma(x,y)\|^2 - \langle D_1\sigma(x,y),\, D_2\sigma(x,y)\rangle^2} \; 。$$

其次，考慮 $\boldsymbol{R}^3$ 中以 x 坐標與 y 坐標為參數的一般平滑曲面： 設一平滑曲面 $\sigma : [a,b]\times[c,d] \to \boldsymbol{R}^3$ 定義如下：

$$\sigma(x,y) = (x,y,f(x,y))\,, \quad (x,y)\in[a,b]\times[c,d]\;。$$

對於 $I=[a,b]\times[c,d]$ 的每個分割 $P=\{I_1,I_2,\cdots,I_n\}$，在每個分割區間 I_j 中任選一點 (s_j,t_j)，則曲面 $\sigma : [a,b]\times[c,d]\to \boldsymbol{R}^3$ 在點 $\sigma(s_j,t_j)$ 的切平面可表為 $\tau_j(x,y)=f(s_j,t_j)+D_1 f(s_j,t_j)(x-s_j)$ $+D_2 f(s_j,t_j)(y-t_j)$。於是，可得

平行四邊形區域 $\tau_1(I_1),\tau_2(I_2),\cdots,\tau_n(I_n)$ 的面積之和

$$= \sum_{j=1}^{n} \sqrt{1+(D_1 f(s_j,t_j))^2+(D_2 f(s_j,t_j))^2}\cdot v(I_j)\;。 \qquad (*)$$

上式右端的值乃是函數 $(x,y)\mapsto \sqrt{1+(D_1 f(x,y))^2+(D_2 f(x,y))^2}$ 對分割 P 的一個 Riemann 和。因為此函數在 I 上可 Riemann 積分，所以，當分割 P 足夠密時，$(*)$式右端的值與下述積分很接近：

$$\int_I \sqrt{1+(D_1 f(x,y))^2+(D_2 f(x,y))^2}\; d(x,y)\;。 \qquad (**)$$

另一方面，當分割 P 足夠密時，對每個 $j=1,2,\cdots,n$，曲面 σ 的跡 $|\sigma|$ 的子集 $\sigma(I_j)$ 與平行四邊形區域 $\tau_j(I_j)$ 必很接近，我們可以將後者的面積做為前者的面積的近似值。於是，將曲面 σ 的面積定義為上述的 Riemann 積分$(**)$就很合理了。因為 Riemann 積分$(**)$的被積分函數中的$1+(D_1 f(x,y))^2+(D_2 f(x,y))^2$ 滿足下述等式：

$$1+(D_1 f(x,y))^2+(D_2 f(x,y))^2$$
$$= \|D_1\sigma(x,y)\|^2 \|D_2\sigma(x,y)\|^2 - \langle D_1\sigma(x,y),\, D_2\sigma(x,y)\rangle^2$$
$$= (S_\sigma(x,y))^2\,,$$

所以，Riemann 積分$(**)$可寫成

$$\int_I S_\sigma(x,y)\,d(x,y)\,。\qquad\qquad (**)$$

最後，我們考慮 $\boldsymbol{R}^3$ 中的一般平滑曲面：設 $\sigma : A \to \boldsymbol{R}^3$ 為一平滑曲面，其定義域 A 是 $\boldsymbol{R}^2$ 的一個 Jordan 可測子集，而且 $\sigma(u,v)=(\sigma_1(u,v),\sigma_2(u,v),\sigma_3(u,v))$。設 $(u_0,v_0)\in A^0$，因為函數 σ 在 (u_0,v_0) 的 Jacobi 方陣 $J_\sigma(u_0,v_0)$ 的秩等於 2，所以，我們可假設 Jacobi 方陣 $J_\sigma(u_0,v_0)$ 的第一列與第二列為線性獨立。於是，函數 $(u,v)\mapsto(\sigma_1(u,v),\sigma_2(u,v))$ 在點 (u_0,v_0) 的開鄰域 A^0 上連續可微分、而且它在點 (u_0,v_0) 的全微分是可逆函數。依 §4-5 定理 5（反函數定理），必可找到點 (u_0,v_0) 的一個開鄰域 U 與點 $(\sigma_1(u_0,v_0),\sigma_2(u_0,v_0))$ 的一個開鄰域 V，以及兩個連續可微分的函數 $\phi_1,\phi_2 : V \to \boldsymbol{R}$，使得：函數 $(u,v)\mapsto(\sigma_1(u,v),\sigma_2(u,v))$ $((u,v)\in U)$ 與函數 $\phi : (x,y)\mapsto(\phi_1(x,y),\phi_2(x,y))$ $((x,y)\in V)$ 互為反函數，而且對每個 $(u,v)\in U$，若令 $x=\sigma_1(u,v)$、$y=\sigma_2(u,v)$，則恆有

$$\begin{bmatrix} D_1\phi_1(x,y) & D_2\phi_1(x,y) \\ D_1\phi_2(x,y) & D_2\phi_2(x,y) \end{bmatrix}\begin{bmatrix} D_1\sigma_1(u,v) & D_2\sigma_1(u,v) \\ D_1\sigma_2(u,v) & D_2\sigma_2(u,v) \end{bmatrix}=\begin{bmatrix} 1 & 0 \\ 0 & 1 \end{bmatrix}。$$

對每個 $(x,y)\in V$，若令 $f(x,y)=\sigma_3(\phi_1(x,y),\phi_2(x,y))$，則曲面 $\sigma|_U$ 與定義域為 V 的曲面 $\tau : (x,y)\mapsto(x,y,f(x,y))$ 兩者等價，亦即：$\sigma\circ\phi=\tau$。對每個 $(x,y)\in V$，因為

$$D_1\tau(x,y)=D_1\phi_1(x,y)\,D_1\sigma(\phi(x,y))+D_1\phi_2(x,y)\,D_2\sigma(\phi(x,y))，$$
$$D_2\tau(x,y)=D_2\phi_1(x,y)\,D_1\sigma(\phi(x,y))+D_2\phi_2(x,y)\,D_2\sigma(\phi(x,y))，$$

所以，略作計算，即得

$$(S_\tau(x,y))^2=\|D_1\tau(x,y)\|^2\|D_2\tau(x,y)\|^2-\langle D_1\tau(x,y),\,D_2\tau(x,y)\rangle^2$$
$$=(\det J_\phi(x,y))^2\times(S_\sigma(\phi(x,y)))^2。$$

於是，依 §5-3 定理 24（變數代換定理），可得

$$\int_V S_\tau(x,y)\,d(x,y) = \int_V S_\sigma(\phi(x,y))\big|\det J_\phi(x,y)\big|\,d(x,y)$$

$$= \int_U S_\sigma(u,v)\,d(u,v) \; \text{。}$$

因為曲面 $\sigma\big|_U$ 與曲面 τ 等價,而等價的曲面的面積應該相等,所以,利用上式右端的 Riemann 積分來定義面積是合理的。我們寫成下述定義。

【定義 4】設 $\sigma : A \to \boldsymbol{R}^k$ 為 $\boldsymbol{R}^k$ 中一平滑曲面,其定義域 A 是 $\boldsymbol{R}^2$ 的一個 Jordan 可測子集。對於 A^0 中每個點 (u,v),令

$$S_\sigma(u,v) = \sqrt{\big\|D_1\sigma(u,v)\big\|^2 \big\|D_2\sigma(u,v)\big\|^2 - \langle D_1\sigma(u,v),\, D_2\sigma(u,v)\rangle^2}\,,$$

則下述 Riemann 積分稱為平滑曲面 σ 的 **面積**(area):

$$\int_A S_\sigma(u,v)\,d(u,v) \; \text{。}$$

設 $\sigma(u,v) = (\sigma_1(u,v), \sigma_2(u,v), \cdots, \sigma_k(u,v))$。對於所有的 $i,j = 1,2,\cdots,k$ 且 $i<j$,考慮函數 (σ_i,σ_j) 在點 (u,v) 的 Jacobi 行列式,則 $(S_\sigma(u,v))^2$ 等於這 $(k^2-k)/2$ 個 Jacobi 行列式的平方和。

【例 14】試計算下述球面 $\sigma : [0,\pi]\times[0,2\pi] \to \boldsymbol{R}^3$ 的面積:
$$\sigma(u,v) = (a\sin u\cos v,\ a\sin u\sin v, a\cos u)\,,$$
$$0 \le u \le \pi\,,\ 0 \le v \le 2\pi \; \text{。}$$

解:因為對於 $A = [0,\pi]\times[0,2\pi]$ 中每個點 (u,v),恆有
$$D_1\sigma(u,v) = (a\cos u\cos v,\ a\cos u\sin v, -a\sin u)\,,$$
$$D_2\sigma(u,v) = (-a\sin u\sin v,\ a\sin u\cos v, 0)\,,$$

所以,可得

$$\big\|D_1\sigma(u,v)\big\|^2 \big\|D_2\sigma(u,v)\big\|^2 - \langle D_1\sigma(u,v),\, D_2\sigma(u,v)\rangle^2$$
$$= a^2 \cdot a^2\sin^2 u - 0 = a^4\sin^2 u \; \text{。}$$

於是,$S_\sigma(u,v) = a^2\sin u$,而且球面 σ 的面積等於

$$\int_A S_\sigma(u,v)\, d(u,v) = \int_0^{2\pi} dv \int_0^\pi a^2 \sin u\, du = 2a^2 \int_0^{2\pi} dv = 4\pi a^2 \, \circ \; \|$$

【例 15】試計算下述曲面 $\sigma : [\,0\,,2\pi\,] \times [\,0\,,b\,] \to \mathbf{R}^3$ 的面積：

$$\sigma(u,v) = (\,a\cos u\,,\,a\sin u\,,\,v\,)\,, \quad 0 \le u \le 2\pi\,, \; 0 \le v \le b\, \circ$$

解：因為對於 $A = [\,0\,,2\pi\,] \times [\,0\,,b\,]$ 中每個點 (u,v)，恆有

$$D_1\sigma(u,v) = (\,-a\sin u\,,\,a\cos u\,,0\,)\,,$$
$$D_2\sigma(u,v) = (\,0\,,0\,,1\,)\,,$$

所以，可得

$$\| D_1\sigma(u,v)\|^2 \| D_2\sigma(u,v)\|^2 - \langle\, D_1\sigma(u,v)\,,\,D_2\sigma(u,v)\,\rangle^2$$
$$= a^2 \cdot 1 - 0 = a^2 \, \circ$$

於是，$S_\sigma(u,v) = a$，而且曲面 σ 的面積等於

$$\int_A S_\sigma(u,v)\, d(u,v) = \int_0^b dv \int_0^{2\pi} a\, du = 2\pi ab \, \circ \; \|$$

下面我們以例 15 的曲面為例來說明：利用「內接的平面區域」的面積之和來逼近曲面的面積是行不通的。令 $a = b = 1$。

對任意兩個正整數 m 與 n，我們在柱面 $x^2 + y^2 = 1$ 與 $m+1$ 個平面 $z = 0$，$z = 1/m$，$z = 2/m$，$\cdots$，$z = 1$ 所截出的 $m+1$ 個圓上，都作出 n 等分點，其作法如下：平面 $z = 0$ 上的圓的 n 等分點可任意選取，平面 $z = 1/m$ 上的圓的每個 n 等分點都位於平面 $z = 0$ 上的圓的一段 n 等分弧的中點的正上方，平面 $z = 2/m$ 上的圓的每個 n 等分點都位於平面 $z = 1/m$ 上的圓的一段 n 等分弧的中點的正上方，其餘仿此類推。在所得的 $mn + n$ 個點中，每個點都與同一圓上相鄰的兩個 n 等分點連成線段、再與其上方的圓上距離最近的兩個 n 等分點連成線段。這些線段所圍成的平面區域是 $2mn$ 個全等的等腰三角形區域，其底的長為 $2\sin(\pi/n)$，而高為 $[\,1/m^2 + (1 - \cos(\pi/n)\,)^2\,]^{1/2}$。於是，這些等腰三角形區域的面積之和等於

$$S_{mn} = 2mn \sin \frac{\pi}{n} \sqrt{\frac{1}{m^2} + 4\sin^4 \frac{\pi}{2n}} = 2n \sin \frac{\pi}{n} \sqrt{1 + 4m^2 \sin^4 \frac{\pi}{2n}} \ \circ$$

利用極限式 $\lim_{x \to 0}(\sin x / x) = 1$ 可得：當 $m = n$ 時，數列 $\{S_{mn}\}$ 的極限等於 2π，與該曲面的面積相等。當 $m = n^2$ 時，數列 $\{S_{n^2,n}\}$ 的極限等於 $2\pi\sqrt{1 + \pi^4/4}$，此值與該曲面的面積不相等。換言之，儘管 $2mn$ 個等腰三角形區域可以與柱面非常接近，但我們卻無法在 m 與 n 趨向無限大時得到唯一的極限值。

【例 16】試計算下述環面 $\sigma : [0, 2\pi] \times [0, 2\pi] \to \mathbf{R}^3$ 的面積：

$\sigma(u, v) = (a \cos v + b \cos u \cos v, \ a \sin v + b \cos u \sin v, b \sin u)$，
$$0 \le u \le 2\pi，\ 0 \le v \le 2\pi \ \circ$$

解：因為對於 $A = [0, 2\pi] \times [0, 2\pi]$ 中每個點 (u, v)，恆有

$D_1\sigma(u, v) = (-b \sin u \cos v, \ -b \sin u \sin v, \ b \cos u)$，
$D_2\sigma(u, v) = (-a \sin v - b \cos u \sin v, \ a \cos v + b \cos u \cos v, 0)$，

所以，可得

$$\| D_1\sigma(u, v) \|^2 \| D_2\sigma(u, v) \|^2 - \langle D_1\sigma(u, v), \ D_2\sigma(u, v) \rangle^2$$
$$= b^2(a + b\cos u)^2 - 0 = b^2(a + b\cos u)^2 \ \circ$$

於是，$S_\sigma(u, v) = b(a + b\cos u)$，而且環面 σ 的面積等於

$$\int_A S_\sigma(u, v) \, d(u, v) = \int_0^{2\pi} dv \int_0^{2\pi} b(a + b\cos u) \, du = 2ab\pi \int_0^{2\pi} dv$$
$$= 4\pi^2 ab \ \circ \ \|$$

丙、曲面的法向量

若 $\sigma : A \to \mathbf{R}^k$ 為一平滑曲面，則對 A^0 中每個點 (u_0, v_0)，$D_1\sigma(u_0, v_0)$ 與 $D_2\sigma(u_0, v_0)$ 分別是曲面 σ 的參數曲線 $u \mapsto \sigma(u, v_0)$ 與 $v \mapsto \sigma(u_0, v)$ 在點 $\sigma(u_0, v_0)$ 的切向量。另一方面，若 $\gamma : [a, b] \to \mathbf{R}^2$ 為一平滑曲線且 $|\gamma| \subset A^0$，則 $\sigma \circ \gamma : [a, b] \to \mathbf{R}^k$ 是 $\mathbf{R}^k$ 中一平滑曲

線，且 $|\sigma\circ\gamma|\subset|\sigma|$，我們稱 $\sigma\circ\gamma$ 是曲面 σ 上的一曲線。設 $t_0\in(a,b)$ 滿足 $\gamma(t_0)=(u_0,v_0)$，則 $(\sigma\circ\gamma)'(t_0)$ 是曲線 $\sigma\circ\gamma$ 在點 $\sigma(u_0,v_0)$ 的切向量。設 $\gamma=(\gamma_1,\gamma_2)$，則依連鎖規則，可得

$$(\sigma\circ\gamma)'(t_0)=\gamma_1'(t_0)D_1\sigma(u_0,v_0)+\gamma_2'(t_0)D_2\sigma(u_0,v_0)。$$

換言之，對於通過點 $\sigma(u_0,v_0)$ 且在曲面 σ 上的任意平滑曲線 $\sigma\circ\gamma$，曲線 $\sigma\circ\gamma$ 在點 $\sigma(u_0,v_0)$ 的切向量都可以表示成向量 $D_1\sigma(u_0,v_0)$ 與 $D_2\sigma(u_0,v_0)$ 的線性組合。因此，所有此種切向量都在曲面 σ 過點 $\sigma(u_0,v_0)$ 的切平面上。

當 $k=3$ 時，$\sigma:A\to\boldsymbol{R}^3$ 是三維空間中的一平滑曲面，而向量 $D_1\sigma(u_0,v_0)$ 與 $D_2\sigma(u_0,v_0)$ 是三維空間中的一對線性獨立的向量，因此，這兩個向量可以計算外積，而且其外積不是零向量。因為兩向量 $D_1\sigma(u_0,v_0)$、$D_2\sigma(u_0,v_0)$ 的外積必與這兩個向量都垂直，所以，該外積必在切平面的法線方向上，我們寫成一個定義。

【定義 5】若 $\sigma:A\to\boldsymbol{R}^3$ 為 $\boldsymbol{R}^3$ 中一平滑曲面，對於 A^0 中每個點 (u,v)，切向量 $D_1\sigma(u,v)$ 與 $D_2\sigma(u,v)$ 的外積 $D_1\sigma(u,v)\times D_2\sigma(u,v)$ 稱為曲面 σ 在點 $\sigma(u,v)$ 的**法向量** (normal vector)，而 $(1/\|D_1\sigma(u,v)\times D_2\sigma(u,v)\|)D_1\sigma(u,v)\times D_2\sigma(u,v)$ 稱為曲面 σ 在點 $\sigma(u,v)$ 的**單位法向量**（unit normal vector），以 $n_\sigma(u,v)$ 表之，即

$$n_\sigma(u,v)=\frac{1}{\|D_1\sigma(u,v)\times D_2\sigma(u,v)\|}D_1\sigma(u,v)\times D_2\sigma(u,v)。$$

若三維平滑曲面 $\sigma:A\to\boldsymbol{R}^3$ 表示成 $\sigma=(\sigma_1,\sigma_2,\sigma_3)$，則根據外積的定義，法向量 $D_1\sigma(u,v)\times D_2\sigma(u,v)$ 等於

$$\left(\frac{\partial(\sigma_2,\sigma_3)}{\partial(u,v)}(u,v),\frac{\partial(\sigma_3,\sigma_1)}{\partial(u,v)}(u,v),\frac{\partial(\sigma_1,\sigma_2)}{\partial(u,v)}(u,v)\right)。$$

因此，$S_\sigma(u,v)$ 就是法向量 $D_1\sigma(u,v)\times D_2\sigma(u,v)$ 的長，亦即：

$$D_1\sigma(u,v)\times D_2\sigma(u,v)=S_\sigma(u,v)\,n_\sigma(u,v)。$$

利用法向量的概念，可以對三維空間的平滑曲面定義定向的概念，我們寫成一個定義。

【定義 6】設 $\sigma : A \to \mathbf{R}^3$ 為 $\mathbf{R}^3$ 中一平滑曲面。若存在一個連續函數 $n : |\sigma| \to \mathbf{R}^3$ 使得：對每個點 $(x, y, z) \in |\sigma|$，$n(x, y, z)$ 都與曲面 σ 過點 (x, y, z) 的切平面垂直而且 $\|n(x, y, z)\| = 1$，則稱曲面 σ 是一個**可定向曲面**（orientable surface），函數 $n : |\sigma| \to \mathbf{R}^3$ 稱為曲面 σ 的一個**定向**（orientation）。

【例 17】試證下述球面 $\sigma : [0, \pi] \times [0, 2\pi] \to \mathbf{R}^3$ 是可定向曲面：
$$\sigma(u, v) = (a \sin u \cos v, \ a \sin u \sin v, \ a \cos u),$$
$$0 \le u \le \pi, \ 0 \le v \le 2\pi。$$

證：因為對於 $[0, \pi] \times [0, 2\pi]$ 中每個點 (u, v)，恆有
$$D_1 \sigma(u, v) = (a \cos u \cos v, \ a \cos u \sin v, \ -a \sin u),$$
$$D_2 \sigma(u, v) = (-a \sin u \sin v, \ a \sin u \cos v, 0),$$

所以，可得
$$D_1 \sigma(u, v) \times D_2 \sigma(u, v) = (a^2 \sin^2 u \cos v, \ a^2 \sin^2 u \sin v, \ a^2 \sin u \cos u)$$
$$= (a^2 \sin u)(1/\|\sigma(u, v)\|)^{-1} \sigma(u, v)。$$

於是，對每個 $(x, y, z) \in |\sigma|$，向量 (x, y, z) 與球面 σ 過點 (x, y, z) 的切平面垂直。若令 $n(x, y, z) = (1/a)(x, y, z)$，則 $n : |\sigma| \to \mathbf{R}^3$ 是球面 σ 的一個定向。 ∥

【例 18】試證下述環面 $\sigma : [0, 2\pi] \times [0, 2\pi] \to \mathbf{R}^3$ 是可定向曲面：
$$\sigma(u, v) = (a \cos v + b \cos u \cos v, \ a \sin v + b \cos u \sin v, b \sin u),$$
$$0 \le u \le 2\pi, \ 0 \le v \le 2\pi。$$

解：因為對於 $[0, 2\pi] \times [0, 2\pi]$ 中每個點 (u, v)，恆有
$$D_1 \sigma(u, v) = (-b \sin u \cos v, \ -b \sin u \sin v, \ b \cos u),$$
$$D_2 \sigma(u, v) = (-a \sin v - b \cos u \sin v, \ a \cos v + b \cos u \cos v, 0),$$

所以，可得

$$D_1\sigma(u,v) \times D_2\sigma(u,v) = b(a+b\cos u)(-\cos u\cos v, -\cos u\sin v, -\sin u) \, \circ$$

另一方面，因為

$$(-\cos u\cos v, -\cos u\sin v, -\sin u)$$

$$= \frac{1}{b}(a\cos v, a\sin v, 0)$$

$$-\frac{1}{b}(a\cos v + b\cos u\cos v, a\sin v + b\cos u\sin v, b\sin u)$$

$$= \frac{a}{b(a+b\cos u)}(a\cos v + b\cos u\cos v, a\sin v + b\cos u\sin v, 0)$$

$$-\frac{1}{b}(a\cos v + b\cos u\cos v, a\sin v + b\cos u\sin v, b\sin u) \, ,$$

所以，對每個 $(x,y,z) \in |\sigma|$，若令

$$n(x,y,z) = \frac{a}{b\sqrt{x^2+y^2}}(x,y,0) - \frac{1}{b}(x,y,z) \, ,$$

則 $n : |\sigma| \to \mathbf{R}^3$ 是環面 σ 的一個定向。 ‖

【例 19】試證例 8 所定義的 Mobius 帶不是可定向曲面。

證：例 8 中的 Mobius 帶 $\sigma : [-b,b] \times [0,2\pi] \to \mathbf{R}^3$ 定義如下：

$$\sigma(u,v) = (a\cos v + u\sin(v/2)\cos v, a\sin v + u\sin(v/2)\sin v, u\cos(v/2)) \, ,$$
$$-b \le u \le b \, , \ 0 \le v \le 2\pi \, \circ$$

因為對每個 $v \in [0,2\pi]$，恆有

$$D_1\sigma(0,v) = (\sin(v/2)\cos v, \sin(v/2)\sin v, \cos(v/2)) \, ,$$
$$D_2\sigma(0,v) = (-a\sin v, a\cos v, 0) \, ,$$

所以，可得

$$n_\sigma(0,v) = (-\cos v\cos(v/2), -\sin v\cos(v/2), \sin(v/2)) \, \circ$$

由此可知：$n_\sigma(0,0) = (-1,0,0)$、$n_\sigma(0,2\pi) = (1,0,0)$。但在曲面

σ 的跡$\left|\,\sigma\,\right|$上，$\sigma(\,0,0\,)=\sigma(\,0,2\pi\,)=(\,a,0,0\,)$。

若要在 Mobius 帶上定義一個定向，就是要定義一函數 n：$\left|\,\sigma\,\right|\rightarrow \boldsymbol{R}^3$ 使得：對每個點 $(\,x,y,z\,)\in\left|\,\sigma\,\right|$，$n(\,x,y,z\,)$ 都與曲面 σ 過點 $(\,x,y,z\,)$ 的切平面垂直而且 $\left\|n(\,x,y,z\,)\right\|=1$，則對 $[\,-b,b\,]\times[\,0,2\pi\,]$ 上每個點 (u,v)，函數 n 在點 $\sigma(u,v)$ 的值 $n(\,\sigma(\,u,v\,))$ 只能選擇 $n_\sigma(\,u,v\,)$ 或 $-n_\sigma(\,u,v\,)$。在 $u=0$ 所對應的圓上，若對每個 $v\in(\,0,2\pi\,)$，恆有 $n(\,\sigma(\,0,v\,))=n_\sigma(\,0,v\,)$，則可得

$$\lim_{v\rightarrow 0+} n(\,\sigma(\,0,v\,))=(\,-1,0,0\,)\,,$$

$$\lim_{v\rightarrow 2\pi-} n(\,\sigma(\,0,v\,))=(\,1,0,0\,)\,。$$

因此，不論 $n(\,a,0,0\,)$ 定義為 $(\,-1,0,0\,)$ 或 $(\,1,0,0\,)$，函數 n 在點 $(\,a,0,0\,)$ 都不連續。這表示：在 Mobius 帶上無法定義一個定向，也就是說，Mobius 帶不是可定向曲面。$\|$

討論三維曲面是否可定向的用意，首先是要了解曲面的跡是否將其鄰近的空間分成兩側。在例 19 所討論的 Mobius 帶中，當參數 v 的值在 $[\,0,2\pi\,]$ 中由 0 變動到 2π 時，Mobius 帶上的對應點 $\sigma(\,0,v\,)$ 由 $(\,a,0,0\,)$ 沿著 $u=0$ 所對應的圓繞了一圈又回到 $(\,a,0,0\,)$，而位於點 $\sigma(\,0,v\,)$ 的單位法向量 $n_\sigma(\,0,v\,)$ 的終點跟著由 $(\,a-1,0,0\,)$ 作連續變動也繞了一圈而變成 $(\,a+1,0,0\,)$。點 $(\,a-1,0,0\,)$ 與點 $(\,a+1,0,0\,)$ 都在過點 $(\,a,0,0\,)$ 的法線上而分別在點 $(\,a,0,0\,)$ 的兩側，但卻可以在 Mobius 帶以外的空間中經連續變動而連接，這表示 Mobius 帶沒有將其鄰近的空間分成兩側。若一個曲面可定向，則它的跡將其鄰近的空間分成兩側，通常將定向向量 $n(\,x,y,z\,)$ 所指的方向稱為正側。

定向的另一項作用，是可以為曲面上的角與封閉曲線規定正向。通常的作法是：以角的頂點的定向向量 $n(\,x,y,z\,)$ 做為右手大拇指的方向，則右手其他手指握拳時旋轉的方向稱為正向。對於封閉曲線，則是選取曲線所圍的區域內部任一點的定向向量 $n(\,x,y,z\,)$ 做為右

手大拇指的方向，而仍以右手其他手指握拳時旋轉的方向稱為正向。為了與逆時針方向為正向的作法相符，定向向量$n(x,y,z)$的選擇必須配合。例如：當曲面的跡是某個立體的邊界時，像球面，定向向量$n(x,y,z)$通常選擇朝外的方向。

【定理 3】（以 x 坐標及 y 坐標為參數的曲面）

若$f: A \to \boldsymbol{R}$是一個連續可微分的函數，其中，$A \subset \boldsymbol{R}^2$，則曲面$(u,v) \mapsto (u,v,f(u,v))((u,v) \in A)$是可定向曲面，它的一個定向為

$$n(u,v,f(u,v)) = \frac{(-D_1 f(u,v) , -D_2 f(u,v) , 1)}{\sqrt{1 + (D_1 f(u,v))^2 + (D_2 f(u,v))^2}} , (u,v) \in A 。$$

更進一步地，若 A 是 $\boldsymbol{R}^2$ 中的 Jordan 可測集，則此曲面的面積等於

$$\int_A \sqrt{1 + (D_1 f(u,v))^2 + (D_2 f(u,v))^2} \, d(u,v) 。$$

證：留為習題。∥

【定理 4】（以方程式定義的曲面）

設 $F: B \to \boldsymbol{R}$ 是一個連續可微分的函數，其中，$B \subset \boldsymbol{R}^3$。若有一個平滑曲面$\sigma: A \to \boldsymbol{R}^3$使得

$$|\sigma| \subset \{(x,y,z) \in B \mid F(x,y,z) = 0\} ，$$

則當曲面σ在點$(x,y,z) \in |\sigma|$有切平面時，σ在(x,y,z)的單位法向量為

$$\frac{\nabla F(x,y,z)}{\|\nabla F(x,y,z)\|} \quad 或 \quad -\frac{\nabla F(x,y,z)}{\|\nabla F(x,y,z)\|} 。$$

更進一步地，若 A 是 $\boldsymbol{R}^2$ 中的 Jordan 可測集、曲面σ以 x 坐標及 y 坐標為參數、而且對每個點$(x,y,z) \in |\sigma|$，恆有$D_3 F(x,y,z) \neq 0$，則曲面σ的面積等於

$$\int_A \frac{\sqrt{(D_1F(x,y,z))^2+(D_2F(x,y,z))^2+(D_3F(x,y,z))^2}}{|D_3F(x,y,z)|}d(x,y) \text{。}$$

證：對每個點 $(x,y,z)\in|\sigma|$，必可找到一個點 $(u,v)\in A$ 使得 $\sigma(u,v)=(x,y,z)$。因為 $F\circ\sigma=0$ 而且函數 F 與 σ 都可微分，所以，依連鎖規則，可得

$$\begin{cases} \langle D_1\sigma(u,v),\nabla F(x,y,z)\rangle=0 \\ \langle D_2\sigma(u,v),\nabla F(x,y,z)\rangle=0 \end{cases} \text{。}$$

當曲面 σ 在點 $(x,y,z)\in|\sigma|$ 有切平面時，向量 $D_1\sigma(u,v)$ 與 $D_2\sigma(u,v)$ 必線性獨立。因為向量 $\nabla F(x,y,z)$ 與兩向量 $D_1\sigma(u,v)$、$D_2\sigma(u,v)$ 都垂直，所以，向量 $\nabla F(x,y,z)$ 與曲面 σ 過點 (x,y,z) 的切平面垂直。由此可知：曲面 σ 在點 (x,y,z) 的單位法向量為

$$\frac{\nabla F(x,y,z)}{\|\nabla F(x,y,z)\|} \quad \text{或} \quad -\frac{\nabla F(x,y,z)}{\|\nabla F(x,y,z)\|} \text{。}$$

若曲面 σ 以 x 坐標及 y 坐標為參數，則必有一連續可微分的函數 $f:A\to R$ 使得：對每個 $(x,y)\in A$，恆有 $\sigma(x,y)=(x,y,f(x,y))$。因為對跡 $|\sigma|$ 上每個點 (x,y,z)，恆有 $D_3F(x,y,z)\neq0$，所以，依連鎖規則，每個點 $(x,y)\in A$，可得

$$D_1f(x,y)=-\frac{D_1F(x,y,z)}{D_3F(x,y,z)} ,$$

$$D_2f(x,y)=-\frac{D_2F(x,y,z)}{D_3F(x,y,z)} \text{。}$$

依定理 3 的面積公式，立即可得本定理的面積公式。 $\|$

【例 20】試利用定理 4 的公式計算例 7 所定義的環面的面積。

解：例 7 所定義的環面的直角坐標方程式為

$$F(x, y, z) \equiv (\sqrt{x^2 + y^2} - a)^2 + z^2 - b^2 = 0 ,$$

其中，$a > b > 0$。令 $A = \{(x, y) \in \boldsymbol{R}^2 \mid a - b \leq \sqrt{x^2 + y^2} \leq a + b\}$，則上述環面是下述兩曲面的跡的聯集：

$$(x, y) \mapsto (x, y, [b^2 - (\sqrt{x^2 + y^2} - a)^2]^{1/2}), \quad (x, y) \in A ;$$
$$(x, y) \mapsto (x, y, -[b^2 - (\sqrt{x^2 + y^2} - a)^2]^{1/2}), \quad (x, y) \in A 。$$

環面的面積等於上述兩曲面的面積之和，而此二曲面的面積相等。因為

$$D_1[b^2 - (\sqrt{x^2 + y^2} - a)^2]^{1/2} = \frac{-x(\sqrt{x^2 + y^2} - a)}{\sqrt{x^2 + y^2}\sqrt{b^2 - (\sqrt{x^2 + y^2} - a)^2}} ,$$

$$D_2[b^2 - (\sqrt{x^2 + y^2} - a)^2]^{1/2} = \frac{-y(\sqrt{x^2 + y^2} - a)}{\sqrt{x^2 + y^2}\sqrt{b^2 - (\sqrt{x^2 + y^2} - a)^2}} ,$$

所以，依定理 4 的面積公式，可知環面的面積等於

$$2 \cdot \int_A \frac{b}{\sqrt{b^2 - (\sqrt{x^2 + y^2} - a)^2}} d(x, y)$$

$$= 2 \cdot \int_0^{2\pi} d\theta \int_{a-b}^{a+b} \frac{br}{\sqrt{b^2 - (r - a)^2}} dr$$

$$= 4b\pi \cdot \int_{-b}^{b} \frac{a + s}{\sqrt{b^2 - s^2}} ds = 4\pi^2 ab 。 \parallel$$

練習題　7－3

1.試求下述曲面的跡：

$$\sigma(u, v) = (a(u + v), b(u - v), uv), \quad (u, v) \in \boldsymbol{R}^2 。$$

2.試求下述曲面的跡：

$$\sigma(u,v) = (a\frac{u-v}{u+v} , b\frac{uv+1}{u+v}, c\frac{uv-1}{u+v}) , (u,v) \in \mathbf{R}^2 ,$$

$$u+v \neq 0 。$$

3.試求下述曲面的法向量與面積：

$$\sigma(u,v) = (u,v,(uv)/a) , (u,v) \in \mathbf{R}^2 , u^2+v^2 \leq a^2 。$$

4.試求下述曲面的法向量與面積：

$$\sigma(u,v) = (u,v,\sqrt{u^2+v^2}) , (u,v) \in \mathbf{R}^2 , u^2+v^2 \leq 2u 。$$

5.試求下述**螺旋面**（helicoid）的法向量與面積：

$$\sigma(u,v) = (u\cos v, u\sin v, bv) , 0 \leq u \leq a , 0 \leq v \leq 2\pi 。$$

6.試求下述曲面 $\sigma : \mathbf{R}^2 \to \mathbf{R}^4$ 的面積：

$$\sigma(u,v) = (2uv, u^2-v^2, u+v, u-v) ,$$

$$(u,v) \in \mathbf{R}^2 , u^2+v^2 \leq 1 。$$

7.試證定理 3。

8.設 $\sigma = (\sigma_1, \sigma_2, \cdots, \sigma_k) : A \to \mathbf{R}^k$ 為 $\mathbf{R}^k$ 中一平滑曲面，其中，A 是 $\mathbf{R}^2$ 中的 Jordan 可測集。試證：對每個 $(u,v) \in A$，恆有

$$(S_\sigma(u,v))^2 = \frac{1}{2}\sum_{i,j=1}^{k}\left(\frac{\partial(\sigma_i,\sigma_j)}{\partial(u,v)}\right)^2 。$$

9.試證：若兩平滑曲面 $\sigma : A \to \mathbf{R}^k$ 與 $\tau : B \to \mathbf{R}^k$ 平滑地等價，而且連續可微分的可逆函數 $\phi : A \to B$ 滿足 $\tau \circ \phi = \sigma$ 且 $\phi(A^0) = B^0$，則對 A 中每個點 (u,v)，恆有

$$D_1\sigma(u,v) \times D_2\sigma(u,v)$$
$$= \det(J_\phi(u,v))(D_1\tau(\phi(u,v)) \times D_2\tau(\phi(u,v))) ,$$
$$S_\sigma(u,v) = |\det(J_\phi(u,v))| \cdot S_\tau(\phi(u,v)) 。$$

並由此證明：曲面 σ 與曲面 τ 的面積相等。

10.若 $f : [a,b] \to \boldsymbol{R}$ 是一連續可微分的函數，而且每個 $x \in [a,b]$ 都滿足 $f(x) \geq 0$，則可定義一曲面 $\sigma : [a,b] \times [0,2\pi] \to \boldsymbol{R}^3$ 如下：

$$\sigma(u,v) = (\, f(u)\cos v\,,\, f(u)\sin v\,,\, u\,) \text{ , }$$
$$a \leq u \leq b \text{ , } 0 \leq v \leq 2\pi \text{ 。}$$

此曲面稱為是一個**旋轉曲面**（surface of revolution），它的跡是將 yz 平面上的函數圖形 $y = f(z)$ 繞 z 軸旋轉所得的立體圖形。試證此曲面是可定向曲面，而且它的面積等於

$$2\pi \cdot \int_a^b \, f(u)\sqrt{1+(f'(u))^2} \; du \text{ 。}$$

11.設 $\sigma = (\sigma_1, \sigma_2, \sigma_3) : A \to \boldsymbol{R}^3$ 為一平滑曲面，其中，A 是 $\boldsymbol{R}^2$ 中的 Jordan 可測集。若對每個 $(u,v) \in A$，恆有 $\sigma_3(u,v) = 0$，則 σ 的法向量為何？$S_\sigma(u,v)$ 為何？定義 4 的面積公式意義為何？

12.設 $\sigma : A \to \boldsymbol{R}^k$ 為一平滑曲面，$\gamma = (\gamma_1, \gamma_2) : [a,b] \to \boldsymbol{R}^2$ 為一平滑曲線且 $|\gamma| \subset A^0$，試證：曲線 $\sigma \circ \gamma : [a,b] \to \boldsymbol{R}^k$ 的弧長等於

$$\int_a^b \sqrt{E(t)(\gamma_1'(t))^2 + 2F(t)\gamma_1'(t)\gamma_2'(t) + G(t)(\gamma_2'(t))^2} \; dt \text{ , }$$

其中，$E(t) = \| D_1\sigma(\gamma_1(t), \gamma_2(t)) \|^2$，$G(t) = \| D_2\sigma(\gamma_1(t), \gamma_2(t)) \|^2$，而且 $F(t) = \langle D_1\sigma(\gamma_1(t), \gamma_2(t)), D_2\sigma(\gamma_1(t), \gamma_2(t)) \rangle$。

7-4 面積分

在本節裡，我們要介紹兩種型式的面積分，並討論兩種面積分以及三重積分等彼此間的關係。

甲、第一型面積分

設集合 A 是 $\boldsymbol{R}^2$ 中的 Jordan 可測集，任取 $\boldsymbol{R}^2$ 中一個緊緻區間 I 使得 $A \subset I$。 若 P 是緊緻區間 I 的一個分割，而且

$$\{ A \cap J \mid J \text{ 是 } P \text{ 的一個分割區間且 } A \cap J \neq \phi \}$$
$$= \{ A_1 , A_2 , \cdots , A_n \}，$$

則 $\{ A_1 , A_2 , \cdots , A_n \}$ 稱為集合 A 的一個**分割**（partition），我們記為 P_A。
對於分割 $P_A = \{ A_1 , A_2 , \cdots , A_n \}$，我們令

$$\| P_A \| = \max \{ \operatorname{diam}(A_j) \mid j = 1, 2, \cdots, n \}。$$

【定義 1】 設 $\sigma : A \to \boldsymbol{R}^k$ 為 $\boldsymbol{R}^k$ 中一平滑曲面，其定義域 A 是 $\boldsymbol{R}^2$ 中的 Jordan 可測集；設 $f : B \to \boldsymbol{R}$ 為一有界函數，其定義域 $B \subset \boldsymbol{R}^k$ 包含曲面 σ 的跡 $|\sigma|$。若存在一實數 s 使得下述性質成立：對每個正數 ε，都可找到一個正數 δ 使得：對於集合 A 滿足 $\| P_A \| < \delta$ 的每個分割 $P_A = \{ A_1 , A_2 , \cdots , A_n \}$，以及每個 A_j 中的任意點 (u_j , v_j)，恆有

$$\left| \sum_{j=1}^{n} f(\sigma(u_j , v_j)) \cdot \mu(\sigma(A_j)) - s \right| < \varepsilon，$$

其中的 $\mu(\sigma(A_j))$ 表示曲面 $\sigma\big|_{A_j}$ 的面積，則稱函數 f 在曲面 σ 上的**第一型面積分**(surface integral of first kind)存在，以下式的左端表示此第一型線積分：

$$\int_\sigma f(x)\, dS = s。$$

有一點請注意：定義 1 中的函數值 $f(\sigma(u_j , v_j))$ 是函數 f 在曲面 σ 的跡 $|\sigma|$ 上某個點的值，此值似乎只與函數 f 及跡 $|\sigma|$ 有關、而與函數 σ 無關，但因為曲面 $\sigma\big|_{A_j}$ 的面積 $\mu(\sigma(A_j))$ 與函數 σ 有關，所以，定義 1 中的和與函數 σ 有關。

若函數 f 是曲面 σ 的跡 $|\sigma|$ 上的密度函數，則仿前面的分割、選

點、以函數值乘以面積所得的和，其實就是跡$|\sigma|$的質量的近似值。這個實例可用來說明引進第一型面積分的必要性。

【例 1】若函數f是常數函數 1，則函數f在曲面σ上的第一型面積分等於曲面σ的面積，亦即：

$$\int_{\sigma} 1 \, dS = \text{曲面}\sigma\text{的面積。} \parallel$$

【定理 1】（第一型面積分存在的一個充分條件）

　　若$\sigma : A \to \boldsymbol{R}^k$是平滑曲面，其定義域$A$是$\boldsymbol{R}^2$中的緊緻 Jordan 可測集，而且有界函數$f : B \to \boldsymbol{R}$在$\sigma$的跡$|\sigma|$上每個點都連續，其中，$|\sigma| \subset B \subset \boldsymbol{R}^k$，則函數$f$在曲面$\sigma$上的第一型面積分存在，而且

$$\int_{\sigma} f(x) \, dS = \int_{A} f(\sigma(u,v)) \, S_{\sigma}(u,v) \, d(u,v) \, 。$$

證：首先，因為函數$f \circ \sigma$與函數S_{σ}都在集合A上連續，而且集合A是$\boldsymbol{R}^2$中的 Jordan 可測集，所以，依§5-3 系理 4，可知欲證的等式右端的 Riemann 積分存在。設$M = \sup\{|f(\sigma(u,v))| \mid (u,v) \in A\}$。

　　設ε為任意正數。因為函數$(f \circ \sigma) S_{\sigma}$與函數$S_{\sigma}$都在緊緻集$A$上連續，所以，依§3-6 定理 10，函數$(f \circ \sigma) S_{\sigma}$與函數$S_{\sigma}$都在$A$上均勻連續。於是，必可找到一正數$\delta$使得：對於集合$A$中滿足$\|(u,v) - (u',v')\| < \delta$的任意點$(u,v)$與$(u',v')$，恆有

$$|S_{\sigma}(u,v) - S_{\sigma}(u',v')| < \varepsilon/(2Mc(A)) \, ，$$

$$|f(\sigma(u,v)) S_{\sigma}(u,v) - f(\sigma(u',v')) S_{\sigma}(u',v')| < \varepsilon/(2\,c(A)) \, 。$$

對於集合A滿足$\|P_A\| < \delta$的每個分割$P_A = \{A_1, A_2, \cdots, A_n\}$，以及每個$A_j$的任意點$(u_j, v_j)$，因為對每個$j = 1, 2, \cdots, n$，恆有

$$\left| f(\sigma(u_j, v_j)) \, \mu(\sigma(A_j)) - f(\sigma(u_j, v_j)) \, S_{\sigma}(u_j, v_j) \, c(A_j) \right|$$

$$\leq \left| f(\sigma(u_j, v_j)) \right| \cdot \int_{A_j} \left| S_{\sigma}(u,v) - S_{\sigma}(u_j, v_j) \right| d(u,v)$$

$$\leq M \cdot (\varepsilon \, c(A_j))/(2Mc(A)) \, ，$$

$$\left| f(\sigma(u_j, v_j)) S_\sigma(u_j, v_j) c(A_j) - \int_{A_j} f(\sigma(u, v)) S_\sigma(u, v)) d(u, v) \right|$$

$$\leq \int_{A_j} \left| f(\sigma(u_j, v_j)) S_\sigma(u_j, v_j) - f(\sigma(u, v)) S_\sigma(u, v)) \right| d(u, v)$$

$$\leq (\varepsilon \, c(A_j))/(2 \, c(A)) \text{ ,}$$

所以，可得

$$\left| \sum_{j=1}^{n} f(\sigma(u_j, v_j)) \mu(\sigma(A_j)) - \int_{A} f(\sigma(u, v)) S_\sigma(u, v) d(u, v) \right|$$

$$\leq \sum_{j=1}^{n} \left| f(\sigma(u_j, v_j)) \mu(\sigma(A_j)) - f(\sigma(u_j, v_j)) S_\sigma(u_j, v_j) c(A_j) \right|$$

$$+ \sum_{j=1}^{n} \left| f(\sigma(u_j, v_j)) S_\sigma(u_j, v_j) c(A_j) - \int_{A_j} f(\sigma(u, v)) S_\sigma(u, v) d(u, v) \right|$$

$$\leq \sum_{j=1}^{n} M \cdot (\varepsilon \, c(A_j))/(2M c(A)) + \sum_{j=1}^{n} (\varepsilon \, c(A_j))/(2 \, c(A)) = \varepsilon \text{ 。}$$

由此可知定理的結論成立。‖

【例 2】設 $A = \{ (x, y) \in \boldsymbol{R}^2 \mid x^2 + y^2 \leq b^2 \}$，而曲面 $\sigma : A \to \boldsymbol{R}^3$ 定義如下：

$$\sigma(x, y) = (x, y, \sqrt{a^2 - x^2 - y^2}) \text{ ，} \quad (x, y) \in A \text{ ，}$$

其中，$a > b > 0$。試求第一型面積分 $\int_\sigma z^{-1} dS$。

解：因為對每個 $(x, y) \in A$，恆有

$$D_1 \sigma(x, y) = (1, 0, -x(a^2 - x^2 - y^2)^{-1/2}) \text{ ，}$$

$$D_2 \sigma(x, y) = (0, 1, -y(a^2 - x^2 - y^2)^{-1/2}) \text{ ，}$$

所以，可得 $S_\sigma(x, y) = a(a^2 - x^2 - y^2)^{-1/2}$。因為 A 是緊緻 Jordan 可測集、σ 為平滑曲面，而函數 $(x, y, z) \mapsto z^{-1}$ 在 σ 的跡 $|\sigma|$ 上連續，所以，依定理 1，可得

$$\int_\sigma \frac{1}{z}\, dS = \int_A \frac{a}{a^2 - x^2 - y^2}\, d(x,y) = \int_0^{2\pi} d\theta \int_0^b \frac{ar}{a^2 - r^2}\, dr$$

$$= \pi a \left[\, 2\ln a - \ln(a^2 - b^2)\,\right] \circ \; \|$$

下面是關於第一型面積分的一些基本性質，其中的定理 2、定理 3 與定理 4，對於第一型面積分的計算都很重要，下文中會再作說明。

【定理 2】（對等價曲面的第一型面積分）

設平滑曲面 $\sigma : A \to \mathbf{R}^k$ 與 $\tau : B \to \mathbf{R}^k$ 平滑地等價，其定義域 A 與 B 都是 $\mathbf{R}^2$ 中的緊緻 Jordan 可測集，而且有界函數 $f : C \to \mathbf{R}$ 在 σ 的跡 $|\sigma|$ 上每個點都連續，其中，$|\sigma| \subset C \subset \mathbf{R}^k$，則

$$\int_\sigma f(x)\, dS = \int_\tau f(y)\, dZ \circ$$

證：因為平滑曲面 $\sigma : A \to \mathbf{R}^k$ 與 $\tau : B \to \mathbf{R}^k$ 平滑地等價，所以，必有一連續可微分的可逆函數 $\phi : A \to B$ 滿足 $\tau \circ \phi = \sigma$ 以及 $\phi(A^0) = B^0$。於是，依 §5-3 定理 25、§7-3 練習題第 9 題及定理 1，可得

$$\int_\sigma f(x)\, dS = \int_A f(\sigma(u,v))\, S_\sigma(u,v)\, d(u,v)$$

$$= \int_A f(\tau(\phi(u,v)))\, S_\tau(\phi(u,v)) \left| \det\left(J_\phi(u,v)\right) \right| d(u,v)$$

$$= \int_B f(\tau(s,t))\, S_\tau(s,t)\, d(s,t)$$

$$= \int_\tau f(y)\, dZ \circ \; \|$$

【定理 3】（第一型面積分對被積分函數呈線性）

若有界函數 $f, g : B \to \mathbf{R}$ 在平滑曲面 $\sigma : A \to \mathbf{R}^k$ 上的第一型面積分都存在，其中，$|\sigma| \subset B \subset \mathbf{R}^k$，而且 A 是 $\mathbf{R}^2$ 中的 Jordan 可測集，又 $c_1, c_2 \in \mathbf{R}$，則函數 $c_1 f + c_2 g$ 在 σ 上的第一型面積分也存在，而且

$$\int_\sigma (c_1 f(x) + c_2 g(x))\, dS = c_1 \int_\sigma f(x)\, dS + c_2 \int_\sigma g(x)\, dS \circ$$

證：依定義立即可得。 $\|$

【定理 4】（第一型面積分對積分區域的可加性）

設 $\sigma：A \to \boldsymbol{R}^k$ 是平滑曲面，其定義域 A 是 $\boldsymbol{R}^2$ 中的緊緻 Jordan 可測集，而且有界函數 $f：B \to \boldsymbol{R}$ 在 σ 的跡 $|\sigma|$ 上每個點都連續，其中，$|\sigma| \subset B \subset \boldsymbol{R}^k$。若 A_1 與 A_2 是集合 A 的緊緻 Jordan 可測子集、$A = A_1 \bigcup A_2$ 且 $c(A_1 \bigcap A_2) = 0$，則

$$\int_\sigma f(x)\,dS = \int_{\sigma|_{A_1}} f(x)\,dS + \int_{\sigma|_{A_2}} f(x)\,dS 。$$

證：依定理 1，函數 f 在曲面 σ、$\sigma|_{A_1}$ 與 $\sigma|_{A_2}$ 上的第一型面積分都存在，而且

$$\int_\sigma f(x)\,dS = \int_A f(\sigma(u,v)) S_\sigma(u,v)\,d(u,v) ，$$

$$\int_{\sigma|_{A_1}} f(x)\,dS = \int_{A_1} f(\sigma(u,v)) S_\sigma(u,v)\,d(u,v) ，$$

$$\int_{\sigma|_{A_2}} f(x)\,dS = \int_{A_2} f(\sigma(u,v)) S_\sigma(u,v)\,d(u,v) 。$$

因此，本定理依 §5-3 定理 13 立即可得。 ‖

【定理 5】（第一型面積分可保持次序）

設有界函數 $f, g：B \to \boldsymbol{R}$ 在平滑曲面 $\sigma：A \to \boldsymbol{R}^k$ 上的第一型面積分都存在，其中，$|\sigma| \subset B \subset \boldsymbol{R}^k$，而且 A 是 $\boldsymbol{R}^2$ 中的 Jordan 可測集。若 $|\sigma|$ 上每個點 x 都滿足 $f(x) \leq g(x)$，則

$$\int_\sigma f(x)\,dS \leq \int_\sigma g(x)\,dS 。$$

證：設欲證的不等式不成立。令

$$\varepsilon = \frac{1}{2} (\int_\sigma f(x)\,dS - \int_\sigma g(x)\,dS) ，$$

則 $\varepsilon > 0$。因為 $f, g：B \to \boldsymbol{R}$ 在平滑曲面 $\sigma：A \to \boldsymbol{R}^k$ 上的第一型面積分都存在，所以，可找到集合 A 的一個分割 $P_A = \{A_1, A_2, \cdots, A_n\}$，以及每個 A_j 的一個點 (u_j, v_j)，使得

$$\left| \sum_{j=1}^{n} f\left(\sigma(u_j, v_j)\right) \cdot \mu(\sigma(A_j)) - \int_{\sigma} f(x)\,dS \right| < \varepsilon \,,$$

$$\left| \sum_{j=1}^{n} g\left(\sigma(u_j, v_j)\right) \cdot \mu(\sigma(A_j)) - \int_{\sigma} g(x)\,dS \right| < \varepsilon \,\circ$$

由此可得

$$\sum_{j=1}^{n} g\left(\sigma(u_j, v_j)\right) \cdot \mu(\sigma(A_j)) < \sum_{j=1}^{n} f\left(\sigma(u_j, v_j)\right) \cdot \mu(\sigma(A_j)) \,\circ$$

但此與定理的假設矛盾，因此，本定理的不等式成立。∥

【定理 6】（函數及其絕對值的第一型面積分）

若 $\sigma : A \to \mathbf{R}^k$ 是平滑曲面，其定義域 A 是 $\mathbf{R}^2$ 中的緊緻 Jordan 可測集，而且有界函數 $f : B \to \mathbf{R}$ 在 σ 的跡 $|\sigma|$ 上每個點都連續，其中，$|\sigma| \subset B \subset \mathbf{R}^k$，則

$$\left| \int_{\sigma} f(x)\,dS \right| \le \int_{\sigma} |f(x)|\,dS \,\circ$$

證：依定理 1 及 §5-3 系理 15 立即可得。∥

【定理 7】（第一型面積分的均值定理）

設 $\sigma : A \to \mathbf{R}^k$ 為一平滑曲面，其中，A 是 $\mathbf{R}^2$ 中的緊緻 Jordan 可測集，且曲面 σ 的面積為 s。

⑴若有界函數 $f : B \to \mathbf{R}$ 在 σ 上的第一型面積分存在而且 $|\sigma| \subset B \subset \mathbf{R}^k$，則必有一實數 r 滿足

$$\int_{\sigma} f(x)\,dS = rs \,, \ \inf f(|\sigma|) \le r \le \sup f(|\sigma|) \,\circ$$

⑵若函數 $f : B \to \mathbf{R}$ 在 $|\sigma|$ 上連續而且 A 是連通集，則必有一 $(u_0, v_0) \in A$ 滿足

$$\int_{\sigma} f(x)\,dS = f(\sigma(u_0, v_0))\,s \,\circ$$

證：⑴依例 1、定理 3 及定理 5 立即可得。

⑵因為函數 $f: B \to \boldsymbol{R}$ 在 $|\sigma|$ 上連續而且 A 是緊緻連通集，所以，$|\sigma|$ 也是緊緻連通集。於是，依§3-5 的中間值定理及最大、最小值定理立即可得。 ‖

【例 3】設 $A = \{ (u,v) \mid u^2 + v^2 \leq 1 \}$，兩曲面 $\sigma, \tau : A \to \boldsymbol{R}^3$ 定義如下：

$$\sigma(u,v) = (u,v,1) , \quad (u,v) \in A ;$$
$$\tau(u,v) = (u^2 - v^2, 2uv, 1) , \quad (u,v) \in A 。$$

很容易證明兩曲面 σ 與 τ 的跡相同，事實上，

$$|\sigma| = |\tau| = \{ (x,y,z) \mid x^2 + y^2 \leq 1 , z = 1 \} 。$$

因為對每個 $(u,v) \in A$，$S_\sigma(u,v) = 1$ 而 $S_\tau(u,v) = 4(u^2 + v^2)$，所以，可得

$$\int_\sigma dS = \int_A d(u,v) = \int_0^{2\pi} d\theta \int_0^1 r\, dr = \frac{1}{2} \int_0^{2\pi} d\theta = \pi ,$$
$$\int_\tau dS = \int_A 4(u^2 + v^2)\, d(u,v) = \int_0^{2\pi} d\theta \int_0^1 4r^3\, dr = \int_0^{2\pi} d\theta = 2\pi 。 ‖$$

根據例 3 中的結果，我們可以瞭解：函數對曲面的第一型面積分，不是只與曲面 σ 的跡 $|\sigma|$ 有關，與曲面 σ 本身也有關。但在實際應用上要計算函數對曲面的第一型面積分時，曲面可能只給出圖形（以文字或方程式描述）。在這種情況下，我們必須將圖形予參數化，也就是求出一個或數個函數 $\sigma : A \to \boldsymbol{R}^k$，使它們的映像的聯集就是所給的圖形。在參數化過程中，對其中每個曲面 $\sigma : A \to \boldsymbol{R}^k$ 而言，下面兩集合的二維容量應該都等於 0，才能得出正確的積分值：

$A_1 = \{ (u,v) \in A \mid \sigma(u,v)$ 是曲面 σ 的一個多重點 $\}$，

$A_2 = \{ (u,v) \in A \mid \sigma(u,v)$ 是曲面 σ 的跡與另一曲面的跡的一交點$\}$。

我們以方程式 $x^2 + y^2 + z^2 = a^2$ 所描述的球面為例做說明：此球面可以引用§7-3 例 2 的方法做為下述曲面的跡：

$$\tau : (u,v) \mapsto (a \sin u \cos v, \ a \sin u \sin v, a \cos u),$$
$$0 \le u \le \pi, \ 0 \le v \le 2\pi \text{ 。}$$

對這個曲面而言，集合 A_1 就是矩形區域 $[0,\pi] \times [0,2\pi]$ 的邊界，而集合 A_2 為空集合。另一方面，此球面也是下述兩曲面的跡的聯集：

$$(x,y) \mapsto (x,y,\sqrt{a^2 - x^2 - y^2}), \quad x^2 + y^2 \le a^2 \text{ ;}$$
$$(x,y) \mapsto (x,y,-\sqrt{a^2 - x^2 - y^2}), \quad x^2 + y^2 \le a^2 \text{ 。}$$

對這兩曲面而言，集合 A_2 都是圓 $x^2 + y^2 = a^2$、$z = 0$，而集合 A_1 都是空集合。這些集合的二維容量都等於 0。

在例 2 中，曲面 σ 的跡 $|\sigma|$ 乃是球面 $x^2 + y^2 + z^2 = a^2$ 上 z 坐標大於或等於 $\sqrt{a^2 - b^2}$ 的點所成的圖形。例 2 中的解使用前段的第二種參數化方法，若改用第一種參數化方法，則其計算如下：設 $B = [0, \cos^{-1}(\sqrt{a^2 - b^2}/a)] \times [0, 2\pi]$，則

$$\int_\tau \frac{1}{z} dS = \int_B \frac{a^2 \sin u}{a \cos u} d(u,v) = \int_0^{2\pi} dv \int_0^{\cos^{-1}(\sqrt{a^2 - b^2}/a)} \frac{a \sin u}{\cos u} du$$
$$= \pi a [2 \ln a - \ln(a^2 - b^2)] \text{ 。}$$

定義一函數 $\phi : \boldsymbol{R}^2 \to \boldsymbol{R}^2$ 如下：對每個 $(u,v) \in \boldsymbol{R}^2$，令

$$\phi(u,v) = (a \sin u \cos v, \ a \sin u \sin v),$$
$$V = (0, \pi/2) \times (0, 2\pi),$$

則 ϕ 在 $\boldsymbol{R}^2$ 上連續可微分而且 $\det J_\phi(u,v) = a^2 \sin u \cos u$，$(u,v) \in \boldsymbol{R}^2$。由此可知：$\phi$ 在 V 上一對一而且對每個 $(u,v) \in V$，全微分 $d\phi(u,v)$ 都是可逆函數。因為 $\overline{B} \subset \overline{V}$ 而且函數 $(x,y) \mapsto a/(a^2 - x^2 - y^2)$ 在 $\phi(B) = A$ 上連續，所以，依 §5-3 定理 25 的變數代換公式，可得

$$\int_A \frac{a}{a^2 - x^2 - y^2} d(x,y) = \int_B \frac{a \sin u}{\cos u} d(u,v) \text{ 。}$$

由此可見：例 2 中面積分使用兩種參數化方法所得結果相同，乃是由於變數代換的緣故。下面再舉一例。

【例 4】設圖形 C 的方程式為 $x^2 + y^2 = z^2$、$0 \le z \le 1$， 試求函數 $f(x,y,z) = x^2 + y^2$ 在圖形 C 上的第一型面積分。

解 1：設 $A = \{(x,y) \mid x^2 + y^2 \le 1\}$，將圖形 C 視為下述曲面 $\sigma : A \to \mathbf{R}^3$ 的跡：

$$\sigma(x,y) = (x,y,\sqrt{x^2+y^2})，(x,y) \in A。$$

因為 $S_\sigma(x,y) = \sqrt{2}$，$(x,y) \in A$，所以，依定理 1，可得

$$\int_\sigma (x^2+y^2)\,dS = \int_A \sqrt{2}\,(x^2+y^2)\,d(x,y)$$

$$= \int_0^{2\pi} d\theta \int_0^1 \sqrt{2}\,r^3\,dr = \frac{\sqrt{2}\pi}{2}。$$

解 2：設 $B = [0,1] \times [0,2\pi]$，我們將圖形 C 視為下述曲面 $\tau : B \to \mathbf{R}^3$ 的跡：

$$\tau(u,v) = (u\cos v,\, u\sin v,\, u)，\qquad (u,v) \in B。$$

因為 $S_\tau(u,v) = \sqrt{2}\,u$，$(u,v) \in B$，所以，依定理 1，可得

$$\int_\tau (x^2+y^2)\,dS = \int_B \sqrt{2}\,u^3\,d(u,v)$$

$$= \int_0^{2\pi} dv \int_0^1 \sqrt{2}\,u^3\,du = \frac{\sqrt{2}\pi}{2}。\ \|$$

　　請注意：因為例 4 解 1 中的函數 σ 在點 $(0,0)$ 不可微分，亦即：解 1 中的曲面 σ 並不是平滑曲面，所以，解 1 中的積分應該視為瑕積分，亦即：對每個正數 ε，令 $A_\varepsilon = \{(x,y) \mid \varepsilon^2 \le x^2 + y^2 \le 1\}$，則可得

$$\int_A \sqrt{2}\,(x^2+y^2)\,d(x,y) = \lim_{\varepsilon \to 0} \int_{A_\varepsilon} \sqrt{2}\,(x^2+y^2)\,d(x,y)$$

$$= \lim_{\varepsilon \to 0} \int_0^{2\pi} d\theta \int_\varepsilon^1 \sqrt{2}\,r^3\,dr$$

$$= \lim_{\varepsilon \to 0} \frac{\sqrt{2}\pi}{2}(1-\varepsilon^4) = \frac{\sqrt{2}\pi}{2}。$$

定義 1 中所定義的第一型面積分，也可以推廣到**分段平滑曲面**（piecewise smooth surface）。所謂 $\sigma : A \to \boldsymbol{R}^k$ 是一個分段平滑曲面，乃是指曲面 σ 的跡 $|\sigma|$ 可以表示成有限多個平滑曲面 $\sigma^1 , \sigma^2 , \cdots , \sigma^n$ 的跡的聯集。一函數 $f : B \to \boldsymbol{R}$ 在此分段平滑曲面 $\sigma : A \to \boldsymbol{R}^k$ 上的第一型面積分，就定義為函數 f 在平滑曲面 $\sigma^1 , \sigma^2 , \cdots , \sigma^n$ 上的第一型面積分的和。

【例 5】試求函數 $f(x,y,z) = (1+x+y)^{-2}$ 在四面體：$x+y+z \leq 1$、$x \geq 0$、$y \geq 0$、$z \geq 0$ 的邊界 B 上的第一型面積分。

解：本題中的四面體的邊界 B，乃是三個直角等腰三角形及一個正三角形的聯集。令 $A = \{(u,v) \mid u+v \leq 1 , u \geq 0 , v \geq 0 \}$，則這些三角形分別是下述四曲面的跡：

$$\sigma^1(u,v) = (0, u, v) , \ (u,v) \in A ;$$
$$\sigma^2(u,v) = (v, 0, u) , \ (u,v) \in A ;$$
$$\sigma^3(u,v) = (u, v, 0) , \ (u,v) \in A ;$$
$$\sigma^4(u,v) = (u, v, 1-u-v) , \ (u,v) \in A ;$$

因為對每個 $(u,v) \in A$，恆有 $S_{\sigma^1}(u,v) = 1$、$S_{\sigma^2}(u,v) = 1$、$S_{\sigma^3}(u,v) = 1$ 以及 $S_{\sigma^4}(u,v) = \sqrt{3}$，所以，可得

$$\int_{\sigma^1} \frac{1}{(1+x+y)^2} \, dS = \int_A \frac{1}{(1+u)^2} \, d(u,v)$$
$$= \int_0^1 dv \int_0^{1-v} \frac{1}{(1+u)^2} \, du = 1 - \ln 2 ;$$

$$\int_{\sigma^2} \frac{1}{(1+x+y)^2} \, dS = \int_A \frac{1}{(1+v)^2} \, d(u,v)$$
$$= \int_0^1 du \int_0^{1-u} \frac{1}{(1+v)^2} \, du = 1 - \ln 2 ;$$

$$\int_{\sigma^3} \frac{1}{(1+x+y)^2} \, dS = \int_A \frac{1}{(1+u+v)^2} \, d(u,v)$$

$$= \int_0^1 dv \int_0^{1-v} \frac{1}{(1+u+v)^2} \, du = \ln 2 - \frac{1}{2} \; ;$$

$$\int_{\sigma^4} \frac{1}{(1+x+y)^2} dS = \int_A \frac{\sqrt{3}}{(1+u+v)^2} d(u,v)$$

$$= \int_0^1 dv \int_0^{1-v} \frac{\sqrt{3}}{(1+u+v)^2} \, du = (\sqrt{3}) \ln 2 - \frac{\sqrt{3}}{2} \; 。$$

由此可得

$$\int_B \frac{1}{(1+x+y)^2} dS$$

$$= \sum_{i=1}^4 \int_{\sigma^i} \frac{1}{(1+x+y)^2} dS = \frac{3-\sqrt{3}}{2} + (\sqrt{3}-1) \ln 2 \; 。 \; \|$$

乙、第二型面積分

本小節中所要介紹的第二型面積分，有些作者直接稱之為面積分，而第一型面積分則不再給以特殊名稱。第一型面積分可以在一般的 $\boldsymbol{R}^k$ 空間 $(k \geq 3)$ 中討論，但第二型面積分卻只能在 $\boldsymbol{R}^3$ 空間中討論，理由是考慮的曲面必須有單位法向量。

【定義 2】設 $\sigma : A \to \boldsymbol{R}^3$ 為一定向平滑曲面，其定義域 A 是 $\boldsymbol{R}^2$ 中的 Jordan 可測集，而定向為 $n : |\sigma| \to \boldsymbol{R}^3$。設 $f = (f_1, f_2, f_3) : B \to \boldsymbol{R}^3$ 為一有界向量值函數，其中，$|\sigma| \subset B \subset \boldsymbol{R}^3$。若實數值函數 $(x, y, z) \mapsto \langle f(x, y, z), n(x, y, z) \rangle$（$(x, y, z) \in |\sigma|$）在曲面 σ 上的第一型面積分存在，則此第一型面積分稱為函數 f 在曲面 σ 上的**第二型面積分**(surface integral of second kind)，以下式的左端表示此第二型面積分：

$$\int_\sigma f_1(x, y, z) \, dy \, dz + f_2(x, y, z) \, dz \, dx + f_3(x, y, z) \, dx \, dy$$

$$= \int_\sigma \langle f(x, y, z), n(x, y, z) \rangle \, dS \; 。$$

定義 2 中第二型面積分的表示法所代表的意義，可參看定理 8 後面的說明。

【定理 8】（第二型面積分存在的一個充分條件）

若 $\sigma : A \to \mathbf{R}^3$ 為一定向平滑曲面，其定義域 A 是 $\mathbf{R}^2$ 中的緊緻 Jordan 可測集，而且有界向量值函數 $f = (f_1 , f_2 , f_3) : B \to \mathbf{R}^3$ 在 σ 的跡 $|\sigma|$ 上每個點都連續，其中，$|\sigma| \subset B \subset \mathbf{R}^3$，則函數 f 在曲面 σ 上的第二型面積分存在，而且

$$\int_\sigma f_1(x , y , z)\, dy\, dz + f_2(x , y , z)\, dz\, dx + f_3(x , y , z)\, dx\, dy$$
$$= \int_A \langle f (\sigma(u , v)), n(\sigma(u , v)) \rangle S_\sigma(u , v)\, d (u , v)$$
$$= \pm \int_A \langle f (\sigma(u , v)), D_1\sigma(u , v) \times D_2\sigma(u , v) \rangle d (u , v) 。$$

上式的 $\pm$ 號的選法如下：若左端的第二型面積分的定義中所使用的定向向量 $n(\sigma(u , v))$ 與單位法向量 $n_\sigma(u , v)$ 相同，則符號選用＋號。否則，選用－號。

證：因為 σ 是定向平滑曲面，所以，其定向 $n : |\sigma| \to \mathbf{R}^3$ 在跡 $|\sigma|$ 上每個點都連續。於是，函數 $(x , y , z) \mapsto \langle f (x , y , z), n(x , y , z) \rangle$ $((x , y , z) \in |\sigma|)$ 在跡 $|\sigma|$ 上每個點都連續。因為 σ 的定義域 A 是 $\mathbf{R}^2$ 中的緊緻 Jordan 可測集，所以，依定理 1，上述函數在曲面 σ 上的第一型面積分存在。於是，依定義 2，函數 f 在曲面 σ 上的第二型面積分存在，而且

$$\int_\sigma f_1(x , y , z)\, dy\, dz + f_2(x , y , z)\, dz\, dx + f_3(x , y , z)\, dx\, dy$$
$$= \int_\sigma \langle f (x , y , z), n(x , y , z) \rangle dS$$
$$= \int_A \langle f (\sigma(u , v)), n(\sigma(u , v)) \rangle S_\sigma(u , v)\, d (u , v)$$
$$= \pm \int_A \langle f (\sigma(u , v)), D_1\sigma(u , v) \times D_2\sigma(u , v) \rangle d (u , v) 。$$

上述最後一個等號成立，乃是因為 $D_1\sigma(u , v) \times D_2\sigma(u , v)$ $= S_\sigma(u , v) n_\sigma(u , v)$ 而且 $n(\sigma(u , v)) = \pm n_\sigma(u , v)$ 的緣故。 ‖

在定理 8 的假設條件下，若 $\sigma=(\sigma_1,\sigma_2,\sigma_3)$ 而且 $f=(f_1,f_2,f_3)$，將定向 $n:|\sigma|\to \boldsymbol{R}^3$ 選成與法向量 $D_1\sigma(u,v)\times D_2\sigma(u,v)$ 同方向，並將法向量以其分量代入，則函數 f 在曲面 σ 上的第二型面積分可寫成下述三個二重積分的和：

$$\int_\sigma f_1(x,y,z)\,dy\,dz+f_2(x,y,z)\,dz\,dx+f_3(x,y,z)\,dx\,dy$$

$$=\int_A f_1(\sigma(u,v))\frac{\partial(\sigma_2,\sigma_3)}{\partial(u,v)}(u,v)\,d(u,v)$$

$$+\int_A f_2(\sigma(u,v))\frac{\partial(\sigma_3,\sigma_1)}{\partial(u,v)}(u,v)\,d(u,v)$$

$$+\int_A f_3(\sigma(u,v))\frac{\partial(\sigma_1,\sigma_2)}{\partial(u,v)}(u,v)\,d(u,v)\;。$$

若將上述等式中的函數 $f=(f_1,f_2,f_3)$ 分別以函數 $(f_1,0,0)$、$(0,f_2,0)$、$(0,0,f_3)$ 代替，則由上述等式可得出下面三個等式：

$$\int_\sigma f_1(x,y,z)\,dy\,dz=\int_A f_1(\sigma(u,v))\frac{\partial(\sigma_2,\sigma_3)}{\partial(u,v)}(u,v)\,d(u,v)\;，$$

$$\int_\sigma f_2(x,y,z)\,dz\,dx=\int_A f_2(\sigma(u,v))\frac{\partial(\sigma_3,\sigma_1)}{\partial(u,v)}(u,v)\,d(u,v)\;，$$

$$\int_\sigma f_3(x,y,z)\,dx\,dy=\int_A f_3(\sigma(u,v))\frac{\partial(\sigma_1,\sigma_2)}{\partial(u,v)}(u,v)\,d(u,v)\;。$$

上述三個等式右端的積分，與§5-3 定理 25 的變數代換公式很相像，以第三個等式為例說明如下：若函數 ϕ：$(u,v)\mapsto(\sigma_1(u,v),\sigma_2(u,v))$（$(u,v)\in A$）滿足§5-3 定理 25 的變數代換的函數所須的條件，而函數 f_3 是 x 與 y 兩個變數的函數而不是三變數的函數，再將函數 $f_3\circ\sigma$ 換成 $f_3\circ\phi$，Jacobi 行列式也加上絕對值，則上述第三個等式右端的積分就是§5-3 定理 25 中等式右端的積分了，它等於等式左端的積分，也就是函數 f_3 在集合 $\phi(A)$ 上的 Riemann 積分。請注意：這裡的集合 $\phi(A)$ 乃是跡 $|\sigma|$ 在 xy 平面上的射影。這段敘述可用以說明函數 f 在曲面 σ 上的第二型面積分的表示法

的緣由了。再觀察定理9，就更可以體會了。

【定理9】（在參數為 x 坐標及 y 坐標的曲面上的第二型面積分）

若平滑曲面 $\sigma : A \to \mathbf{R}^3$ 定義為： $\sigma(u,v)=(u,v,h(u,v))$

（ $(u,v) \in A$ ），其中 $h : A \to \mathbf{R}$ 是連續可微分的函數， A 是 $\mathbf{R}^2$ 中的緊緻 Jordan 可測集，而且有界實數值函數 $g : B \to \mathbf{R}$ 在 σ 的跡 $|\sigma|$ 上每個點都連續，其中， $|\sigma| \subset B \subset \mathbf{R}^3$ ，則

$$\int_\sigma g(x,y,z) \, dx \, dy = \pm \int_A g(u,v,h(u,v)) \, d(u,v) \, \text{。}$$

上式的 ± 號的選法如下：若左端的第二型面積分的定義中所使用的定向 $n : |\sigma| \to \mathbf{R}^3$ 方向向上，即： z 坐標為正數，則符號選用 ＋ 號。否則，選用 － 號。

證：定義有界向量值函數 $f : B \to \mathbf{R}^3$ 如下：對每個 $(x,y,z) \in B$ ，令 $f(x,y,z)=(0,0,g(x,y,z))$ ，則 f 在 σ 的跡 $|\sigma|$ 上每個點都連續。另一方面，依 §7-3 定理 3，曲面 σ 是一個可定向曲面，而且對每個 $(u,v) \in A$ ，恆有

$$D_1\sigma(u,v) \times D_2\sigma(u,v) = (-D_1h(u,v), -D_2h(u,v), 1) \, \text{。}$$

因此，函數 f 在曲面 σ 上的第二型面積分存在，而且

$$\int_\sigma g(x,y,z) \, dx \, dy$$
$$= \int_\sigma 0 \, dy \, dz + 0 \, dz \, dx + g(x,y,z) \, dx \, dy$$
$$= \pm \int_A \langle f(\sigma(u,v)), D_1\sigma(u,v) \times D_2\sigma(u,v) \rangle \, d(u,v)$$
$$= \pm \int_A g(u,v,h(u,v)) \, d(u,v) \, \text{。} \parallel$$

請注意：在定理 9 中，若 $\sigma : A \to \mathbf{R}^3$ 的定義分別改成下面兩種形式： $\sigma(u,v)=(h(u,v), u, v)$ 及 $\sigma(u,v)=(v, h(u,v), u)$ ，則定理 9 中的結果變成是下述等式：

$$\int_\sigma g(x,y,z) \, dy \, dz = \pm \int_A g(h(u,v), u, v) \, d(u,v) \, \text{，}$$

$$\int_{\sigma} g(x,y,z)\,dz\,dx = \pm \int_{A} g(v,h(u,v),u)\,d(u,v) \text{ 。}$$

【例6】設 $A = [\,0,\pi\,] \times [\,0,\pi/2\,]$，而曲面 $\sigma : A \rightarrow \boldsymbol{R}^3$ 定義如下：

$$\sigma(u,v) = (\,a\sin u \cos v,\ a\sin u \sin v, a\cos u\,),\ (u,v) \in A,$$

定向 $n : |\sigma| \rightarrow \boldsymbol{R}^3$ 選成向外的單位法向量。試求下述第二型面積分：

$$\int_{\sigma} xyz\,dxdy \text{ 。}$$

解：因為對每個 $(u,v) \in A$，恆有

$$n(\sigma(u,v)) = (\,\sin u \cos v,\ \sin u \sin v, \cos u\,),$$

$$S_{\sigma}(u,v) = a^2 \sin u,$$

所以，可得

$$\int_{\sigma} xyz\,dxdy = \int_{A} a^5 \sin^3 u \cos^2 u \sin v \cos v\,d(u,v)$$

$$= \int_{0}^{\pi} a^5 \sin^3 u \cos^2 u\,du \int_{0}^{\pi/2} \sin v \cos v\,dv$$

$$= \frac{a^5}{2} \int_{0}^{\pi} \sin^3 u \cos^2 u\,du = \frac{2a^5}{15} \text{ 。} \parallel$$

【例7】設 $A = [\,0,2\pi\,] \times [\,0,b\,]$，而曲面 $\sigma : A \rightarrow \boldsymbol{R}^3$ 定義如下：

$$\sigma(u,v) = (\,a\cos u,\ a\sin u, v\,),\ (u,v) \in A,$$

定向 $n : |\sigma| \rightarrow \boldsymbol{R}^3$ 選成向外的單位法向量。試求下述第二型面積分：

$$\int_{\sigma} yz\,dy\,dz + zx\,dz\,dx + xy\,dx\,dy \text{ 。}$$

解：因為對每個 $(u,v) \in A$，恆有

$$n(\sigma(u,v)) = (\,\cos u, \sin u, 0\,),$$

$$S_{\sigma}(u,v) = a,$$

所以，可得

$$\int_{\sigma} yz\,dy\,dz + zx\,dz\,dx + xy\,dx\,dy = \int_{A} 2a^2 v \sin u \cos u\,d(u,v)$$

$$= \int_{0}^{2\pi} 2a^2 \sin u \cos u\,du \int_{0}^{b} v\,dv$$

$$= a^2 b^2 \int_0^{2\pi} \sin u \cos u \, du = 0 \text{ 。 } \|$$

【定理 10】（對等價曲面的第二型面積分）

設定向平滑曲面 $\sigma : A \to \boldsymbol{R}^3$ 與 $\tau : B \to \boldsymbol{R}^3$ 平滑地等價，其定義域 A 與 B 都是 $\boldsymbol{R}^2$ 中的緊緻 Jordan 可測集，兩曲面選用相同的定向，而且有界向量值函數 $f = (f_1, f_2, f_3) : C \to \boldsymbol{R}^3$ 在 σ 的跡 $|\sigma|$ 上每個點都連續，其中，$|\sigma| \subset C \subset \boldsymbol{R}^3$，則

$$\int_\sigma f_1(x, y, z) \, dy \, dz + f_2(x, y, z) \, dz \, dx + f_3(x, y, z) \, dx \, dy$$
$$= \int_\tau f_1(x, y, z) \, dy \, dz + f_2(x, y, z) \, dz \, dx + f_3(x, y, z) \, dx \, dy \text{ 。}$$

證：依定理 2 立即可得。 $\|$

【定理 11】（第二型面積分對被積分函數呈線性）

若有界向量值函數 $f = (f_1, f_2, f_3)$ 與 $g = (g_1, g_2, g_3) : B \to \boldsymbol{R}^3$ 在定向平滑曲面 $\sigma : A \to \boldsymbol{R}^3$ 上的第二型面積分都存在，其中，A 是 $\boldsymbol{R}^2$ 中的 Jordan 可測集，而且 $|\sigma| \subset B \subset \boldsymbol{R}^3$，又 $c_1, c_2 \in \boldsymbol{R}$，則函數 $c_1 f + c_2 g$ 在 σ 上的第二型面積分也存在，而且

$$\int_\sigma (c_1 f_1 + c_2 g_1) \, dy \, dz + (c_1 f_2 + c_2 g_2) \, dz \, dx + (c_1 f_3 + c_2 g_3) \, dx \, dy$$
$$= c_1 \int_\sigma f_1 \, dy \, dz + f_2 \, dz \, dx + f_3 \, dx \, dy$$
$$+ c_2 \int_\sigma g_1 \, dy \, dz + g_2 \, dz \, dx + g_3 \, dx \, dy \text{ 。}$$

證：依定義及定理 3 立即可得。 $\|$

【定理 12】（第二型面積分對積分區域的可加性）

設 $\sigma : A \to \boldsymbol{R}^3$ 是一定向平滑曲面，其定義域 A 是 $\boldsymbol{R}^2$ 中的緊緻 Jordan 可測集，而且有界向量值函數 $f = (f_1, f_2, f_3) : B \to \boldsymbol{R}^3$ 在 σ 的跡 $|\sigma|$ 上每個點都連續，其中，$|\sigma| \subset B \subset \boldsymbol{R}^3$。若 A_1 與 A_2 是集合 A 的兩個緊緻 Jordan 可測子集、$A = A_1 \bigcup A_2$ 且 $c(A_1 \bigcap A_2) = 0$，則

$$\int_\sigma f_1(x,y,z)\,dy\,dz + f_2(x,y,z)\,dz\,dx + f_3(x,y,z)\,dx\,dy$$

$$= \int_{\sigma|_{A_1}} f_1(x,y,z)\,dy\,dz + f_2(x,y,z)\,dz\,dx + f_3(x,y,z)\,dx\,dy$$

$$+ \int_{\sigma|_{A_2}} f_1(x,y,z)\,dy\,dz + f_2(x,y,z)\,dz\,dx + f_3(x,y,z)\,dx\,dy \ 。$$

證：依定理 4 立即可得。‖

【例 8】設 $A = \{(u,v) \mid u^2 + v^2 \le 1\}$，兩曲面 $\sigma, \tau : A \to \boldsymbol{R}^3$ 定義如例 3，則 σ 與 τ 的跡相同。若兩曲面的定向 $n : |\sigma| \to \boldsymbol{R}^3$ 都選成向上的單位法向量，則函數 $f(x,y,z) = (y^2, z^2, x^2)$ 在兩曲面上的第二型面積分可分別計算如下： 因為對每個 $(u,v) \in A$，$S_\sigma(u,v) = 1$、$S_\tau(u,v) = 4(u^2+v^2)$ 且 $n(\sigma(u,v)) = n(\tau(u,v)) = (0,0,1)$，所以，可得

$$\int_\sigma f_1(x,y,z)\,dy\,dz + f_2(x,y,z)\,dz\,dx + f_3(x,y,z)\,dx\,dy$$

$$= \int_\sigma x^2\,dS = \int_A u^2\,d(u,v) = \int_0^{2\pi} d\theta \int_0^1 r^3 \cos^2\theta\,dr$$

$$= \frac{1}{4}\int_0^{2\pi} \cos^2\theta\,d\theta = \frac{\pi}{4}\ ,$$

$$\int_\tau f_1(x,y,z)\,dy\,dz + f_2(x,y,z)\,dz\,dx + f_3(x,y,z)\,dx\,dy$$

$$= \int_\tau x^2\,dS = \int_A 4(u^2 - v^2)^2 (u^2 + v^2)\,d(u,v)$$

$$= \int_0^{2\pi} d\theta \int_0^1 4r^7 \cos^2 2\theta\,dr = \frac{1}{2}\int_0^{2\pi} \cos^2 2\theta\,d\theta = \frac{\pi}{2}\ 。\ \|$$

根據例 8 中的結果，我們可以瞭解：函數在曲面上的第二型面積分，就如同函數在曲面上的第一型面積分一樣地，不是只與曲面 σ 的跡 $|\sigma|$ 有關，與曲面 σ 本身也有關。

在計算函數對曲面的第二型面積分時，若所給的曲面只給出圖形，我們的處理方法與第一型面積分的方法相同，我們以例 6 中的第二型面積分為例加以說明。例 6 中的曲面 σ 的跡為 $\{(x,y,z) \mid x^2 + y^2 + z^2 = a^2，x \ge 0，y \ge 0\}$，此圖形可表示成下述

兩曲面 $\tau^1, \tau^2 : B \to \mathbf{R}^3$ 的跡的聯集：

$$\tau^1(u,v) = (u,v,\sqrt{a^2-u^2-v^2})\,, \quad (u,v) \in B\,,$$

$$\tau^2(u,v) = (u,v,-\sqrt{a^2-u^2-v^2})\,, \quad (u,v) \in B\,,$$

其中，定義域 $B = \{(u,v) \mid u^2+v^2 \le a^2\,, u \ge 0\,, v \ge 0\}$ 。因為此圖形的定向 $n : |\sigma| \to \mathbf{R}^3$ 選成向外的單位法向量，所以，對每個 $(u,v) \in B$ ，可得

$$n(\tau^1(u,v)) = (1/a)(u,v,\sqrt{a^2-u^2-v^2})\,,$$

$$n(\tau^2(u,v)) = (1/a)(u,v,-\sqrt{a^2-u^2-v^2})\,.$$

於是，依定理 9，函數 $f(x,y,z) = (0,0,xyz)$ 在 $|\sigma|$ 上的第二型面積分也可計算如下：

$$\int_\sigma xyz\,dxdy = \int_{\tau^1} xyz\,dxdy + \int_{\tau^2} xyz\,dxdy$$

$$= \int_B uv\sqrt{a^2-u^2-v^2}\,d(u,v) - \int_B uv(-\sqrt{a^2-u^2-v^2})\,d(u,v)$$

$$= 2\int_0^{\pi/2} d\theta \int_0^a r^3 \cos\theta\sin\theta\sqrt{a^2-r^2}\,dr = \int_0^a r^3\sqrt{a^2-r^2}\,dr$$

$$= a^5 \int_0^{\pi/2} \sin^3 t \cos^2 t\,dt = \frac{2a^5}{15}\,. \parallel$$

事實上，此處的二重積分與例 6 中的二重積分也是變數代換的關係。

【例 9】若圖形 E 表示橢圓面 $x^2/a^2 + y^2/b^2 + z^2/c^2 = 1$ 的上半部分，並將定向選成向上的單位法向量，試求下述第二型面積分：

$$\int_E x^3\,dydz\,.$$

解 1：我們將圖形 E 視為下述曲面 $\sigma : A \to \mathbf{R}^3$ 的跡：

$$\sigma(u,v) = (a\sin u\cos v,\, b\sin u\sin v,\, c\cos u)\,,$$

$$(u,v) \in A = [0,\pi/2] \times [0,2\pi]\,.$$

因為對每個 $(u,v) \in A$ ，恆有

$D_1\sigma(u,v) \times D_2\sigma(u,v) = (bc\sin^2 u\cos v, \ ca\sin^2 u\sin v, ab\sin u\cos u)$ ，

而其 z 坐標恆大於或等於 0，所以，$D_1\sigma(u,v) \times D_2\sigma(u,v)$ 是向上的法向量。依定理 8，可得

$$\int_E x^3\,dydz = \int_A a^3\sin^3 u\cos^3 v \cdot bc\sin^2 u\cos v\,d(u,v)$$

$$= a^3 bc \int_0^{2\pi} \cos^4 v\,dv \int_0^{\pi/2} \sin^5 u\ du$$

$$= \frac{8a^3 bc}{15} \int_0^{2\pi} \cos^4 v\,dv = \frac{2}{5}\,\pi a^3 bc\ \text{。}$$

解 2：因為要計算的第二型面積分是 $dydz$ 型，所以，圖形 E 上各點的坐標要表示成 $(h(u,v),u,v)$ 的形式，其中 $h(u,v)=a\sqrt{1-(u/b)^2-(v/c)^2}$，才能應用定理 9 的結果。令 $B=\{(u,v)\mid (u/b)^2+(v/c)^2\leq 1,\ v\geq 0\}$，並定義兩曲面如下：

$$\tau^1(u,v)=(h(u,v),u,v)\ ,\quad (u,v)\in B\ ;$$

$$\tau^2(u,v)=(-h(u,v),u,v)\ ,\quad (u,v)\in B\ \text{。}$$

因為定向 $n: E\to \mathbf{R}^3$ 選成向上的單位法向量，所以，依 §7-3 定理 4 可知：對每個 $(x,y,z)\in E$，法向量 $n(x,y,z)$ 的方向與向量 $(x/a^2,y/b^2,z/c^2)$ 相同。因為對每個滿足 $(u/b)^2+(v/c)^2\neq 1$ 的 $(u,v)\in B$，恆有

$$D_1\tau^1(u,v)\times D_2\tau^1(u,v)=(1,\frac{a^2 u}{b^2 h(u,v)},\frac{a^2 v}{c^2 h(u,v)})\ ,$$

$$D_1\tau^2(u,v)\times D_2\tau^2(u,v)=(1,\frac{-a^2 u}{b^2 h(u,v)},\frac{-a^2 v}{c^2 h(u,v)})\ ,$$

由此可知：向量 $D_1\tau^1(u,v)\times D_2\tau^1(u,v)$ 與向量 $n(\tau^1(u,v))$ 的方向相同，但向量 $D_1\tau^2(u,v)\times D_2\tau^2(u,v)$ 與向量 $n(\tau^2(u,v))$ 的方向相反。於是，依定理 9，可得

$$\int_E x^3\,dydz = \int_{\tau^1} x^3\,dydz + \int_{\tau^2} x^3\,dydz$$

$$= \int_B a^3 [1 - (u/b)^2 - (v/c)^2]^{3/2} \, d(u,v)$$
$$- \int_B - a^3 [1 - (u/b)^2 - (v/c)^2]^{3/2} \, d(u,v)$$
$$= 2 \int_{-b}^{b} du \int_0^{c\sqrt{1-(u/b)^2}} a^3 [1 - (u/b)^2 - (v/c)^2]^{3/2} dv$$
$$= \frac{3}{8} \pi a^3 c \int_{-b}^{b} [1 - (u/b)^2]^2 \, du$$
$$= \frac{2}{5} \pi a^3 bc \ 。 \ \|$$

與第一型面積分相同地，第二型面積分也可以推廣到可定向的分段平滑曲面。對於分段平滑曲面，其定向的選擇必須滿足下面的一致原則：若分段平滑曲面 σ 的跡 $|\sigma|$ 表示成平滑曲面 σ^1，σ^2，$\cdots$，σ^n 的跡的聯集，則當跡 $|\sigma^i|$ 與跡 $|\sigma^j|$ 有一段共同的邊界時，這段邊界在 $|\sigma^i|$ 與 $|\sigma^j|$ 兩集合上的正方向必須相反。以例 5 中所舉的正四面體的邊界為例：若位於平面 $x+y+z=1$ 上的正三角形 $|\sigma^4|$ 選擇 $(1/\sqrt{3}, 1/\sqrt{3}, 1/\sqrt{3})$ 為正向的單位法向量，則其邊界的正方向是：點 $(1,0,0)$ 至點 $(0,1,0)$ 至點 $(0,0,1)$ 至點 $(1,0,0)$。於是，位於 yz 平面上的直角等腰三角形 $|\sigma^1|$ 必須選擇 $(-1,0,0)$ 為正向的單位法向量，使其邊界的正方向是：點 $(0,0,0)$ 至點 $(0,0,1)$ 至點 $(0,1,0)$ 至點 $(0,0,0)$。同理，位於 zx 平面上的直角等腰三角形 $|\sigma^2|$ 必須選擇 $(0,-1,0)$ 為正向的單位法向量，使其邊界的正方向是：點 $(0,0,0)$ 至點 $(1,0,0)$ 至點 $(0,0,1)$ 至點 $(0,0,0)$；位於 xy 平面上的直角等腰三角形 $|\sigma^3|$ 必須選擇 $(0,0,-1)$ 為正向的單位法向量，使其邊界的正方向是：點 $(0,0,0)$ 至點 $(0,1,0)$ 至點 $(1,0,0)$ 至點 $(0,0,0)$。

【例 10】若 B 是以 $(0,0,0)$、$(1,0,0)$、$(0,1,0)$ 與 $(0,0,1)$ 為頂點的四面體的邊界，且其下底三角形的正向單位法向量為 $(0,0,-1)$，試求函數 $f(x,y,z) = (x^2, xy, xz)$ 在圖形 B 上的第二型面積分。
解：參看例 5 的解，可知圖形 B 是四曲面 $\sigma^1, \sigma^2, \sigma^3, \sigma^4 : A \to \boldsymbol{R}^3$ 的

跡的聯集，其中，定義域 $A = \{ (u,v) \mid u+v \leq 1 , u \geq 0 , v \geq 0 \}$ ，而且對每個 $(u,v) \in A$ ，恆有 $S_{\sigma^1}(u,v) = S_{\sigma^2}(u,v) = S_{\sigma^3}(u,v) = 1$ ，而 $S_{\sigma^4}(u,v) = \sqrt{3}$ 。另一方面，因為 σ^3 的跡 $|\sigma^3|$ 的正向單位法向量為 $(0,0,-1)$ ，所以，跡 $|\sigma^1|$、$|\sigma^2|$ 與 σ^4 的正向單位法向量必須分別選為 $(-1,0,0)$、$(0,-1,0)$ 與 $(1/\sqrt{3},1/\sqrt{3},1/\sqrt{3})$ 。於是，所求的第二型面積分計算如下：

$$\int_B x^2\,dy\,dz + xy\,dz\,dx + xz\,dx\,dy$$

$$= \int_{\sigma^1} x^2\,dy\,dz + xy\,dz\,dx + xz\,dx\,dy + \int_{\sigma^2} x^2\,dy\,dz + xy\,dz\,dx + xz\,dx\,dy$$

$$+ \int_{\sigma^3} x^2\,dy\,dz + xy\,dz\,dx + xz\,dx\,dy + \int_{\sigma^4} x^2\,dy\,dz + xy\,dz\,dx + xz\,dx\,dy$$

$$= \int_A 0^2 \cdot (-1) \cdot 1\,d(u,v) + \int_A v \cdot 0 \cdot (-1) \cdot 1\,d(u,v)$$

$$+ \int_A u \cdot 0 \cdot (-1) \cdot 1\,d(u,v)$$

$$+ \int_A [u^2 + uv + u(1-u-v)] \cdot (1/\sqrt{3}) \cdot \sqrt{3}\,d(u,v)$$

$$= 0 + 0 + 0 + \int_0^1 dv \int_0^{1-v} u\,du = \frac{1}{6} \quad \| $$

丙、Gauss 定理

一個三變數向量值函數的第二型面積分在適當的情況下，可以化為某三變數實數值函數的三重積分。這個定理就是本小節所要介紹的 Gauss 定理。

【定義 3】設 $V \subset \mathbf{R}^3$ 。

　(1)若可找到二連續函數 $\alpha, \beta : A \to \mathbf{R}$ 使得

$$V = \{ (x,y,z) \mid (x,y) \in A , \alpha(x,y) \leq z \leq \beta(x,y) \} ,$$

其中的 A 是 $\mathbf{R}^2$ 中的緊緻 Jordan 可測集，而且其邊界是有限多分段平滑曲線的跡的聯集，則稱集合 V 是一 V_{xy} 區域。我們以 $V_{xy}[A ; \alpha(x,y), \beta(x,y)]$ 表示上述 V_{xy} 區域。

(2)同理可定義 V_{yz} 區域與 V_{zx} 區域。

【引理 13】（Gauss 定理的特殊情形之一）

設 $R:V\to \boldsymbol{R}$ 為一函數，$V\subset \boldsymbol{R}^3$。若

(1)集合 V 是一個 V_{xy} 區域 $V_{xy}[\,A\,;\alpha(x,y)\,,\beta(x,y)\,]$；

(2)函數 α 與 β 在集合 A 上連續可微分；

(3)函數 R 在集合 V 上連續可微分；

則 V^b 是一分段平滑曲面的跡，而且當此分段平滑曲面的定向選為向外的單位法向量時，可得

$$\int_{V^b} R(x,y,z)\,dx\,dy = \int_V D_3 R(x,y,z)\,d(x,y,z)\,。$$

證：依 §5-3 引理 20 及其證明，可知 V 是 $\boldsymbol{R}^3$ 中的緊緻 Jordan 可測集。因為函數 R 在集合 V 上連續可微分，所以，函數 $D_3 R$ 在可測集 V 上連續。於是，依 §5-3 定理 21 的逐次積分法，可得

$$\int_V D_3 R(x,y,z)\,d(x,y,z)$$
$$= \int_A d(x,y) \int_{\alpha(x,y)}^{\beta(x,y)} D_3 R(x,y,z)\,dz$$
$$= \int_A [R(x,y,\beta(x,y)) - R(x,y,\alpha(x,y))]\,d(x,y)\,。$$

另一方面，V 的邊界 V^b 為下述三集合的聯集：

$$\{(x,y,\alpha(x,y)) \mid (x,y)\in A\}\,，$$
$$\{(x,y,\beta(x,y)) \mid (x,y)\in A\}\,，$$
$$\{(x,y,z) \mid (x,y)\in A^b,\ \alpha(x,y)\leq z\leq \beta(x,y)\}\,。$$

第一集合是平滑曲面 $\sigma:(x,y)\mapsto(x,y,\alpha(x,y))$ 的跡，第二集合是平滑曲面 $\tau:(x,y)\mapsto(x,y,\beta(x,y))$ 的跡。設 A 的邊界 A^b 是平滑曲線 $\gamma^i = (\gamma_1^i,\gamma_2^i):[a_i,b_i]\to \boldsymbol{R}^2$（$i=1,2,\cdots,n$）的跡的聯集，對每個 $i=1,2,\cdots,n$，令

$$\sigma^i(u,v) = (\gamma_1^i(u),\gamma_2^i(u),v)\,，$$

$$u \in [\, a_i , b_i \,] \, , \quad v \in [\, \alpha(\gamma^i(u)), \beta(\gamma^i(u)) \,] \, ,$$

則 σ^i 是一平滑曲面，且上述第三集合等於 $\sigma^1 , \sigma^2 , \cdots , \sigma^n$ 的跡的聯集。因此，V^b 是一分段平滑曲面 σ 的跡。因為曲面 σ 的定向 n：$V^b \to \boldsymbol{R}^3$ 選為向外的單位法向量，所以，對每個 $(x,y) \in A$， 位於 V 的 邊界 V^b 上側 的 點 $\tau(x,y)$ ， 其 定 向 向量 $n(\tau(x,y))$ 與 $D_1\tau(x,y) \times D_2\tau(x,y)$ 方向相同；而位於 V 的邊界 V^b 下側的點 $\sigma(x,y)$ ，其定向向量 $n(\sigma(x,y))$ 與 $D_1\sigma(x,y) \times D_2\sigma(x,y)$ 方向相反。至於 $\left| \, \sigma^i \, \right|$ 上的每個點 (x,y,z)，其定向向量 $n(x,y,z)$ 的 z 坐標都等於 0。於是，可得

$$\int_{V^b} R(x,y,z)\,dx\,dy$$

$$= \int_{V^b} 0\,dy\,dz + 0\,dz\,dx + R(x,y,z)\,dx\,dy$$

$$= \int_\tau 0\,dy\,dz + 0\,dz\,dx + R(x,y,z)\,dx\,dy$$

$$\quad + \int_\sigma 0\,dy\,dz + 0\,dz\,dx + R(x,y,z)\,dx\,dy$$

$$\quad + \sum_{i=1}^n \int_{\sigma^i} 0\,dy\,dz + 0\,dz\,dx + R(x,y,z)\,dx\,dy$$

$$= \int_A R(x,y,\beta(x,y))\,d(x,y) - \int_A R(x,y,\alpha(x,y))\,d(x,y)$$

$$\quad + \sum_{i=1}^n 0$$

$$= \int_V D_3 R(x,y,z)\,d(x,y,z) \, 。$$

這就是欲證的結果。 ‖

【引理 14】（Gauss 定理的特殊情形之二）

設 $Q : V \to \boldsymbol{R}$ 為一函數，$V \subset \boldsymbol{R}^3$。若

⑴集合 V 是一個 V_{zx} 區域 $V_{zx}[\, B \, ; \mu(z,x), \nu(z,x) \,]$；

⑵函數 μ 與 ν 在集合 B 上連續可微分；

⑶函數 Q 在集合 V 上連續可微分；

則 V^b 是一分段平滑曲面的跡，而且當此分段平滑曲面的定向選為向外的單位法向量時，可得

$$\int_{V^b} Q(x,y,z)\,dz\,dx = \int_V D_2 Q(x,y,z)\,d(x,y,z) \text{。}$$

證：與引理 13 類似。 ‖

【引理 15】（Gauss 定理的特殊情形之三）

設 $P : V \to \mathbf{R}$ 為一函數，$V \subset \mathbf{R}^3$。若

(1)集合 V 是一個 V_{yz} 區域 $V_{yz}[\,C\,;\phi(y,z),\psi(y,z)\,]$；

(2)函數 ϕ 與 ψ 在集合 C 上連續可微分；

(3)函數 P 在集合 V 上連續可微分；

則 V^b 是一分段平滑曲面的跡，而且當此分段平滑曲面的定向選為向外的單位法向量時，可得

$$\int_{V^b} P(x,y,z)\,dy\,dz = \int_V D_1 P(x,y,z)\,d(x,y,z) \text{。}$$

證：與引理 13 類似。 ‖

【定義 4】設 $V \subset \mathbf{R}^3$。若

(1)集合 V 是一個 V_{xy} 區域 $V_{xy}[\,A\,;\alpha(x,y),\beta(x,y)\,]$，其中的 α 與 β 在集合 A 上連續可微分；

(2)集合 V 是一個 V_{zx} 區域 $V_{zx}[\,B\,;\mu(z,x),\nu(z,x)\,]$，其中的 μ 與 ν 在集合 B 上連續可微分；

(3)集合 V 是一個 V_{yz} 區域 $V_{yz}[\,C\,;\phi(y,z),\psi(y,z)\,]$，其中的 ϕ 與 ψ 在集合 C 上連續可微分；

則稱集合 V 是一個**基本區域**(fundamental region)。

在基本區域中，前面三個特殊情形可以推廣成下面的定理。

【定理 16】（Gauss 定理）

設 P, Q 與 $R : V \to \mathbf{R}$ 為三函數，$V \subset \mathbf{R}^3$。若

⑴集合 V 可表示成有限多個兩兩不重疊的基本區域的聯集；

⑵函數 P, Q 與 R 在集合 V 上連續可微分；

則 V^b 是一分段平滑曲面的跡，而且當此分段平滑曲面的定向選為向外的單位法向量時，可得

$$\int_{V^b} P(x,y,z)\,dy\,dz + Q(x,y,z)\,dz\,dx + R(x,y,z)\,dx\,dy$$
$$= \int_V (D_1P(x,y,z) + D_2Q(x,y,z) + D_3R(x,y,z))\,d(x,y,z) \text{。}$$

證：若集合 V 是一個基本區域，則引理 13、14 與 15 的假設條件都成立，所以，三個引理中的等式都成立。將三等式相加，即得本定理中的等式。

其次，設集合 V 表成兩兩不重疊的基本區域 V_1，V_2，$\cdots$，V_n 的聯集。對每個 $i = 1, 2, \cdots, n$，因為子集 V_i 是一個基本區域，而且函數 P, Q 與 R 在 V_i 上連續可微分，所以，依前段的結果，V_i^b 是一分段平滑曲面的跡，而且當此分段平滑曲面的定向選為向外的單位法向量時，可得

$$\int_{V_i^b} P(x,y,z)\,dy\,dz + Q(x,y,z)\,dz\,dx + R(x,y,z)\,dx\,dy$$
$$= \int_{V_i} (D_1P(x,y,z) + D_2Q(x,y,z) + D_3R(x,y,z))\,d(x,y,z) \text{。}$$

另一方面，因為子集 V_1，V_2，$\cdots$，V_n 中兩兩不重疊，所以，依 §5-3 定理 13，可得

$$\int_V (D_1P(x,y,z) + D_2Q(x,y,z) + D_3R(x,y,z))\,d(x,y,z)$$
$$= \sum_{i=1}^{n} \int_{V_i} (D_1P(x,y,z) + D_2Q(x,y,z) + D_3R(x,y,z))\,d(x,y,z) \text{。}$$

我們只須證明下述等式成立即可：

$$\int_{V^b} P(x,y,z)\,dy\,dz + Q(x,y,z)\,dz\,dx + R(x,y,z)\,dx\,dy$$
$$= \sum_{i=1}^{n} \int_{V_i^b} P(x,y,z)\,dy\,dz + Q(x,y,z)\,dz\,dx + R(x,y,z)\,dx\,dy \text{。(*)}$$

因為 $V = V_1 \cup V_2 \cup \cdots \cup V_n$，所以，子集 V_1，V_2，$\cdots$，V_n 的邊界點可能是集合 V 的內點。當某個 V_i 的邊界 V_i^b 的一部分位於集合 V 的內部時，必有另一個 V_j 的邊界 V_j^b 也包含此部分邊界，而且此部分邊界上的點對 V_i^b 與 V_j^b 的定向向量的方向相反。因此，在對邊界 V_i^b 與 V_j^b 的第二型面積分中，在這部分邊界上的兩個第二型面積分因為同值異號而相消。於是，(*)式右端的第二型面積分之和只留下在 V 的邊界 V^b 上的第二型面積分，這表示(*)式成立。 ‖

在 Gauss 定理的等式中，第二型面積分的被積分函數 (P, Q, R) 與三重積分的被積分函數 $D_1 P + D_2 Q + D_3 R$ 兩者間的關係，請看下述定義及定義 6 後面的說明。

【定義 5】設 $f = (f_1, f_2, \cdots, f_k)$：$A \to \mathbf{R}^k$ 為一函數，$A \subset \mathbf{R}^k$，$c \in A^0$。若函數 f 在點 c 的所有偏導數都存在，則下述偏導數之和 $D_1 f_1(c) + D_2 f_2(c) + \cdots + D_k f_k(c)$ 稱為函數 f 在點 c 的 **散度** (divergence)，以 div $f(c)$ 表之。

因為在 Gauss 定理的等式中，三重積分中的被積分函數 $D_1 P + D_2 Q + D_3 R$，乃是第二型面積分的被積分函數 (P, Q, R) 的散度，所以，Gauss 定理也稱為**散度定理**(divergence theorem)。

【例 11】試利用 Gauss 定理計算下述第二型面積分：

$$\int_S x^2 z \, dx \, dy \; ,$$

其中的 S 是球面 $x^2 + y^2 + z^2 = a^2$，而且定向向量選成向外的單位法向量。

解：因為球面 S 是閉球 $\overline{B}_a(0)$ 的邊界，所以，依 Gauss 定理及 §5-3 定理 21 的逐次積分法，可得

$$\int_S x^2 z \, dx \, dy = \int_{\overline{B}_a(0)} x^2 \, d(x, y, z)$$

$$= \int_{-a}^{a} dx \int_{-\sqrt{a^2-x^2}}^{\sqrt{a^2-x^2}} dy \int_{-\sqrt{a^2-x^2-y^2}}^{\sqrt{a^2-x^2-y^2}} x^2 \, dz$$

$$= \int_{-a}^{a} dx \int_{-\sqrt{a^2-x^2}}^{\sqrt{a^2-x^2}} 2x^2 \sqrt{a^2-x^2-y^2} \, dy$$

$$= \int_{0}^{a} dr \int_{0}^{2\pi} 2r^3 \cos^2\theta \sqrt{a^2-r^2} \, d\theta$$

$$= 2\pi \cdot \int_{0}^{a} r^3 \sqrt{a^2-r^2} \, dr$$

$$= \frac{4a^5\pi}{15} \, \text{。} \parallel$$

【例 12】試利用兩種方法計算下述三重積分：

$$\int_{V} (xy + yz + zx) \, d(x, y, z) \text{，}$$

其中的集合 V 是由四個平面 $x=0$、$y=0$、$z=0$、$z=1$ 與柱面 $x^2+y^2=1$ 在第一卦限所圍成的區域。

解：直接計算。依 §5-3 定理 21 的逐次積分法，可得

$$\int_{V} (xy + yz + zx) \, d(x, y, z) = \int_{0}^{1} dx \int_{0}^{\sqrt{1-x^2}} dy \int_{0}^{1} (xy + yz + zx) \, dz$$

$$= \int_{0}^{1} dx \int_{0}^{\sqrt{1-x^2}} (xy + \frac{y}{2} + \frac{x}{2}) \, dy$$

$$= \int_{0}^{1} (\frac{1}{2}x(1-x^2) + \frac{1}{4}(1-x^2) + \frac{1}{2}x\sqrt{1-x^2}) \, dx$$

$$= \frac{1}{8} + \frac{1}{6} + \frac{1}{6}$$

$$= \frac{11}{24} \text{。}$$

利用 Gauss 定理。在 V 的邊界 V^b 上選取向外的單位法向量做為定向向量，則依 Gauss 定理可得

$$\int_{V} (xy + yz + zx) \, d(x, y, z)$$

$$= \int_{V^b} \frac{x^2 y}{2} \, dy \, dz + \frac{y^2 z}{2} \, dz \, dx + \frac{z^2 x}{2} \, dx \, dy \text{。}$$

V^b 共有五部分，在平面 $x = 0$ 上的是一矩形區域 R_1，定向向量為 $(-1,0,0)$，對應的第二型面積分值為

$$\int_{R_1} \frac{x^2 y}{2} \, dy \, dz + \frac{y^2 z}{2} \, dz \, dx + \frac{z^2 x}{2} \, dx \, dy = \int_0^1 dy \int_0^1 (-1) \cdot \frac{0^2 \cdot y}{2} \, dz = 0 \; \text{。}$$

在平面 $y = 0$ 上的是一矩形區域 R_2，定向向量為 $(0,-1,0)$，對應的第二型面積分值為

$$\int_{R_2} \frac{x^2 y}{2} \, dy \, dz + \frac{y^2 z}{2} \, dz \, dx + \frac{z^2 x}{2} \, dx \, dy = \int_0^1 dx \int_0^1 (-1) \cdot \frac{0^2 \cdot z}{2} \, dz = 0 \; \text{。}$$

在平面 $z = 0$ 上的是一個四分之一圓形區域 R_3，它的定向向量為 $(0,0,-1)$，對應的第二型面積分值為

$$\int_{R_3} \frac{x^2 y}{2} \, dy \, dz + \frac{y^2 z}{2} \, dz \, dx + \frac{z^2 x}{2} \, dx \, dy$$

$$= \int_0^1 dx \int_0^{\sqrt{1-x^2}} (-1) \cdot \frac{0^2 \cdot x}{2} \, dy = 0 \; \text{。}$$

在平面 $z = 1$ 上的是一個四分之一圓形區域 R_4，它的定向向量為 $(0,0,1)$，對應的第二型面積分值為

$$\int_{R_4} \frac{x^2 y}{2} \, dy \, dz + \frac{y^2 z}{2} \, dz \, dx + \frac{z^2 x}{2} \, dx \, dy$$

$$= \int_0^1 dx \int_0^{\sqrt{1-x^2}} 1 \cdot \frac{1^2 \cdot x}{2} \, dy = \frac{1}{6} \; \text{。}$$

在柱面 $x^2 + y^2 = 1$ 上的 R_5 是曲面 $(u,v) \mapsto (\cos u, \sin u, v)$ 的跡，其中，$(u,v) \in [0, \pi/2] \times [0,1]$，它在點 $(\cos u, \sin u, v)$ 的定向向量為 $(\cos u, \sin u, 0)$，對應的第二型面積分值為

$$\int_{R_5} \frac{x^2 y}{2} \, dy \, dz + \frac{y^2 z}{2} \, dz \, dx + \frac{z^2 x}{2} \, dx \, dy$$

$$= \int_0^1 dv \int_0^{\pi/2} (\cos u \cdot \frac{\cos^2 u \sin u}{2} + \sin u \cdot \frac{v \sin^2 u}{2}) \, du = \frac{1}{8} + \frac{1}{6} \; \text{。}$$

由此可知

$$\int_{V^b} \frac{x^2 y}{2} \, dy \, dz + \frac{y^2 z}{2} \, dz \, dx + \frac{z^2 x}{2} \, dx \, dy = \frac{1}{6} + \frac{1}{8} + \frac{1}{6} = \frac{11}{24} \, \text{。} \parallel$$

【例 13】對每個正數 a，令

$$S_a = \{(x, y, z) \mid a^2 x^2 + a^2 y^2 + z^2 = 1 + a^2 \, , \, z \geq 1\} \, \text{。}$$

試證：向量值函數 $f(x, y, z) = (xz, -yz, c)$ 在圖形 S_a 上的第二型面積分值與 a 無關，其中的 c 是常數。

證：圖形 S_a 乃是下述曲面 $\sigma : A \to \boldsymbol{R}^3$ 的跡：

$$\sigma(x, y) = (x, y, \sqrt{1 + a^2 - a^2 x^2 - a^2 y^2}) \, , \, (x, y) \in A \, ,$$

其中，$A = \{(x, y) \mid x^2 + y^2 \leq 1\}$。若 σ 的定向選成 z 坐標為正數的單位法向量，則其方向與 $D_1 \sigma \times D_2 \sigma$ 相同。因為對每個 $(x, y) \in A$，恆有

$$D_1 \sigma(x, y) \times D_2 \sigma(x, y)$$

$$= (\frac{a^2 x}{\sqrt{1 + a^2 - a^2 x^2 - a^2 y^2}}, \frac{a^2 y}{\sqrt{1 + a^2 - a^2 x^2 - a^2 y^2}}, 1) \, \text{。}$$

所以，依定理 8，可得

$$\int_{S_a} xz \, dy \, dz - yz \, dz \, dx + c \, dx \, dy = \int_A (a^2 x^2 - a^2 y^2 + c) \, d(x, y)$$

$$= \int_0^{2\pi} d\theta \int_0^1 (a^2 r^3 \cos 2\theta + cr) \, dr$$

$$= \int_0^{2\pi} (\frac{a^2}{4} \cos 2\theta + \frac{c}{2}) \, d\theta = \pi c \, \text{。} \parallel$$

丁、Stokes 定理

在適當的情況下，一個三變數向量值函數的第二型面積分，可以化為某三變數向量值函數的第二型線積分。這個定理就是本小節所要

介紹的 Stokes 定理。

【引理 17】（Stokes 定理的特殊情形之一）

設圖形 $S \subset \mathbf{R}^3$ 可表成 $S = \{(u, v, f(u, v)) \mid (u, v) \in A\}$，其中，$A \subset \mathbf{R}^2$ 是圖形 S 在 xy 平面上的射影，而 $f: A \to \mathbf{R}$ 為一函數。若

(1)函數 f 在集合 A 上為二次連續可微分；

(2)集合 A 滿足 §7-2 定理 26(1)（Green 定理）的假設條件；

(3)$P, Q, R: B \to \mathbf{R}$ 是有界的連續可微分函數，而且 $S \subset B \subset \mathbf{R}^3$；

則當平滑曲面 $\sigma : (u, v) \mapsto (u, v, f(u, v))\,((u, v) \in A)$ 的定向選成 z 坐標為正數的單位法向量時，可得

$$\int_{\partial S} P(x, y, z)\, dx + Q(x, y, z)\, dy + R(x, y, z)\, dz$$
$$= \int_S (D_2 R - D_3 Q)\, dy\, dz + (D_3 P - D_1 R)\, dz\, dx + (D_1 Q - D_2 P)\, dx\, dy \text{。}$$

證：在下面的證明中，不會失去一般性地，假設集合 A 的邊界是一分段平滑的簡單封閉曲線 $\gamma = (\gamma_1, \gamma_2) : [a, b] \to \mathbf{R}^2$ 的跡，而且曲線 γ 上參數增加的方向就是邊界的正方向。我們將函數 P, Q 與 R 分別考慮。

因為 $\sigma \circ \gamma : [a, b] \to \mathbf{R}^3$ 是分段平滑曲線，而且向量值函數 $(P, 0, 0)$ 在 $\sigma \circ \gamma$ 的跡 $|\sigma \circ \gamma|$ 上每個點都連續，所以，依 §7-2 定理 18，可得

$$\int_{\sigma \circ \gamma} P(x, y, z)\, dx = \int_a^b P(\gamma_1(t), \gamma_2(t), f(\gamma_1(t), \gamma_2(t)))\, \gamma_1'(t)\, dt \text{。}$$

因為 $\gamma = (\gamma_1, \gamma_2) : [a, b] \to \mathbf{R}^2$ 是一分段平滑曲線，而且向量值函數 $(P \circ \sigma, 0)$ 在 γ 的跡 $|\gamma|$ 上每個點都連續，所以，依 §7-2 定理 18，可得

$$\int_a^b P(\gamma_1(t), \gamma_2(t), f(\gamma_1(t), \gamma_2(t)))\, \gamma_1'(t)\, dt = \int_\gamma (P \circ \sigma)(u, v)\, du \text{。}$$

因為集合 A 與曲線 γ 滿足 Green 定理的假設，所以，可得

$$\int_\gamma (P \circ \sigma)(u, v)\, du = \int_A -D_2(P \circ \sigma)(u, v)\, d(u, v)$$

$$= -\int_A [\, D_2 P(\sigma(u,v)) + D_3 P(\sigma(u,v))\, D_2 f(u,v)\,]\, d(u,v)\ \text{。}$$

因為集合 A 是 $\boldsymbol{R}^2$ 中的緊緻 Jordan 可測集，曲面 σ 是一定向曲面，其定向選為與 $D_1\sigma(u,v) \times D_2\sigma(u,v) = (\,-D_1 f(u,v), -D_2 f(u,v), 1\,)$ 同方向的單位法向量，而且有界向量值函數 $(\,0, D_3 P, -D_2 P\,)$ 在跡 $|\sigma|$ 上每個點都連續，所以，依定理 8，可得

$$\int_\sigma D_3 P\,(x\,,\,y\,,\,z)\,dz\,dx - D_2 P\,(x\,,\,y\,,\,z)\,dx\,dy$$
$$= -\int_A [\, D_2 P(\sigma(u,v)) + D_3 P(\sigma(u,v))\, D_2 f(u,v)\,]\, d(u,v)\ \text{。}$$

由此可得

$$\int_{\sigma\circ\gamma} P(x\,,\,y\,,\,z)\,dx = \int_\sigma D_3 P\,(x\,,\,y\,,\,z)\,dz\,dx - D_2 P\,(x\,,\,y\,,\,z)\,dx\,dy\ \text{。}$$

請注意：在上述等式的證明中，我們沒有使用函數 f 在 A 上二次連續可微分的假設，而只需要 f 在 A 上連續可微分。

同理可證下述等式：

$$\int_{\sigma\circ\gamma} Q(x\,,\,y\,,\,z)\,dy = \int_\sigma -D_3 Q\,(x\,,\,y\,,\,z)\,dy\,dz + D_1 Q\,(x\,,\,y\,,\,z)\,dx\,dy\ \text{。}$$

最後證明有關函數 R 的類似等式。因為 $\sigma\circ\gamma : [\,a\,,\,b\,] \to \boldsymbol{R}^3$ 是 $\boldsymbol{R}^3$ 中的分段平滑曲線，而且向量值函數 $(\,0,0,R\,)$ 在 $\sigma\circ\gamma$ 的跡 $|\sigma\circ\gamma|$ 上每個點都連續，所以，依 §7-2 定理 18，可得

$$\int_{\sigma\circ\gamma} R(x\,,\,y\,,\,z)\,dz$$
$$= \int_a^b R(\sigma(\gamma(t)))\,[\,D_1 f(\gamma(t))\gamma_1'(t) + D_2 f(\gamma(t))\gamma_2'(t)\,]\ dt\ \text{。}$$

因為 $\gamma = (\,\gamma_1\,,\,\gamma_2\,) : [\,a\,,\,b\,] \to \boldsymbol{R}^2$ 是 $\boldsymbol{R}^2$ 中的一分段平滑曲線，而且向量值函數 $(\,(R\circ\sigma)\cdot D_1 f, (R\circ\sigma)\cdot D_2 f\,)$ 在 γ 的跡 $|\gamma|$ 上每個點都連續，所以，依 §7-2 定理 18，可得

$$\int_a^b R(\sigma(\gamma(t)))\,[\,D_1 f(\gamma(t))\gamma_1'(t) + D_2 f(\gamma(t))\gamma_2'(t)\,]\ dt$$
$$= \int_\gamma (R\circ\sigma)(u,v)D_1 f(u,v)\,du + (R\circ\sigma)(u,v)D_2 f(u,v)\,dv\ \text{。}$$

因為集合 A 與曲線 γ 滿足 Green 定理的假設，所以，可得

$$\int_\gamma (R\circ\sigma)(u,v)D_1f(u,v)\,du + (R\circ\sigma)(u,v)D_2f(u,v)\,dv$$
$$= \int_A \{D_1((R\circ\sigma)\cdot D_2f)(u,v) - D_2((R\circ\sigma)\cdot D_1f)(u,v)\}\,d(u,v)\,\text{。}$$

因為函數 f 在集合 A 上二次連續可微分，函數 R 在集合 B 上連續可微分，所以，$D_{12}f = D_{21}f$，而且依連鎖規則，可得

$$D_1((R\circ\sigma)\cdot D_2f)(u,v) - D_2((R\circ\sigma)\cdot D_1f)(u,v)$$
$$= D_2f(u,v)D_1(R\circ\sigma)(u,v) + (R\circ\sigma)(u,v)D_{12}f(u,v)$$
$$\quad - D_1f(u,v)D_2(R\circ\sigma)(u,v) - (R\circ\sigma)(u,v)D_{21}f(u,v)$$
$$= D_2f(u,v)[D_1R(\sigma(u,v)) + D_3R(\sigma(u,v))D_1f(u,v)]$$
$$\quad - D_1f(u,v)[D_2R(\sigma(u,v)) + D_3R(\sigma(u,v))D_2f(u,v)]$$
$$= -D_2R(\sigma(u,v))D_1f(u,v) + D_1R(\sigma(u,v))D_2f(u,v)\,\text{。}$$

因為集合 A 是 $\boldsymbol{R}^2$ 中的緊緻 Jordan 可測集，曲面 σ 是一定向曲面，其定向選為與 $D_1\sigma(u,v)\times D_2\sigma(u,v) = (-D_1f(u,v), -D_2f(u,v), 1)$ 同方向的單位法向量，而且有界向量值函數 $(D_2R, -D_1R, 0)$ 在跡 $|\sigma|$ 上每個點都連續，所以，依定理 8，可得

$$\int_\sigma D_2R(x,y,z)\,dy\,dz - D_1R(x,y,z)\,dz\,dx$$
$$= \int_A [-D_2R(\sigma(u,v))D_1f(u,v) + D_1R(\sigma(u,v))D_2f(u,v)]\,d(u,v)\,\text{。}$$

由此可得

$$\int_{\sigma\circ\gamma} R(x,y,z)\,dz = \int_\sigma D_2R(x,y,z)\,dy\,dz - D_1R(x,y,z)\,dz\,dx\,\text{。}$$

將所得三個等式相加，即得

$$\int_{\sigma\circ\gamma} P(x,y,z)\,dx + Q(x,y,z)\,dy + R(x,y,z)\,dz$$
$$= \int_\sigma (D_2R - D_3Q)\,dy\,dz + (D_3P - D_1R)\,dz\,dx + (D_1Q - D_2P)\,dx\,dy\,\text{。}$$

因為函數 $\sigma : A \to \boldsymbol{R}^3$ 可由其映像 $|\sigma| = S$ 所完全確定，所以，上述等式可直接寫成

$$\int_{\partial S} P(x,y,z)\,dx + Q(x,y,z)\,dy + R(x,y,z)\,dz$$

$$= \int_S (D_2 R - D_3 Q)\,dy\,dz + (D_3 P - D_1 R)\,dz\,dx + (D_1 Q - D_2 P)\,dx\,dy。$$

這就完成本引理的證明。 ‖

【引理 18】（Stokes 定理的特殊情形之二）

設圖形 $S \subset \mathbf{R}^3$ 可表成 $S = \{(v, f(u,v), u) \mid (u,v) \in A\}$，其中，$A \subset \mathbf{R}^2$ 是圖形 S 在 zx 平面上的射影，而 $f: A \to \mathbf{R}$ 為一函數。若

(1)函數 f 在集合 A 上為二次連續可微分；

(2)集合 A 滿足 §7-2 定理 26(1)（Green 定理）的假設條件；

(3)$P, Q, R: B \to \mathbf{R}$ 是有界的連續可微分函數，而且 $S \subset B \subset \mathbf{R}^3$；則當平滑曲面 $\sigma: (u,v) \mapsto (v, f(u,v), u) \, ((u,v) \in A)$ 的定向選成 y 坐標為正數的單位法向量時，可得

$$\int_{\partial S} P(x,y,z)\,dx + Q(x,y,z)\,dy + R(x,y,z)\,dz$$

$$= \int_S (D_2 R - D_3 Q)\,dy\,dz + (D_3 P - D_1 R)\,dz\,dx + (D_1 Q - D_2 P)\,dx\,dy。$$

證：與引理 17 類似。 ‖

【引理 19】（Stokes 定理的特殊情形之三）

設圖形 $S \subset \mathbf{R}^3$ 可表成 $S = \{(f(u,v), u, v) \mid (u,v) \in A\}$，其中，$A \subset \mathbf{R}^2$ 是圖形 S 在 yz 平面上的射影，而 $f: A \to \mathbf{R}$ 為一函數。若

(1)函數 f 在集合 A 上為二次連續可微分；

(2)集合 A 滿足 §7-2 定理 26(1)（Green 定理）的假設條件；

(3)$P, Q, R: B \to \mathbf{R}$ 是有界的連續可微分函數，而且 $S \subset B \subset \mathbf{R}^3$；則當平滑曲面 $\sigma: (u,v) \mapsto (f(u,v), u, v) \, ((u,v) \in A)$ 的定向選成 x 坐標為正數的單位法向量時，可得

$$\int_{\partial S} P(x,y,z)\,dx + Q(x,y,z)\,dy + R(x,y,z)\,dz$$

$$= \int_S (D_2 R - D_3 Q)\,dy\,dz + (D_3 P - D_1 R)\,dz\,dx + (D_1 Q - D_2 P)\,dx\,dy。$$

證：與引理 17 類似。 ‖

【定理 20】（Stokes 定理）

設 $S \subset \mathbf{R}^3$ 是某可定向曲面的跡。若

(1)圖形 S 可表示成有限多個子集 S_1，S_2，$\cdots$，S_n 的聯集使得：每個 S_i 都是引理 17 或引理 18 或引理 19 中所描述的圖形，而且對所有 $i, j = 1, 2, \cdots, n$，$i \neq j$，恆有 $S_i \bigcap S_j = \partial S_i \bigcap \partial S_j$；

(2)$P, Q, R : B \to \mathbf{R}$ 是有界的連續可微分函數，而且 $S \subset B \subset \mathbf{R}^3$；則當 ∂S 的正方向與圖形 S 的定向滿足§7-3 定理 3 前面所提的右手原則時，可得

$$\int_{\partial S} P(x, y, z) \, dx + Q(x, y, z) \, dy + R(x, y, z) \, dz$$
$$= \int_S (D_2 R - D_3 Q) \, dy \, dz + (D_3 P - D_1 R) \, dz \, dx + (D_1 Q - D_2 P) \, dx \, dy 。$$

證：對每個 $i = 1, 2, \cdots, n$，圖形 S_i 的定向選成與圖形 S 的定向一致，∂S_i 的正方向與圖形 S_i 的定向滿足右手原則。因為圖形 S_i 是引理 17 或引理 18 或引理 19 中所描述的圖形，而且函數 P、Q 與 R 在集合 S_i 上連續可微分，所以，依引理 17、或引理 18、或引理 19，可得

$$\int_{\partial S_i} P(x, y, z) \, dx + Q(x, y, z) \, dy + R(x, y, z) \, dz$$
$$= \int_{S_i} (D_2 R - D_3 Q) \, dy \, dz + (D_3 P - D_1 R) \, dz \, dx + (D_1 Q - D_2 P) \, dx \, dy 。$$

另一方面，因為對所有 $i, j = 1, 2, \cdots, n$，$i \neq j$，恆有 $S_i \bigcap S_j = \partial S_i \bigcap \partial S_j$，所以，依§5-3 定理 13 及本節定理 12，可得

$$\int_S (D_2 R - D_3 Q) \, dy \, dz + (D_3 P - D_1 R) \, dz \, dx + (D_1 Q - D_2 P) \, dx \, dy$$
$$= \sum_{i=1}^n \int_{S_i} (D_2 R - D_3 Q) \, dy \, dz + (D_3 P - D_1 R) \, dz \, dx + (D_1 Q - D_2 P) \, dx \, dy 。$$

我們只需證明：

$$\int_{\partial S} P(x, y, z) \, dx + Q(x, y, z) \, dy + R(x, y, z) \, dz$$
$$= \sum_{i=1}^n \int_{\partial S_i} P(x, y, z) \, dx + Q(x, y, z) \, dy + R(x, y, z) \, dz 。 \qquad (*)$$

因為 $S = S_1 \cup S_2 \cup \cdots \cup S_n$，所以，子集 ∂S_1，∂S_2，$\cdots$，∂S_n 上的點可能不屬於 ∂S。當某個 ∂S_i 的一子集不屬於 ∂S 時，必有另一個 ∂S_j 也包含此子集，而且此子集對於 ∂S_i 與 ∂S_j 的正方向相反。因此，依§7-2 定理 17，在對 ∂S_i 與 ∂S_j 的第二型線積分中，在這段子集上的兩個第二型線積分因為同值異號而相消。於是，(*)式右端的第二型線積分之和只留下在 ∂S 上的第二型線積分，這表示(*)式成立。∥

在 Stokes 定理的等式中，左端的第二型線積分的被積分函數 (P, Q, R) 與右端的第二型面積分的被積分函數 $(D_2 R - D_3 Q, D_3 P - D_1 R, D_1 Q - D_2 P)$ 兩者間的關係，請看下述定義及其後面的說明。

【定義 6】設 $f = (f_1, f_2, f_3) : A \to \mathbf{R}^3$ 為一函數，$A \subset \mathbf{R}^3$，$c \in A^0$。若函數 f 在點 c 的所有偏導數都存在，則向量

$$(D_2 f_3(c) - D_3 f_2(c), D_3 f_1(c) - D_1 f_3(c), D_1 f_2(c) - D_2 f_1(c))$$

稱為函數 f 在點 c 的**旋度**(curl)，以 curl $f(c)$ 表之。

§4-2 定義 3 所定義的梯度、本節定義 5 所定義的散度與定義 6 所定義的旋度，都是**向量分析**（vector analysis）中非常重要的概念。若我們以 ∇ 表示由微分算子 D_1、D_2 與 D_3 所成的三維向量 (D_1, D_2, D_3)，即 $\nabla = (D_1, D_2, D_3)$，則對一個三變數實數值函數 $g : A \to \mathbf{R}$ 而言，求 g 的梯度就是將 (D_1, D_2, D_3) 乘以函數 g 而得出 $(D_1 g, D_2 g, D_3 g)$；對一個三變數三維向量值函數 $f = (f_1, f_2, f_3) : A \to \mathbf{R}^3$ 而言，求 f 的散度就是將向量 (D_1, D_2, D_3) 與向量 (f_1, f_2, f_3) 求內積而得出 $D_1 f_1 + D_2 f_2 + D_3 f_3$；求 f 的旋度就是將向量 (D_1, D_2, D_3) 與向量 (f_1, f_2, f_3) 求外積而得出 $(D_2 f_3 - D_3 f_2, D_3 f_1 - D_1 f_3, D_1 f_2 - D_2 f_1)$。

在例 13 中，圖形 S_a 是旋轉橢圓面 $a^2 x^2 + a^2 y^2 + z^2 = 1 + a^2$ 在 $z \geq 1$ 的部分，（當 $a = 1$ 時，圖形 S_a 是一球面。）不同的 a 值所對

應的圖形 S_a 是不同的，但這些圖形 S_a 有一個共同點，那就是：不論正數 a 為何，∂S_a 都是圓 $x^2 + y^2 = 1$、$z = 1$。此外，因為例 13 中的被積分函數 $f(x,y,z) = (xz, -yz, c)$ 是向量值函數 $g(x,y,z) = (y, (c+1)x, xyz)$ 的旋度，所以，依 Stokes 定理，例 13 中的第二型面積分等於函數 g 在圓 $x^2 + y^2 = 1$、$z = 1$ 上的第二型線積分。因為函數 g 的值與圓 $x^2 + y^2 = 1$、$z = 1$ 的方程式都不含 a，所以，對應的第二型線積分值自然與 a 無關。

【例 14】設圖形 C 表示柱面 $x^2 + y^2 = a^2$ 與平面 $x/a + z/b = 1$ 所交的橢圓，其中，$a > 0$，試以兩種方法求下述第二型線積分：

$$\oint_C (y - z)\,dx + (z - x)\,dy + (x - y)\,dz \text{ 。}$$

解 1：直接計算。圖形 C 是下述平滑曲線的跡：

$$\gamma : t \mapsto (a\cos t, a\sin t, b(1 - \cos t)), \quad t \in [0, 2\pi] \text{ 。}$$

因此，依 §7-2 定理 18，可得

$$\oint_C (y - z)\,dx + (z - x)\,dy + (x - y)\,dz$$

$$= \int_0^{2\pi} (a\sin t - b + b\cos t)(-a\sin t)\,dt$$

$$+ \int_0^{2\pi} (b - b\cos t - a\cos t)(a\cos t)\,dt + \int_0^{2\pi} (a\cos t - a\sin t)(b\sin t)\,dt$$

$$= \int_0^{2\pi} (-a^2 - ab + ab\sin t + ab\cos t)\,dt$$

$$= -2\pi a(a + b) \text{ 。}$$

解 2：利用 Stokes 定理。令 S 表示平面 $x/a + z/b = 1$ 上由圖形 C 所圍的區域，而 A 是圖形 S 在 xy 平面上的射影，則得

$$A = \{(x,y) \mid x^2 + y^2 \le a^2\} \text{ ，}$$

$$S = \{(x, y, b(1 - x/a) \mid x^2 + y^2 \le a^2\} \text{ 。}$$

將平滑曲面 $\sigma : (x, y) \mapsto (x, y, b(1 - x/a)\,((x,y) \in A)$ 的定向向量選擇成與 $D_1\sigma(x,y) \times D_2\sigma(x,y) = (b/a, 0, 1)$ 同方向的單位法向

量，則圖形 C 的正方向與圖形 S 的定向滿足 §7-3 定理 3 前面所提的右手原則。於是，依 Stokes 定理，可得

$$\oint_C (y-z)\,dx + (z-x)\,dy + (x-y)\,dz$$

$$= -2\int_S dy\,dz + dz\,dx + dx\,dy = -2\int_A (b/a+1)\,d(x,y)$$

$$= -2\int_0^{2\pi} d\theta \int_0^a (b/a+1)\,r\,dr = -a(a+b)\int_0^{2\pi} d\theta$$

$$= -2\pi a(a+b) \circ \;\|$$

若一個第二型面積分可以引用 Stokes 定理轉換成第二型線積分來計算，則其被積分函數必是某函數的旋度。因此，我們需要知道如何判定一向量值函數是另一向量值函數的旋度。

【定理 21】（旋度的一個有趣性質）

若函數 $f = (f_1, f_2, f_3) : U \to \mathbf{R}^3$ 在星形開集 $U \subset \mathbf{R}^3$ 上連續可微分，而且對每個 $x \in U$，恆有

$$\text{div } f(x) = D_1 f_1(x) + D_2 f_2(x) + D_3 f_3(x) = 0 \text{，}$$

則存在一個函數 $g : U \to \mathbf{R}^3$ 滿足 $f = \text{curl } g$。

（請注意：所謂一集合 $A \subset \mathbf{R}^k$ 是一個**星形集**(star shaped set)，乃是指：A 中有一個點 a 使得：對每個 $x \in A$，恆有 $\overline{ax} \subset A$。）

證：我們設 $a = 0$。函數 $g : U \to \mathbf{R}^3$ 定義如下：對每個 $x \in U$，令

$$g(x) = \int_0^1 f(tx) \times tx \; dt \circ$$

請注意：上式右端的被積分函數是由外積所成的一個向量值函數，此向量值函數的積分值，乃是將各個坐標函數分別積分後所得積分值所成的向量。換句話說，若 $g = (g_1, g_2, g_3)$ 且 $x = (x_1, x_2, x_3)$，則得

$$g_1(x) = \int_0^1 (f_2(tx) \cdot tx_3 - f_3(tx) \cdot tx_2) \; dt \text{，}$$

$$g_2(x) = \int_0^1 (f_3(tx) \cdot tx_1 - f_1(tx) \cdot tx_3) \; dt \text{，}$$

$$g_3(x) = \int_0^1 (f_1(tx) \cdot tx_2 - f_2(tx) \cdot tx_1) \; dt \circ$$

因為函數 $f : U \to \mathbf{R}^3$ 在開集 U 上連續可微分，所以，依§5-3 練習題 18，可得

$$D_2 g_3(x) = \int_0^1 (t^2 x_2\, D_2 f_1(tx) + t\, f_1(tx) - t^2 x_1\, D_2 f_2(tx))\ dt\ ,$$

$$D_3 g_2(x) = \int_0^1 (t^2 x_1\, D_3 f_3(tx) - t^2 x_3\, D_3 f_1(tx) - t\, f_1(tx))\ dt\ 。$$

因為 $\operatorname{div} f(tx) = 0$，所以，$-D_2 f_2(tx) - D_3 f_3(tx) = D_1 f_1(tx)$。於是，將兩式相減，即得

$$D_2 g_3(x) - D_3 g_2(x)$$

$$= \int_0^1 (t^2 x_1\, D_1 f_1(tx) + t^2 x_2\, D_2 f_1(tx) + t^2 x_3\, D_3 f_1(tx) + 2t\, f_1(tx))\, dt$$

$$= \int_0^1 \frac{d}{dt}[t^2 f_1(tx)]\ dt$$

$$= f_1(x)\ 。$$

同理，$D_3 g_1(x) - D_1 g_3(x) = f_2(x)$，$D_1 g_2(x) - D_2 g_1(x) = f_3(x)$。

由此可知：對每個 $x \in U$，恆有 $f(x) = \operatorname{curl} g(x)$。 $\|$

【例 15】設圖形 S 表示球面 $x^2 + y^2 + z^2 = a^2$ 的上半部分，並將定向向量選成向上的單位法向量，試以兩種方法求下述第二型面積分：

$$\int_S 2y\, dy\, dz + 2z\, dz\, dx + 3\, dx\, dy\ 。$$

解 1：直接計算。我們將圖形 S 視為下述曲面 $\sigma : A \to \mathbf{R}^3$ 的跡：

$$\sigma(u,v) = (a \sin u \cos v,\ a \sin u \sin v,\ a \cos u)\ ,$$

$$(u,v) \in A = [\,0, \pi/2\,] \times [\,0, 2\pi\,]\ 。$$

因為對每個 $(u,v) \in A$，恆有

$$D_1 \sigma(u,v) \times D_2 \sigma(u,v)$$

$$= (a^2 \sin^2 u \cos v,\ a^2 \sin^2 u \sin v,\ a^2 \sin u \cos u)\ ,$$

而其 z 坐標恆大於或等於 0，所以，$D_1 \sigma(u,v) \times D_2 \sigma(u,v)$ 是向上的法向量。依定理 8，可得

$$\int_S 2y\,dy\,dz + 2z\,dz\,dx + 3\,dx\,dy$$

$$= \int_A a^2 (2a\sin^3 u \sin v \cos v + 2a\sin^2 u \cos u \sin v + 3\sin u \cos u)\,d(u,v)$$

$$= \int_0^{2\pi} a^2 dv \int_0^{\pi/2} (2a\sin^3 u \sin v \cos v + 2a\sin^2 u \cos u \sin v + 3\sin u \cos u)\,du$$

$$= \int_0^{2\pi} a^2 (\frac{4}{3} a \sin v \cos v + \frac{2}{3} a \sin v + \frac{3}{2})\,dv$$

$$= 3\pi a^2 \ 。$$

解 2：利用 Stokes 定理。令 $f(x,y,z) = (2y, 2z, 3)$，則依定理 19 的證明，滿足 $f = \operatorname{curl} g$ 的函數 g 可計算如下：

$$g(x,y,z) = \int_0^1 (2ty, 2tz, 3) \times (tx, ty, tz)\,dt$$

$$= \int_0^1 (2t^2 z^2 - 3ty, 3tx - 2t^2 yz, 2t^2 y^2 - 2t^2 xz)\,dt$$

$$= (\frac{2}{3} z^2 - \frac{3}{2} y,\ \frac{3}{2} x - \frac{2}{3} yz,\ \frac{2}{3} y^2 - \frac{2}{3} xz)\ 。$$

我們將圖形 ∂S 視為下述曲線 $\gamma : [0, 2\pi] \to \mathbf{R}^3$ 的跡：

$$\gamma(t) = (a\cos t,\ a\sin t, 0),\quad t \in [0, 2\pi]\ 。$$

依 Stokes 定理，可得

$$\int_S 2y\,dy\,dz + 2z\,dz\,dx + 3\,dx\,dy$$

$$= \int_{\partial S} (\frac{2}{3} z^2 - \frac{3}{2} y)\,dx + (\frac{3}{2} x - \frac{2}{3} yz)\,dy + (\frac{2}{3} y^2 - \frac{2}{3} xz)\,dz$$

$$= \int_0^{2\pi} a^2 (\frac{3}{2}\sin^2 t + \frac{3}{2}\cos^2 t + 0)\,dt$$

$$= 3\pi a^2 \ 。\ \|$$

練習題 7－4

1.設 $\sigma(u,v) = (u\cos v,\ u\sin v, v)$，$(u,v) \in [0, a] \times [0, 2\pi]$，試求第一型面積分 $\int_\sigma z\,dS$ 。

2.試求第一型面積分 $\int_{\sigma} (x+y+z)\,dS$，其中

$$\sigma(u,v) = (a\sin u\cos v, a\sin u\sin v, a\cos u)\,,$$
$$(u,v)\in[0,\pi/2]\times[0,2\pi]\,。$$

3.試求第一型面積分 $\int_{S} f(x,y,z)\,dS$，其中的 S 是球面 $x^2+y^2+z^2=a^2$，而函數 $f:\boldsymbol{R}^3\to\boldsymbol{R}$ 定義如下：

$$f(x,y,z) = \begin{cases} x^2+y^2, & \text{若 } z\geq\sqrt{x^2+y^2}\,; \\ 0, & \text{若 } z\leq\sqrt{x^2+y^2}\,。 \end{cases}$$

4.設圖形 E 表示橢圓面 $x^2/a^2+y^2/b^2+z^2/c^2=1$，對橢圓面 E 上每個點 $P(x,y,z)$，令 $f(x,y,z)$ 表示原點至圖形 E 過點 P 的切平面的垂直距離。試證：

(1)$\int_{E} f(x,y,z)\,dS = 4\pi abc$。

(2)$\int_{E} (f(x,y,z))^{-1}\,dS = 4\pi(abc)^{-1}(b^2c^2+c^2a^2+a^2b^2)$。

5.設 S 表示球面 $x^2+y^2+z^2=1$，(u,v,w) 為 $\boldsymbol{R}^3$ 中的向量，而 $f:\boldsymbol{R}\to\boldsymbol{R}$ 為一函數。試證：

$$\int_{S} f(ux+vy+wz)\,dS = 2\pi\int_{-1}^{1} f(t\sqrt{u^2+v^2+w^2})\,dt。$$

6.設 S 表示球面 $x^2+y^2+z^2=a^2$，並將定向選成向外的單位法向量，試用兩種方法求第二型面積分

$$\int_{S} x\,dy\,dz + y\,dz\,dx + z\,dx\,dy。$$

7.設 C 表示錐面 $x^2+y^2=z^2$ $(0\leq z\leq h)$，並將定向選成向外的單位法向量，試用兩種方法求下述第二型面積分：

$$\int_{C} (y-z)\,dy\,dz + (z-x)\,dz\,dx + (x-y)\,dx\,dy。$$

8.設圖形 E 表示橢圓面 $x^2/a^2+y^2/b^2+z^2/c^2=1$，並將定向選成向外的單位法向量，試用兩種方法求第二型面積分

$$\int_E z\, dx\, dy \ 。$$

9. 設 $\{(x,y,z) \mid 0 \le z \le x^2 + y^2,\ x^2 + y^2 \le 1,\ x \ge 0,\ y \ge 0\}$ 的
   邊界為 S，並將定向選成向外的單位法向量，試用兩種方法求
   第二型面積分

$$\int_S -xz\, dy\, dz + x^2 y\, dz\, dx + y^2 z\, dx\, dy \ 。$$

10. 設集合 $V \subset \mathbf{R}^3$ 滿足 Gauss 定理的假設條件(1)，並將其邊界 V^b 的
    定向選成向外的單位法向量，試就原點為 V 的內點或外點求下
    述第二型面積分：

$$\int_{V^b} \frac{x\, dy\, dz + y\, dz\, dx + z\, dx\, dy}{(x^2 + y^2 + z^2)^{3/2}} \ 。$$

11. 設圖形 C 表示球面 $x^2 + y^2 + z^2 = 1$ 與平面 $x + y + z = 0$ 所交的
    圓，而且由點 $(0, 1/\sqrt{2}, -1/\sqrt{2})$ 至點 $(-1/\sqrt{2}, 1/\sqrt{2}, 0)$ 至點
    $(-1/\sqrt{2}, 0, 1/\sqrt{2})$ 的方向為正方向，試用兩種方法求第二型
    線積分

$$\int_C y\, dx + z\, dy + x\, dz \ 。$$

12. 設 C 為由點 $(a,0,0)$ 至 $(0,a,0)$ 至 $(0,0,a)$ 至 $(a,0,0)$ 的
    三角形，試求第二型線積分

$$\int_C (z-y)dx + (x-z)\, dy + (y-x)\, dz \ 。$$

13. 設函數 $f: \mathbf{R}^3 \to \mathbf{R}^3$ 定義為 $f(x,y,z) = (x, y, -2z)$，試求一
    函數 $g: \mathbf{R}^3 \to \mathbf{R}^3$ 使得 $f = \text{curl } g$。

第 *8* 章

無窮級數與無窮乘積

本章所要討論的主題，乃是無窮級數與無窮乘積的收斂理論及相關應用。在無窮級數方面，我們包括了以 R^k 空間中的點做為級數各項的無窮級數。至於無窮乘積，則只考慮各項為數（實數或複數）的情形。

無窮級數的收斂理論，乃是分析數學中重要的成就之一。它在分析數學中有很廣泛的應用，例如：它可用來解微分方程式、定義新的函數、以及觀察函數在定點附近的局部行為，等等。

8-1 無窮級數及其和

因為 R^k 是一向量空間，所以，R^k 中的元素可以做加法運算。將這加法運算與點列的極限概念結合，我們可在 R^k 中定義無窮級數及其和的概念。

甲、歐氏空間中的無窮級數

【定義 1】設 $\{x_n\}$ 是 R^k 中的一點列。對每個 $n \in N$ ，令

$$s_n = x_1 + x_2 + \cdots + x_n，$$

則點列 $\{s_n\}$ 稱為 R^k 中由點列 $\{x_n\}$ 所形成的**無窮級數**(infinite series)，或簡稱為**級數**(series)，以

$$\sum_{n=1}^{\infty} x_n \quad 或 \quad x_1 + x_2 + \cdots + x_n + \cdots$$

表之。x_n 稱為它的第 n **項**(nth term)，而 s_n 稱為此無窮級數的第 n 個**部分和**(nth partial sum)。若點列 $\{s_n\}$ 是收斂點列，則稱無窮級數 $\sum_{n=1}^{\infty} x_n$ 為一個**收斂級數**(convergent series)，而點列 $\{s_n\}$ 的極限 $\lim_{n\to\infty} s_n$ 稱為 $\sum_{n=1}^{\infty} x_n$ 的**和**(sum)，記為

$$\sum_{n=1}^{\infty} x_n = x_1 + x_2 + \cdots + x_n + \cdots = \lim_{n\to\infty} s_n \; 。$$

請注意：在上面的表示法中，$\sum_{n=1}^{\infty} x_n$ 這記號代表兩種意義。它一方面表示無窮級數本身，一方面也表示此無窮級數的和。儘管如此，在使用時通常不會混淆，因為只有在無窮級數收斂時，此記號才也表示和。

若一個無窮級數不是收斂級數，則稱之為**發散級數**(divergent series)。

有時後，我們為了方便起見，一個無窮級數不一定都從 $n=1$ 開始。它可以從某個 $m \in N$ 開始，像 $\sum_{n=m}^{\infty} x_n$；也可以從 $n=0$ 開始，像 $\sum_{n=0}^{\infty} x_n$；必要時還可以從某個負整數開始。

下面我們討論無窮級數的一些基本性質。

【定理 1】（無窮級數的和與各種運算）

設 $\sum_{n=1}^{\infty} x_n$ 與 $\sum_{n=1}^{\infty} y_n$ 是 R^k 中二無窮級數，$c \in R$，$w \in R^k$。若 $\sum_{n=1}^{\infty} x_n$ 與 $\sum_{n=1}^{\infty} y_n$ 都是收斂級數，其和分別為 s 與 t，則

(1)級數 $\sum_{n=1}^{\infty} (x_n + y_n)$ 是收斂級數，其和為 $s+t$，亦即

$$\sum_{n=1}^{\infty} (x_n + y_n) = \sum_{n=1}^{\infty} x_n + \sum_{n=1}^{\infty} y_n \; 。$$

(2)級數 $\sum_{n=1}^{\infty} (x_n - y_n)$ 是收斂級數，其和為 $s-t$，亦即

$$\sum_{n=1}^{\infty} (x_n - y_n) = \sum_{n=1}^{\infty} x_n - \sum_{n=1}^{\infty} y_n \text{。}$$

(3)級數 $\sum_{n=1}^{\infty} c \cdot x_n$ 是收斂級數，其和為 $c \cdot s$，亦即

$$\sum_{n=1}^{\infty} c \cdot x_n = c \cdot \sum_{n=1}^{\infty} x_n \text{。}$$

(4)級數 $\sum_{n=1}^{\infty} \langle w, x_n \rangle$ 是收斂級數，其和為 $\langle w, s \rangle$，亦即

$$\sum_{n=1}^{\infty} \langle w, x_n \rangle = \langle w, \sum_{n=1}^{\infty} x_n \rangle \text{。}$$

證：對每個 $n \in N$，令

$$s_n = x_1 + x_2 + \cdots + x_n \text{，}$$
$$t_n = y_1 + y_2 + \cdots + y_n \text{，}$$

則 $\sum_{n=1}^{\infty} (x_n + y_n)$、$\sum_{n=1}^{\infty} (x_n - y_n)$、$\sum_{n=1}^{\infty} c \cdot x_n$ 與 $\sum_{n=1}^{\infty} \langle w, x_n \rangle$ 的第 n 個部分和分別為 $s_n + t_n$、$s_n - t_n$、$c \cdot s_n$ 與 $\langle w, s_n \rangle$。依 §3-1 定理 4 的(2)、(3)、(4)與(5)，即得本定理的結論。$\parallel$

與點列的情形相似地，R^k 中的無窮級數的斂散性判定與求和也都可以借助於它的「坐標級數」，且看下述定理。

【定理 2】 (以 R 中的收斂表示 R^k 中的收斂)

設 $\sum_{n=1}^{\infty} x_n$ 是 R^k 中一無窮級數而 $a \in R^k$。若對每個 $n \in N$，x_n 的坐標為 $x_n = (x_{1n}, x_{2n}, \cdots, x_{kn})$，則級數 $\sum_{n=1}^{\infty} x_n$ 收斂且其和為 $a = (a_1, a_2, \cdots, a_k)$ 的充要條件是：對每個 $i = 1, 2, \cdots, k$，級數 $\sum_{n=1}^{\infty} x_{in}$ 收斂且和為 a_i。

證：對每個 $n \in N$ 及每個 $i = 1, 2, \cdots, k$，令

$$s_n = x_1 + x_2 + \cdots + x_n \text{，}$$
$$s_{in} = x_{i1} + x_{i2} + \cdots + x_{in} \text{。}$$

顯然地，對每個 $n \in N$ ，恆有 $s_n = (s_{1n}, s_{2n}, \cdots, s_{kn})$ 。於是，依 §3-1 定理 5 ，$\{s_n\}$ 收斂於 $a = (a_1, a_2, \cdots, a_k)$ 的充要條件是：對每個 $i = 1, 2, \cdots, k$ ，$\{s_{in}\}$ 收斂於 a_i 。 ‖

無窮級數的收斂也有一個 Cauchy 條件。

【定理 3】（無窮級數的 Cauchy 收斂條件）

若 $\sum_{n=1}^{\infty} x_n$ 是 R^k 中一無窮級數，則 $\sum_{n=1}^{\infty} x_n$ 收斂的充要條件是：對每個正數 ε ，都可找到一個 $n_0 \in N$ 使得：當 $m > n \geq n_0$ 時，$\| x_{n+1} + x_{n+2} + \cdots + x_m \| < \varepsilon$ 恆成立。

證：對每個 $n \in N$ ，令 $s_n = x_1 + x_2 + \cdots + x_n$ 。當 $m > n \geq n_0$ 時，得

$$s_m - s_n = x_{n+1} + x_{n+2} + \cdots + x_m 。$$

於是，依 §3-1 定理 6，立即可得本定理。 ‖

下面是有關無窮級數的斂散性判定與求和的簡易性質，證明都很容易，留給讀者自行證明。

【定理 4】（級數的斂散性不受有限項的影響）

設 $\sum_{n=1}^{\infty} x_n$ 與 $\sum_{n=1}^{\infty} y_n$ 是 R^k 中二無窮級數。若有一個正整數 n_0 使得：當 $n \geq n_0$ 時，恆有 $x_n = y_n$ ，則 $\sum_{n=1}^{\infty} x_n$ 與 $\sum_{n=1}^{\infty} y_n$ 同為收斂級數或同為發散級數。

【定理 5】（刪去 0 不會影響級數的斂散性及和）

設 $\sum_{n=1}^{\infty} x_n$ 是 R^k 中一無窮級數。若集合 $\{n \in N \,|\, x_n \neq 0\}$ 含有無限多個元素，將其元素依大小順序排列得 $n_1 < n_2 < \cdots < n_m < \cdots$ ，而且對每個 $m \in N$ ，令 $y_m = x_{n_m}$ ，則 $\sum_{n=1}^{\infty} x_n$ 與 $\sum_{m=1}^{\infty} y_m$ 同為收斂級數或同為發散級數。當它們都收斂時，其和相等。

【定理 6】（收斂級數的尾段）

若 $\sum_{n=1}^{\infty} x_n$ 是 R^k 中一無窮級數，則對每個 $m \in N$ ，級數

$\sum_{n=1}^{\infty} x_{m+n}$ 也是收斂級數,而且其和滿足下述等式:

$$\sum_{n=1}^{\infty} x_n = (x_1 + x_2 + \cdots + x_m) + \sum_{n=1}^{\infty} x_{m+n} \text{ 。}$$

【定理 7】(無窮級數的結合律)

設 $\sum_{n=1}^{\infty} x_n$ 是 R^k 中一無窮級數,而 $\{n_m\}$ 是由正整數所成的一個嚴格遞增數列且 $n_1 = 1$。對每個 $m \in N$,令

$$y_m = x_{n_m} + x_{n_m+1} + \cdots + x_{n_{m+1}-1} \text{ 。}$$

若 $\sum_{n=1}^{\infty} x_n$ 是收斂級數,則 $\sum_{m=1}^{\infty} y_m$ 也是收斂級數,而且兩級數的和相等。

【例 1】無窮級數 $\sum_{n=1}^{\infty} (-1)^{n-1}(1/n)$ 是收斂級數,其和為 $\ln 2$,亦即:

$$1 - \frac{1}{2} + \frac{1}{3} - \frac{1}{4} + - \cdots = \ln 2 \text{ 。}$$

將此級數每兩項使用一個括號,即得

$$(1 - \frac{1}{2}) + (\frac{1}{3} - \frac{1}{4}) + \cdots + (\frac{1}{2n-1} - \frac{1}{2n}) + \cdots = \ln 2 \text{ 。}$$

將每個括號內的兩項合併,即得另一個收斂級數及其和如下:

$$\frac{1}{1.2} + \frac{1}{3.4} + \cdots + \frac{1}{(2n-1)(2n)} + \cdots = \ln 2 \text{ 。} \ \|$$

定理 7 告訴我們:在收斂級數中,我們可以隨意添加括號,將若干項合併成一項。這個性質的相反方向的問題是:在什麼情況下,我們才可以去除括號呢?且看下述定理。

【定理 8】(可以去除括號的充分條件之一)

設 $\sum_{n=1}^{\infty} x_n$ 是 R^k 中一無窮級數,而 $\{n_m\}$ 是由正整數所成的一個嚴格遞增數列且 $n_1 = 1$。對每個 $m \in N$,令

$$y_m = x_{n_m} + x_{n_m+1} + \cdots + x_{n_{m+1}-1} \text{ ,}$$

$$z_m = \left\| x_{n_m} \right\| + \left\| x_{n_m+1} \right\| + \cdots + \left\| x_{n_{m+1}-1} \right\| \; \circ$$

若 $\sum_{m=1}^{\infty} y_m$ 是收斂級數且 $\lim_{m \to \infty} z_m = 0$，則 $\sum_{n=1}^{\infty} x_n$ 也是收斂級數，而且兩級數的和相等。

證：對每個 $n \in N$ 及每個 $m \in N$，令

$$s_n = x_1 + x_2 + \cdots + x_n \; ,$$
$$t_m = y_1 + y_2 + \cdots + y_m \; \circ$$

設 $\sum_{m=1}^{\infty} y_m = s$，則 $\lim_{m \to \infty} t_m = s$。對每個 $n \in N$，必有唯一的一個 $m \in N$ 滿足 $n_m \leq n < n_{m+1}$。由此得

$$s_n = s_{n_{m+1}-1} - (x_{n+1} + x_{n+2} + \cdots + x_{n_{m+1}-1})$$
$$= t_m - (x_{n+1} + x_{n+2} + \cdots + x_{n_{m+1}-1}) \; ,$$
$$\left\| s_n - s \right\| \leq \left\| t_m - s \right\| + z_m \; \circ$$

於是，由 $\lim_{m \to \infty} t_m = s$ 及 $\lim_{m \to \infty} z_m = 0$ 即得本定理的結論。 ‖

【定理 9】（可以去除括號的充分條件之二）

設 $\sum_{n=1}^{\infty} x_n$ 是 R^k 中一無窮級數，p 為任意正整數。對每個 $m \in N$，令

$$y_m = x_{(m-1)p+1} + x_{(m-1)p+2} + \cdots + x_{mp} \; \circ$$

若 $\sum_{m=1}^{\infty} y_m$ 是收斂級數且 $\lim_{n \to \infty} x_n = 0$，則 $\sum_{n=1}^{\infty} x_n$ 也是收斂級數，而且兩級數的和相等。

證：由 $\lim_{n \to \infty} x_n = 0$ 可得 $\lim_{n \to \infty} \left\| x_n \right\| = 0$。因位每個 y_m 所含的項數為固定整數 p，所以，可得

$$\lim_{m \to \infty} (\left\| x_{(m-1)p+1} \right\| + \left\| x_{(m-1)p+2} \right\| + \cdots + \left\| x_{mp} \right\|) = 0 \; \circ$$

依定理 8 即得本系理之結論。 ‖

【定理 10】（收斂級數的各項所成的點列）

若 $\sum_{n=1}^{\infty} x_n$ 是 R^k 中一收斂級數，則點列 $\{ x_n \}$ 是收斂點列，且其

極限為 0，亦即：$\lim_{n\to\infty} x_n = 0$。

證：對每個 $n \in N$，令

$$s_n = x_1 + x_2 + \cdots + x_n \text{。}$$

設 $\sum_{n=1}^{\infty} x_n$ 的和為 s，則 $\lim_{n\to\infty} s_n = s$。

設 ε 為任意正數。因為 $\lim_{n\to\infty} s_n = s$，所以，對於正數 $\varepsilon/2$，必可找到一正整數 n_0 使得：當 $n \geq n_0$ 時，$\| s_n - s \| < \varepsilon/2$。若 $n \geq n_0 + 1$，則 $n > n-1 \geq n_0$。於是，$\| s_n - s \| < \varepsilon/2$ 而且 $\| s_{n-1} - s \| < \varepsilon/2$。由此可得

$$\| x_n \| = \| s_n - s_{n-1} \| = \| (s_n - s) - (s_{n-1} - s) \|$$
$$\leq \| s_n - s \| + \| s_{n-1} - s \| < \varepsilon/2 + \varepsilon/2 = \varepsilon \text{。}$$

由此可知：$\lim_{n\to\infty} x_n = 0$。||

【定理 11】（級數發散的一個充分條件）

在 R^k 中，若點列 $\{x_n\}$ 發散或收斂但極限不是 0，則無窮級數 $\sum_{n=1}^{\infty} x_n$ 是發散級數。

【例 2】設 $p(x) = a_0 x^r + a_1 x^{r-1} + \cdots + a_r$ 與 $q(x) = b_0 x^s + b_1 x^{s-1} + \cdots + b_s$ 為二多項式，$a_0 b_0 \neq 0$。若 $r > s$，則數列 $\{ p(n)/q(n) \}$ 是發散數列。若 $r = s$，則數列 $\{ p(n)/q(n) \}$ 的極限 a_0/b_0 不等於 0。依系理 11，若 $r \geq s$，無窮級數 $\sum_{n=1}^{\infty} (p(n)/q(n))$ 是發散級數。||

【例 3】若 $a, r \in R$、$a \neq 0$ 且 $|r| \geq 1$，則無窮等比級數 $\sum_{n=1}^{\infty} ar^{n-1}$ 是發散級數。

證：若 $|r| > 1$ 或 $r = -1$，則數列 $\{ ar^{n-1} \}$ 是發散數列。若 $r = 1$，則數列 $\{ ar^{n-1} \}$ 的極限 a 不等於 0。依系理 11，$\sum_{n=1}^{\infty} ar^{n-1}$ 是發散級數。||

【例 4】若 $\alpha, \beta \in R$ 且 α/π 不是整數，則無窮級數 $\sum_{n=1}^{\infty} \sin(n\alpha + \beta)$ 是發散級數。

證：假設無窮級數 $\sum_{n=1}^{\infty} \sin(n\alpha + \beta)$ 是一個收斂級數，則依前面的定

理 10，可得 $\lim_{n\to\infty} \sin(n\alpha+\beta)=0$ 。因為 α/π 不是整數，所以，$\sin\alpha\neq 0$ 。於是，對於正數 $|\sin\alpha|\big/\sqrt{4+\sin^2\alpha}$ ，必可找到一個 $n_0\in N$ 使得：當 $n\geq n_0$ 時，恆有

$$\left|\sin\left(n\alpha+\beta\right)\right|<\frac{\left|\sin\alpha\right|}{\sqrt{4+\sin^2\alpha}}\ 。$$

對每個正整數 $n\geq n_0$ ，可得 $\left|\sin\left(n\alpha+\beta\right)\right|+\left|\sin\left(n\alpha+\alpha+\beta\right)\right|<2\left|\sin\alpha\right|\big/\sqrt{4+\sin^2\alpha}$ 。因為

$$
\begin{aligned}
&\left|\sin\left(n\alpha+\alpha+\beta\right)\right|\\
=&\left|\sin\left(n\alpha+\beta\right)\cos\alpha+\cos\left(n\alpha+\beta\right)\sin\alpha\right|\\
\geq&\left|\sin\alpha\right|\sqrt{1-\sin^2\left(n\alpha+\beta\right)}-\left|\sin\left(n\alpha+\beta\right)\right|\left|\cos\alpha\right|\\
\geq&\left|\sin\alpha\right|\sqrt{1-\sin^2\left(n\alpha+\beta\right)}-\left|\sin\left(n\alpha+\beta\right)\right|,
\end{aligned}
$$

所以，可得

$$
\begin{aligned}
\left|\sin\left(n\alpha+\beta\right)\right|+\left|\sin\left(n\alpha+\alpha+\beta\right)\right|&\geq\left|\sin\alpha\right|\sqrt{1-\sin^2\left(n\alpha+\beta\right)}\\
&\geq\left|\sin\alpha\right|\sqrt{1-\frac{\sin^2\alpha}{4+\sin^2\alpha}}\\
&=\frac{2\left|\sin\alpha\right|}{\sqrt{4+\sin^2\alpha}},
\end{aligned}
$$

此與上述結果矛盾。因此，$\sum_{n=1}^{\infty}\sin(n\alpha+\beta)$ 是發散級數。 $\parallel$

乙、重排與絕對收斂

根據定理 7，對於收斂級數，我們可以隨意添加括號，這個性質可以看成收斂級數求和的結合律。除了結合律之外，我們也可以問：收斂級數求和也滿足交換律嗎？這個問題的答案是否定的，先看兩個例子。

【例 5】已知 $\sum_{n=1}^{\infty} (-1)^{n-1}(1/n) = \ln 2$（參看 §8-2 例 15），亦即：

$$1 - \frac{1}{2} + \frac{1}{3} - \frac{1}{4} + \cdots + \frac{1}{4n-3} - \frac{1}{4n-2} + \frac{1}{4n-1} - \frac{1}{4n} + \cdots = \ln 2 \ 。$$

依定理 1 (3)，可得

$$\frac{1}{2} - \frac{1}{4} + \frac{1}{6} - \frac{1}{8} + \cdots + \frac{1}{8n-6} - \frac{1}{8n-4} + \frac{1}{8n-2} - \frac{1}{8n} + \cdots = \frac{1}{2}\ln 2 \ 。$$

再依定理 5，可得

$$0 + \frac{1}{2} + 0 - \frac{1}{4} + \cdots + 0 + \frac{1}{4n-2} + 0 - \frac{1}{4n} + \cdots = \frac{1}{2}\ln 2 \ 。$$

將第一式與第三式相加，依定理 1 (1)，得

$$1 + 0 + \frac{1}{3} - \frac{1}{2} + \cdots + \frac{1}{4n-3} + 0 + \frac{1}{4n-1} - \frac{1}{2n} + \cdots = \frac{3}{2}\ln 2 \ 。$$

再依定理 5，可得

$$1 + \frac{1}{3} - \frac{1}{2} + \frac{1}{5} + \frac{1}{7} - \frac{1}{4} + \cdots + \frac{1}{4n-3} + \frac{1}{4n-1} - \frac{1}{2n} + \cdots = \frac{3}{2}\ln 2 \ 。$$

上式左端乃是將級數 $\sum_{n=1}^{\infty} (-1)^{n-1}(1/n)$ 的各項適當更換順序而得的，但兩級數的和不相等。‖

【例 6】對於級數 $\sum_{n=1}^{\infty} (-1)^{n}(1/n) = -\ln 2$ ，我們舉一個更換順序的例子如下：對每個 $n \in \mathbf{N}$，將奇數項 $-(1/(2n-1))$ 移動到緊接在 $1/2^{8n}$ 的後面；而所有的偶數項不變動原有的前後順序，得一無窮級數如下：

$$\frac{1}{2} + \frac{1}{4} + \cdots + \frac{1}{2^8} - 1 + \frac{1}{2^8+2} + \frac{1}{2^8+4} + \cdots + \frac{1}{2^{16}} - \frac{1}{3} + \cdots \cdots \ 。$$

我們將證明此級數是發散級數。

令 t_n 表示此級數的第 n 個部分和，則當 $n = 2^{8k-1} + k$ 時，可得

$$t_n = \sum_{m=1}^{2^{8k-1}} \frac{1}{2m} - \sum_{m=1}^{k} \frac{1}{2m-1}$$

$$> \frac{1}{4} + \frac{1}{4} + \sum_{p=1}^{8k-2} \left(\frac{1}{2(2^p+1)} + \frac{1}{2(2^p+2)} + \cdots + \frac{1}{2(2^{p+1})} \right) - k$$

$$> \frac{1}{4} + \frac{1}{4} + \sum_{p=1}^{8k-2} \frac{2^p}{2(2^{p+1})} - k$$

$$= 2k - k = k \text{ 。}$$

由此可知：部分和數列 $\{t_n\}$ 有一個子數列為發散數列。於是，$\{t_n\}$ 是發散數列，亦即：本例中的級數是發散級數。 ‖

　　前面兩個例子告訴我們：將一個收斂數列的各項更換順序時，所得的新級數可能是一個和不相等的收斂級數，也可能是一個發散級數。這表示一般的收斂級數在求和時不一定滿足交換律。什麼樣的收斂級數才滿足交換律呢？下面的定理 13 與定理 14 提供所要的答案，我們先寫出兩個定義。

【定義 2】設 $\sum_{n=1}^{\infty} x_n$ 是 $\mathbf{R}^k$ 中一無窮級數。若 $\varphi : \mathbf{N} \to \mathbf{N}$ 為一個一對一且映成的函數，則級數 $\sum_{n=1}^{\infty} x_{\varphi(n)}$ 稱為是級數 $\sum_{n=1}^{\infty} x_n$ 的一個**重排**(rearrangement)。

　　例如：例 5 中的重排是由下面的函數 $\varphi : \mathbf{N} \to \mathbf{N}$ 所定義的：

$$\varphi(n) = \begin{cases} 4m-3， & \text{若 } n=3m-2 ; \\ 4m-1， & \text{若 } n=3m-1 ; \\ 2m， & \text{若 } n=3m 。 \end{cases}$$

例 6 中的重排則是由下面的函數 $\varphi : \mathbf{N} \to \mathbf{N}$ 所定義的：

$$\varphi(n) = \begin{cases} 2n， & \text{若 } 1 \leq n \leq 2^7 ; \\ 2^{8k}+2m， & \text{若 } n=2^{8k-1}+k+m ， k \in \mathbf{N}, \\ & 1 \leq m \leq 2^{8k+7}-2^{8k-1}; \\ 2k-1， & \text{若 } n=2^{8k-1}+k ， k \in \mathbf{N} 。 \end{cases}$$

【定義 3】設 $\sum_{n=1}^{\infty} x_n$ 是 R^k 中一無窮級數。若級數 $\sum_{n=1}^{\infty} \|x_n\|$ 在 R 中是收斂級數，則稱級數 $\sum_{n=1}^{\infty} x_n$ 是 R^k 中的**絕對收斂級數**(absolutely convergent series)。若 $\sum_{n=1}^{\infty} x_n$ 在 R^k 中是收斂級數、但 $\sum_{n=1}^{\infty} \|x_n\|$ 在 R 中不是收斂級數，則稱級數 $\sum_{n=1}^{\infty} x_n$ 是 R^k 中的**條件收斂級數**（conditionally convergent series）。

【定理 12】（絕對收斂的級數必收斂）

若 $\sum_{n=1}^{\infty} x_n$ 是 R^k 中的絕對收斂級數，則 $\sum_{n=1}^{\infty} x_n$ 是收斂級數。更進一步地，若 $\sum_{n=1}^{\infty} x_n = s$ 而 $\sum_{n=1}^{\infty} \|x_n\| = t$，則 $\|s\| \leq t$。

證：設 ε 為任意正數。因為 $\sum_{n=1}^{\infty} x_n$ 是 R^k 中的絕對收斂級數，亦即：$\sum_{n=1}^{\infty} \|x_n\|$ 是 R 中的收斂級數，所以，依定理 3 的 Cauchy 收斂條件，必可找到一個 $n_0 \in N$，使得：當 $m > n \geq n_0$ 時，恆有 $\|\|x_{n+1}\| + \|x_{n+2}\| + \cdots + \|x_m\|\| < \varepsilon$。於是，當 $m > n \geq n_0$ 時，可得

$$\|x_{n+1} + x_{n+2} + \cdots + x_m\| < \|x_{n+1}\| + \|x_{n+2}\| + \cdots + \|x_m\| < \varepsilon。$$

換言之，級數 $\sum_{n=1}^{\infty} x_n$ 滿足定理 3 的 Cauchy 收斂條件。因此，$\sum_{n=1}^{\infty} x_n$ 是一個收斂級數。

另一方面，因為 $\sum_{n=1}^{\infty} \|x_n\| = t$，所以，對每個 $m \in N$，恆有

$$\left\| \sum_{n=1}^{m} x_n \right\| \leq \sum_{n=1}^{m} \|x_n\| \leq \sum_{n=1}^{\infty} \|x_n\| = t。$$

於是，得

$$\|s\| = \left\| \sum_{n=1}^{\infty} x_n \right\| = \lim_{m \to \infty} \left\| \sum_{n=1}^{m} x_n \right\| \leq t，$$

這就是所欲證的結果。 ‖

【定理 13】（Dirichlet 定理）

若 $\sum_{n=1}^{\infty} x_n$ 是 R^k 中的一個絕對收斂級數，則 $\sum_{n=1}^{\infty} x_n$ 的每個重排也都是絕對收斂級數，而且其和與 $\sum_{n=1}^{\infty} x_n$ 的和相等。

證：設 $\varphi : N \to N$ 為一個一對一且映成的函數，則 $\sum_{n=1}^{\infty} x_{\varphi(n)}$ 是級數 $\sum_{n=1}^{\infty} x_n$ 的一個重排。因為級數 $\sum_{n=1}^{\infty} \| x_n \|$ 收斂，所以，必有一正數 M 使得 $\sum_{i=1}^{n} \| x_i \| \leq M$ 對每個 $n \in N$ 都成立。另一方面，對每個 $n \in N$，令 l 表示 $\{ \varphi(1), \varphi(2), \cdots, \varphi(n) \}$ 的最大值，則

$$\| x_{\varphi(1)} \| + \| x_{\varphi(2)} \| + \cdots + \| x_{\varphi(n)} \| \leq \sum_{i=1}^{l} \| x_i \| \leq M \ 。$$

由此可知：無窮級數 $\sum_{n=1}^{\infty} \| x_{\varphi(n)} \|$ 的部分和數列是一個有界遞增數列。依 §1-2 定理 10，可知 $\sum_{n=1}^{\infty} \| x_{\varphi(n)} \|$ 的部分和數列是收斂數列。因此，級數 $\sum_{n=1}^{\infty} \| x_{\varphi(n)} \|$ 是收斂級數，亦即：$\sum_{n=1}^{\infty} x_{\varphi(n)}$ 是絕對收斂級數。

對每個 $n \in N$，令 s_n 與 t_n 分別表示級數 $\sum_{n=1}^{\infty} x_n$ 與 $\sum_{n=1}^{\infty} x_{\varphi(n)}$ 的第 n 個部分和。依定理 12 及前段的結果，可知 $\{ s_n \}$ 與 $\{ t_n \}$ 都是收斂數列，我們將證明兩數列的極限相等。設 ε 是任意正數，因為級數 $\sum_{n=1}^{\infty} \| x_n \|$ 收斂，所以，依定理 3，必可找到 $n_0 \in N$ 使得：當 $m > n \geq n_0$ 時，恆有 $\| x_{n+1} \| + \| x_{n+2} \| + \cdots + \| x_m \| < \varepsilon$。選取一個 $n_1 \in N$ 使得：$n_1 \geq n_0$ 且 $\{ 1, 2, \cdots, n_0 \} \subset \{ \varphi(1), \varphi(2), \cdots, \varphi(n_1) \}$。對每個 $n \geq n_1$，若 r 表示 $\{ 1, 2, \cdots, n \} \bigcup \{ \varphi(1), \varphi(2), \cdots, \varphi(n) \}$ 的最大值，則因為構成部分和 s_n 的項與構成部分和 t_n 的項中都含有 $x_1, x_2, \cdots, x_{n_0}$，這些項在 $s_n - t_n$ 中全部互相消去，所以，得

$$\| s_n - t_n \| \leq \| x_{n_0+1} \| + \| x_{n_0+2} \| + \cdots + \| x_r \| < \varepsilon \ 。$$

由此可知：$\lim_{n \to \infty} \| s_n - t_n \| = 0$，進一步可得 $\lim_{n \to \infty} s_n = \lim_{n \to \infty} t_n$，亦即：級數 $\sum_{n=1}^{\infty} x_n$ 與其重排 $\sum_{n=1}^{\infty} x_{\varphi(n)}$ 的和相等。 ‖

當級數不是絕對收斂時，就不會有定理 13 那種良好的性質了，且看下面的 Riemann 定理。

【定理 14】（Riemann 定理）

若 $\sum_{n=1}^{\infty} x_n$ 是 R 中的一個條件收斂級數，而 $-\infty \leq \alpha \leq \beta \leq +\infty$，則 $\sum_{n=1}^{\infty} x_n$ 有一個重排 $\sum_{n=1}^{\infty} x_{\varphi(n)}$ 的部分和數列 $\{ t_n \}$ 滿足

無窮級數及其和

$$\underline{\lim_{n \to \infty}} \ t_n = \alpha \ , \qquad \overline{\lim_{n \to \infty}} \ t_n = \beta \ 。$$

證：因為 $\sum_{n=1}^{\infty} x_n$ 的各項都是實數、而 $\sum_{n=1}^{\infty} x_n$ 收斂且 $\sum_{n=1}^{\infty} |x_n|$ 發散，所以，級數 $\sum_{n=1}^{\infty} x_n$ 必有無限多項為正數、也有無限多項為負數。令

$$\{ n \in N \mid x_n \geq 0 \} = \{ n_k \mid k \in N \} \ , \quad n_1 < n_2 < \cdots < n_k < \cdots ,$$
$$\{ n \in N \mid x_n < 0 \} = \{ m_l \mid l \in N \} \ , \quad m_1 < m_2 < \cdots < m_l < \cdots .$$

對每個 $k \in N$ 及每個 $l \in N$，令

$$y_k = x_{n_k} \ , \ z_l = -x_{m_l} \ ,$$

則 $y_k \geq 0$，$z_l \geq 0$。因為 $\sum_{n=1}^{\infty} x_n$ 是收斂級數而 $\sum_{n=1}^{\infty} |x_n|$ 是發散級數，所以，$\sum_{k=1}^{\infty} y_k$ 與 $\sum_{l=1}^{\infty} z_l$ 都是發散級數。令 p_k 與 q_k 分別表示 $\sum_{k=1}^{\infty} y_k$ 與 $\sum_{l=1}^{\infty} z_l$ 的第 k 個部分和，則 $\lim_{k \to \infty} p_k = +\infty$，而且 $\lim_{l \to \infty} q_l = +\infty$。

選取兩個實數數列 $\{\alpha_n\}$ 與 $\{\beta_n\}$，使得：$\lim_{n \to \infty} \alpha_n = \alpha$、$\lim_{n \to \infty} \beta_n = \beta$、而且對每個 $n \in N$，恆有 $\alpha_n < \beta_n$，因為 $\lim_{k \to \infty} p_k = +\infty$，所以，必可找到一個 $k_1 \in N$ 使得

$$p_{k_1 - 1} \leq \beta_1 < p_{k_1} \ 。$$

因為 $\lim_{l \to \infty} (-q_l) = -\infty$，所以，必可找到一個 $l_1 \in N$ 使得

$$p_{k_1} - q_{l_1} < \alpha_1 \leq p_{k_1} - q_{l_1 - 1} \ 。$$

同理，可找到二整數 $k_2 , l_2 \in N$ 使得

$$p_{k_2 - 1} - q_{l_1} \leq \beta_2 < p_{k_2} - q_{l_1} \ , \quad p_{k_2} - q_{l_2} < \alpha_2 \leq p_{k_2} - q_{l_2 - 1} \ 。$$

仿此繼續行之，可得兩個嚴格遞增的正整數數列 $\{k_r\}_{r=1}^{\infty}$ 與 $\{l_r\}_{r=1}^{\infty}$ 使得：對每個 $r \in N$，恆有（設 $q_{l_0} = 0$）

$$p_{k_r - 1} - q_{l_{r-1}} \leq \beta_r < p_{k_r} - q_{l_{r-1}} \ , \quad p_{k_r} - q_{l_r} < \alpha_r \leq p_{k_r} - q_{l_r - 1} \ 。$$

利用上述兩數列 $\{k_r\}_{r=1}^{\infty}$ 與 $\{l_r\}_{r=1}^{\infty}$，可作出級數 $\sum_{n=1}^{\infty} x_n$ 的一個重排如下：

$$y_1 + y_2 + \cdots + y_{k_1} - z_1 - z_2 - \cdots - z_{l_1} + y_{k_1+1}$$
$$+ \cdots + y_{k_2} - z_{l_1+1} - \cdots - z_{l_2} + \cdots \text{。}$$

對每個 $r \in N$，令 u_r 與 v_r 分別表示上述重排中末項分別為 y_{k_r} 與 $-z_{l_r}$ 的部分和，則依前面的結果，可得

$$u_r - y_{k_r} \leq \beta_r < u_r \text{，} \quad |u_r - \beta_r| \leq y_{k_r} \text{；}$$
$$v_r < \alpha_r \leq v_r + z_{l_r} \text{，} \quad |v_r - \alpha_r| \leq z_{l_r} \text{。}$$

因為 $\sum_{n=1}^{\infty} x_n$ 是一收斂級數，所以，依定理 10，可知 $\lim_{n\to\infty} x_n = 0$。由此可得 $\lim_{r\to\infty} y_{k_r} = 0$ 且 $\lim_{r\to\infty} z_{l_r} = 0$。於是，由上述二不等式可得

$$\lim_{r\to\infty} u_r = \lim_{r\to\infty} \beta_r = \beta \text{，} \qquad \lim_{r\to\infty} v_r = \lim_{r\to\infty} \alpha_r = \alpha \text{。}$$

若 $\{t_n\}$ 表示此重排的部分和數列，則 $\{u_r\}$ 與 $\{v_r\}$ 都是 $\{t_n\}$ 的子數列。於是，由上述二極限式可知

$$\varliminf_{n\to\infty} t_n \leq \alpha \text{，} \qquad \varlimsup_{n\to\infty} t_n \geq \beta \text{。}$$

對每個 $n \in N$，若 $k_r + l_{r-1} \leq n \leq k_r + l_r$，則 $v_r \leq t_n \leq u_r$；若 $k_r + l_r \leq n \leq k_{r+1} + l_r$，則 $v_r \leq t_n \leq u_{r+1}$。於是，可得

$$\varliminf_{n\to\infty} t_n \geq \lim_{r\to\infty} v_r = \alpha \text{，} \qquad \varlimsup_{n\to\infty} t_n \leq \lim_{r\to\infty} u_r = \beta \text{。}$$

由此可知：$\varliminf_{n\to\infty} t_n = \alpha$，$\varlimsup_{n\to\infty} t_n = \beta$。這就是所欲證的結果。∥

將 Dirichlet 定理與 Riemann 定理結合，可得下述定理。

【定理 15】（絕對收斂的一個充要條件）

在 R^k 中，若 $\sum_{n=1}^{\infty} x_n$ 是一個收斂級數，則 $\sum_{n=1}^{\infty} x_n$ 的每個重排都收斂的充要條件是 $\sum_{n=1}^{\infty} x_n$ 為絕對收斂級數。

證：充分性：即 Dirichlet 定理。

必要性：對每個 $n \in N$，設 $x_n = (x_{1n}, x_{2n}, \cdots, x_{kn})$。對每個

$i = 1, 2, \cdots, k$，我們考慮收斂級數 $\sum_{n=1}^{\infty} x_{in}$。設 $\sum_{n=1}^{\infty} x_{i\varphi(n)}$ 是 $\sum_{n=1}^{\infty} x_{in}$ 的一個重排，其中的 $\varphi : N \rightarrow N$ 為一對一且映成的函數，利用函數 φ 可做出級數 $\sum_{n=1}^{\infty} x_n$ 的一個重排 $\sum_{n=1}^{\infty} x_{\varphi(n)}$。依假設，重排 $\sum_{n=1}^{\infty} x_{\varphi(n)}$ 是收斂級數。再依定理 2，可知 $\sum_{n=1}^{\infty} x_{in}$ 的重排 $\sum_{n=1}^{\infty} x_{i\varphi(n)}$ 也是收斂級數。換言之，級數 $\sum_{n=1}^{\infty} x_{in}$ 的每個重排都是收斂級數。依 Riemann 定理，可知級數 $\sum_{n=1}^{\infty} x_{in}$ 是一個絕對收斂級數。設 $\sum_{n=1}^{\infty} |x_{in}|$ 的和為 a_i。對每個 $m \in N$，恆有

$$\sum_{n=1}^{m} \| x_n \| \le \sum_{n=1}^{m} \left(|x_{1n}| + |x_{2n}| + \cdots + |x_{kn}| \right)$$
$$= \sum_{n=1}^{m} |x_{1n}| + \sum_{n=1}^{m} |x_{2n}| + \cdots + \sum_{n=1}^{m} |x_{kn}|$$
$$\le \sum_{n=1}^{\infty} |x_{1n}| + \sum_{n=1}^{\infty} |x_{2n}| + \cdots + \sum_{n=1}^{\infty} |x_{kn}|$$
$$= a_1 + a_2 + \cdots + a_k \ 。$$

由此可知：級數 $\sum_{n=1}^{\infty} \| x_n \|$ 的部分和數列是有界遞增數列。依 §1-2 定理 10，此部分和數列是收斂數列。於是，$\sum_{n=1}^{\infty} \| x_n \|$ 是收斂級數，亦即：$\sum_{n=1}^{\infty} x_n$ 是絕對收斂級數。 ‖

丙、無窮級數舉例

本小節中舉出一些收斂或發散的無窮級數做為基本例子

【例 7】若 a 與 r 是固定數且 $|r| < 1$，則無窮等比級數 $\sum_{n=1}^{\infty} ar^{n-1}$ 是收斂級數，其和為 $a/(1-r)$，亦即：

$$a + ar + ar^2 + \cdots + ar^{n-1} + \cdots = \frac{a}{1-r} \ 。$$

證：甚易，讀者自證之。 ‖

【例 8】若 c 是一個固定數且 $c \ne 0$，則 $\sum_{n=1}^{\infty} c$ 是發散級數。
證：直接計算部分和或利用系理 11 都很易證明。 ‖

【例 9】級數 $\sum_{n=1}^{\infty} (-1)^n$ 是發散級數。

證：直接計算部分和或利用系理 11 都很易證明。 ∥

【例 10】無窮調和級數 $\sum_{n=1}^{\infty} (1/n)$ 是發散級數。

證：對每個 $n \in N$ ，令 s_n 表示此級數的第 n 個部分和。當 $n = 2^m$ 時，可得

$$
\begin{aligned}
s_n &= 1 + \frac{1}{2} + (\frac{1}{3} + \frac{1}{4}) + (\frac{1}{5} + \frac{1}{6} + \frac{1}{7} + \frac{1}{8}) + \cdots \\
&\quad + (\frac{1}{2^{m-1}+1} + \frac{1}{2^{m-1}+2} + \cdots + \frac{1}{2^m}) \\
&\geq 1 + \frac{1}{2} + (\frac{1}{4} + \frac{1}{4}) + (\frac{1}{8} + \frac{1}{8} + \frac{1}{8} + \frac{1}{8}) + \cdots \\
&\quad + (\frac{1}{2^m} + \frac{1}{2^m} + \cdots + \frac{1}{2^m}) \\
&= 1 + \frac{1}{2} + \frac{1}{2} + \frac{1}{2} + \cdots + \frac{1}{2} = 1 + \frac{m}{2} \ 。
\end{aligned}
$$

因為 $\lim_{m \to \infty} (1 + m/2) = +\infty$ ，所以，部分和數列 $\{s_n\}$ 有一個子數列 $\{s_{2^m}\}$ 是沒有上界的發散數列。依 §3-1 定理 3，$\{s_n\}$ 是發散數列。於是，$\sum_{n=1}^{\infty} (1/n)$ 是發散級數。 ∥

【例 11】若 p 是一個固定數且 $p \leq 1$ ，則級數 $\sum_{n=1}^{\infty} (1/n^p)$ 是發散級數。

證：因為 $p \leq 1$ ，所以，對每個 $n \in N$ ，恆有

$$
\frac{1}{n} \leq \frac{1}{n^p} \ 。
$$

於是，對每個 $n \in N$ ，無窮級數 $\sum_{n=1}^{\infty} (1/n^p)$ 的第 n 個部分和恆大於或等於級數 $\sum_{n=1}^{\infty} (1/n)$ 的第 n 個部分和。因為級數 $\sum_{n=1}^{\infty} (1/n)$ 的部分和數列是無上界的發散數列，所以，級數 $\sum_{n=1}^{\infty} (1/n^p)$ 的部分和數列也是無上界的發散數列。於是，$\sum_{n=1}^{\infty} (1/n^p)$ 是發散級數。 ∥

【例 12】若 p 是一個固定數且 $p > 1$，則級數 $\sum_{n=1}^{\infty} (1/n^p)$ 是收斂級數。

證：對每個 $n \in \mathbf{N}$，令 s_n 表示此級數的第 n 個部分和。對每個 $n \in \mathbf{N}$，選取一個 $m \in \mathbf{N}$ 使得 $n \leq 2^m - 1$。於是，可得

$$s_n \leq s_{2^m - 1}$$

$$= 1 + (\frac{1}{2^p} + \frac{1}{3^p}) + (\frac{1}{4^p} + \frac{1}{5^p} + \frac{1}{6^p} + \frac{1}{7^p}) + \cdots$$

$$+ (\frac{1}{(2^{m-1})^p} + \frac{1}{(2^{m-1}+1)^p} + \cdots + \frac{1}{(2^m - 1)^p})$$

$$\leq 1 + (\frac{1}{2^p} + \frac{1}{2^p}) + (\frac{1}{4^p} + \frac{1}{4^p} + \frac{1}{4^p} + \frac{1}{4^p}) + \cdots$$

$$+ (\frac{1}{(2^{m-1})^p} + \frac{1}{(2^{m-1})^p} + \cdots + \frac{1}{(2^{m-1})^p})$$

$$= 1 + \frac{1}{2^{p-1}} + \frac{1}{(2^{p-1})^2} + \cdots + \frac{1}{(2^{p-1})^{m-1}}$$

$$< \frac{1}{1 - (1/2)^{p-1}} \ 。（因為 p > 1，所以，(1/2)^{p-1} < 1 。）$$

由此可知：部分和數列 $\{s_n\}$ 是有界遞增數列。依 §1-2 定理 10，$\{s_n\}$ 是收斂數列。於是，$\sum_{n=1}^{\infty} (1/n^p)$ 是收斂級數。$\|$

　　有些收斂的無窮級數可以用下述方法求和：設 $\sum_{n=1}^{\infty} x_n$ 為一無窮級數。若可找到一個收斂的點列 $\{y_n\}$ 使得：對每個 $n \in \mathbf{N}$，恆有 $x_n = y_n - y_{n+1}$，則得

$$\sum_{n=1}^{\infty} x_n = \lim_{n \to \infty} \sum_{i=1}^{n} x_i = \lim_{n \to \infty} \sum_{i=1}^{n} (y_i - y_{i+1})$$

$$= \lim_{n \to \infty} (y_1 - y_{n+1}) = y_1 - \lim_{n \to \infty} y_{n+1} \ 。$$

【例 13】試求級數 $\sum_{n=1}^{\infty} (1/(n(n+1)))$ 的和。

解：定義數列 $\{y_n\}$ 如下：對每個 $n \in \mathbf{N}$，令 $y_n = 1/n$，則

$$\lim_{n\to\infty} y_n = 0 \quad,$$

而且對每個 $n \in \mathbf{N}$ ，恆有

$$\frac{1}{n(n+1)} = y_n - y_{n+1} \quad。$$

於是，依前面的結果，可得

$$\sum_{n=1}^{\infty} \frac{1}{n(n+1)} = y_1 - \lim_{n\to\infty} y_{n+1} = 1 \quad。 \ \|$$

上面的例 13 可推廣成下面的例 14。

【例 14】試證：對每個比 1 大的正整數 p ，恆有

$$\sum_{n=1}^{\infty} \frac{1}{n(n+1)\cdots(n+p-1)} = \frac{1}{(p-1)\cdot(p-1)!} \quad。$$

證：留為習題。‖

【例 15】已知 $\sum_{n=1}^{\infty} (-1)^{n-1}/n = \ln 2$ ，試證：

$$1 - \frac{1}{2} - \frac{1}{4} + \frac{1}{3} - \frac{1}{6} - \frac{1}{8} + \cdots + \frac{1}{2n-1} - \frac{1}{4n-2} - \frac{1}{4n} + \cdots = \frac{1}{2}\ln 2 \quad。$$

證：先證：將該級數每連續三項添加一對括號，所得級數的和等於 $(1/2)\ln 2$ ，亦即：

$$\left(1 - \frac{1}{2} - \frac{1}{4}\right) + \left(\frac{1}{3} - \frac{1}{6} - \frac{1}{8}\right) + \cdots + \left(\frac{1}{2n-1} - \frac{1}{4n-2} - \frac{1}{4n}\right) + \cdots$$

$$= \frac{1}{2}\ln 2 \quad。 \tag{*}$$

將上述級數每一括號中的前兩項合併，即知上述級數可改寫成

$$\left(\frac{1}{2} - \frac{1}{4}\right) + \left(\frac{1}{6} - \frac{1}{8}\right) + \cdots + \left(\frac{1}{4n-2} - \frac{1}{4n}\right) + \cdots \quad。$$

因為 $\sum_{n=1}^{\infty} (-1)^{n-1}/n = \ln 2$ ，所以，依定理 1 (3)，得

$$\frac{1}{2} - \frac{1}{4} + \frac{1}{6} - \frac{1}{8} + \cdots + \frac{1}{4n-2} - \frac{1}{4n} + \cdots = \frac{1}{2}\ln 2 \, \text{。}$$

再依定理 7，得

$$\left(\frac{1}{2} - \frac{1}{4}\right) + \left(\frac{1}{6} - \frac{1}{8}\right) + \cdots + \left(\frac{1}{4n-2} - \frac{1}{4n}\right) + \cdots = \frac{1}{2}\ln 2 \, \text{。}$$

由此可知：上述的(*)式成立。

其次，因為 $\lim_{n \to \infty} (-1)^{n-1}/n = 0$，所以，依系理 9，可知本例中的級數是收斂級數，而且

$$1 - \frac{1}{2} - \frac{1}{4} + \frac{1}{3} - \frac{1}{6} - \frac{1}{8} + \cdots + \frac{1}{2n-1} - \frac{1}{4n-2} - \frac{1}{4n} + \cdots = \frac{1}{2}\ln 2 \, \text{。} \parallel$$

【例 16】試證：$1 + \dfrac{1}{2^2} + \dfrac{1}{3^2} + \cdots + \dfrac{1}{n^2} + \cdots = \dfrac{\pi^2}{6}$。

證：依例 12，此級數是收斂級數。我們將利用 De Moivre 定理以及夾擠原理證明此等式。首先注意到：對每個 $x \in (0, \pi/2)$，恆有 $\sin x < x < \tan x$。取其倒數，即得 $\cot x < 1/x < \csc x$。於是，得

$$\cot^2 x < \frac{1}{x^2} < \csc^2 x \, \text{，}$$

$$0 < \frac{1}{x^2} - \cot^2 x < 1 \, \text{。}$$

對每個 $n \in N$，將 x 分別令為 $\pi/(2n+1), (2\pi)/(2n+1), \cdots (n\pi)/(2n+1)$，代入上式然後相加，即得

$$0 < \sum_{k=1}^{n} \frac{(2n+1)^2}{k^2 \pi^2} - \sum_{k=1}^{n} \cot^2 \frac{k\pi}{2n+1} < n \, \text{，}$$

$$0 < \sum_{k=1}^{n} \frac{1}{k^2} - \frac{\pi^2}{(2n+1)^2} \sum_{k=1}^{n} \cot^2 \frac{k\pi}{2n+1} < \frac{n\pi^2}{(2n+1)^2} \, \text{。}$$

因為 $\lim_{n \to \infty} (n\pi^2)/(2n+1)^2 = 0$，所以，依夾擠原理，得

$$\sum_{n=1}^{\infty} \frac{1}{n^2} = \lim_{n\to\infty} \sum_{k=1}^{n} \frac{1}{k^2} = \lim_{n\to\infty} \frac{\pi^2}{(2n+1)^2} \sum_{k=1}^{n} \cot^2 \frac{k\pi}{2n+1} \, \circ \qquad (*)$$

其次，對每個 $n \in N$ ，依 De Moivre 定理，當 $k = 1, 2, \cdots, n$ 時，恆有

$$(\cos\frac{k\pi}{2n+1} + i\sin\frac{k\pi}{2n+1})^{2n+1} = \cos k\pi + i\sin k\pi = (-1)^k \, \circ$$

由此可知：上式左端的虛部等於 0，亦即：

$$\sum_{r=0}^{n} \binom{2n+1}{2r+1} (\cos\frac{k\pi}{2n+1})^{2n-2r} (i\sin\frac{k\pi}{2n+1})^{2r+1} = 0 \, ,$$

$$i \cdot \sum_{r=0}^{n} (-1)^r \binom{2n+1}{2r+1} (\cos\frac{k\pi}{2n+1})^{2n-2r} (\sin\frac{k\pi}{2n+1})^{2r+1} = 0 \, \circ$$

將上式兩端除以 $i (\sin k\pi/(2n+1))^{2n+1}$ ，則得

$$\sum_{r=0}^{n} (-1)^r \binom{2n+1}{2r+1} (\cot\frac{k\pi}{2n+1})^{2n-2r} = 0 \, \circ$$

因為上式對每個 $k = 1, 2, \cdots, n$ 都成立，所以，上式表示：

$$\cot^2 \frac{\pi}{2n+1} \, , \, \cot^2 \frac{2\pi}{2n+1} \, , \, \cdots , \, \cot^2 \frac{n\pi}{2n+1}$$

等 n 個數是下述 n 次方程式的 n 個相異根：

$$\sum_{r=0}^{n} (-1)^r \binom{2n+1}{2r+1} t^{n-r} = 0 \, , \quad 或是$$

$$(2n+1)\, t^n - \binom{2n+1}{3} t^{n-1} + \binom{2n+1}{5} t^{n-2} - \cdots + (-1)^n = 0 \, \circ$$

根據根與係數的關係，可知

$$\sum_{k=1}^{n} \cot^2 \frac{k\pi}{2n+1} = \frac{1}{2n+1} \binom{2n+1}{3} = \frac{n(2n-1)}{3} \, \circ$$

由此可得

$$\lim_{n\to\infty}\frac{\pi^2}{(2n+1)^2}\sum_{k=1}^{n}\cot^2\frac{k\pi}{2n+1}=\lim_{n\to\infty}\frac{\pi^2 n(2n-1)}{3(2n+1)^2}=\frac{\pi^2}{6}\quad\circ$$

將上式與前述(*)式綜合，即得本例所欲證的結果。 ‖

練習題　8－1

在第 1-10 題中，試判斷給定的級數是否收斂。若收斂，並求其和。

1. $1-1+\dfrac{1}{2}-\dfrac{1}{2}+\dfrac{1}{3}-\dfrac{1}{3}+\cdots+\dfrac{1}{n}-\dfrac{1}{n}+-\cdots$ 。

2. $\dfrac{1}{2}-\dfrac{1}{2}+\dfrac{2}{3}-\dfrac{2}{3}+\dfrac{3}{4}-\dfrac{3}{4}+\cdots+\dfrac{n}{n+1}-\dfrac{n}{n+1}+-\cdots$ 。

3. $2-\dfrac{3}{2}+\dfrac{3}{2}-\dfrac{4}{3}+\dfrac{4}{3}-\cdots-\dfrac{n+2}{n+1}+\dfrac{n+2}{n+1}-+\cdots$ 。

4. $\dfrac{1}{3}+\dfrac{2}{5}+\dfrac{3}{9}+\dfrac{4}{9}+\cdots+\dfrac{n}{2n+1}+\cdots$ 。

5. $\displaystyle\sum_{n=1}^{\infty}(\sqrt{n+2}-2\sqrt{n+1}+\sqrt{n})$ 。　6. $\displaystyle\sum_{n=1}^{\infty}\dfrac{1}{n^2+2n}$ 。

7. $\displaystyle\sum_{n=1}^{\infty}\dfrac{1}{\sqrt{n}+\sqrt{n+1}}$ 。　　8. $\displaystyle\sum_{n=1}^{\infty}\dfrac{1}{(n+1)\sqrt{n}+n\sqrt{n+1}}$ 。

9. $\displaystyle\sum_{n=1}^{\infty}\dfrac{a^{2^{n-1}}}{1-a^{2^n}}$ ，a 為常數，$a\neq1$ 。

10. $\displaystyle\sum_{n=1}^{\infty}na^{n-1}$ ，a 為常數。

在第 11-20 題中，試證明給定的無窮級數之和。

11. $1+\dfrac{1}{2^4}+\dfrac{1}{3^4}+\cdots+\dfrac{1}{n^4}+\cdots=\dfrac{\pi^4}{90}$ 。

$12. 1+\dfrac{1}{2^6}+\dfrac{1}{3^6}+\cdots+\dfrac{1}{n^6}+\cdots=\dfrac{\pi^6}{945}$。

$13. 1+\dfrac{1}{3^2}+\dfrac{1}{5^2}+\cdots+\dfrac{1}{(2n-1)^2}+\cdots=\dfrac{\pi^2}{8}$。

$14. 1+\dfrac{1}{5^2}+\dfrac{1}{7^2}+\dfrac{1}{11^2}+\cdots+\dfrac{1}{(6n-5)^2}+\dfrac{1}{(6n-1)^2}+\cdots=\dfrac{\pi^2}{9}$。

$15. 1-\dfrac{1}{2^2}+\dfrac{1}{3^2}-\dfrac{1}{4^2}+\cdots+\dfrac{1}{(2n-1)^2}-\dfrac{1}{(2n)^2}+\cdots=\dfrac{\pi^2}{12}$。

$16. 1-\dfrac{1}{2^2}-\dfrac{1}{4^2}+\dfrac{1}{5^2}+\dfrac{1}{7^2}-\dfrac{1}{8^2}-\dfrac{1}{10^2}+\dfrac{1}{11^2}+\cdots=\dfrac{2\pi^2}{27}$。

$17. 1+\dfrac{1}{3^4}+\dfrac{1}{5^4}+\cdots+\dfrac{1}{(2n-1)^4}+\cdots=\dfrac{\pi^4}{96}$。

$18. 1-\dfrac{1}{2^4}+\dfrac{1}{3^4}-\dfrac{1}{4^4}+\cdots+\dfrac{1}{(2n-1)^4}-\dfrac{1}{(2n)^4}+\cdots=\dfrac{7\pi^4}{720}$。

$19. 1+\dfrac{1}{3^6}+\dfrac{1}{5^6}+\cdots+\dfrac{1}{(2n-1)^6}+\cdots=\dfrac{\pi^6}{960}$。

$20. 1-\dfrac{1}{2^6}+\dfrac{1}{3^6}-\dfrac{1}{4^6}+\cdots+\dfrac{1}{(2n-1)^6}-\dfrac{1}{(2n)^6}+\cdots=\dfrac{31\pi^6}{30240}$。

21.若 **R** 中的級數 $\sum_{n=1}^{\infty}a_n$ 是收斂級數，則級數 $\sum_{n=1}^{\infty}a_n^2$ 必是收斂級數嗎？又若每個 $n\in N$ 都滿足 $a_n\geq 0$，則級數 $\sum_{n=1}^{\infty}\sqrt{a_n}$ 必是收斂級數嗎？

22.若 $\sum_{n=1}^{\infty}a_n$ 是 **R** 中的級數而且每個 $n\in N$ 都滿足 $a_n\geq 0$，則 $\sum_{n=1}^{\infty}a_n$ 是收斂級數的充要條件是：$\sum_{n=1}^{\infty}a_n$ 的部分和數列是有界數列。試證之。

23.若 $\sum_{n=1}^{\infty}a_n$ 是 **R** 中的收斂級數而且每個 $n\in N$ 都滿足 $a_n\geq 0$，

則 $\sum_{n=1}^{\infty} \sqrt{a_n a_{n+1}}$ 必是收斂級數嗎？

24. 試證：若正項數列 $\{a_n\}$ 是單調遞減數列，而且級數 $\sum_{n=1}^{\infty} \sqrt{a_n a_{n+1}}$ 是收斂級數，則 $\sum_{n=1}^{\infty} a_n$ 也是收斂級數。

25. 設 $\sum_{n=1}^{\infty} a_n$ 是 R 中一無窮級數。若 $\sum_{n=1}^{\infty} a_n$ 收斂，則級數

$$\sum_{n=1}^{\infty} \frac{a_1 + 2a_2 + \cdots + na_n}{n(n+1)}$$

也是收斂級數，而且兩級數的和相等。試證之。

26. 試證：若實數數列 $\{s_n\}$ 收斂於 s，則

$$\lim_{n \to \infty} \frac{s_1 + 2s_2 + \cdots + 2^{n-1}s_n}{2^n} = s \, 。$$

27. 設 $\sum_{n=1}^{\infty} a_n$ 是 R 中一無窮級數。若 $\sum_{n=1}^{\infty} a_n$ 收斂，則級數

$$\sum_{n=1}^{\infty} \frac{a_1 + 2a_2 + \cdots + 2^{n-1}a_n}{2^n}$$

也是收斂級數，而且兩級數的和相等。

28. 若實數數列 $\{a_n\}$ 滿足 $a_1 \geq a_2 \geq \cdots \geq a_n \geq \cdots \geq 0$，則級數 $\sum_{n=1}^{\infty} a_n$ 收斂的充要條件是級數 $\sum_{n=1}^{\infty} 2^n a_{2^n}$ 收斂。此題的結果稱為正項級數斂散性的 **Cauchy 併項檢驗法**（Cauchy's condensation test）。

29. 試利用 Cauchy 併項檢驗法證明下述級數發散：

$$\sum_{n=2}^{\infty} \frac{1}{n(\ln n)} \, , \, \sum_{n=2}^{\infty} \frac{1}{n(\ln n)(\ln(\ln n))} \, 。$$

30. 試證：若 $p > 1$，則 $\sum_{n=2}^{\infty} \frac{1}{n(\ln n)^p}$ 與 $\sum_{n=2}^{\infty} \frac{1}{n(\ln n)(\ln(\ln n))^p}$ 都是收斂級數。

31. 試證：若實數數列 $\{a_n\}$ 滿足 $a_1 \geq a_2 \geq \cdots \geq a_n \geq \cdots \geq 0$，且 $\sum_{n=1}^{\infty} a_n$ 是收斂級數，則 $\lim_{n \to \infty} na_n = 0$。

32.試舉出一個滿足下述兩條件的發散級數 $\sum_{n=1}^{\infty} a_n$ ：

$$\lim_{n \to \infty} n a_n = 0 \, , \quad a_1 \geq a_2 \geq \cdots \geq a_n \geq \cdots \geq 0 \, 。$$

33.下面是併項檢驗法的推廣，它是 Oskar Schlomilch（1823～1901）

在 1873 年所提出的。設 $\sum_{n=1}^{\infty} a_n$ 為一正項級數，而 $\{m_k\}_{k=1}^{\infty}$ 是

由正整數所成的一個數列，另 $m_0 = 0$。若

(1) $\{a_n\}$ 滿足 $a_1 \geq a_2 \geq \cdots \geq a_n \geq \cdots \geq 0$，

(2)存在一個正數 c 使得：$0 < m_{k+2} - m_{k+1} \leq c \, (m_{k+1} - m_k)$ 對每個

非負整數 k 都成立，

則級數 $\sum_{n=1}^{\infty} a_n$ 收斂的充要條件是級數 $\sum_{k=1}^{\infty} (m_{k+1} - m_k) \, a_{m_k}$ 收

斂。

$\underline{8-2}$ 絕對收斂檢驗法

在前節裏，我們介紹了有關無窮級數演算方面的一些基本性質，
但除了 Cauchy 收斂條件之外，我們沒有討論到無窮級數收斂的充要
條件。 在本節裏，我們將介紹檢驗無窮級數是否收斂的許多方法，包
括正項級數與一般級數的絕對收斂問題。

甲、正項級數斂散性檢驗法

所謂**正項級數**(series with positive terms)，乃是指每一項都是非負
實數的無窮級數。正項級數的部分和數列是遞增數列，所以，根據實
數系的完備性，我們有下面的重要定理，它是正項級數的各種斂散性
檢驗法的根據。

【定理 1】（正項級數及其部分和數列）

一個正項級數是收斂級數的充要條件是：它的部分和數列是有界
數列。更進一步地，若 $\sum_{n=1}^{\infty} a_n$ 是一個收斂的正項級數，$\{s_n\}$ 是它的

部分和數列，則

$$\sum_{n=1}^{\infty} a_n = \lim_{n \to \infty} s_n = \sup \{ s_n \mid n \in N \} \ 。$$

利用定理 1，立即可證明下面的系理 2。

【定理 2】（正項級數與正項數列逐項相乘）

設 $\sum_{n=1}^{\infty} a_n$ 是一個正項級數，而 $\{c_n\}$ 是由非負實數所成的一個數列。

(1)若 $\sum_{n=1}^{\infty} a_n$ 收斂而 $\{ c_n \mid n \in N \}$ 有上界，則 $\sum_{n=1}^{\infty} c_n a_n$ 也是收斂級數。

(2)若 $\sum_{n=1}^{\infty} a_n$ 發散，而且存在一個 $d > 0$ 及一個 $n_0 \in N$，使得每個 $n \geq n_0$ 都滿足 $c_n \geq d$，則 $\sum_{n=1}^{\infty} c_n a_n$ 也是發散級數。

利用定理 1 這個基本定理，可以證明正項級數的許多斂散性檢驗法。這些檢驗法中，有些已在微積分課程中出現過，這些定理我們略去證明，但讀者應注意到：我們已利用上極限與下極限概念將各定理敘述得更具一般性。

下面的定理 3 是**比較檢驗法**(comparison test)，Carl Gauss(1777～1855，德國人)在 1812 年就曾經使用過。不過，這個定理的內容卻是 Augustin-Louis Cauchy(1789～1857，法國人)在 1821 年的著作 Analyse algebrique 中才將它清楚地敘述出來。

【定理 3】（比較檢驗法）

設 $\sum_{n=1}^{\infty} a_n$ 為一正項級數。

(1)若可找到一個收斂的正項級數 $\sum_{n=1}^{\infty} c_n$ 及一個 $n_0 \in N$ 使得：當 $n \geq n_0$ 時，恆有 $a_n \leq c_n$，則 $\sum_{n=1}^{\infty} a_n$ 也是收斂級數。

(2)若可找到一個發散的正項級數 $\sum_{n=1}^{\infty} d_n$ 及一個 $n_0 \in N$ 使得：當 $n \geq n_0$ 時，恆有 $a_n \geq d_n$，則 $\sum_{n=1}^{\infty} a_n$ 也是發散級數。

利用比較檢驗法來判定正項級數的斂散性時，有時候會花費許多工夫在不等關係 $a_n \le c_n$ 或 $a_n \ge d_n$ 的證明上。遇到這種情形，下面的定理可能比較方便。

【定理 4】（比較檢驗法的極限形式）

設 $\sum_{n=1}^{\infty} a_n$ 為一正項級數。

(1) 若可找到一個收斂的正項級數 $\sum_{n=1}^{\infty} c_n$ ，使得 $\overline{\lim}_{n \to \infty}(a_n/c_n) < +\infty$ ，則 $\sum_{n=1}^{\infty} a_n$ 也是收斂級數。

(2) 若可找到一個發散的正項級數 $\sum_{n=1}^{\infty} d_n$ ，使得 $\underline{\lim}_{n \to \infty}(a_n/d_n) > 0$ ，則 $\sum_{n=1}^{\infty} a_n$ 也是發散級數。

證：(1)令 $b = \overline{\lim}_{n \to \infty}(a_n/c_n)$ 。依 §3-1 定理 16 (3)，必可找到一個 $n_0 \in N$ 使得：當 $n \ge n_0$ 時，恆有

$$\frac{a_n}{c_n} \le b+1 \text{ 或 } a_n \le (b+1)c_n \text{ 。}$$

因為 $\sum_{n=1}^{\infty} c_n$ 是收斂級數，所以，$\sum_{n=1}^{\infty}(b+1)c_n$ 也是收斂級數。於是，依定理 3 (1)，$\sum_{n=1}^{\infty} a_n$ 也是收斂級數。

(2)與前面(1)的證明類似。 ‖

【定理 5】（比較檢驗法的比值形式）

設 $\sum_{n=1}^{\infty} a_n$ 與 $\sum_{n=1}^{\infty} b_n$ 為二正項級數。若可找到一個 $n_0 \in N$ 使得：當 $n \ge n_0$ 時，恆有 $(a_{n+1}/a_n) \le (b_{n+1}/b_n)$ ，則下述二性質成立：

(1)當 $\sum_{n=1}^{\infty} b_n$ 收斂時，$\sum_{n=1}^{\infty} a_n$ 也收斂；

(2)當 $\sum_{n=1}^{\infty} a_n$ 發散時，$\sum_{n=1}^{\infty} b_n$ 也發散。

證：由 $(a_{n+1}/a_n) \le (b_{n+1}/b_n)$ 可得 $(a_{n+1}/b_{n+1}) \le (a_n/b_n)$ 。於是，數列 $\{a_n/b_n\}$ 自第 n_0 項起是一個單調遞減數列。因此，可找到一個 $M > 0$ 使得：對每個 $n \in N$ ，恆有 $a_n/b_n \le M$ 或 $a_n \le M b_n$ 。依定理 3 的比較檢驗法，即得所欲證的結果。 ‖

【例 1】設 a 與 b 為二正數，p 為一實數。試證：$\sum_{n=1}^{\infty}(1/(an+b)^p)$ 是收斂級數的充要條件是 $p>1$。

證：因為

$$\lim_{n\to\infty}\frac{1/(an+b)^p}{1/n^p}=\lim_{n\to\infty}\frac{n^p}{(an+b)^p}=\frac{1}{a^p}\ ,$$

所以，$\sum_{n=1}^{\infty}(1/(an+b)^p)$ 收斂的充要條件是 $\sum_{n=1}^{\infty}(1/n^p)$ 收斂。依 § 8-1 例 10、例 11、例 12 與上述定理 4 可知：$\sum_{n=1}^{\infty}(1/(an+b)^p)$ 收斂的充要條件是 $p>1$。 ||

【例 2】試判定級數 $\sum_{n=1}^{\infty}((n!)^2/(2n)!)$ 的斂散性。

解：對每個 $n\in N$，可得

$$\frac{(n!)^2}{(2n)!}=\frac{(n!)^2}{2^n\cdot n!\cdot 1\cdot 3\cdot 5\cdots(2n-1)}$$

$$=\frac{1\cdot 2\cdot 3\cdots n}{1\cdot 3\cdot 5\cdots(2n-1)}\cdot\frac{1}{2^n}\leq\frac{1}{2^n}\ 。$$

因為級數 $\sum_{n=1}^{\infty}(1/2^n)$ 是收斂級數，所以，依定理 3 (1)，可知級數 $\sum_{n=1}^{\infty}((n!)^2/(2n)!)$ 收斂。 ||

【例 3】試證：對每個實數 p，$\sum_{n=2}^{\infty}(1/(\ln n)^p)$ 都是發散級數。

證：與無限調和級數 $\sum_{n=1}^{\infty}(1/n)$ 比較。因為

$$\lim_{n\to\infty}\frac{1/(\ln n)^p}{1/n}=\lim_{n\to\infty}\frac{n}{(\ln n)^p}=+\infty\ ,$$

所以，依 § 8-1 例 10 與上述定理 4 (2)，可知 $\sum_{n=2}^{\infty}(1/(\ln n)^p)$ 是發散級數。 ||

【例 4】試證 $\sum_{n=2}^{\infty}(\ln n)^{-\ln n}$ 是收斂級數。

證：與級數 $\sum_{n=1}^{\infty}(1/n^2)$ 比較。因為 $\lim_{n\to\infty}\ln(\ln n)=+\infty$，所以，必可找到一個 $n_0\in N$ 使得：當 $n\geq n_0$ 時，恆有 $\ln(\ln n)>2$。於是，當

$n \geq n_0$ 時，恆有

$$(\ln n) \cdot (\ln (\ln n)) > 2(\ln n) , \quad \ln (\ln n)^{\ln n} > \ln n^2 ,$$
$$(\ln n)^{\ln n} > n^2 , \quad (\ln n)^{-\ln n} < n^{-2} 。$$

因為 $\sum_{n=1}^{\infty} (1/n^2)$ 是收斂級數，所以，依定理 3 (1)，可知級數 $\sum_{n=2}^{\infty} (\ln n)^{-\ln n}$ 收斂。 ||

【例 5】試證 $\sum_{n=1}^{\infty} (1/n - \ln (1 + 1/n))$ 是收斂級數。

證：對每個正數 x，恆有

$$0 < x - \ln (1 + x) < \frac{x^2}{2} ,$$

此不等式很容易證明。於是，對每個 $n \in N$，恆有

$$0 < \frac{1}{n} - \ln (1 + \frac{1}{n}) < \frac{1}{2n^2} 。$$

因為 $\sum_{n=1}^{\infty} (1/(2n^2))$ 是收斂級數，所以，依定理 3 (1)，可知級數 $\sum_{n=1}^{\infty} (1/n - \ln (1 + 1/n))$ 收斂。

這個級數的第 n 個部分和為

$$\sum_{k=1}^{n} \frac{1}{k} - \sum_{k=1}^{n} \ln (1 + \frac{1}{k}) = \sum_{k=1}^{n} \frac{1}{k} - \ln (n + 1) 。$$

因為此級數收斂，所以，下述極限存在：

$$\lim_{n \to \infty} \left(\sum_{k=1}^{n} \frac{1}{k} - \ln (n + 1) \right) 。$$

令 γ 表示此極限值，顯然也可得

$$\gamma = \lim_{n \to \infty} \left(\sum_{k=1}^{n} \frac{1}{k} - \ln n \right) 。$$

γ 稱為 Euler 常數或 Mascheroni 常數，其值為 $0.5772156649\cdots$。 ||

比較檢驗法的不方便之處，乃是需要找出供比較之用的正項級數。因此，對收斂級數與發散級數的實例知道得愈多，在使用比較檢驗法時就愈方便。在下面所介紹的檢驗法的證明中，就需要使用不同的收斂級數與發散級數。

下面定理 6 所提的**方根檢驗法**(root test)，也稱為 **Cauchy 檢驗法**，它記載在 Cauchy 的著作 Analyse algebrique 中。

【定理 6】（方根檢驗法）

設 $\sum_{n=1}^{\infty} a_n$ 為一正項級數。

⑴若 $\overline{\lim}_{n \to \infty} \sqrt[n]{a_n} < 1$，則 $\sum_{n=1}^{\infty} a_n$ 是收斂級數。

事實上，若存在一個比 1 小的正數 r 及一個 $n_0 \in N$ 使得：當 $n \geq n_0$ 時，恆有 $\sqrt[n]{a_n} \leq r$，則 $\sum_{n=1}^{\infty} a_n$ 是收斂級數。

⑵若 $\overline{\lim}_{n \to \infty} \sqrt[n]{a_n} > 1$，則 $\sum_{n=1}^{\infty} a_n$ 是發散級數。

事實上，若有無限多個 $n \in N$ 滿足 $a_n \geq 1$，則 $\sum_{n=1}^{\infty} a_n$ 是發散級數。

證：⑴依 §3-1 定理 16⑶、§8-1 例 7 與本節定理 3⑴即得。

⑵依 §3-1 定理 16⑶、§8-1 系理 11 即得。‖

【例 6】試判定級數 $\sum_{n=1}^{\infty} 2^{-n-(-1)^n}$ 的斂散性。

解：利用方根檢驗法。因為

$$\lim_{n \to \infty} \sqrt[n]{2^{-n-(-1)^n}} = \lim_{n \to \infty} 2^{-1-(-1)^n/n} = 2^{-1} < 1,$$

所以，依定理 6⑴，可知 $\sum_{n=1}^{\infty} 2^{-n-(-1)^n}$ 是收斂級數。‖

【例 7】試對實數 a 討論級數 $\sum_{n=1}^{\infty} (1-a/n)^{n^2}$ 的斂散性。

解：利用方根檢驗法。因為

$$\lim_{n \to \infty} \sqrt[n]{(1-a/n)^{n^2}} = \lim_{n \to \infty} (1-a/n)^n = e^{-a},$$

所以，當 $a > 0$ 時，$e^{-a} < 1$，該級數收斂；當 $a < 0$ 時，$e^{-a} > 1$，該級

數發散；當 $a = 0$ 時，該級數的每一項都等於 1，也是發散。 ‖

使用方根檢驗法判定級數的斂散性時，要注意一點：當正項級數 $\sum_{n=1}^{\infty} a_n$ 滿足 $\overline{\lim}_{n \to \infty} \sqrt[n]{a_n} = 1$ 時，我們不能確定 $\sum_{n=1}^{\infty} a_n$ 是收斂級數或是發散級數。例如：當 $a_n = 1/n$ 或 $a_n = 1/n^2$ 時，兩數列都滿足 $\lim_{n \to \infty} \sqrt[n]{a_n} = 1$，可是 $\sum_{n=1}^{\infty} (1/n)$ 是發散級數而 $\sum_{n=1}^{\infty} (1/n^2)$ 是收斂級數。

下面定理 7 所提的**比值檢驗法**(ratio test)，雖然也記載在 Cauchy 的著作 Analyse algebrique 中，但是它被稱為 **d'Alembert 檢驗法**，因為 Jean de Rond d'Alembert(1717～1783，法國人)在 1768 年就已經對它做過探討。

【定理 7】（比值檢驗法）

設 $\sum_{n=1}^{\infty} a_n$ 為一正項級數，而且每個 $n \in N$ 都滿足 $a_n > 0$。

⑴若 $\overline{\lim}_{n \to \infty} (a_{n+1}/a_n) < 1$，則 $\sum_{n=1}^{\infty} a_n$ 是收斂級數。

事實上，若存在一個比 1 小的正數 r 及一個 $n_0 \in N$ 使得：當 $n \geq n_0$ 時，恆有 $(a_{n+1}/a_n) \leq r$，則 $\sum_{n=1}^{\infty} a_n$ 是收斂級數。

⑵若 $\underline{\lim}_{n \to \infty} (a_{n+1}/a_n) > 1$，則 $\sum_{n=1}^{\infty} a_n$ 是發散級數。

事實上，若存在一個 $n_1 \in N$ 使得：當 $n \geq n_1$ 時，恆有 $(a_{n+1}/a_n) \geq 1$，則 $\sum_{n=1}^{\infty} a_n$ 是發散級數。

證：⑴因為當 $n \geq n_0$ 時，恆有 $(a_{n+1}/a_n) \leq r$，所以，依數學歸納法可知： 當 $n \geq n_0$ 時，恆有 $a_n \leq (a_{n_0}/r^{n_0}) r^n$。因為 $0 < r < 1$，所以，$\sum_{n=1}^{\infty} (a_{n_0}/r^{n_0}) r^n$ 是收斂級數。依定理 3⑴，可知 $\sum_{n=1}^{\infty} a_n$ 是收斂級數。

⑵因為當 $n \geq n_1$ 時，恆有 $(a_{n+1}/a_n) \geq 1$，所以，依數學歸納法知：當 $n \geq n_1$ 時，恆有 $a_n \geq a_{n_1} > 0$。於是，$\{a_n\}$ 不會收斂於 0，依§8-1 系理 11，$\sum_{n=1}^{\infty} a_n$ 是發散級數。 ‖

【例 8】試對正數 a 討論級數 $\sum_{n=1}^{\infty} n! (a/n)^n$ 的斂散性。

解：利用比值檢驗法。設 $a_n = n! (a/n)^n$，因為

$$\lim_{n \to \infty} \frac{a_{n+1}}{a_n} = \lim_{n \to \infty} \frac{a}{(1+1/n)^n} = \frac{a}{e} \ ,$$

所以,當 $0 < a < e$ 時,該級數收斂;當 $a > e$ 時,該級數發散;當 $a = e$ 時,因為 $(1+1/n)^n < e$,進一步得 $a_{n+1}/a_n = e/(1+1/n)^n > 1$,所以,該級數發散。 ‖

　　使用比值檢驗法判定級數的斂散性時,要注意一點:當正項級數 $\sum_{n=1}^{\infty} a_n$ 滿足 $\underline{\lim}_{n \to \infty} (a_{n+1}/a_n) \leq 1 \leq \overline{\lim}_{n \to \infty} (a_{n+1}/a_n)$ 時,我們不能確定 $\sum_{n=1}^{\infty} a_n$ 是收斂級數或發散級數。例如:當 $a_n = 1/n$ 或 $a_n = 1/n^2$ 時,兩數列都滿足 $\lim_{n \to \infty} (a_{n+1}/a_n) = 1$,可是 $\sum_{n=1}^{\infty} (1/n)$ 是發散級數而 $\sum_{n=1}^{\infty} (1/n^2)$ 是收斂級數。

　　另一方面,依 §3-1 練習題 26,我們知道每個正項數列 $\{a_n\}$ 都滿足

$$\underline{\lim}_{n \to \infty} \frac{a_{n+1}}{a_n} \leq \underline{\lim}_{n \to \infty} \sqrt[n]{a_n} \leq \overline{\lim}_{n \to \infty} \sqrt[n]{a_n} \leq \overline{\lim}_{n \to \infty} \frac{a_{n+1}}{a_n} \ ,$$

所以,當一個正項級數可以使用比值檢驗法判定其斂散性時,一定也可以使用方根檢驗法判定其斂散性。但是,可以使用方根檢驗法來判定斂散性的正項級數,卻不一定可以使用比值檢驗法來判定其斂散性。例 6 中的級數就是一個例子:令 $a_n = 2^{-n-(-1)^n}$,則

$$\frac{a_{n+1}}{a_n} = 2^{-1-(-1)^{n+1}+(-1)^n} = 2^{-1+2(-1)^n} \ ,$$

$$\overline{\lim}_{n \to \infty} \frac{a_{n+1}}{a_n} = 2 \ , \quad \underline{\lim}_{n \to \infty} \frac{a_{n+1}}{a_n} = \frac{1}{8} \ 。$$

因此,在這兩種檢驗法之間,當然是方根檢驗法可使用的範圍較廣。但是,就上、下極限的計算來說,比值檢驗法卻比較簡單。基於此,我們對比值檢驗法再深入探討。

　　方根檢驗法與比值檢驗法是以無窮等比級數做為比較的對象,所以,根據這兩種檢驗法判定為收斂的正項級數 $\sum_{n=1}^{\infty} a_n$,其一般項 a_n 收

斂於 0 的速度與等比級數 $\sum_{n=1}^{\infty} ar^{n-1}$ 的一般項 ar^{n-1} 收斂於 0 的速度至少一樣快。對於一般項收斂於 0 的速度較等比級數為慢的正項級數，我們必須選用一般項收斂速度較慢的收斂正項級數做為比較的對象。在下面的 **Rabbe 檢驗法**與 **Gauss 檢驗法**中，選用的比較對象是 p 級數。

Rabbe 檢驗法是 Joseph Rabbe(1801～1859，烏克蘭人)在 1832 年所提出的。

【定理 8】（Rabbe 檢驗法）

設 $\sum_{n=1}^{\infty} a_n$ 為一正項級數，而且每個 $n \in N$ 都滿足 $a_n > 0$。

⑴若 $\overline{\lim}_{n \to \infty} n(a_{n+1}/a_n - 1) < -1$，則 $\sum_{n=1}^{\infty} a_n$ 是收斂級數。

事實上，若存在一個比 1 大的正數 p 及一個 $n_0 \in N$ 使得：當 $n \geq n_0$ 時，恆有 $(a_{n+1}/a_n) \leq 1 - p/n$，則 $\sum_{n=1}^{\infty} a_n$ 是收斂級數。

⑵若 $\underline{\lim}_{n \to \infty} n(a_{n+1}/a_n - 1) > -1$，則 $\sum_{n=1}^{\infty} a_n$ 是發散級數。

事實上，若存在一個 $n_1 \in N$ 使得：當 $n \geq n_1$ 時，恆有 $(a_{n+1}/a_n) \geq 1 - 1/n$，則 $\sum_{n=1}^{\infty} a_n$ 是發散級數。

證：⑴因為 $\overline{\lim}_{n \to \infty} n(a_{n+1}/a_n - 1) < -1$，所以，可找到一個實數 p 使得：$p > 1$ 且 $\overline{\lim}_{n \to \infty} n(a_{n+1}/a_n - 1) < -p < -1$。依 §3-1 定理 16 ⑶，可找到一個 $n_0 \in N$ 使得：當 $n \geq n_0$ 時，恆有

$$n\left(\frac{a_{n+1}}{a_n} - 1\right) \leq -p \text{ , 或} \frac{a_{n+1}}{a_n} \leq 1 - \frac{p}{n} \text{ 。}$$

令 $f(x) = x^p$，$(x > 0)$。對每個 $n \in N$，$n > 1$，依 Lagrange 均值定理，必有一個 $x_n \in (1 - 1/n, 1)$ 滿足 $f(1) - f(1 - 1/n) = px_n^{p-1} \cdot (1/n)$。因為 $p - 1 > 0$，所以，可得

$$1 - \left(1 - \frac{1}{n}\right)^p = f(1) - f\left(1 - \frac{1}{n}\right) = px_n^{p-1} \cdot \frac{1}{n} < \frac{p}{n} \text{ ,}$$

$$1 - \frac{p}{n} < \left(1 - \frac{1}{n}\right)^p \text{ 。}$$

綜合前述兩個結果，可知：當 $n \geq n_0$ 時，恆有

$$\frac{a_{n+1}}{a_n} \leq 1 - \frac{p}{n} < \left(1 - \frac{1}{n}\right)^p = \frac{1/n^p}{1/(n-1)^p} \ \circ$$

因為 $p > 1$，所以，$\sum_{n=1}^{\infty} (1/n^p)$ 是收斂級數。於是，依定理 5 (1)，可知 $\sum_{n=1}^{\infty} a_n$ 是收斂級數。

　　⑵因為當 $n \geq n_1$ 時，恆有

$$\frac{a_{n+1}}{a_n} \geq 1 - \frac{1}{n} = \frac{1/n}{1/(n-1)} \ ,$$

而且 $\sum_{n=1}^{\infty} (1/n)$ 是發散級數，所以，依定理 5 ⑵，可知 $\sum_{n=1}^{\infty} a_n$ 是發散級數。‖

【例 9】試判定級數 $\sum_{n=1}^{\infty} \dfrac{1 \cdot 3 \cdot 5 \cdot \cdots \cdot (2n-1)}{2 \cdot 4 \cdot 6 \cdot \cdots \cdot (2n)}$ 的斂散性。

解：令 a_n 表示此級數的第 n 項，則得

$$\lim_{n \to \infty} \frac{a_{n+1}}{a_n} = \lim_{n \to \infty} \frac{2n+1}{2n+2} = 1 \ \circ$$

由此可知比值檢驗法無法判定此級數的斂散性。更進一步地，可得

$$\lim_{n \to \infty} n\left(\frac{a_{n+1}}{a_n} - 1\right) = \lim_{n \to \infty} n\left(\frac{2n+1}{2n+2} - 1\right) = \lim_{n \to \infty} \frac{-n}{2n+2} = -\frac{1}{2} > -1 \ \circ$$

依定理 8 ⑵，可知此級數是發散級數。‖

【例 10】試判定級數 $\sum_{n=1}^{\infty} \dfrac{1 \cdot 3 \cdot 5 \cdot \cdots \cdot (2n-1)}{2^n \cdot (n+1)!}$ 的斂散性。

解：令 a_n 表示此級數的第 n 項，則得

$$\lim_{n \to \infty} \frac{a_{n+1}}{a_n} = \lim_{n \to \infty} \frac{2n+1}{2(n+2)} = 1 \ ,$$

$$\lim_{n \to \infty} n\left(\frac{a_{n+1}}{a_n} - 1\right) = \lim_{n \to \infty} n\left(\frac{2n+1}{2(n+2)} - 1\right)$$

$$= \lim_{n \to \infty} \frac{-3n}{2(n+2)} = -\frac{3}{2} < -1 \ 。$$

依定理 8(1)，可知此級數是收斂級數。 ‖

【例 11】設 α 與 β 為二非負實數，試討論下述級數的斂散性：

$$\sum_{n=1}^{\infty} \frac{(\alpha+1)(\alpha+2)\cdots\cdots(\alpha+n)}{(\beta+1)(\beta+2)\cdots\cdots(\beta+n)} \ 。$$

解：令 a_n 表示此級數的第 n 項，則得

$$\lim_{n \to \infty} \frac{a_{n+1}}{a_n} = \lim_{n \to \infty} \frac{\alpha+n+1}{\beta+n+1} = 1 \ ,$$

$$\lim_{n \to \infty} n\left(\frac{a_{n+1}}{a_n} - 1\right) = \lim_{n \to \infty} n\left(\frac{\alpha+n+1}{\beta+n+1} - 1\right)$$

$$= \lim_{n \to \infty} \frac{(\alpha-\beta)n}{\beta+n+1} = \alpha - \beta \ 。$$

於是，依定理 8 可知：當 $\alpha < \beta - 1$ 時，此級數收斂；當 $\alpha > \beta - 1$ 時，此級數發散。至於當 $\alpha = \beta - 1$ 時，$a_n = \beta/(\beta+n)$。因為

$$\lim_{n \to \infty} \frac{a_n}{1/n} = \beta = \alpha + 1 \geq 1 > 0 \ ,$$

而且 $\sum_{n=1}^{\infty}(1/n)$ 是發散級數，所以，依定理 4(2)，可知 $\sum_{n=1}^{\infty} a_n$ 是發散級數。 ‖

對一正項級數 $\sum_{n=1}^{\infty} a_n$ ，只有在 $\underline{\lim}_{n \to \infty}(a_{n+1}/a_n) \leq 1 \leq \overline{\lim}_{n \to \infty}$ (a_{n+1}/a_n) 時，我們才需要進一步使用 Rabbe 檢驗法。但 Rabbe 檢驗法也不能用來處理所有此種正項級數，因為當正項級數 $\sum_{n=1}^{\infty} a_n$ 滿足

$$\underline{\lim}_{n \to \infty} n\left(\frac{a_{n+1}}{a_n} - 1\right) \leq -1 \leq \overline{\lim}_{n \to \infty} n\left(\frac{a_{n+1}}{a_n} - 1\right)$$

時，定理 8 的結論都不能適用。例如：若 $a_n = 1/n$ ，則

$$\lim_{n \to \infty} n\left(\frac{a_{n+1}}{a_n} - 1\right) = \lim_{n \to \infty} \frac{-n}{n+1} = -1 \quad ,$$

而此級數發散。另一方面，令 $a_{2n-1} = 2^{-2n}$ 而 $a_{2n} = 2^{-(2n-1)}$，則

$$\varliminf_{n \to \infty} \frac{a_{n+1}}{a_n} = \lim_{n \to \infty} \frac{a_{2n+1}}{a_{2n}} = \lim_{n \to \infty} \frac{1}{8} = \frac{1}{8} \quad ,$$

$$\varlimsup_{n \to \infty} \frac{a_{n+1}}{a_n} = \lim_{n \to \infty} \frac{a_{2n}}{a_{2n-1}} = \lim_{n \to \infty} 2 = 2 \quad ,$$

$$\varliminf_{n \to \infty} n\left(\frac{a_{n+1}}{a_n} - 1\right) = \varliminf_{n \to \infty} (2n)\left(\frac{a_{2n+1}}{a_{2n}} - 1\right) = \lim_{n \to \infty} \left(\frac{-7n}{4}\right) = -\infty \quad ,$$

$$\varlimsup_{n \to \infty} n\left(\frac{a_{n+1}}{a_n} - 1\right) = \varlimsup_{n \to \infty} (2n-1)\left(\frac{a_{2n}}{a_{2n-1}} - 1\right) = \lim_{n \to \infty} (2n-1) = +\infty \quad 。$$

可見比值檢驗法與 Rabbe 檢驗法都不能判定此級數的斂散性，但使用方根檢驗法時，則因為

$$\lim_{n \to \infty} \sqrt[n]{a_n} = \frac{1}{2} < 1 \quad ,$$

可知此級數是收斂級數。

與 Rabbe 檢驗法相關的一個檢驗法是 Carl Gauss(1777～1855，德國人)在 1812 年就已經提出來的，它記載在 Werke 一書的第三卷中。

【定理 9】（Gauss 檢驗法）

設 $\sum_{n=1}^{\infty} a_n$ 為一正項級數，而且每個 $n \in N$ 都滿足 $a_n > 0$。若存在一個實數 b、一個正實數 λ 及一個有界數列 $\{\alpha_n\}$ 使得：對每個 $n \in N$，恆有

$$\frac{a_{n+1}}{a_n} = 1 + \frac{b}{n} + \frac{\alpha_n}{n^{1+\lambda}} \quad ,$$

則 $\sum_{n=1}^{\infty} a_n$ 是收斂級數的充要條件是 $b < -1$。

證：因為 $\{\alpha_n\}$ 是有界數列而 $\lambda > 0$，所以，得

$$\lim_{n\to\infty} \frac{\alpha_n}{n^\lambda} = 0 \ , \qquad \lim_{n\to\infty} n\,(\frac{a_{n+1}}{a_n} - 1) = b \ 。$$

於是，依 Rabbe 檢驗法可知：當 $b < -1$ 時，$\sum_{n=1}^{\infty} a_n$ 是收斂級數；當 $b > -1$ 時，$\sum_{n=1}^{\infty} a_n$ 是發散級數。因此，我們只需再討論 $b = -1$ 的情形。因為

$$n \ln n - (n+1) \ln (n+1) \cdot \frac{a_{n+1}}{a_n}$$

$$= n \ln n - (n+1) \ln (n+1) \cdot (1 - \frac{1}{n} + \frac{\alpha_n}{n^{1+\lambda}})$$

$$= -\ln (\frac{n+1}{n})^n + \frac{\ln (n+1)}{n} - \alpha_n \cdot \frac{n+1}{n} \cdot \frac{\ln (n+1)}{n^\lambda} \ 。$$

根據 L'Hospital 法則，可知

$$\lim_{n\to\infty} \frac{\ln (n+1)}{n^\lambda} = \lim_{n\to\infty} \frac{\ln (n+1)}{n} = 0 \ 。$$

因為 $\{\alpha_n\}$ 是有界數列，所以，得

$$\lim_{n\to\infty} \alpha_n \cdot \frac{n+1}{n} \cdot \frac{\ln (n+1)}{n^\lambda} = 0 \ 。$$

於是，可得

$$\lim_{n\to\infty} \left(n \ln n - (n+1) \ln (n+1) \cdot \frac{a_{n+1}}{a_n} \right)$$

$$= \lim_{n\to\infty} \left(-\ln (\frac{n+1}{n})^n + \frac{\ln (n+1)}{n} - \alpha_n \cdot \frac{n+1}{n} \cdot \frac{\ln (n+1)}{n^\lambda} \right)$$

$$= -\ln e + 0 - 0$$

$$= -1 \ 。$$

因為上述極限值為 -1，所以，必可找到一個 $n_0 \in N$ 使得：當 $n \geq n_0$ 時，恆有

$$n \ln n - (n+1) \ln (n+1) \cdot \frac{a_{n+1}}{a_n} \leq 0 \ ,$$

$$\frac{a_{n+1}}{a_n} \geq \frac{1/(n+1)\ln(n+1)}{1/n\ln n} \; 。$$

因為 $\sum_{n=2}^{\infty} 1/n\ln n$ 是發散級數，所以，依定理 $5\,(2)$，$\sum_{n=1}^{\infty} a_n$ 也是發散級數。 $\|$

關於級數 $\sum_{n=2}^{\infty} 1/n\ln n$ 的發散性，乃是 Niels Henry Abel(1802～1829，挪威人)最先發現的，這個級數也因此稱為 Abel 級數。關於它的發散性，可以利用併項檢驗法(參看§8-1 練習題 29)或積分檢驗法(參看本節例 14)來證明。

Gauss 當年所寫的檢驗法是下面的定理 10，而不是定理 9 的形式。

【定理 10】 （Gauss 檢驗法的特殊情形）

設 $\sum_{n=1}^{\infty} a_n$ 為一正項級數，而且每個 $n \in N$ 都滿足 $a_n > 0$。若存在 $2k$ 個常數 $c_1 , c_2 , \cdots , c_k , d_1 , d_2 , \cdots , d_k$ 使得：對每個 $n \in N$ ，恆有

$$\frac{a_{n+1}}{a_n} = \frac{n^k + c_1 n^{k-1} + c_2 n^{k-2} + \cdots + c_k}{n^k + d_1 n^{k-1} + d_2 n^{k-2} + \cdots + d_k} \; ,$$

則 $\sum_{n=1}^{\infty} a_n$ 是收斂級數的充要條件是 $c_1 - d_1 < -1$ 。

證：因為對每個 $n \in N$ ，恆有

$$\frac{a_{n+1}}{a_n} = 1 + \frac{(c_1 - d_1)n^{k-1} + (c_2 - d_2)n^{k-2} + \cdots + (c_k - d_k)}{n^k + d_1 n^{k-1} + d_2 n^{k-2} + \cdots + d_k}$$

$$= 1 + \frac{c_1 - d_1}{n} + \frac{\alpha_n}{n^2} \; ,$$

其中的 α_n 為

$$\alpha_n = \frac{[(c_2 - d_2) - d_1(c_1 - d_1)]n^k + \cdots + [(c_k - d_k) - d_{k-1}(c_1 - d_1)]n^2 - d_k(c_1 - d_1)n}{n^k + d_1 n^{k-1} + d_2 n^{k-2} + \cdots + d_k} \; 。$$

因為 $\{\alpha_n\}$ 是收斂數列，它自然是有界數列，所以，與定理 9 比較，可知 $\sum_{n=1}^{\infty} a_n$ 是收斂級數的充要條件是 $c_1 - d_1 < -1$ 。 $\|$

Gauss 提出上述檢驗法乃是為討論下例中的**超幾何級數**（hypergeometric series）的收斂問題。

【例 12】若 α, β 與 γ 為實數，γ 不是 0、也不是負整數，則級數

$$\sum_{n=1}^{\infty} \frac{\alpha(\alpha+1)\cdots(\alpha+n-1)\beta(\beta+1)\cdots(\beta+n-1)}{1\cdot2\cdots n\cdot\gamma(\gamma+1)\cdots(\gamma+n-1)}$$

是收斂級數的充要條件是 $\alpha + \beta < \gamma$。

證：令 a_n 表示此級數的第 n 項，則

$$\frac{a_{n+1}}{a_n} = \frac{(\alpha+n)(\beta+n)}{(n+1)(\gamma+n)} = \frac{n^2+(\alpha+\beta)n+\alpha\beta}{n^2+(\gamma+1)n+\gamma}。$$

依系理 10，此級數收斂的充要條件是 $(\alpha+\beta)-(\gamma+1)<-1$，即 $\alpha+\beta<\gamma$。∥

【例 13】試就正實數 p 討論級數 $\displaystyle\sum_{n=1}^{\infty}\left(\frac{1\cdot3\cdot5\cdots(2n-1)}{2\cdot4\cdot6\cdots(2n)}\right)^{p}$ 的斂散性。

解：令 a_n 表示此級數的第 n 項，則

$$\frac{a_{n+1}}{a_n} = \left(\frac{2n+1}{2n+2}\right)^{p} = \left(1-\frac{1}{2n+2}\right)^{p}。$$

因為 p 是正數，所以，依 L'Hospital 法則，可得

$$\lim_{x\to0}\frac{(1-x)^{p}-1+px}{x^2} = \frac{p(p-1)}{2}。$$

由此可得

$$\lim_{n\to\infty}(2n+2)^2\left((1-\frac{1}{2n+2})^{p}-1+\frac{p}{2n+2}\right) = \frac{p(p-1)}{2}。$$

根據上述極限式，對每個 $n\in N$，令

$$\frac{a_{n+1}}{a_n} = 1-\frac{p}{2n}+\frac{\alpha_n}{n^2}，$$

其中的 α_n 為

$$\alpha_n = n^2\left(\left(1-\frac{1}{2n+2}\right)^p - 1 + \frac{p}{2n}\right)$$

$$= \frac{n^2}{(2n+2)^2}\cdot(2n+2)^2\left(\left(1-\frac{1}{2n+2}\right)^p - 1 + \frac{p}{2n+2}\right)$$

$$+ n^2\left(\frac{p}{2n} - \frac{p}{2n+2}\right)\text{。}$$

因為 $\{\alpha_n\}$ 是一個收斂數列(其極限為 $p(p+3)/8$)，所以，依定理 9，可知此級數收斂的充要條件是 $-p/2 < -1$ ，亦即 $p > 2$ 。 ‖

　　前面所介紹的比值檢驗法與 Rabbe 檢驗法，實際上都是下面定理 11 中所介紹的 Kummer 檢驗法的特殊情形。Kummer 檢驗法乃是 Ernest Kummer(1810～1893，德國人)在 1835 年所提出的，但在 Kummer 當年所提出的寫法中，有一個條件在 1867 年被 Ulisse Dini(1845～1918，義大利人)證明是多餘的，所以定理 11 的敘述方法是 Dini 所提出的，而其證明方法則是 Otto Stolz(1842～1905，德國人)在 1888 年所提出的。

【定理 11】（Kummer 檢驗法）

　　設 $\sum_{n=1}^{\infty} a_n$ 為一正項級數，而且每個 $n \in N$ 都滿足 $a_n > 0$ 。
　　⑴若存在一個由正數所成的數列 $\{d_n\}_{n=1}^{\infty}$ 使得

$$\varlimsup_{n\to\infty}\left(\frac{1}{d_{n+1}}\cdot\frac{a_{n+1}}{a_n} - \frac{1}{d_n}\right) < 0 \text{ ，}$$

則 $\sum_{n=1}^{\infty} a_n$ 是收斂級數。

　　事實上，若存在一個正數 c 及一個 $n_0 \in N$ 使得：當 $n \geq n_0$ 時，恆有

$$\frac{1}{d_{n+1}}\cdot\frac{a_{n+1}}{a_n} - \frac{1}{d_n} \leq -c \text{ ，}$$

則 $\sum_{n=1}^{\infty} a_n$ 是收斂級數。

(2)若存在一個發散的正項級數 $\sum_{n=1}^{\infty} d_n$ 使得

$$\lim_{n \to \infty} (\frac{1}{d_{n+1}} \cdot \frac{a_{n+1}}{a_n} - \frac{1}{d_n}) > 0 \text{,}$$

則 $\sum_{n=1}^{\infty} a_n$ 是發散級數。

事實上，若存在一個 $n_1 \in N$ 使得：當 $n \geq n_1$ 時，恆有

$$\frac{1}{d_{n+1}} \cdot \frac{a_{n+1}}{a_n} - \frac{1}{d_n} \geq 0 \text{,}$$

則 $\sum_{n=1}^{\infty} a_n$ 是發散級數。

證：(1)對每個 $n \geq n_0$，因為

$$\frac{1}{d_{n+1}} \cdot \frac{a_{n+1}}{a_n} - \frac{1}{d_n} \leq -c < 0 \text{,}$$

所以，可得

$$\frac{a_n}{d_n} - \frac{a_{n+1}}{d_{n+1}} \geq c a_n > 0 \text{。}$$

於是，正項數列 $\{ a_n / d_n \}_{n=1}^{\infty}$ 自第 n_0 項起構成一個有界的單調遞減數列。依 §1-2 定理 10，$\{ a_n / d_n \}_{n=1}^{\infty}$ 是收斂數列。於是，級數 $\sum_{n=1}^{\infty} (a_n / d_n - a_{n+1} / d_{n+1})$ 是收斂級數(其和為 $a_1 / d_1 - \lim_{n \to \infty} (a_n / d_n)$)。依定理 3 (1)，$\sum_{n=1}^{\infty} a_n$ 是收斂級數。

(2)這是定理 5 (2)的另一種敘述。 ‖

請注意：對於定理 11 (1)中的正項數列 $\{ d_n \}$，不必要求 $\sum_{n=1}^{\infty} d_n$ 的斂散性。但當 $\sum_{n=1}^{\infty} d_n$ 是收斂級數時，定理 11 (1)就成了定理 5 (1)的另一種敘述了，因為

$$\frac{1}{d_{n+1}} \cdot \frac{a_{n+1}}{a_n} - \frac{1}{d_n} \leq -c < 0 \text{,}$$

$$\frac{a_{n+1}}{a_n} < \frac{d_{n+1}}{d_n} \; 。$$

在定理 11 中，若令 $d_n = 1$，則 Kummer 檢驗法就變成了比值檢驗法。若令 $d_n = 1/n$，則 Kummer 檢驗法就變成了 Raabe 檢驗法。若令 $d_n = 1/(n \ln n)$，再作適當的變形，則 Kummer 檢驗法就變成為 de Morgan 與 Bertrand 檢驗法，我們介紹於下做為 Kummer 檢驗法的一個應用例。

【定理 12】（de Morgan 與 Bertrand 檢驗法）

設 $\sum_{n=1}^{\infty} a_n$ 為一正項級數，而且每個 $n \in N$ 都滿足 $a_n > 0$。

⑴若 $\overline{\lim}_{n \to \infty} (n \ln n)(a_{n+1}/a_n - 1 + 1/n) < -1$，則 $\sum_{n=1}^{\infty} a_n$ 是收斂級數。

⑵若 $\underline{\lim}_{n \to \infty} (n \ln n)(a_{n+1}/a_n - 1 + 1/n) > -1$，則 $\sum_{n=1}^{\infty} a_n$ 是發散級數。

證：對每個 $n \in N$，令

$$\beta_n = (n \ln n)(\frac{a_{n+1}}{a_n} - 1 + \frac{1}{n}) \; ,$$

$$d_n = \frac{1}{n \ln n} \; , \; n > 1 \; ,$$

則得

$$\frac{1}{d_{n+1}} \cdot \frac{a_{n+1}}{a_n} - \frac{1}{d_n} = (n+1)\ln(n+1)(1 - \frac{1}{n} + \frac{\beta_n}{n \ln n}) - n \ln n$$

$$= \ln(\frac{n+1}{n})^n - \frac{\ln(n+1)}{n} + \frac{n+1}{n} \cdot \frac{\ln(n+1)}{\ln n} \cdot \beta_n \; 。$$

因為

$$\lim_{n \to \infty} \ln(\frac{n+1}{n})^n = \lim_{n \to \infty} \frac{n+1}{n} = \lim_{n \to \infty} \frac{\ln(n+1)}{\ln n} = 1 \; ,$$

$$\lim_{n \to \infty} \frac{\ln(n+1)}{n} = 0 \; ,$$

所以，依§3-1 定理 23 與定理 24，可得

$$\varlimsup_{n\to\infty}(\frac{1}{d_{n+1}}\cdot\frac{a_{n+1}}{a_n}-\frac{1}{d_n})=1+\varlimsup_{n\to\infty}(\frac{n+1}{n}\cdot\frac{\ln(n+1)}{\ln n}\cdot\beta_n)$$
$$=1+\varlimsup_{n\to\infty}\beta_n\,, \tag{*}$$

$$\varliminf_{n\to\infty}(\frac{1}{d_{n+1}}\cdot\frac{a_{n+1}}{a_n}-\frac{1}{d_n})=1+\varliminf_{n\to\infty}(\frac{n+1}{n}\cdot\frac{\ln(n+1)}{\ln n}\cdot\beta_n)$$
$$=1+\varliminf_{n\to\infty}\beta_n\,。 \tag{**}$$

請注意：因為數列 $\{(n+1)\ln(n+1)/(n\ln n)\}$ 的極限是正數，所以，不論 β_n 是否為正數，上述(*)與(**)式的第二個等號都成立。（§3-1 定理 24 只考慮正項數列的情形。）將(*)與(**)式運用定理 11，即得本定理。∥

　　西元 1742 年，Colin Maclaurin(1698～1746，蘇格蘭人)曾經提出以積分來檢驗斂散性的方法。後來，Cauchy 在 1827 年也曾另行發現這個檢驗法並提出證明。這個**積分檢驗法**(integral test)，不僅可用來檢驗許多級數的斂散性，而且也可以用在許多級數的求和上。不過，它只適用於各項所成數列是遞減數列的正項級數。

【定理 13】（積分檢驗法）
　　設 $\sum_{n=1}^{\infty}a_n$ 為一正項級數且滿足 $a_1\geq a_2\geq\cdots\geq a_n\geq\cdots\geq 0$。若存在一個遞減的非負函數 $f:[1,+\infty)\to[0,+\infty)$ 使得：對每個 $n\in N$，恆有 $a_n=f(n)$，則
　　⑴數列

$$\{\,a_1+a_2+\cdots+a_n-\int_1^n f(x)\,dx\,\}_{n=1}^{\infty}$$

是收斂數列，而且其極限 l 滿足 $0\leq l\leq a_1$。

(2)對每個 $n \in N$ ，恆有

$$0 \le \sum_{k=1}^{n} f(k) - \int_{1}^{n} f(x)\,dx - l \le f(n) - \lim_{x \to +\infty} f(x) \text{ 。}$$

(3) $\sum_{n=1}^{\infty} a_n$ 是收斂級數的充要條件是數列 $\{\int_{1}^{n} f(x)\,dx\}_{n=1}^{\infty}$ 的極限存在。當兩者成立時， $\sum_{n=1}^{\infty} a_n$ 的和 s 與第 n 個部分和 s_n 滿足下述關係式：

$$\lim_{m \to \infty} \int_{n+1}^{m} f(x)\,dx \le s - s_n \le \lim_{m \to \infty} \int_{n}^{m} f(x)\,dx \text{ 。}$$

證：(1)對每個 $n \in N$ ，令 $s_n = a_1 + a_2 + \cdots + a_n$ 。因為 f 是遞減函數，所以，對每個 $k \in N$ ，恆有

$$a_{k+1} = \int_{k}^{k+1} f(k+1)\,dx \le \int_{k}^{k+1} f(x)\,dx \le \int_{k}^{k+1} f(k)\,dx = a_k \text{ 。} \qquad (*)$$

於是，對每個 $n \in N$ ，恆有

$$s_n - a_1 = \sum_{k=1}^{n-1} a_{k+1} \le \int_{1}^{n} f(x)\,dx \le \sum_{k=1}^{n-1} a_k = s_n - a_n \text{ ，}$$

$$0 \le a_n \le s_n - \int_{1}^{n} f(x)\,dx \le a_1 \text{ 。}$$

另一方面，對每個 $n \in N$ ，恆有

$$\left(s_n - \int_{1}^{n} f(x)\,dx \right) - \left(s_{n+1} - \int_{1}^{n+1} f(x)\,dx \right) = \int_{n}^{n+1} f(x)\,dx - a_{n+1} \ge 0 \text{ 。}$$

由此可知：數列

$$\{ s_n - \int_{1}^{n} f(x)\,dx \}_{n=1}^{\infty}$$

是一個有界遞減數列。依實數系的完備性，此數列是收斂數列且其極限 l 滿足 $0 \le l \le a_1$ 。

(2)對任意 $m, n \in N$ ， $m > n$ ，依(*)式可得

$$s_m - s_n = \sum_{k=n}^{m-1} a_{k+1} \le \int_{n}^{m} f(x)\,dx \le \sum_{k=n}^{m-1} a_k = s_{m-1} - s_{n-1} \text{ ，} \qquad (**)$$

$$0 \leq \left(s_n - \int_1^n f(x)\,dx \right) - \left(s_m - \int_1^m f(x)\,dx \right) \leq f(n) - f(m) \ \text{。}$$

將 n 固定而令 m 趨向 ∞，即得

$$0 \leq s_n - \int_1^n f(x)\,dx - l \leq f(n) - \lim_{x \to \infty} f(x) \ \text{。}$$

⑶前半段由§8-1 定義 1 及本定理的⑴立即可得，後半段由(**)
式中令 m 趨向 ∞ 即得。 ‖

定理 13 ⑵中的不等式，使我們可以利用積分值來估計有限和的近
似值。請注意：因為 f 是有界遞減函數，所以極限 $\lim_{x \to \infty} f(x)$ 存在。

【例 14】設 p 為一實數，試證：$\displaystyle\sum_{n=2}^{\infty} \frac{1}{n\,(\ln n)^p}$ 是收斂級數的充要條件
是 $p > 1$。

證：定義函數 f：$[\,2\,,+\infty\,) \to [\,0\,,+\infty\,)$ 如下：

$$f(x) = \frac{1}{x\,(\ln x)^p} \ ，\ x \geq 2 \ \text{。}$$

函數 f 顯然是一個遞減函數。（當 $p < 0$ 時，f 在 $x \geq e^{-p}$ 時才遞減。）

當 $p \neq 1$ 時，可得

$$\lim_{n \to \infty} \int_2^n f(x)\,dx = \lim_{n \to \infty} \int_2^n \frac{1}{x\,(\ln x)^p}\,dx$$
$$= \lim_{n \to \infty} \frac{(\ln n)^{1-p} - (\ln 2)^{1-p}}{1-p} \ \text{。}$$

若 $p > 1$，則 $\lim_{n \to \infty} (\ln n)^{1-p} = 0$。此時，上述極限存在。依定理
13 ⑵，級數 $\sum_{n=2}^{\infty} (n\,(\ln n)^p)^{-1}$ 是收斂級數。若 $p < 1$，則
$\lim_{n \to \infty} (\ln n)^{1-p} = +\infty$。此時，上述極限不存在。依定理 13⑵，級數
$\sum_{n=2}^{\infty} (n\,(\ln n)^p)^{-1}$ 是發散級數。

另一方面，當 $p = 1$ 時，可得

$$\lim_{n\to\infty}\int_2^n f(x)\,dx = \lim_{n\to\infty}\int_2^n \frac{1}{x\ln x}\,dx$$
$$= \lim_{n\to\infty}(\ln(\ln n)-\ln(\ln 2)) = +\infty \text{ 。}$$

依定理 13(2)，級數 $\sum_{n=2}^\infty (n\ln n)^{-1}$ 是發散級數。‖

將定理 13 (1)中的結果應用到無窮調和級數 $\sum_{n=1}^\infty (1/n)$ 與函數 $f(x)=1/x$，則知極限

$$\lim_{n\to\infty}(1+\frac{1}{2}+\cdots+\frac{1}{n}-\ln n)$$

存在。這個結果在本節例 5 已經提過，其極限為 Euler 常數 γ 。我們可以利用此結果來計算某些級數的和或數列的極限。對每個 $n\in N$，令

$$b_n = 1+\frac{1}{2}+\cdots+\frac{1}{n}-\ln n \text{ ，}$$

則 $\lim_{n\to\infty}b_n=\gamma$ ，而且

$$1+\frac{1}{2}+\cdots+\frac{1}{n}=b_n+\ln n \text{ 。}$$

【例 15】試證：$1-\frac{1}{2}+\frac{1}{3}-\frac{1}{4}+\cdots+\frac{(-1)^{n-1}}{n}+\cdots=\ln 2$ 。

證：對每個 $n\in N$，令 s_n 表示此級數的第 n 個部分和。於是，得

$$s_{2n}=1-\frac{1}{2}+\frac{1}{3}-\frac{1}{4}+\cdots+\frac{1}{2n-1}-\frac{1}{2n}$$
$$=\left(1+\frac{1}{2}+\frac{1}{3}+\frac{1}{4}+\cdots+\frac{1}{2n-1}+\frac{1}{2n}\right)-2\cdot\left(\frac{1}{2}+\frac{1}{4}+\cdots+\frac{1}{2n}\right)$$
$$=(b_{2n}+\ln(2n))-(b_n+\ln n)$$
$$=b_{2n}-b_n+\ln 2 \text{ 。}$$

由此可得

$$\lim_{n \to \infty} s_{2n} = \gamma - \gamma + \ln 2 = \ln 2 \text{ 。}$$

另一方面，因為對每個 $n \in N$，恆有 $s_{2n-1} = s_{2n} + 1/(2n)$，所以，可得

$$\lim_{n \to \infty} s_{2n-1} = \ln 2 + 0 = \ln 2 \text{ 。}$$

因為子數列 $\{s_{2n-1}\}$ 與 $\{s_{2n}\}$ 都收斂於 $\ln 2$，所以，依練習題 3-1 第 7 題，數列 $\{s_n\}$ 的極限為 $\ln 2$。於是，依 §8-1 定義 1，可知

$$1 - \frac{1}{2} + \frac{1}{3} - \frac{1}{4} + \cdots + \frac{(-1)^{n-1}}{n} + \cdots = \lim_{n \to \infty} s_n = \ln 2 \text{ 。} \parallel$$

【例 16】試證：$\lim_{n \to \infty} \left(\dfrac{1}{n+1} + \dfrac{1}{n+2} + \cdots + \dfrac{1}{n+n} \right) = \ln 2$。

證：對每個 $n \in N$，可得

$$
\begin{aligned}
\frac{1}{n+1} + \frac{1}{n+2} + \cdots + \frac{1}{n+n} &= \left(1 + \frac{1}{2} + \cdots + \frac{1}{2n} \right) - \left(\frac{1}{1} + \frac{1}{2} + \cdots + \frac{1}{n} \right) \\
&= (b_{2n} + \ln(2n)) - (b_n + \ln n) \\
&= b_{2n} - b_n + \ln 2 \text{ 。}
\end{aligned}
$$

再仿例 15 即得。$\parallel$

本節練習題中，還介紹其他檢驗法。參看練習題 31、42 與 44。

乙、絕對收斂級數的誤差估計

前小節所介紹的正項級數斂散性檢驗法，大多可用來檢驗 R^k 中的級數是否絕對收斂。對於 R^k 中任意級數 $\sum_{n=1}^{\infty} x_n$，$\sum_{n=1}^{\infty} \|x_n\|$ 是一個正項級數。若我們採用某個檢驗法確定正項級數 $\sum_{n=1}^{\infty} \|x_n\|$ 是收斂級數，則級數 $\sum_{n=1}^{\infty} x_n$ 是絕對收斂級數。當一個級數已知其為收斂級數時，我們自然想求出它的和。但是，能夠將和明白寫出來的收斂級數並不多，對於和無法明白寫出來的收斂級數，我們只能討論和的近似

值。對於近似值，我們自然需要估計它的誤差，定理 13⑶就是一個估計誤差的例子。下面我們再針對幾種檢驗法討論絕對收斂性的判定以及誤差的估計。

【定理 14】（比較檢驗法與誤差估計）

設 $\sum_{n=1}^{\infty} x_n$ 為 R^k 中一無窮級數，s_n 表示它的第 n 個部分和。若可找到一個收斂的正項級數 $\sum_{n=1}^{\infty} c_n$ 及一個 $n_0 \in N$ 使得：當 $n \geq n_0$ 時，恆有 $\| x_n \| \leq c_n$，則 $\sum_{n=1}^{\infty} x_n$ 是絕對收斂級數而且其和 s 滿足下述關係式：當 $n \geq n_0$ 時，恆有

$$\| s - s_n \| \leq \sum_{l=n+1}^{\infty} c_l \text{ 。}$$

證：對任意 $m, n \in N$，$m > n \geq n_0$，恆有

$$\| s_m - s_n \| = \| x_{n+1} + x_{n+2} + \cdots + x_m \| \leq \sum_{l=n+1}^{m} c_l \text{ 。}$$

令 m 趨向 ∞，即得所欲證的結果。 ‖

【例 17】對每個 $n \in N$，設 $a_n = (n \cdot 2^n)^{-1}$。因為對每個 $n \in N$，恆有

$$a_n \leq \frac{1}{2^n} ,$$

所以，$\sum_{n=1}^{\infty} a_n$ 的和 s 與第 n 個部分和 s_n 滿足

$$0 \leq s - s_n \leq \sum_{l=n+1}^{\infty} \frac{1}{2^l} = \frac{1}{2^n} \text{ 。} \ ‖$$

【定理 15】（方根檢驗法與誤差估計）

設 $\sum_{n=1}^{\infty} x_n$ 為 R^k 中一無窮級數，s_n 表示它的第 n 個部分和。

⑴若存在一個比 1 小的正數 r 及一個 $n_0 \in N$，使得：當 $n \geq n_0$ 時，恆有 $\sqrt[n]{\| x_n \|} \leq r$，則 $\sum_{n=1}^{\infty} x_n$ 是絕對收斂級數而且其和 s 滿足下述關係式：當 $n \geq n_0$ 時，恆有

$$\|s - s_n\| \le \frac{r^{n+1}}{1-r} \text{ 。}$$

(2)若有無限多個 $n \in N$ 滿足 $\|x_n\| \ge 1$，則 $\sum_{n=1}^{\infty} x_n$ 是發散級數。

證：(1)對任意 $m , n \in N$ ， $m > n \ge n_0$ ，恆有

$$\|s_m - s_n\| = \|x_{n+1} + x_{n+2} + \cdots + x_m\| \le \sum_{l=n+1}^{m} \|x_l\| \le \sum_{l=n+1}^{m} r^l$$

$$= \frac{r^{n+1} - r^{m+1}}{1-r} \text{ 。}$$

因為 $\lim_{m \to \infty} r^{m+1} = 0$ ，所以，將上式令 m 趨向 ∞ ，即得所欲證的結果。

(2)因為有無限多個 $n \in N$ 滿足 $\|x_n\| \ge 1$ ，所以，點列 $\{x_n\}$ 不會收斂於 0 。依 §8-1 系理 11 ， $\sum_{n=1}^{\infty} x_n$ 是發散級數。$\|$

【例 18】對每個 $n \in N$ ， $n \ge 2$ ，令 $a_n = (\ln n)^{-n}$ 。因為當 $m > n \ge 2$ 時，可得

$$\sqrt[m]{|a_m|} = (\ln m)^{-1} \le (\ln (n+1))^{-1} < 1 \text{ ，}$$

$$|a_m| \le (\ln (n+1))^{-m} \text{ ，}$$

所以， $\sum_{n=1}^{\infty} a_n$ 的和 s 與第 n 個部分和 s_n 滿足

$$0 \le s - s_n \le \frac{(\ln (n+1))^{-n-1}}{1 - (\ln (n+1))^{-1}} \text{ 。 } \|$$

【定理 16】（比值檢驗法與誤差估計）

設 $\sum_{n=1}^{\infty} x_n$ 為 $\mathbf{R}^k$ 中一無窮級數， s_n 表示它的第 n 個部分和，而且每個 x_n 都不為 0 。

(1)若存在一個比 1 小的正實數 r 及一個 $n_0 \in N$ ，使得：當 $n \ge n_0$ 時， 恆有 $\|x_{n+1}\| / \|x_n\| \le r$ ，則級數 $\sum_{n=1}^{\infty} x_n$ 是絕對收斂級數而且其和 s 滿足下述關係式：當 $n \ge n_0$ 時，恆有

$$\| s - s_n \| \le \frac{1}{1-r} \cdot \| x_{n+1} \| \text{ 。}$$

(2)若存在一個 $n_1 \in N$ 使得：當 $n \ge n_1$ 時，恆有 $\| x_{n+1} \| / \| x_n \| \ge 1$，則級數 $\sum_{n=1}^{\infty} x_n$ 是發散級數。

證：(1)對任意 $m, n \in N$，$m > n \ge n_0$，恆有

$$\| s_m - s_n \| = \| x_{n+1} + x_{n+2} + \cdots + x_m \|$$

$$\le \sum_{l=n+1}^{m} \| x_l \| \le (1 + r + \cdots + r^{m-n-1}) \| x_{n+1} \| \le \frac{1}{1-r} \cdot \| x_{n+1} \| \text{ 。}$$

令 m 趨向 ∞，即得所欲證的結果。

(2)依假設可知：當 $n \ge n_1$ 時，恆有 $\| x_n \| \ge \| x_{n_1} \| > 0$。於是，點列 $\{x_n\}$ 不會收斂於 0。依 §8-1 系理 11，$\sum_{n=1}^{\infty} x_n$ 是發散級數。 ‖

【例 19】對每個 $n \in N$，令 $a_n = (n/(n+1)) 2^{-n}$，則可得

$$\frac{a_{n+1}}{a_n} = \frac{1}{2} \cdot \frac{n^2 + 2n + 1}{n^2 + 2n} = \frac{1}{2}\left(1 + \frac{1}{n^2 + 2n}\right) \text{ 。}$$

由此可知：數列 $\{ a_{n+1}/a_n \}$ 是遞減數列。對任意 $m, n \in N$，$m > n$，恆有

$$\frac{a_{m+1}}{a_m} \le \frac{a_{n+2}}{a_{n+1}} = \frac{1}{2}\left(1 + \frac{1}{n^2 + 4n + 3}\right) \text{ 。}$$

於是，依定理 16 (1)可知：$\sum_{n=1}^{\infty} a_n$ 的和 s 與第 n 個部分和 s_n 滿足下述關係式：

$$0 \le s - s_n \le \left(1 - \frac{a_{n+2}}{a_{n+1}}\right)^{-1} \cdot a_{n+1} = \frac{a_{n+1}^2}{a_{n+1} - a_{n+2}} \text{ 。} ‖$$

【定理 17】（Raabe 檢驗法與誤差估計）

設 $\sum_{n=1}^{\infty} x_n$ 為 R^k 中一無窮級數，s_n 表示它的第 n 個部分和，而且每個 x_n 都不為 0。

(1)若存在一個比 1 大的正數 p 及一個 $n_0 \in N$，使得：當 $n \geq n_0$ 時，恆有 $\|x_{n+1}\|/\|x_n\| \leq 1 - p/n$，則 $\sum_{n=1}^{\infty} x_n$ 是絕對收斂級數而且其和 s 滿足下述關係式：當 $n \geq n_0$ 時，恆有

$$\|s - s_n\| \leq \frac{n}{p-1} \cdot \|x_{n+1}\| \text{。}$$

(2)若存在一個 $n_1 \in N$ 使得：當 $n \geq n_1$ 時，恆有 $\|x_{n+1}\|/\|x_n\| \geq 1 - 1/n$，則 $\sum_{n=1}^{\infty} x_n$ 不是絕對收斂級數，但可能是條件收斂級數。

證：對每個 $n \geq n_0$，依假設中的不等式及 $p > 1$，可得

$$n\|x_{n+1}\| \leq (n-p)\|x_n\| \text{，}$$
$$(n-1)\|x_n\| - n\|x_{n+1}\| \geq (p-1)\|x_n\| \geq 0 \text{。}$$

換言之，數列 $\{n\|x_{n+1}\|\}$ 自第 n_0 項起構成遞減數列。於是，對任意 $m, n \in N$，$m > n \geq n_0$，恆有

$$n\|x_{n+1}\| - m\|x_{m+1}\| = \sum_{l=n+1}^{m} ((l-1)\|x_l\| - l\|x_{l+1}\|)$$

$$\geq (p-1) \sum_{l=n+1}^{m} \|x_l\| \text{，}$$

$$\|s_m - s_n\| = \|x_{n+1} + x_{n+2} + \cdots + x_m\|$$

$$\leq \sum_{l=n+1}^{m} \|x_l\| \leq \frac{1}{p-1}(n\|x_{n+1}\| - m\|x_{m+1}\|)$$

$$\leq \frac{n}{p-1}\|x_{n+1}\| \text{。}$$

令 m 趨向 ∞，即得所欲證的結果。

(2)依定理 8 (2)，可知 $\sum_{n=1}^{\infty}\|x_n\|$ 是發散級數。另一方面，若 $x_n = (-1)^{n-1}/n$，則 $\sum_{n=1}^{\infty} x_n$ 是收斂級數。對每個 $n \in N$，恆有

$$\frac{|x_{n+1}|}{|x_n|} = \frac{n}{n+1} = 1 - \frac{1}{n+1} > 1 - \frac{1}{n} \text{。}$$

可見滿足此假設條件的 $\sum_{n=1}^{\infty} x_n$ 可能是條件收斂級數。 ‖

【例 20】對每個 $n \in N$ ，令 $a_n = \dfrac{1 \cdot 3 \cdot 5 \cdots (2n-1)}{2^n (n+1)!}$ ，則可得

$$\frac{a_{n+1}}{a_n} = \frac{2n+1}{2(n+2)} = 1 - \frac{3}{2(n+2)} \, \text{。}$$

當 $n \geq 10$ 時，可得

$$\frac{a_{n+1}}{a_n} \leq 1 - \frac{5}{4n} \, \text{。}$$

於是，依定理 16(1)可知：$\sum_{n=1}^{\infty} a_n$ 的和 s 與第 n 個部分和 s_n 滿足下述關係式：

$$0 \leq s - s_n \leq 4n a_{n+1} \, \text{。} \, \|$$

練習題 8−2

在第 1-10 題中，利用比較檢驗法判定各級數的斂散性：

1. $\displaystyle\sum_{n=1}^{\infty} \frac{1}{\sqrt{n^3+1}}$ 。

2. $\displaystyle\sum_{n=1}^{\infty} \frac{n}{\sqrt{n^3+1}}$ 。

3. $\displaystyle\sum_{n=1}^{\infty} \frac{n^2}{n!}$ 。

4. $\displaystyle\sum_{n=1}^{\infty} \frac{1}{n} \sin \frac{1}{n}$ 。

5. $\displaystyle\sum_{n=1}^{\infty} \frac{\sin^2 n}{n^2}$ 。

6. $\displaystyle\sum_{n=1}^{\infty} \frac{n e^{-n}}{n^2+1}$ 。

7. $\displaystyle\sum_{n=1}^{\infty} (\sqrt{1+n^2} - n)$ 。

8. $\displaystyle\sum_{n=1}^{\infty} \frac{1}{n \sqrt[n]{n}}$ 。

9. $\displaystyle\sum_{n=1}^{\infty} \frac{\sin (1/n)}{\ln (n+1)}$ 。

10. $\displaystyle\sum_{n=2}^{\infty} \frac{1}{(\ln n)^n}$ 。

在第 11-16 題中，利用方根檢驗法判定各級數的斂散性：

11. $\displaystyle\sum_{n=1}^{\infty} \frac{n^2}{2^n}$ 。

12. $\displaystyle\sum_{n=1}^{\infty} \frac{n^3(\sqrt{2}+(-1)^n)^n}{3^n}$ 。

13. $\displaystyle\sum_{n=1}^{\infty} \left(\frac{n}{2n-1}\right)^n$ 。

14. $\displaystyle\sum_{n=1}^{\infty} (\sqrt[n]{n}-1)^n$ 。

15. $\displaystyle\sum_{n=1}^{\infty} n^3 e^{-an}$ ，$a \in \boldsymbol{R}$ 。

16. $\displaystyle\sum_{n=1}^{\infty} (\frac{b}{a_n})^n$ ，$\displaystyle\lim_{n\to\infty} a_n = a > 0$ ，$b > 0$ 。

在第 17-30 題中，利用比值檢驗法、Raabe 檢驗法或 Gauss 檢驗法判定各級數的斂散性：

17. $\displaystyle\sum_{n=1}^{\infty} \frac{n!}{n^n}$ 。

18. $\displaystyle\sum_{n=1}^{\infty} \frac{n!}{3 \cdot 5 \cdot \cdots \cdot (2n+1)}$ 。

19. $\displaystyle\sum_{n=1}^{\infty} \frac{2 \cdot 4 \cdot \cdots \cdot (2n)}{3 \cdot 5 \cdot \cdots \cdot (2n+1)}$ 。

20. $\displaystyle\sum_{n=1}^{\infty} \frac{2 \cdot 4 \cdot \cdots \cdot (2n)}{5 \cdot 7 \cdot \cdots \cdot (2n+3)}$ 。

21. $\displaystyle\sum_{n=1}^{\infty} \frac{n^2+1}{3^n}$ 。

22. $\displaystyle\sum_{n=1}^{\infty} \frac{1 \cdot 3 \cdot \cdots \cdot (2n-1)}{n^4}$ 。

23. $\displaystyle\sum_{n=1}^{\infty} \frac{1 \cdot 3 \cdot \cdots \cdot (2n-1)}{2 \cdot 4 \cdot \cdots \cdot (2n)} \cdot \frac{1}{2n+1}$ 。

24. $\displaystyle\sum_{n=1}^{\infty} \frac{1 \cdot 3 \cdot \cdots \cdot (2n-1)}{2 \cdot 4 \cdot \cdots \cdot (2n)} \cdot \frac{1}{n^p}$ ，$p \in \boldsymbol{R}$ 。

25. $\displaystyle\sum_{n=1}^{\infty} \frac{(n!)^2 a^{2n}}{(2n)!}$ ，$a \in \boldsymbol{R}$ 。

26. $\displaystyle\sum_{n=1}^{\infty} \sqrt{\frac{\alpha(\alpha+1)\cdots(\alpha+n-1)}{\beta(\beta+1)\cdots(\beta+n-1)}}$ ，$\alpha,\beta>0$ 。

27. $\displaystyle\sum_{n=1}^{\infty} \frac{n!\,e^n}{n^{n+p}}$ ，$p>0$ 。

28. $\displaystyle\sum_{n=1}^{\infty} \frac{\sqrt{n!}}{(1+\sqrt{1})(1+\sqrt{2})\cdots(1+\sqrt{n})}$

29. $\displaystyle\sum_{n=1}^{\infty} \frac{\alpha(\alpha+\gamma)\cdots(\alpha+(n-1)\gamma)}{\beta(\beta+\gamma)\cdots(\beta+(n-1)\gamma)}$ ，$\alpha,\beta,\gamma>0$ 。

30. $\displaystyle\sum_{n=1}^{\infty} \frac{\alpha(\alpha+1)\cdots(\alpha+n-1)}{n!}\cdot\frac{1}{n^p}$ ，$\alpha,p>0$ 。

31.試證明下面的對數檢驗法：

設 $\sum_{n=1}^{\infty} a_n$ 為一正項級數，而且每個 $n\in N$ 都滿足 $a_n>0$ 。

(1)若 $\overline{\lim}_{n\to\infty}\,(\ln a_n)/(\ln n)<-1$ ，則 $\sum_{n=1}^{\infty} a_n$ 是收斂級數。

(2)若 $\underline{\lim}_{n\to\infty}\,(\ln a_n)/(\ln n)>-1$ ，則 $\sum_{n=1}^{\infty} a_n$ 是發散級數。

在第 32-35 題中，利用對數檢驗法判定各級數的斂散性：

32. $\displaystyle\sum_{n=2}^{\infty} (\ln n)^{-\ln(\ln n)}$ 。

33. $\displaystyle\sum_{n=2}^{\infty} (\ln(\ln n))^{-\ln n}$ 。

34. $\displaystyle\sum_{n=2}^{\infty} (\ln(\ln n))^{-\ln(\ln n)}$ 。

35. $\displaystyle\sum_{n=1}^{\infty} \frac{1}{n^p}(1+\frac{\ln n}{n})^n$ ，$p>0$ 。

36.若 $\sum_{n=1}^{\infty} a_n$ 是收斂級數，而且 $a_1\geq a_2\geq\cdots\geq a_n\geq\cdots\geq 0$ ，則 $\lim_{n\to\infty} na_n=0$ 而且 $\sum_{n=1}^{\infty} n(a_n-a_{n+1})$ 是收斂級數。試證之。

37.試證：$\displaystyle\sum_{n=1}^{\infty} \frac{1}{n(2n+1)}=2-2\ln 2$ 。

38.試證：$\displaystyle\sum_{n=1}^{\infty} \frac{1}{n(4n^2-1)}=2\ln 2-1$ 。

39.試證：$\displaystyle\sum_{n=1}^{\infty}\frac{1}{n(9n^2-1)}=\frac{2}{3}(\ln 3-1)$。

40.試證：$\displaystyle\sum_{n=1}^{\infty}\frac{1}{n(36n^2-1)}=-3+\frac{3}{2}\ln 3+2\ln 2$。

41.試證：$\displaystyle\sum_{n=1}^{\infty}\frac{1}{n(4n^2-1)^2}=\frac{3}{2}-2\ln 2$ 且 $\displaystyle\sum_{n=1}^{\infty}\frac{12n^2-1}{n(4n^2-1)^2}=2\ln 2$。

42.試證明下面的 Jamet 檢驗法：

設 $\sum_{n=1}^{\infty}a_n$ 為一正項級數，而且每個 $n\in N$ 都滿足 $a_n>0$。

(1)若 $\overline{\lim}_{n\to\infty}(n/\ln n)(\sqrt[n]{a_n}-1)<-1$，則 $\sum_{n=1}^{\infty}a_n$ 是收斂級數。

(2)若 $\underline{\lim}_{n\to\infty}(n/\ln n)(\sqrt[n]{a_n}-1)>-1$，則 $\sum_{n=1}^{\infty}a_n$ 是發散級數。

43.試利用 Jamet 檢驗法判定級數 $\displaystyle\sum_{n=1}^{\infty}(1-(b\ln n)/n)^n$ 的斂散性。

44.試證明下面的 Schlomilch 檢驗法：

設 $\sum_{n=1}^{\infty}a_n$ 為一正項級數，而且每個 $n\in N$ 都滿足 $a_n>0$。

(1)若 $\overline{\lim}_{n\to\infty}n\ln(a_{n+1}/a_n)<-1$，則 $\sum_{n=1}^{\infty}a_n$ 是收斂級數。

(2)若 $\underline{\lim}_{n\to\infty}n\ln(a_{n+1}/a_n)>-1$，則 $\sum_{n=1}^{\infty}a_n$ 是發散級數。

45.（Hardy）若 $\sum_{n=1}^{\infty}a_n$ 是一個收斂的正項級數，試證：對每個 $p>1$，級數

$$\sum_{n=1}^{\infty}\left(\frac{a_1+a_2+\cdots+a_n}{n}\right)^p \text{ 與 } \sum_{n=1}^{\infty}a_n\cdot\left(\frac{a_1+a_2+\cdots+a_n}{n}\right)^{p-1}$$

也都是收斂級數，而且若以 s、t 與 u 分別表示此三級數之和，則

$$t\le\frac{p}{p-1}\cdot u\le(\frac{p}{p-1})^p\cdot s$$。

8-3 一般級數

在本節裡，我們要討論由複數（或實數）所成的無窮級數，其內容包括斂散性檢驗法。

甲、一般級數的斂散性檢驗法

當一個級數的各項是任意複數時，它的斂散行為比起正項級數要複雜得多。因為在這種級數中，部分和所成的數列不再是遞增數列，就實數項級數而言，它的各項可正可負，因此，它的部分和數列的各項會忽大忽小地跳動。至於複數項級數，其斂散性的判定可以分成實部與虛部來考慮，且看下述定理。

【定理 1】（以 *R* 中的收斂表示 *C* 中的收斂）

若 $\{a_n\}_{n=1}^{\infty}$ 與 $\{b_n\}_{n=1}^{\infty}$ 是 *R* 中二數列，則級數 $\sum_{n=1}^{\infty}(a_n + ib_n)$ 是收斂級數的充要條件是：$\sum_{n=1}^{\infty} a_n$ 與 $\sum_{n=1}^{\infty} b_n$ 都是收斂級數。當它們都收斂時，可得

$$\sum_{n=1}^{\infty}(a_n + ib_n) = \sum_{n=1}^{\infty} a_n + i\sum_{n=1}^{\infty} b_n \text{ 。}$$

證：對每個 $n \in N$，令 r_n、s_n 與 t_n 分別表示 $\sum_{n=1}^{\infty} a_n$、$\sum_{n=1}^{\infty} b_n$ 與 $\sum_{n=1}^{\infty}(a_n + ib_n)$ 的第 n 個部分和，則顯然可得

$$t_n = r_n + i\, s_n \text{ 。} \tag{*}$$

對任意 $m, n \in N$，可得 $t_m - t_n = (r_m - r_n) + i(s_m - s_n)$。於是，得

$$|t_m - t_n| \le |r_m - r_n| + |s_m - s_n| \text{，}$$
$$|r_m - r_n| \le |t_m - t_n| \text{，} \quad |s_m - s_n| \le |t_m - t_n| \text{ 。}$$

根據上述不等式及 Cauchy 條件，立即可得本定理之充要條件。至於當級數都收斂時，其和所滿足的等式由(*)式令 n 趨向 ∞ 即得。 ||

在判定複數項級數的斂散性時，固然可以就實部與虛部分別考慮，但在求和方面，複數有時反而可提供不少的方便，且看下例。

【例 1】試求級數 $\sum_{n=1}^{\infty} 2^{-n}\cos n\theta$ 之和。

解：我們先求無窮等比級數 $\sum_{n=1}^{\infty} 2^{-n}e^{in\theta}$ 的和：

$$\sum_{n=1}^{\infty} \frac{1}{2^n} e^{in\theta} = \frac{e^{i\theta}/2}{1-e^{i\theta}/2} = \frac{2\cos\theta-1+2i\sin\theta}{5-4\cos\theta} \; 。$$

因為上述無窮等比級數的實部與虛部分別為 $\sum_{n=1}^{\infty} 2^{-n}\cos n\theta$ 與 $\sum_{n=1}^{\infty} 2^{-n}\sin n\theta$，所以，依定理 1，可得

$$\sum_{n=1}^{\infty} \frac{1}{2^n} \cos n\theta = \frac{2\cos\theta-1}{5-4\cos\theta} \; ,$$

$$\sum_{n=1}^{\infty} \frac{1}{2^n} \sin n\theta = \frac{2\sin\theta}{5-4\cos\theta} \; 。 \; \|$$

當我們考慮實數項一般級數的斂散性檢驗時，首先應考慮正負項分布很規則的**交錯級數**（alternating series），下面的結果乃是 Gottfried Leibniz（1646～1716，德國人）在 1705 年所提出來的。

【定理 2】（Leibniz 的交錯級數檢驗法）

設 $\{a_n\}_{n=1}^{\infty}$ 是一個由正數所成的數列。若 $\lim_{n\to\infty} a_n = 0$ 而且 $a_1 \geq a_2 \geq \cdots \geq a_n \geq \cdots > 0$，則級數 $\sum_{n=1}^{\infty} (-1)^{n-1}a_n$ 是收斂級數。

證：我們利用 Cauchy 條件來證明。

設 ε 為任意正數。因為 $\lim_{n\to\infty} a_n = 0$，所以，必可找到一個 $n_0 \in N$ 使得：當 $n \geq n_0$ 時，恆有 $0 < a_n < \varepsilon$。當 $n \geq n_0$ 時，對每個 $p \in N$，我們分別就 p 為奇數 $2q-1$ 與 p 為偶數 $2q$ 來證明下述不等式：

$$\left| (-1)^n a_{n+1} + (-1)^{n+1} a_{n+2} + \cdots + (-1)^{n+p-1} a_{n+p} \right| < \varepsilon \; 。$$

如此，依 Cauchy 條件，可知級數 $\sum_{n=1}^{\infty} (-1)^{n-1}a_n$ 收斂。

設 $p = 2q-1$。因為

$$a_{n+1} - a_{n+2} + \cdots + (-1)^{p-1} a_{n+p} = \sum_{k=1}^{q-1} (a_{n+2k-1} - a_{n+2k}) + a_{n+2q-1} \geq 0 ,$$

所以，可得

$$\left| (-1)^n a_{n+1} + (-1)^{n+1} a_{n+2} + \cdots + (-1)^{n+p-1} a_{n+p} \right|$$

$$= a_{n+1} - a_{n+2} + \cdots + (-1)^{p-1} a_{n+p}$$

$$= a_{n+1} - \sum_{k=1}^{q-1} (a_{n+2k} - a_{n+2k+1}) \leq a_{n+1} < \varepsilon 。$$

設 $p = 2q$。因為

$$a_{n+1} - a_{n+2} + \cdots + (-1)^{p-1} a_{n+p} = \sum_{k=1}^{q} (a_{n+2k-1} - a_{n+2k}) \geq 0 ,$$

所以，可得

$$\left| (-1)^n a_{n+1} + (-1)^{n+1} a_{n+2} + \cdots + (-1)^{n+p-1} a_{n+p} \right|$$

$$= a_{n+1} - a_{n+2} + \cdots + (-1)^{p-1} a_{n+p}$$

$$= a_{n+1} - \sum_{k=1}^{q-1} (a_{n+2k} - a_{n+2k+1}) - a_{n+2q} \leq a_{n+1} < \varepsilon 。\ \|$$

當一個收斂的交錯級數滿足定理 2 的條件時，級數的和與其部分和之間的誤差有著簡便的估計方法，且看下述定理。

【定理 3】（交錯級數的誤差估計）

設 $\sum_{n=1}^{\infty} a_n$ 是一個收斂的交錯級數，其和為 s，而 s_n 表示它的第 n 個部分和。若 $|a_1| \geq |a_2| \geq \cdots \geq |a_n| \geq \cdots > 0$，而且 $\lim_{n\to\infty} a_n = 0$，則對每個 $n \in N$，恆有

$$a_{n+1}(s - s_n) \geq 0 , \quad |s - s_n| \leq |a_{n+1}| 。$$

也就是說，以 s_n 做為 s 的近似值時，正確值 s 減去近似值 s_n 的誤差，與被省略的各項中的第一項 a_{n+1} 符號相同，而且誤差的絕對值不大於

a_{n+1} 的絕對值。

證：留為習題。∥

【例 2】試就正數 p 討論級數 $\displaystyle\sum_{n=1}^{\infty} \frac{(-1)^{n-1}}{(n+1+(-1)^{n-1})^p}$ 的斂散性。

解：此級數是交錯級數，但因為數列 $\{1/(n+1+(-1)^{n-1})^p\}_{n=1}^{\infty}$ 不是遞減數列，所以不能直接使用 Leibniz 檢驗法。

對每個 $n \in N$ ，令 s_n 表示它的第 n 個部分和，則可得

$$s_{2n+2} = s_{2n} + (\frac{1}{(2n+3)^p} - \frac{1}{(2n+2)^p}) < s_{2n} \ 。$$

換言之，數列 $\{s_{2n}\}$ 是遞減數列。另一方面，對每個 $n \in N$ ，恆有

$$s_{2n} = -\frac{1}{2^p} + (\frac{1}{3^p} - \frac{1}{4^p}) + \cdots + (\frac{1}{(2n-1)^p} - \frac{1}{(2n)^p}) + \frac{1}{(2n+1)^p}$$

$$> -\frac{1}{2^p} \ 。$$

因此，$\{s_{2n}\}$ 是有界數列。依實數系的完備性，數列 $\{s_{2n}\}$ 收斂於某實數 s。

對每個 $n \in N$ ，因為

$$s_{2n-1} = s_{2n} + \frac{1}{(2n)^p} \ ,$$

所以，可得

$$\lim_{n \to \infty} s_{2n-1} = \lim_{n \to \infty} s_{2n} = s \ 。$$

依 §3-1 習題 7，可知部分和數列 $\{s_n\}$ 是收斂數列，亦即：$\sum_{n=1}^{\infty} ((-1)^{n-1}/(n+1+(-1)^{n-1})^p)$ 是收斂級數。

更進一步地，本題之級數乃是級數 $\sum_{n=1}^{\infty} ((-1)^n/(n+1)^p)$ 的一個重排。當 $p > 1$ 時，依 §8-1 例 12，$\sum_{n=1}^{\infty} ((-1)^n/(n+1)^p)$ 是絕對收斂級數，所以，依 §8-1 定理 13，$\sum_{n=1}^{\infty} ((-1)^{n-1}/(n+1+(-1)^{n-1})^p)$ 也是

絕對收斂級數。當 $0 < p \le 1$ 時，依本節定理 2 及 §8-1 例 11，$\sum_{n=1}^{\infty} \left((-1)^n / (n+1)^p \right)$ 是條件收斂級數，所以，依 §8-1 定理 13，$\sum_{n=1}^{\infty} \left((-1)^{n-1} / (n+1+(-1)^{n-1})^p \right)$ 也是條件收斂級數。 ‖

下面我們要討論的四種斂散性檢驗法，都是要將一級數的第 n 項視為兩數 a_n 與 b_n 的乘積，然後依 $\{a_n\}$ 與 $\{b_n\}$ 的性質來檢驗級數 $\sum_{n=1}^{\infty} a_n b_n$ 的斂散性。我們先寫出一個引理。

【定理 4】（一個有用的引理）

設 $\{a_n\}_{n=1}^{\infty}$ 是 $\boldsymbol{R}$ 中一數列，$\{x_n\}_{n=1}^{\infty}$ 是 $\boldsymbol{R}^k$ 中一點列，而對每個 $n \in \boldsymbol{N}$，令 $X_n = x_1 + x_2 + \cdots + x_n$。若(1)級數 $\sum_{n=1}^{\infty} (a_n - a_{n+1}) X_n$ 是收斂級數，而且(2)點列 $\{a_{n+1} X_n\}_{n=1}^{\infty}$ 是收斂點列，則級數 $\sum_{n=1}^{\infty} a_n x_n$ 是收斂級數。

證：對每個 $n \in \boldsymbol{N}$，恆有

$$\sum_{m=1}^{n} a_m x_m = a_1 X_1 + \sum_{m=2}^{n} a_m (X_m - X_{m-1})$$

$$= \sum_{m=1}^{n} (a_m - a_{m+1}) X_m + a_{n+1} X_n \text{。} \tag{*}$$

因為依假設(1)，$\sum_{n=1}^{\infty} (a_n - a_{n+1}) X_n$ 是收斂級數，所以，極限 $\lim_{n \to \infty} \sum_{m=1}^{n} (a_m - a_{m+1}) X_m$ 存在。因為 $\{a_{n+1} X_n\}_{n=1}^{\infty}$ 是收斂點列，所以，極限 $\lim_{n \to \infty} a_{n+1} X_n$ 存在。依(*)式，可知極限 $\lim_{n \to \infty} \sum_{m=1}^{n} a_m x_m$ 存在，亦即：級數 $\sum_{n=1}^{\infty} a_n x_n$ 是收斂級數。 ‖

定理 4 證明中的(*)式，可寫成更一般的型式如下：對任意 $n, p \in \boldsymbol{N}$，恆有

$$\sum_{m=n+1}^{n+p} a_m x_m = \sum_{m=n+1}^{n+p} (a_m - a_{m+1}) X_m - a_{n+1} X_n + a_{n+p+1} X_{n+p} \text{。} \tag{**}$$

(*)式可視為在(**)式中令 $n = 0$、$X_0 = 0$ 而成為(**)式的特例。(**)式

通常稱為 **Abel** 加法公式（partial summation formula），它是 Niels Abel(1802~1829，挪威人)在 1826 年提出的。

【定理 5】（Abel 檢驗法）

設 $\{a_n\}_{n=1}^{\infty}$ 是 R 中一數列，$\{x_n\}_{n=1}^{\infty}$ 是 R^k 中一點列。若(1)$\{a_n\}$ 是有界單調數列，而且(2)$\sum_{n=1}^{\infty} x_n$ 是收斂級數，則 $\sum_{n=1}^{\infty} a_n x_n$ 是收斂級數。

證：對每個 $n \in N$，令 $X_n = x_1 + x_2 + \cdots + x_n$。因為 $\sum_{n=1}^{\infty} x_n$ 是收斂級數，所以，$\{X_n\}$ 是收斂點列。另一方面，因為 $\{a_n\}$ 是 R 中的有界單調數列，所以，依實數系的完備性，可知 $\{a_n\}_{n=1}^{\infty}$ 是收斂數列，$\{a_{n+1}\}_{n=1}^{\infty}$ 自然也是收斂數列。依 §3-1 定理 4 (5)，$\{a_{n+1} X_n\}$ 是收斂點列。

另一方面，因為 $\{a_n\}$ 是收斂數列，而級數 $\sum_{n=1}^{\infty} (a_n - a_{n+1})$ 的第 n 個部分和是 $a_1 - a_{n+1}$，所以，$\sum_{n=1}^{\infty} (a_n - a_{n+1})$ 是收斂級數。又因為 $\{a_n\}$ 是單調數列，所以，級數 $\sum_{n=1}^{\infty} (a_n - a_{n+1})$ 的各項都同為非負實數或同為非正實數。於是，級數 $\sum_{n=1}^{\infty} |a_n - a_{n+1}|$ 也是收斂級數。其次，因為 $\{X_n\}$ 是收斂點列，所以，必可找到一個 $M > 0$ 使得每個 $n \in N$ 都滿足 $\|X_n\| \leq M$。於是，對每個 $n \in N$，恆有 $\|(a_n - a_{n+1}) X_n\| \leq M |a_n - a_{n+1}|$。依比較檢驗法，可知 $\sum_{n=1}^{\infty} \|(a_n - a_{n+1}) X_n\|$ 是收斂級數。再依 §8-1 定理 12，可知級數 $\sum_{n=1}^{\infty} (a_n - a_{n+1}) X_n$ 是收斂級數。

依定理 4，$\sum_{n=1}^{\infty} a_n x_n$ 是收斂級數。 ‖

在定理 5 的證明中，我們共利用下列五個條件來保證 $\sum_{n=1}^{\infty} a_n x_n$ 是收斂級數，它們是：(1)$\{X_n\}$ 是收斂點列；(2)$\{X_n\}$ 是有界點列；(3)$\{a_n\}$ 是收斂數列；(4)$\sum_{n=1}^{\infty} (a_n - a_{n+1})$ 是收斂級數；以及(5)$\sum_{n=1}^{\infty} |a_n - a_{n+1}|$ 是收斂級數。這五個條件其實只需要(1)與(5)兩個就行了，因此，定理 5 可推廣成下面的定理 6，它是 Paul du Bois-Reymond (1831~1889，法國人)在 1871 年提出的。

【定理 6】（du Bois-Reymond 檢驗法）

設 $\{a_n\}_{n=1}^{\infty}$ 是 R 中一數列，$\{x_n\}_{n=1}^{\infty}$ 是 R^k 中一點列。若(1) $\sum_{n=1}^{\infty}(a_n - a_{n+1})$ 是絕對收斂級數，而且(2) $\sum_{n=1}^{\infty} x_n$ 是收斂級數，則 $\sum_{n=1}^{\infty} a_n x_n$ 是收斂級數。

證：仿定理 5 的證明立即可得。‖

【例 3】若 $\sum_{n=1}^{\infty} x_n$ 是 R^k 中的收斂級數，則依 Abel 檢驗法，下列個級數都是收斂級數：

$$\sum_{n=1}^{\infty} \frac{1}{n} x_n \ , \ \sum_{n=2}^{\infty} \frac{1}{\ln n} x_n \ , \ \sum_{n=1}^{\infty} \frac{n+1}{n} x_n \ , \ \sum_{n=1}^{\infty} (1+\frac{1}{n})^n x_n \ 。 ‖$$

【例 4】若 $\{a_n\}_{n=1}^{\infty}$ 是 R 中一數列，$z_0 \in C$。若級數 $\sum_{n=1}^{\infty}(a_n/n^{z_0})$ 是收斂級數，則對每個滿足 $\operatorname{Re}(z) > \operatorname{Re}(z_0)$ 的複數 z，$\sum_{n=1}^{\infty}(a_n/n^z)$ 都是收斂級數。

證：因為 $a_n/n^z = (a_n/n^{z_0})(1/n^{z-z_0})$，所以，依定理 6，我們只要證明下述級數是收斂級數即可：

$$\sum_{n=1}^{\infty} \left| \frac{1}{n^{z-z_0}} - \frac{1}{(n+1)^{z-z_0}} \right| 。 \tag{*}$$

令 $z - z_0 = \alpha + i\beta$，其中 $\alpha, \beta \in R$。依假設，$\alpha > 0$。於是，得

$$\left| \frac{1}{n^{z-z_0}} - \frac{1}{(n+1)^{z-z_0}} \right| = \left| \frac{1}{(n+1)^{\alpha+i\beta}} \right| \left| \left(1+\frac{1}{n}\right)^{\alpha+i\beta} - 1 \right|$$

$$= \frac{1}{(n+1)^{\alpha}} \cdot \left| \left(1+\frac{1}{n}\right)^{\alpha+i\beta} - 1 \right| 。$$

請注意：對任意正數 x，$x^{\alpha+i\beta}$ 定義如下：

$$x^{\alpha+i\beta} = e^{(\alpha+i\beta)\ln x} = e^{\alpha \ln x}(\cos(\beta \ln x) + i\sin(\beta \ln x)) 。$$

因此，$\left| x^{\alpha+i\beta} \right| = e^{\alpha \ln x} = x^{\alpha}$。下面我們要證明：可找到一個正數 c 使得：

對每個 $n \in N$ ，恆有

$$\left| \left(1 + \frac{1}{n}\right)^{\alpha + i\beta} - 1 \right| \leq \frac{c}{n} \, 。 \tag{**}$$

於是，對每個 $n \in N$ ，恆有

$$\left| \frac{1}{n^{z-z_0}} - \frac{1}{(n+1)^{z-z_0}} \right| \leq \frac{1}{(n+1)^{\alpha}} \cdot \frac{c}{n} < \frac{c}{n^{1+\alpha}} \, 。 \quad （因為 \alpha > 0）$$

如此，依比較檢驗法，即知級數(*)是收斂級數。

要證明(**)式成立，我們考慮函數 $\left((1+x)^{\alpha+i\beta} - 1\right)/x$ 在 0 的極限。因為

$$\frac{(1+x)^{\alpha+i\beta} - 1}{x}$$

$$= \frac{(1+x)^{\alpha} \cos\left(\beta \ln(1+x)\right) - 1}{x} + i \frac{(1+x)^{\alpha} \sin\left(\beta \ln(1+x)\right)}{x} \, ,$$

所以，我們利用 L'Hospital 法則分別就實部與虛部求極限：

$$\lim_{x \to 0} \frac{(1+x)^{\alpha} \cos\left(\beta \ln(1+x)\right) - 1}{x}$$

$$= \lim_{x \to 0} \frac{\alpha(1+x)^{\alpha-1} \cos\left(\beta \ln(1+x)\right) - (1+x)^{\alpha} \sin\left(\beta \ln(1+x)\right) \cdot (\beta/(1+x))}{1}$$

$$= \alpha \, ,$$

$$\lim_{x \to 0} \frac{(1+x)^{\alpha} \sin\left(\beta \ln(1+x)\right)}{x}$$

$$= \lim_{x \to 0} \frac{\alpha(1+x)^{\alpha-1} \sin\left(\beta \ln(1+x)\right) + (1+x)^{\alpha} \cos\left(\beta \ln(1+x)\right) \cdot (\beta/(1+x))}{1}$$

$$= \beta \, 。$$

由此可得

$$\lim_{x \to 0} \frac{(1+x)^{\alpha+i\beta} - 1}{x} = \alpha + i\beta \text{ ,}$$

$$\lim_{n \to \infty} n\left(\left(1+\frac{1}{n}\right)^{\alpha+i\beta} - 1\right) = \alpha + i\beta \text{ 。}$$

因為數列 $\{\, n\,(\,(1+1/n)^{\alpha+i\beta} - 1\,)\,\}$ 是收斂數列，所以，必存在一個正數 c 使得(**)式對每個 $n \in \mathbf{N}$ 都成立。 $\|$

下面的定理 7 也是定理 4 的一種特殊情形，它是 Dirichlet 在 1863 年提出來的。

【定理 7】（Dirichlet 檢驗法）

設 $\{a_n\}_{n=1}^{\infty}$ 是 $\mathbf{R}$ 中一數列，$\{x_n\}_{n=1}^{\infty}$ 是 $\mathbf{R}^k$ 中一點列。若(1)$\{a_n\}$ 是極限為 0 的單調數列，而且(2)$\sum_{n=1}^{\infty} x_n$ 的部分和點列是有界點列，則 $\sum_{n=1}^{\infty} a_n x_n$ 是收斂級數。

證：對每個 $n \in \mathbf{N}$ ，令 $X_n = x_1 + x_2 + \cdots + x_n$ 。依假設，$\{X_n\}$ 是有界點列。因為 $\lim_{n \to \infty} a_{n+1} = 0$ ，所以，$\lim_{n \to \infty} a_{n+1} X_n = 0$ ，$\{a_{n+1} X_n\}$ 是收斂點列。

其次，仿定理 5 證明的第二段，可知級數 $\sum_{n=1}^{\infty} (\,a_n - a_{n+1}\,) X_n$ 是收斂級數。

依定理 4，$\sum_{n=1}^{\infty} a_n x_n$ 是收斂級數。 $\|$

正如同定理 5 可推廣成定理 6，我們也可將定理 7 推廣成下面的定理 8。

【定理 8】（Dedekind 檢驗法）

設 $\{a_n\}_{n=1}^{\infty}$ 是 $\mathbf{R}$ 中一數列，$\{x_n\}_{n=1}^{\infty}$ 是 $\mathbf{R}^k$ 中一點列。若(1) $\sum_{n=1}^{\infty} (\,a_n - a_{n+1}\,)$ 是絕對收斂級數且 $\lim_{n \to \infty} a_n = 0$ ，而且(2)$\sum_{n=1}^{\infty} x_n$ 的部分和點列是有界點列，則 $\sum_{n=1}^{\infty} a_n x_n$ 是收斂級數。

證：仿定理 7 的證明立即可得。 $\|$

【例 5】設 $\{a_n\}_{n=1}^{\infty}$ 是由正數所成且收斂於 0 的遞減數列。因為級數 $\sum_{n=1}^{\infty}(-1)^{n-1}$ 的部分和數列是有界數列，所以，依定理 7，$\sum_{n=1}^{\infty}(-1)^{n-1}a_n$ 是收斂級數。這個結果就是定理 2 所介紹的 Leibniz 檢驗法。可見 Leibniz 檢驗法是 Dirichlet 檢驗法的特例。∥

【例 6】設 $\{a_n\}_{n=1}^{\infty}$ 是 $\mathbf{R}$ 中一有界單調數列，而 $\sum_{n=1}^{\infty}x_n$ 是 $\mathbf{R}^k$ 中一收斂級數，令 X_n 表示 $\sum_{n=1}^{\infty}x_n$ 的第 n 個部分和而 $\lim_{n \to \infty}a_n=a$。因為 $\{a_n-a\}_{n=1}^{\infty}$ 是極限為 0 的單調數列、$\{X_n\}_{n=1}^{\infty}$ 是收斂點列也因此是有界點列，依定理 7 的 Dirichlet 檢驗法，$\sum_{n=1}^{\infty}(a_n-a)x_n$ 是收斂級數。因為 $\sum_{n=1}^{\infty}x_n$ 是收斂級數，所以，$\sum_{n=1}^{\infty}ax_n$ 是收斂級數。於是，$\sum_{n=1}^{\infty}a_n x_n$ 是收斂級數。這個結果就是定理 5 所介紹的 Abel 檢驗法。可見 Abel 檢驗法也是 Dirichlet 檢驗法的特例。∥

【例 7】前面的例 5 或定理 2 可推廣如下。

若 $\{a_n\}_{n=1}^{\infty}$ 是由正數所成且收斂於 0 的遞減數列，又 $p \in \mathbf{N}$，則將 $\{a_n\}_{n=1}^{\infty}$ 做成一個 p 項正、p 項負、p 項正、p 項負、…的級數

$$a_1+a_2+\cdots+a_p-a_{p+1}-a_{p+2}-\cdots-a_{2p}+a_{2p+1}+a_{2p+2}+\cdots+a_{3p}-\cdots$$

是一個收斂級數。

證：此級數可表示成 $\sum_{n=1}^{\infty}a_n b_n$，其中的數列 $\{b_n\}_{n=1}^{\infty}$ 是前 p 項為 1、接著 p 項為 -1、再接著 p 項為 1、再接著 p 項為 -1、…等依此類推，亦即：對每個非負整數 k 及每個整數 t，$1 \leq t \leq p$，恆有 $b_{kp+t}=(-1)^k$。於是，級數 $\sum_{n=1}^{\infty}b_n$ 的部分和數列為

$$1, 2, \cdots, p, p-1, p-2, \cdots, 0, 1, 2, \cdots,$$
$$p, p-1, p-2, \cdots, 0, \cdots,$$

這是一個有界數列。因為 $\{a_n\}_{n=1}^{\infty}$ 是極限為 0 的單調數列，所以，依定理 7，級數 $\sum_{n=1}^{\infty}a_n b_n$ 是收斂級數。∥

【例 8】若級數 $\sum_{n=1}^{\infty} a_n$ 的部分和數列是有界數列，則因為對每個 $x \in [0,1)$，數列 $\{x^n\}_{n=1}^{\infty}$ 是極限為 0 的單調數列，所以，依 Dirichlet 檢驗法，$\sum_{n=1}^{\infty} a_n x^n$ 是收斂級數。

另一方面，若 $\sum_{n=1}^{\infty} a_n$ 是收斂級數，則因為對每個 $x \in [0,1]$，$\{x^n\}_{n=1}^{\infty}$ 是有界單調數列，所以，依 Abel 檢驗法，$\sum_{n=1}^{\infty} a_n x^n$ 是收斂級數。 ‖

【例 9】若 $\{a_n\}$ 是極限為 0 的遞減數列，則對每個 $z \in C$，$|z| \leq 1$ 且 $z \neq 1$，可證明 $\sum_{n=1}^{\infty} a_n z^n$ 是收斂級數。這是因為對這種複數 z，不論 n 是任何正整數，都有

$$\left| z + z^2 + \cdots + z^n \right| = \frac{\left| z - z^{n+1} \right|}{|1-z|} \leq \frac{2}{|1-z|} \ ,$$

亦即：$\sum_{n=1}^{\infty} z^n$ 的部分和數列是有界數列，所以，依 Dirichlet 檢驗法，可知級數 $\sum_{n=1}^{\infty} a_n z^n$ 是收斂級數。

將前面的結果應用到 $z = \cos x + i \sin x$，而考慮級數 $\sum_{n=1}^{\infty} a_n z^n$ 的實部與虛部，則得下述結果：

若 $\{a_n\}$ 是極限為 0 的遞減數列，則對每個滿足 $x/(2\pi) \notin Z$ 的實數 x，級數 $\sum_{n=1}^{\infty} a_n \cos nx$ 與 $\sum_{n=1}^{\infty} a_n \sin nx$ 都是收斂級數。事實上，即使 $x/(2\pi) \in Z$，後一個級數也是收斂級數。 ‖

根據例 9 的結果，我們可進一步討論級數 $\sum_{n=1}^{\infty} a_n \cos nx$ 與級數 $\sum_{n=1}^{\infty} a_n \sin nx$ 的絕對收斂性，參看練習題 24。

定理 5 與定理 7 中的斂散性檢驗法都是充要條件，我們將必要條件寫成兩個定理，證明留為習題。

【定理 9】（Dirichlet 檢驗法的逆敘述）

若 $\sum_{n=1}^{\infty} y_n$ 是 R^k 中一收斂級數，則必可找到 R 中一數列 $\{a_n\}_{n=1}^{\infty}$ 及 R^k 中一點列 $\{x_n\}_{n=1}^{\infty}$，使得：(1)對每個 $n \in N$，恆有 $y_n = a_n x_n$；(2) $\{a_n\}$ 是收斂於 0 的單調數列；(3) $\sum_{n=1}^{\infty} x_n$ 的部分和點列是有界點列。

【定理 10】（Abel 檢驗法的逆敘述）

若 $\sum_{n=1}^{\infty} y_n$ 是 R^k 中一收斂級數，則必可找到 R 中一數列 $\{a_n\}_{n=1}^{\infty}$ 及 R^k 中一點列 $\{x_n\}_{n=1}^{\infty}$，使得：(1)對每個 $n \in N$，恆有 $y_n = a_n x_n$；(2) $\{a_n\}$ 是有界單調數列；(3) $\sum_{n=1}^{\infty} x_n$ 是收斂級數。

乙、級數的乘積

將兩個複數項有限級數相乘，利用乘法對加法的分配性，我們可以得出下面的關係式：

$$\left(\sum_{i=1}^{m} a_i\right)\left(\sum_{j=1}^{n} b_j\right) = \sum_{i=1}^{m} \sum_{j=1}^{n} a_i b_j \, 。$$

這個關係式在無窮級數的情形中是不是還正確呢？Cauchy 在 1821 年的著作 Analyse algebrique 中就已經談到這個問題。首先，我們應該注意到：將 $\sum_{n=1}^{\infty} a_n$ 與 $\sum_{n=1}^{\infty} b_n$ 兩個複數項收斂級數「相乘」時，我們可以得出下面這許多乘積：

$$a_m b_n \, , \ m \geq 1 \, , \ n \geq 1 \, 。$$

若我們將這些乘積依某種次序排成一個數列，則此數列所對應的級數會不會收斂呢？如果收斂，那它的和是否等於 $(\sum_{n=1}^{\infty} a_n)(\sum_{n=1}^{\infty} b_n)$ 呢？

要討論這個問題，首先應注意：將乘積 $a_m b_n (m \geq 1 \, , \ n \geq 1)$ 排成數列時，依 §8-1 乙小節有關級數重排的討論，我們知道不同的排列所作成的級數，其斂散性與和都可能不同。因此，在討論這個問題時，我們可以先就不受排列順序影響的級數來考慮，而依 Dirichlet 定理 (§8-1 定理 13)，我們可以先考慮絕對收斂級數，首先看 Cauchy 定理。請注意：為了配合往後的應用起見，本小節中的級數各項的編碼改成由 0 開始。

【定理 11】（有關級數相乘的 Cauchy 定理）

設 $\sum_{n=0}^{\infty} a_n$ 與 $\sum_{n=0}^{\infty} b_n$ 為 C 中二級數，而 $\{p_n\}_{n=0}^{\infty}$ 是將 $\{a_m b_n \mid m \geq 0, n \geq 0\}$ 中各元素排列所得的一個數列。若 $\sum_{n=0}^{\infty} a_n$ 與 $\sum_{n=0}^{\infty} b_n$ 都是絕對收斂級數，則 $\sum_{n=0}^{\infty} p_n$ 也是絕對收斂級數，而且其和為 $(\sum_{n=0}^{\infty} a_n)(\sum_{n=0}^{\infty} b_n)$。

證：對每個 $n \in N$，將 p_0，p_1，$\cdots$，p_n 等各數都以其原來的形式 $a_k b_l$ 表示，再令 m 表示這些 k、l 中的最大值，則得

$$\{ p_0, p_1, \cdots, p_n \} \subset \{a_k b_l \mid k, l = 0, 1, \cdots, m \}。$$

於是，可得

$$\sum_{i=0}^{n} \left| p_i \right| \leq (\sum_{k=0}^{m} \left| a_k \right|)(\sum_{l=0}^{m} \left| b_l \right|) \leq (\sum_{k=0}^{\infty} \left| a_k \right|)(\sum_{l=0}^{\infty} \left| b_l \right|)。$$

因為 $\sum_{n=0}^{\infty} a_n$ 與 $\sum_{n=0}^{\infty} b_n$ 都是絕對收斂級數，所以，$\sum_{n=0}^{\infty} \left| p_n \right|$ 的部分和數列是有界數列。於是，$\sum_{n=0}^{\infty} \left| p_n \right|$ 是收斂級數，亦即：$\sum_{n=0}^{\infty} p_n$ 是絕對收斂級數。因為 $\sum_{n=0}^{\infty} p_n$ 是絕對收斂級數，所以，依 Dirichlet 定理，它的任意重排的和都與 $\sum_{n=0}^{\infty} p_n$ 的和相等。於是，我們可以把 $\{p_n\}_{n=0}^{\infty}$ 看成下面這個特殊的數列：

$$a_0 b_0, a_0 b_1, a_1 b_1, a_1 b_0, a_0 b_2, a_1 b_2, a_2 b_2, a_2 b_1, a_2 b_0, \cdots。$$

對每個 $n \geq 0$，令 s_n 表示 $\sum_{n=0}^{\infty} p_n$ 的第 $(n+1)^2$ 個部分和，則

$$s_n = \sum_{i=0}^{(n+1)^2 - 1} p_i = (\sum_{k=0}^{n} a_k)(\sum_{l=0}^{n} b_l)，$$

$$\lim_{n \to \infty} s_n = (\sum_{k=0}^{\infty} a_k)(\sum_{l=0}^{\infty} b_l)。$$

因為 $\{s_n\}$ 是 $\sum_{n=0}^{\infty} p_n$ 的部分和數列的一個子數列，所以，可得

$$\sum_{n=0}^{\infty} p_n = \lim_{n \to \infty} s_n = (\sum_{k=0}^{\infty} a_k)(\sum_{l=0}^{\infty} b_l)。$$

這就是所欲證的結果。‖

定理 11 的證明中所提到的數列 $\{s_n\}_{n=0}^{\infty}$，乃是下述級數的部分和數列：

$$a_0 b_0 + (a_0 b_1 + a_1 b_1 + a_1 b_0) + (a_0 b_2 + a_1 b_2 + a_2 b_2 + a_2 b_1 + a_2 b_0) + \cdots$$

$$= \sum_{n=0}^{\infty} (a_0 b_n + a_1 b_n + \cdots + a_{n-1} b_n + a_n b_n + a_n b_{n-1} + \cdots + a_n b_1 + a_n b_0) \circ (*)$$

因為第 $n+1$ 個部分和 s_n 等於 $\sum_{k=0}^{\infty} a_k$ 與 $\sum_{l=0}^{\infty} b_l$ 的第 $n+1$ 個部分和的乘積，所以，當 $\sum_{k=0}^{\infty} a_k$ 與 $\sum_{l=0}^{\infty} b_l$ 都是收斂級數時，上述級數(*)也是收斂級數，而且其和等於 $(\sum_{k=0}^{\infty} a_k)(\sum_{l=0}^{\infty} b_l)$。

將各乘積 $a_m b_n$（$m \geq 0, n \geq 0$）適當排列再加上括號作成級數，另一個重要例子乃是仿照多項式相乘時，習慣上將同次項合併的做法而來的，我們寫成一個定義如下。

【定義 1】設 $\sum_{n=0}^{\infty} a_n$ 與 $\sum_{n=0}^{\infty} b_n$ 為 C 中二級數。若對每個 $n \in Z$，$n \geq 0$，令

$$c_n = a_0 b_n + a_1 b_{n-1} + \cdots + a_{n-1} b_1 + a_n b_0，$$

則級數 $\sum_{n=0}^{\infty} c_n$ 稱為級數 $\sum_{n=0}^{\infty} a_n$ 與級數 $\sum_{n=0}^{\infty} b_n$ 的 **Cauchy 乘積** (Cauchy product)。

對於絕對收斂級數的 Cauchy 乘積，有下面的結論。

【定理 12】（Cauchy 定理，絕對收斂級數的 Cauchy 乘積）

若 $\sum_{n=0}^{\infty} a_n$ 與 $\sum_{n=0}^{\infty} b_n$ 為 C 中二絕對收斂級數，則它們的 Cauchy 乘積也是絕對收斂級數，且其和為 $(\sum_{n=0}^{\infty} a_n)(\sum_{n=0}^{\infty} b_n)$。

證：仿定理 11 的符號，將 $\{p_n\}_{n=0}^{\infty}$ 選成下述數列：

$$a_0 b_0, a_0 b_1, a_1 b_0, a_0 b_2, a_1 b_1, a_2 b_0, \cdots，$$

則依定理 11，$\sum_{n=0}^{\infty} p_n$ 是一個絕對收斂級數而且其和為 $(\sum_{n=0}^{\infty} a_n)(\sum_{n=0}^{\infty} b_n)$。因為 $\sum_{n=0}^{\infty} |p_n|$ 是收斂級數，所以，依 §8-1 定

理 7，可知

$$\sum_{n=0}^{\infty} (\,|\,a_0 b_n\,|+|\,a_1 b_{n-1}\,|+\cdots+|\,a_{n-1} b_1\,|+|\,a_n b_0\,|\,)$$

是一個收斂級數。另一方面，若 $\sum_{n=0}^{\infty} c_n$ 表示 $\sum_{n=0}^{\infty} a_n$ 與 $\sum_{n=0}^{\infty} b_n$ 的 Cauchy 乘積，則對每個 $n \in Z$，$n \geq 0$，恆有

$$|\,c_n\,| \leq |\,a_0 b_n\,|+|\,a_1 b_{n-1}\,|+\cdots+|\,a_{n-1} b_1\,|+|\,a_n b_0\,|\,。$$

依比較檢驗法，可知 $\sum_{n=0}^{\infty} |\,c_n\,|$ 是收斂級數。

因為 $\sum_{n=0}^{\infty} p_n$ 是收斂級數，所以，依 §8-1 定理 7，可知

$$\sum_{n=0}^{\infty} c_n = \sum_{n=0}^{\infty} (\,a_0 b_n + a_1 b_{n-1} + \cdots + a_{n-1} b_1 + a_n b_0\,)$$

$$= \sum_{n=0}^{\infty} p_n = (\sum_{n=0}^{\infty} a_n)(\sum_{n=0}^{\infty} b_n)\,。$$

這就是所欲證的結果。‖

【例 10】若 $\sum_{n=0}^{\infty} a_n$ 是下述級數：

$$\sum_{n=0}^{\infty} a_n = 1+0+0+\cdots+0+\cdots = 1+\sum_{n=1}^{\infty} 0\,，$$

則對每個級數 $\sum_{n=0}^{\infty} b_n$，$\sum_{n=0}^{\infty} a_n$ 與 $\sum_{n=0}^{\infty} b_n$ 的 Cauchy 乘積等於 $\sum_{n=0}^{\infty} b_n$。由此可知：若 $\sum_{n=0}^{\infty} b_n$ 是條件收斂級數，則 $\sum_{n=0}^{\infty} a_n$ 與 $\sum_{n=0}^{\infty} b_n$ 的 Cauchy 乘積是條件收斂級數。若 $\sum_{n=0}^{\infty} b_n$ 是發散級數，則 $\sum_{n=0}^{\infty} a_n$ 與 $\sum_{n=0}^{\infty} b_n$ 的 Cauchy 乘積是發散級數。‖

前面的例子表示：當 $\sum_{n=0}^{\infty} a_n$ 與 $\sum_{n=0}^{\infty} b_n$ 中至少有一不是絕對收斂級數時，它們的 Cauchy 乘積就不一定會絕對收斂。下面再看另一個定理。

【定理 13】（Mertens 定理）

若 $\sum_{n=0}^{\infty} a_n$ 與 $\sum_{n=0}^{\infty} b_n$ 為 C 中二收斂級數，而且其中至少有一個是絕對收斂，則它們的 Cauchy 乘積也是收斂級數，且其和為 $(\sum_{n=0}^{\infty} a_n)(\sum_{n=0}^{\infty} b_n)$。

證：設 $\sum_{n=0}^{\infty} a_n = A$，$\sum_{n=0}^{\infty} b_n = B$，並設其中的 $\sum_{n=0}^{\infty} a_n$ 為絕對收斂級數。對每個 $n \in N \cup \{0\}$，令

$$A_n = a_0 + a_1 + \cdots + a_n，$$
$$B_n = b_0 + b_1 + \cdots + b_n，$$
$$C_n = c_0 + c_1 + \cdots + c_n，$$

其中的 $\sum_{n=0}^{\infty} c_n$ 是 $\sum_{n=0}^{\infty} a_n$ 與 $\sum_{n=0}^{\infty} b_n$ 的 Cauchy 乘積。

對每個 $n \in N \cup \{0\}$，可得

$$\begin{aligned} C_n &= a_0 b_0 + (a_0 b_1 + a_1 b_0) + \cdots + (a_0 b_n + a_1 b_{n-1} + \cdots + a_n b_0) \\ &= a_0 B_n + a_1 B_{n-1} + \cdots + a_n B_0 \\ &= A_n B + a_0 (B_n - B) + a_1 (B_{n-1} - B) + \cdots + a_n (B_0 - B)。 \end{aligned}$$

因為 $\lim_{n \to \infty} A_n B = AB = (\sum_{n=0}^{\infty} a_n)(\sum_{n=0}^{\infty} b_n)$，所以，我們只須證明

$$\lim_{n \to \infty} (a_0(B_n - B) + a_1(B_{n-1} - B) + \cdots + a_n(B_0 - B)) = 0$$

即可。令 $\sum_{n=0}^{\infty} |a_n| = \alpha$。

設 ε 為任意正數，因為 $\lim_{n \to \infty} (B_n - B) = 0$，所以，可找到一個 $m \in N$ 使得：當 $n \geq m$ 時，恆有 $|B_n - B| < \varepsilon / (2\alpha + 1)$。其次，因為 $\lim_{n \to \infty} a_n = 0$，所以，可得

$$\lim_{n \to \infty} (a_{n-m}(B_m - B) + a_{n-m+1}(B_{m-1} - B) + \cdots + a_n(B_0 - B)) = 0。$$

於是，可找到一個 $n_0 \in N$ 使得：當 $n \geq n_0$ 時，恆有

$$\left| \sum_{k=0}^{m} (B_k - B) a_{n-k} \right| < \frac{\varepsilon}{2}。$$

因此，當 $n \geq \max \{m, n_0\}$ 時，可得

$$\left| a_0(B_n - B) + a_1(B_{n-1} - B) + \cdots + a_n(B_0 - B) \right|$$

$$\leq \sum_{k=0}^{n-m-1} \left| a_k \right| \left| B_{n-k} - B \right| + \sum_{k=0}^{m} \left| a_{n-k}(B_k - B) \right|$$

$$< (\sum_{k=0}^{n-m-1} \left| a_k \right|) \cdot \frac{\varepsilon}{2\alpha + 1} + \frac{\varepsilon}{2} < \varepsilon \text{ 。}$$

由此可知：上述極限式成立。 ‖

【例 11】令 $\sum_{n=0}^{\infty} c_n$ 表示 $\sum_{n=0}^{\infty} (-1)^n / \sqrt{n+1}$ 與其本身的 Cauchy 乘積，則對每個 $n \geq 0$，可得

$$c_n = (-1)^n (\frac{1}{\sqrt{1 \cdot (n+1)}} + \frac{1}{\sqrt{2 \cdot n}} + \cdots + \frac{1}{\sqrt{(n+1) \cdot 1}}) \text{ 。}$$

因為對每個 $k = 0, 1, 2, \cdots, n$，恆有

$$\frac{1}{\sqrt{(k+1)(n-k+1)}} \geq \frac{2}{(k+1) + (n-k+1)} = \frac{2}{n+2} \text{ 。}$$

所以，對每個 $n \geq 0$，恆有

$$\left| c_n \right| \geq \frac{2(n+1)}{n+2} \text{ , } \varliminf_{n \to \infty} \left| c_n \right| \geq 2 \text{ 。}$$

因為數列 $\{c_n\}_{n=0}^{\infty}$ 不會收斂於 0，所以，$\sum_{n=0}^{\infty} c_n$ 是發散級數。但是，依本節定理 2，$\sum_{n=0}^{\infty} (-1)^n / \sqrt{n+1}$ 是收斂級數。 ‖

　　觀察例 10 中的結果，我們可以說：Mertens 定理已是 Cauchy 定理（定理 12）最好的改進了，因為兩個條件收斂級數的 Cauchy 乘積可能是發散級數，而且也沒有更進一步的定理來討論兩個條件收斂級數之 Cauchy 乘積的斂散性。不過，我們卻可以提出 Ernesto Cesaro (1859～1906，義大利人)在 1890 年的一個結果。

【定理 14】（Cesaro 定理）

若 $\sum_{n=0}^{\infty} a_n$ 與 $\sum_{n=0}^{\infty} b_n$ 為 C 中二收斂級數，其和分別為 A 與 B，則它們的 Cauchy 乘積 $\sum_{n=0}^{\infty} c_n$ 的部分和數列 $\{C_n\}_{n=0}^{\infty}$ 具有下述性質：

$$\lim_{n \to \infty} \frac{1}{n+1}(C_0 + C_1 + \cdots + C_n) = AB \text{ 。}$$

證：對每個 $n \in N \cup \{0\}$，令

$$A_n = a_0 + a_1 + \cdots + a_n \text{ ，}$$
$$B_n = b_0 + b_1 + \cdots + b_n \text{ ，}$$

則可得

$$C_n = a_0 b_0 + (a_0 b_1 + a_1 b_0) + \cdots + (a_0 b_n + a_1 b_{n-1} + \cdots + a_n b_0)$$
$$= a_0 B_n + a_1 B_{n-1} + \cdots + a_n B_0 \text{ ，}$$
$$\frac{1}{n+1}(C_0 + C_1 + \cdots + C_n)$$
$$= \frac{1}{n+1}(a_0 B_0 + (a_0 B_1 + a_1 B_0) + \cdots + (a_0 B_n + a_1 B_{n-1} + \cdots + a_n B_0))$$
$$= \frac{1}{n+1}(A_n B_0 + A_{n-1} B_1 + \cdots + A_0 B_n)$$
$$= \frac{1}{n+1} \sum_{k=0}^{n} (A_k - A) B_{n-k} + \frac{A}{n+1} \sum_{k=0}^{n} B_k \text{ 。}$$

因為 $\lim_{n \to \infty} B_n = B$，所以，依 §3-1 練習題 29，可得

$$\lim_{n \to \infty} \frac{A}{n+1} \sum_{k=0}^{n} B_k = AB \text{ 。}$$

於是，我們只需證明

$$\lim_{n \to \infty} \frac{1}{n+1} \sum_{k=0}^{n} (A_k - A) B_{n-k} = 0 \text{ 。}$$

即可。令 $M = \sup\{|B_n| \mid n \geq 0\}$。

設 ε 為任意正數，因為 $\lim_{n \to \infty} A_n = A$，所以，可找到一個 $m \in N$

使得：當 $n \geq m$ 時，恆有 $|A_n - A| < \varepsilon /(2M+1)$。其次，因為

$$\lim_{n \to \infty} \frac{M}{n+1} \sum_{k=0}^{m} |A_k - A| = 0 \,,$$

所以，可找到一個 $n_0 \in N$ 使得：當 $n \geq n_0$ 時，恆有

$$\left| \frac{M}{n+1} \sum_{k=0}^{m} |A_k - A| \right| < \frac{\varepsilon}{2} \,。$$

因此，當 $n \geq \max\{m, n_0\}$ 時，可得

$$\left| \frac{1}{n+1} \sum_{k=0}^{n} (A_k - A) B_{n-k} \right|$$

$$\leq \frac{1}{n+1} \sum_{k=0}^{m} |A_k - A| |B_{n-k}| + \frac{1}{n+1} \sum_{k=m+1}^{n} |A_k - A| |B_{n-k}|$$

$$\leq \frac{M}{n+1} \sum_{k=0}^{m} |A_k - A| + \frac{n-m}{n+1} \cdot \frac{\varepsilon}{2M+1} \cdot M$$

$$< \frac{\varepsilon}{2} + \frac{\varepsilon}{2} = \varepsilon \,。$$

由此可知：上述極限式成立。‖

　　利用 Cesaro 定理，我們可以證明 Niels Abel 在 1826 年所提出的一個定理。

【定理 14】（Abel 定理）

　　若二級數 $\sum_{n=0}^{\infty} a_n$、$\sum_{n=0}^{\infty} b_n$ 與它們的 Cauchy 乘積 $\sum_{n=0}^{\infty} c_n$ 都是收斂級數，其和分別為 A、B 與 C，則 $C = AB$。

證：對每個 $n \in N \bigcup \{0\}$，令 $C_n = c_0 + c_1 + \cdots + c_n$，則依 Cesaro 定理，得

$$\lim_{n \to \infty} \frac{1}{n+1} (C_0 + C_1 + \cdots + C_n) = AB \,。$$

另一方面，因為 $\lim_{n\to\infty} C_n = C$，所以，依 §3-1 練習題 29，可得

$$\lim_{n\to\infty} \frac{1}{n+1}(C_0 + C_1 + \cdots + C_n) = \lim_{n\to\infty} C_n = C \,。$$

由此可知：$C = AB$。 ‖

　　下面是一個比較特殊的例子。

【例 12】下面的兩個級數都是發散級數：

$$1 - (\frac{3}{2}) - (\frac{3}{2})^2 - (\frac{3}{2})^3 - (\frac{3}{2})^4 - \cdots,$$

$$(1 + \frac{1}{2}) + (\frac{3}{2})(2 + \frac{1}{2^2}) + (\frac{3}{2})^2(2^2 + \frac{1}{2^3})$$

$$+ (\frac{3}{2})^3(2^3 + \frac{1}{2^4}) + (\frac{3}{2})^4(2^4 + \frac{1}{2^5}) + \cdots,$$

但它們的 Cauchy 乘積 $\sum_{n=0}^{\infty} c_n$ 是收斂級數，因為對每個 $n \in N$，恆有

$$c_n = 1 \cdot (\frac{3}{2})^n(2^n + \frac{1}{2^{n+1}}) - \sum_{k=1}^{n}(\frac{3}{2})^n(2^{k-1} + \frac{1}{2^k})$$

$$= (\frac{3}{2})^n(2^n - (2^n - 1) + \frac{1}{2^{n+1}} - (1 - \frac{1}{2^n}))$$

$$= \frac{3}{2}(\frac{3}{4})^n \,。 ‖$$

　　結語：本小節所討論的"乘積"，都只對複數項級數來討論。事實上，我們也可以對 R^k 中的級數來討論，只需將乘積 $a_k b_l$ 改成內積 $\langle x_k, y_l \rangle$ 即可。本小節中的五個定理仍都成立，證明方法也類似。

丙、二重點列與二重級數

　　數學上所討論的**無限和**（infinite sum），除了只有單一足碼的的無窮級數 $\sum_{n=0}^{\infty} x_n$ 之外，還有雙足碼的的二重級數 $\sum_{m,n=1}^{\infty} x_{mn}$。要討論二重級數的斂散理論，我們得從二重點列談起。

【定義 2】由 $N \times N$ 映至 R^k 的每個函數都稱為 R^k 中的一個**二重點列**
(double sequence)。設 $x: N \times N \to R^k$ 是 R^k 中的一個二重點列，我們
通常將 x 在 (m,n) 的函數值 $x(m,n)$ 寫成 x_{mn}，二重點列 x 寫成
$\{x_{mn}\}_{m,n=1}^{\infty}$ 或 $\{x_{mn}\}$。

【定義 3】設 $\{x_{mn}\}_{m,n=1}^{\infty}$ 是 R^k 中的一個二重點列而 $a \in R^k$。若對於 a
的每個鄰域 M，都可找到一個 $n_0 \in N$ 使得：當 $m,n \in N$ 且 $m, n \geq n_0$
時，恆有 $x_{mn} \in M$，則我們稱：當 m, n 趨向正無限大時，二重點列
$\{x_{mn}\}$ **收斂**於 a (converge to a)，或稱二重點列 $\{x_{mn}\}$ 的**極限** (limit) 為
a，記為

$$\lim_{m,n\to\infty} x_{mn} = a \text{，}$$

或簡記為 $\lim x_{mn} = a$。

　　二重點列的極限自然也可以使用 $\varepsilon - n_0$ 的方法來描述，亦即：
$\{x_{mn}\}$ 收斂於 a 的充要條件是：對每個正數 ε，都可找到一個 $n_0 \in N$
使得：當 $m,n \in N$ 且 $m, n \geq n_0$ 時，恆有 $\|x_{mn} - a\| < \varepsilon$。

　　二重點列的極限與加、減、乘（內積或係數積）、除等運算之間，
自然也有與 §3-1 定理 4 類似的定理。另一方面，二重點列的收斂，
也像 §3-1 定理 5 對點列所說明地，可以利用各坐標所成二重數列的
收斂來描述。

　　下面是二重點列收斂的 Cauchy 條件。

【定理 16】（二重點列的 Cauchy 條件）

　　若 $\{x_{mn}\}_{m,n=1}^{\infty}$ 是 R^k 中一個二重點列，則 $\{x_{mn}\}$ 收斂的充要條件
是：對每個正數 ε，都可找到一個 $n_0 \in N$ 使得：當 $m, n, r, s \in N$ 且
$m, n, r, s \geq n_0$ 時，恆有 $\|x_{mn} - x_{rs}\| < \varepsilon$。

證：必要性：很明顯。

　　充要性：依定理的假設，可知 $\{x_{nn}\}_{n=1}^{\infty}$ 是 R^k 中一個 Cauchy 點列。

依 R^k 空間的完備性，必有一個 $a \in R^k$ 使得 $\lim_{n \to \infty} x_{nn} = a$，我們要證明 a 是二重點列 $\{x_{mn}\}$ 的極限。

設 ε 是任意正數。依假設，可找到一個 $n_1 \in N$ 使得：當 $m, n, r, s \geq n_1$ 時，恆有 $\|x_{mn} - x_{rs}\| < \varepsilon/2$。因為 $\lim_{n \to \infty} x_{nn} = a$，所以，可找到一個 $n_2 \in N$ 使得：當 $n \geq n_2$ 時，恆有 $\|x_{nn} - a\| < \varepsilon/2$。令 $n_0 = \max\{n_1, n_2\}$，則當 $m, n \geq n_0$ 時，可得

$$\|x_{mn} - a\| \leq \|x_{mn} - x_{nn}\| + \|x_{nn} - a\| < \frac{\varepsilon}{2} + \frac{\varepsilon}{2} = \varepsilon \text{ 。}$$

由此可知：二重點列 $\{x_{mn}\}$ 收斂於 a。 ‖

由於二重點列 $\{x_{mn}\}$ 中的各項都有兩個變量 m 與 n，我們自然可以討論「將其中一變量固定，而令另一變量趨向無限大時的斂散狀況。」若對每個 $m \in N$，點列 $\{x_{mn}\}_{n=1}^{\infty}$ 收斂於點 $y_m \in R^k$；而且點列 $\{y_m\}_{m=1}^{\infty}$ 收斂於點 $y \in R^k$，則 y 稱為二重點列 $\{x_{mn}\}$ 的**列逐次極限**(row iterated limit)，記為

$$y = \lim_{m \to \infty} \lim_{n \to \infty} x_{mn} \text{ 。}$$

同理，若對每個 $n \in N$，點列 $\{x_{mn}\}_{m=1}^{\infty}$ 收斂於點 $z_n \in R^k$；而且點列 $\{z_n\}_{n=1}^{\infty}$ 收斂於點 $z \in R^k$，則 z 稱為二重點列 $\{x_{mn}\}$ 的**行逐次極限**(column iterated limit)，記為

$$z = \lim_{n \to \infty} \lim_{m \to \infty} x_{mn} \text{ 。}$$

【例 13】（二重點列收斂不能保證逐次極限存在）

對任意 $m, n \in N$，令 $x_{mn} = (-1)^{m+n}(1/m + 1/n)$。對每個正數 ε，選取一個 $n_0 \in N$ 使得 $n_0 > 2/\varepsilon$。於是，當 $m, n \geq n_0$ 時，可得

$$|x_{mn}| = \frac{1}{m} + \frac{1}{n} \leq \frac{1}{n_0} + \frac{1}{n_0} < \varepsilon \text{ 。}$$

由此可知：此二重數列收斂於 0。另一方面，對每個 $m \in N$，恆有

$$\overline{\lim_{n \to \infty}} \, x_{mn} = \frac{1}{m} \, , \quad \underline{\lim_{n \to \infty}} \, x_{mn} = -\frac{1}{m} \, \circ$$

由此可知：數列 $\{x_{mn}\}_{n=1}^{\infty}$ 是發散數列，也因此 $\{x_{mn}\}$ 的列逐次極限不存在。同理，$\{x_{mn}\}$ 的行逐次極限也不存在。 ‖

例 13 中的現象，只要將條件增強些，就可以保證逐次極限存在了，且看下面的**二重極限定理**（double limit theorem）。

【定理 17】（二重極限定理）

設 $\{x_{mn}\}_{m, n=1}^{\infty}$ 是 R^k 中一個二重點列。若 $\{x_{mn}\}$ 收斂於 $a \in R^k$，而且對每個 $m \in N$，點列 $\{x_{mn}\}_{n=1}^{\infty}$ 都收斂，則列逐次極限 $\lim_{m \to \infty} \lim_{n \to \infty} x_{mn}$ 存在而且其值也等於 a。

證：設 ε 是任意正數。因為 $\lim_{m, n \to \infty} x_{mn} = a$，所以，必可找到一個 $n_0 \in N$ 使得：當 $m, n \geq n_0$ 時，恆有

$$\| x_{mn} - a \| < \varepsilon \, \circ$$

對每個固定的 $m \in N$，$m \geq n_0$，因為點列 $\{x_{mn}\}_{n=1}^{\infty}$ 收斂於某個點 $y_m \in R^k$，所以，在上述不等式中令 n 趨向 ∞，即得

$$\| y_m - a \| \leq \varepsilon \, \circ$$

由此可知：$\lim_{m \to \infty} y_m = a$，亦即：$\lim_{m \to \infty} \lim_{n \to \infty} x_{mn} = a$。 ‖

【定理 18】（兩個逐次極限存在且相等的一個充分條件）

若二重點列 $\{x_{mn}\}_{m, n=1}^{\infty}$ 收斂於 $a \in R^k$；而且對每個 $m \in N$，點列 $\{x_{mn}\}_{n=1}^{\infty}$ 都收斂；對每個 $n \in N$，點列 $\{x_{mn}\}_{m=1}^{\infty}$ 也都收斂；則

$$\lim_{m \to \infty} \lim_{n \to \infty} x_{mn} = \lim_{n \to \infty} \lim_{m \to \infty} x_{mn} = a \, \circ$$

證：由定理 17 立即可得。 ‖

下面的例子是例 13 的逆向問題。

【例 14】（兩逐次極限存在且相等不能保證二重點列收斂）

設二重數列 $\{x_{mn}\}_{m,n=1}^{\infty}$ 定義如下：對任意 m，$n \in \mathbf{N}$，令

$$x_{mn} = \begin{cases} 0, & \text{若 } m \neq n, \\ 1, & \text{若 } m = n. \end{cases}$$

對每個 $m \in \mathbf{N}$，因為數列 $\{x_{mn}\}_{n=1}^{\infty}$ 只有一項是 1，其餘各項都是 0，所以，$\lim_{n \to \infty} x_{mn} = 0$。於是，$\lim_{m \to \infty} \lim_{n \to \infty} x_{mn} = 0$。同理，對每個 $n \in \mathbf{N}$，因為數列 $\{x_{mn}\}_{m=1}^{\infty}$ 只有一項是 1，其餘各項都是 0，所以，$\lim_{m \to \infty} x_{mn} = 0$。於是，$\lim_{n \to \infty} \lim_{m \to \infty} x_{mn} = 0$。

另一方面，不論 n_0 是任何正整數，恆有 $x_{n_0+1,\, n_0+1} = 1$，而 $x_{n_0+1,\, n_0+2} = 0$。依 Cauchy 條件可知：二重數列 $\{x_{mn}\}_{m,n=1}^{\infty}$ 是發散數列。∥

例 14 中的現象，必需引進均勻收斂的概念，才能得出二重點列收斂的一個充分條件。

【定義 4】設 $\{x_{mn}\}_{m,n=1}^{\infty}$ 是 $\mathbf{R}^k$ 中一個二重點列；而且對每個 $m \in \mathbf{N}$，點列 $Y_m = \{x_{mn}\}_{n=1}^{\infty}$ 收斂於 $y_m \in \mathbf{R}^k$。若對每個正數 ε，都可找到一個 $n_0 \in \mathbf{N}$ 使得：當 $n \geq n_0$ 時，$\|x_{mn} - y_m\| < \varepsilon$ 對每個 $m \in \mathbf{N}$ 都成立，則稱點列族 $\{Y_m \mid m \in \mathbf{N}\}$ 為**均勻收斂**（uniformly convergent）於 $\{y_m \mid m \in \mathbf{N}\}$。

定義 4 所稱的均勻收斂，在意義上與 §3-2 定義 2 相似，它所強調的是：對每個正數 ε 所找的正整數 n_0，可以供每一個 $m \in \mathbf{N}$ 控制誤差 $\|x_{mn} - y_m\|$ 之用。

【定理 19】（逐次極限定理）

設 $\{x_{mn}\}_{m,n=1}^{\infty}$ 是 $\mathbf{R}^k$ 中一個二重點列。若對每個 $m \in \mathbf{N}$ 及對每個 $n \in \mathbf{N}$，點列 $Y_m = \{x_{ml}\}_{l=1}^{\infty}$ 及點列 $Z_n = \{x_{ln}\}_{l=1}^{\infty}$ 都收斂，其極限分別為 y_m 及 z_n；而且點列族 $\{Y_m \mid m \in \mathbf{N}\}$ 與點列族 $\{Z_n \mid n \in \mathbf{N}\}$ 中至少

有一為均勻收斂，則二重點列 $\{x_{mn}\}$ 的二重極限與逐次極限都存在且其值都相等。

證：假設點列族 $\{Y_m \mid m \in N\}$ 為均勻收斂。

先證明逐次極限 $\lim_{m\to\infty} y_m$ 存在。設 ε 是任意正數。因為 $\{Y_m \mid m \in N\}$ 為均勻收斂，所以，必可找到一個 $n_0 \in N$ 使得：當 $n \geq n_0$ 時，$\|x_{mn} - y_m\| < \varepsilon/3$ 對每個 $m \in N$ 都成立。選定一個 $n \in N$，$n \geq n_0$。因為 $\{x_{mn}\}_{m=1}^{\infty}$ 是 Cauchy 點列，所以，必可找到一個 $m_0 \in N$ 使得：當 $p, q \geq m_0$ 時，恆有 $\|x_{pn} - x_{qn}\| < \varepsilon/3$。於是，當 $p, q \geq m_0$ 時，可得

$$\|y_p - y_q\| \leq \|y_p - x_{pn}\| + \|x_{pn} - x_{qn}\| + \|x_{qn} - y_q\| < \varepsilon \text{ 。}$$

於是，點列 $\{y_m\}_{m=1}^{\infty}$ 是一個 Cauchy 點列。依 §3-1 定理 6，可知 $\{y_m\}$ 收斂於某個點 $y \in \mathbf{R}^k$。

其次，我們證明二重點列 $\{x_{mn}\}_{m,n=1}^{\infty}$ 收斂於 y。設 ε 是任意正數。因為點列族 $\{Y_m \mid m \in N\}$ 為均勻收斂，所以，必可找到一個 $n_1 \in N$ 使得：當 $n \geq n_1$ 時，$\|x_{mn} - y_m\| < \varepsilon/2$ 對每個 $m \in N$ 都成立。另一方面，因為 $\lim_{m\to\infty} y_m = y$，所以，必可找到一個 $m_1 \in N$ 使得：當 $m \geq m_1$ 時，恆有 $\|y_m - y\| < \varepsilon/2$。於是，當 $m, n \geq \max\{m_1, n_1\}$ 時，恆有

$$\|x_{mn} - y\| \leq \|x_{mn} - y_m\| + \|y_m - y\| < \varepsilon \text{ 。}$$

由此可知：二重點列 $\{x_{mn}\}$ 收斂於 y。

因為二重點列 $\{x_{mn}\}_{m,n=1}^{\infty}$ 收斂於 y，而對每個 $n \in N$，點列 $\{x_{mn}\}_{m=1}^{\infty}$ 收斂於 z_n，所以，依定理 17，可知 $\lim_{n\to\infty} \lim_{m\to\infty} x_{mn} = \lim_{n\to\infty} z_n = y$。 $\|$

【定義 5】設 $\{x_{mn}\}_{m,n=1}^{\infty}$ 是 $\mathbf{R}^k$ 中一個二重點列。對每個 $(m, n) \in N \times N$，令

$$s_{mn} = \sum_{i=1}^{m} \sum_{j=1}^{n} x_{ij} \text{ ，}$$

則二重點列 $\{s_{mn}\}_{m,n=1}^{\infty}$ 稱為由二重點列 $\{x_{mn}\}_{m,n=1}^{\infty}$ 所定義的**二重級數**(double series)，以 $\sum_{m,n=1}^{\infty} x_{mn}$ 表之。x_{mn} 稱為此二重級數的第 (m,n) 項，s_{mn} 稱為此二重級數的第 (m,n) 個**部分和**。若二重點列 $\{s_{mn}\}_{m,n=1}^{\infty}$ 收斂於極限 s，則稱二重級數 $\sum_{m,n=1}^{\infty} x_{mn}$ 收斂於和 s。

對於二重級數的收斂，也像§8-1 定理 2 對無窮級數所說明的，可以利用各坐標所成二重級數的收斂來描述。另一方面 ，二重級數也有與§8-1 定理 10 類似的性質。

【定理 20】（二重級數的各項所成的二重點列）

若 R^k 中的二重級數 $\sum_{m,n=1}^{\infty} x_{mn}$ 收斂，則二重點列 $\{x_{mn}\}_{m,n=1}^{\infty}$ 收斂於 0。

證：對所有 $m,n \in N$，令 s_{mn} 表示二重級數 $\sum_{m,n=1}^{\infty} x_{mn}$ 的第 (m,n) 個部分和，則當 $m>1$ 且 $n>1$ 時， 恆有

$$x_{mn} = s_{mn} - s_{m,n-1} - s_{m-1,n} + s_{m-1,n-1} \ \text{。}$$

若 $\sum_{m,n=1}^{\infty} x_{mn}$ 收斂於 s，則 $\lim_{m,n\to\infty} s_{mn} = s$ 。設 ε 為任意正數，必可找到一個 $n_0 \in N$ 使得：當 $m,n \geq n_0$ 時，恆有 $\|s_{mn} - s\| < \varepsilon/4$ 。於是，若 $m,n \geq n_0 + 1$，則可得

$$\begin{aligned}
\|x_{mn}\| &= \|s_{mn} - s_{m,n-1} - s_{m-1,n} + s_{m-1,n-1}\| \\
&= \|(s_{mn} - s) - (s_{m,n-1} - s) - (s_{m-1,n} - s) + (s_{m-1,n-1} - s)\| \\
&\leq \|s_{mn} - s\| + \|s_{m,n-1} - s\| + \|s_{m-1,n} - s\| + \|s_{m-1,n-1} - s\| \\
&< \varepsilon \ \text{。}
\end{aligned}$$

由此可知：$\lim_{m,n\to\infty} x_{mn} = 0$ 。 ‖

下面的定理 20 與§8-2 定理 1 相似。

【定理 21】（正項二重級數與其部分和數列）

若 $\sum_{m,n=1}^{\infty} a_{mn}$ 是 R 中一個二重級數，而且每個 $(m,n) \in N \times N$ 都滿足 $a_{mn} \geq 0$ ，則二重級數 $\sum_{m,n=1}^{\infty} a_{mn}$ 收斂的充要條件是集合

$\{\sum_{i=1}^{m}\sum_{j=1}^{n}a_{ij}\,\big|\,m,n\in N\}$ 為有界集合。當此條件成立時，此二重級數的和 $\sum_{m,n=1}^{\infty}a_{mn}$ 等於 sup $\{\sum_{i=1}^{m}\sum_{j=1}^{n}a_{ij}\,\big|\,m,n\in N\}$。

證：對每個 $(m,n)\in N\times N$，令

$$s_{mn}=\sum_{i=1}^{m}\sum_{j=1}^{n}a_{ij}\,。$$

必要性：設 $\sum_{m,n=1}^{\infty}a_{mn}$ 是收斂的二重級數且其和為 s，則 $\{s_{mn}\}_{m,n=1}^{\infty}$ 是收斂的二重點列且其極限為 s。於是，必可找到一個 $n_0\in N$ 使得：當 $m,n\geq n_0$ 時，恆有 $|s_{mn}-s|<1$。對任意 $m,n\in N$，令 $l=\max\{m,n,n_0\}$，則得 $l\geq n_0$，$l\geq m$，$l\geq n$。由 $l\geq n_0$ 可得 $|s_{ll}-s|<1$，進一步得 $0\leq s_{ll}<s+1$。另一方面，因為每個 a_{mn} 都滿足 $a_{mn}\geq 0$，所以，由 $l\geq m$ 及 $l\geq n$ 可得

$$0\leq s_{mn}\leq s_{ll}<s+1\,。$$

充分性：設部分和所成的集合 $\{s_{mn}\,|\,m,n\in N\}$ 為有界集合，令 $s=\sup\{s_{mn}\,|\,m,n\in N\}$。設 ε 為任意正數，依 s 的定義，必可找到 $(p,q)\in N\times N$ 使得 $0\leq s-s_{pq}<\varepsilon$。令 $n_0=\max\{p,q\}$，則當 $m,n\geq n_0$ 時，可得 $m\geq p$ 且 $n\geq q$ 進一步得

$$s\geq s_{mn}\geq s_{pq}>s-\varepsilon\,，$$
$$|s-s_{mn}|<\varepsilon\,。$$

由此可知：$\lim_{m,n\to\infty}s_{mn}=s$。於是，二重級數 $\sum_{m,n=1}^{\infty}a_{mn}$ 收斂於和 s。 ∥

在定理 21 的必要性證明中，我們指出 $\{s_{mn}\,|\,m,n\in N\}$ 是有界集合，這個性質並不是每個收斂的二重數列都會具備的性質（參看練習題 39），定理 21 的 $\{s_{mn}\,|\,m,n\in N\}$ 是有界集合，乃是因為每個 a_{mn} 都是非負實數的緣故。

因為定理 21 與 §8-2 定理 1 相似，所以，定理 21 也可以用來引

出正項二重級數的比較檢驗法。我們敘述如下，讀者應注意其假設與 §8-2 定理 3 不同之處。

【定理 22】（正項二重級數的比較檢驗法）

設 $\sum_{m,n=1}^{\infty} a_{mn}$ 為正項二重級數，亦即：對任意 $m,n \in N$ ，恆有 $a_{mn} \geq 0$ 。

(1)若可找到一個收斂的正項二重級數 $\sum_{m,n=1}^{\infty} c_{mn}$ 及一個 $n_0 \in N$ 使得：當 $m \geq n_0$ 或 $n \geq n_0$ 時，恆有 $a_{mn} \leq c_{mn}$ ，則 $\sum_{m,n=1}^{\infty} a_{mn}$ 也是收斂的正項二重級數。

(2)若可找到一個發散的正項二重級數 $\sum_{m,n=1}^{\infty} d_{mn}$ 及一個 $n_0 \in N$ 使得：當 $m \geq n_0$ 或 $n \geq n_0$ 時，恆有 $a_{mn} \geq d_{mn}$ ，則 $\sum_{m,n=1}^{\infty} a_{mn}$ 也是發散的正項二重級數。

證：讀者自證之。‖

二重級數也有絕對收斂的概念。

【定義 6】設 $\sum_{m,n=1}^{\infty} x_{mn}$ 是 R^k 中一個二重級數。若正項二重級數 $\sum_{m,n=1}^{\infty} \| x_{mn} \|$ 收斂，則稱二重級數 $\sum_{m,n=1}^{\infty} x_{mn}$ 是**絕對收斂**（absolutely convergent）的二重級數。

【定理 23】（絕對收斂的二重級數必收斂）

若 $\sum_{m,n=1}^{\infty} x_{mn}$ 是 R^k 中絕對收斂的二重級數，則 $\sum_{m,n=1}^{\infty} x_{mn}$ 是收斂的二重級數，而且 $\| \sum_{m,n=1}^{\infty} x_{mn} \| \leq \sum_{m,n=1}^{\infty} \| x_{mn} \|$ 。

證：與 §8-1 定理 12 的證法類似。‖

設 $\sum_{m,n=1}^{\infty} x_{mn}$ 是 R^k 中一個二重級數。若對每個 $m \in N$ ，級數 $\sum_{n=1}^{\infty} x_{mn}$ 都收斂，則可討論**列逐次級數**（row iterated series） $\sum_{m=1}^{\infty} \sum_{n=1}^{\infty} x_{mn}$ 的斂散性。同理，若對每個 $n \in N$ ，級數 $\sum_{m=1}^{\infty} x_{mn}$ 都收斂，則可討論**行逐次級數**（column iterated series） $\sum_{n=1}^{\infty} \sum_{m=1}^{\infty} x_{mn}$ 的斂散性。二重級數及其逐次級數的斂散性，通常是獨立的，且看下面

兩例。

【例 15】（二重級數收斂不能保證逐次級數收斂）

設二重數列 $\{a_{mn}\}_{m,n=1}^{\infty}$ 定義如下：對任意 $m,n\in N$，定義

$$a_{mn}=\frac{(-1)^{m+n}}{[(m+1)/2]}\,,$$

我們考慮二重級數 $\sum_{m,n=1}^{\infty}a_{mn}$ 及其逐次級數。

對每個 $m\in N$，級數 $\sum_{n=1}^{\infty}a_{mn}$ 是下述形式：

$$\frac{(-1)^{m+1}}{[(m+1)/2]}(1-1+1-1+\cdots+1-1+\cdots)\,。$$

這個級數是發散級數，所以不能考慮列逐次級數。事實上，對每個 $m\in N$，數列 $\{a_{mn}\}_{n=1}^{\infty}$ 是發散數列。

對每個 $n\in N$，級數 $\sum_{m=1}^{\infty}a_{mn}$ 是下述形式：

$$(-1)^{n+1}(1-1+\frac{1}{2}-\frac{1}{2}+\cdots+\frac{1}{m}-\frac{1}{m}+\cdots)\,。$$

此級數是收斂級數，其和為 0，所以，行逐次級數 $\sum_{n=1}^{\infty}\sum_{m=1}^{\infty}a_{mn}$ 也是收斂級數，其和為 0。

對任意 $m,n\in N$，令 s_{mn} 表示二重級數 $\sum_{m,n=1}^{\infty}a_{mn}$ 的第 (m,n) 個部分和。因為對任意 $k,l\in N$，恆有

$$a_{k,2l-1}+a_{k,2l}=0\,,$$
$$a_{2k-1,l}+a_{2k,l}=0\,,$$

所以，當 m 為偶數或 n 為偶數時，恆有 $s_{mn}=0$；而當若 m 與 n 都是奇數時，可得 $s_{mn}=a_{mn}=(-1)^{m+n}[(m+1)/2]^{-1}$。由此可知 $\lim_{m,n\to\infty}s_{mn}=0$，亦即：二重級數 $\sum_{m,n=1}^{\infty}a_{mn}$ 收斂，且其和 0。‖

【例 16】（逐次級數都收斂且和相等不能保證二重級數收斂）

設二重數列 $\{a_{mn}\}_{m,n=1}^{\infty}$ 定義如下：對每個 $n\in N$，令

$$a_{2n-1,\,2n} = a_{2n,\,2n-1} = 1 \ ,$$

$$a_{2n+1,\,2n} = a_{2n,\,2n+1} = -1 \ ,$$

除此之外，其餘的 a_{mn} 都為 0。

當 $m=1$ 時，數列 $\{a_{1n}\}_{n=1}^{\infty}$ 只有第二項為 1，其餘各項都為 0，所以，級數 $\sum_{n=1}^{\infty} a_{1n}$ 收斂，其和為 1。當 $m>1$ 時，數列 $\{a_{mn}\}_{n=1}^{\infty}$ 只有一項為 1，另一項為 -1，其餘各項都為 0，所以，級數 $\sum_{n=1}^{\infty} a_{mn}$ 收斂，其和為 0。於是，列逐次級數 $\sum_{m=1}^{\infty} \sum_{n=1}^{\infty} a_{mn}$ 收斂，其和為 1。

同理，可證得行逐次級數 $\sum_{n=1}^{\infty} \sum_{m=1}^{\infty} a_{mn}$ 收斂，其和為 1。亦即：

$$\sum_{m=1}^{\infty} \sum_{n=1}^{\infty} a_{mn} = \sum_{n=1}^{\infty} \sum_{m=1}^{\infty} a_{mn} = 1 \ 。$$

另一方面，若 s_{mn} 表示二重級數 $\sum_{m,\,n=1}^{\infty} a_{mn}$ 的第 (m,n) 個部分和，則對每個 $n \in N$，恆有

$$s_{2n-1,\,2n-1} = 0 \ , \quad s_{2n,\,2n} = 2 \ 。$$

由此可知 $\{s_{nn}\}_{n=1}^{\infty}$ 是發散數列，$\{s_{mn}\}_{m,\,n=1}^{\infty}$ 是發散的二重數列。於是，二重級數 $\sum_{m,\,n=1}^{\infty} a_{mn}$ 發散。$\parallel$

前面例 15 中的現象，可以仿定理 17 將條件增強些，就可以保證逐次級數會收斂。

【定理 24】（二重級數定理）

設 $\sum_{m,\,n=1}^{\infty} x_{mn}$ 是 R^k 中一個二重級數。若 $\sum_{m,\,n=1}^{\infty} x_{mn}$ 收斂於和 s，而且對每個 $m \in N$，級數 $\sum_{n=1}^{\infty} x_{mn}$ 收斂於和 y_m，則級數 $\sum_{m=1}^{\infty} y_m$ 收斂且其和為 s。亦即：

$$\sum_{m=1}^{\infty} \sum_{n=1}^{\infty} x_{mn} = \sum_{m,\,n=1}^{\infty} x_{mn} \ 。$$

證：對每個 $(m,n) \in N \times N$，令 s_{mn} 表示二重級數 $\sum_{m,\,n=1}^{\infty} x_{mn}$ 的第 (m,n) 個部分和。於是，可得

$$s_{mn} = \sum_{i=1}^{m} \sum_{j=1}^{n} x_{ij} = \sum_{j=1}^{n} x_{1j} + \sum_{j=1}^{n} x_{2j} + \cdots + \sum_{j=1}^{n} x_{mj} \, \text{。}$$

對每個 $i = 1, 2, \cdots, m$ ，$\sum_{j=1}^{n} x_{ij}$ 是收斂級數 $\sum_{j=1}^{\infty} x_{ij}$ 的第 n 個部分和。因此，對每個 $m \in N$ ，點列 $\{s_{mn}\}_{n=1}^{\infty}$ 的每個第 n 項都等於 m 個收斂點列的第 n 項之和。於是，可得

$$\lim_{n \to \infty} s_{mn} = \lim_{n \to \infty} \sum_{j=1}^{n} x_{1j} + \lim_{n \to \infty} \sum_{j=1}^{n} x_{2j} + \cdots + \lim_{n \to \infty} \sum_{j=1}^{n} x_{mj}$$

$$= y_1 + y_2 + \cdots + y_m \, \text{。}$$

因為二重點列 $\{s_{mn}\}_{m,n=1}^{\infty}$ 收斂於極限 s ，而且對每個 $m \in N$ ，點列 $\{s_{mn}\}_{n=1}^{\infty}$ 收斂於極限 $y_1 + y_2 + \cdots + y_m$ ，所以，依定理 17，列逐次極限 $\lim_{m \to \infty} \lim_{n \to \infty} s_{mn}$ 存在且極限值也為 s 。由此可知：

$$\lim_{m \to \infty} (y_1 + y_2 + \cdots + y_m) = \lim_{m \to \infty} (\lim_{n \to \infty} s_{mn}) = s \, \text{。}$$

因為 $y_1 + y_2 + \cdots + y_m$ 是級數 $\sum_{m=1}^{\infty} y_m$ 的第 m 個部分和，所以，級數 $\sum_{m=1}^{\infty} y_m$ 收斂且其和為 s 。 ||

【系理 25】（兩個逐次級數之和相等的一個充分條件）

若二重級數 $\sum_{m,n=1}^{\infty} x_{mn}$ 收斂；而且對每個 $m \in N$ ，級數 $\sum_{n=1}^{\infty} x_{mn}$ 都收斂；對每個 $n \in N$ ，級數 $\sum_{m=1}^{\infty} x_{mn}$ 都收斂；則

$$\sum_{m=1}^{\infty} \sum_{n=1}^{\infty} x_{mn} = \sum_{n=1}^{\infty} \sum_{m=1}^{\infty} x_{mn} = \sum_{m,n=1}^{\infty} x_{mn} \, \text{。}$$

證：由定理 24 立即可得。 ||

當一個二重級數發散時，即使兩個逐次級數都收斂，其和也可能不相等，且看下例。

【例 17】設二重數列 $\{a_{mn}\}_{m,n=1}^{\infty}$ 定義如下：對每個 $n \in N$ ，令

$$a_{n+1, n} = 1 \, , \quad a_{n, n+1} = -1 \, ,$$

而其餘的 a_{mn} 都為 0。由 $\{a_{mn}\}_{m,n=1}^{\infty}$ 所定義的二重級數為發散級數，但

$$\sum_{m=1}^{\infty}\sum_{n=1}^{\infty} a_{mn} = -1 \ , \qquad \sum_{n=1}^{\infty}\sum_{m=1}^{\infty} a_{mn} = 1 \ 。$$

證：仿例 16 的證法立即可得。 ‖

　　二重級數要與其逐次級數有更好的聯繫，絕對收斂自然是一種可行的考慮，且看下述二定理。

【定理 26】（正項二重級數及其逐次級數）

　　對每個正項二重級數 $\sum_{m,n=1}^{\infty} a_{mn}$ ， 若二重級數 $\sum_{m,n=1}^{\infty} a_{mn}$ 及其列逐次級數 $\sum_{m=1}^{\infty}\sum_{n=1}^{\infty} a_{mn}$ 、行逐次級數 $\sum_{n=1}^{\infty}\sum_{m=1}^{\infty} a_{mn}$ 三級數中有一個級數收斂，則另外兩個級數也收斂，而且三級數的和相等。

證：設正項二重級數 $\sum_{m,n=1}^{\infty} a_{mn}$ 收斂且其和為 s，而 s_{mn} 是它的第 (m,n) 個部分和。對每個 $m \in N$，因為每個 a_{ij} 都滿足 $a_{ij} \geq 0$，所以，級數 $\sum_{n=1}^{\infty} a_{mn}$ 的每個部分和 $\sum_{k=1}^{n} a_{mk}$ 都滿足

$$\sum_{k=1}^{n} a_{mk} \leq s_{mn} \leq s \ 。$$

依 §8-2 定理 1，可知級數 $\sum_{n=1}^{\infty} a_{mn}$ 是收斂級數。同理，對每個 $n \in N$，級數 $\sum_{m=1}^{\infty} a_{mn}$ 也是收斂級數。依定理 24，兩個逐次級數都收斂，而且

$$\sum_{m=1}^{\infty}\sum_{n=1}^{\infty} a_{mn} = \sum_{n=1}^{\infty}\sum_{m=1}^{\infty} a_{mn} = \sum_{m,n=1}^{\infty} a_{mn} \ 。$$

　　其次，若列逐次級數 $\sum_{m=1}^{\infty}\sum_{n=1}^{\infty} a_{mn}$ 收斂且其和為 s，則對任意 $m,n \in N$，因為每個 a_{ij} 都滿足 $a_{ij} \geq 0$，所以，可得

$$s_{mn} = \sum_{i=1}^{m}\sum_{j=1}^{n} a_{ij} \leq \sum_{i=1}^{m}\sum_{j=1}^{\infty} a_{ij} \leq \sum_{i=1}^{\infty}\sum_{j=1}^{\infty} a_{ij} = s \ 。$$

依定理 21，可知二重級數 $\sum_{m,n=1}^{\infty} a_{mn}$ 收斂。再依前段的結果，可知行

逐次級數 $\sum_{n=1}^{\infty} \sum_{m=1}^{\infty} a_{mn}$ 也收斂。

同理,若行逐次級數 $\sum_{n=1}^{\infty} \sum_{m=1}^{\infty} a_{mn}$ 收斂,則可得相同的結果。∥

【定理 27】(絕對收斂二重級數及其逐次級數)

對 R^k 中每個二重級數 $\sum_{m,n=1}^{\infty} x_{mn}$,若二重級數 $\sum_{m,n=1}^{\infty} x_{mn}$ 及其列逐次級數 $\sum_{m=1}^{\infty} \sum_{n=1}^{\infty} x_{mn}$ 、行逐次級數 $\sum_{n=1}^{\infty} \sum_{m=1}^{\infty} x_{mn}$ 三級數中有一個級數為絕對收斂,則另外兩個級數也絕對收斂,而且三級數的和相等。

證:依定理 26 及系理 25 立即可得。∥

【例 18】試就實數 x 及 y 討論二重級數 $\sum_{m,n=1}^{\infty} x^m y^n$ 的斂散性。

解:若 $x=0$ 或 $y=0$,則二重級數 $\sum_{m,n=1}^{\infty} x^m y^n$ 的各項都等於 0 ,它顯然收斂。

若 $|x|<1$ 且 $|y|<1$,則對每個 $m \in N$,恆有

$$\sum_{n=1}^{\infty} \left| x^m y^n \right| = \frac{\left| x^m y \right|}{1-\left| y \right|} \text{。}$$

於是,可得

$$\sum_{m=1}^{\infty} \sum_{n=1}^{\infty} \left| x^m y^n \right| = \frac{\left| xy \right|}{(1-\left| x \right|)(1-\left| y \right|)} \text{。}$$

由此可知:列逐次級數 $\sum_{m=1}^{\infty} \sum_{n=1}^{\infty} x^m y^n$ 絕對收斂。因此,依定理 26,二重級數 $\sum_{m,n=1}^{\infty} x^m y^n$ 絕對收斂。

若 $|x|>1$ 且 $y \neq 0$,則必可找到一個 $p \in N$ 使得 $|x^p y| \geq 1$ 。於是,對每個 $n \in N$,恆有 $|x^{pn} y^n| \geq 1$ 。由此可知:二重數列 $\{ x^m y^n \}$ 不會收斂於 0 。依定理 20,二重級數 $\sum_{m,n=1}^{\infty} x^m y^n$ 發散。

若 $x \neq 0$ 且 $|y|>1$,則仿前段的證明,可知二重級數 $\sum_{m,n=1}^{\infty} x^m y^n$ 發散。

若 $|x|=1$ 且 $|y|=1$,則對任意 $m,n \in N$,恆有 $|x^m y^n|=1$ 。由此

可知：二重數列 $\{x^m y^n\}$ 不會收斂於 0。依定理 20，二重級數 $\sum_{m,n=1}^{\infty} x^m y^n$ 發散。

若 $|x|=1$ 且 $|y|<1$，則對每個 $m \in N$，$\sum_{n=1}^{\infty} x^m y^n$ 是收斂的無窮等比級數，其和為 $(x^m y)/(1-y)$；但列逐次級數 $\sum_{m=1}^{\infty} \sum_{n=1}^{\infty} x^m y^n$ 發散。依定理 23，二重級數 $\sum_{m,n=1}^{\infty} x^m y^n$ 發散。

若 $|x|<1$ 且 $|y|=1$，則仿前段的證明，可知二重級數 $\sum_{m,n=1}^{\infty} x^m y^n$ 發散。 ||

【例 19】試就正數 a 討論二重級數 $\sum_{m,n=1}^{\infty} (m+n)^{-a}$ 的斂散性。

解：對任意 $m,n \in N$，令 $p=(m+1)\wedge(n+1)$，$q=m+n$ 及

$$s_{mn} = \sum_{i=1}^{m} \sum_{j=1}^{n} (i+j)^{-a} \text{ ,}$$

則可得

$$\sum_{i+j \le p} (i+j)^{-a} \le s_{mn} \le \sum_{i+j \le q} (i+j)^{-a} \text{ 。}$$

因為

$$\sum_{i+j \le p} (i+j)^{-a} = \sum_{l=2}^{p} (l-1) l^{-a} \ge \frac{1}{2} \sum_{l=2}^{p} l^{-(a-1)} \text{ ,}$$

$$\sum_{i+j \le q} (i+j)^{-a} = \sum_{l=2}^{q} (l-1) l^{-a} \le \sum_{l=2}^{q} l^{-(a-1)} \text{ ,}$$

所以，得

$$\frac{1}{2} \sum_{l=2}^{p} \frac{1}{l^{a-1}} \le s_{mn} \le \sum_{l=2}^{q} \frac{1}{l^{a-1}} \text{ ,}$$

其中，$p=(m+1)\wedge(n+1)$，$q=m+n$。

若 $a>2$，則級數 $\sum_{l=2}^{\infty} l^{-(a-1)}$ 是一個收斂的正項級數。設其和為 s，則對所有 $m,n \in N$，恆有 $s_{mn} \le s$。依定理 21，二重級數 $\sum_{m,n=1}^{\infty} (m+n)^{-a}$ 是收斂級數。

若 $0 < a \leq 2$，則級數 $(1/2)\sum_{l=2}^{\infty} l^{-(a-1)}$ 是一個發散的正項級數。對任意正數 M，必可找到一個 $p \in N$ 使得 $(1/2)\sum_{l=2}^{p} l^{-(a-1)} \geq M$。於是，對所有 $m > p$ 與 $n > p$，恆有 $s_{mn} \geq M$。依定理 21，二重級數 $\sum_{m,n=1}^{\infty} (m+n)^{-a}$ 是發散級數。∥

練習題 8-3

在第 1-13 題中，試判定各級數為絕對收斂、條件收斂或發散。

1. $\displaystyle\sum_{n=1}^{\infty} (-1)^{n-1}\left(\frac{n+3}{2n+1}\right)^n$。

2. $\displaystyle\sum_{n=1}^{\infty} (-1)^{n-1} n\, e^{-n}$。

3. $\displaystyle\sum_{n=1}^{\infty} (-1)^n \frac{2^n}{n^2}$。

4. $\displaystyle\sum_{n=1}^{\infty} (-1)^n \frac{n^2}{2^n}$。

5. $\displaystyle\sum_{n=1}^{\infty} (-1)^n \frac{n^n}{(n+1)^n}$。

6. $\displaystyle\sum_{n=1}^{\infty} (-1)^n \frac{n^n}{(n+1)^{n+1}}$

7. $\displaystyle\sum_{n=1}^{\infty} \left(\frac{1}{n^2} + \frac{(-1)^n}{n}\right)$。

8. $\displaystyle\sum_{n=1}^{\infty} \left(\frac{1}{n} + \frac{(-1)^n}{\sqrt{n}}\right)$。

9. $\displaystyle\sum_{n=1}^{\infty} \frac{(-1)^{n-1}}{n+a}$，$(a \geq 0)$。

10. $\displaystyle\sum_{n=1}^{\infty} \frac{(-1)^{n-1}}{n^{p+(1/n)}}$，$(p \in R)$。

11. $1 - 1 + \dfrac{1}{2} - \dfrac{1}{2} + - \cdots + \dfrac{1}{n} - \dfrac{1}{n} + - \cdots$。

12. $\dfrac{1}{2} - \dfrac{1}{2^2} + \dfrac{1}{3} - \dfrac{2}{3^2} + - \cdots + \dfrac{1}{n+1} - \dfrac{n}{(n+1)^2} + - \cdots$。

13. $1 - \dfrac{1}{2} + \dfrac{1}{3^2} - \dfrac{1}{4} + - \cdots + \dfrac{1}{(2n-1)^2} - \dfrac{1}{2n} + - \cdots$。

14. 試證定理 3。

15.試利用 $e^{-1} = \sum_{n=0}^{\infty} (-1)^n (1/n!)$ 及定理 3 證明 e 是無理數。

16.試求交錯級數 $\sum_{n=1}^{\infty} (-1)^{n-1} [1/(3n-2) - 1/(3n-1)]$ 之和。

17.試證：對任意正數 p 與 q，級數 $\sum_{n=1}^{\infty} (-1)^n (\ln n)^p n^{-q}$ 都是收斂級數。

18.試證下述級數發散：

$$1 + \frac{1}{2} - \frac{1}{3} + \frac{1}{4} + \frac{1}{5} - \frac{1}{6} + + - \cdots + \frac{1}{3n-2} + \frac{1}{3n-1} - \frac{1}{3n} + + - \cdots 。$$

19.試就實數 p 討論下述級數的斂散性（絕對收斂、條件收斂或發散）：

$$1 + \frac{1}{3^p} - \frac{1}{2^p} + \frac{1}{5^p} + \frac{1}{7^p} - \frac{1}{4^p} + + - \cdots$$
$$+ \frac{1}{(4n-3)^p} + \frac{1}{(4n-1)^p} - \frac{1}{(2n)^p} + + - \cdots 。$$

20.試就 $x \in [-\pi/2, \pi/2]$ 討論級數 $\sum_{n=1}^{\infty} (-1)^{n-1} (2^n \sin^{2n} x)/n$ 的斂散性（絕對收斂、條件收斂或發散）。

在 21-22 題中，試利用 Abel 檢驗法或 Dirichlet 檢驗法判定各級數的斂散性：

21. $\displaystyle\sum_{n=1}^{\infty} \frac{\ln n}{n} \cdot \sin \frac{n\pi}{4}$ 。

22. $\displaystyle\sum_{n=1}^{\infty} \frac{(-1)^{n-1}}{n} \cdot \frac{a^n}{1+a^n}$ ， $(a > 0)$ 。

23.設 p 與 q 為正數，$p < q$。試證：若級數 $\sum_{n=1}^{\infty} (a_n/n^p)$ 收斂，則級數 $\sum_{n=1}^{\infty} (a_n/n^q)$ 也收斂。

24.設 $\{a_n\}$ 是收斂於 0 的遞減數列，試證下列三敘述等價：

(1)對每個 $x \in \boldsymbol{R}$，$\sum_{n=1}^{\infty} a_n \sin nx$ 都是絕對收斂級數。

(2)存在一個 $x_0 \in \boldsymbol{R}$，$x_0/\pi \notin \boldsymbol{Z}$，使得 $\sum_{n=1}^{\infty} a_n \sin nx_0$ 是絕對收斂級數。

(3)$\sum_{n=1}^{\infty} a_n$ 是收斂級數。

25.試證：對每個 $x \in \boldsymbol{R}$，$x/\pi \notin \boldsymbol{Z}$，下述級數都是條件收斂：

$$\sum_{n=1}^{\infty} (1+\frac{1}{2}+\cdots+\frac{1}{n})\frac{\sin nx}{n} \text{。}$$

26.試證定理 9。

27.試證定理 10。

28.設 $p,q \in N$，將級數 $\sum_{n=1}^{\infty}(-1)^{n-1}/n$ 重排成 p 個正項後、接著 q 個負項、再接著 p 個正項、再接著 q 個負項、$\cdots$。試證：此級數收斂而且其和等於 $\ln 2 + (1/2)\ln(p/q)$，亦即：

$$1+\frac{1}{3}+\cdots+\frac{1}{2p-1}-\frac{1}{2}-\frac{1}{4}-\cdots-\frac{1}{2q}+\frac{1}{2p+1}+\cdots$$

$$+\frac{1}{4p-1}-\frac{1}{2q+2}-\cdots-\frac{1}{4q}+\cdots$$

$$=\ln 2 + \frac{1}{2}\ln\frac{p}{q} \text{。}$$

29.試求下列級數的 Cauchy 乘積：

$(1)\displaystyle\sum_{n=0}^{\infty}(n+1)x^n$ 與 $\displaystyle\sum_{n=0}^{\infty}(-1)^n(n+1)x^n$，$|x|<1$。

$(2)\displaystyle\sum_{n=0}^{\infty}\frac{1}{n!}$ 與 $\displaystyle\sum_{n=0}^{\infty}\frac{(-1)^n}{n!}$。

30.試證級數 $\sum_{n=0}^{\infty}(-1)^n/(n+1)$ 與其本身的 Cauchy 乘積為下述級數：

$$\sum_{n=0}^{\infty}\frac{2(-1)^n}{n+2}(1+\frac{1}{2}+\cdots+\frac{1}{n+1}) \text{,}$$

並證明此 Cauchy 乘積為收斂級數。

在第 31-38 題中，試討論各二重數列的極限與逐次極限的存在性。

31.$a_{mn} = \dfrac{1}{m+n}$。 $\qquad\qquad$ 32.$a_{mn} = \dfrac{m}{m+n}$。

33. $a_{mn} = (-1)^{m+n}\left(\dfrac{1}{m}+\dfrac{1}{n}\right)$ 。 34. $a_{mn} = (-1)^{m+n}$ 。

35. $a_{mn} = \dfrac{(-1)^m}{n}$ 。 36. $a_{mn} = \dfrac{(-1)^m n}{m+n}$ 。

37. $a_{mn} = \dfrac{\sin m}{n}$ 。 38. $a_{mn} = \dfrac{m}{n^2}\displaystyle\sum_{k=1}^{n}\sin\dfrac{k}{m}$ 。

39. 試舉例說明：收斂的二重數列不一定有界。

40. 試舉例說明：二重級數 $\sum_{m,n=1}^{\infty} a_{mn}$ 收斂不能保證對每個 $m \in N$ 所對應的數列 $\{a_{mn}\}_{n=1}^{\infty}$ 也收斂。

41. 對每個 $n \in N$ ，令

$$s_n = \frac{1}{2^{n+1}} + \frac{1}{3^{n+1}} + \cdots + \frac{1}{(m+1)^{n+1}} + \cdots 。$$

試證：$(1)\sum_{n=1}^{\infty} s_n = 1$ 。$(2)\sum_{n=1}^{\infty} s_{2n-1} = 3/4$ 。

42. 設 $\{a_n\}$ 為一數列。若對每個 $n \in N$ ，恆有 $a_n \geq 0$ ；而且 $\sum_{n=1}^{\infty} a_n/n$ 是收斂級數，試證二重級數 $\sum_{m,n=1}^{\infty} a_n/(m^2+n^2)$ 收斂。

43. 若 $p > 1$ 且 $q > 1$ ，試證二重級數 $\sum_{m,n=1}^{\infty} m^{-p}n^{-q}$ 與 $\sum_{m,n=1}^{\infty}(m^2+n^2)^{-p}$ 都是收斂級數。

44. 試就實數 α 討論二重級數 $\sum_{m,n=1}^{\infty}(m+in)^{-\alpha}$ 為絕對收斂級數的充要條件。

$8\text{-}4$　無窮乘積

　　無窮乘積的收斂理論，乃是仿照無窮級數將加法運算與點列極限概念結合的做法，將乘法運算與數列的極限概念結合，而考慮無限多

個數的乘積，因而得出性質頗為相似的兩個收斂理論。不過，兩項理論僅只是相似而已，它們也有其不同之處。首先，無窮級數可在任何 R^k 空間中討論，但無窮乘積卻只能在 R 或 C 中討論。另一方面，在乘法運算中，0 是很特殊的數，因為任何數乘以 0 都等於 0。為了因應 0 的特殊角色，在無窮乘積的收斂性定義中，必須做與無窮級數不同的處理，且看下面的討論。

甲、R 或 C 中的無窮乘積

【定義 1】設 $\{a_n\}_{n=1}^{\infty}$ 為 R 或 C 中一數列。對每個 $n \in N$，令

$$p_n = a_1 \times a_2 \times \cdots \times a_n \text{ ，}$$

則數列 $\{p_n\}_{n=1}^{\infty}$ 稱為 R 或 C 中由數列 $\{a_n\}_{n=1}^{\infty}$ 所形成的**無窮乘積**（infinite product），以

$$\prod_{n=1}^{\infty} a_n \text{ 或 } a_1 \times a_2 \times \cdots \times a_n \times \cdots$$

表之。a_n 稱為此無窮乘積的第 n 個**因數**(nth factor)，而 p_n 稱為此無窮乘積的第 n 個**部分積**(nth partial product)。

前述定義 1 與 §8-1 定義 1 的前半段頗為相似，但我們卻不能仿照 §8-1 定義 1 的後半段的做法，以數列 $\{p_n\}_{n=1}^{\infty}$ 的斂散性來定義無窮乘積的斂散性。因為若我們以 $\{p_n\}$ 收斂來表示 $\prod_{n=1}^{\infty} a_n$ 收斂，則只要有一個 a_m 的值為 0，數列 $\{p_n\}$ 自第 m 項起都等於 0，也因此收斂於 0。換句話說，只要有一個 a_m 的值為 0，則不論其他 a_n 的值為何，$\prod_{n=1}^{\infty} a_n$ 都是一個收斂的無窮乘積。如此一來，對一個收斂的無窮乘積 $\prod_{n=1}^{\infty} a_n$，我們完全無法掌握數列 $\{a_n\}$ 的性質，又怎知收斂的無窮乘積是較好的無窮乘積呢？下面是無窮乘積的斂散性定義。

【定義 2】設 $\prod_{n=1}^{\infty} a_n$ 是 R 中或 C 中一無窮乘積，p_n 是它的第 n 個部分積。

(1)若每個 a_n 都不等於 0 而且數列 $\{p_n\}$ 收斂於一個不等於 0 的數，則稱無窮乘積 $\prod_{n=1}^{\infty} a_n$ 為**收斂的無窮乘積**(convergent infinite product)且 $\lim_{n \to \infty} p_n$ 稱為無窮乘積 $\prod_{n=1}^{\infty} a_n$ 的**值**(value)，記為

$$\prod_{n=1}^{\infty} a_n = \lim_{n \to \infty} p_n \text{。}$$

(2)若存在一個 $m \in N$ 使得：當 $n > m$ 時，恆有 $a_n \neq 0$ ，而且無窮乘積 $\prod_{n=1}^{\infty} a_{n+m}$ 是合乎(1)所定義的收斂無窮乘積，則稱無窮乘積 $\prod_{n=1}^{\infty} a_n$ 為**收斂的無窮乘積**而且其值為 $(a_1 \times a_2 \times \cdots \times a_m) \times \prod_{n=1}^{\infty} a_{n+m}$ 。

(3)若無窮乘積 $\prod_{n=1}^{\infty} a_n$ 不滿足(1)與(2)所描述的條件，則稱它是**發散的無窮乘積**(divergent infinite product)。

定義 2 的(3)所指的發散無窮乘積 $\prod_{n=1}^{\infty} a_n$ ，包括下列三種情況：

(*)每個 a_n 都不等於 0，而且部分積數列發散或收斂於 0。

(*)存在一個 $m \in N$ 使得：當 $n > m$ 時，恆有 $a_n \neq 0$ ，而且無窮乘積 $\prod_{n=1}^{\infty} a_{n+m}$ 的部分積數列發散或收斂於 0。

(*)數列 $\{a_n\}$ 有無限多項等於 0。

【例 1】試討論無窮乘積 $\prod_{n=1}^{\infty} (1+1/n)$ 與 $\prod_{n=2}^{\infty} (1-1/n)$ 的斂散性。

解：$\prod_{n=1}^{\infty} (1+1/n)$ 的第 n 個部分積為

$$(1+\frac{1}{1})(1+\frac{1}{2})(1+\frac{1}{3})\cdots(1+\frac{1}{n}) = \frac{2}{1} \times \frac{3}{2} \times \frac{4}{3} \times \cdots \times \frac{n+1}{n} = n+1 \text{。}$$

因為數列 $\{n+1\}$ 發散，所以，$\prod_{n=1}^{\infty} (1+1/n)$ 是一個發散的無窮乘積。

另一方面，$\prod_{n=2}^{\infty} (1-1/n)$ 的第 n 個部分積為

$$(1-\frac{1}{2})(1-\frac{1}{3})(1-\frac{1}{4})\cdots(1-\frac{1}{n+1}) = \frac{1}{2} \times \frac{2}{3} \times \frac{3}{4} \times \cdots \times \frac{n}{n+1}$$

$$= \frac{1}{n+1} \; 。$$

因為數列 $\{1/(n+1)\}$ 收斂於 0，所以，$\prod_{n=2}^{\infty} (1-1/n)$ 是一個發散的無窮乘積。 ‖

【例 2】試討論無窮乘積 $\prod_{n=2}^{\infty} (1-1/n^2)$ 的斂散性。

解：$\prod_{n=2}^{\infty} (1-1/n^2)$ 的第 n 個部分積為

$$(1-\frac{1}{2^2})(1-\frac{1}{3^2})(1-\frac{1}{4^2})\cdots(1-\frac{1}{(n+1)^2})$$

$$= \frac{1}{2} \times \frac{3}{2} \times \frac{2}{3} \times \frac{4}{3} \times \cdots \times \frac{n}{n+1} \times \frac{n+2}{n+1}$$

$$= \frac{n+2}{2(n+1)} \; 。$$

因為 $\lim_{n\to\infty} (n+2)/(2n+2) = 1/2$，所以，$\prod_{n=2}^{\infty} (1-1/n^2)$ 是一個收斂的無窮乘積，且其值為 $1/2$。 ‖

【例 3】試證：若 $x \neq 0$，則 $\prod_{n=1}^{\infty} \cos(x/2^n) = (\sin x)/x$。

證：因為 $x \neq 0$，所以，可找到一個 $m \in N$ 使得 $\left| x/2^m \right| < \pi/2$。於是，當 $n > m$ 時，恆有，$\cos(x/2^n) > 0$。

對每個 $n \in N$，$n > m$，令

$$p_n = \cos\frac{x}{2^{m+1}} \cos\frac{x}{2^{m+2}} \cdots \cos\frac{x}{2^{m+n}} \; ,$$

則可得

$$(2^{m+n} \sin\frac{x}{2^{m+n}}) \, p_n = 2^m \sin\frac{x}{2^m} \; 。$$

於是，得

$$\lim_{n\to\infty} p_n = \lim_{n\to\infty} (2^m \sin\frac{x}{2^m})(\frac{1/2^{m+n}}{\sin(x/2^{m+n})})$$

$$= \frac{1}{x} \cdot 2^m \sin\frac{x}{2^m} \cdot \lim_{n \to \infty} \frac{x/2^{m+n}}{\sin(x/2^{m+n})}$$

$$= \frac{1}{x} \cdot 2^m \sin\frac{x}{2^m} \ \circ$$

由此可知：無窮乘積 $\prod_{n=1}^{\infty} \cos(x/2^n)$ 收斂，其值為

$$\prod_{n=1}^{\infty} \cos\frac{x}{2^n} = (\cos\frac{x}{2}\cos\frac{x}{4}\cdots\cos\frac{x}{2^m}) \cdot \frac{1}{x} \cdot 2^m \sin\frac{x}{2^m} = \frac{\sin x}{x} \ \circ \ \|$$

在例 3 中令 $x = \pi/2$，即得

$$\frac{2}{\pi} = \cos\frac{\pi}{4}\cos\frac{\pi}{8}\cos\frac{\pi}{16}\cdots\cdots$$

$$= \sqrt{\frac{1}{2}} \ \sqrt{\frac{1}{2}+\frac{1}{2}\sqrt{\frac{1}{2}}} \ \sqrt{\frac{1}{2}+\frac{1}{2}\sqrt{\frac{1}{2}+\frac{1}{2}\sqrt{\frac{1}{2}}}}\cdots \circ$$

此式是數學史上最早出現的無窮乘積，它是 Francois Vieta（1560-1603，法國人）在 1593 年計算圓周率時所發現的。

【例 4】試證 Wallis 乘積公式：

$$\frac{2}{1}\times\frac{2}{3}\times\frac{4}{3}\times\frac{4}{5}\times\cdots\times\frac{2n}{2n-1}\times\frac{2n}{2n+1}\times\cdots = \frac{\pi}{2} \ \circ$$

證：對每個 $n \in N$，令 p_n 表示此無窮乘積的第 n 個部分積。於是，對每個 $n \in N$，恆有

$$p_{2n+1} = p_{2n-1}\times\frac{2n}{2n+1}\times\frac{2n+2}{2n+1} < p_{2n-1} \ ,$$

$$p_{2n+2} = p_{2n}\times\frac{2n+2}{2n+1}\times\frac{2n+2}{2n+3} > p_{2n} \ ,$$

$$p_{2n} = p_{2n-1}\times\frac{2n}{2n+1} < p_{2n-1} \ \circ$$

由上述後兩式可得：$p_2 < p_4 < \cdots < p_{2n} < \cdots < p_{2n-1} < \cdots < p_3 < p_1$。於是，兩數列 $\{p_{2n-1}\}$ 與 $\{p_{2n}\}$ 都收斂且極限相等。依 §3-1 練習題 7，

數列 $\{p_n\}$ 收斂。因為極限值是介於 $p_1 = 2$ 與 $p_2 = 4/3$ 之間的正數，所以，本題的無窮乘積收斂。

其次，利用分部積分法，可知

$$\int \sin^n x \, dx = -\frac{1}{n}\cos x \sin^{n-1}x + \frac{n-1}{n}\int \sin^{n-2}x \, dx \text{ 。}$$

於是，依數學歸納法，可得

$$I_{2n} = \int_0^{\frac{\pi}{2}} \sin^{2n}x \, dx = \frac{(2n-1)(2n-3)\cdots 3\cdot 1}{(2n)(2n-2)\cdots 4\cdot 2}\cdot \frac{\pi}{2} \text{ , }$$

$$I_{2n-1} = \int_0^{\frac{\pi}{2}} \sin^{2n-1}x \, dx = \frac{(2n-2)(2n-4)\cdots 4\cdot 2}{(2n-1)(2n-3)\cdots 5\cdot 3} \text{ 。}$$

因此，對每個 $n \in N$，可得

$$\frac{I_{2n+1}}{I_{2n}} = \frac{2}{\pi}\cdot p_{2n} \text{ , } \quad \frac{I_{2n+1}}{I_{2n+2}} = \frac{2}{\pi}\cdot p_{2n+1} \text{ 。}$$

因為每個 $x \in [0, \pi/2]$ 都滿足 $\sin^{2n+2}x \le \sin^{2n+1}x \le \sin^{2n}x$ ，所以，$I_{2n+2} \le I_{2n+1} \le I_{2n}$ 。於是，對每個 $n \in N$ ，可得

$$p_{2n} \le \frac{\pi}{2} \text{ , } \quad p_{2n+1} \ge \frac{\pi}{2} \text{ 。}$$

依前段的結果，可知 $\lim_{n\to\infty} p_n = \pi/2$ 。 ‖

例 4 中的公式，乃是 John Wallis（1616～1703，英國人）在 1656 年計算曲線 $y = (1-x^2)^n$ 與 x 軸所圍區域的面積時發現的，這是數學史上第二個無窮乘積。

無窮乘積也有一些與無窮級數類似的性質，我們列出於下，除定理 2 外，其餘留給讀者仿 §8-1 相對應定理自行證明。

【定理 1】（無窮乘積的積）

若 $\prod_{n=1}^{\infty} a_n$ 與 $\prod_{n=1}^{\infty} b_n$ 是 C（或 R）中兩個收斂的無窮乘積，則
(1) $\prod_{n=1}^{\infty} (a_n b_n)$ 是收斂的無窮乘積，而且

$$\prod_{n=1}^{\infty} (a_n b_n) = (\prod_{n=1}^{\infty} a_n)(\prod_{n=1}^{\infty} b_n) \text{。}$$

⑵當每個 b_n 都不為 0 時，$\prod_{n=1}^{\infty} (a_n/b_n)$ 是收斂的無窮乘積，而且

$$\prod_{n=1}^{\infty} (a_n/b_n) = (\prod_{n=1}^{\infty} a_n) \Big/ (\prod_{n=1}^{\infty} b_n) \text{。}$$

【定理 2】（無窮乘積的 Cauchy 收斂條件）

若 $\prod_{n=1}^{\infty} a_n$ 是 C（或 R）中一無窮乘積，則 $\prod_{n=1}^{\infty} a_n$ 是一個收斂無窮乘積的充要條件是：對每個正數 ε，都可找到一個 $n_0 \in N$ 使得：當 $m > n \geq n_0$ 時，$|a_{n+1}a_{n+2}\cdots a_m - 1| < \varepsilon$ 恆成立。

證：必要性：設 $\prod_{n=1}^{\infty} a_n$ 是一個收斂的無窮乘積，則必可找到一個 $r \in N$ 使得：當 $n > r$ 時，恆有 $a_n \neq 0$，而且若對每個 $n > r$，令 $p_n = a_{r+1}a_{r+2}\cdots a_n$，則數列 $\{p_n\}$ 收斂於一個不等於 0 的數。因為 $\lim_{n\to\infty} p_n \neq 0$ 而且每個 p_n 都不等於 0，所以，必可找到一個正數 c 使得：對每個 $n > r$，$|p_n| \geq c$ 恆成立。對每個正數 ε，因為 $\{p_n\}$ 是一個 Cauchy 數列，所以，必可找到一個 $n_0 \in N$，$n_0 > r$，使得：當 $m > n \geq n_0$ 時，恆有 $|p_m - p_n| < c\varepsilon$。於是，當 $m > n \geq n_0$ 時，恆有

$$\left| \frac{p_m}{p_n} - 1 \right| < \frac{c\varepsilon}{|p_n|} \leq \varepsilon \text{ ，}$$
$$|a_{n+1}a_{n+2}\cdots a_m - 1| < \varepsilon \text{ 。}$$

充分性：設定理的假設條件成立。對於正數 $1/2$，依假設，必可找到一個 $r \in N$ 使得：當 $m > n \geq r$ 時，恆有 $|a_{n+1}a_{n+2}\cdots a_m - 1| < 1/2$。對每個 $n > r$，令 $p_n = a_{r+1}a_{r+2}\cdots a_n$，則 $1/2 < |p_n| < 3/2$ 對每個 $n > r$ 都成立。因此，若數列 $\{p_n\}$ 收斂，則其極限必不等於 0。下面我們只須再證明 $\{p_n\}$ 是收斂數列。設 ε 為任意正數，依假設，必可找到一個 $n_0 \in N$，$n_0 > r$，使得：當 $m > n \geq n_0$ 時，恆有 $|a_{n+1}a_{n+2}\cdots a_m - 1|$

$< (2\varepsilon)/3$ 或 $|p_m/p_n - 1| < (2\varepsilon)/3$。於是，當 $m > n \geq n_0$ 時，恆有

$$\left| p_m - p_n \right| = \left| p_n \right| \left| \frac{p_m}{p_n} - 1 \right| < \left| p_n \right| \cdot \frac{2\varepsilon}{3} < \varepsilon \ 。$$

因此，$\{p_n\}$ 是 Cauchy 數列。依完備性，$\{p_n\}$ 是收斂數列。 ‖

【定理 3】（無窮乘積的斂散性不受有限項的影響）

設 $\prod_{n=1}^{\infty} a_n$ 與 $\prod_{n=1}^{\infty} b_n$ 是 C（或 R）中二無窮乘積。若有一個 $n_0 \in N$ 使得：當 $n \geq n_0$ 時，恆有 $a_n = b_n$，則 $\prod_{n=1}^{\infty} a_n$ 與 $\prod_{n=1}^{\infty} b_n$ 同為收斂的無窮乘積或同為發散的無窮乘積。

【定理 4】（刪去 1 不會影響無窮乘積的斂散性及其值）

設 $\prod_{n=1}^{\infty} a_n$ 是 C（或 R）中一無窮乘積。若 $\{n \in N \mid a_n \neq 1\}$ 含有無限多個元素，將其元素依大小順序排列得 $n_1 < n_2 < \cdots < n_m < \cdots$，且對每個 $m \in N$，令 $b_m = a_{n_m}$，則 $\prod_{n=1}^{\infty} a_n$ 與 $\prod_{m=1}^{\infty} b_m$ 同為收斂的無窮乘積或同為發散的無窮乘積。當它們收斂時，其值相等。

【定理 5】（收斂無窮乘積的尾段）

若 $\prod_{n=1}^{\infty} a_n$ 是 C（或 R）中一個收斂的無窮乘積，則對每個 $m \in N$，無窮乘積 $\prod_{n=1}^{\infty} a_{m+n}$ 也是收斂的無窮乘積，而且

$$\prod_{n=1}^{\infty} a_n = (a_1 a_2 \cdots a_m) \cdot \prod_{n=1}^{\infty} a_{m+n} \ 。$$

【定理 6】（無窮乘積的結合律）

設 $\prod_{n=1}^{\infty} a_n$ 是 C（或 R）中一無窮乘積，而 $\{n_m\}$ 是由正整數所成的一個嚴格遞增數列且 $n_1 = 1$。對每個 $m \in N$，令

$$b_m = a_{n_m} a_{n_m+1} \cdots a_{n_{m+1}-1} \ 。$$

若 $\prod_{n=1}^{\infty} a_n$ 是收斂的無窮乘積，則 $\prod_{m=1}^{\infty} b_m$ 也是收斂的無窮乘積，而且兩無窮乘積的值相等。

【例 5】在例 4 的 Wallis 公式中，運用定理 5 將第一個因數 2/1 消去，即得

$$\frac{2}{3} \times \frac{4}{3} \times \frac{4}{5} \times \frac{6}{5} \times \cdots \times \frac{2n}{2n+1} \times \frac{2n+2}{2n+1} \times \cdots = \frac{\pi}{4} \, \text{。}$$

將此無窮乘積的每兩相鄰因數使用一個括號，依定理 6，即得

$$\frac{8}{9} \times \frac{24}{25} \times \cdots \times \frac{(2n+1)^2-1}{(2n+1)^2} \times \cdots = \frac{\pi}{4} \, \text{，或}$$

$$\prod_{n=1}^{\infty} \left(1 - \frac{1}{(2n+1)^2} \right) = \frac{\pi}{4} \, \text{。} \tag{*}$$

將無窮乘積(*)運用定理 4（每兩個相鄰因數中間插入一個 1），再與例 2 的無窮乘積運用定理 1⑵，對所得結果再運用定理 4（刪去相除後所得的 1），即得

$$\prod_{n=1}^{\infty} \left(1 - \frac{1}{(2n)^2} \right) = \frac{2}{\pi} \, \text{。} \parallel$$

【定理 7】（收斂無窮乘積的各因數所成的數列）

若 $\prod_{n=1}^{\infty} a_n$ 是 C（或 R）中的收斂無窮乘積，則數列 $\{a_n\}$ 是收斂數列，且其極限為 1，亦即：$\lim_{n \to \infty} a_n = 1$。

證：由定理 2 立即可得。$\parallel$

【定理 8】（定理 7 的否逆敘述）

在 C（或 R）中，若數列 $\{a_n\}$ 發散、或收斂但極限不為 1，則 $\prod_{n=1}^{\infty} a_n$ 是發散的無窮乘積。

乙、無窮乘積斂散性檢驗法

根據定理 7，收斂無窮乘積的各個因數所成的數列收斂於 1。因為有此性質，所以，在討論無窮乘積的問題時，習慣上將無窮乘積寫成 $\prod_{n=1}^{\infty} (1 + a_n)$。如此一來，當此無窮乘積收斂時，可知數列 $\{a_n\}$ 的

極限為 0，這與 §8-1 定理 10 有關級數 $\sum_{n=1}^{\infty} a_n$ 的性質相同。採用 $\prod_{n=1}^{\infty}(1+a_n)$ 這樣的寫法之後，我們可以利用級數 $\sum_{n=1}^{\infty} a_n$ 的斂散性來討論無窮乘積 $\prod_{n=1}^{\infty}(1+a_n)$ 的斂散性。

【定理 9】（正項無窮乘積收斂的充要條件）

若 $\{a_n\}$ 是由非負實數所成的數列，亦即：每個 $n \in N$ 都滿足 $a_n \geq 0$，則無窮乘積 $\prod_{n=1}^{\infty}(1+a_n)$ 收斂的充要條件是級數 $\sum_{n=1}^{\infty} a_n$ 收斂。

證：對每個 $n \in N$，令

$$s_n = a_1 + a_2 + \cdots + a_n，$$
$$p_n = (1+a_1)(1+a_2)\cdots(1+a_n)。$$

充分性：設級數 $\sum_{n=1}^{\infty} a_n$ 收斂，則數列 $\{s_n\}$ 是有界數列。對每個 $n \in N$，因為 $a_n \geq 0$，所以，$1+a_n \leq e^{a_n}$。於是，可得

$$p_n = (1+a_1)(1+a_2)\cdots(1+a_n) \leq e^{a_1+a_2+\cdots+a_n} = e^{s_n}。$$

因為 $\{s_n\}$ 是有界數列，所以，$\{p_n\}$ 是有界遞增數列。依完備性，可知 $\{p_n\}$ 是收斂數列。因為每個 p_n 都滿足 $p_n \geq 1$，所以，$\{p_n\}$ 的極限必不等於 0。由此可知：無窮乘積 $\prod_{n=1}^{\infty}(1+a_n)$ 收斂。

必要性：設無窮乘積 $\prod_{n=1}^{\infty}(1+a_n)$ 收斂，則 $\{p_n\}$ 是有界數列。因為每個 a_n 都是非負實數，所以，對每個 $n \in N$，恆有

$$s_n = a_1 + a_2 + \cdots + a_n < (1+a_1)(1+a_2)\cdots(1+a_n) = p_n。$$

於是，$\{s_n\}$ 是有界數列。由此可知：級數 $\sum_{n=1}^{\infty} a_n$ 收斂。 ‖

當無窮乘積寫成 $\prod_{n=1}^{\infty}(1+a_n)$ 的形式時，a_n 通常稱為它的第 n 項。因此，若每個 a_n 都滿足 $a_n \geq 0$，則 $\prod_{n=1}^{\infty}(1+a_n)$ 通常稱為**正項的無窮乘積**。

【例 6】因為調和級數 $\sum_{n=1}^{\infty} (1/n)$ 是發散級數，所以，依定理 9，可知例 1 中的無窮乘積 $\prod_{n=1}^{\infty} (1+1/n)$ 發散。∥

【例 7】設 p 為實數。因為級數 $\sum_{n=1}^{\infty} (1/n^p)$ 收斂的充要條件是 $p > 1$，所以，依定理 9，無窮乘積 $\prod_{n=1}^{\infty} (1+1/n^p)$ 收斂的充要條件是 $p > 1$。∥

【例 8】若 $0 \leq a < 1$，則因為 $\sum_{n=1}^{\infty} a^n$ 是收斂的正項級數，所以，依定理 9，無窮乘積 $\prod_{n=1}^{\infty} (1+a^n)$ 收斂。∥

【定理 10】（負項無窮乘積收斂的充要條件）

設 $\{a_n\}$ 是由實數所成的數列。若每個 $n \in N$ 都滿足 $0 \leq a_n < 1$，則無窮乘積 $\prod_{n=1}^{\infty} (1-a_n)$ 收斂的充要條件是級數 $\sum_{n=1}^{\infty} a_n$ 收斂。

證：對每個 $n \in N$，令

$$p_n = (1+a_1)(1+a_2)\cdots(1+a_n)，$$
$$q_n = (1-a_1)(1-a_2)\cdots(1-a_n)。$$

必要性：設無窮乘積 $\prod_{n=1}^{\infty} (1-a_n)$ 收斂。因為每個 a_n 都滿足 $a_n \geq 0$，所以，$\{q_n\}$ 是有界遞減數列且 $\lim_{n\to\infty} q_n > 0$。於是，$\{q_n^{-1}\}$ 是有界遞增數列。其次，對每個 $n \in N$，因為 $0 \leq a_n < 1$，所以，可知 $1+a_n \leq (1-a_n)^{-1}$。於是，得 $1 \leq p_n \leq q_n^{-1}$。由此可知：$\{p_n\}$ 是有界遞增數列。依實數系的完備性，$\{p_n\}$ 是收斂數列且極限不等於 0。因此，無窮乘積 $\prod_{n=1}^{\infty} (1+a_n)$ 收斂。依定理 9，級數 $\sum_{n=1}^{\infty} a_n$ 收斂。

充分性：設級數 $\sum_{n=1}^{\infty} a_n$ 收斂，則級數 $\sum_{n=1}^{\infty} 2a_n$ 也收斂。依定理 9，無窮乘積 $\prod_{n=1}^{\infty} (1+2a_n)$ 收斂。因為數列 $\{a_n\}$ 收斂於 0，所以，必可找到一個 $m \in N$ 使得：當 $n \geq m$ 時，恆有 $0 \leq a_n \leq 1/2$。於是，當 $n \geq m$ 時，由 $0 \leq 2a_n \leq 1$ 可得

$$(1-a_n)(1+2a_n) = 1 + a_n - 2a_n^2 \geq 1，$$
$$1 - a_n \geq (1+2a_n)^{-1}。 \tag{*}$$

因為無窮乘積 $\prod_{n=1}^{\infty}(1+2a_n)$ 收斂，所以，數列 $\{(1+2a_m)(1+2a_{m+1})\cdots$ $(1+2a_n)\}_{n=m}^{\infty}$ 是有界遞增數列且極限不等於 0。於是，$\{(1+2a_m)^{-1}(1+2a_{m+1})^{-1}\cdots(1+2a_n)^{-1}\}_{n=m}^{\infty}$ 是有界遞減數列且極限不等於 0。對每個 $n \in N$，$n \geq m$，依(*)式可得

$$(1-a_m)(1-a_{m+1})\cdots(1-a_n)$$
$$\geq (1+2a_m)^{-1}(1+2a_{m+1})^{-1}\cdots(1+2a_n)^{-1} \quad 。$$

因此，$\{(1-a_m)(1-a_{m+1})\cdots(1-a_n)\}_{n=m}^{\infty}$ 是有界遞減數列且極限不等於 0。由此可知：無窮乘積 $\prod_{n=m}^{\infty}(1-a_n)$ 收斂。更進一步地，無窮乘積 $\prod_{n=1}^{\infty}(1-a_n)$ 收斂。$\parallel$

【例 9】因為調和級數 $\sum_{n=1}^{\infty}(1/n)$ 是發散級數，所以，依定理 10，可知例 1 中的無窮乘積 $\prod_{n=1}^{\infty}(1-1/n)$ 發散。$\parallel$

【例 10】設 p 為實數。因為級數 $\sum_{n=1}^{\infty}(1/n^p)$ 收斂的充要條件是 $p > 1$，所以，依定理 10，無窮乘積 $\prod_{n=1}^{\infty}(1-1/n^p)$ 收斂的充要條件是 $p > 1$。$\parallel$

【例 11】若 $0 \leq a < 1$，則因為 $\sum_{n=1}^{\infty}a^n$ 是收斂的正項級數，所以，依定理 10，無窮乘積 $\prod_{n=1}^{\infty}(1-a^n)$ 收斂。$\parallel$

前面兩個定理指出：當數列 $\{a_n\}$ 的各項同號時，無窮乘積 $\prod_{n=1}^{\infty}(1+a_n)$ 與級數 $\sum_{n=1}^{\infty}a_n$ 同為收斂或同為發散。但當 $\{a_n\}$ 的各項符號不全相同時，無窮乘積 $\prod_{n=1}^{\infty}(1+a_n)$ 與級數 $\sum_{n=1}^{\infty}a_n$ 的斂散性乃是各自獨立、不能互相影響的。且看下面三個例子，證明留為習題。

【例 12】若 $a_n = (-1)^{n-1}/n$，$n \in N$，則 $\prod_{n=1}^{\infty}(1+a_n)$ 收斂、$\sum_{n=1}^{\infty}a_n$ 收斂。$\parallel$

【例 13】若 $a_n = (-1)^{n-1}/\sqrt{n}$，$n \in N$，則 $\prod_{n=1}^{\infty}(1+a_n)$ 發散、$\sum_{n=1}^{\infty}a_n$ 收斂。$\parallel$

【例 14】若 $a_{2n-1} = -1/\sqrt{n}$ ，$a_{2n} = 1/\sqrt{n} + 1/n$ ，$n \in N$ ，則 $\prod_{n=1}^{\infty} (1+a_n)$ 收斂、$\sum_{n=1}^{\infty} a_n$ 發散。‖

【定理 11】（一般項無窮乘積收斂的充要條件）

設 $\{a_n\}$ 是由實數所成的數列。若每個 $n \in N$ 都滿足 $a_n > -1$ ，則無窮乘積 $\prod_{n=1}^{\infty} (1+a_n)$ 收斂的充要條件是級數 $\sum_{n=1}^{\infty} \ln(1+a_n)$ 收斂。

證：對每個 $n \in N$ ，令

$$p_n = (1+a_1)(1+a_2)\cdots(1+a_n) ，$$
$$s_n = \ln(1+a_1) + \ln(1+a_2) + \cdots + \ln(1+a_n) 。$$

充分性：設級數 $\sum_{n=1}^{\infty} \ln(1+a_n)$ 收斂，且其和為 s ，則 $\lim_{n \to \infty} s_n = s$ 。因為對每個 $n \in N$ ，恆有 $s_n = \ln p_n$ 或 $p_n = e^{s_n}$ ，所以，可得 $\lim_{n \to \infty} p_n = e^s > 0$ 。於是，無窮乘積 $\prod_{n=1}^{\infty} (1+a_n)$ 收斂，且其值為 e^s 。

必要性：設無窮乘積 $\prod_{n=1}^{\infty} (1+a_n)$ 收斂，且其值為 p ，則 $\lim_{n \to \infty} p_n = p$ 且 $p > 0$ 。因為對每個 $n \in N$ ，恆有 $s_n = \ln p_n$ ，所以，可得 $\lim_{n \to \infty} s_n = \ln p$ 。於是，級數 $\sum_{n=1}^{\infty} \ln(1+a_n)$ 收斂且其和為 $\ln p$ 。‖

在定理 11 中，我們假設該無窮乘積的每一因數都是正數，這樣的假設並不失去一般性。因為根據定理 7，當一無窮乘積收斂時，其各因數所成數列必收斂於 1，也因此該數列自某項起都是正數。

【定理 12】（一般項無窮乘積收斂的一個充要條件）

設 $\prod_{n=1}^{\infty} (1+a_n)$ 為一無窮乘積，且每個 $n \in N$ 都滿足 $a_n > -1$ 。若 $\sum_{n=1}^{\infty} a_n^2$ 是收斂級數，則無窮乘積 $\prod_{n=1}^{\infty} (1+a_n)$ 收斂的充要條件是級數 $\sum_{n=1}^{\infty} a_n$ 收斂。

證：對每個 $n \in N$ ，令

$$b_n = \begin{cases} -\dfrac{1}{2}\, , & a_n = 0\ ; \\[2mm] \dfrac{\ln(1+a_n) - a_n}{a_n^2}\, , & a_n \neq 0\ ; \end{cases}$$

根據 L'Hospital 法則，可知

$$\lim_{x \to 0} \frac{\ln(1+x) - x}{x^2} = \lim_{x \to 0} \frac{1/(1+x) - 1}{2x} = \lim_{x \to 0} \frac{-x}{2x(1+x)} = -\frac{1}{2}\, .$$

因為 $\sum_{n=1}^{\infty} a_n^2$ 是收斂級數，所以，依 §8-1 定理 10，可得 $\lim_{n \to \infty} a_n = 0$。再依 §3-3 定理 3，可得 $\lim_{n \to \infty} b_n = -1/2$。於是，$\{b_n\}$ 是有界數列。因為 $\sum_{n=1}^{\infty} a_n^2$ 是絕對收斂級數，所以，$\sum_{n=1}^{\infty} b_n a_n^2$ 也是絕對收斂級數。

因為對每個 $n \in N$，恆有

$$\ln(1 + a_n) = a_n + b_n a_n^2\, ,$$

而且 $\sum_{n=1}^{\infty} b_n a_n^2$ 是收斂級數，所以，級數 $\sum_{n=1}^{\infty} \ln(1 + a_n)$ 收斂的充要條件是級數 $\sum_{n=1}^{\infty} a_n$ 收斂。再依定理 11，可知無窮乘積 $\prod_{n=1}^{\infty}(1 + a_n)$ 收斂的充要條件是級數 $\sum_{n=1}^{\infty} a_n$ 收斂。‖

定理 12 的證明中所使用的等式，可用來證明一個重要的極限式。

【例 15】試證：若 $x > 0$，則極限 $\lim_{n \to \infty} \dfrac{n^{x-1} \cdot n!}{x(x+1)\cdots(x+n-1)}$ 恆存在。

證：對每個 $n \in N$，令 $a_n = (x-1)/n$，則 $a_n > (-1)/n \geq -1$。對每個 $n \in N$，仿定理 12 的證明定義 b_n，則對每個 $n \in N$，恆有

$$\ln\left(1 + \frac{x-1}{n}\right) = \frac{x-1}{n} + b_n\left(\frac{x-1}{n}\right)^2\, .$$

對每個 $n \in N$，令

$$p_n = (1 + \frac{x-1}{1})(1 + \frac{x-1}{2})\cdots(1 + \frac{x-1}{n})\, ,$$

$$s_n = \frac{x-1}{1} + \frac{x-1}{2} + \cdots + \frac{x-1}{n} \ ,$$

則依上述等式可知：對每個 $n \in N$ ，恆有

$$\ln p_n = s_n + \sum_{m=1}^{n} b_m \left(\frac{x-1}{m} \right)^2 \ 。$$

因為 $\{a_n\}$ 收斂於 0 ，所以，$\{b_n\}$ 收斂於 $-1/2$ 。於是，$\{b_n\}$ 是有界數列。由此可知：級數 $\sum_{n=1}^{\infty} b_n ((x-1)/n)^2$ 絕對收斂。因為 $\ln p_n - s_n$ 是此級數的第 n 個部分和，所以，數列 $\{\ln p_n - s_n\}$ 收斂。

另一方面，考慮函數 $f(t) = (x-1)/t$ ，$t \in [1, +\infty)$ 。依 §8-2 定理 13(1)，可知數列 $\{s_n - (x-1)\ln n\}$ 收斂。與前段結果合併，即知數列 $\{\ln p_n - (x-1)\ln n\}$ 收斂，亦即：數列 $\{\ln n^{1-x} p_n\}$ 收斂。再考慮指數函數，即知數列 $\{n^{1-x} p_n\}$ 收斂且其極限不等於 0 。因此，數列 $\{n^{x-1} p_n^{-1}\}$ 收斂。因為對每個 $n \in N$ ，恆有

$$n^{x-1} p_n^{-1} = \frac{n^{x-1}}{(1+(x-1)/1)(1+(x-1)/2)\cdots(1+(x-1)/n)}$$

$$= \frac{n^{x-1} \cdot n!}{x(x+1)\cdots(x+n-1)} \ ,$$

所以，可知本例所述的極限恆存在。‖

對每個 $x \in (0, +\infty)$ ，令

$$\Gamma(x) = \lim_{n \to \infty} \frac{n^{x-1} \cdot n!}{x(x+1)\cdots(x+n-1)} \ ,$$

則函數 $\Gamma : (0, +\infty) \to R$ 稱為 Gamma 函數。在 §10-4 中，我們將證明此函數也可用瑕積分來定義。不過，採用上述定義，$\Gamma(1/2)$ 的值可直接由 Wallis 乘積公式求得，而且很容易證明一個重要的極限式（參看練習題 18(5)）。

無窮乘積也可以考慮絕對收斂的概念，我們寫成一個定義如下。

【定義 3】設 $\prod_{n=1}^{\infty}(1+a_n)$ 為一無窮乘積。若無窮乘積 $\prod_{n=1}^{\infty}(1+|a_n|)$ 收斂，則稱 $\prod_{n=1}^{\infty}(1+a_n)$ 為**絕對收斂**的無窮乘積（absolutely convergent infinite product）。

【定理 13】（絕對收斂的無窮乘積必收斂）

若 $\prod_{n=1}^{\infty}(1+a_n)$ 是絕對收斂的無窮乘積，則 $\prod_{n=1}^{\infty}(1+a_n)$ 是收斂的無窮乘積。

證：設 ε 為任意正數。因為無窮乘積 $\prod_{n=1}^{\infty}(1+|a_n|)$ 收斂，所以，依定理 2 的 Cauchy 條件，必可找到一個 $n_0 \in N$ 使得：當 $m > n \geq n_0$ 時，恆有

$$0 \leq (1+|a_{n+1}|)(1+|a_{n+2}|)\cdots(1+|a_m|)-1 < \varepsilon \text{ 。}$$

於是，當 $m > n \geq n_0$ 時，可得

$$\begin{aligned}&\left|(1+a_{n+1})(1+a_{n+2})\cdots(1+a_m)-1\right|\\&\leq (1+|a_{n+1}|)(1+|a_{n+2}|)\cdots(1+|a_m|)-1\\&< \varepsilon \text{ 。}\end{aligned}$$

依定理 2，可知無窮乘積 $\prod_{n=1}^{\infty}(1+a_n)$ 收斂。 ‖

無窮乘積的絕對收斂也有 Dirichlet 定理。

【定理 14】（Dirichlet 定理）

若 $\prod_{n=1}^{\infty}(1+a_n)$ 是絕對收斂的無窮乘積，則對每個一對一、映成的函數 $\varphi: N \to N$，無窮乘積 $\prod_{n=1}^{\infty}(1+a_{\varphi(n)})$ 也絕對收斂，而且其值相等。

證：因為 $\prod_{n=1}^{\infty}(1+|a_n|)$ 是收斂的無窮乘積，所以，依定理 9，級數 $\sum_{n=1}^{\infty}|a_n|$ 收斂，亦即：級數 $\sum_{n=1}^{\infty}a_n$ 絕對收斂。依 §8-1 定理 13，級數 $\sum_{n=1}^{\infty}a_{\varphi(n)}$ 絕對收斂，亦即：級數 $\sum_{n=1}^{\infty}|a_{\varphi(n)}|$ 收斂。依定理 9，無窮乘積 $\prod_{n=1}^{\infty}(1+|a_{\varphi(n)}|)$ 收斂，亦即：無窮乘積 $\prod_{n=1}^{\infty}(1+a_{\varphi(n)})$ 絕對收斂。

其次，我們設每個 $n \in N$ 都滿足 $a_n > -1$。對每個 $n \in N$，仿照定理 12 定義 b_n，則 $\ln(1+a_n) = a_n + b_n a_n^2$。因為級數 $\sum_{n=1}^{\infty} |a_n|$ 收斂，所以，級數 $\sum_{n=1}^{\infty} a_n^2$ 收斂。因為 $\{a_n\}$ 收斂於 0，所以，$\{b_n\}$ 收斂於 $-1/2$，$\{b_n\}$ 是有界數列。於是，級數 $\sum_{n=1}^{\infty} |b_n a_n^2|$ 收斂。因為對每個 $n \in N$，恆有

$$\left| \ln(1+a_n) \right| \leq |a_n| + \left| b_n a_n^2 \right|,$$

所以，依比較檢驗法，可知級數 $\sum_{n=1}^{\infty} \ln(1+a_n)$ 為絕對收斂。依 §8-1 定理 13，可得

$$\sum_{n=1}^{\infty} \ln(1+a_{\varphi(n)}) = \sum_{n=1}^{\infty} \ln(1+a_n) \circ$$

再依定理 11，可得

$$\prod_{n=1}^{\infty} (1+a_{\varphi(n)}) = \prod_{n=1}^{\infty} (1+a_n) \circ \;\|$$

練習題　8－4

在第 1-4 題中，試求各無窮乘積之值。

1. $\displaystyle\prod_{n=2}^{\infty} (1 - \frac{2}{n(n+1)})$ 。

2. $\displaystyle\prod_{n=2}^{\infty} (1 + \frac{1}{2^n - 2})$ 。

3. $\displaystyle\prod_{n=2}^{\infty} (1 + \frac{1}{n^2 - 1})$ 。

4. $\displaystyle\prod_{n=2}^{\infty} \frac{n^3 - 1}{n^3 + 1}$ 。

5. 若 $0 \leq x < 1$，試證：$\displaystyle\prod_{n=0}^{\infty} \left(\frac{1 - x^{2^n}}{1 + x^{2^n}} \right)^{2^{-n}} = (1-x)^2$ 。

6. 若 $|x| < 1$，試證：$\displaystyle\prod_{n=0}^{\infty} (1 + x^{2^n}) = \frac{1}{1-x}$ 。

7.利用 Wallis 乘積公式證明：

$$\lim_{n \to \infty} \frac{1 \times 3 \times 5 \times \cdots \times (2n-1)}{2 \times 4 \times 6 \times \cdots \times (2n)} \times \sqrt{n} = \frac{1}{\sqrt{\pi}} \; 。$$

8.試證明下述無窮乘積收斂，並利用第 7 題的結果求其值：

$$(1 - \frac{1}{2})(1 - \frac{1}{4})(1 + \frac{1}{3})(1 - \frac{1}{6})(1 - \frac{1}{8})(1 + \frac{1}{5}) \cdots$$

$$(1 - \frac{1}{4n-2})(1 - \frac{1}{4n})(1 + \frac{1}{2n+1}) \cdots \; 。$$

9.設 $\{x_n\}$ 為一實數數列。若級數 $\sum_{n=1}^{\infty} x_n^2$ 收斂，而且每個 $\cos x_n$ 都不等於 0，則無窮乘積 $\prod_{n=1}^{\infty} \cos x_n$ 收斂。試證之。

10.試求無窮乘積 $\prod_{n=1}^{\infty} (1 + (-1)^{n-1}/n)$ 之值。

11.設 $1/3 < \alpha \le 1/2$。定義一數列 $\{a_n\}_{n=1}^{\infty}$ 如下：對每個 $n \in \mathbf{N}$，$a_{2n-1} = -1/n^\alpha$，$a_{2n} = 1/n^\alpha + 1/n^{2\alpha}$。試證：無窮乘積 $\prod_{n=1}^{\infty} (1 + a_n)$ 收斂，而級數 $\sum_{n=1}^{\infty} a_n$ 與 $\sum_{n=1}^{\infty} a_n^2$ 都發散。（例 14 中的無窮乘積就是 $\alpha = 1/2$ 的特殊情形。）

12.設 $\{a_n\}$ 是由正實數所成的一數列。若 $\sum_{n=1}^{\infty} a_n$ 是收斂級數且其和小於 1，則

$$(1) \, 1 + \sum_{n=1}^{\infty} a_n < \prod_{n=1}^{\infty} (1 + a_n) < (1 - \sum_{n=1}^{\infty} a_n)^{-1} \; ;$$

$$(2) \, 1 - \sum_{n=1}^{\infty} a_n < \prod_{n=1}^{\infty} (1 - a_n) < (1 + \sum_{n=1}^{\infty} a_n)^{-1} \; 。$$

這兩個不等式稱為 Weierstrass 不等式。

13.試證下列二無窮乘積發散：

$$(1 + \frac{1}{2})(1 + \frac{1}{3})(1 - \frac{1}{4})(1 + \frac{1}{5})(1 + \frac{1}{6})(1 - \frac{1}{7}) \cdots$$

$$(1 + \frac{1}{3n-1})(1 + \frac{1}{3n})(1 - \frac{1}{3n+1}) \cdots \; ,$$

$$\left(1-\frac{1}{2}\right)\left(1-\frac{1}{3}\right)\left(1+\frac{1}{4}\right)\left(1-\frac{1}{5}\right)\left(1-\frac{1}{6}\right)\left(1+\frac{1}{7}\right)\cdots$$

$$\left(1-\frac{1}{3n-1}\right)\left(1-\frac{1}{3n}\right)\left(1+\frac{1}{3n+1}\right)\cdots\text{。}$$

14.若 $a > b > 0$ ，試證：$\displaystyle\lim_{n\to\infty}\frac{(b+1)(b+2)\cdots(b+n)}{(a+1)(a+2)\cdots(a+n)}=0$ 。

15.試證例 13。

16.設 $\sum_{n=1}^{\infty} a_n$ 是 $\boldsymbol{R}$ 中一收斂級數。若 $\sum_{n=1}^{\infty} a_n$ 的和及每個部分和 s_n 都不等於 0 ，試證：無窮乘積 $\prod_{n=2}^{\infty}(1+a_n/s_{n-1})$ 收斂，且其值為 $a_1^{-1}\cdot\sum_{n=1}^{\infty} a_n$ 。

17.設 $\{a_n\}$ 是 $\boldsymbol{R}$ 中一數列，且每個 $n\in N$ 都滿足 $a_n>0$ 。若對每個 $n\in N$ ，恆有 $a_{2n+2}<a_{2n+1}<a_{2n}/(1+a_{2n})$ ，試證：無窮乘積 $\prod_{n=1}^{\infty}(1+(-1)^n a_n)$ 收斂的充要條件是級數 $\sum_{n=1}^{\infty}(-1)^n a_n$ 收斂。

18.試證 Gamma 函數的下述性質：

(1) $\Gamma(1)=1$ 。

(2)若 $m\in N$ ，則 $\Gamma(m)=(m-1)!$ 。

(3)若 $x>0$ ，則 $\Gamma(x+1)=x\cdot\Gamma(x)$ 。

(4) $\Gamma(1/2)=\sqrt{\pi}$ 。

(5)若 $x>0$ ，則 $\displaystyle\lim_{n\to\infty}\frac{n^x\,\Gamma(n)}{\Gamma(n+x)}=1$ 。

19.對每個 $s>1$ ，令 $\zeta(s)=\sum_{n=1}^{\infty}(1/n^s)$ ，則 $\zeta:(1,+\infty)\to\boldsymbol{R}$ 稱為 Riemann ζ 函數（Riemann zeta function）。若 $\{p_n\}$ 是由所有質數所成的嚴格遞增數列，試證：

$$\zeta(s)=\prod_{n=1}^{\infty}\left(1-\frac{1}{p_n^s}\right)^{-1}\text{。}$$

第 9 章

函數項級數

在本章裏，我們將繼續討論無窮級數與無窮乘積，只不過本章所討論的級數與乘積，它的各項都是一個函數。函數項級數的探討，將引出冪級數、Taylor 級數與 Fourier 級數等許多重要主題。

$$\underline{9-1} \quad 函數項級數及均勻收斂$$

在 §3-2 中，我們已介紹過函數列的均勻收斂概念。因為函數項級數的斂散性問題，乃是以其部分和函數列為討論主體，所以，函數列的均勻收斂概念，很容易就可引進到函數項級數中來討論。因此，§3-2 中有關函數列均勻收斂的一些性質，都可以引進到函數項級數中而得出對應的性質。不過，函數項級數的均勻收斂概念，也有其本身特有的性質，本節所介紹的一些均勻收斂檢驗法就是一例。

甲、函數項級數的均勻收斂

【定義 1】設 $\{f_n : A \to \mathbf{R}^l\}$ 為一函數列，$A \subset \mathbf{R}^k$。對每個 $n \in \mathbf{N}$，令

$$s_n = f_1 + f_2 + \cdots + f_n,$$

則函數列 $\{s_n\}$ 稱為由函數列 $\{f_n\}$ 所形成的**函數項無窮級數**（infinite series of functions）或簡稱為**函數項級數**，以

$$\sum_{n=1}^{\infty} f_n \text{ 或 } f_1 + f_2 + \cdots + f_n + \cdots$$

表之。f_n 稱為此函數項級數的第 n **項**(nth term)，s_n 稱為此函數項級數的第 n 個**部分和函數**(nth partial sum)。若在 A 的子集 B 上每個點 x，點列 $\{s_n(x)\}$ 都收斂於 $\boldsymbol{R}^l$ 中某個點 $s(x)$，則稱函數項級數 $\sum_{n=1}^{\infty} f_n$ 在 B 上**逐點收斂**(pointwise convergent on B)，而函數 $s : B \to \boldsymbol{R}^l$ 稱為 $\sum_{n=1}^{\infty} f_n$ 在 B 上的**和函數**(sum)。若函數列 $\{s_n\}$ 在 B 上均勻收斂於函數 $s : B \to \boldsymbol{R}^l$，則稱函數項級數 $\sum_{n=1}^{\infty} f_n$ 在 B **上均勻收斂於和函數** s (uniformly convergent to s on B)。

【例 1】設 $f_n(x) = x^2 / (nx+1)(nx-x+1)$，$x \geq 0$，$n \in \boldsymbol{N}$，則對每個 $n \in \boldsymbol{N}$ 及每個 $x \geq 0$，可得

$$s_n(x) = \sum_{m=1}^{n} \frac{x^2}{(mx+1)(mx-x+1)} = \sum_{m=1}^{n} \left(\frac{x}{mx-x+1} - \frac{x}{mx+1} \right)$$

$$= x - \frac{x}{nx+1} \; 。$$

顯然地，對每個 $x \geq 0$，數列 $\{s_n(x)\}$ 都收斂於 x，亦即：函數項級數 $\sum_{n=1}^{\infty} f_n$ 在 $[0, +\infty)$ 上逐點收斂於和函數 $s : x \mapsto x$。

另一方面，設 ε 為任意正數，選取一個 $n_0 \in \boldsymbol{N}$ 使得 $n_0 \geq 1/\varepsilon$，則當 $n \geq n_0$ 時，對每個 $x \geq 0$，恆有

$$\left| s_n(x) - x \right| = \frac{x}{nx+1} < \frac{1}{n} \leq \frac{1}{n_0} \leq \varepsilon \; 。$$

因此，函數項級數 $\sum_{n=1}^{\infty} f_n$ 在 $[0, +\infty)$ 上均勻收斂於和函數 $s : x \mapsto x$。 $\|$

【例 2】設 $g_n(x) = x/(nx+1)(nx-x+1)$，$x \geq 0$，$n \in N$，則對每個 $n \in N$ 及每個 $x \geq 0$，可得

$$s_n(x) = \sum_{m=1}^{n} \frac{x}{(mx+1)(mx-x+1)} = \sum_{m=1}^{n} \left(\frac{1}{mx-x+1} - \frac{1}{mx+1} \right)$$
$$= 1 - \frac{1}{nx+1} \text{ 。}$$

顯然地，數列 $\{ s_n(0) \}$ 收斂於 0；而當 $x>0$ 時，數列 $\{ s_n(x) \}$ 都收斂於 1。換言之，函數項級數 $\sum_{n=1}^{\infty} g_n$ 在 $[0,+\infty)$ 上逐點收斂，其和函數 s：$[0,+\infty) \rightarrow R$ 為

$$s(x) = \begin{cases} 0, & \text{若 } x=0; \\ 1, & \text{若 } x>0 \end{cases}$$

因為每個部分和函數都在 $[0,+\infty)$ 上連續，但其極限函數 s 在點 0 不連續，所以，依 §3-2 定理 10，函數列 $\{ s_n \}$（與函數項級數 $\sum_{n=1}^{\infty} g_n$）在 $[0,+\infty)$ 上沒有均勻收斂於函數 s：$[0,+\infty) \rightarrow R$。

另一方面，若 a 是一固定正數，則 $\{ s_n \}$ 在 $[a,+\infty)$ 上均勻收斂於函數 s。此性質可證明如下：設 ε 為任意正數，選取一個 $n_0 \in N$ 使得 $n_0 > (1-\varepsilon)/(a\varepsilon)$，則當 $n \geq n_0$ 時，對每個 $x \in [a,+\infty)$，恆有

$$\left| s_n(x) - s(x) \right| = \frac{1}{nx+1} \leq \frac{1}{na+1} \leq \frac{1}{n_0 a+1} < \varepsilon \text{ 。}$$

因此，函數項級數 $\sum_{n=1}^{\infty} g_n$ 在 $[a,+\infty)$ 上均勻收斂於和函數 s：$x \mapsto 1$。 $\|$

因為函數項級數的均勻收斂性乃是根據其部分和函數列的均勻收斂性來討論，所以，函數列的均勻收斂性的一些基本性質大都在函數項級數中有相應的性質。下面我們寫出這些性質，但略去證明。

【定理 1】（均勻收斂的 Cauchy 條件）

若 $\{ f_n : A \rightarrow R^l \}$ 為一函數列，$A \subset R^k$，則函數項級數 $\sum_{n=1}^{\infty} f_n$ 在

A 上均勻收斂的充要條件是：對每個正數 ε，都可找到一個 $n_0 \in N$ 使得：當 $m > n \geq n_0$ 時，$\| f_{n+1}(x) + f_{n+2}(x) + \cdots + f_m(x) \| < \varepsilon$ 對每個 $x \in A$ 都成立。

特例：若函數項級數 $\sum_{n=1}^{\infty} f_n$ 在 A 上均勻收斂，則函數列 $\{ f_n \}$ 在 A 上均勻收斂於函數 $0 : A \to R^l$。

證：依 §3-2 定理 2 及本節定義 1 即得。 ‖

【定理 2】（均勻收斂與加、減法）

　　若函數項級數 $\sum_{n=1}^{\infty} f_n$ 與 $\sum_{n=1}^{\infty} g_n$ 在 $A \subset R^k$ 上分別均勻收斂於和函數 $f : A \to R^l$ 與和函數 $g : A \to R^l$，則函數項級數 $\sum_{n=1}^{\infty} (f_n + g_n)$ 與 $\sum_{n=1}^{\infty} (f_n - g_n)$ 在 A 上分別均勻收斂於函數 $f + g$ 與 $f - g$。

證：依 §3-2 定理 5 及本節定義 1 即得。 ‖

【定理 3】（均勻收斂與內積）

　　若函數項級數 $\sum_{n=1}^{\infty} f_n$ 在 $A \subset R^k$ 上均勻收斂於和函數 $f : A \to R^l$，而函數 $g : A \to R^l$ 是 A 上的有界函數，則實數值函數項級數 $\sum_{n=1}^{\infty} \langle f_n, g \rangle$ 在 A 上均勻收斂於和函數 $\langle f, g \rangle$。

證：依 §3-2 定理 6 及本節定義 1 即得。 ‖

【定理 4】（均勻收斂與係數積）

　　若函數項級數 $\sum_{n=1}^{\infty} f_n$ 在 $A \subset R^k$ 上均勻收斂於和函數 $f : A \to R^l$，而函數 $\alpha : A \to R$ 是 A 上的實數值有界函數，則函數項級數 $\sum_{n=1}^{\infty} \alpha f_n$ 在 A 上均勻收斂於和函數 αf。

證：依 §3-2 定理 7 及本節定義 1 即得。 ‖

【定理 5】（均勻收斂與連續性）

　　設 $\{ f_n : A \to R^l \}$ 為一函數列，$A \subset R^k$，$x_0 \in A$。若

　　(1)函數項級數 $\sum_{n=1}^{\infty} f_n$ 在 A 上均勻收斂於和函數 $f : A \to R^l$；

　　(2)每個 f_n 都在點 x_0 連續；

則和函數 f 在點 x_0 連續。

證：依 §3-2 定理 10 及本節定義 1 即得。 ‖

【定理 6】（均勻收斂與極限）

設 $\{f_n : A \to \mathbf{R}^l\}$ 為一函數列，$A \subset \mathbf{R}^k$，$c \in A^d$。若

⑴函數項級數 $\sum_{n=1}^{\infty} f_n$ 在 A 上均勻收斂於和函數 $f : A \to \mathbf{R}^l$；

⑵對每個 $n \in \mathbf{N}$，極限 $\lim_{x \to c} f_n(x)$ 存在，設 $\lim_{x \to c} f_n(x) = a_n$；

則極限 $\lim_{x \to c} f(x)$ 存在、級數 $\sum_{n=1}^{\infty} a_n$ 收斂，而且 $\lim_{x \to c} f(x) = \sum_{n=1}^{\infty} a_n$，即：

$$\lim_{x \to c} \sum_{n=1}^{\infty} f_n(x) = \sum_{n=1}^{\infty} \lim_{x \to c} f_n(x) \text{。}$$

證：依 §3-2 定理 11 及本節定義 1 即得。 ‖

【定理 7】（均勻收斂與 Riemann 積分）

設 $A \subset \mathbf{R}^k$ 為 Jordan 可測集，而 $\{f_n : A \to \mathbf{R}\}$ 為一函數列。若

⑴函數項級數 $\sum_{n=1}^{\infty} f_n$ 在 A 上均勻收斂於和函數 $f : A \to \mathbf{R}$；

⑵每個 f_n 都在 A 上可 Riemann 積分；

則和函數 f 在 A 上可 Riemann 積分，而且

$$\int_A f(x)\, dx = \sum_{n=1}^{\infty} \int_A f_n(x)\, dx \text{。}$$

證：依 §3-2 定理 12、§5-3 習題 17 及本節定義 1 即得。 ‖

【定理 8】（均勻收斂與 Riemann-Stieltjes 積分）

設 $\{f_n : [a,b] \to \mathbf{R}\}$ 為一函數列，而 $\alpha : [a,b] \to \mathbf{R}$ 為遞增函數。若

⑴函數項級數 $\sum_{n=1}^{\infty} f_n$ 在 $[a,b]$ 上均勻收斂於和函數 $f : [a,b] \to \mathbf{R}$；

⑵每個 f_n 都對 α 在 $[a,b]$ 上可 Riemann-Stieltjes 積分；

則和函數 f 對 α 在 $[a,b]$ 上可 Riemann-Stieltjes 積分，而且

$$\int_A f(x)\, d\alpha(x) = \sum_{n=1}^{\infty} \int_A f_n(x)\, d\alpha(x) \, \text{。}$$

證：依§6-3 定理 23 及本節定義 1 即得。‖

【定理 9】（均勻收斂與微分）

設 $\{f_n : U \to R^l\}$ 為一函數列，其中 $U \subset R^k$ 是連通開集。若

⑴存在一個 $x_0 \in U$ 使得級數 $\sum_{n=1}^{\infty} f_n(x_0)$ 收斂；

⑵每個 f_n 都在 U 上每個點可微分；

⑶函數項級數 $\sum_{n=1}^{\infty} df_n$ 在 U 的每個緊緻子集上都均勻收斂於和函數 φ ；

則必有一可微分函數 $f : U \to R^l$ 使得函數項級數 $\sum_{n=1}^{\infty} f_n$ 在 U 的每個緊緻子集上都均勻收斂於函數 f ，而且對每個 $x \in U$ ，恆有 $df(x) = \varphi(x)$ 。

證：依§3-2 定理 13、§4-3 定理 8 及本節定義 1 即得。‖

乙、均勻收斂檢驗法

前面我們已說明有關均勻收斂的一些基本性質，下面將提出檢驗均勻收斂性的一些方法。我們所要介紹的第一個方法是 Karl Weierstrass(1815-1897，德國人)所提出的，稱為 **Weierstrass M-檢驗法**(Weierstrass M-test)。

【定理 10】（Weierstrass M-檢驗法）

設 $\{f_n : A \to R^l\}$ 為一函數列，$A \subset R^k$。若有一個非負實數列 $\{M_n\}$ 滿足

⑴對每個 $n \in N$ 及每個 $x \in A$ ，恆有 $\| f_n(x) \| \leq M_n$ ；

⑵級數 $\sum_{n=1}^{\infty} M_n$ 收斂；

則函數項級數 $\sum_{n=1}^{\infty} f_n$ 在 A 上均勻收斂。事實上，$\sum_{n=1}^{\infty} \| f_n(x) \|$ 也在 A 上均勻收斂。

證：設 ε 為任意正數。因為 $\sum_{n=1}^{\infty} M_n$ 是收斂級數，所以，依 Cauchy 條件，必可找到一個 $n_0 \in N$ 使得：當 $p > n \geq n_0$ 時，恆有

$$M_{n+1} + M_{n+2} + \cdots + M_p < \varepsilon \text{ 。}$$

於是，當 $p > n \geq n_0$ 時，對每個 $x \in A$，恆有

$$\left\| f_{n+1}(x) + f_{n+2}(x) + \cdots + f_p(x) \right\|$$
$$\leq \left\| f_{n+1}(x) \right\| + \left\| f_{n+2}(x) \right\| + \cdots + \left\| f_p(x) \right\|$$
$$\leq M_{n+1} + M_{n+2} + \cdots + M_p < \varepsilon \text{ 。}$$

依定理 1 的 Cauchy 條件，函數項級數 $\sum_{n=1}^{\infty} f_n$ 在 A 上均勻收斂。 ‖

【例 3】因為對每個 $n \in N$ 及每個 $x \in [-1,1]$，恆有 $\left| x^n / n^p \right| \leq 1 / n^p$，而且級數 $\sum_{n=1}^{\infty} (1 / n^p)$ 在 $p > 1$ 時是收斂級數，所以，依 Weierstrass M-檢驗法可知：當 $p > 1$ 時，函數項級數 $\sum_{n=1}^{\infty} (x^n / n^p)$ 在 $[-1,1]$ 上均勻收斂。 ‖

【例 4】若 $p > 1$，則函數項級數 $\sum_{n=1}^{\infty} (\sin nx / n^p)$ 與 $\sum_{n=1}^{\infty} (\cos nx / n^p)$ 都在 R 上均勻收斂。這是因為 $\sum_{n=1}^{\infty} (1 / n^p)$ 在 $p > 1$ 時是收斂級數，而且對每個 $n \in N$ 及每個 $x \in R$，恆有 $\left| \sin nx / n^p \right| \leq 1 / n^p$ 及 $\left| \cos nx / n^p \right| \leq 1 / n^p$。 ‖

【例 5】函數項級數 $\sum_{n=1}^{\infty} x^n$ 在 $(-1,1)$ 上逐點絕對收斂於和函數 $1/(1-x)$，但不是均勻收斂，因為函數列 $\{x^n\}$ 在 $(-1,1)$ 上沒有均勻收斂於函數 0，（參看 §3-2 例 7），這表示定理 1 中的必要條件不成立。

　　另一方面，若 K 是 $(-1,1)$ 的緊緻子集，令 $r = \sup \{ |x| \, | \, x \in K \}$，則因為 K 是緊緻集，所以，必有一個 $x_0 \in K$ 滿足 $|x_0| = r$。因此，$r < 1$ 而且每個 $x \in K$ 都滿足 $|x| \leq r$。因為 $\sum_{n=1}^{\infty} r^n$ 是收斂級數，而且每個 $n \in N$ 及每個 $x \in K$ 都滿足 $|x^n| \leq r^n$，所以，依 Weierstrass M-檢驗法，可知函數項級數 $\sum_{n=1}^{\infty} x^n$ 在 K 上均勻收斂。 ‖

【例 6】函數項級數 $\sum_{n=1}^{\infty}(1/n^x)$ 在 $(1,+\infty)$ 上逐點收斂於 Riemann ζ - 函數 $\zeta(x)$（參看§8-4 練習題 19），但不是均勻收斂，其理由可利用定理 6 來說明：因為 1 是 $(1,+\infty)$ 的聚集點，而且對每個 $n \in N$，恆有 $\lim_{x\to1}(1/n^x)=1/n$，所以，若函數項級數 $\sum_{n=1}^{\infty}(1/n^x)$ 在 $(1,+\infty)$ 上均勻收斂，則級數 $\sum_{n=1}^{\infty}(1/n)$ 必收斂，但這是不正確的。

另一方面，設 A 是 $(1,+\infty)$ 的任意子集且滿足 $\inf A > 1$，令 $r = \inf A$，則依假設知 $r > 1$。因為 $\sum_{n=1}^{\infty}(1/n^r)$ 是收斂級數，而且每個 $n \in N$ 及每個 $x \in A$ 都滿足 $\left|1/n^x\right| \le 1/n^r$，所以，依 Weierstrass M-檢驗法，可知函數項級數 $\sum_{n=1}^{\infty}(1/n^x)$ 在 A 上均勻收斂。依定理 5，Riemann ζ - 函數在 $(1,+\infty)$ 上連續。

更進一步地，我們要證明 Riemann ζ - 函數在 $(1,+\infty)$ 上可微分。首先注意到：對每個 $n \in N$，函數 $1/n^x$ 在 $(1,+\infty)$ 上可微分，其導函數為 $-(\ln n)/n^x$。對每個 $x_0 \in (1,+\infty)$，在 $(1,+\infty)$ 中選取二固定實數 r 與 s 使得 $1 < s < r < x_0$。因為 $\lim_{n\to\infty}(\ln n)/n^{r-s} = 0$，所以，必可找到一個 $n_0 \in N$ 使得：當 $n \ge n_0$ 時，恆有 $(\ln n)/n^{r-s} \le 1$。於是，對每個 $n \ge n_0$ 及每個 $x \in (r,+\infty)$，可得

$$\left| \frac{d}{dx}\left(\frac{1}{n^x}\right) \right| = \left| -\frac{\ln n}{n^x} \right| \le \frac{\ln n}{n^r} = \frac{1}{n^s} \cdot \frac{\ln n}{n^{r-s}} \le \frac{1}{n^s} \text{ 。}$$

因為級數 $\sum_{n=1}^{\infty}(1/n^s)$ 收斂，所以，依 Weierstrass M-檢驗法，可知函數項級數 $\sum_{n=1}^{\infty}[-(\ln n)/n^x]$ 在 $(r,+\infty)$ 上均勻收斂。因此，依定理 9，Riemann ζ - 函數在 $(r,+\infty)$ 上可微分。特例，在點 x_0 可微分，其導數為

$$\zeta'(x_0) = \sum_{n=1}^{\infty}\left(-\frac{\ln n}{n^{x_0}} \right) \text{ 。 } \|$$

【例 7】若 $\sum_{n=1}^{\infty}a_n$ 是絕對收斂級數，則依 Weierstrass M-檢驗法，可知函數項級數 $\sum_{n=1}^{\infty}a_n \sin nx$ 與 $\sum_{n=1}^{\infty}a_n \cos nx$ 都在 R 上均勻收斂。因

此，其和函數都在 R 上連續。‖

　　下面所要介紹的四種檢驗法，與§8-3甲小節所介紹的形式相同。我們先寫出與該節定理 4 相對應的定理。

【定理 11】（一個有用的引理）

　　設 $\{\alpha_n : A \to R\}$ 與 $\{f_n : A \to R^l\}$ 為二函數列，$A \subset R^k$。對每個 $n \in N$，令 $s_n = f_1 + f_2 + \cdots + f_n$。若

　　⑴函數項級數 $\sum_{n=1}^{\infty}(\alpha_n - \alpha_{n+1})s_n$ 在 A 上均勻收斂；

　　⑵函數列 $\{\alpha_{n+1}s_n\}$ 在 A 上均勻收斂；

則函數項級數 $\sum_{n=1}^{\infty}\alpha_n f_n$ 在 A 上均勻收斂。

證：設 ε 為任意正數，依假設⑴與⑵以及 Cauchy 條件，必可找到一個 $n_0 \in N$ 使得：當 $m > n \geq n_0$ 時，對每個 $x \in A$，恆有

$$\left\| \sum_{i=n+1}^{m}(\alpha_i(x) - \alpha_{i+1}(x))s_i(x) \right\| < \frac{\varepsilon}{2},$$

$$\left\| \alpha_{m+1}(x)s_m(x) - \alpha_{n+1}(x)s_n(x) \right\| < \frac{\varepsilon}{2}.$$

於是，當 $m > n \geq n_0$ 時，對每個 $x \in A$，恆有

$$\left\| \sum_{i=n+1}^{m}\alpha_i(x)f_i(x) \right\|$$

$$= \left\| \sum_{i=n+1}^{m}(\alpha_i(x) - \alpha_{i+1}(x))s_i(x) - \alpha_{n+1}(x)s_n(x) + \alpha_{m+1}(x)s_m(x) \right\|$$

$$\leq \left\| \sum_{i=n+1}^{m}(\alpha_i(x) - \alpha_{i+1}(x))s_i(x) \right\| + \left\| \alpha_{m+1}(x)s_m(x) - \alpha_{n+1}(x)s_n(x) \right\|$$

$$< \frac{\varepsilon}{2} + \frac{\varepsilon}{2} = \varepsilon.$$

因此，依定理 1，函數項級數 $\sum_{n=1}^{\infty}\alpha_n f_n$ 在 A 上均勻收斂。‖

下面定理 12 的檢驗法，稱為 Abel（均勻收斂）檢驗法。

【定理 12】（Abel 檢驗法）

設 $\{\alpha_n : A \to R\}$ 與 $\{f_n : A \to R^l\}$ 為二函數列，$A \subset R^k$。若

⑴函數項級數 $\sum_{n=1}^{\infty} f_n$ 在 A 上均勻收斂；

⑵對每個 $x \in A$，$\{\alpha_n(x)\}_{n=1}^{\infty}$ 是單調數列，而且函數列 $\{\alpha_n\}_{n=1}^{\infty}$ 在 A 上均勻有界(uniformly bounded)，亦即：存在一個正數 K 使得：每個 $n \in N$ 及每個 $x \in A$ 都滿足 $|\alpha_n(x)| \leq K$；

則函數項級數 $\sum_{n=1}^{\infty} \alpha_n f_n$ 在 A 上均勻收斂。

證：設 ε 為任意正數。因為函數項級數 $\sum_{n=1}^{\infty} f_n$ 在 A 上均勻收斂，所以，必可找到一個 $n_0 \in N$ 使得：當 $m > n \geq n_0$ 時，對每個 $x \in A$，恆有

$$\| f_{n+1}(x) + f_{n+2}(x) + \cdots + f_m(x) \| < \frac{\varepsilon}{3K} \, 。$$

我們將證明：當 $m > n \geq n_0$ 時，對每個 $x \in A$，恆有 $\left\| \sum_{k=n+1}^{m} \alpha_k(x) f_k(x) \right\| \leq \varepsilon$。如此，依定理 1，可知函數項級數 $\sum_{n=1}^{\infty} \alpha_n f_n$ 在 A 上均勻收斂。對每個 $p \in N$，$1 \leq p \leq m-n$，令 $t_p = f_{n+1} + f_{n+2} + \cdots + f_{n+p}$，則

$$\sum_{i=n+1}^{m} \alpha_i f_i = \sum_{p=1}^{m-n} \alpha_{n+p} f_{n+p}$$
$$= \alpha_{n+1} t_1 + \alpha_{n+2}(t_2 - t_1) + \cdots + \alpha_m(t_{m-n} - t_{m-n-1})$$
$$= \sum_{p=1}^{m-n-1} (\alpha_{n+p} - \alpha_{n+p+1}) t_p + \alpha_m t_{m-n} \, 。$$

對每個 $x \in A$，因為 $\{\alpha_n(x)\}_{n=1}^{\infty}$ 是一單調數列，所以，可知 $\alpha_{n+1}(x) - \alpha_{n+2}(x)$、$\alpha_{n+2}(x) - \alpha_{n+3}(x)$、…、$\alpha_{m-1}(x) - \alpha_m(x)$ 等數符號相同。假設它們都是非負實數，則得

$$\left\| \sum_{i=n+1}^{m} \alpha_i(x) f_i(x) \right\|$$

$$\leq \sum_{p=1}^{m-n-1} (\alpha_{n+p}(x) - \alpha_{n+p+1}(x)) \| t_p(x) \| + | \alpha_m(x) | \, \| t_{m-n}(x) \|$$

$$\leq \frac{\varepsilon}{3K} \left(\sum_{p=1}^{m-n-1} (\alpha_{n+p}(x) - \alpha_{n+p+1}(x)) + | \alpha_m(x) | \right)$$

$$= \frac{\varepsilon}{3K} (\alpha_{n+1}(x) - \alpha_m(x) + | \alpha_m(x) |)$$

$$\leq \frac{\varepsilon}{3K} (| \alpha_{n+1}(x) | + 2 | \alpha_m(x) |)$$

$$\leq \varepsilon \, \text{。}$$

這就是所欲證的結果。∥

請注意：在定理 12 的假設(2)中所指的每個 $\{\alpha_n(x)\}$ 是單調數列，可以有些 x 所對應的 $\{\alpha_n(x)\}$ 是遞增數列，而另一些 x 所對應的 $\{\alpha_n(x)\}$ 是遞減數列。

定理 12 不能像 §8-3 的定理 5 直接根據其前面的引理（本節的定理 11）來證明，乃是因為由定理 12 的假設(2)不能保證函數列 $\{\alpha_n\}$ 在 A 上均勻收斂。例如：$\alpha_n(x) = x^n$ 而 $A = (0,1)$ 就是一個例子。此外，即使已知 $\{\alpha_n\}$ 及 $\{s_n\}$ 都在 A 上均勻收斂，也不能保證 $\{\alpha_{n+1}s_n\}$ 在 A 上均勻收斂。

【定理 13】（Dirichlet 檢驗法）

設 $\{\alpha_n : A \to R\}$ 與 $\{f_n : A \to R^l\}$ 為二函數列，$A \subset R^k$。對每個 $n \in N$，令 $s_n = f_1 + f_2 + \cdots + f_n$。若

⑴存在一個正數 K 使得：每個 $n \in N$ 及每個 $x \in A$ 都滿足 $\| s_n(x) \| \leq K$；

⑵對每個 $x \in A$，$\{\alpha_n(x)\}_{n=1}^{\infty}$ 是單調數列，而且函數列 $\{\alpha_n\}_{n=1}^{\infty}$ 在 A 上均勻收斂於 0；

則函數項級數 $\sum_{n=1}^{\infty} \alpha_n f_n$ 在 A 上均勻收斂。

證：設 ε 為任意正數。因為函數列 $\{\alpha_n\}$ 在 A 上均勻收斂於 0，所以，

必可找到一個 $n_0 \in N$ 使得：當 $n \ge n_0$ 時，對每個 $x \in A$ ，恆有 $\left| \alpha_n(x) \right| \le \varepsilon/(2K)$ 。因此，當 $n \ge n_0$ 時，對每個 $x \in A$ ，恆有

$$\left\| \alpha_{n+1}(x) s_n(x) \right\| \le \frac{\varepsilon}{2K} \cdot K < \varepsilon \; 。$$

由此可知：函數列 $\{ \alpha_{n+1} s_n \}$ 在 A 上均勻收斂。

另一方面，當 $m > n \ge n_0$ 時，對每個 $x \in A$ ，因為 $\{ \alpha_n(x) \}_{n=1}^{\infty}$ 是單調數列，所以，可知 $\alpha_{n+1}(x) - \alpha_{n+2}(x)$ 、 $\alpha_{n+2}(x) - \alpha_{n+3}(x)$ 、 ... 、 $\alpha_{m-1}(x) - \alpha_m(x)$ 等數符號相同。於是，可得

$$\left\| \sum_{i=n+1}^{m} \left(\alpha_i(x) - \alpha_{i+1}(x) \right) s_i(x) \right\| \le \sum_{i=n+1}^{m} \left| \alpha_i(x) - \alpha_{i+1}(x) \right| \left\| s_i(x) \right\|$$

$$\le K \cdot \sum_{i=n+1}^{m} \left| \alpha_i(x) - \alpha_{i+1}(x) \right|$$

$$= K \cdot \left| \alpha_{n+1}(x) - \alpha_{m+1}(x) \right| \le \varepsilon \; 。$$

依定理 1，可知函數項級數 $\sum_{n=1}^{\infty} (\alpha_n - \alpha_{n+1}) s_n$ 在 A 上均勻收斂。

於是，依定理 11，函數項級數 $\sum_{n=1}^{\infty} \alpha_n f_n$ 在 A 上均勻收斂。 $\|$

請注意：定理 13 假設(2)中所指的每個 $\{ \alpha_n(x) \}$ 都是單調數列，仍然是：可以有些 x 所對應的 $\{ \alpha_n(x) \}$ 是遞增數列，而另一些 x 所對應的 $\{ \alpha_n(x) \}$ 是遞減數列。

【定理 14】 （du Bois Reymond 檢驗法）

設 $\{ \alpha_n : A \to R \}$ 與 $\{ f_n : A \to R^l \}$ 為二函數列， $A \subset R^k$ 。若

(1)函數項級數 $\sum_{n=1}^{\infty} f_n$ 在 A 上均勻收斂；

(2)函數項級數 $\sum_{n=1}^{\infty} \left| \alpha_n - \alpha_{n+1} \right|$ 在 A 上均勻收斂，而且存在一個正數 K 使得：每個 $n \in N$ 及每個 $x \in A$ 都滿足 $\left| \alpha_n(x) \right| \le K$ ；

則函數項級數 $\sum_{n=1}^{\infty} \alpha_n f_n$ 在 A 上均勻收斂。

證：對每個 $n \in N$ ，令 $s_n = f_1 + f_2 + \cdots + f_n$ 。又設函數項級數 $\sum_{n=1}^{\infty} f_n$ 的和函數為 $f : A \to R^l$ 。

設 ε 為任意正數。因為函數項級數 $\sum_{n=1}^{\infty} f_n$ 與 $\sum_{n=1}^{\infty} |\alpha_n - \alpha_{n+1}|$ 都在 A 上均勻收斂，所以，必可找到一個 $n_0 \in N$ 使得：當 $m > n \geq n_0$ 時，對每個 $x \in A$，恆有

$$\|f(x) - s_n(x)\| \leq \min\{1, \frac{\varepsilon}{3K}\}$$

$$\sum_{i=n+1}^{m} |\alpha_i(x) - \alpha_{i+1}(x)| < \frac{\varepsilon}{3} \quad 。$$

於是，當 $m > n \geq n_0$ 時，對每個 $x \in A$，恆有

$$\sum_{i=n+1}^{m} \alpha_i(x) f_i(x) = \sum_{i=n+1}^{m} \alpha_i(x) (f(x) - s_{i-1}(x)) - \sum_{i=n+1}^{m} \alpha_i(x) (f(x) - s_i(x))$$

$$= \sum_{i=n+1}^{m} (\alpha_{i+1}(x) - \alpha_i(x)) (f(x) - s_i(x))$$

$$+ \alpha_{n+1}(x) (f(x) - s_n(x)) - \alpha_{m+1}(x) (f(x) - s_m(x)) \quad ,$$

$$\left\| \sum_{i=n+1}^{m} \alpha_i(x) f_i(x) \right\| \leq \sum_{i=n+1}^{m} |\alpha_{i+1}(x) - \alpha_i(x)| \|f(x) - s_i(x)\|$$

$$+ |\alpha_{n+1}(x)| \|f(x) - s_n(x)\| + |\alpha_{m+1}(x)| \|f(x) - s_m(x)\|$$

$$\leq \sum_{i=n+1}^{m} |\alpha_{i+1}(x) - \alpha_i(x)| + \frac{\varepsilon}{3K} (|\alpha_{n+1}(x)| + |\alpha_{m+1}(x)|)$$

$$< \frac{\varepsilon}{3} + \frac{\varepsilon}{3K} (K + K) = \varepsilon \quad 。$$

依定理 11，函數項級數 $\sum_{n=1}^{\infty} a_n f_n$ 在 A 上均勻收斂。 $\|$

【定理 15】（Dedekind 檢驗法）

設 $\{\alpha_n : A \to R\}$ 與 $\{f_n : A \to R^l\}$ 為二函數列，$A \subset R^k$。對每個 $n \in N$，令 $s_n = f_1 + f_2 + \cdots + f_n$。若

(1)存在一個正數 K 使得：每個 $n \in N$ 及每個 $x \in A$ 都滿足 $\|s_n(x)\| \leq K$ ；

(2)函數項級數 $\sum_{n=1}^{\infty} |\alpha_n - \alpha_{n+1}|$ 在 A 上均勻收斂，而且函數列

$\{\alpha_n\}_{n=1}^{\infty}$ 在 A 上均勻收斂於 0；

則函數項級數 $\sum_{n=1}^{\infty} \alpha_n f_n$ 在 A 上均勻收斂。

證：仿照定理 13 證明的第一段，可知函數列 $\{\alpha_{n+1} s_n\}$ 在 A 上均勻收斂。

設 ε 為任意正數。因為函數項級數 $\sum_{n=1}^{\infty} |\alpha_n - \alpha_{n+1}|$ 在 A 上均勻收斂，所以，必可找到一個 $n_0 \in N$ 使得：當 $m > n \geq n_0$ 時，對每個 $x \in A$，恆有

$$\sum_{i=n+1}^{m} |\alpha_i(x) - \alpha_{i+1}(x)| < \frac{\varepsilon}{K} \quad \circ$$

於是，當 $m > n \geq n_0$ 時，對每個 $x \in A$，恆有

$$\left\| \sum_{i=n+1}^{m} (\alpha_i(x) - \alpha_{i+1}(x)) s_i(x) \right\| \leq K \cdot \sum_{i=n+1}^{m} |\alpha_i(x) - \alpha_{i+1}(x)| < K \cdot \frac{\varepsilon}{K} = \varepsilon \quad \circ$$

依定理 1，可知函數項級數 $\sum_{n=1}^{\infty} (\alpha_n - \alpha_{n+1}) s_n$ 在 A 上均勻收斂。

於是，依定理 11，函數項級數 $\sum_{n=1}^{\infty} \alpha_n f_n$ 在 A 上均勻收斂。 $\|$

在前面的四個檢驗法中，若每個函數 $f_n : A \to R^l$ 都是常數函數，則只要將上述檢驗法中有關函數列 $\{f_n\}$ 的假設條件(1)適當地修正，這些檢驗法也都適用。例如：「函數項級數 $\sum_{n=1}^{\infty} f_n$ 在 A 上均勻收斂」修正為「$\sum_{n=1}^{\infty} f_n$ 為一收斂級數」；「存在一個正數 K 使得：每個 $n \in N$ 及每個 $x \in A$ 都滿足 $|s_n(x)| \leq K$」修正為「$\sum_{n=1}^{\infty} f_n$ 的部分和數列為有界數列」。下面的 Hardy 檢驗法就是將定理 12 的 Abel 檢驗法作上述修正所得的。

【定理 16】（Hardy 檢驗法）

設 $\{a_n\}$ 為一數列，而 $\{\alpha_n : A \to R\}$ 為一函數列，$A \subset R^k$。若

(1)$\sum_{n=1}^{\infty} a_n$ 為一收斂級數；

(2)存在一個正數 K 使得：每個 $n \in N$ 及每個 $x \in A$ 都滿足

$$0 \leq \alpha_{n+1}(x) \leq \alpha_n(x) \leq K \quad ；$$

函數項級數及均勻收斂

則函數項級數 $\sum_{n=1}^{\infty} a_n \alpha_n$ 在 A 上均勻收斂。

【例 8】若 $\sum_{n=1}^{\infty} a_n$ 為一收斂級數，則因為對每個 $n \in N$ 及每個 $x \in [0,1]$，恆有 $0 \leq x^{n+1} \leq x^n \leq 1$，所以，依 Abel 檢驗法或 Hardy 檢驗法，可知函數項級數 $\sum_{n=1}^{\infty} a_n x^n$ 在 $[0,1]$ 上均勻收斂。 ‖

【例 9】若 $\sum_{n=1}^{\infty} a_n$ 為一收斂級數，則因為對每個 $n \in N$ 及每個 $x \in [0,+\infty)$，恆有 $0 \leq (n+1)^{-x} \leq n^{-x} \leq 1$，所以，依 Abel 檢驗法或 Hardy 檢驗法，可知函數項級數 $\sum_{n=1}^{\infty} a_n / n^x$ 在 $[0,+\infty)$ 上均勻收斂。 ‖

【例 10】試證：若 $\{a_n\}$ 是收斂於 0 的遞減數列，而 $[a,b] \subset (0,2\pi)$，則函數項級數 $\sum_{n=1}^{\infty} a_n \sin nx$ 在 $[a,b]$ 上均勻收斂。

證：對每個 $n \in N$ 及每個 $x \in (0,2\pi)$，恆有

$$2 \sin \frac{1}{2}x \cdot \sum_{k=1}^{n} \sin kx = \sum_{k=1}^{n} \left(\cos(k-\frac{1}{2})x - \cos(k+\frac{1}{2})x \right)$$
$$= \cos \frac{1}{2}x - \cos(n+\frac{1}{2})x,$$

$$\left| \sum_{k=1}^{n} \sin kx \right| = \left| (\cos \frac{1}{2}x - \cos(n+\frac{1}{2})x)(2\sin \frac{1}{2}x)^{-1} \right| \leq \left| \sin \frac{1}{2}x \right|^{-1}$$

$$\leq \max \left\{ \left| \sin \frac{1}{2}a \right|^{-1}, \left| \sin \frac{1}{2}b \right|^{-1} \right\}.$$

因此，函數項級數 $\sum_{n=1}^{\infty} \sin nx$ 的部分和函數列在 $[a,b]$ 上均勻有界。另一方面，因為 $\{a_n\}$ 是收斂於 0 的遞減數列，所以，依 Dirichlet 檢驗法，可知函數項級數 $\sum_{n=1}^{\infty} a_n \sin nx$ 在 $[a,b]$ 上均勻收斂。 ‖

【例 11】試證：函數項級數 $\sum_{n=1}^{\infty} ((-1)^n / n) e^{-nx}$ 在 $[0,+\infty)$ 上均勻收斂。

證：對每個 $n \in N$ 及每個 $x \in [0,+\infty)$，恆有

$$\sum_{r=1}^{n} (-1)^r e^{-rx} = \frac{(-e^{-x}) - (-e^{-x})^{n+1}}{1 + e^{-x}} , \qquad \left| \sum_{r=1}^{n} (-1)^r e^{-rx} \right| \leq 2 。$$

因此，函數項級數 $\sum_{n=1}^{\infty} (-1)^n e^{-nx}$ 的部分和函數列在 $[0, +\infty)$ 上均勻有界。另一方面，$\{1/n\}$ 是收斂於 0 的遞減數列。所以，依 Dirichlet 檢驗法，可知函數項級數 $\sum_{n=1}^{\infty} ((-1)^n/n) e^{-nx}$ 在 $[0, +\infty)$ 上均勻收斂。

本例也可以使用 Abel 檢驗法來判定。因為 $\sum_{n=1}^{\infty} ((-1)^n/n)$ 是收斂級數，而且每個 $n \in N$ 及每個 $x \in [0, +\infty)$ 都滿足 $0 \leq e^{-(n+1)x} \leq e^{-nx} \leq 1$，所以，依 Abel 檢驗法或 Hardy 檢驗法，可知函數項級數 $\sum_{n=1}^{\infty} ((-1)^n/n) e^{-nx}$ 在 $[0, +\infty)$ 上均勻收斂。$\parallel$

【例 12】試證函數項級數 $\sum_{n=1}^{\infty} ((-1)^{n-1} x^n)/(1 + x + x^2 + \cdots + x^{n-1})$ 在 $[0, 1]$ 上均勻收斂。

證：級數 $\sum_{n=1}^{\infty} (-1)^{n-1}$ 的部分和數列是有界數列。另一方面，對每個 $n \in N$ 及每個 $x \in [0, 1]$，恆有

$$\frac{x^{n+1}}{1 + x + x^2 + \cdots + x^n} \leq \frac{x^n}{1 + x + x^2 + \cdots + x^{n-1}} ,$$

亦即：對每個 $x \in [0, 1]$，$\{ x^n/(1 + x + x^2 + \cdots + x^{n-1}) \}$ 都是遞減數列。更進一步地，對每個 $n \in N$ 及每個 $x \in [0, 1]$，恆有

$$0 \leq \frac{x^n}{1 + x + x^2 + \cdots + x^{n-1}} \leq \frac{1}{n} ,$$

而數列 $\{1/n\}$ 收斂於 0，所以，函數列 $\{ x^n/(1 + x + x^2 + \cdots + x^{n-1}) \}$ 在 $[0, 1]$ 上均勻收斂於 0。因此，依 Dirichlet 檢驗法，可知函數項級數 $\sum_{n=1}^{\infty} ((-1)^{n-1} x^n)/(1 + x + x^2 + \cdots + x^{n-1})$ 在 $[0, 1]$ 上均勻收斂。$\parallel$

【例 13】試證：函數項級數 $\sum_{n=1}^{\infty} ((-1)^{n-1} x^{n-1})/(1 + x^{2n})$ 在 $[0, 1)$ 的每個緊緻子集上均勻收斂，但在 $[0, 1)$ 上沒有均勻收斂。並進一步計算下述極限：

$$\lim_{x \to 1-} \int_0^x \sum_{n=1}^{\infty} (-1)^{n-1} \frac{t^{n-1}}{1+t^{2n}} \, dt \ .$$

證：設 K 是 $[\,0,1)$ 的緊緻子集，令 $r = \sup K$ ，則 $0 \le r < 1$ 。因為每個 $n \in N$ 及每個 $x \in K$ 都滿足 $\left| ((-1)^{n-1} x^{n-1})/(1+x^{2n}) \right| \le r^{n-1}$ ，而且級數 $\sum_{n=1}^{\infty} r^{n-1}$ 收斂，所以，依 Weierstrass M-檢驗法，可知函數項級數 $\sum_{n=1}^{\infty} ((-1)^{n-1} x^{n-1})/(1+x^{2n})$ 在 K 上均勻收斂。

另一方面，因為上述函數項級數在 $x = 1$ 時發散而 1 是 $[\,0,1)$ 的聚集點，所以，依定理 6，此函數項級數在 $[\,0,1)$ 上沒有均勻收斂。

對每個 $x \in [\,0,1)$ ，因為函數項級數 $\sum_{n=1}^{\infty} ((-1)^{n-1} t^{n-1})/(1+t^{2n})$ 在 $[\,0,x\,]$ 上均勻收斂而且級數的每一項都在 $[\,0,x\,]$ 上可積分，所以，依定理 7，可得

$$\int_0^x \sum_{n=1}^{\infty} (-1)^{n-1} \frac{t^{n-1}}{1+t^{2n}} \, dt = \sum_{n=1}^{\infty} \int_0^x (-1)^{n-1} \frac{t^{n-1}}{1+t^{2n}} \, dt$$

$$= \sum_{n=1}^{\infty} \frac{(-1)^{n-1}}{n} \cdot \tan^{-1}(x^n) \ .$$

因為 $\sum_{n=1}^{\infty} (-1)^{n-1}/n$ 是收斂級數，而且每個 $n \in N$ 及每個 $x \in [\,0,1)$ 都滿足

$$0 \le \tan^{-1}(x^{n+1}) \le \tan^{-1}(x^n) \le \frac{\pi}{2} \ ,$$

所以，依 Hardy 檢驗法，可知函數項級數 $\sum_{n=1}^{\infty} ((-1)^{n-1}/n) \cdot \tan^{-1}(x^n)$ 在 $[\,0,1)$ 上均勻收斂。 依定理 6，可得

$$\lim_{x \to 1-} \int_0^x \sum_{n=1}^{\infty} (-1)^{n-1} \frac{t^{n-1}}{1+t^{2n}} \, dt = \lim_{x \to 1-} \left(\sum_{n=1}^{\infty} \frac{(-1)^{n-1}}{n} \cdot \tan^{-1}(x^n) \right)$$

$$= \sum_{n=1}^{\infty} \frac{(-1)^{n-1}}{n} \cdot \frac{\pi}{4} = \frac{\pi}{4} \ln 2 \ . \ \|$$

在本節的最後一個例子中，我們利用函數項級數的方法，定義一

個在 R 上連續但在每一點都不能微分的函數。

【例 14】定義一函數 $\varphi : R \to R$ 如下：

$$\varphi(x) = \begin{cases} |x|, & \text{若 } x \in [-1,1] \text{ ；} \\ \varphi(y), & \text{若 } x = 2k+y, \quad k \in Z, \ y \in [-1,1] \text{ 。} \end{cases}$$

顯然地，φ 是 R 上以 2 為週期的連續函數，而且每個 $x \in R$ 都滿足 $0 \leq \varphi(x) \leq 1$ 。

其次，考慮函數項級數 $\sum_{n=0}^{\infty} (3/4)^n \varphi(4^n x)$。因為每個 $n \in N$ 及每個 $x \in R$ 都滿足 $0 \leq (3/4)^n \varphi(4^n x) \leq (3/4)^n$，而 $\sum_{n=1}^{\infty} (3/4)^n$ 是一個收斂級數，所以，根據 Weierstrass M-檢驗法，可知函數項級數 $\sum_{n=0}^{\infty} (3/4)^n \varphi(4^n x)$ 在 R 上均勻收斂。設其和函數為 $f : R \to R$ ，則依定理 5，函數 f 在 R 上連續。而我們要證明：對每個 $x \in R$，$f'(x)$ 都不存在。

設 $x \in R$ 為任意固定點。對每個 $m \in N$ ，因為開區間 $(4^m x - 1/2, 4^m x + 1/2)$ 的長度為 1，所以，此開區間中至多只能含一個整數，由此可知：$(4^m x - 1/2, 4^m x)$ 與 $(4^m x, 4^m x + 1/2)$ 兩開區間中至少有一個不含整數。令

$$\delta_m = \begin{cases} (1/2)4^{-m}, & \text{若 } (4^m x, 4^m x + 1/2) \text{ 不含整數 ；} \\ (-1/2)4^{-m}, & \text{若 } (4^m x - 1/2, 4^m x) \text{ 不含整數 。} \end{cases}$$

於是，δ_m 具有下述兩個性質：$(1)\, 4^m |\delta_m| = 1/2$ 且 $\lim_{m\to\infty} \delta_m = 0$ ；(2) $4^m x$ 與 $4^m x + 4^m \delta_m$ 之間沒有整數。我們將證明：

$$\lim_{m\to\infty} \left| \frac{f(x+\delta_m) - f(x)}{\delta_m} \right| = +\infty \ , \tag{*}$$

由此可知：函數 f 在點 x 的導數不存在。因為

$$\frac{f(x+\delta_m) - f(x)}{\delta_m} = \sum_{n=0}^{\infty} \left(\frac{3}{4} \right)^n \cdot \frac{\varphi(4^n(x+\delta_m)) - \varphi(4^n x)}{\delta_m} \ ,$$

所以，我們對每個 $n \geq 0$ 討論 $(\varphi(4^n(x+\delta_m)) - \varphi(4^n x))/\delta_m$ 的值。當 $n > m$ 時，$4^n(x+\delta_m) - 4^n x = 4^{n-m} 4^m \delta_m = \pm 2 \cdot 4^{n-m-1}$ 是一個偶數，所以，依函數 φ 的週期性，可知 $\varphi(4^n(x+\delta_m)) - \varphi(4^n x) = 0$。若 $n \leq m$，則因為 $4^m x$ 與 $4^m(x+\delta_m)$ 之間沒有整數，所以，$4^n x$ 與 $4^n(x+\delta_m)$ 之間也沒有整數。於是，點 $(4^n x, \varphi(4^n x))$ 與點 $(4^n(x+\delta_m), \varphi(4^n(x+\delta_m)))$ 落在一條斜率為 1 或 -1、長度為 $\sqrt{2}$ 的線段上。於是，可得

$$\left| \frac{\varphi(4^n(x+\delta_m)) - \varphi(4^n x)}{\delta_m} \right| = \left| \frac{4^n(x+\delta_m) - 4^n x}{\delta_m} \right| = 4^n \text{。}$$

由此可知：

$$\left| \frac{f(x+\delta_m) - f(x)}{\delta_m} \right|$$

$$= \left| \sum_{n=0}^{\infty} \left(\frac{3}{4} \right)^n \cdot \frac{\varphi(4^n(x+\delta_m)) - \varphi(4^n x)}{\delta_m} \right|$$

$$\geq \left(\frac{3}{4} \right)^m \left| \frac{\varphi(4^m(x+\delta_m)) - \varphi(4^m x)}{\delta_m} \right|$$

$$- \sum_{n=0}^{m-1} \left(\frac{3}{4} \right)^n \left| \frac{\varphi(4^n(x+\delta_m)) - \varphi(4^n x)}{\delta_m} \right|$$

$$= 3^m - \sum_{n=0}^{m-1} 3^n$$

$$= \frac{1}{2}(3^m + 1) \text{。}$$

因此，前面的(*)式成立，函數 f 在點 x 不可微分。 ‖

在第1-6題中，試證各函數項級數在所給集合上均勻收斂。

1. $\displaystyle\sum_{n=1}^{\infty}\frac{1}{n^2+x^2}$ ， $x\in\boldsymbol{R}$ 。

2. $\displaystyle\sum_{n=1}^{\infty}\frac{x}{n\left(1+n^2x^2\right)}$ ， $x\in\boldsymbol{R}$ 。

3. $\displaystyle\sum_{n=1}^{\infty}\frac{nx^2}{1+n^5x^2}$ ， $x\in\boldsymbol{R}$ 。

4. $\displaystyle\sum_{n=1}^{\infty}\frac{(-1)^{n-1}}{x^2+n}$ ， $x\in\boldsymbol{R}$ 。

5. $\displaystyle\sum_{n=1}^{\infty}\frac{(-1)^{n-1}x^{2n+1}}{2n+1}$ ， $x\in[-1,1]$ 。

6. $\displaystyle\sum_{n=1}^{\infty}\frac{(-1)^{n-1}}{2\sqrt{n}+\cos x}$ ， $x\in\boldsymbol{R}$ 。

7. 試證：函數項級數 $\sum_{n=1}^{\infty}x\left(n-(n-1)e^x\right)e^{-nx}$ 在 $[0,+\infty)$ 上逐點收斂，但在 $[0,+\infty)$ 上沒有均勻收斂。若 $b>0$，試證此函數項級數在 $[b,+\infty)$ 上均勻收斂。

8. 試求函數項級數 $\sum_{n=1}^{\infty}x^2/(1+x^2)^{n-1}$ 的和函數，並證明：若 K 是 $(0,+\infty)$ 或 $(-\infty,0)$ 的一個緊緻子集，則此函數項級數在 K 上均勻收斂。

9. 試證：函數項級數 $\sum_{n=1}^{\infty}(1/n)\sin nx$ 在 $[0,2\pi]$ 上逐點收斂，但在 $[0,2\pi]$ 上沒有均勻收斂。（與例 10 比較。）

10. 試證：若 $p>1/2$，則函數項級數 $\sum_{n=1}^{\infty}x/n^p(1+nx^2)$ 在 $\boldsymbol{R}$ 上均勻收斂。

11. 試證：函數項級數 $\sum_{n=1}^{\infty}(1/n^3)\ln(1+n^2x^2)$ 在 $[0,1]$ 上均勻收斂，而且其和函數在 $[0,1]$ 上連續可微分。

12. 試證：函數項級數 $\sum_{n=1}^{\infty}x^n/(1+x^n)$ 在 $[0,1)$ 上逐點收斂，但在 $[0,1)$ 上沒有均勻收斂。若 K 是 $[0,1)$ 的緊緻子集，則此函數

項級數在 K 上均勻收斂。

13.試證：函數項級數 $\sum_{n=1}^{\infty}(\cos x+\sin x)^{-n}$ 在 $(0,\pi/2)$ 上逐點收
斂，但在 $(0,\pi/2)$ 上沒有均勻收斂。若 K 是 $(0,\pi/2)$ 的緊緻子
集，則此函數項級數在 K 上均勻收斂。

14.試證：函數項級數 $\sum_{n=1}^{\infty}\ln(1+nx)/(nx^n)$ 在 $(1,+\infty)$ 上逐點收
斂，但在 $(1,+\infty)$ 上沒有均勻收斂。若 K 是 $(1,+\infty)$ 的緊緻子
集，則此函數項級數在 K 上均勻收斂。

15.試求極限 $\displaystyle\lim_{x\to 1-}\sum_{n=1}^{\infty}\frac{(-1)^{n-1}x^n}{n(x^n+1)}$ 。

16.試求極限 $\displaystyle\lim_{x\to 1-}\left((1-x^2)\sum_{n=1}^{\infty}\frac{(-1)^{n-1}x^n}{1-x^{2n}}\right)$ 。

17.試證：函數項級數 $\sum_{n=1}^{\infty}(e^{-nx}/n)$ 在 $(0,+\infty)$ 的每個緊緻子集
上均勻收斂，而且其和函數在 $(0,+\infty)$ 上連續可微分。並求其
和函數的導函數。

18.設 $\{f_n:(a,b]\to\mathbf{R}\}$ 為一函數列。若函數項級數 $\sum_{n=1}^{\infty}f_n$ 在
(a,b) 上逐點收斂，且每個 f_n 都在點 b 左連續，又級數
$\sum_{n=1}^{\infty}f_n(b)$ 發散，則函數項級數 $\sum_{n=1}^{\infty}f_n$ 在 (a,b) 上沒有均勻收
斂。試證之。

19.（Dini 定理）設 $\{f_n:K\to\mathbf{R}\}$ 為一函數列，$K\subset\mathbf{R}^k$ 為緊緻集。
若
⑴對每個 $n\in\mathbf{N}$ 及每個 $x\in K$，恆有 $f_n(x)\geq 0$；
⑵每個 f_n 都是連續函數；
⑶函數項級數 $\sum_{n=1}^{\infty}f_n$ 在 K 上逐點收斂於和函數 $f:K\to\mathbf{R}$；
則 $\sum_{n=1}^{\infty}f_n$ 在 K 上均勻收斂。

20.若 $\{a_n\}$ 是由正數所成的遞減數列，試證：函數項級數
$\sum_{n=1}^{\infty}a_n\cos nx$ 在 $\mathbf{R}$ 上均勻收斂的充要條件是級數 $\sum_{n=1}^{\infty}a_n$ 收
斂。

21.若 $\{a_n\}$ 是由正數所成的遞減數列，試證：函數項級數 $\sum_{n=1}^{\infty} a_n \sin nx$ 在 $\boldsymbol{R}$ 上均勻收斂的充要條件是 $\lim_{n \to \infty} n a_n = 0$。

22.試證：函數項級數 $\sum_{n=1}^{\infty} \left(x^{2n+1} / (2n+1) - x^{n+1} / (2n+2) \right)$ 在 $[0,1]$ 上逐點收斂，但並非均勻收斂。

$$\underline{\hspace{0.2cm} 9-2 \hspace{0.2cm}} \bigg| \quad \text{冪級數}$$

在本節裡，我們要討論一種特殊的函數項級數，稱為冪級數。冪級數是結構最簡單的函數項級數，也是應用最方便也最廣泛的函數項級數。

甲、冪級數及其收斂範圍

【定義 1】設 $\{a_n\}_{n=0}^{\infty}$ 為 $\boldsymbol{C}$ 中的一個數列，$c \in \boldsymbol{C}$，則形如 $a_0 + \sum_{n=1}^{\infty} a_n (x-c)^n$ 的函數項級數稱為以 c 為中心的一個**冪級數**（power series）。為簡便計，我們將此冪級數簡記為 $\sum_{n=0}^{\infty} a_n (x-c)^n$。

在冪級數中，每一項都是一個多項函數，所以，我們可以把函數的定義域看成是複數集 $\boldsymbol{C}$。討論冪級數的第一件工作，就是判定那些複數 x 可使冪級數收斂。對一個冪級數 $\sum_{n=0}^{\infty} a_n (x-c)^n$ 而言，集合

$$\{ z \in \boldsymbol{C} \mid \sum_{n=0}^{\infty} a_n (z-c)^n \text{是收斂級數} \}$$

稱為冪級數 $\sum_{n=0}^{\infty} a_n (x-c)^n$ 的收斂範圍。關於冪級數的收斂範圍的討論，我們需要下面的定理 1。

【定理 1】（Abel 第一定理）

設 $\sum_{n=0}^{\infty} a_n (x-c)^n$ 為一冪級數。

(1)若 $x_0 \neq c$ 且 $\sum_{n=0}^{\infty} a_n (x_0-c)^n$ 是收斂級數，則對滿足 $|x_1-c| < |x_0-c|$ 的每個複數 x_1，級數 $\sum_{n=0}^{\infty} a_n (x_1-c)^n$ 必絕對收斂。

(2)若 $y_0 \in C$ 且 $\sum_{n=0}^{\infty} a_n (y_0 - c)^n$ 是發散級數，則對滿足 $|y_1 - c| > |y_0 - c|$ 的每個複數 y_1，級數 $\sum_{n=0}^{\infty} a_n (y_1 - c)^n$ 必發散。

證：(1)因為 $|x_1 - c| < |x_0 - c|$，所以，$|(x_1 - c)/(x_0 - c)| < 1$。於是，無窮等比級數 $\sum_{n=0}^{\infty} (x_1 - c)^n / (x_0 - c)^n$ 是絕對收斂級數。因為級數 $\sum_{n=0}^{\infty} a_n (x_0 - c)^n$ 是收斂級數，所以，數列 $\{ a_n (x_0 - c)^n \}$ 是收斂數列，也因此是有界數列。於是，必有一個正數 M 使得每個 $n \in N \cup \{0\}$ 都滿足 $|a_n (x_0 - c)^n| \leq M$。由此可知：對每個 $n \in N \cup \{0\}$，恆有

$$\left| a_n (x_1 - c)^n \right| = \left| a_n (x_0 - c)^n \right| \cdot \left| \frac{(x_1 - c)^n}{(x_0 - c)^n} \right| \leq M \cdot \left| \frac{(x_1 - c)^n}{(x_0 - c)^n} \right| \text{。}$$

依 §8-2 定理 14，可知 $\sum_{n=0}^{\infty} a_n (x_1 - c)^n$ 是絕對收斂級數。

(2)若 $\sum_{n=0}^{\infty} a_n (y_1 - c)^n$ 是收斂級數，則因為 $|y_0 - c| < |y_1 - c|$，所以，依(1)可知 $\sum_{n=0}^{\infty} a_n (y_0 - c)^n$ 是絕對收斂級數，也因此是收斂級數，此與假設不合。由此可知：$\sum_{n=0}^{\infty} a_n (y_1 - c)^n$ 是發散級數。 ‖

根據定理 1，我們可以進一步探討冪級數的收斂範圍的形式如下。

【定理 2】（冪級數的收斂範圍）

若 $\sum_{n=0}^{\infty} a_n (x - c)^n$ 為一冪級數，則 $\{ z \in C \mid \sum_{n=0}^{\infty} a_n (z - c)^n$ 收斂 $\}$ 必是下面三種情形之一：

(1)此集合等於複數集 C；

(2)此集合只含一點 c；

(3)此集合為 $\{ z \in C \mid |z - c| < r \} \cup A$ 的形式，其中 r 為一正數，而 A 則是圓 $\{ z \in C \mid |z - c| = r \}$ 的一個子集。

證：假設收斂範圍既不是複數集 C、也不是只含一點 c，則必存在 $x_0, y_0 \in C$，$x_0 \neq c$，使得：$\sum_{n=0}^{\infty} a_n (x_0 - c)^n$ 是收斂級數而 $\sum_{n=0}^{\infty} a_n (y_0 - c)^n$ 是發散級數。令

$$r = \sup \{ |z - c| \mid \sum_{n=0}^{\infty} a_n (z - c)^n \text{ 是收斂級數} \} \text{。}$$

顯然地，$r \geq |x_0 - c| > 0$。另一方面 依定理 1 (2)，$r \leq |y_0 - c|$。對於複數集 C 中任一點 z，若 $|z - c| > r$，則依 r 的定義，可知級數 $\sum_{n=0}^{\infty} a_n (z - c)^n$ 發散。若 $|z - c| < r$，則依最小上界的定義，必有一個 $x_1 \in C$，使得 $|x_1 - c| > |z - c|$ 而且 $\sum_{n=0}^{\infty} a_n (x_1 - c)^n$ 是收斂級數。依定理 1 (1)，可知級數 $\sum_{n=0}^{\infty} a_n (z - c)^n$ 收斂。由此可得

$$\{ z \in C \mid |z - c| < r \} \subset \{ z \in C \mid \sum_{n=0}^{\infty} a_n (z - c)^n \text{ 收斂} \}$$
$$\subset \{ z \in C \mid |z - c| \leq r \} \text{。}$$

因此，必有一個子集 $A \subset \{ z \in C \mid |z - c| = r \}$ 使得

$$\{ z \in C \mid \sum_{n=0}^{\infty} a_n (z - c)^n \text{ 收斂} \} = \{ z \in C \mid |z - c| < r \} \cup A \text{。} \parallel$$

　　根據定理 2 的結果，我們可以定義冪級數的收斂半徑如下。

【定義 2】設 $\sum_{n=0}^{\infty} a_n (x - c)^n$ 為一冪級數，則其**收斂半徑**(radius of convergence)定義如下：

　　(1)若 $\sum_{n=0}^{\infty} a_n (x - c)^n$ 在每個 $z \in C$ 都收斂，則其收斂半徑定義為 $+\infty$。

　　(2)若 $\sum_{n=0}^{\infty} a_n (x - c)^n$ 只在點 c 收斂，則其收斂半徑定義為 0。

　　(3)若存在一個正數 r 使得：當 $|z - c| < r$ 時，級數 $\sum_{n=0}^{\infty} a_n (z - c)^n$ 都收斂；當 $|z - c| > r$ 時，級數 $\sum_{n=0}^{\infty} a_n (z - c)^n$ 都發散；則冪級數 $\sum_{n=0}^{\infty} a_n (x - c)^n$ 的收斂半徑定義為 r，而圓 $\{ z \in C \mid |z - c| = r \}$ 稱為 $\sum_{n=0}^{\infty} a_n (x - c)^n$ 的**收斂圓**(circle of convergence)。

　　冪級數之收斂半徑的求法，Cauchy 在 1821 年的著作 Analyse algebrique 中已經有所記載，不過當時並沒有受到注意。直到 1892 年，Jacques Hadamard (1865～1963，法國人)再度發現這個結果並作了許多重要應用之後，才受到重視。因此，定理 3 (3)的公式稱為 Cauchy-Hadamard 公式。

【定理3】（冪級數的收斂半徑）

設 $\sum_{n=0}^{\infty} a_n(x-c)^n$ 為一冪級數，而其收斂半徑為 r。

(1)若 $\overline{\lim}_{n\to\infty} \sqrt[n]{|a_n|} = 0$，則 $r = +\infty$。

(2)若 $\overline{\lim}_{n\to\infty} \sqrt[n]{|a_n|} = +\infty$，則 $r = 0$。

(3)若 $0 < \overline{\lim}_{n\to\infty} \sqrt[n]{|a_n|} < +\infty$，則 $r = (\overline{\lim}_{n\to\infty} \sqrt[n]{|a_n|})^{-1}$。

證：(1)若 $\overline{\lim}_{n\to\infty} \sqrt[n]{|a_n|} = 0$，則對每個 $z \in C$，依§3-1 定理 24，可得

$$\overline{\lim_{n\to\infty}} \sqrt[n]{|a_n(z-c)^n|} = \overline{\lim_{n\to\infty}} \left(|z-c| \sqrt[n]{|a_n|} \right)$$

$$= |z-c| \cdot \overline{\lim_{n\to\infty}} \sqrt[n]{|a_n|} = 0 < 1 .$$

依方根檢驗法（§8-2 定理 6），可知 $\sum_{n=0}^{\infty} a_n(z-c)^n$ 是絕對收斂級數。因為冪級數 $\sum_{n=0}^{\infty} a_n(x-c)^n$ 在每個 $z \in C$ 都收斂，所以，其收斂半徑為 $+\infty$。

(2)若 $\overline{\lim}_{n\to\infty} \sqrt[n]{|a_n|} = +\infty$，則對每個 $z \in C$，$z \neq c$，恆有

$$\overline{\lim_{n\to\infty}} \sqrt[n]{|a_n(z-c)^n|} = \overline{\lim_{n\to\infty}} \left(|z-c| \cdot \sqrt[n]{|a_n|} \right) = +\infty .$$

由此可知：有無限多個 $n \in N$ 滿足 $|a_n(z-c)^n| \geq 1$。因此，數列 $\{a_n(z-c)^n\}$ 不會收斂於 0，依§8-1 系理 11，可知 $\sum_{n=0}^{\infty} a_n(z-c)^n$ 是一個發散級數。因為冪級數 $\sum_{n=0}^{\infty} a_n(x-c)^n$ 在 c 以外的每個點都發散，所以，其收斂半徑為 0。

(3) 設 $0 < \overline{\lim}_{n\to\infty} \sqrt[n]{|a_n|} < +\infty$。若 $z_1 \in C$ 滿足 $|z_1-c| < (\overline{\lim}_{n\to\infty} \sqrt[n]{|a_n|})^{-1}$，則依§3-1 定理 24，可得

$$\overline{\lim_{n\to\infty}} \sqrt[n]{|a_n(z_1-c)^n|} = \overline{\lim_{n\to\infty}} \left(|z_1-c| \cdot \sqrt[n]{|a_n|} \right)$$

$$= |z_1-c| \cdot \overline{\lim_{n\to\infty}} \sqrt[n]{|a_n|} < 1 .$$

依方根檢驗法，可知 $\sum_{n=0}^{\infty} a_n(z_1-c)^n$ 是絕對收斂級數。另一方面，若

$z_2 \in C$ 滿足 $|z_2 - c| > (\overline{\lim}_{n\to\infty} \sqrt[n]{|a_n|})^{-1}$，則可得

$$\overline{\lim_{n\to\infty}} \sqrt[n]{|a_n(z_2 - c)^n|} = \overline{\lim_{n\to\infty}} \left(|z_2 - c| \cdot \sqrt[n]{|a_n|}\right)$$
$$= |z_2 - c| \cdot \overline{\lim_{n\to\infty}} \sqrt[n]{|a_n|} > 1 \, \circ$$

由此可知：有無限多個 $n \in N$ 滿足 $|a_n(z_2 - c)^n| \geq 1$。因此，數列 $\{a_n(z_2 - c)^n\}$ 不會收斂於 0，依 §8-1 系理 11，$\sum_{n=0}^{\infty} a_n(z_2 - c)^n$ 發散。依收斂半徑的定義，可知冪級數 $\sum_{n=0}^{\infty} a_n(x - c)^n$ 的收斂半徑為 $(\overline{\lim}_{n\to\infty} \sqrt[n]{|a_n|})^{-1}$。 ‖

由於形如 $\{\sqrt[n]{|a_n|}\}$ 的數列，其上極限的計算比較困難，因此，對某些冪級數，我們可以使用另一種方法來計算收斂半徑。

【定理 4】（收斂半徑的另一種計算方法）

設 $\sum_{n=0}^{\infty} a_n(x - c)^n$ 為一冪級數，其中每個 a_n 都不為 0，而其收斂半徑為 r。

(1)若 $\overline{\lim}_{n\to\infty} |a_{n+1}/a_n| = 0$，則 $r = +\infty$。

(2)若 $\underline{\lim}_{n\to\infty} |a_{n+1}/a_n| = +\infty$，則 $r = 0$。

(3)若 $0 < \underline{\lim}_{n\to\infty} |a_{n+1}/a_n| \leq \overline{\lim}_{n\to\infty} |a_{n+1}/a_n| < +\infty$，則

$$(\overline{\lim}_{n\to\infty} |a_{n+1}/a_n|)^{-1} \leq r \leq (\underline{\lim}_{n\to\infty} |a_{n+1}/a_n|)^{-1} \, \circ$$

因此，若 $\lim_{n\to\infty} |a_{n+1}/a_n|$ 存在且不為 0，則

$$r = (\lim_{n\to\infty} |a_{n+1}/a_n|)^{-1} \, \circ$$

證：依 §3-1 練習題 26 及前面定理 3 即得。 ‖

【例 1】不論 p 是任何實數，因為 $\lim_{n\to\infty} (n^p/(n+1)^p) = 1$ 恆成立，所以，冪級數 $\sum_{n=1}^{\infty} (1/n^p)(x - c)^n$ 的收斂半徑都等於 1。

當 $p > 1$ 時，對每個 $z \in C$，$|z - c| = 1$，級數 $\sum_{n=1}^{\infty} (1/n^p)(z - c)^n$ 絕對收斂。其次，依 Weierstrass 檢驗法，冪級數 $\sum_{n=1}^{\infty} (1/n^p)(x - c)^n$

在 $\{z \in C \mid |z-c| \le 1\}$ 上均勻收斂。

當 $0 < p \le 1$ 時，對每個 $z \in C$，$|z-c|=1$，但 $z-c \ne 1$，因為數列 $\{1/n^p\}$ 是收斂於 0 的遞減數列，而級數 $\sum_{n=1}^{\infty}(z-c)^n$ 的部分和數列是有界數列，所以，依 Dirichlet 檢驗法，$\sum_{n=1}^{\infty}(1/n^p)(z-c)^n$ 是收斂級數，但它不是絕對收斂級數。另一方面，冪級數 $\sum_{n=1}^{\infty}(1/n^p)(x-c)^n$ 在 $\{z \in C \mid |z-c| \le 1, z-c \ne 1\}$ 上也不是均勻收斂，否則，當 $z-c=1$ 時，該冪級數也須收斂。

當 $p \le 0$ 時，對每個 $z \in C$，$|z-c|=1$，級數 $\sum_{n=1}^{\infty}(1/n^p)(z-c)^n$ 都發散，因為數列 $\{(1/n^p)(z-c)^n\}$ 都不會收斂於 0。 ‖

【例 2】因為 $\lim_{n\to\infty}(n!/(n+1)!)=0$，所以，對每個 $z \in C$，級數 $\sum_{n=0}^{\infty}(z^n/n!)$ 都收斂。由此可知：冪級數 $\sum_{n=0}^{\infty}(x^n/n!)$ 的收斂半徑為 $+\infty$。 ‖

【例 3】因為 $\lim_{n\to\infty}\sqrt[n]{n^n}=+\infty$，所以，對每個 $z \in C$，$z \ne 0$，級數 $\sum_{n=0}^{\infty}n^n z^n$ 都發散。由此可知：冪級數 $\sum_{n=0}^{\infty}n^n x^n$ 的收斂半徑為 0。 ‖

【例 4】試求冪級數 $\sum_{n=0}^{\infty}(3+(-1)^n)^n x^n$ 的收斂半徑與收斂範圍。

解：因為

$$\overline{\lim_{n\to\infty}}\sqrt[n]{(3+(-1)^n)^n}=\overline{\lim_{n\to\infty}}(3+(-1)^n)=4，$$

所以，依定理 3，冪級數 $\sum_{n=0}^{\infty}(3+(-1)^n)^n x^n$ 的收斂半徑為 $1/4$。另一方面，若 $z \in C$ 滿足 $|z|=1/4$，則對每個正偶數 n，恆有 $|(3+(-1)^n)^n z^n|=1$。因此，數列 $\{(3+(-1)^n)^n z^n\}$ 不會收斂於 0，級數 $\sum_{n=0}^{\infty}(3+(-1)^n)^n z^n$ 發散。由此可知：冪級數 $\sum_{n=0}^{\infty}(3+(-1)^n)^n x^n$ 的收斂範圍是 $\{z \in C \mid |z| < 1/4\}$。 ‖

在前面定理 4 所提供的收斂半徑計算方法中，其中有一項假設是：「冪級數 $\sum_{n=0}^{\infty}a_n(x-c)^n$ 的每個係數 a_n 都不等於 0」，這樣的假設自然會限制了定理 4 的應用範圍。對於有部分係數等於 0 的冪級數

$\sum_{n=0}^{\infty} a_n (x-c)^n$ 而言，當我們將其中的 0 項刪去後，剩下的各項中 $x-c$ 的乘冪就不一定只相差 1，這種冪級數的收斂半徑需要有不同的計算方法。

　　將一個冪級數的 0 項刪去後，該冪級數可寫成下述形式：

$$\sum_{n=0}^{\infty} a_n (x-c)^{\varphi(n)} ，$$

其中的每個 a_n 都不等於 0，而 $\varphi : N \cup \{0\} \to N \cup \{0\}$ 是一個嚴格遞增函數。

【定理 5】（收斂半徑計算方法之三）

　　設 $\sum_{n=0}^{\infty} a_n (x-c)^{\varphi(n)}$ 為一冪級數，其中的每個 a_n 都不等於 0，而且函數 $\varphi : N \cup \{0\} \to N \cup \{0\}$ 是嚴格遞增函數；又其收斂半徑為 r。

(1)若 $\overline{\lim_{n \to \infty}} \left| \dfrac{a_{n+1}}{a_n} \right|^{\frac{1}{\varphi(n+1)-\varphi(n)}} = 0$，則 $r = +\infty$。

(2)若 $\underline{\lim_{n \to \infty}} \left| \dfrac{a_{n+1}}{a_n} \right|^{\frac{1}{\varphi(n+1)-\varphi(n)}} = +\infty$，則 $r = 0$。

(3)若 $0 < \underline{\lim_{n \to \infty}} \left| \dfrac{a_{n+1}}{a_n} \right|^{\frac{1}{\varphi(n+1)-\varphi(n)}} \leq \overline{\lim_{n \to \infty}} \left| \dfrac{a_{n+1}}{a_n} \right|^{\frac{1}{\varphi(n+1)-\varphi(n)}} < +\infty$，則

$$\left(\overline{\lim_{n \to \infty}} \left| \dfrac{a_{n+1}}{a_n} \right|^{\frac{1}{\varphi(n+1)-\varphi(n)}} \right)^{-1} \leq r \leq \left(\underline{\lim_{n \to \infty}} \left| \dfrac{a_{n+1}}{a_n} \right|^{\frac{1}{\varphi(n+1)-\varphi(n)}} \right)^{-1} 。$$

因此，若 $\lim_{n \to \infty} \left| a_{n+1} / a_n \right|^{1/(\varphi(n+1)-\varphi(n))}$ 存在且不為 0，則

$$r = \left(\lim_{n \to \infty} \left| \dfrac{a_{n+1}}{a_n} \right|^{\frac{1}{\varphi(n+1)-\varphi(n)}} \right)^{-1} 。$$

證：對於當⑴成立時的每個 $z \in C$ 以及當⑶成立時滿足

$$\left| z - c \right| < \left(\varlimsup_{n \to \infty} \left| \frac{a_{n+1}}{a_n} \right|^{\frac{1}{\varphi(n+1) - \varphi(n)}} \right)^{-1}$$

的 $z \in C$，這兩種情形都可得 $\left| z - c \right| \cdot \left(\varlimsup_{n \to \infty} \left| a_{n+1} / a_n \right|^{1/(\varphi(n+1) - \varphi(n))} \right)$ < 1。依§3-1 定理 24，可得

$$\varlimsup_{n \to \infty} \left(\left| z - c \right| \cdot \left| \frac{a_{n+1}}{a_n} \right|^{\frac{1}{\varphi(n+1) - \varphi(n)}} \right) < 1 \text{。}$$

於是，依§3-1 定理 16⑶，必可找到一個 $n_0 \in N$ 使得：當 $n \geq n_0$ 時，恆有

$$\left| z - c \right| \cdot \left| \frac{a_{n+1}}{a_n} \right|^{\frac{1}{\varphi(n+1) - \varphi(n)}} < 1 \text{。}$$

因為 $\varphi(n+1) - \varphi(n) \geq 1$，所以，得

$$\left| z - c \right|^{\varphi(n+1) - \varphi(n)} \cdot \left| \frac{a_{n+1}}{a_n} \right| \leq \left| z - c \right| \cdot \left| \frac{a_{n+1}}{a_n} \right|^{\frac{1}{\varphi(n+1) - \varphi(n)}} < 1 \text{。}$$

再依§3-1 定理 22，當 $z \neq c$ 時，可得

$$\varlimsup_{n \to \infty} \left(\left| \frac{a_{n+1}(z-c)^{\varphi(n+1)}}{a_n(z-c)^{\varphi(n)}} \right| \right) \leq \varlimsup_{n \to \infty} \left(\left| z - c \right| \cdot \left| \frac{a_{n+1}}{a_n} \right|^{\frac{1}{\varphi(n+1) - \varphi(n)}} \right) < 1 \text{。}$$

依比值檢驗法（§8-2 定理 7），可知級數 $\sum_{n=0}^{\infty} a_n (z - c)^{\varphi(n)}$ 是絕對收斂級數。（當 $z = c$ 時，此級數自然是絕對收斂級數。）

另一方面，對於當⑵成立時的每個異於 c 的 $z \in C$ 以及當⑶成立時滿足

$$\left| z - c \right| > \left(\varliminf_{n \to \infty} \left| \frac{a_{n+1}}{a_n} \right|^{\frac{1}{\varphi(n+1) - \varphi(n)}} \right)^{-1}$$

的 $z \in \pmb{C}$ ，在這兩種情形中，前者滿足

$$\varliminf_{n \to \infty} \left(\left| z - c \right| \cdot \left| \frac{a_{n+1}}{a_n} \right|^{\frac{1}{\varphi(n+1) - \varphi(n)}} \right) = +\infty \quad ;$$

後者滿足

$$\varliminf_{n \to \infty} \left(\left| z - c \right| \cdot \left| \frac{a_{n+1}}{a_n} \right|^{\frac{1}{\varphi(n+1) - \varphi(n)}} \right) > 1 \quad 。$$

於是，不論是那一種情形，都可找到一個 $n_0 \in \pmb{N}$ 使得：當 $n \geq n_0$ 時，恆有

$$\left| z - c \right| \cdot \left| \frac{a_{n+1}}{a_n} \right|^{\frac{1}{\varphi(n+1) - \varphi(n)}} > 1 \quad 。$$

因為 $\varphi(n+1) - \varphi(n) \geq 1$ ，所以，得

$$\left| \frac{a_{n+1}(z-c)^{\varphi(n+1)}}{a_n(z-c)^{\varphi(n)}} \right| = \left| z - c \right|^{\varphi(n+1) - \varphi(n)} \cdot \left| \frac{a_{n+1}}{a_n} \right|$$

$$\geq \left| z - c \right| \cdot \left| \frac{a_{n+1}}{a_n} \right|^{\frac{1}{\varphi(n+1) - \varphi(n)}} > 1 \quad 。$$

依 §8-2 定理 16 (2)，可知級數 $\sum_{n=0}^{\infty} a_n(z-c)^{\varphi(n)}$ 發散。 ‖

【例 5】試判定冪級數 $\sum_{n=0}^{\infty}(8^n/(n+1))x^{3n+1}$ 的收斂範圍。

解：因為

$$\lim_{n \to \infty} \left| \frac{(8^{n+1}/(n+2))x^{3n+4}}{(8^n/(n+1))x^{3n+1}} \right| = \lim_{n \to \infty} \left| \frac{8(n+1)}{n+2} x^3 \right| = \left| 8x^3 \right| \text{ ,}$$

而 $\left| 8x^3 \right| < 1$ 的充要條件是 $|x| < 1/2$，所以，可知冪級數 $\sum_{n=0}^{\infty}(8^n/(n+1))x^{3n+1}$ 的收斂半徑為 $1/2$。

另一方面，若 $z \in \mathbf{C}$ 滿足 $|z| = 1/2$ 且 $8z^3 \neq 1$，則 $\left| 8z^3 \right| = 1$ 且 $8z^3 \neq 1$。仿例 1 應用 Dirichlet 檢驗法，可知級數 $\sum_{n=0}^{\infty}(8^n/(n+1))z^{3n+1}$ 收斂。

因此，冪級數 $\sum_{n=0}^{\infty}(8^n/(n+1))x^{3n+1}$ 的收斂範圍為

$$\{ z \in \mathbf{C} \mid |z| \leq 1/2 \} - \{ 1/2, (1/2)\omega, (1/2)\omega^2 \} \text{ ,}$$

其中，$\omega = \cos(2\pi/3) + i \sin(2\pi/3)$。 $\parallel$

乙、冪級數與各種運算

【定理 6】（冪級數與加、減法運算）

若冪級數 $\sum_{n=0}^{\infty} a_n(x-c)^n$ 與 $\sum_{n=0}^{\infty} b_n(x-c)^n$ 的收斂半徑分別為 r 與 s，r 與 s 為正數或 $+\infty$，且其和分別為 $f(x)$ 與 $g(x)$，亦即：

$$f(x) = \sum_{n=0}^{\infty} a_n(x-c)^n , \qquad |x-c| < r ;$$

$$g(x) = \sum_{n=0}^{\infty} b_n(x-c)^n , \qquad |x-c| < s ;$$

則冪級數 $\sum_{n=0}^{\infty}(a_n + b_n)(x-c)^n$ 與冪級數 $\sum_{n=0}^{\infty}(a_n - b_n)(x-c)^n$ 的收斂半徑至少等於 $\min\{r, s\}$，而且其和分別為 $f(x) + g(x)$ 與 $f(x) - g(x)$，亦即：

$$f(x) + g(x) = \sum_{n=0}^{\infty}(a_n + b_n)(x-c)^n , \qquad |x-c| < \min\{r, s\} ;$$

$$f(x) - g(x) = \sum_{n=0}^{\infty}(a_n - b_n)(x-c)^n , \qquad |x-c| < \min\{r, s\} .$$

依 §8-1 定理 1 (1)與(2)即得。 ∥

【定理 7】（冪級數與係數積）

若冪級數 $\sum_{n=0}^{\infty} a_n(x-c)^n$ 的收斂半徑為 r，r 為正數或 $+\infty$，且其和為 $f(x)$，亦即：

$$f(x) = \sum_{n=0}^{\infty} a_n(x-c)^n, \qquad |x-c| < r;$$

則對任意 $\alpha \in \mathbf{C}$，冪級數 $\sum_{n=0}^{\infty}(\alpha a_n)(x-c)^n$ 的收斂半徑至少等於 r，而且其和為 $\alpha f(x)$ 與，亦即：

$$\alpha f(x) = \sum_{n=0}^{\infty}(\alpha a_n)(x-c)^n, \qquad |x-c| < r。$$

依 §8-1 定理 1 (3)即得。 ∥

【定理 8】（冪級數與乘法運算）

若冪級數 $\sum_{n=0}^{\infty} a_n(x-c)^n$ 與 $\sum_{n=0}^{\infty} b_n(x-c)^n$ 的收斂半徑分別為 r 與 s，r 與 s 為正數或 $+\infty$，且其和分別為 $f(x)$ 與 $g(x)$，亦即：

$$f(x) = \sum_{n=0}^{\infty} a_n(x-c)^n, \qquad |x-c| < r;$$

$$g(x) = \sum_{n=0}^{\infty} b_n(x-c)^n, \qquad |x-c| < s;$$

則兩冪級數的 Cauchy 乘積是一個冪級數，其收斂半徑至少等於 $\min\{r,s\}$，而且其和為 $f(x)\,g(x)$，亦即：

$$f(x)\,g(x) = \sum_{n=0}^{\infty} \left(\sum_{k=0}^{n} a_k b_{n-k}\right)(x-c)^n, \qquad |x-c| < \min\{r,s\}。$$

對每個 $z \in \mathbf{C}$，$|z-c| < \min\{r,s\}$，可得 $|z-c| < r$ 且 $|z-c| < s$。於是，依定理 1，級數 $\sum_{n=0}^{\infty} a_n(z-c)^n$ 與 $\sum_{n=0}^{\infty} b_n(z-c)^n$ 都絕對收斂。依 Cauchy 定理（§8-3 定理 12），它們的 Cauchy 乘積

$$\sum_{n=0}^{\infty} \left(\sum_{k=0}^{n} a_k (z-c)^k \cdot b_{n-k} (z-c)^{n-k}\right) = \sum_{n=0}^{\infty} \left(\sum_{k=0}^{n} a_k b_{n-k}\right) (z-c)^n$$

也絕對收斂，且其和為 $f(z) g(z)$。 ‖

【定理 9】（冪級數與合成運算）

若冪級數 $\sum_{n=0}^{\infty} a_n (x-c)^n$ 與 $\sum_{n=0}^{\infty} b_n (y-d)^n$ 的收斂半徑分別為 r 與 s，r 與 s 為正數或 $+\infty$，且其和分別為 $f(x)$ 與 $g(y)$，亦即：

$$f(x) = \sum_{n=0}^{\infty} a_n (x-c)^n, \qquad |x-c| < r ;$$

$$g(y) = \sum_{n=0}^{\infty} b_n (y-d)^n, \qquad |y-d| < s ;$$

又設 $|f(c) - d| < s$，則必可找到一冪級數 $\sum_{n=0}^{\infty} d_n (x-c)^n$ 及一正數 t，$t \leq r$，使得該冪級數在 $\{z \in \mathbf{C} \mid |z-c| < t\}$ 上收斂於和函數 $g(f(x))$，亦即：

$$g(f(x)) = \sum_{n=0}^{\infty} d_n (x-c)^n, \qquad |x-c| < t 。$$

證：依定理 1，對每個 $x \in \mathbf{C}$，$|x-c| < r$，$\sum_{n=0}^{\infty} a_n (x-c)^n$ 是絕對收斂級數。其次，依後面的定理 13，可知 $x \mapsto \sum_{n=0}^{\infty} |a_n (x-c)^n|$ 是開集 $\{z \in \mathbf{C} \mid |z-c| < r\}$ 上的連續函數。因此，可得 $\lim_{x \to c} \sum_{n=1}^{\infty} |a_n (x-c)^n| = 0$。因為 $|a_0 - d| < s$，所以，根據上述極限式，必可以找到一個正數 t，$t \leq r$，使得：當 $|x-c| < t$ 時，恆有 $|a_0 - d| + \sum_{n=1}^{\infty} |a_n (x-c)^n| < s$。於是，當 $|x-c| < t$ 時，依定理 1，可知 $\sum_{m=0}^{\infty} |b_m| (|a_0 - d| + \sum_{n=1}^{\infty} |a_n (x-c)^n|)^m$ 是收斂級數。

對每個 $m \geq 2$，將冪級數 $(a_0 - d) + \sum_{n=1}^{\infty} a_n (x-c)^n$ 依 Cauchy 乘積的方法自乘 m 次，則所得冪級數必在 $\{z \in \mathbf{C} \mid |z-c| < r\}$ 中的每個點都絕對收斂，且其和為 $(f(x) - d)^m$。對每個 $m \geq 0$ 及每個 $x \in \mathbf{C}$，$|x-c| < t$，令

$$(f(x) - d)^m = \sum_{n=0}^{\infty} a_{mn} (x - c)^n , \qquad | x - c | < t \circ$$

因為

$$\left| f(x) - d \right| = \left| (a_0 - d) + \sum_{n=1}^{\infty} a_n (x - c)^n \right|$$

$$\leq \left| a_0 - d \right| + \sum_{n=1}^{\infty} \left| a_n (x - c)^n \right| < s ,$$

所以，可得

$$g(f(x)) = \sum_{m=0}^{\infty} b_m (f(x) - d)^m = \sum_{m=0}^{\infty} \sum_{n=0}^{\infty} b_m a_{mn} (x - c)^n \circ$$

依 §8-3 定理 27，只需證明級數 $\sum_{m=0}^{\infty} \sum_{n=0}^{\infty} \left| b_m a_{mn} (x - c)^n \right|$ 收斂，即可知逐次級數 $\sum_{n=0}^{\infty} \sum_{m=0}^{\infty} b_m a_{mn} (x - c)^n$ 絕對收斂而且其和等於 $g(f(x))$。於是，對每個 $n \geq 0$，因為級數 $\sum_{m=0}^{\infty} b_m a_{mn} (x - c)^n$ 收斂，所以，級數 $\sum_{m=0}^{\infty} b_m a_{mn}$ 收斂。令

$$d_n = \sum_{m=0}^{\infty} b_m a_{mn} ,$$

則得

$$g(f(x)) = \sum_{n=0}^{\infty} d_n (x - c)^n , \qquad | x - c | < t \circ$$

對每個 $x \in C$，$| x - c | < t$，為敘述方便起見，我們將冪級數 $(a_0 - d) + \sum_{n=1}^{\infty} a_n (x - c)^n$ 改寫成 $\sum_{n=0}^{\infty} \alpha_n (x - c)^n$，則對任意 $m \geq 2$ 及 $n \geq 2$，可得

$$a_{mn} = \sum_{k_1 + k_2 + \cdots + k_m = n} \alpha_{k_1} \alpha_{k_2} \cdots \alpha_{k_m} ,$$

$$\left| a_{mn} \right| \leq \sum_{k_1 + k_2 + \cdots + k_m = n} \left| \alpha_{k_1} \right| \left| \alpha_{k_2} \right| \cdots \left| \alpha_{k_m} \right| \circ \tag{*}$$

上述(*)式右端的數，就是將級數 $\left|a_0 - d\right| + \sum_{n=1}^{\infty}\left|a_n(x-c)^n\right|$ 依 Cauchy 乘積的方法自乘 m 次時 $\left|x-c\right|^n$ 項的係數。由此可知：對每個 $x \in C$，$\left|x-c\right| < t$，及每個 $m \geq 0$，恆有

$$\sum_{n=0}^{\infty}\left|a_{mn}(x-c)^n\right| \leq \left(\left|a_0 - d\right| + \sum_{n=1}^{\infty}\left|a_n(x-c)^n\right|\right)^m,$$

$$\sum_{n=0}^{\infty}\left|b_m a_{mn}(x-c)^n\right| \leq \left|b_m\right|\left(\left|a_0 - d\right| + \sum_{n=1}^{\infty}\left|a_n(x-c)^n\right|\right)^m.$$

因為 $\sum_{m=0}^{\infty}\left|b_m\right|\left(\left|a_0 - d\right| + \sum_{n=1}^{\infty}\left|a_n(x-c)^n\right|\right)^m$ 是收斂級數，所以，依比較檢驗法，可知 $\sum_{m=0}^{\infty}\sum_{n=0}^{\infty}\left|b_m a_{mn}(x-c)^n\right|$ 是收斂級數。 ‖

在定理 9 中，t 值的選取是為使得 $\left|a_0 - d\right| + \sum_{n=1}^{\infty}\left|a_n(x-c)^n\right| < s$，所以，若 $s = +\infty$，則可取 $t = r$。

【定理 10】（冪級數與除法運算）

若冪級數 $\sum_{n=0}^{\infty}a_n(x-c)^n$ 與 $\sum_{n=0}^{\infty}b_n(x-c)^n$ 的收斂半徑分別為 r 與 s，r 與 s 為正數或 $+\infty$，且其和分別為 $f(x)$ 與 $g(x)$，亦即：

$$f(x) = \sum_{n=0}^{\infty}a_n(x-c)^n, \qquad \left|x-c\right| < r;$$

$$g(x) = \sum_{n=0}^{\infty}b_n(x-c)^n, \qquad \left|x-c\right| < s;$$

又設 $g(c) = b_0 \neq 0$，則必可找到一個冪級數 $\sum_{n=0}^{\infty}d_n(x-c)^n$ 及一個正數 t，使得該冪級數在 $\{z \in C \mid \left|z-c\right| < t\}$ 上收斂於和函數 $f(x)/g(x)$，亦即：

$$\frac{f(x)}{g(x)} = \sum_{n=0}^{\infty}d_n(x-c)^n, \qquad \left|x-c\right| < t,$$

其中的 $\{d_n\}_{n=0}^{\infty}$ 求法如下：$d_0 = a_0/b_0$，而對每個 $n \in N$，恆有

$$d_n = \frac{1}{b_0} \cdot \left(a_n - \sum_{k=1}^{n}b_k d_{n-k}\right).$$

證：根據定理 8，定理前半段有關冪級數 $\sum_{n=0}^{\infty} d_n(x-c)^n$ 與正數 t 的存在性，只需考慮 $f(x)$ 是常數函數 1 的情形。令

$$h(y) = \frac{1}{y}, \qquad y \in C，y \neq 0。$$

因為 $b_0 \neq 0$，我們可將 $1/y$ 展開成以 b_0 為中心的冪級數如下：

$$h(y) = \frac{1}{y} = \frac{1/b_0}{1+(y-b_0)/b_0} = \sum_{n=0}^{\infty} \frac{(-1)^n}{b_0^{n+1}}(y-b_0)^n，\qquad |y-b_0| < |b_0|。$$

因為 $|g(c)-b_0| = 0 < |b_0|$，所以，依定理 9，必可找到一個冪級數 $\sum_{n=0}^{\infty} d_n(x-c)^n$ 及一個正數 t，使得

$$\frac{1}{g(x)} = h(g(x)) = \sum_{n=0}^{\infty} d_n(x-c)^n，\qquad |x-c| < t。$$

至於定理的後半段有關 $\{d_n\}_{n=0}^{\infty}$ 的求法，只需求兩冪級數 $\sum_{n=0}^{\infty} b_n(x-c)^n$ 與 $\sum_{n=0}^{\infty} d_n(x-c)^n$ 的 Cauchy 乘積，再根據後面的定理 19 與 $\sum_{n=0}^{\infty} a_n(x-c)^n$ 比較係數即可。 ‖

定理 10 中表示商 $f(x)/g(x)$ 的冪級數 $\sum_{n=0}^{\infty} d_n(x-c)^n$，其收斂半徑至少等於 $\min\{r, s, \rho\}$，其中的 r 與 s 分別是 $\sum_{n=0}^{\infty} a_n(x-c)^n$ 與 $\sum_{n=0}^{\infty} b_n(x-c)^n$ 的收斂半徑，ρ 則是 $\inf\{|z-c| \,|\, g(z) = 0\}$。不過，這項結果的證明，使用複變數函數論的相關性質才會比較方便，所以，在定理 10 中我們沒有證明這一點。

【例 6】已知冪級數 $\sum_{n=0}^{\infty} x^n/n!$ 的收斂半徑為 $+\infty$，其和函數為 e^x，亦即：

$$e^x = \sum_{n=0}^{\infty} \frac{x^n}{n!}。$$

依定理 6 與 7，可將雙曲正弦函數 sinh 與雙曲餘弦函數 cosh 表示成冪級數之和如下：

$$\sinh x = \frac{1}{2}(e^x - e^{-x}) = \frac{1}{2}(\sum_{n=0}^{\infty} \frac{x^n}{n!} - \sum_{n=0}^{\infty} \frac{(-x)^n}{n!}) = \frac{1}{2}\sum_{n=0}^{\infty} \frac{1-(-1)^n}{n!}x^n$$

$$= \sum_{n=0}^{\infty} \frac{x^{2n+1}}{(2n+1)!}, \qquad |x| < +\infty \;;$$

$$\cosh x = \frac{1}{2}(e^x + e^{-x}) = \frac{1}{2}(\sum_{n=0}^{\infty} \frac{x^n}{n!} + \sum_{n=0}^{\infty} \frac{(-x)^n}{n!}) = \frac{1}{2}\sum_{n=0}^{\infty} \frac{1+(-1)^n}{n!}x^n$$

$$= \sum_{n=0}^{\infty} \frac{x^{2n}}{(2n)!}, \qquad |x| < +\infty \; \circ \; \|$$

【例 7】已知冪級數 $\sum_{n=0}^{\infty} (-1)^n x^{2n+1}/(2n+1)!$ 與 $\sum_{n=0}^{\infty} (-1)^n x^{2n}/(2n)!$ 的收斂半徑都是 $+\infty$，其和函數分別為 $\sin x$ 與 $\cos x$，亦即：

$$\sin x = \sum_{n=0}^{\infty} \frac{(-1)^n x^{2n+1}}{(2n+1)!}, \qquad |x| < +\infty \;;$$

$$\cos x = \sum_{n=0}^{\infty} \frac{(-1)^n x^{2n}}{(2n)!}, \qquad |x| < +\infty \; \circ$$

依定理 8，兩冪級數的 Cauchy 乘積為

$$\sin x \cos x = \sum_{n=0}^{\infty} (\sum_{k=0}^{n} \frac{(-1)^k}{(2k+1)!} \frac{(-1)^{n-k}}{(2n-2k)!}) x^{2n+1}$$

$$= \sum_{n=0}^{\infty} (\frac{(-1)^n}{(2n+1)!} \sum_{k=0}^{n} \binom{2n+1}{2k+1}) x^{2n+1}$$

$$= \frac{1}{2} \sum_{n=0}^{\infty} \frac{(-1)^n 2^{2n+1}}{(2n+1)!} x^{2n+1}$$

$$= \frac{1}{2} \sin 2x, \qquad |x| < +\infty \; \circ \; \|$$

【例 8】設冪級數 $\sum_{n=0}^{\infty} (n+1)x^n$ 的和函數為 $g(x)$，試求出和函數為 $1/g(x)$ 的冪級數。

解：根據定理 10，設和函數為 $1/g(x)$ 的冪級數為 $\sum_{n=0}^{\infty} d_n x^n$，則

$$1 \cdot d_0 = 1 \;,$$

即 $d_0 = 1$，而且對每個 $n \in N$，可得

$$1 \cdot d_n + 2 \cdot d_{n-1} + \cdots + (n+1)\, d_0 = 0 \ \text{。}$$

令 $n = 1$，則 $d_1 = -2$。令 $n = 2$，則 $d_2 = -2d_1 - 3d_0 = 1$。令 $n = 3$，則

$$d_3 = -2d_2 - 3d_1 - 4d_0 = -2 + 6 - 4 = 0 \ \text{。}$$

設 $d_3 = d_4 = \cdots = d_n = 0$，則

$$d_{n+1} = -2d_n - 3d_{n-1} - \cdots - (n-1)\, d_3 - n\, d_2 - (n+1)\, d_1 - (n+2)\, d_0$$
$$= -n + 2(n+1) - (n+2) = 0 \ \text{。}$$

於是，所求的冪級數為 $\sum_{n=0}^{\infty} d_n x^n = 1 - 2x + x^2$。

此結果很容易驗證無誤，因為

$$1 + 2x + 3x^2 + \cdots + (n+1)x^n + \cdots = 1/(1-x)^2 \ , \ \left| x \right| < 1 \ ,$$

而其倒數為 $(1-x)^2$。 ‖

例 8 中的冪級數為 $\sum_{n=0}^{\infty} (n+1)\, x^n$，根據例 1，其收斂半徑為 1。因為和為 $1/(1-x)^2$，所以，其倒數 $(1-x)^2 = 1 - 2x + x^2$ 的收斂半徑為 $+\infty$。這現象可說明在定理 6、7 與 8 中，我們為什麼對和、差與積的收斂半徑都只能說「至少等於某數」的理由了。

定理 10 中所提 $\{ d_n \}_{n=0}^{\infty}$ 的求法，通常頗為麻煩。如果只要求得商的前面少數幾項，也可以直接使用（多項式）的長除法。

【例 9】利用例 7 中和函數為 $\sin x$ 與 $\cos x$ 的冪級數，我們可以使用長除法求得和函數為 $\tan x$ 的冪級數前三項如下：

$$\require{enclose}
\begin{array}{r}
x + \dfrac{x^3}{3} + \dfrac{2x^5}{15} + \cdots\cdots \\[2mm]
\end{array}$$

$$1 - \frac{x^2}{2} + \frac{x^4}{24} - \cdots\cdots \enclose{longdiv}{\quad x - \dfrac{x^3}{6} + \dfrac{x^5}{120} - \cdots\cdots}$$

$$x - \frac{x^3}{2} + \frac{x^5}{24} - \cdots\cdots$$

$$\frac{x^3}{3} - \frac{x^5}{30} + \cdots\cdots$$

$$\frac{x^3}{3} - \frac{x^5}{6} + \cdots\cdots$$

$$\frac{2x^5}{15} - \cdots\cdots \quad,$$

因此，得 $\tan x = x + \dfrac{x^3}{3} + \dfrac{2x^5}{15} + \cdots\cdots$。 ‖

下面的定理，乃是有關冪級數更換中心的問題。

【定理 11】（更換冪級數的中心）

若冪級數 $\sum_{n=0}^{\infty} a_n (x-c)^n$ 的收斂半徑為 r，r 為正數或 $+\infty$，而其和函數為 $f(x)$，亦即：

$$f(x) = \sum_{n=0}^{\infty} a_n (x-c)^n \,, \qquad |x-c| < r \,,$$

則對每個 $d \in C$，$|d-c| < r$，必可找到一個冪級數 $\sum_{m=0}^{\infty} b_m (x-d)^m$，使其和函數仍為 $f(x)$，而其收斂半徑 s 為正數或 $+\infty$，亦即：

$$f(x) = \sum_{m=0}^{\infty} b_m (x-d)^m \,, \qquad |x-d| < s \,。$$

證：選取一個正數 t 使得 $t + |d-c| < r$，則對每個 $z \in C$，$|z-d| < t$，恆有 $|z-d| + |d-c| < r$。因此，依定理 1，可知級數 $\sum_{n=0}^{\infty} |a_n| (|z-d| + |d-c|)^n$ 是收斂級數。又 $|z-c| \le |z-d|$

$+\left|d-c\right|<r$，所以，$\sum_{n=0}^{\infty}a_n(z-c)^n=f(z)$。

對每個 $n\geq 0$，可得

$$a_n(z-c)^n = a_n((d-c)+(z-d))^n$$
$$= \sum_{m=0}^{n}\binom{n}{m}a_n(d-c)^{n-m}(z-d)^m$$
$$= \sum_{m=0}^{\infty}\binom{n}{m}a_n(d-c)^{n-m}(z-d)^m。$$

上式最後一個等號成立，是因為當 $n<m$ 時，對應的二項式係數定義為 0。因為中心為 d 且和為 $a_n(z-c)^n$ 的冪級數只有有限多項不為 0，所以，它是絕對收斂級數，而且

$$\sum_{m=0}^{\infty}\left|\binom{n}{m}a_n(d-c)^{n-m}(z-d)^m\right| = \sum_{m=0}^{n}\binom{n}{m}\left|a_n\right|\left|d-c\right|^{n-m}\left|z-d\right|^m$$
$$= \left|a_n\right|(\left|z-d\right|+\left|d-c\right|)^n。$$

因為級數 $\sum_{n=0}^{\infty}\left|a_n\right|(\left|z-d\right|+\left|d-c\right|)^n$ 收斂，所以，依上述等式可知行逐次級數 $\sum_{n=0}^{\infty}\sum_{m=0}^{\infty}\binom{n}{m}a_n(d-c)^{n-m}(z-d)^m$ 收斂。依 §8-3 定理 27，可知列逐次級數 $\sum_{m=0}^{\infty}\sum_{n=0}^{\infty}\binom{n}{m}a_n(d-c)^{n-m}(z-d)^m$ 絕對收斂，其和等於 $f(z)$。對每個非負整數 m，因為級數 $\sum_{n=0}^{\infty}\binom{n}{m}a_n(d-c)^{n-m}(z-d)^m$ 收斂，所以，級數 $\sum_{n=0}^{\infty}\binom{n}{m}a_n(d-c)^{n-m}$ 也收斂，令

$$b_m = \sum_{n=0}^{\infty}\binom{n}{m}a_n(d-c)^{n-m} = \sum_{n=m}^{\infty}\binom{n}{m}a_n(d-c)^{n-m}，$$

則級數 $\sum_{m=0}^{\infty}b_m(z-d)^m$ 收斂，且其和為 $f(z)$。請注意：每個 b_m 都與 z 無關。

因為冪級數 $\sum_{m=0}^{\infty}b_m(x-d)^m$ 的收斂範圍包含了開集 $\{z\in C \mid \left|z-d\right|<t\}$，所以，其收斂半徑 s 為正數或 $+\infty$。∥

請注意：定理 11 中更換中心的冪級數 $\sum_{m=0}^{\infty}b_m(x-d)^m$，其收斂

範圍不一定包含在原冪級數的收斂範圍之內，且看下例。

【例 10】冪級數 $\sum_{n=0}^{\infty} x^n$ 的收斂半徑為 1，而其和函數為 $1/(1-x)$。
若將中心更換為 $-(1/2)$，則得

$$\frac{1}{1-x} = \frac{1}{3/2 - (x+1/2)} = \frac{2/3}{1 - 2/3(x+1/2)}$$

$$= \sum_{n=0}^{\infty} \left(\frac{2}{3}\right)^{n+1} \left(x + \frac{1}{2}\right)^n。$$

此冪級數的收斂半徑為 $3/2$，其收斂範圍包含了區間 $(-2, -1]$，而此
區間卻不在冪級數 $\sum_{n=0}^{\infty} x^n$ 的收斂範圍內。 ‖

丙、冪級數與連續、積分、微分的關係

在本節中，我們將討論冪級數的和函數所具有的一些良好性質，
首先說明冪級數與均勻收斂的關係。

【定理 12】（冪級數與均勻收斂）

若冪級數 $\sum_{n=0}^{\infty} \alpha_n (x-c)^n$ 的收斂半徑 r 為正數或 $+\infty$，則此冪級
數在集合 $\{z \in C \mid |z-c| < r\}$ 的每個緊緻子集上都均勻收斂。

證：設 K 是 $\{z \in C \mid |z-c| < r\}$ 的一個緊緻子集，令
$s = \sup \{|z-c| \mid z \in K\}$。因為 K 是緊緻集，所以，必可找到一個
$z_0 \in K$ 使得 $|z_0 - c| = s$。因為 $z_0 \in K$，所以，$s = |z_0 - c| < r$。依定
理 1，可知級數 $\sum_{n=0}^{\infty} |a_n| s^n$ 收斂。因為每個非負整數 n 及每個 $x \in K$
都滿足 $|a_n (x-c)^n| \leq |a_n| s^n$ 而且級數 $\sum_{n=0}^{\infty} |\alpha_n| s^n$ 收斂，所以，依
Weierstrass M-檢驗法，可知冪級數在 K 上均勻收斂。 ‖

利用定理 12 的結果，我們可以討論冪級數之和函數的良好性質。

【定理 13】（冪級數與連續性）

若冪級數 $\sum_{n=0}^{\infty} a_n (x-c)^n$ 的收斂半徑 r 為正數或 $+\infty$，而和函數

為 $f(x)$，則 f 是開集 $\{z \in \mathbf{C} \mid |z-c| < r\}$ 上的連續函數。

證：對於集合 $\{z \in \mathbf{C} \mid |z-c| < r\}$ 中的任意點 x_0，因為 $|x_0 - c| < r$，所以，可選取一個正數 s 使得 $|x_0 - c| < s < r$。依定理 12，可知冪級數 $\sum_{n=0}^{\infty} a_n (x-c)^n$ 在緊緻集 $K = \{z \in \mathbf{C} \mid |z-c| \leq s\}$ 上均勻收斂於和函數 $f(x)$。因為此冪級數的各項 $a_n (x-c)^n$ 都在 K 上連續，所以，依 §9-1 定理 5，函數 $f|_K$ 在 K 上連續。因為 $x_0 \in K$，所以，函數 $f|_K$ 在點 x_0 連續。因為 x_0 是 K 的內點，所以，函數 f 在點 x_0 連續。 ‖

【定理 14】（冪級數與 Riemann 積分）

若冪級數 $\sum_{n=0}^{\infty} a_n (x-c)^n$ 的收斂半徑 r 為正數或 $+\infty$，而和函數為 $f(x)$，又設 $c \in \mathbf{R}$，則對每個 $x \in \mathbf{R}$，$|x-c| < r$，恆有

$$\int_c^x f(t)\, dt = \sum_{n=0}^{\infty} \frac{a_n}{n+1} (x-c)^{n+1} ,$$

而且上式右端的收斂半徑也等於 r。

證：因為冪級數 $\sum_{n=0}^{\infty} a_n (x-c)^n$ 在緊緻子集 $[c \wedge x, c \vee x]$ 上均勻收斂於和函數 $f(x)$，而且冪級數的各項 $a_n (x-c)^n$ 都在 $[c \wedge x, c \vee x]$ 上可 Riemann 積分，所以，依 §9-1 定理 7，可得

$$\int_c^x f(t)\, dt = \sum_{n=0}^{\infty} \int_c^x a_n (t-c)^n \, dt = \sum_{n=0}^{\infty} \frac{a_n}{n+1} (x-c)^{n+1} 。$$

另一方面，因為 $\lim_{n \to \infty} \sqrt[n]{1/(n+1)} = 1$，所以，依 §3-1 定理 24，可得

$$\overline{\lim_{n \to \infty}} \sqrt[n]{|a_n|/(n+1)} = \left(\lim_{n \to \infty} \sqrt[n]{1/(n+1)} \right) \left(\overline{\lim_{n \to \infty}} \sqrt[n]{|a_n|} \right)$$
$$= \overline{\lim_{n \to \infty}} \sqrt[n]{|a_n|} 。$$

因此，冪級數 $\sum_{n=0}^{\infty} a_n (x-c)^n$ 與冪級數 $\sum_{n=0}^{\infty} (a_n/(n+1)) (x-c)^{n+1}$ 的收斂半徑相同。 ‖

【定理 15】（冪級數與微分）

若冪級數 $\sum_{n=0}^{\infty} a_n (x-c)^n$ 的收斂半徑 r 為正數或 $+\infty$，而和函數為 $f(x)$，又設 $c \in \mathbf{R}$，則對每個 $x \in \mathbf{R}$，$|x-c| < r$，恆有

$$f'(x) = \sum_{n=1}^{\infty} n\, a_n (x-c)^{n-1} ,$$

而且上式右端的收斂半徑也等於 r。

證：因為 $\lim_{n \to \infty} \sqrt[n]{n} = 1$，所以，依 §3-1 定理 24，可得

$$\varlimsup_{n \to \infty} \sqrt[n]{|n\, a_n|} = \left(\lim_{n \to \infty} \sqrt[n]{n} \right) \left(\varlimsup_{n \to \infty} \sqrt[n]{|a_n|} \right) = \varlimsup_{n \to \infty} \sqrt[n]{|a_n|} 。$$

由此可知：冪級數 $\sum_{n=0}^{\infty} a_n (x-c)^n$ 與冪級數 $\sum_{n=1}^{\infty} n\, a_n (x-c)^{n-1}$ 的收斂半徑相同。

對每個 $x \in \mathbf{R}$，$|x-c| < r$，選取一個正數 s 使得 $|x-c| < s < r$，則冪級數 $\sum_{n=0}^{\infty} a_n (x-c)^n$ 與冪級數 $\sum_{n=1}^{\infty} n\, a_n (x-c)^{n-1}$ 都在緊緻集 $[c \wedge x, c \vee x]$ 上均勻收斂。依 §9-1 定理 9，可得

$$f'(x) = \sum_{n=1}^{\infty} n\, a_n (x-c)^{n-1} 。 \;\|$$

定理 14 與定理 15 中的結果，可用來計算一些冪級數的和函數。

【例 11】冪級數 $\sum_{n=0}^{\infty} x^n$ 的收斂半徑為 1，而且

$$\frac{1}{1-x} = \sum_{n=0}^{\infty} x^n = 1 + x + x^2 + \cdots\cdots , \qquad |x| < 1 。 \qquad (*)$$

將(*)式反覆運用定理 15，並除以適當的係數，即得

$$\frac{1}{(1-x)^2} = \sum_{n=1}^{\infty} n\, x^{n-1} = 1 + 2x + 3x^2 + \cdots\cdots , \qquad |x| < 1 。$$

$$\frac{1}{(1-x)^3} = \sum_{n=2}^{\infty} \frac{n(n-1)}{2} x^{n-2} = 1 + 3x + 6x^2 + \cdots\cdots , \qquad |x| < 1 。$$

一般而言，對每個 $k \geq 0$ 及每個 $x \in R$，$|x| < 1$，恆有

$$\frac{1}{(1-x)^{k+1}} = \sum_{n=k}^{\infty} \frac{n(n-1)\cdots(n-k+1)}{k!} x^{n-k}$$

$$= \sum_{n=0}^{\infty} \frac{(n+k)(n+k-1)\cdots(n+1)}{k!} x^{n}$$

$$= \sum_{n=0}^{\infty} \binom{n+k}{k} x^{n} \quad \circ$$

另一方面，將(*)式運用定理 14，即得

$$-\ln(1-x) = \sum_{n=0}^{\infty} \frac{x^{n+1}}{n+1} = x + \frac{x^2}{2} + \frac{x^3}{3} + \cdots\cdots, \qquad |x| < 1 \circ$$

將 x 以 $-x$ 代替，即得

$$\ln(1+x) = \sum_{n=0}^{\infty} \frac{(-1)^n x^{n+1}}{n+1} = x - \frac{x^2}{2} + \frac{x^3}{3} - \cdots\cdots, \qquad |x| < 1 \circ$$

這個冪級數是 Nicolas Mercator 與 William Brouncker 在西元 1668 年所得的**對數級數**。‖

【例 12】冪級數 $\sum_{n=0}^{\infty}(-1)^n x^{2n}$ 的收斂半徑為 1，而且

$$\frac{1}{1+x^2} = \sum_{n=0}^{\infty} (-1)^n x^{2n} = 1 - x^2 + x^4 - \cdots\cdots, \qquad |x| < 1 \circ$$

將上式運用定理 14，即得

$$\tan^{-1}x = \sum_{n=0}^{\infty} \frac{(-1)^n x^{2n+1}}{2n+1} = x - \frac{x^3}{3} + \frac{x^5}{5} - \cdots\cdots, \qquad |x| < 1 \circ$$

這個級數是 James Gregory（1638　1675，英國人）最先提出的，因此稱為 **Gregory 級數**。‖

在例 11 中，我們求得冪級數 $\sum_{n=0}^{\infty}(-1)^n x^{n+1}/(n+1)$ 在 $(-1, 1)$ 內

每個 x 的和都等於 $\ln(1+x)$。另一方面，依 §8-2 例 15，此冪級數在 $x=1$ 時也收斂，其和為 $\ln 2$，此值恰好也是和函數 $\ln(1+x)$ 在 $x=1$ 時的值。在例 12 中，我們知道冪級數 $\sum_{n=0}^{\infty}(-1)^n x^{2n+1}/(2n+1)$ 在 $(-1,1)$ 內每個 x 的和都等於 $\tan^{-1}x$。另一方面，依 §8-3 定理 2，此冪級數在 $x=1$ 時的級數 $\sum_{n=0}^{\infty}(-1)^n/(2n+1)$ 也是收斂級數，它的和是否等於函數 $\tan^{-1}x$ 在 $x=1$ 時的值 $\pi/4$ 呢？關於這個問題，有個重要定理，我們寫出於下。

【定理 16】（Abel 極限定理）

設冪級數 $\sum_{n=0}^{\infty}a_n(x-c)^n$ 的收斂半徑 r 為正數，而其和為 $f(x)$，亦即：

$$f(x)=\sum_{n=0}^{\infty}a_n(x-c)^n，\qquad |x-c|<r。$$

若 $\sum_{n=0}^{\infty}a_n(x-c)^n$ 在圓 $|x-c|=r$ 上某一點 $c+re^{i\theta}$ 收斂，其中 θ 為一固定實數，則其和等於 $\lim_{t\to r-}f(c+te^{i\theta})$，亦即：

$$\sum_{n=0}^{\infty}a_n(re^{i\theta})^n=\lim_{t\to r-}f(c+te^{i\theta})。$$

上述右端乃是：點 x 沿著 c 與 $c+re^{i\theta}$ 所連線段趨近 $c+re^{i\theta}$ 時 $f(x)$ 的極限。

證：因為 $\sum_{n=0}^{\infty}a_n(re^{i\theta})^n$ 為一收斂級數，而且對每個 $n\geq 0$ 及每個 $t\in[0,r]$，恆有 $0\leq(t/r)^{n+1}\leq(t/r)^n\leq 1$，所以，依 Abel 檢驗法或 Hardy 檢驗法，可知函數項級數 $\sum_{n=0}^{\infty}a_n(re^{i\theta})^n(t/r)^n$ 或 $\sum_{n=0}^{\infty}a_n(te^{i\theta})^n$ 在 $[0,r]$ 上均勻收斂。依 §9-1 定理 6，可得

$$\lim_{t\to r-}\sum_{n=0}^{\infty}a_n(te^{i\theta})^n=\sum_{n=0}^{\infty}\left(\lim_{t\to r-}a_n(te^{i\theta})^n\right)=\sum_{n=0}^{\infty}a_n(re^{i\theta})^n。\qquad(*)$$

另一方面，當 $t\in[0,r)$ 時，$|(c+te^{i\theta})-c|=t<r$，所以，得

$$f(c + te^{i\theta}) = \sum_{n=0}^{\infty} a_n (c + te^{i\theta} - c)^n = \sum_{n=0}^{\infty} a_n (te^{i\theta})^n \text{ 。}$$

因此，上述(*)式可寫成

$$\lim_{t \to c-} f(c + te^{i\theta}) = \sum_{n=0}^{\infty} a_n (re^{i\theta})^n \text{ 。 } \|$$

根據定理 16 及例 12，可得

$$1 - \frac{1}{3} + \frac{1}{5} - \frac{1}{7} + \cdots = \sum_{n=0}^{\infty} \frac{(-1)^n}{2n+1} = \frac{\pi}{4} \text{ 。}$$

【例 13】試證：$1 - \dfrac{1}{4} + \dfrac{1}{7} - \dfrac{1}{10} + \cdots + \dfrac{(-1)^n}{3n+1} + \cdots = \dfrac{1}{3}\ln 2 + \dfrac{\pi}{3\sqrt{3}}$ 。

證：我們先考慮冪級數 $\sum_{n=0}^{\infty} (-1)^n x^{3n}$ 。顯然地，其收斂半徑為 1，而和函數為 $(1 + x^3)^{-1}$，亦即：

$$\frac{1}{1 + x^3} = \sum_{n=0}^{\infty} (-1)^n x^{3n} = 1 - x^3 + x^6 - x^9 + \cdots , \qquad |x| < 1 \text{ 。}$$

將上式運用定理 14，即得

$$\int_0^x \frac{1}{1 + t^3} \, dt = x - \frac{x^4}{4} + \frac{x^7}{7} - \frac{x^{10}}{10} + \cdots + \frac{(-1)^n x^{3n+1}}{3n+1} + \cdots , \quad |x| < 1 \text{ 。}$$

因為 $\{1/(3n+1)\}_{n=0}^{\infty}$ 為一個收斂於 0 的遞減數列，所以，依§8-3 定理 2，可知級數 $\sum_{n=0}^{\infty} (-1)^n/(3n+1)$ 是收斂的交錯級數。依 Abel 極限定理，可知

$$\sum_{n=0}^{\infty} \frac{(-1)^n}{3n+1} = \lim_{x \to 1-} \int_0^x \frac{1}{1 + t^3} \, dt \text{ 。}$$

另一方面，上述右端的積分可計算如下：

$$\int_0^x \frac{1}{1 + t^3} \, dt = \int_0^x \frac{1}{3(1+t)} \, dt - \int_0^x \frac{t-2}{3(1 - t + t^2)} \, dt$$

$$= \frac{1}{3} \ln (1 + x) - \frac{1}{6} \ln (1 - x + x^2)$$

$$+ \frac{1}{\sqrt{3}} \left(\tan^{-1} \frac{2}{\sqrt{3}} (x - \frac{1}{2}) + \frac{\pi}{6} \right) \text{ 。}$$

於是，可得

$$\sum_{n=0}^{\infty} \frac{(-1)^n}{3n+1} = \frac{1}{3} \ln 2 + \frac{\pi}{3\sqrt{3}} \text{ 。 } \|$$

　　Abel 極限定理的逆敘述不成立。例如：冪級數 $\sum_{n=0}^{\infty} (-1)^n x^n$ 的收斂半徑為 1，其和函數為 $(1+x)^{-1}$。和函數在 $x=1$ 的極限 $\lim_{x \to 1} (1+x)^{-1}$ 存在，但級數 $\sum_{n=0}^{\infty} (-1)^n$ 卻不是收斂級數。由此可見：由 $\lim_{x \to r-} (\sum_{n=0}^{\infty} a_n x^n)$ 存在要保證級數 $\sum_{n=0}^{\infty} a_n r^n$ 收斂，通常還需要其他的性質。這種形式的定理通稱為 Tauber 型定理（Tauberian theorems），它們大都相當深奧、也不容易證明，不過，這類定理卻很有用。下面的定理 17 是 Alfred Tauber（1866～1947，德國人）在 1897 年所證明的、它可以看成 Abel 極限定理的一個部分逆定理。

【定理 17】（Tauber 第一定理）

　　設冪級數 $\sum_{n=0}^{\infty} a_n x^n$ 的收斂半徑為 1，而其和為 $f(x)$。若 $\lim_{x \to 1-} f(x) = s$ 且 $\lim_{n \to \infty} n a_n = 0$，則級數 $\sum_{n=0}^{\infty} a_n$ 收斂且其和為 s。

證：首先，由 $\lim_{n \to \infty} n a_n = 0$ 可知 $\lim_{n \to \infty} n |a_n| = 0$。對每個 $n \in N$，令

$$\sigma_n = \frac{1}{n} \sum_{k=1}^{n} k a_k \text{ ，}$$

則依 §3-1 練習題 29，可知 $\lim_{n \to \infty} \sigma_n = 0$。對每個 $n \in N$，令 $x_n = 1 - 1/n$，則由 $\lim_{x \to 1-} f(x) = s$ 可得 $\lim_{n \to \infty} f(x_n) = s$。

　　設 ε 為任意正數，因為上述三個極限式成立，所以，可找到一個

$n_0 \in N$ 使得：當 $n \geq n_0$ 時，恆有

$$\left| f(x_n) - s \right| < \frac{\varepsilon}{3}, \quad \left| \sigma_n \right| < \frac{\varepsilon}{3}, \quad n \left| a_n \right| < \frac{\varepsilon}{3}。$$

於是，當 $n \geq n_0$ 時，可得

$$\left| \sum_{k=0}^{n} a_k - s \right| = \left| \sum_{k=0}^{n} a_k - \sum_{k=0}^{\infty} a_k x_n^k + f(x_n) - s \right|$$

$$\leq \left| \sum_{k=0}^{n} a_k (1 - x_n^k) \right| + \left| -\sum_{k=n+1}^{\infty} a_k x_n^k \right| + \left| f(x_n) - s \right|$$

$$< (1 - x_n) \sum_{k=0}^{n} \left| a_k \right| (1 + x_n + \cdots + x_n^{k-1}) + \sum_{k=n+1}^{\infty} \left| a_k \right| x_n^k + \frac{\varepsilon}{3}$$

$$< \frac{1}{n} \sum_{k=0}^{n} k \left| a_k \right| + \frac{\varepsilon}{3n} \cdot \frac{x_n^{n+1}}{1 - x_n} + \frac{\varepsilon}{3}$$

$$< \sigma_n + \frac{\varepsilon}{3n} \cdot \frac{1}{1/n} + \frac{\varepsilon}{3}$$

$$< \varepsilon。$$

由此可知：級數 $\sum_{n=0}^{\infty} a_n$ 收斂且其和為 s。 ‖

　　本節的最後一段，我們要討論冪級數係數的唯一性，先看一個引理。

【定理 18】（一個有用的極限式）

　　設冪級數 $\sum_{n=0}^{\infty} a_n (x - c)^n$ 的收斂半徑為正數或 $+\infty$，而其和函數為 $f(x)$，則對每個非負整數 m，恆有

$$\lim_{x \to c} \frac{f(x) - a_0 - a_1(x - c) - \cdots - a_m(x - c)^m}{(x - c)^{m+1}} = a_{m+1}。$$

證：考慮冪級數 $\sum_{n=0}^{\infty} a_{n+m+1} (x - c)^n$。因為

$$\varlimsup_{x \to \infty} \sqrt[n]{\left| a_{n+m+1} \right|} = \varlimsup_{x \to \infty} \sqrt[n+m+1]{\left| a_{n+m+1} \right|} = \varlimsup_{x \to \infty} \sqrt[n]{\left| a_n \right|},$$

所以，冪級數 $\sum_{n=0}^{\infty} a_{n+m+1}(x-c)^n$ 與冪級數 $\sum_{n=0}^{\infty} a_n(x-c)^n$ 的收斂半徑相同，設收斂半徑為 r。若冪級數 $\sum_{n=0}^{\infty} a_{n+m+1}(x-c)^n$ 的和函數為 $g(x)$，則可知函數 g 在點 c 連續。因此，$\lim_{x \to c} g(x) = g(c) = a_{m+1}$。另一方面，當 $0 < |x-c| < r$ 時，

$$\frac{1}{(x-c)^{m+1}}\left(f(x) - \sum_{n=0}^{m} a_n(x-c)^n \right) = \sum_{n=0}^{\infty} a_{n+m+1}(x-c)^n = g(x) \, ,$$

由此可知所欲證的極限式成立。 ‖

【定理 19】（冪級數之係數的唯一性）

設冪級數 $\sum_{n=0}^{\infty} a_n(x-c)^n$ 與 $\sum_{n=0}^{\infty} b_n(x-c)^n$ 的收斂半徑分別為 r 與 s，r 與 s 為正數或 $+\infty$，而其和函數分別為 $f(x)$ 與 $g(x)$，亦即：

$$f(x) = \sum_{n=0}^{\infty} a_n(x-c)^n \, , \qquad |x-c| < r \, ;$$

$$g(x) = \sum_{n=0}^{\infty} b_n(x-c)^n \, , \qquad |x-c| < s \, 。$$

若存在一個由不同元素所成且收斂於 c 的點列 $\{x_m\}_{m=1}^{\infty}$ 使得：對每個 $m \in N$，恆有 $f(x_m) = g(x_m)$，則對每個非負整數 n，恆有 $a_n = b_n$。因此，這兩個冪級數相同。

證：我們可以假設每個 x_m 都不等於 c。

因為函數 f 與 g 在點 c 連續，而且 $\lim_{m \to \infty} x_m = c$，所以，可得

$$a_0 = f(c) = \lim_{m \to \infty} f(x_m) = \lim_{m \to \infty} g(x_m) = g(c) = b_0 \, 。$$

其次，假設我們已證得 $a_0 = b_0$，$a_1 = b_1$，$\cdots$，$a_n = b_n$。考慮下列兩冪級數：

$$h(x) = \sum_{p=0}^{\infty} a_{p+n+1}(x-c)^p \, , \quad k(x) = \sum_{p=0}^{\infty} b_{p+n+1}(x-c)^p \, ,$$

它們的收斂半徑分別為 r 與 s。依歸納假設，對每個 $m \in N$，可得

$$h(x_m) = \frac{1}{(x_m - c)^{n+1}}\left(f(x_m) - \sum_{r=0}^{n} a_r(x_m - c)^r \right)$$

$$= \frac{1}{(x_m - c)^{n+1}}\left(g(x_m) - \sum_{r=0}^{n} b_r(x_m - c)^r \right) = k(x_m) \, \circ$$

因為函數 h 與 k 在點 c 連續，所以，依定理 18，可得

$$a_{n+1} = \lim_{x \to c} h(x) = \lim_{m \to \infty} h(x_m) = \lim_{m \to \infty} k(x_m) = \lim_{x \to c} k(x) = b_{n+1} \, \circ$$

於是，依數學歸納法，可知：對每個非負整數 n，恆有 $a_n = b_n$。∥

【例 14】在例 10 中，我們將冪級數 $\sum_{n=0}^{\infty} x^n$ 更換以 $-(1/2)$ 為中心，而得

$$\sum_{n=0}^{\infty} x^n = \frac{1}{1-x} = \sum_{n=0}^{\infty} \left(\frac{2}{3}\right)^{n+1}\left(x + \frac{1}{2}\right)^n \, \circ$$

例 10 中的做法是根據等比級數的原理，此外，我們也可以根據定理 11 的證明所引用的二項式定理，說明如下：

$$\sum_{n=0}^{\infty} x^n = \sum_{n=0}^{\infty}\left(-\frac{1}{2} + \left(x + \frac{1}{2}\right) \right)^n = \sum_{n=0}^{\infty} \sum_{m=0}^{n} \binom{n}{m}\left(-\frac{1}{2}\right)^{n-m}\left(x + \frac{1}{2}\right)^m$$

$$= \sum_{m=0}^{\infty}\left(\sum_{n=m}^{\infty} \binom{n}{m}\left(-\frac{1}{2}\right)^{n-m} \right)\left(x + \frac{1}{2}\right)^m \, \circ$$

由此可知：當 $|x| < 1$ 時，可得

$$\sum_{m=0}^{\infty} \left(\frac{2}{3}\right)^{m+1}\left(x + \frac{1}{2}\right)^m = \sum_{m=0}^{\infty}\left(\sum_{n=m}^{\infty} \binom{n}{m}\left(-\frac{1}{2}\right)^{n-m} \right)\left(x + \frac{1}{2}\right)^m \, \circ$$

依定理 18，可知：對每個非負整數 m，恆有

$$\sum_{n=m}^{\infty} \binom{n}{m}\left(-\frac{1}{2}\right)^{n-m} = \left(\frac{2}{3}\right)^{m+1} \quad，或$$

$$\sum_{n=0}^{\infty} \binom{n+m}{m} \left(-\frac{1}{2}\right)^n = \left(\frac{2}{3}\right)^{m+1} \quad \circ$$

請注意：上述級數的和也可利用§9-3 例 8 的二項式級數求得。 ‖

練習題 9－2

在第 1-16 題中，試求各冪級數的收斂半徑。

1. $\displaystyle\sum_{n=1}^{\infty} n\, x^n$

2. $\displaystyle\sum_{n=1}^{\infty} \frac{1}{n(n+1)} x^n$

3. $\displaystyle\sum_{n=1}^{\infty} n^n x^n$ 。

4. $\displaystyle\sum_{n=1}^{\infty} \frac{(n!)^2}{(2n)!} x^n$ 。

5. $\displaystyle\sum_{n=1}^{\infty} \frac{n!}{(2n+1)!} x^n$ 。

6. $\displaystyle\sum_{n=1}^{\infty} \frac{3^n + (-2)^n}{n} x^n$ 。

7. $\displaystyle\sum_{n=1}^{\infty} \frac{n^n}{n!} x^n$ 。

8. $\displaystyle\sum_{n=1}^{\infty} \frac{n!}{n^n} x^n$ 。

9. $\displaystyle\sum_{n=2}^{\infty} \frac{1}{\ln n} x^n$ 。

10. $\displaystyle\sum_{n=1}^{\infty} \frac{1}{n^{\sqrt{n}}} x^n$ 。

11. $\displaystyle\sum_{n=1}^{\infty} \frac{1}{e^n} x^{2n+1}$ 。

12. $\displaystyle\sum_{n=0}^{\infty} \frac{1}{2^n} x^{n^2}$ 。

13. $\displaystyle\sum_{n=2}^{\infty} \frac{(1+2\cos(n\pi/2))^n}{\ln n} x^n$ 。

14. $\displaystyle\sum_{n=1}^{\infty} \frac{(3+(-1)^{n+1})^n}{n} x^n$ 。

15. $\displaystyle\sum_{n=0}^{\infty} \left(\frac{1}{n!} \cdot 2^{n/2} \cdot \sin\frac{n\pi}{4}\right) x^n$ 。

16. $\displaystyle\sum_{n=1}^{\infty} \left(1 + \frac{1}{2} + \cdots + \frac{1}{n}\right) x^n$ 。

在第 17-22 題中，試求各函數項級數在實數線上的收斂範圍。

17. $\displaystyle\sum_{n=1}^{\infty} \frac{(-1)^{n+1}}{n} x^n$ 。

18. $\displaystyle\sum_{n=0}^{\infty} \frac{n+1}{2^{n+1}} x^n$ 。

19. $\displaystyle\sum_{n=1}^{\infty} \frac{1}{n^{\sqrt{n}}} x^n$ 。

20. $\displaystyle\sum_{n=1}^{\infty} \frac{(3+(-1)^{n+1})^n}{n} x^n$ 。

21. $\displaystyle\sum_{n=0}^{\infty} \frac{1}{2n+1} \left(\frac{x-1}{x+1}\right)^n$ 。

22. $\displaystyle\sum_{n=1}^{\infty} \frac{1}{x^n} \sin\frac{\pi}{2^n}$ 。

在第 23-28 題中，試求各冪級數的和函數及收斂半徑。

23. $\displaystyle\sum_{n=0}^{\infty} \frac{1}{2n+1} x^{2n+1}$ 。

24. $\displaystyle\sum_{n=1}^{\infty} n\, x^n$ 。

25. $\displaystyle\sum_{n=1}^{\infty} \frac{(-1)^{n-1}}{(2n-1)(2n+1)} x^{2n+1}$ 。

26. $\displaystyle\sum_{n=1}^{\infty} \frac{(3+(-1)^{n+1})^n}{n} x^n$ 。

27. $\displaystyle\sum_{n=0}^{\infty} \frac{1}{n(n+1)} x^n$ 。

28. $x + \dfrac{x^3}{3} - \dfrac{x^5}{5} - \dfrac{x^7}{7} + + - - \cdots$ 。

在第 29-32 題中，試求各級數之和。

29. $\displaystyle\sum_{n=0}^{\infty} \frac{n+1}{2^n}$ 。

30. $\displaystyle\sum_{n=0}^{\infty} \frac{(n+1)(n+2)}{2^{n+1}}$ 。

31. $\displaystyle\sum_{n=0}^{\infty} \binom{n+m}{n}\left(\frac{2}{3}\right)^n$ ， $m \in N$ 。

32. $\displaystyle\sum_{n=1}^{\infty} \frac{2n-1}{2^n}$ 。

33. 設冪級數 $\sum_{n=0}^{\infty} a_n x^n$ 的收斂半徑為正數 r，而其和函數為 $f(x)$。試證：若級數 $\sum_{n=0}^{\infty}(a_n/(n+1))r^{n+1}$ 收斂，則不論 $\sum_{n=0}^{\infty} a_n r^n$ 是否收斂，恆有

$$\int_0^r f(x)\, dx = \sum_{n=0}^{\infty} \frac{a_n}{n+1} r^{n+1} 。$$

請注意：上式左端為瑕積分。

34.若 $\sum_{n=0}^{\infty} a_n$ 是一個發散的正項級數，而且冪級數 $\sum_{n=0}^{\infty} a_n x^n$ 的收斂半徑為 1，試證：$\lim_{x \to 1-} (\sum_{n=0}^{\infty} a_n x^n) = +\infty$。

35.設 $\{a_n\}_{n=0}^{\infty}$ 的各項都是非負實數，而且冪級數 $\sum_{n=0}^{\infty} a_n x^n$ 的收斂半徑為 1。若 $\lim_{x \to 1-} (\sum_{n=0}^{\infty} a_n x^n) = s$，$s \in \mathbf{R}$，則級數 $\sum_{n=0}^{\infty} a_n$ 收斂，且其和為 s。試證之。這也是一個 Tauber 型定理。

36.設 $\sum_{n=0}^{\infty} p_n$ 是由正數所成的發散級數，而且冪級數 $\sum_{n=0}^{\infty} p_n x^n$ 的收斂半徑為 1。若存在另一冪級數 $\sum_{n=0}^{\infty} a_n x^n$ 滿足 $\lim_{n \to \infty} (a_n / p_n) = s$，$s \in \mathbf{R}$，則冪級數 $\sum_{n=0}^{\infty} a_n x^n$ 的收斂半徑至少等於 1（或 $+\infty$），而且 $\lim_{x \to 1-} ((\sum_{n=0}^{\infty} a_n x^n)/(\sum_{n=0}^{\infty} p_n x^n)) = s$。這個性質稱為 Appell 定理。

（提示：可假設 $s = 0$，並引用第 34 題的結果，亦即：$\lim_{x \to 1-} (\sum_{n=0}^{\infty} p_n x^n)^{-1} = 0$。）

37.試證：Abel 極限定理是 Appell 定理的特殊情形。

（提示：設每個 p_n 都等於 1。）

38.設 $\{a_n\}_{n=0}^{\infty}$ 為一數列且 $a_0 = 0$。對每個 $n \in \mathbf{N}$，令

$$s_n = a_1 + a_2 + \cdots + a_n \text{，} \sigma_n = (s_1 + s_2 + \cdots + s_n)/n \text{。}$$

試證：若 $\lim_{n \to \infty} \sigma_n = s$，則 $\lim_{x \to 1-} \sum_{n=0}^{\infty} a_n x^n = s$。

（提示：設每個 p_n 都等於 n。）

$9-3$ 解析函數

在本節裡，我們繼續討論冪級數，不過，討論的方向與前節不同。在前節中，討論的主體是冪級數，討論的內容是它的收斂半徑、收斂範圍、和函數、和函數在收斂區間內部連續、可積分、可微分等。在本節中，討論的主體是函數，討論的內容將包括：那些函數等於某冪

級數的和、如何得出這類函數的冪級數展開式、利用冪級數來定義的函數有何特性，等等。

甲、解析函數及其性質

根據§9-2 丙小節的討論，我們已經瞭解：冪級數的和函數具有許多良好的性質。例如：冪級數的和函數可無限次微分。事實上，這類函數在分析數學中確實具備重要地位，我們寫成一個定義如下。

【定義 1】設 $f: A \to R$ 為一函數，$A \subset R$，$c \in A^0$。

(1)若存在一個正數 r 及一個冪級數 $\sum_{n=0}^{\infty} a_n(x-c)^n$ 使得：$(c-r, c+r) \subset A$ 而且對每個 $x \in (c-r, c+r)$，恆有

$$f(x) = \sum_{n=0}^{\infty} a_n(x-c)^n，$$

則稱函數 f 在點 c **解析**(analytic)。

(2)若函數 f 在集合 A 上每個點都解析，則稱 f 是 A 上的一個**(實)解析函數**(analytic function (in real variable) on A)。

仿照定義 1 的方法，也可以定義複變數解析函數。不過，因為本書未曾討論過複變數函數的微分與積分理論，所以，在下面的討論中，我們以實變數函數為主。

根據§9-2 乙小節的討論，我們可以寫出解析函數的一些基本性質。

【定理 1】（解析函數與四則運算）

設 $f, g: A \to R$ 為二函數，$A \subset R$，$c \in A^0$，$\alpha \in R$。若函數 f 與 g 都在點 c 解析，則函數 $f+g$、$f-g$、αf、fg 與 f/g 都在點 c 解析。請注意：在 f/g 的情形中，必須有 $g(c) \neq 0$ 的假設條件。

證：依§9-2 定理 6、7、8 與 10 即得。‖

定理 1 中有關商 f/g 的情形，我們可以推廣成下述定理，這個推廣定理使我們有更多有趣的解析函數例子。

【定理 2】（解析函數與除法運算的推廣情形）

　　設 $f, g : A \to R$ 為二函數，$A \subset R$，$c \in A^0$。若函數 f 與 g 都在點 c 解析，而且函數 f/g 在點 c 的極限存在，則函數 f/g 的定義域可擴大使之包含點 c，而且函數 f/g 在點 c 解析。

證：若 $g(c) \neq 0$，則函數 f/g 的定義域本來就已包含點 c，而且依定理 1，函數 f/g 在點 c 解析。

　　設 $g(c) = 0$。因為 f 與 g 都在點 c 解析，所以，必存在一正數 r 及二冪級數 $\sum_{n=0}^{\infty} a_n (x-c)^n$ 與 $\sum_{n=0}^{\infty} b_n (x-c)^n$，使得 $(c-r, c+r) \subset A$ 而且

$$f(x) = \sum_{n=0}^{\infty} a_n (x-c)^n ， \qquad |x-c| < r ；$$

$$g(x) = \sum_{n=0}^{\infty} b_n (x-c)^n ， \qquad |x-c| < r 。$$

因為 $\lim_{x \to c} f(x)/g(x)$ 存在，所以，函數 g 在 $(c-r, c+r)$ 上並非恆為 0。於是。必有一個 $n \in N$ 滿足 $b_n \neq 0$。令 m 表示集合 $\{n \in Z \mid n \geq 0, b_n \neq 0\}$ 的最小元素，因為 $b_0 = g(c) = 0$，所以，$m \geq 1$。因為極限 $\lim_{x \to c} f(x)/g(x)$ 存在，所以，可知 $a_0 = a_1 = \cdots = a_{m-1} = 0$。於是，對每個 $x \in (c-r, c+r)$，$x \neq c$，恆有

$$\frac{f(x)}{g(x)} = \frac{a_m + a_{m+1}(x-c) + \cdots + a_{m+n}(x-c)^n + \cdots}{b_m + b_{m+1}(x-c) + \cdots + b_{m+n}(x-c)^n + \cdots} 。$$

仿 §9-2 定理 18 的證明，可知上式右端的分子與分母兩冪級數的收斂半徑都至少等於 r，而且 $b_m \neq 0$，所以，依 §9-2 定理 10，必可找到一正數 s，$0 < s \leq r$，以及一冪級數 $\sum_{n=0}^{\infty} d_n (x-c)^n$，使得：對每個 $x \in (c-s, c+s)$，恆有

$$\frac{a_m + a_{m+1}(x-c) + \cdots + a_{m+n}(x-c)^n + \cdots}{b_m + b_{m+1}(x-c) + \cdots + b_{m+n}(x-c)^n + \cdots} = \sum_{n=0}^{\infty} d_n(x-c)^n \text{ 。}$$

於是，對每個 $x \in (c-s, c+s)$，$x \neq c$，恆有

$$\frac{f(x)}{g(x)} = \sum_{n=0}^{\infty} d_n(x-c)^n \text{ 。}$$

由此可知：函數 f/g 的定義域可擴大使之包含點 c，並令

$$\left(\frac{f}{g}\right)(c) = d_0 \left(= \lim_{x \to c} \frac{f(x)}{g(x)}\right) \text{ ,}$$

則函數 f/g 在 $(c-s, c+s)$ 上每個點 x 的值都等於 $\sum_{n=0}^{\infty} d_n(x-c)^n$。於是，函數 f/g 在點 c 解析。 ‖

【定理 3】（解析函數與合成運算）

設 $f: A \to B$ 與 $g: B \to R$ 為二函數，$A, B \subset R$，$c \in A^0$，$f(c) \in B^0$。若函數 f 在點 c 解析且函數 g 在點 $f(c)$ 解析，則函數 $g \circ f$ 在點 c 解析。

證：依 §9-2 定理 9 即得。 ‖

關於函數的解析性，有一個很重要的性質，那就是：任何函數都不可能只在某個孤立點解析，且看下述定理。

【定理 4】（函數解析之點所成集必是開集）

若函數 $f: A \to R$ 在點 $c \in A^0$ 解析，$A \subset R$，則必存在一個正數 r 使得：$(c-r, c+r) \subset A$ 而且函數 f 在 $(c-r, c+r)$ 中每個點都解析。由此可知：集合 $\{x \in A \mid f$ 在點 x 解析$\}$ 是 R 中的開集。

證：依 §9-2 定理 11 即得。 ‖

其次，我們要討論的問題是：當函數 f 在點 c 解析時，它的冪級數展開式中各項係數應如何表示。我們寫成下面的 Taylor 定理。

【定理 5】（解析函數的冪級數展開式）

若函數 $f: A \to \mathbf{R}$ 在點 $c \in A^0$ 解析，$A \subset \mathbf{R}$，則必存在一個正數 r 使得：$(c-r, c+r) \subset A$ 而且對每個 $x \in (c-r, c+r)$，恆有

$$f(x) = f(c) + \sum_{n=1}^{\infty} \frac{f^{(n)}(c)}{n!}(x-c)^n \text{。}$$

上式右端通常稱為函數 f 在點 c 的 Taylor 級數。當 $c = 0$ 時，又稱為函數 f 的 Maclaurin 級數。

證：因為 f 在點 c 解析，所以，必存在一正數 r 及一冪級數 $\sum_{n=0}^{\infty} a_n(x-c)^n$ 使得：$(c-r, c+r) \subset A$ 而且對每個 $x \in (c-r, c+r)$，恆有

$$f(x) = \sum_{n=0}^{\infty} a_n(x-c)^n \text{。}$$

在上式中令 $x = c$，則得 $f(c) = a_0$。其次，依 §9-2 定理 15，對 $(c-r, c+r)$ 中每個 x，恆有

$$f'(x) = \sum_{n=1}^{\infty} n\, a_n(x-c)^{n-1} \text{。}$$

在上式中令 $x = c$，則得 $f'(c) = a_1$。仿此，依數學歸納法及 §9-2 定理 15，對每個 $m \in N$ 及每個 $x \in (c-r, c+r)$，恆有

$$f^{(m)}(x) = \sum_{n=m}^{\infty} n(n-1)\cdots(n-m+1)\, a_n(x-c)^{n-m} \text{。}$$

在上式中令 $x = c$，則得 $f^{(m)}(c) = m!\, a_m$。換言之，對每個 $n \in N$，恆有

$$a_n = \frac{f^{(n)}(c)}{n!} \text{。}$$

因此，對每個 $x \in (c-r, c+r)$，恆有

$$f(x) = f(c) + \sum_{n=1}^{\infty} \frac{f^{(n)}(c)}{n!}(x-c)^n \text{ 。}$$

這就是所欲證的結果。 ‖

　　根據定理 5，我們知道：當函數 f 在點 c 解析時，f 在點 c 的每一階導數都存在，而且這些導數可用來表示 f 在點 c 的冪級數展開式的各項係數。如果我們反過來問：若實變數函數 f 在點 c 的每一階導數都存在，則 f 在點 c 必定解析嗎？這個問題的答案是否定的，且看下例。

【例 1】函數 $f: \mathbf{R} \to \mathbf{R}$ 定義如下：$f(0) = 0$；而對每個 $x \neq 0$，恆有
$$f(x) = e^{-1/x^2} \text{ 。}$$

利用數學歸納法可以證明：對每個 $x \neq 0$ 及每個 $n \in \mathbf{N}$，函數 f 在點 x 的第 n 階導數 $f^{(n)}(x)$ 都存在，而且對每個 $n \in \mathbf{N}$，必存在一個實係數多項式 $p_n(x)$ 使得：對每個 $x \neq 0$，恆有
$$f^{(n)}(x) = p_n(x^{-1}) e^{-1/x^2} \text{ 。}$$

　　其次，利用 L' Hospital 法則可以證明：對每個多項式 $q(x)$，恆有
$$\lim_{x \to 0} q(x^{-1}) e^{-1/x^2} = 0 \text{ 。}$$

因此，利用數學歸納法及前面的結果可以證明：對每個 $n \in \mathbf{N}$，函數 f 在點 0 的第 n 階導數 $f^{(n)}(0)$ 都等於 0。

　　另一方面，若函數 f 在點 0 解析，則依定理 5，必存在一正數 r 使得：對每個 $x \in (-r, r)$，恆有
$$f(x) = f(0) + \sum_{n=1}^{\infty} \frac{f^{(n)}(0)}{n!} x^n \text{ 。} \tag{*}$$

但因為上式右端的每一項係數都等於 0，所以，對每個 $x \in (-r, r)$，上式右端的和等於 0，這表示上述等式(*)對 0 以外的每個 x 都不成立。

因此，函數 f 在點 0 不能解析。 ‖

下面的定理 6，我們給出判定解析性的一個充分條件。

【定理 6】（解析性的一個充分條件）

設 $f: A \to R$ 為一函數，$A \subset R$，$c \in A^0$。若存在兩個正數 r 與 b，使得：$(c-r, c+r) \subset A$ 而且對每個 $x \in (c-r, c+r)$ 及每個 $n \in N$，$f^{(n)}(x)$ 都存在而且 $\left| f^{(n)}(x) \right| \leq b$ 恆成立，則函數 f 在點 c 解析，而且對每個 $x \in (c-r, c+r)$，恆有

$$f(x) = f(c) + \sum_{n=1}^{\infty} \frac{f^{(n)}(c)}{n!} (x-c)^n \text{。}$$

證：我們須證：對每個 $x \in (c-r, c+r)$，冪級數 $f(c) + \sum_{n=1}^{\infty} (f^{(n)}(c)/n!)$ $(x-c)^n$ 的和等於 $f(x)$。

對每個 $n \in N$，因為 f 在 $(c-r, c+r)$ 中每個點的第一階、第二階、…、第 $n+1$ 階導數都存在，所以，依 §4-4 定理 12，必可找到一個 $x_n \in (c \wedge x, c \vee x)$ 使得

$$f(x) = f(c) + \sum_{k=1}^{n} \frac{f^{(k)}(c)}{k!} (x-c)^k + \frac{f^{(n+1)}(x_n)}{(n+1)!} (x-c)^{n+1} \text{。}$$

因為依假設，$\left| f^{(n+1)}(x_n) \right| \leq b$，所以，可得

$$\left| f(x) - f(c) - \sum_{k=1}^{n} \frac{f^{(k)}(c)}{k!} (x-c)^k \right| \leq b \cdot \frac{\left| x-c \right|^{n+1}}{(n+1)!} \text{。}$$

對固定的 $x \in (c-r, c+r)$ 而言，因為上式對每個 $n \in N$ 都成立，而且依 §8-1 定理 10，可得 $\lim_{n \to \infty} (b \left| x-c \right|^{n+1}/(n+1)!) = 0$，所以，依夾擠原理，可得。

$$\lim_{n \to \infty} \left(f(x) - f(c) - \sum_{k=1}^{n} \frac{f^{(k)}(c)}{k!} (x-c)^k \right) = 0 \text{。}$$

根據級數收斂的定義，可得

$$f(x) = f(c) + \sum_{n=1}^{\infty} \frac{f^{(n)}(c)}{n!} (x-c)^n \quad \text{。} \quad \|$$

乙、解析函數舉例

下面我們先討論一些初等函數的解析性。

【例2】（多項函數是 $\boldsymbol{R}$ 上的解析函數）

若 $p(x)$ 是一個多項式，則多項函數 p 在每個點 $c \in \boldsymbol{R}$ 都解析，而且它在點 c 的 Taylor 級數為

$$p(x) = p(c) + \sum_{k=1}^{n} \frac{p^{(k)}(c)}{k!} (x-c)^k \quad \text{。}$$

其中，n 是 $p(x)$ 的次數。 $\|$

【例3】（有理函數是其定義域上的解析函數）

若 $p(x)$ 與 $q(x)$ 為二多項式，$c \in \boldsymbol{R}$ 且 $q(c) \neq 0$，則依定理 1，有理函數 p/q 在點 c 解析。有理函數在某定點 c 的 Taylor 級數的計算並無一定方法，通常是對各個例子採用不同方法。茲舉三個例子於下：

(1)一次多項式的倒數，可依等比級數求之。例如：當 $a + bc \neq 0$ 時，$(a + bx)^{-1}$ 在點 c 的 Taylor 級數為

$$\frac{1}{a+bx} = \frac{(a+bc)^{-1}}{1+(a+bc)^{-1}b(x-c)} = \sum_{n=0}^{\infty} \frac{(-1)^n b^n}{(a+bc)^{n+1}}(x-c)^n \quad ,$$
$$\left| x - c \right| < \frac{\left| a + bc \right|}{\left| b \right|} \quad \text{。}$$

(2)兩個或多個一次多項式之乘積的倒數，可先將分式化成部分分式。例如：$(x^2 - 3x + 2)^{-1}$ 在點 0 的 Taylor 級數為

$$\frac{1}{x^2 - 3x + 2} = \frac{1}{1-x} - \frac{1}{2-x} = \sum_{n=0}^{\infty} x^n - \sum_{n=0}^{\infty} \frac{1}{2^{n+1}} x^n$$

$$= \sum_{n=0}^{\infty} (1 - \frac{1}{2^{n+1}}) x^n \ , \qquad |x| < 1 \ 。$$

(3)可直接依遞迴式計算者。例如：$(x^2 + x + 1)^{-1}$ 在點 0 的 Taylor 級數可計算如下：設

$$\frac{1}{x^2 + x + 1} = \sum_{n=0}^{\infty} a_n x^n \ ,$$

則可得

$$a_0 = 1 \ ,$$
$$a_0 + a_1 = 0 \ ,$$
$$a_0 + a_1 + a_2 = 0$$
$$a_n + a_{n+1} + a_{n+2} = 0 \ , \ n \in N \ 。$$

由此可得：$a_0 = 1$ ， $a_1 = -1$ ， $a_2 = 0$ ，而且對每個 $n \in N$ ，恆有 $a_{3n} = a_0 = 1$ ， $a_{3n+1} = a_1 = -1$ ， $a_{3n+2} = a_2 = 0$ 。於是，得

$$\frac{1}{x^2 + x + 1} = 1 - x + x^3 - x^4 + x^6 - x^7 + \cdots\cdots \ , \qquad |x| < 1 \ 。$$

事實上，將 $(x^2 + x + 1)^{-1}$ 表示成 $(1 - x)/(1 - x^3)$ 就可得出上述級數。 ∥

【例 4】 （指數函數是 R 上的解析函數）

若 $a \in R$ ， $a > 0$ 且 $a \neq 1$ ，則指數函數 $x \mapsto a^x$ 是 R 上的解析函數。事實上，若 $c \in R$ ，則

$$a^x = a^c + \sum_{n=1}^{\infty} \frac{a^c (\ln a)^n}{n!} (x - c)^n \ , \qquad x \in R \ 。$$

特例，當 $a = e$ 時，可得

$$e^x = e^c + \sum_{n=1}^{\infty} \frac{e^c}{n!} (x - c)^n \ , \qquad x \in R \ ;$$

$$e^x = 1 + \sum_{n=1}^{\infty} \frac{1}{n!} x^n \quad , \qquad x \in \boldsymbol{R} \text{ 。}$$

證：冪級數 $\sum_{n=0}^{\infty}(a^c(\ln a)^n/n!)(x-c)^n$ 的收斂半徑顯然為 $+\infty$，我們要證明其和函數為 a^x。設

$$f(x) = a^c + \sum_{n=1}^{\infty} \frac{a^c(\ln a)^n}{n!}(x-c)^n \quad , \qquad x \in \boldsymbol{R} \text{ 。}$$

依 §9-2 定理 15，對每個 $x \in \boldsymbol{R}$，可得

$$f'(x) = \sum_{n=1}^{\infty} \frac{a^c(\ln a)^n}{(n-1)!}(x-c)^{n-1} = (\ln a) f(x) \text{ ，}$$

$$\frac{f'(x)}{f(x)} = \ln a \text{ 。}$$

對每個 $x \in \boldsymbol{R}$，將上式兩端在 $[c \wedge x, c \vee x]$ 上積分，即得

$$\ln f(x) - \ln f(c) = \int_c^x \frac{f'(t)}{f(t)} \, dt = \int_c^x \ln a \, dt = (x-c)(\ln a) \text{ 。}$$

因為 $f(c) = a^c$，$\ln f(c) = c(\ln a)$，所以，對每個 $x \in \boldsymbol{R}$，可得

$$\ln f(x) = x(\ln a) \text{ ，}$$

$$f(x) = a^x \text{ 。}$$

這就是欲證的結果。∥

【例 5】（對數函數是 $(0, +\infty)$ 上的解析函數）

若 $a \in \boldsymbol{R}$，$a > 0$ 且 $a \neq 1$，則對數函數 $x \mapsto \log_a x$ 是 $(0, +\infty)$ 上的解析函數。事實上，若 $c \in \boldsymbol{R}$ 且 $c > 0$，則

$$\log_a x = \log_a c + \sum_{n=1}^{\infty} \frac{(-1)^{n-1}}{n \, c^n (\ln a)}(x-c)^n \quad , \qquad 0 < x \leq 2c \text{ 。}$$

特例，當 $a = e$ 時，可得

$$\ln x = \ln c + \sum_{n=1}^{\infty} \frac{(-1)^{n-1}}{n \, c^n}(x-c)^n \quad , \qquad 0 < x \leq 2c \text{ 。}$$

令 $c = 1$，而以 $1 + x$ 代替 x，則得

$$\ln(1+x) = \sum_{n=1}^{\infty} \frac{(-1)^{n-1}}{n} x^n , \qquad -1 < x \leq 1 。$$

證：依 §9-2 例 11，可得

$$\ln(1+x) = \sum_{n=1}^{\infty} \frac{(-1)^{n-1}}{n} x^n , \qquad -1 < x \leq 1 。$$

設 $a, c > 0$ 且 $a \neq 1$。對每個 $x \in (0, 2c]$，恆有 $-1 < (x-c)/c \leq 1$，所以，可得

$$\log_a x = \log_a c + \log_a \left(\frac{x}{c} \right) = \log_a c + \frac{1}{\ln a} \cdot \ln \left(1 + \frac{x-c}{c} \right)$$

$$= \log_a c + \sum_{n=1}^{\infty} \frac{(-1)^{n-1}}{n \, c^n (\ln a)} (x-c)^n 。$$

這就是欲證的結果。 ||

【例 6】（正弦函數是 **R** 上的解析函數）

對每個實數 c，恆有

$$\sin x = \sin c + \sum_{n=1}^{\infty} \frac{\sin(c + n\pi/2)}{n!} (x-c)^n , \qquad x \in \boldsymbol{R} 。$$

特例：當 $c = 0$ 時，得

$$\sin x = \sum_{n=1}^{\infty} \frac{(-1)^{n-1}}{(2n-1)!} x^{2n-1} , \qquad x \in \boldsymbol{R} 。$$

證：對每個 $n \in N$ 及每個 $x \in \boldsymbol{R}$，恆有

$$\frac{d^n \sin x}{dx^n} = \sin \left(x + \frac{n}{2}\pi \right) ,$$

所以，對每個 $n \in N$ 及每個 $x \in \boldsymbol{R}$，恆有 $\left| (\sin x)^{(n)} \right| \leq 1$。於是，依定理 6，即得所要的結果。 ||

【例 7】（餘弦函數是 $\boldsymbol{R}$ 上的解析函數）

對每個實數 c，恆有

$$\cos x = \cos c + \sum_{n=1}^{\infty} \frac{\cos(c+n\pi/2)}{n!}(x-c)^n , \qquad x \in \boldsymbol{R} \circ$$

特例：當 $c=0$ 時，得

$$\cos x = \sum_{n=0}^{\infty} \frac{(-1)^n}{(2n)!} x^{2n} , \qquad x \in \boldsymbol{R} \circ$$

證：仿例 6 即得。 ‖

根據例 4、例 6 與例 7，對每個 $y \in \boldsymbol{R}$，可得

$$\cos y + i \sin y = \sum_{n=0}^{\infty} \frac{(-1)^n}{(2n)!} y^{2n} + i \sum_{n=0}^{\infty} \frac{(-1)^n}{(2n+1)!} y^{2n+1} = \sum_{n=0}^{\infty} \frac{1}{n!} (iy)^n \circ$$

上式右端的級數，就是將函數 $x \mapsto e^x$ 在點 0 的 Taylor 級數以 $x = iy$ 代入所得的級數。所以，此級數的和可表示成 e^{iy}。（亦即：將 e^x 中的 x 以 iy 代入。）由於這個緣故，我們將 e^{iy} 定義為 $\cos y + i \sin y$。

更進一步地，若 $x, y \in \boldsymbol{R}$，則 e^{x+iy} 定義為 $e^x(\cos y + i \sin y)$。於是，可得

$$e^{x+iy} = e^x(\cos y + i \sin y) = \left(\sum_{n=0}^{\infty} \frac{1}{n!} x^n \right) \left(\sum_{n=0}^{\infty} \frac{1}{n!} (iy)^n \right)$$

$$= \sum_{n=0}^{\infty} \frac{1}{n!} \left(\sum_{k=0}^{n} \binom{n}{k} x^k (iy)^{n-k} \right) = \sum_{n=0}^{\infty} \frac{1}{n!} (x+iy)^n \circ$$

由此可知：當自然指數函數的定義域擴大成複數集 $\boldsymbol{C}$，而對任意實數 x 與 y，將 e^{x+iy} 定義為 $e^x(\cos y + i \sin y)$ 時，前面例 4 中的後兩個等式仍然成立。

【例 8】（冪函數是其定義域上的解析函數）

若 $\alpha \in \boldsymbol{R}$，則冪函數 $x \mapsto x^\alpha$ 在其定義域上每個點都解析。事實

上，對每個正實數 c，恆有

$$x^{\alpha} = c^{\alpha} + \sum_{n=1}^{\infty} \frac{c^{\alpha} \cdot \alpha(\alpha-1)\cdots(\alpha-n+1)}{n! \, c^{n}} (x-c)^{n} , \quad 0 < x < 2c \text{。}$$

令 $c = 1$，而以 $1+x$ 代替 x，則得

$$(1+x)^{\alpha} = 1 + \sum_{n=1}^{\infty} \frac{\alpha(\alpha-1)\cdots(\alpha-n+1)}{n!} x^{n} , \quad -1 < x < 1 \text{。}$$

上式右端的冪級數通常稱為**二項式級數**（binomial series），它是 Isaac Newton（1642～1727，英國人）在 1665 年左右及 James Gregory（1638～1675，英國人）在 1668 年分別獨立發現的。

證：因為 $x^{\alpha} = c^{\alpha}(1+(x-c)/c)^{\alpha}$ 而且 $0 < x < 2c$ 的充要條件是 $-1 < (x-c)/c < 1$，所以，我們只需考慮本例中的第二式。另一方面，若 $\alpha = 0$ 或 $\alpha \in N$，則二項式級數只是有限級數，而且該等式也就是二項式定理。因此，我們只需考慮 $\alpha \neq 0$ 且 $\alpha \notin N$ 的情形，此時，二項式級數的每一項係數都不等於 0。

首先，根據比值檢驗法（§9-2 定理 4），可知二項式級數的收斂半徑等於 1。對每個 $x \in (-1, 1)$，令

$$f(x) = 1 + \sum_{n=1}^{\infty} \frac{\alpha(\alpha-1)\cdots(\alpha-n+1)}{n!} x^{n} \text{。}$$

依 §9-2 定理 15，可知：對每個 $x \in (-1, 1)$，恆有

$$f'(x) = \sum_{n=1}^{\infty} \frac{\alpha(\alpha-1)\cdots(\alpha-n+1)}{(n-1)!} x^{n-1} \text{。}$$

於是，對每個 $x \in (-1, 1)$，可得

$$(1+x)f'(x)$$

$$= \sum_{n=1}^{\infty} \frac{\alpha(\alpha-1)\cdots(\alpha-n+1)}{(n-1)!} x^{n-1} + \sum_{n=1}^{\infty} \frac{\alpha(\alpha-1)\cdots(\alpha-n+1)}{(n-1)!} x^{n}$$

$$= \alpha + \sum_{n=1}^{\infty} \frac{\alpha(\alpha-1)\cdots(\alpha-n)}{n!} x^n + \sum_{n=1}^{\infty} \frac{\alpha(\alpha-1)\cdots(\alpha-n+1)}{(n-1)!} x^n$$

$$= \alpha + \alpha \cdot \sum_{n=1}^{\infty} \frac{\alpha(\alpha-1)\cdots(\alpha-n+1)}{n!} x^n$$

$$= \alpha f(x) \circ$$

由此得

$$\frac{f'(x)}{f(x)} = \frac{\alpha}{1+x} , \qquad -1 < x < 1 \circ$$

對每個 $x \in (-1,1)$，將上式兩端在 $[0 \wedge x, 0 \vee x]$ 上積分，即得

$$\ln f(x) - \ln f(0) = \int_0^x \frac{f'(t)}{f(t)} \, dt = \int_0^x \frac{\alpha}{1+t} \, dt = \alpha \ln(1+x) \circ$$

因為 $f(0) = 1$，$\ln f(0) = 0$，所以，得

$$f(x) = (1+x)^{\alpha} , \qquad -1 < x < 1 \circ$$

這就是所欲證的結果。∥

　　請注意：若 $\alpha > -1$，則二項式級數在 $x=1$ 時也收斂；若 $\alpha > 0$，則二項式級數在 $x = -1$ 時也收斂。證明留為習題。

【例 9】（反正弦函數在 $(-1,1)$ 上解析）

　　對每個 $x \in [-1,1]$，恆有

$$\sin^{-1} x = x + \sum_{n=1}^{\infty} \frac{1 \cdot 3 \cdot 5 \cdots (2n-1)}{2 \cdot 4 \cdot 6 \cdots (2n)} \cdot \frac{x^{2n+1}}{2n+1} \circ$$

證：在例 8 的二項式級數中，令 $\alpha = -1/2$，則對每個 $x \in (-1,1)$，恆有

$$\frac{1}{\sqrt{1-x^2}} = 1 + \sum_{n=1}^{\infty} \frac{1}{n!}\left(-\frac{1}{2}\right)\left(-\frac{3}{2}\right)\cdots\left(-\frac{2n-1}{2}\right)(-x^2)^n$$

$$= 1 + \sum_{n=1}^{\infty} \frac{1 \cdot 3 \cdot 5 \cdots (2n-1)}{2 \cdot 4 \cdot 6 \cdots (2n)} \cdot x^{2n} \circ$$

依§9-2 定理 14，可知：對每個 $x \in (-1,1)$ ，恆有

$$\sin^{-1}x = \int_0^x \frac{1}{\sqrt{1-t^2}}\, dt = x + \sum_{n=1}^{\infty} \frac{1 \cdot 3 \cdot 5 \cdots (2n-1)}{2 \cdot 4 \cdot 6 \cdots (2n)} \cdot \frac{x^{2n+1}}{2n+1} \; 。$$

依§8-2 例 10 及§8-2 定理 4，可知上述冪級數在 $x = 1$ 及 $x = -1$ 時也收斂。

因此，依 Abel 極限定理，可知本例的等式對每個 $x \in [-1,1]$ 都成立。‖

丙、Bernoulli 數與 Euler 數

在本小節中，我們要引進兩個數列 $\{B_n\}_{n=0}^{\infty}$ 與 $\{E_n\}_{n=0}^{\infty}$，它們可用來表示一些解析函數的 Taylor 級數。

因為函數 $x \mapsto x$ 與函數 $x \mapsto e^x - 1$ 都在點 0 解析，而且其商 $x/(e^x-1)$ 在點 0 的極限存在，其極限值為 1，所以，依定理 2，可將函數 $x \mapsto x/(e^x-1)$ 的定義域擴大使它包含點 0 而成為在 0 點解析的函數。

【定義 2】設函數 $f \colon \boldsymbol{R} \to \boldsymbol{R}$ 定義如下：

$$f(x) = \begin{cases} \dfrac{x}{e^x-1}, & \text{若 } x \neq 0 \\ 1, & \text{若 } x = 0 \end{cases}$$

依前面的說明，函數 f 在點 0 解析。因此，必可找到一個正數 r 及一個數列 $\{B_n\}_{n=0}^{\infty}$ 使得：對每個 $x \in (-r, r)$ ， $x \neq 0$ ，恆有

$$\frac{x}{e^x-1} = \sum_{n=0}^{\infty} B_n \cdot \frac{x^n}{n!} \; 。$$

數列 $\{B_n\}_{n=0}^{\infty}$ 稱為 **Bernoulli 數列**(Bernoulli sequence)，其元素稱為 **Bernoulli 數**(Bernoulli numbers)。

【定理 7】（Bernoulli 數的計算公式）

Bernoulli 數滿足下述條件：

(1) $B_0 = 1$。

(2) 對每個 $n \in N$ ， $n \geq 2$ ，恆有

$$\binom{n}{0} B_0 + \binom{n}{1} B_1 + \cdots + \binom{n}{n-1} B_{n-1} = 0 \, 。$$

(3) 對每個 $n \in N$ ，恆有 $B_{2n+1} = 0$ 。

證：依定義 2，對每個 $x \in (-r, r)$ ，恆有

$$x = (e^x - 1) \left(\sum_{n=0}^{\infty} B_n \cdot \frac{x^n}{n!} \right) = \left(\sum_{n=1}^{\infty} \frac{x^n}{n!} \right) \left(\sum_{n=0}^{\infty} B_n \cdot \frac{x^n}{n!} \right)$$

$$= \sum_{n=1}^{\infty} \left(\sum_{k=0}^{n-1} \binom{n}{k} B_k \right) \frac{x^n}{n!} \, 。$$

依 §9-2 定理 19，當 $n = 1$ 時，得 $B_0 = 1$。當 $n \in N$ 且 $n \geq 2$ 時，恆有

$$\binom{n}{0} B_0 + \binom{n}{1} B_1 + \cdots + \binom{n}{n-1} B_{n-1} = 0 \, 。$$

特例：當 $n = 2$ 時，得 $B_0 + 2B_1 = 0$。所以， $B_1 = -1/2$。

對每個 $x \in (-r, r)$ ， $x \neq 0$ ，因為 $B_0 = 1$ 且 $B_1 = -1/2$ ，所以，依定義 2 可得

$$1 + \sum_{n=2}^{\infty} B_n \cdot \frac{x^n}{n!} = \frac{x}{e^x - 1} + \frac{x}{2} = \frac{x}{2} \cdot \frac{e^x + 1}{e^x - 1} \, 。$$

對每個 $x \in (-r, r)$ ， $x \neq 0$ ，將上式兩端的 x 以 $-x$ 代入，得

$$1 + \sum_{n=2}^{\infty} (-1)^n B_n \cdot \frac{x^n}{n!} = \frac{-x}{2} \cdot \frac{e^{-x} + 1}{e^{-x} - 1} = \frac{-x}{2} \cdot \frac{1 + e^x}{1 - e^x} = \frac{x}{2} \cdot \frac{e^x + 1}{e^x - 1}$$

$$= 1 + \sum_{n=2}^{\infty} B_n \cdot \frac{x^n}{n!} \, 。$$

依 §9-2 定理 19 可得：若 $n \geq 2$ ，則 $(-1)^n B_n = B_n$ 。由此可知：對每

個 $n \in N$ ，恆有 $B_{2n+1} = 0$ 。 ‖

　　利用定理 7(2)的遞迴公式，我們可求出 Bernoulli 數列 $\{B_n\}_{n=0}^{\infty}$ 的前面若干項如下：$B_0 = 1$ ，$B_1 = -1/2$ ，而且

$n = 3$ ，	$B_0 + 3B_1 + 3B_2 = 0$ ，	$B_2 = 1/6$ ；
$n = 4$ ，	$B_0 + 4B_1 + 6B_2 + 4B_3 = 0$ ，	$B_3 = 0$ ；
$n = 5$ ，	$B_0 + 5B_1 + 10B_2 + 10B_3 + 5B_4 = 0$ ，	$B_4 = -1/30$ 。

其他進一步的一些值為：$B_6 = 1/42$ ，$B_8 = -1/30$ ，$B_{10} = 5/66$ 。

　　定義 2 中有關函數 $x/(e^x - 1)$ 在點 0 的 Taylor 級數 $\sum_{n=0}^{\infty} B_n(x^n/n!)$ ，我們將用來導出其他解析函數的 Taylor 級數。因此，我們先指出它的收斂半徑為 2π （參看後面例 12(2)），以使下面的例子可做正確的敘述。

【例 10】（函數 $x \coth x$ ，$x \cot x$ ，$\tan x$ ，$x \csc x$ ，$\sec^2 x$ 與 $\ln \cos x$ 的 Taylor 級數）

　　已知 $\{B_n\}_{n=0}^{\infty}$ 是定義 2 所定義的 Bernoulli 數列，而冪級數 $\sum_{n=0}^{\infty} B_n(x^n/n!)$ 的收斂半徑為 2π ，則可得

$(1) x \coth x = 1 + \sum_{n=1}^{\infty} \frac{2^{2n} B_{2n}}{(2n)!} x^{2n}$ ，　　$|x| < \pi$ 。

$(2) x \cot x = 1 + \sum_{n=1}^{\infty} \frac{(-1)^n 2^{2n} B_{2n}}{(2n)!} x^{2n}$ ，　　$|x| < \pi$ 。

$(3) \tan x = \sum_{n=1}^{\infty} \frac{(-1)^{n-1} 2^{2n} (2^{2n} - 1) B_{2n}}{(2n)!} x^{2n-1}$ ，　　$|x| < \frac{\pi}{2}$ 。

$(4) x \csc x = 1 + \sum_{n=1}^{\infty} \frac{(-1)^{n-1} (2^{2n} - 2) B_{2n}}{(2n)!} x^{2n}$ ，　　$|x| < \pi$ 。

$(5) \sec^2 x = \sum_{n=1}^{\infty} \frac{(-1)^{n-1} (2n-1) 2^{2n} (2^{2n} - 1) B_{2n}}{(2n)!} x^{2n-2}$ ，　　$|x| < \frac{\pi}{2}$ 。

$(6) \ln \cos x = \sum_{n=1}^{\infty} \frac{(-1)^n 2^{2n-1}(2^{2n}-1) B_{2n}}{n (2n)!} x^{2n}$, $\qquad |x| < \dfrac{\pi}{2}$ 。

請注意：上述的函數 $x \coth x$，$x \cot x$ 與 $x \csc x$ 都視為在 $x = 0$ 的值等於 1。

證：(1)對每個 $x \in (-\pi, \pi)$，$x \neq 0$，可得 $2x \in (-2\pi, 2\pi)$ 且 $2x \neq 0$。因為 $B_0 = 1$ 且 $B_1 = -1/2$，所以，依定義 2，可得

$$1 + \sum_{n=2}^{\infty} B_n \cdot \frac{(2x)^n}{n!} = \frac{2x}{e^{2x}-1} + \frac{2x}{2} = x \cdot \frac{e^{2x}+1}{e^{2x}-1} = x \cdot \frac{e^x + e^{-x}}{e^x - e^{-x}}$$
$$= x \coth x \text{ 。}$$

依定理 7 (3)，$B_3 = B_5 = \cdots = B_{2n+1} = \cdots = 0$，所以，可得

$$x \coth x = 1 + \sum_{n=1}^{\infty} \frac{2^{2n} B_{2n}}{(2n)!} x^{2n} \text{ , } \qquad 0 < |x| < \pi \text{ 。}$$

(2) 依 定 義 2，Bernoulli 數列 $\{B_n\}_{n=0}^{\infty}$ 滿足 $z = (\sum_{n=1}^{\infty} z^n/n!)$ $(\sum_{n=0}^{\infty} B_n z^n/n!)$。根據定理 7 (2)的遞迴關係式，可知此等式對所有實數與虛數 z 都成立。因為不論 z 是實數或是虛數，冪級數 $\sum_{n=1}^{\infty} z^n/n!$ 的和都等於 $e^z - 1$，所以，對每個 $z \in C$，$0 < |z| < 2\pi$，恆有

$$\sum_{n=0}^{\infty} B_n \cdot \frac{z^n}{n!} = \frac{z}{e^z - 1} \text{ 。}$$

對每個 $x \in (-\pi, \pi)$，$x \neq 0$，可得 $0 < |2ix| < 2\pi$。因為 $B_0 = 1$ 且 $B_1 = -1/2$，所以，依定義 2，可得

$$1 + \sum_{n=2}^{\infty} B_n \cdot \frac{(2ix)^n}{n!} = \frac{2ix}{e^{2ix}-1} + \frac{2ix}{2} = ix \cdot \frac{e^{2ix}+1}{e^{2ix}-1} = x \cdot \frac{(e^{ix}+e^{-ix})/2}{(e^{ix}-e^{-ix})/2i}$$
$$= x \cdot \frac{\cos x}{\sin x} = x \cot x \text{ 。}$$

依定理 7 (3)，$B_3 = B_5 = \cdots = B_{2n+1} = \cdots = 0$，所以，可得

$$x \cot x = 1 + \sum_{n=1}^{\infty} B_{2n} \cdot \frac{(2ix)^{2n}}{(2n)!}$$

$$= 1 + \sum_{n=1}^{\infty} \frac{(-1)^n 2^{2n} B_{2n}}{(2n)!} x^{2n} \, , \qquad 0 < |x| < \pi \, \text{。}$$

⑶對每個 $x \in (-\pi/2, \pi/2)$，$x \neq 0$，恆有 $\tan x = \cot x - 2\cot 2x$。其次，因為 $0 < |2x| < \pi$，所以，依⑵，可得

$$x \tan x = x \cot x - 2x \cot 2x$$

$$= 1 + \sum_{n=1}^{\infty} \frac{(-1)^n 2^{2n} B_{2n}}{(2n)!} x^{2n} - 1 - \sum_{n=1}^{\infty} \frac{(-1)^n 2^{2n} B_{2n}}{(2n)!} (2x)^{2n}$$

$$= \sum_{n=1}^{\infty} \frac{(-1)^{n-1} 2^{2n} (2^{2n} - 1) B_{2n}}{(2n)!} x^{2n} \, \text{。}$$

兩邊消去 x，即得

$$\tan x = \sum_{n=1}^{\infty} \frac{(-1)^{n-1} 2^{2n} (2^{2n} - 1) B_{2n}}{(2n)!} x^{2n-1} \, , \qquad 0 < |x| < \frac{\pi}{2} \, \text{。}$$

請注意：上述等式在 $x = 0$ 時也成立。

⑷對每個 $x \in (-\pi, \pi)$，$x \neq 0$，恆有 $\csc x = \cot x + \tan (x/2)$。其次，因為 $0 < |x/2| < \pi/2$，所以，依⑵及⑶，可得

$$x \csc x = x \cot x + x \tan (x/2)$$

$$= 1 + \sum_{n=1}^{\infty} \frac{(-1)^n 2^{2n} B_{2n}}{(2n)!} x^{2n}$$

$$+ \sum_{n=1}^{\infty} \frac{(-1)^{n-1} 2^{2n} (2^{2n} - 1) B_{2n}}{(2n)!} x \cdot \left(\frac{x}{2} \right)^{2n-1}$$

$$= 1 + \sum_{n=1}^{\infty} \frac{(-1)^{n-1} (2^{2n} - 2) B_{2n}}{(2n)!} x^{2n} \, , \qquad 0 < |x| < \pi \, \text{。}$$

⑸對每個 $x \in (-\pi/2, \pi/2)$，將⑶中的等式兩端微分。依§9-2 定理 15，可得

$$\sec^2 x = \sum_{n=1}^{\infty} \frac{(-1)^{n-1} (2n-1) 2^{2n} (2^{2n} - 1) B_{2n}}{(2n)!} x^{2n-2} \, , \qquad |x| < \frac{\pi}{2} \, \text{。}$$

(6)對每個 $x \in (-\pi/2, \pi/2)$，將(3)中的等式兩端在 $[0 \wedge x, 0 \vee x]$ 上積分。依§9-2 定理 14，可得

$$\ln \cos x = -\int_0^x \tan t \, dt = \sum_{n=1}^{\infty} \frac{(-1)^n 2^{2n-1}(2^{2n}-1) B_{2n}}{n(2n)!} x^{2n} ,$$

$$|x| < \frac{\pi}{2} \circ \parallel$$

要證明函數 $x/(e^x - 1)$ 在點 0 的 Taylor 級數的收斂半徑為 2π，我們可借助函數 $\pi x \cot \pi x$ 的另一個冪級數展開式來比較係數。要導出此展開式，我們需要下例中的等式。

【例 11】試證：對每個 $x \in R$，$x \notin Z$，恆有

$$\pi x \cot \pi x = 1 + \sum_{n=1}^{\infty} \frac{2x^2}{x^2 - n^2} \circ$$

證：本例等式的證明較為冗長我們分成三段來處理。在§9-4 練習題 35 中另有一個證法。

(1)先證：對每個 $x \in R$，$x \notin Z$，及每個 $n \in N \cup \{0\}$，恆有

$$\pi x \cot \pi x = \frac{\pi x}{2^{n+1}} \sum_{k=-2^n}^{2^n-1} \cot \frac{\pi(x+k)}{2^{n+1}} \circ$$

因為對每個 $y \in R$，$y/\pi \notin Z$，恆有 $\cot(y/2) - \tan(y/2) = 2 \cot y$，而且 $\cot(y - \pi/2) = -\tan y$，所以，可得

$$\pi x \cot \pi x = \frac{\pi x}{2} \left(\cot \frac{\pi x}{2} - \tan \frac{\pi x}{2} \right) = \frac{\pi x}{2} \left(\cot \frac{\pi x}{2} + \cot \frac{\pi(x-1)}{2} \right)$$

$$= \frac{\pi x}{2^{0+1}} \sum_{k=-2^0}^{2^0-1} \cot \frac{\pi(x+k)}{2^{0+1}} \circ$$

由此可知：欲證的等式當 $n = 0$ 時成立。

其次，設欲證的等式對 $n \in N \cup \{0\}$ 成立。因為對每個 $y \in R$，$y/\pi \notin Z$，恆有 $\cot y = (1/2)\cot(y/2) + (1/2)\cot(y/2 \pm \pi/2)$，所以，

可得

$$\pi x \cot \pi x = \frac{\pi x}{2^{n+1}} \sum_{k=-2^n}^{-1} \cot \frac{\pi(x+k)}{2^{n+1}} + \frac{\pi x}{2^{n+1}} \sum_{k=0}^{2^n-1} \cot \frac{\pi(x+k)}{2^{n+1}}$$

$$= \frac{\pi x}{2^{n+2}} \sum_{k=-2^n}^{-1} \cot \frac{\pi(x+k)}{2^{n+2}} + \frac{\pi x}{2^{n+2}} \sum_{k=-2^n}^{-1} \cot \frac{\pi(x+k+2^{n+1})}{2^{n+2}}$$

$$+ \frac{\pi x}{2^{n+2}} \sum_{k=0}^{2^n-1} \cot \frac{\pi(x+k)}{2^{n+2}} + \frac{\pi x}{2^{n+2}} \sum_{k=0}^{2^n-1} \cot \frac{\pi(x+k-2^{n+1})}{2^{n+2}}$$

$$= \frac{\pi x}{2^{n+2}} \sum_{k=-2^n}^{-1} \cot \frac{\pi(x+k)}{2^{n+2}} + \frac{\pi x}{2^{n+2}} \sum_{k=2^n}^{2^{n+1}-1} \cot \frac{\pi(x+k)}{2^{n+2}}$$

$$+ \frac{\pi x}{2^{n+2}} \sum_{k=0}^{2^n-1} \cot \frac{\pi(x+k)}{2^{n+2}} + \frac{\pi x}{2^{n+2}} \sum_{k=-2^{n+1}}^{-2^n-1} \cot \frac{\pi(x+k)}{2^{n+2}}$$

$$= \frac{\pi x}{2^{n+2}} \sum_{k=-2^{n+1}}^{2^{n+1}-1} \cot \frac{\pi(x+k)}{2^{n+2}} \quad \circ$$

由此可知：欲證的等式對 $n+1$ 也成立。

依數學歸納法，欲證的等式對所有非負整數 n 都成立。

因為 $\cot(\pi(x-2^n)/2^{n+1}) = -\tan(\pi x/2^{n+1})$，所以，上述等式也可寫成

$$\pi x \cot \pi x = \frac{\pi x}{2^{n+1}} \left(\cot \frac{\pi x}{2^{n+1}} - \tan \frac{\pi x}{2^{n+1}} \right)$$

$$+ \frac{\pi x}{2^{n+1}} \sum_{k=1}^{2^n-1} \left(\cot \frac{\pi(x+k)}{2^{n+1}} + \cot \frac{\pi(x-k)}{2^{n+1}} \right) \quad \circ$$

⑵次證：若 $m \in N$ 滿足 $m > 3|x|$，則必可找到一個在點 x 收斂的函數項級數 $\sum_{k=1}^{\infty} f_k$ 以及一個 $n(m) \in N$ 使得：$2^{n(m)} > m$ 而且當 $n \geq n(m)$ 時，恆有

$$\left| \frac{\pi x}{2^{n+1}} \sum_{k=m+1}^{2^n-1} \left(\cot \frac{\pi(x+k)}{2^{n+1}} + \cot \frac{\pi(x-k)}{2^{n+1}} \right) \right| \leq \sum_{k=m+1}^{\infty} f_k(x) \quad \circ$$

在下文中，我們所選的函數 f_k 為 $f_k(x) = 36x^2 / (k^2 - 9x^2)$ 。

對每個 $n \in N$ ， $2^n > m$ ，以及每個 $k \in N$ ， $2^n > k > m$ ，恆有

$$\cot \frac{\pi(x+k)}{2^{n+1}} + \cot \frac{\pi(x-k)}{2^{n+1}} = \frac{\sin(\pi x / 2^n)}{\sin(\pi(x+k)/2^{n+1}) \sin(\pi(x-k)/2^{n+1})}$$

$$= \frac{2\sin(\pi x / 2^{n+1}) \cos(\pi x / 2^{n+1})}{\sin^2(\pi x / 2^{n+1}) - \sin^2(\pi k / 2^{n+1})}$$

$$= -2 \cot \frac{\pi x}{2^{n+1}} \left(\frac{\sin^2(\pi k / 2^{n+1})}{\sin^2(\pi x / 2^{n+1})} - 1 \right)^{-1} 。$$

因為 $\left| \pi x / 2^{n+1} \right| < \pi/2$ 且 $\left| \pi k / 2^{n+1} \right| < \pi/2 < 2$ ，所以，顯然可知 $\left| \sin(\pi x / 2^{n+1}) \right| \leq \left| \pi x / 2^{n+1} \right|$ ，而且再依正弦函數在點 0 的 Taylor 級數，可得

$$\sin \frac{\pi k}{2^{n+1}} = \sum_{p=0}^{\infty} \frac{1}{(4p+1)!} \left(\frac{\pi k}{2^{n+1}} \right)^{4p+1} \left(1 - \frac{1}{(4p+2)(4p+3)} \left(\frac{\pi k}{2^{n+1}} \right)^2 \right)$$

$$> \frac{\pi k}{2^{n+1}} \left(1 - \frac{1}{2 \cdot 3} \left(\frac{\pi k}{2^{n+1}} \right)^2 \right) > \frac{\pi k}{2^{n+1}} \left(1 - \frac{2^2}{2 \cdot 3} \right) = \frac{1}{3} \cdot \frac{\pi k}{2^{n+1}} 。$$

將上述兩個不等式及一個等式合併處理，即得

$$\left| \cot \frac{\pi(x+k)}{2^{n+1}} + \cot \frac{\pi(x-k)}{2^{n+1}} \right| \leq 2 \left| \cot \frac{\pi x}{2^{n+1}} \right| \left(\frac{k^2}{9x^2} - 1 \right)^{-1} 。$$

另一方面，根據 L'Hospital 法則，可知 $\lim_{y \to 0} y \cot y = 1$ 。因此，更進一步可得 $\lim_{n \to \infty} (\pi x / 2^{n+1}) \cot(\pi x / 2^{n+1}) = 1$ 。於是，我們可選取一個 $n(m) \in N$ 使得： $2^{n(m)} > m$ 而且當 $n \geq n(m)$ 時，恆有 $0 < (\pi x / 2^{n+1}) \cot(\pi x / 2^{n+1}) < 2$ 。當 $n \geq n(m)$ 時，可得

$$\left| \frac{\pi x}{2^{n+1}} \sum_{k=m+1}^{2^n - 1} \left(\cot \frac{\pi(x+k)}{2^{n+1}} + \cot \frac{\pi(x-k)}{2^{n+1}} \right) \right|$$

$$\leq \left| \frac{\pi x}{2^{n+1}} \cot \frac{\pi x}{2^{n+1}} \right| \sum_{k=m+1}^{2^n-1} \frac{18x^2}{k^2-9x^2} < \sum_{k=m+1}^{\infty} \frac{36x^2}{k^2-9x^2} \; \text{。}$$

這就是(2)中所欲證的結果。請注意：$\sum_{k>3|x|}^{\infty} (36x^2/(k^2-9x^2))$ 是收斂級數。

(3)最後證明本例所欲證的等式。

根據(1)與(2)可知：當 $m \in N$ 滿足 $m > 3|x|$ 時，必可找到一個 $n(m) \in N$ 使得：$2^{n(m)} > m$ 而且當 $n \geq n(m)$ 時，恆有

$$\left| \pi x \cot \pi x - \frac{\pi x}{2^{n+1}} \left(\cot \frac{\pi x}{2^{n+1}} - \tan \frac{\pi x}{2^{n+1}} \right) \right.$$
$$\left. - \frac{\pi x}{2^{n+1}} \sum_{k=1}^{m} \left(\cot \frac{\pi(x+k)}{2^{n+1}} + \cot \frac{\pi(x-k)}{2^{n+1}} \right) \right|$$
$$= \left| \frac{\pi x}{2^{n+1}} \sum_{k=m+1}^{2^n-1} \left(\cot \frac{\pi(x+k)}{2^{n+1}} + \cot \frac{\pi(x-k)}{2^{n+1}} \right) \right| < \sum_{k=m+1}^{\infty} \frac{36x^2}{k^2-9x^2} \; \text{。} \qquad (*)$$

因為

$$\lim_{n\to\infty} \frac{\pi x}{2^{n+1}} \cot \frac{\pi x}{2^{n+1}} = 1 \; , \qquad \lim_{n\to\infty} \frac{\pi x}{2^{n+1}} \tan \frac{\pi x}{2^{n+1}} = 0 \; ,$$

$$\lim_{n\to\infty} \frac{\pi x}{2^{n+1}} \cot \frac{\pi(x+k)}{2^{n+1}} = \frac{x}{x+k} \; , \qquad \lim_{n\to\infty} \frac{\pi x}{2^{n+1}} \cot \frac{\pi(x-k)}{2^{n+1}} = \frac{x}{x-k} \; ,$$

所以，將(*)式令 n 趨向 ∞，可得

$$\left| \pi x \cot \pi x - 1 - \sum_{k=1}^{m} \left(\frac{x}{x+k} + \frac{x}{x-k} \right) \right| \leq \sum_{k=m+1}^{\infty} \frac{36x^2}{k^2-9x^2} \; , \text{或}$$

$$\left| \pi x \cot \pi x - 1 - \sum_{k=1}^{m} \frac{2x^2}{x^2-k^2} \right| \leq \sum_{k=m+1}^{\infty} \frac{36x^2}{k^2-9x^2} \; \text{。} \qquad (**)$$

因為(**)式對滿足 $m > 3|x|$ 的每個 $m \in N$ 都成立，而且級數 $\sum_{k>3|x|}^{\infty} (36x^2/(k^2-9x^2))$ 是一個收斂級數，所以，將(**)式令 m 趨向 ∞，可得

$$\lim_{m \to \infty} \left(\pi x \cot \pi x - 1 - \sum_{k=1}^{m} \frac{2x^2}{x^2 - k^2} \right) = \lim_{m \to \infty} \sum_{k=m+1}^{\infty} \frac{36x^2}{k^2 - 9x^2} = 0 \text{ , 或}$$

$$\pi x \cot \pi x = 1 + \sum_{k=1}^{\infty} \frac{2x^2}{x^2 - k^2} \quad , \qquad x \notin \mathbf{Z} \text{ 。} \parallel$$

利用例 11 中有關函數 $\pi x \cot \pi x$ 的展開式，可進一步導出函數 $\pi \tan(\pi x/2)$、$\pi x \csc \pi x$ 與 $\pi \sec \pi x$ 的展開式（參看練習題 11、12 與 13）。

【例 12】試證：

⑴若 $n \in \mathbf{N}$，則 $\displaystyle\sum_{k=1}^{\infty} \frac{1}{k^{2n}} = (-1)^{n-1} \frac{(2\pi)^{2n} B_{2n}}{2(2n)!}$ 。

⑵冪級數 $\displaystyle\sum_{n=0}^{\infty} \frac{B_n}{n!} x^n$ 的收斂半徑為 2π 。

證：⑴依例 11 可知：當 $|x| < 1$ 時，可得

$$\pi x \cot \pi x = 1 - \sum_{k=1}^{\infty} \frac{2x^2}{k^2 - x^2} = 1 - \sum_{k=1}^{\infty} \sum_{n=1}^{\infty} 2 \left(\frac{x^2}{k^2} \right)^n = 1 - \sum_{n=1}^{\infty} \sum_{k=1}^{\infty} 2 \left(\frac{x^2}{k^2} \right)^n$$

$$= 1 - \sum_{n=1}^{\infty} \left(\sum_{k=1}^{\infty} \frac{2}{k^{2n}} \right) x^{2n} \text{ 。}$$

上式中的第三個等號成立，乃是根據 §8-3 定理 26。另一方面，依例 10⑵，存在某正數 δ 使得：當 $|x| < \delta$ 時，恆有

$$\pi x \cot \pi x = 1 + \sum_{n=1}^{\infty} \frac{(-1)^n 2^{2n} B_{2n}}{(2n)!} (\pi x)^{2n} \text{ 。}$$

因此，依 §9-2 定理 19，對每個 $n \in \mathbf{N}$，恆有

$$\sum_{k=1}^{\infty} \frac{1}{k^{2n}} = (-1)^{n-1} \frac{(2\pi)^{2n} B_{2n}}{2(2n)!} \text{ 。}$$

(2)對每個 $n \in N$，因為

$$1 < \sum_{k=1}^{\infty} \frac{1}{k^{2n}} \le \sum_{k=1}^{\infty} \frac{1}{k^2} < 1 + \sum_{k=2}^{\infty} \frac{1}{k(k-1)} = 2 \text{，}$$

所以，依(1)，對每個 $n \in N$， $(-1)^{n-1} B_{2n}$ 為正數，而且

$$\frac{2}{(2\pi)^{2n}} < \frac{(-1)^{n-1} B_{2n}}{(2n)!} < \frac{4}{(2\pi)^{2n}} \text{。}$$

於是，可得

$$\varlimsup_{n \to \infty} \sqrt[n]{\left| \frac{B_n}{n!} \right|} = \varlimsup_{n \to \infty} \sqrt[2n]{\left| \frac{B_{2n}}{(2n)!} \right|} = \frac{1}{2\pi} \text{。}$$

由此可知：冪級數 $\sum_{n=0}^{\infty} (B_n/n!)x^n$ 的收斂半徑為 2π 。 $\parallel$

仿照 Bernoulli 數列的方法，我們可以定義 Euler 數列如下。

【定義 3】因為函數 $x \mapsto 2e^x$ 與函數 $x \mapsto e^{2x}+1$ 都在點 0 解析，而且在 0 的值都不等於 0，所以，函數 $x \mapsto 2e^x/(e^{2x}+1)$ 在點 0 解析。於是，必可找到一個正數 r 及一個數列 $\{E_n\}_{n=0}^{\infty}$ 使得：對每個 $x \in (-r, r)$，恆有

$$\frac{2e^x}{e^{2x}+1} = \sum_{n=0}^{\infty} E_n \cdot \frac{x^n}{n!} \text{。}$$

數列 $\{E_n\}_{n=0}^{\infty}$ 稱為 **Euler 數列**(Euler sequence)，其元素稱為 **Euler 數**(Euler numbers)。

【定理 8】（Euler 數的計算公式）

Euler 數滿足下列條件：

(1) $E_0 = 1$ 。
(2)對每個 $n \in N$，恆有

$$\binom{n}{0} 2^n E_0 + \binom{n}{1} 2^{n-1} E_1 + \cdots + \binom{n}{n} E_n + E_n = 2 \ \circ$$

⑶對每個 $n \in N$ ，恆有 $E_{2n-1} = 0$ 。

證：依定義 3，對每個 $x \in (-r, r)$ ，恆有

$$\sum_{n=0}^{\infty} 2 \cdot \frac{x^n}{n!} = \left(\sum_{n=0}^{\infty} 2^n \cdot \frac{x^n}{n!} \right) \left(\sum_{n=0}^{\infty} E_n \cdot \frac{x^n}{n!} \right) + \sum_{n=0}^{\infty} E_n \cdot \frac{x^n}{n!}$$

$$= 2E_0 + \sum_{n=1}^{\infty} \left(\sum_{k=0}^{n} \binom{n}{k} 2^{n-k} E_k + E_n \right) \frac{x^n}{n!} \ \circ$$

依§9-2 定理 19，當 $n = 0$ 時， $2 = 2E_0$ ， $E_0 = 1$ ；而且對每個 $n \in N$ ，恆有

$$\binom{n}{0} 2^n E_0 + \binom{n}{1} 2^{n-1} E_1 + \cdots + \binom{n}{n} E_n + E_n = 2 \ \circ$$

由此可得特例如下：當 $n = 1$ 時，得 $2E_0 + E_1 + E_1 = 2$ ，即 $E_1 = 0$ 。當 $n = 2$ 時，得 $4E_0 + 4E_1 + E_2 + E_2 = 2$ ，即 $E_2 = -1$ 。

對每個 $x \in (-r, r)$ ，依定義 3 可得

$$\sum_{n=0}^{\infty} E_n \cdot \frac{x^n}{n!} = \frac{2e^x}{e^{2x} + 1} \ \circ$$

對每個 $x \in (-r, r)$ ，將上式兩端的 x 以 $-x$ 代入，得

$$\sum_{n=0}^{\infty} (-1)^n E_n \cdot \frac{x^n}{n!} = \frac{2e^{-x}}{e^{-2x} + 1} = \frac{2e^x}{e^{2x} + 1}$$

$$= \sum_{n=0}^{\infty} E_n \cdot \frac{x^n}{n!} \ \circ$$

依§9-2 定理 19 可得：對每個 $n \in N$ ，恆有 $(-1)^n E_n = E_n$ 。由此可知：對每個 $n \in N$ ，恆有 $E_{2n-1} = 0$ 。 ‖

利用定理 8 ⑵的遞迴公式，我們可以求出 Euler 數列 $\{ E_n \}_{n=0}^{\infty}$ 的前

面若干項如下：$E_0 = 1$，$E_1 = 0$，$E_2 = -1$，而且

$n = 3$，$8E_0 + 12E_1 + 6E_2 + E_3 + E_3 = 2$，$\qquad\qquad$ $E_3 = 0$；

$n = 4$，$16E_0 + 32E_1 + 24E_2 + 8E_3 + E_4 + E_4 = 2$，$\qquad$ $E_4 = 5$；

$n = 5$，$32E_0 + 80E_1 + 80E_2 + 40E_3 + 10E_4 + E_5 + E_5 = 2$，$\quad$ $E_5 = 0$；

$n = 6$，$64E_0 + 192E_1 + 240E_2 + 160E_3 + 60E_4 + 12E_5 + E_6 + E_6 = 2$，

$\qquad\qquad\qquad\qquad\qquad\qquad\qquad\qquad\qquad\qquad\qquad$ $E_6 = -61$。

在後面例 14 中，我們將證明冪級數 $\sum_{n=0}^{\infty} E_n(x^n/n!)$ 的收斂半徑為 $\pi/2$。在例 13 的各冪級數展開式中，依此事實來敘述。

【例 13】（函數 $\operatorname{sech} x$，$\sec x$，$\sec x \tan x$ 與 $\sec^3 x$ 的 Taylor 級數）

已知 $\{E_n\}_{n=0}^{\infty}$ 是定義 2 所定義的 Euler 數列，而且冪級數 $\sum_{n=0}^{\infty} E_n(x^n/n!)$ 的收斂半徑為 $\pi/2$，則可得

(1) $\operatorname{sech} x = 1 + \sum_{n=1}^{\infty} \dfrac{E_{2n}}{(2n)!} x^{2n}$，$\qquad |x| < \dfrac{\pi}{2}$。

(2) $\sec x = 1 + \sum_{n=1}^{\infty} \dfrac{(-1)^n E_{2n}}{(2n)!} x^{2n}$，$\qquad |x| < \dfrac{\pi}{2}$。

(3) $\sec x \tan x = \sum_{n=1}^{\infty} \dfrac{(-1)^n E_{2n}}{(2n-1)!} x^{2n-1}$，$\qquad |x| < \dfrac{\pi}{2}$。

(4) $\sec^3 x = -1 + \sum_{n=1}^{\infty} \dfrac{(-1)^{n-1}(E_{2n+2} - E_{2n})}{2(2n)!} x^{2n}$，$\qquad |x| < \dfrac{\pi}{2}$。

證：因為對每個 $x \in \mathbf{R}$，$2e^x/(e^{2x}+1) = 2/(e^x+e^{-x}) = \operatorname{sech} x$，所以，依定義 3，可得

$$\operatorname{sech} x = \frac{2e^x}{e^{2x}+1} = 1 + \sum_{n=1}^{\infty} \frac{E_n}{n!} x^n，\qquad |x| < \frac{\pi}{2}。$$

依定理 8(3)，$E_1 = E_3 = \cdots = E_{2n-1} = \cdots = 0$，所以，得

$$\operatorname{sech} x = 1 + \sum_{n=1}^{\infty} \frac{E_{2n}}{(2n)!} x^{2n}，\qquad |x| < \frac{\pi}{2}。$$

(2) 仿例 10(2)的說明，我們知道當 x 為複數時前面的(*)式也成立。

因此，當 $x \in (-\pi/2, \pi/2)$ 時，可得

$$\sec x = \frac{2}{e^{ix} + e^{-ix}} = \frac{2e^{ix}}{e^{2ix} + 1} = 1 + \sum_{n=1}^{\infty} \frac{E_n}{n!}(ix)^n \, .$$

依定理 8(3)，$E_1 = E_3 = \cdots = E_{2n-1} = \cdots = 0$，所以，得

$$\sec x = 1 + \sum_{n=1}^{\infty} \frac{(-1)^n E_{2n}}{(2n)!} x^{2n} \, , \qquad |x| < \frac{\pi}{2} \, .$$

(3)對每個 $x \in (-\pi/2, \pi/2)$，將(2)中的等式兩端微分，依§9-2 定理 15，可得

$$\sec x \tan x = \sum_{n=1}^{\infty} \frac{(-1)^n E_{2n}}{(2n-1)!} x^{2n-1} \, , \qquad |x| < \frac{\pi}{2} \, .$$

(4)對每個 $x \in (-\pi/2, \pi/2)$，將(3)中的等式兩端微分，依§9-2 定理 15，可得

$$\sec^3 x + \sec x \tan^2 x = \sum_{n=1}^{\infty} \frac{(-1)^n E_{2n}}{(2n-2)!} x^{2n-2}$$

$$= 1 + \sum_{n=1}^{\infty} \frac{(-1)^{n-1} E_{2n+2}}{(2n)!} x^{2n} \, , \qquad |x| < \frac{\pi}{2} \, .$$

因為對每個 $x \in (-\pi/2, \pi/2)$，恆有

$$\sec^3 x + \sec x \tan^2 x = \sec^3 x + \sec x (\sec^2 x - 1) = 2\sec^3 x - \sec x \, ,$$

所以，可得

$$\sec^3 x = \frac{1}{2}(\sec^3 x + \sec x \tan^2 x) + \frac{1}{2}\sec x$$

$$= \frac{1}{2} + \sum_{n=1}^{\infty} \frac{(-1)^{n-1} E_{2n+2}}{2(2n)!} x^{2n} + \frac{1}{2} + \sum_{n=1}^{\infty} \frac{(-1)^n E_{2n}}{2(2n)!} x^{2n}$$

$$= 1 + \sum_{n=1}^{\infty} \frac{(-1)^{n-1}(E_{2n+2} - E_{2n})}{2(2n)!} x^{2n} \, , \qquad |x| < \frac{\pi}{2} \, . \parallel$$

【例 14】試證：

(1)若 $n \in N \cup \{0\}$，則 $\displaystyle\sum_{k=1}^{\infty} \frac{(-1)^{k-1}}{(2k-1)^{2n+1}} = (-1)^n \frac{\pi^{2n+1} E_{2n}}{2^{2n+2}(2n)!}$ 。

(2)冪級數 $\displaystyle\sum_{n=0}^{\infty} \frac{E_n}{n!} x^n$ 的收斂半徑為 $\dfrac{\pi}{2}$ 。

證：(1)就如同例 12 (1)的等式需要使用例 11 的等式，本例(1)中的等式需要借助練習題 13 的等式：若 $x \in R$ 且 $x - (1/2)$ 不是整數，則

$$\pi \sec \pi x = \sum_{k=0}^{\infty} \frac{(-1)^k (2k+1)}{((2k+1)/2)^2 - x^2} \quad 。$$

此等式可改寫成：若 $x \in R$ 且 x 不是奇整數，則 $(x/2) - (1/2)$ 不是整數，故得

$$\frac{\pi}{4} \sec \frac{\pi x}{2} = \sum_{k=0}^{\infty} \frac{(-1)^k (2k+1)}{(2k+1)^2 - x^2} = \sum_{k=0}^{\infty} \sum_{n=0}^{\infty} \frac{(-1)^k}{(2k+1)^{2n+1}} x^{2n} \quad 。$$

上式右端的逐次級數收斂。但為了解它的和是否與另一個逐次級數 $\sum_{n=0}^{\infty} \sum_{k=0}^{\infty} ((-1)^k x^{2n}/(2k+1)^{2n+1})$ 的和相等，我們考慮後一個逐次級數如下。對每個 $n \in N$，級數 $\sum_{k=0}^{\infty} ((-1)^k x^{2n}/(2k+1)^{2n+1})$ 顯然絕對收斂，而且

$$\sum_{k=0}^{\infty} \left| \frac{(-1)^k}{(2k+1)^{2n+1}} x^{2n} \right| = |x|^{2n} \sum_{k=0}^{\infty} \frac{1}{(2k+1)^{2n+1}} \le |x|^{2n} \sum_{k=1}^{\infty} \frac{1}{k^2} = \frac{\pi^2}{6} |x|^{2n} ,$$

因此，當 $|x| < 1$ 時，$\sum_{n=1}^{\infty} \sum_{k=0}^{\infty} \left| (-1)^k x^{2n} / (2k+1)^{2n+1} \right|$ 是收斂級數。

依 §8-3 定理 27，可知 $\sum_{k=0}^{\infty} \sum_{n=1}^{\infty} ((-1)^k x^{2n}/(2k+1)^{2n+1})$ 是絕對收斂級數而且

$$\sum_{k=0}^{\infty} \sum_{n=1}^{\infty} \frac{(-1)^k}{(2k+1)^{2n+1}} x^{2n} = \sum_{n=1}^{\infty} \sum_{k=0}^{\infty} \frac{(-1)^k}{(2k+1)^{2n+1}} x^{2n} \quad 。$$

於是，當 $|x| < 1$ 時，可得

$$\frac{\pi}{4}\sec\frac{\pi x}{2} = \sum_{k=0}^{\infty}\sum_{n=0}^{\infty}\frac{(-1)^k}{(2k+1)^{2n+1}}x^{2n}$$

$$= \sum_{k=0}^{\infty}\frac{(-1)^k}{2k+1} + \sum_{k=0}^{\infty}\sum_{n=1}^{\infty}\frac{(-1)^k}{(2k+1)^{2n+1}}x^{2n}$$

$$= \sum_{k=0}^{\infty}\frac{(-1)^k}{2k+1} + \sum_{n=1}^{\infty}\sum_{k=0}^{\infty}\frac{(-1)^k}{(2k+1)^{2n+1}}x^{2n}$$

$$= \sum_{n=0}^{\infty}\sum_{k=0}^{\infty}\frac{(-1)^k}{(2k+1)^{2n+1}}x^{2n}, \qquad |x|<1 \text{ 。}$$

另一方面，依例 13 (2)，存在某正數 δ 使得：當 $|x|<\delta$ 時，恆有

$$\frac{\pi}{4}\sec\frac{\pi x}{2} = \sum_{n=0}^{\infty}\frac{(-1)^n \pi^{2n+1} E_{2n}}{2^{2n+2}(2n)!}x^{2n} \text{ 。}$$

依 §9-2 定理 19，對每個 $n \in N \bigcup \{0\}$，恆有

$$\sum_{k=0}^{\infty}\frac{(-1)^k}{(2k+1)^{2n+1}} = \frac{(-1)^n \pi^{2n+1} E_{2n}}{2^{2n+2}(2n)!} \text{ ，或}$$

$$\sum_{k=1}^{\infty}\frac{(-1)^{k-1}}{(2k-1)^{2n+1}} = \frac{(-1)^n \pi^{2n+1} E_{2n}}{2^{2n+2}(2n)!} \text{ 。}$$

(2)對每個 $n \in N \bigcup \{0\}$，因為

$$\sum_{k=1}^{\infty}\frac{(-1)^{k-1}}{(2k-1)^{2n+1}} = \sum_{k=0}^{\infty}\left(\frac{1}{(4k+1)^{2n+1}} - \frac{1}{(4k+3)^{2n+1}}\right)$$

$$> 1 - \frac{1}{3^{2n+1}} \geq 1 - \frac{1}{3} = \frac{2}{3} \text{ 且}$$

$$\sum_{k=1}^{\infty}\frac{(-1)^{k-1}}{(2k-1)^{2n+1}} < \sum_{k=1}^{\infty}\frac{1}{k^{2n+1}} \leq \sum_{k=1}^{\infty}\frac{1}{k^2} = \frac{\pi^2}{6} \ (n \in N) \text{ ，}$$

所以，依(1)，對每個 $n \in N \bigcup \{0\}$，$(-1)^n E_{2n}$ 為正數，而且

$$\frac{2}{3}\cdot\frac{2^{2n+2}}{\pi^{2n+1}} < \frac{(-1)^n E_{2n}}{(2n)!} < \frac{\pi^2}{6}\cdot\frac{2^{2n+2}}{\pi^{2n+1}} \text{ 。}$$

於是，可得

$$\varlimsup_{n\to\infty}\sqrt[n]{\left|\frac{E_n}{n!}\right|}=\varlimsup_{n\to\infty}\sqrt[2n]{\left|\frac{E_{2n}}{(2n)!}\right|}=\frac{2}{\pi} \ 。$$

由此可知：冪級數 $\sum_{n=0}^{\infty}(E_n/n!)x^n$ 的收斂半徑為 $\pi/2$ 。 $\parallel$

練習題 9-3

1.試證： $\sin^2 x=\sum_{n=0}^{\infty}\frac{(-1)^n 2^{2n+1}}{(2n+2)!}x^{2n+2}$ ， $x\in\mathbf{R}$ 。

2.試證： $\cos^2 x=1+\sum_{n=1}^{\infty}\frac{(-1)^n 2^{2n-1}}{(2n)!}x^{2n}$ ， $x\in\mathbf{R}$ 。

3.試證： $\sin^3 x=\frac{3}{4}\sum_{n=1}^{\infty}\frac{(-1)^{n-1}(3^{2n}-1)}{(2n+1)!}x^{2n+1}$ ， $x\in\mathbf{R}$ 。

4.試證： $\cos^3 x=\frac{1}{4}\sum_{n=0}^{\infty}\frac{(-1)^n(3^{2n}+3)}{(2n)!}x^{2n}$ ， $x\in\mathbf{R}$ 。

5.試證： $e^x \sin x=\sum_{n=0}^{\infty}\left(\frac{1}{n!}2^{n/2}\sin\frac{n\pi}{4}\right)x^n$ ， $x\in\mathbf{R}$ 。

6.試證： $\ln(1-3x+2x^2)=-\sum_{n=1}^{\infty}\frac{(1+2^n)}{n}x^n$ ， $\left|x\right|<\frac{1}{2}$ 。

7.試證： $\frac{x}{(1+8x^3)^2}=\sum_{n=0}^{\infty}(n+1)2^{3n}x^{3n+1}$ ， $\left|x\right|<\frac{1}{2}$ 。

8.試證： $\ln(x+\sqrt{1+x^2})=\sum_{n=0}^{\infty}\frac{(-1)^n\cdot 1\cdot 3\cdot 5\cdots(2n-1)}{2\cdot 4\cdot 6\cdots(2n)}\cdot\frac{x^{2n+1}}{2n+1}$ ，
$\left|x\right|<1$ 。

9.試證： $\tanh x=\sum_{n=1}^{\infty}\frac{2^{2n}(2^{2n}-1)B_{2n}}{(2n)!}x^{2n-1}$ ， $\left|x\right|<\frac{\pi}{2}$ 。

10.試證： $x\operatorname{csch} x=-\sum_{n=0}^{\infty}\frac{(2^{2n}-2)B_{2n}}{(2n)!}x^{2n}$ ， $\left|x\right|<\pi$ 。

11.試證：$x \tan \dfrac{\pi x}{2} = \displaystyle\sum_{n=0}^{\infty} \dfrac{4x}{(2n+1)^2 - x^2}$ ，$x \in R$ 但 x 不是奇整數。

12.試證：$\pi x \csc \pi x = 1 + \displaystyle\sum_{n=1}^{\infty} \dfrac{2(-1)^{n-1} x^2}{n^2 - x^2}$ ，$x \in R$ 但 x 不是整數。

13.試證：$\pi \sec \pi x = \displaystyle\sum_{n=0}^{\infty} \dfrac{(-1)^n (2n+1)}{((2n+1)/2)^2 - x^2}$ ，$x \in R$ 但 $x - \dfrac{1}{2}$ 不是整數。

14.試寫出例 $12\,(1)$ 中 $n = 1, 2, 3, 4, 5$ 所對應的等式。

15.試寫出例 $14\,(1)$ 中 $n = 0, 1, 2, 3$ 所對應的等式。

16.試證：若 $n \in N$ ，則 $\displaystyle\sum_{k=1}^{\infty} \dfrac{1}{(2k-1)^{2n}} = (-1)^{n-1} \dfrac{(2^{2n}-1)\,\pi^{2n} B_{2n}}{2\,(2n)!}$ 。

17.試證：若 $n \in N$ ，則 $\displaystyle\sum_{k=1}^{\infty} \dfrac{(-1)^{k-1}}{k^{2n}} = (-1)^{n-1} \dfrac{(2^{2n-1}-1)\,\pi^{2n} B_{2n}}{(2n)!}$ 。

18.試利用 $(1-x^2)^{-1/2}$ 的冪級數展開式求下述級數之和：

$$\sum_{n=1}^{\infty} \dfrac{1 \cdot 3 \cdot 5 \cdots (2n-1)}{2 \cdot 4 \cdot 6 \cdots (2n+2)} = \dfrac{1}{2 \cdot 4} + \dfrac{1 \cdot 3}{2 \cdot 4 \cdot 6} + \dfrac{1 \cdot 3 \cdot 5}{2 \cdot 4 \cdot 6 \cdot 8} + \cdots \cdots 。$$

19.試求下述級數之和：

$$\sum_{n=1}^{\infty} \dfrac{1 \cdot 3 \cdot 5 \cdots (4n-1)}{2 \cdot 4 \cdot 6 \cdots (4n+2)} = \dfrac{1 \cdot 3}{2 \cdot 4 \cdot 6} + \dfrac{1 \cdot 3 \cdot 5 \cdot 7}{2 \cdot 4 \cdot 6 \cdot 8 \cdot 10} + \cdots \cdots 。$$

20.試求級數 $\sum_{n=1}^{\infty} (1/(n \cdot 3^n))$ 之和。

21.設 $a, b, c \in R$ 而且 c 不是 0 或負整數，令

$F(a, b, c; x)$

$$= 1 + \sum_{n=1}^{\infty} \dfrac{a(a+1)\cdots(a+n-1)\,b(b+1)\cdots(b+n-1)}{n! \cdot c(c+1)\cdots(c+n-1)} \cdot x^n 。$$

對每一組給定的實數 a、b 與 c，上式右端的冪級數稱為是一個超幾何級數（hypergeometric series），而函數 $x \mapsto F(a, b, c; x)$ 則稱為是一個超幾何函數（hypergeometric function）。試就 a、

b 與 c 三實數討論超幾何級數的收斂範圍。

22.試證：

(1)$\ln(1+x) = x \cdot F(1,1,2;-x)$，$|x| < 1$。

(2)$\sin^{-1}x = x \cdot F(1/2,1/2,3/2;x^2)$，$|x| < 1$。

(3)$\tan^{-1}x = x \cdot F(1/2,1,3/2;-x^2)$，$|x| < 1$。

(4)$\ln(x+\sqrt{1+x^2}) = x \cdot F(1/2,1/2,3/2;-x^2)$，$|x| < 1$。

23.設 n 為非負整數，令

$$J_n(x) = \sum_{k=0}^{\infty} \frac{(-1)^k}{2^{n+2k}k!(n+k)!} \cdot x^{n+2k} 。$$

(1)試求上式右端之冪級數的收斂半徑。

(2)試證函數 J_n 是下述 Bessel 微分方程式之解：

$$x^2 y'' + xy' + (x^2 - n^2)y = 0 。$$

函數 J_n 稱為第 **n** 階 **Bessel** 函數（Bessel function of order n）。

24.對每個實數 t，定義函數 $f_t : \boldsymbol{R} \to \boldsymbol{R}$ 如下：$f_t(0) = 1$；而當 $x \neq 0$ 時，

$$f_t(x) = \frac{xe^{tx}}{e^x - 1} 。$$

(1)試證：對每個 $t \in \boldsymbol{R}$，都可找到一個實數數列 $\{P_n(t)\}_{n=0}^{\infty}$ 使得：對每個 $x \in \boldsymbol{R}$，$|x| < 2\pi$，恆有

$$f_t(x) = \sum_{n=0}^{\infty} P_n(t) \cdot \frac{x^n}{n!} 。$$

(2)試證：對每個 $t \in \boldsymbol{R}$ 及每個 $n \in \boldsymbol{Z}$，$n \geq 0$，恆有

$$P_n(t) = \sum_{k=0}^{n} \binom{n}{k} P_k(0) t^{n-k} 。$$

由此可知：$P_n(t)$ 是 t 的一個 n 次多項式。這些 $P_n(t)$ 稱為 **Bernoulli** 多項式（Bernoulli polynomial），而 $\{P_n(0)\}_{n=0}^{\infty}$ 自

然是 Bernoulli 數列。

(3)試證：若 $n \in N$ ，則 $P'_n(t) = n P_{n-1}(t)$ ， $t \in R$ 。

(4)試證：若 $n \in N$ ，則 $P_n(t+1) - P_n(t) = n t^{n-1}$ ， $t \in R$ 。

(5)試證：若 $n \in N$ ，則 $P_n(1-t) = (-1)^n P_n(t)$ ， $t \in R$ 。

(6)試證：若 $n \in N$ ，則

$$1^n + 2^n + \cdots + k^n = \frac{1}{n+1} \left(P_{n+1}(k+1) - P_{n+1}(1) \right) 。$$

$\underline{9\text{-}4}$ | Fourier 級數及其和

在本節裡，我們要討論形如 $a_0/2 + \sum_{n=1}^{\infty} (a_n \cos nx + b_n \sin nx)$ 的函數項級數，因為它的所有項都是由三角函數所組成的，所以，此種級數稱為**三角級數**（trigonometric series）。對於一般的三角級數，我們也要討論它的斂散性與和函數，但三角級數在這方面的成果，其完整性遠不及冪級數的收斂理論。

另一方面，對每個可 Riemann 積分的函數 $f : [0, 2\pi] \to R$ ，我們可以依特定方法計算 $\{a_n\}_{n=0}^{\infty}$ 與 $\{b_n\}_{n=1}^{\infty}$ ，而使函數 f 有一個對應的三角級數，稱為函數 f 的 **Fourier 級數**（Fourier series）。Fourier 級數的收斂理論，是數學上的一個重要領域，它在現代科學及技術上都有重要應用。

甲、三角級數

我們先舉出一些容易求和的三角級數。

【例 1】試證：

(1)若 $0 < x < 2\pi$ ，則 $\displaystyle\sum_{n=1}^{\infty} \frac{1}{n} \cos nx = -\ln (2 \sin \frac{x}{2})$ 。

(2)若 $0 < x < 2\pi$ ，則 $\sum\limits_{n=1}^{\infty} \dfrac{1}{n} \sin nx = \dfrac{\pi - x}{2}$ 。

證：對每個 $\theta \in (0, 2\pi)$ ，冪級數 $\sum_{n=1}^{\infty} (\cos n\theta + i \sin n\theta) x^{n-1}$ 的收斂半徑為 1 。當 $|x| < 1$ 時，其和為

$$\sum_{n=1}^{\infty} (\cos n\theta + i \sin n\theta) x^{n-1} = \frac{\cos\theta + i \sin\theta}{1 - (\cos\theta + i \sin\theta) x}$$

$$= \frac{\cos\theta - x}{1 - 2x\cos\theta + x^2} + i \frac{\sin\theta}{1 - 2x\cos\theta + x^2} 。$$

分別考慮上式兩端的實部與虛部，即得

$$\sum_{n=1}^{\infty} (\cos n\theta) x^{n-1} = \frac{\cos\theta - x}{1 - 2x\cos\theta + x^2} , \qquad |x| < 1 ;$$

$$\sum_{n=1}^{\infty} (\sin n\theta) x^{n-1} = \frac{\sin\theta}{1 - 2x\cos\theta + x^2} , \qquad |x| < 1 。$$

對每個 $x \in (-1, 1)$ ，將上述二級數兩端在 $[0 \wedge x, 0 \vee x]$ 上積分，依 §9-2 定理 14，可得

$$\sum_{n=1}^{\infty} \left(\frac{1}{n} \cos n\theta \right) x^n = -\frac{1}{2} \ln (1 - 2x\cos\theta + x^2) ;$$

$$\sum_{n=1}^{\infty} \left(\frac{1}{n} \sin n\theta \right) x^n = \tan^{-1} \left(\frac{x \sin\theta}{1 - x\cos\theta} \right) 。$$

當 $\theta \in (0, 2\pi)$ 時，依 §8-3 例 9，$\sum_{n=1}^{\infty} (1/n) \cos n\theta$ 與 $\sum_{n=1}^{\infty} (1/n) \sin n\theta$ 都是收斂級數，所以，依 Abel 極限定理（§9-2 定理 16），可知：當 $\theta \in (0, 2\pi)$ 時，恆有

$$\sum_{n=1}^{\infty} \frac{1}{n} \cos n\theta = -\frac{1}{2} \ln (2 - 2\cos\theta) = -\ln \left(2 \sin \frac{\theta}{2} \right) ;$$

$$\sum_{n=1}^{\infty} \frac{1}{n} \sin n\theta = \tan^{-1} \left(\frac{\sin\theta}{1 - \cos\theta} \right) = \frac{1}{2} (\pi - \theta) 。$$

將上述二等式中的 θ 改為 x ，即為本例欲證的等式。 ‖

【例 2】試證：

(1)若 $-\pi < x < \pi$ ，則 $\displaystyle\sum_{n=1}^{\infty} \frac{(-1)^{n-1}}{n} \cos nx = \ln\left(2\cos\frac{x}{2}\right)$ 。

(2)若 $-\pi < x < \pi$ ，則 $\displaystyle\sum_{n=1}^{\infty} \frac{(-1)^{n-1}}{n} \sin nx = \frac{x}{2}$ 。

證：對每個 $x \in (-\pi, \pi)$ ，可得 $\pi - x \in (0, 2\pi)$ 。將例 1 的等式中的 x 以 $\pi - x$ 代入，即得本例欲證的等式。 ∥

【例 3】試證：

(1)若 $0 < x < \pi$ ，則 $\displaystyle\sum_{n=1}^{\infty} \frac{1}{2n-1} \cos(2n-1)x = \frac{1}{2}\ln\left(\cot\frac{x}{2}\right)$ 。

(2)若 $0 < x < \pi$ ，則 $\displaystyle\sum_{n=1}^{\infty} \frac{1}{2n-1} \sin(2n-1)x = \frac{\pi}{4}$ 。

(3)若 $0 < x < \pi$ ，則 $\displaystyle\sum_{n=1}^{\infty} \frac{1}{n} \cos 2nx = -\ln(2\sin x)$ 。

(4)若 $0 < x < \pi$ ，則 $\displaystyle\sum_{n=1}^{\infty} \frac{1}{n} \sin 2nx = \frac{\pi - 2x}{2}$ 。

證：將前面二例中的對應等式相加、減即得。 ∥

【例 4】試證：

(1)若 $\pi < x < 2\pi$ ，則 $\displaystyle\sum_{n=1}^{\infty} \frac{1}{2n-1} \cos(2n-1)x = \frac{1}{2}\ln\left(-\cot\frac{x}{2}\right)$ 。

(2)若 $\pi < x < 2\pi$ ，則 $\displaystyle\sum_{n=1}^{\infty} \frac{1}{2n-1} \sin(2n-1)x = -\frac{\pi}{4}$ 。

(3)若 $\pi < x < 2\pi$ ，則 $\displaystyle\sum_{n=1}^{\infty} \frac{1}{n} \cos 2nx = -\ln(-2\sin x)$ 。

(4)若 $\pi < x < 2\pi$ ，則 $\displaystyle\sum_{n=1}^{\infty} \frac{1}{n} \sin 2nx = \frac{3\pi - 2x}{2}$ 。

證：對每個 $x \in (\pi, 2\pi)$ ，可得 $x - \pi \in (0, \pi)$ 。將例 3 的等式中的 x 以 $x - \pi$ 代入，即得本例欲證的等式。 ∥

【例 5】試證：若 $0 \leq x \leq 2\pi$ ，則 $\sum_{n=1}^{\infty} \dfrac{1}{n^2} \cos nx = \dfrac{1}{4}(x-\pi)^2 - \dfrac{\pi^2}{12}$ 。

證：依 §9-1 例 10，對每個閉區間 $[a,b] \subset (0,2\pi)$ ，函數項級數 $\sum_{n=1}^{\infty}(1/n)\sin nx$ 在區間 $[a,b]$ 上均勻收斂。再依前面的例 1，可知其和函數為 $(\pi-x)/2$ 。對每個 $x \in (0,2\pi)$ ，因為 $\sum_{n=1}^{\infty}(1/n)\sin n\theta$ 在 $[\pi \wedge x, \pi \vee x]$ 上均勻收斂，所以，依 §9-1 例 7，可得

$$\sum_{n=1}^{\infty} \int_{\pi}^{x} \frac{1}{n}\sin nt\, dt = \int_{\pi}^{x} \frac{\pi-t}{2}\, dt ，$$

$$\sum_{n=1}^{\infty} \left(-\frac{1}{n^2}\cos nx + \frac{1}{n^2}\cos n\pi \right) = -\frac{(\pi-x)^2}{4} ，$$

$$\sum_{n=1}^{\infty} \frac{1}{n^2}\cos nx = \frac{(\pi-x)^2}{4} + \sum_{n=1}^{\infty} \frac{(-1)^n}{n^2} = \frac{(\pi-x)^2}{4} - \frac{\pi^2}{12} 。$$

上述右端的級數和可參看 §8-1 練習題 15。

當 $x=0$ 或 $x=2\pi$ 時，左端的和等於 $\sum_{n=1}^{\infty}(1/n^2) = \pi^2/6$ ，右端也等於此值，可見本例的等式成立。 ‖

利用例 5 的等式，可以進一步導出其他等式，參看練習題 3 至 7。

前面的例 5 接觸到三角級數的均勻收斂問題，在 §9-1 中，我們提過幾個有關三角級數均勻收斂的性質，再敘述如下。

【定理 1】（三角級數與均勻收斂）

若 $\{a_n\}_{n=1}^{\infty}$ 是收斂於 0 的遞減數列，則

⑴三角級數 $\sum_{n=1}^{\infty} a_n \cos nx$ 與 $\sum_{n=1}^{\infty} a_n \sin nx$ 在 $(0,2\pi)$ 的每個緊緻子集上都均勻收斂。

⑵三角級數 $\sum_{n=1}^{\infty} a_n \cos nx$ 在緊緻區間 $[0,2\pi]$ 上均勻收斂的充要條件是級數 $\sum_{n=1}^{\infty} a_n$ 是收斂級數。

⑶三角級數 $\sum_{n=1}^{\infty} a_n \sin nx$ 在緊緻區間 $[0,2\pi]$ 上均勻收斂的充要條件是數列 $\{n a_n\}_{n=1}^{\infty}$ 收斂於 0。

依定理 1，三角級數 $\sum_{n=2}^{\infty} (1/(n \ln n)) \cos nx$ 在 $[\, 0,2\pi\,]$ 上沒有均勻收斂，但三角級數 $\sum_{n=2}^{\infty} (1/(n \ln n)) \sin nx$ 在 $[\, 0,2\pi\,]$ 上均勻收斂。另一方面，依定理 1 (2)、(3) 及 §8-1 練習題 31，若 $\{ a_n \}_{n=1}^{\infty}$ 是收斂於 0 的遞減數列，且 $\sum_{n=1}^{\infty} a_n \cos nx$ 在緊緻區間 $[\, 0,2\pi\,]$ 上均勻收斂，則 $\sum_{n=1}^{\infty} a_n \sin nx$ 在 $[\, 0,2\pi\,]$ 上也均勻收斂。

【定理 2】（均勻收斂三角級數的係數與和函數）

若三角級數 $a_0/2 + \sum_{n=1}^{\infty} (a_n \cos nx + b_n \sin nx)$ 在 $[\, 0,2\pi\,]$ 上均勻收斂於和函數 $f : [\, 0,2\pi\,] \to \boldsymbol{R}$，則

$$a_n = \frac{1}{\pi} \int_0^{2\pi} f(x) \cos nx \, dx , \qquad n \in \boldsymbol{N} \bigcup \{0\} \; ;$$

$$b_n = \frac{1}{\pi} \int_0^{2\pi} f(x) \sin nx \, dx , \qquad n \in \boldsymbol{N} \, 。$$

因為三角級數 $a_0/2 + \sum_{n=1}^{\infty} (a_n \cos nx + b_n \sin nx)$ 在 $[\, 0,2\pi\,]$ 上均勻收斂於和函數 $f : [\, 0,2\pi\,] \to \boldsymbol{R}$，而且對每個 $m \in \boldsymbol{Z}$，$m \geq 0$，$x \mapsto \cos mx$ 與 $x \mapsto \sin mx$ 都是有界函數，所以，依 §9-1 定理 3，下面兩個函數項級數也在 $[\, 0,2\pi\,]$ 上均勻收斂，其和函數分別為 $x \mapsto f(x) \cos mx$ 與 $x \mapsto f(x) \sin mx$，亦即：

$$f(x) \cos mx = \frac{1}{2} a_0 \cos mx + \sum_{n=1}^{\infty} (a_n \cos nx + b_n \sin nx) \cos mx ,$$

$$f(x) \sin mx = \frac{1}{2} a_0 \sin mx + \sum_{n=1}^{\infty} (a_n \cos nx + b_n \sin nx) \sin mx \, 。$$

因為上述二函數項級數在 $[\, 0,2\pi\,]$ 上均勻收斂，所以，依 §9-1 定理 7，上述二等式可逐項積分，亦即：

$$\int_0^{2\pi} f(x) \cos mx \, dx = \frac{1}{2} a_0 \int_0^{2\pi} \cos mx \, dx$$

$$+ \sum_{n=1}^{\infty} \left(a_n \int_0^{2\pi} \cos nx \cos mx \, dx + b_n \int_0^{2\pi} \sin nx \cos mx \, dx \right) ;$$

$$\int_0^{2\pi} f(x) \sin mx \, dx = \frac{1}{2} a_0 \int_0^{2\pi} \sin mx \, dx$$

$$+ \sum_{n=1}^{\infty} \left(a_n \int_0^{2\pi} \cos nx \sin mx \, dx + b_n \int_0^{2\pi} \sin nx \sin mx \, dx \right) 。$$

當 $m = 0$ 時,可得

$$\int_0^{2\pi} \cos (0 \cdot x) \, dx = 2\pi , \qquad \int_0^{2\pi} \sin (0 \cdot x) \, dx = 0 。$$

當 $m \in N$ 時,對每個 $n \in N$,恆有

$$\int_0^{2\pi} \cos mx \, dx = \int_0^{2\pi} \sin mx \, dx = 0 ;$$

$$\int_0^{2\pi} \cos nx \cos mx \, dx = \int_0^{2\pi} \sin nx \sin mx \, dx = \pi \cdot \delta_{mn} ;$$

$$\int_0^{2\pi} \cos nx \sin mx \, dx = \int_0^{2\pi} \sin nx \cos mx \, dx = 0 ;$$

其中的 δ_{mn} 是 Kronecker 的 δ ,其意義是:若 $m = n$,則 $\delta_{mn} = 1$;若 $m \neq n$,則 $\delta_{mn} = 0$ 。根據前面的等式,即知本定理所欲證的等式成立。 ∥

定理 2 中有關 a_n 與 b_n 的公式,通常稱為 Euler-Fourier 公式,或 Euler 公式。定理 2 假設該三角級數在 $[0, 2\pi]$ 上均勻收斂,才得到計算 a_n 與 b_n 的公式。由於定理的假設條件較強,它自然限制了定理的應用範圍。不過,由於 Euler-Fourier 公式中只要求函數 f 在 $[0, 2\pi]$ 上可 Riemann 積分,所以,當我們要考慮一個函數是否可以表示成三角級數的和時,第一個可考慮的三角級數,應該就是利用 Euler-Fourier 公式所定義的三角級數,這種三角級數就是從乙小節開始所要討論的主題——Fourier 級數。

乙、Fourier 級數與 Fourier 係數

因為正弦函數與餘弦函數都是以 2π 為**週期**(period)的**週期函數**(periodic function)，所以，若一個三角級數在某個點 x 收斂時，則它必在每個點 $2n\pi + x$ ($n \in \mathbf{Z}$)也收斂，而且在這些點的和都相等。換言之，三角級數的和函數 f 都是滿足 $f(x+2\pi) = f(x)$ ($x \in \mathbf{R}$)的週期函數。因此，當我們要對一個函數討論它是否可以表示成根據 Euler-Fourier 公式所定義的三角級數的和時，這個函數必須是滿足 $f(x+2\pi) = f(x)$ ($x \in \mathbf{R}$) 的有界週期函數，而且還必須在每個有限閉區間上可 Riemann 積分。我們將所有此種函數所成的集合記為 $R(2\pi)$。

【定義 1】若函數 $f: \mathbf{R} \to \mathbf{R}$ 是屬於集合 $R(2\pi)$ 的一個函數，對每個 $n \in N \bigcup \{0\}$，令

$$a_n = \frac{1}{\pi} \int_0^{2\pi} f(x) \cos nx \, dx ,$$

$$b_n = \frac{1}{\pi} \int_0^{2\pi} f(x) \sin nx \, dx ,$$

則三角級數 $a_0/2 + \sum_{n=1}^{\infty} (a_n \cos nx + b_n \sin nx)$ 稱為函數 f 的 **Fourier 級數**(Fourier series)；$a_0, a_1, a_2, \cdots, a_n, \cdots, b_1, b_2, \cdots, b_n, \cdots$ 等數稱為函數 f 的 **Fourier 係數**(Fourier coefficients)。函數 f 與其 Fourier 級數之間的關係記為

$$f(x) \sim \frac{1}{2} a_0 + \sum_{n=1}^{\infty} (a_n \cos nx + b_n \sin nx) 。$$

定義 1 中對函數 f 與其 Fourier 級數之間所記的符號 $\sim$，它不是等號；它並沒有表示 Fourier 級數 $a_0/2 + \sum_{n=1}^{\infty} (a_n \cos nx + b_n \sin nx)$ 會在 $\mathbf{R}$ 中任何點收斂；即使此級數在某個點 x 收斂，它的和也不一定等於 $f(x)$。因此，我們只能把符號 $\sim$ 看成函數 f 與其 Fourier 級數之間的

一個對應關係。

下面我們要舉出一些 Fourier 級數的例子。在舉例之前，先注意到一個性質：若函數 $f: \mathbf{R} \to \mathbf{R}$ 是屬於集合 $R(2\pi)$ 的一個函數，則對每個 $c \in \mathbf{R}$，恆有

$$\int_c^{c+2\pi} f(x)\, dx = \int_0^{2\pi} f(x)\, dx \, 。$$

證明留為習題。根據此項性質，當我們要計算函數 f 的 Fourier 係數時，積分區間可以由 $[\,0,2\pi\,]$ 換成任何 $[\,c,c+2\pi\,]$。

【例 6】若函數 $f: \mathbf{R} \to \mathbf{R}$ 屬於集合 $R(2\pi)$ 而且當 $x \in [\,-\pi,\pi\,]$ 時，$f(x) = |\,x\,|$，則可得

$$a_0 = \frac{1}{\pi} \int_{-\pi}^{\pi} |\,x\,|\, dx = \frac{2}{\pi} \int_0^{\pi} x\, dx = \pi \, ，$$

$$a_n = \frac{1}{\pi} \int_{-\pi}^{\pi} |\,x\,| \cos nx\, dx = \frac{2}{\pi} \int_0^{\pi} x \cos nx\, dx = \frac{2}{n^2\pi}((-1)^n - 1) \, ，$$

$$b_n = \frac{1}{\pi} \int_{-\pi}^{\pi} |\,x\,| \sin nx\, dx = 0 \, 。$$

因此，函數 f 的 Fourier 級數為

$$f(x) \sim \frac{\pi}{2} - \frac{4}{\pi} \sum_{n=1}^{\infty} \frac{\cos(2n-1)x}{(2n-1)^2}$$

$$= \frac{\pi}{2} - \frac{4}{\pi} \left(\frac{\cos x}{1^2} + \frac{\cos 3x}{3^2} + \frac{\cos 5x}{5^2} + \frac{\cos 7x}{7^2} + \cdots\cdots \right) \, 。$$

根據 Weierstrass M-檢驗法，可知此三角級數在 $\mathbf{R}$ 上均勻收斂。再依本節練習題 4 與 5，可知其和函數就是 f，亦即：

$$|\,x\,| = \frac{\pi}{2} - \frac{4}{\pi} \sum_{n=1}^{\infty} \frac{\cos(2n-1)x}{(2n-1)^2} \, , \qquad -\pi \le x \le \pi \, 。$$

特例：當 $x = 0$ 時，得

$$\sum_{n=1}^{\infty} \frac{1}{(2n-1)^2} = \frac{\pi^2}{8} \text{ 。 } \|$$

【例 7】若函數 $g : R \to R$ 屬於集合 $R(2\pi)$ 而且當 $x \in [-\pi, \pi]$ 時，
$g(x) = x^2$，則可得

$$a_0 = \frac{1}{\pi} \int_{-\pi}^{\pi} x^2 \, dx = \frac{2}{3}\pi^2 \text{ , }$$

$$a_n = \frac{1}{\pi} \int_{-\pi}^{\pi} x^2 \cos nx \, dx = \frac{4(-1)^n}{n^2} \text{ , }$$

$$b_n = \frac{1}{\pi} \int_{-\pi}^{\pi} x^2 \sin nx \, dx = 0 \text{ 。}$$

因此，函數 g 的 Fourier 級數為

$$g(x) \sim \frac{\pi^2}{3} - 4 \sum_{n=1}^{\infty} \frac{(-1)^{n-1} \cos nx}{n^2}$$

$$= \frac{\pi^2}{3} - 4 \left(\frac{\cos x}{1^2} - \frac{\cos 2x}{2^2} + \frac{\cos 3x}{3^2} - \frac{\cos 4x}{4^2} + \cdots\cdots \right) \text{ 。}$$

根據 Weierstrass M-檢驗法，可知此三角級數在 R 上均勻收斂。再依本
節練習題 3，可知其和函數就是 g，亦即：

$$x^2 = \frac{\pi^2}{3} - 4 \sum_{n=1}^{\infty} \frac{(-1)^{n-1} \cos nx}{n^2} \text{ , } \qquad -\pi \le x \le \pi \text{ 。}$$

特例：當 $x = \pi$ 時，得

$$\sum_{n=1}^{\infty} \frac{1}{n^2} = \frac{\pi^2}{6} \text{ 。}$$

當 $x = 0$ 時，得

$$\sum_{n=1}^{\infty} \frac{(-1)^{n-1}}{n^2} = \frac{\pi^2}{12} \text{ 。 } \|$$

【例 8】若函數 $h: \boldsymbol{R} \to \boldsymbol{R}$ 屬於集合 $R(2\pi)$，而且當 $-\pi < x < 0$ 時，$h(x) = -1$；當 $0 \leq x \leq \pi$ 時，$h(x) = 1$；則可得

$$a_0 = \frac{1}{\pi} \int_{-\pi}^{0} (-1) \, dx + \frac{1}{\pi} \int_{0}^{\pi} 1 \, dx = 0 \ ,$$

$$a_n = \frac{1}{\pi} \int_{-\pi}^{0} (-\cos nx) \, dx + \frac{1}{\pi} \int_{0}^{\pi} \cos nx \, dx = 0 \ ,$$

$$b_n = \frac{1}{\pi} \int_{-\pi}^{0} (-\sin nx) \, dx + \frac{1}{\pi} \int_{0}^{\pi} \sin nx \, dx = \frac{2}{n\pi} (1 - (-1)^n) \ 。$$

因此，函數 h 的 Fourier 級數為

$$h(x) \sim \frac{4}{\pi} \sum_{n=1}^{\infty} \frac{\sin (2n-1)x}{2n-1}$$

$$= \frac{4}{\pi} \left(\frac{\sin x}{1} + \frac{\sin 3x}{3} + \frac{\sin 5x}{5} + \frac{\sin 7x}{7} + \cdots\cdots \right) 。$$

依本節例 3 的(2)，可知當 $x \in (-\pi, 0) \cup (0, \pi)$ 時，此三角級數收斂於和 $h(x)$；而當 $x = 0$ 或 π 或 $-\pi$ 時，此三角級數收斂於和 0，但 $h(0) = h(\pi) = h(-\pi) = 1$。 ||

下面是有關 Fourier 級數與 Fourier 係數的一些基本性質。

【定理 3】（Fourier 級數與線性組合）

若 $f, g: \boldsymbol{R} \to \boldsymbol{R}$ 是屬於集合 $R(2\pi)$ 的函數，其 Fourier 級數分別為

$$f(x) \sim \frac{1}{2} a_0 + \sum_{n=1}^{\infty} (a_n \cos nx + b_n \sin nx) \ ,$$

$$g(x) \sim \frac{1}{2} c_0 + \sum_{n=1}^{\infty} (c_n \cos nx + d_n \sin nx) \ ,$$

則對任意 $\alpha, \beta \in \boldsymbol{R}$，函數 $\alpha f + \beta g$ 必屬於集合 $R(2\pi)$，而且其 Fourier 級數為

$$\alpha f(x) + \beta g(x) \sim$$

$$\frac{1}{2}(\alpha\,a_0+\beta\,c_0)+\sum_{n=1}^{\infty}((\alpha\,a_n+\beta\,c_n)\cos nx+(\alpha\,b_n+\beta\,d_n)\sin nx)\ \circ$$

證：甚易，留為習題。‖

【定理 4】（Bessel 不等式）

若 $f:\boldsymbol{R}\to\boldsymbol{R}$ 是屬於集合 $R(2\pi)$ 的一個函數，其 Fourier 級數為

$$f(x)\sim\frac{1}{2}a_0+\sum_{n=1}^{\infty}(a_n\cos nx+b_n\sin nx)\ ,$$

則函數 f 及其 Fourier 係數滿足下述不等式：

$$\frac{1}{2}a_0^2+\sum_{n=1}^{\infty}(a_n^2+b_n^2)\le\frac{1}{\pi}\int_{-\pi}^{\pi}(f(x))^2\,dx\ \circ$$

證：對每個 $n\in\boldsymbol{N}$，令 $s_n(f):\boldsymbol{R}\to\boldsymbol{R}$ 表示下述函數：

$$s_n(f)(x)=\frac{1}{2}a_0+\sum_{k=1}^{n}(a_k\cos kx+b_k\sin kx)\ ,$$

則 $s_n(f)$ 是連續函數。於是，函數 $(f-s_n(f))^2$ 在區間 $[-\pi,\pi]$ 上可 Riemann 積分，而且

$$0\le\frac{1}{\pi}\int_{-\pi}^{\pi}(f(x)-s_n(f)(x))^2dx$$

$$=\frac{1}{\pi}\int_{-\pi}^{\pi}(f(x))^2dx-\frac{2}{\pi}\int_{-\pi}^{\pi}f(x)\,s_n(f)(x)\,dx+\frac{1}{\pi}\int_{-\pi}^{\pi}(s_n(f)(x))^2dx$$

$$(*)=\frac{1}{\pi}\int_{-\pi}^{\pi}(f(x))^2dx-2\left(\frac{1}{2}a_0^2+\sum_{k=1}^{n}(a_k^2+b_k^2)\right)$$

$$+\left(\frac{1}{2}a_0^2+\sum_{k=1}^{n}(a_k^2+b_k^2)\right)$$

$$=\frac{1}{\pi}\int_{-\pi}^{\pi}(f(x))^2dx-\left(\frac{1}{2}a_0^2+\sum_{k=1}^{n}(a_k^2+b_k^2)\right)\ \circ$$

上式註有(*)的等號成立，其理由說明如下：$f(x)\,s_n(f)(x)$ 在 $[-\pi,\pi]$

上的 Riemann 積分，依 Fourier 係數的定義即等於所寫的值；
$(s_n(f)(x))^2$ 在 $[-\pi,\pi]$ 上的 Riemann 積分，必須使用前面定理 2 的證明最後一段有關 sin、cos 及它們的乘積的積分等式。最後，依前面所得結果可知：對每個 $n \in N$，恆有

$$\frac{1}{2}a_0^2 + \sum_{k=1}^{n}(a_k^2 + b_k^2) \le \frac{1}{\pi}\int_{-\pi}^{\pi}(f(x))^2 dx \ 。$$

依 §8-2 定理 1，正項級數 $(1/2)\,a_0^2 + \sum_{n=1}^{\infty}(a_n^2 + b_n^2)$ 是收斂級數，而且其和滿足本定理中的不等式。‖

定理 4 的不等式，是 Friedrich Bessel (1784～1846，德國人)在 1828 年發現的。利用這個不等式，可得到幾個簡單的必然結果。在定理 12 中，我們將證明 Bessel 不等式可改進為等式。

【定理 5】 （Fourier 係數的收斂性質）

若 $f: R \to R$ 是屬於集合 $R\,(2\pi)$ 的一個函數，其 Fourier 級數為

$$f(x) \sim \frac{1}{2}a_0 + \sum_{n=1}^{\infty}(a_n\cos nx + b_n\sin nx) \ ，$$

則 (1)級數 $\sum_{n=1}^{\infty}a_n^2$ 與 $\sum_{n=1}^{\infty}b_n^2$ 都是收斂級數；

(2) $\lim_{n\to\infty}a_n = \lim_{n\to\infty}b_n = 0$ ；

(3)級數 $\sum_{n=1}^{\infty}\dfrac{a_n}{n}$ 與 $\sum_{n=1}^{\infty}\dfrac{b_n}{n}$ 都是絕對收斂級數。

證：(1)與(2)由定理 4 即得。

(3)由下述不等式及比較檢驗法即得：

$$\left|\frac{a_n}{n}\right| \le \frac{1}{2}(a_n^2 + \frac{1}{n^2}) \ , \ \left|\frac{b_n}{n}\right| \le \frac{1}{2}(b_n^2 + \frac{1}{n^2}) \ 。 \ \|$$

定理 5 的(2)通常稱為 Riemann-Lesbegue 引理，其內容可寫成

$$\lim_{n\to\infty}\int_{-\pi}^{\pi}f(x)\cos nx\,dx = \lim_{n\to\infty}\int_{-\pi}^{\pi}f(x)\sin nx\,dx = 0 \ 。$$

【例 9】依 §8-3 例 9 可知：對每個 $x \in \mathbf{R}$ ，三角級數 $\sum_{n=1}^{\infty}(\sin nx / \sqrt{n})$ 都是收斂級數。但因為級數 $\sum_{n=1}^{\infty}(1/\sqrt{n})^2$ 是一個發散級數，所以，依定理 5(1)，可知三角級數 $\sum_{n=1}^{\infty}(\sin nx / \sqrt{n})$ 不是集合 $R(2\pi)$ 中任何函數的 Fourier 級數。 ‖

丙、Fourier 級數的 Fejér 核與 Parseval 等式

下面我們要開始討論 Fourier 級數的斂散問題。對於屬於集合 $R(2\pi)$ 的任何函數而言，最為簡單具體的收斂定理乃是 Leopold Fejér（1880～1959，法國人）在 1904 年提出來的（後面的定理 7）。

【定義 2】若 $f: \mathbf{R} \to \mathbf{R}$ 是屬於集合 $R(2\pi)$ 的一個函數，而其 Fourier 級數為 $a_0/2 + \sum_{n=1}^{\infty}(a_n \cos nx + b_n \sin nx)$ ，對每個 $n \in N \cup \{0\}$ 及每個 $x \in \mathbf{R}$ ，令

$$s_n(f)(x) = \frac{1}{2}a_0 + \sum_{k=1}^{n}(a_k \cos kx + b_k \sin kx) \ ,$$

$$\sigma_n(f)(x) = \frac{1}{n+1}(\ s_0(f)(x) + s_1(f)(x) + \cdots + s_n(f)(x)) \ ,$$

則 $s_n(f)$ 是函數 f 的 Fourier 級數的第 n 個部分和函數，而 $\sigma_n(f)$ 稱為 f 的 Fourier 級數的第 n 個 **Fejér 和**(Fejér sum)。

根據定義 2 的記號，我們知道：所謂函數 f 的 Fourier 級數在點 x 收斂，乃是指數列 $\{s_n(f)(x)\}_{n=0}^{\infty}$ 收斂。因此，我們應該對 $s_n(f)(x)$ 以及 $\sigma_n(f)(x)$ 的表示式作進一步討論。對每個 $n \in N \cup \{0\}$ 及每個 $x \in \mathbf{R}$ ，可得

$$s_n(f)(x) = \frac{1}{2}a_0 + \sum_{k=1}^{n}(a_k \cos kx + b_k \sin kx)$$

$$= \frac{1}{2\pi}\int_{-\pi}^{\pi}f(t)\,dt + \sum_{k=1}^{n}\frac{1}{\pi}\int_{-\pi}^{\pi}f(t)\cos k(t-x)\,dt$$

$$= \frac{1}{\pi} \int_{-\pi}^{\pi} f(t) \left(\frac{1}{2} + \sum_{k=1}^{n} \cos k(t-x) \right) dt$$

$$= \frac{1}{\pi} \int_{-\pi}^{\pi} f(x+t) \left(\frac{1}{2} + \sum_{k=1}^{n} \cos kt \right) dt$$

$$= \frac{1}{\pi} \int_{-\pi}^{\pi} f(x+t) \cdot \frac{\sin((2n+1)t/2)}{2\sin(t/2)} \, dt$$

$$= \frac{1}{\pi} \int_{-\pi}^{\pi} f(x+t) \cdot D_n(t) \, dt \, ,$$

其中的函數 $D_n : \mathbf{R} \to \mathbf{R}$ 定義如下：

$$D_n(x) = \begin{cases} n + \dfrac{1}{2}, & \text{若 } \dfrac{x}{2\pi} \in \mathbf{Z} \\[2mm] \dfrac{\sin((2n+1)x/2)}{2\sin(x/2)}, & \text{若 } \dfrac{x}{2\pi} \notin \mathbf{Z} \end{cases}$$

此函數 D_n 稱為第 n 個 **Dirichlet** 核（nth Dirichlet's kernel）。另一方面，對每個 $n \in N \bigcup \{0\}$ 及每個 $x \in \mathbf{R}$，可得

$$\sigma_n(f)(x) = \frac{1}{\pi} \int_{-\pi}^{\pi} f(x+t) \cdot \frac{1}{n+1} \sum_{k=0}^{n} \frac{\sin((2k+1)t/2)}{2\sin(t/2)} \, dt$$

$$= \frac{1}{\pi} \int_{-\pi}^{\pi} f(x+t) \cdot \frac{1}{n+1} \sum_{k=0}^{n} \frac{\cos kt - \cos(k+1)t}{4\sin^2(t/2)} \, dt$$

$$= \frac{1}{\pi} \int_{-\pi}^{\pi} f(x+t) \cdot \frac{1}{n+1} \cdot \frac{1 - \cos(n+1)t}{2(1 - \cos t)} \, dt$$

$$= \frac{1}{\pi} \int_{-\pi}^{\pi} f(x+t) \cdot F_n(t) \, dt \, ,$$

其中，函數 $F_n : \mathbf{R} \to \mathbf{R}$ 稱為第 n 個 **Fejér** 核（nth Fejér's kernel），其定義如下：

$$F_n(x) = \begin{cases} \dfrac{n+1}{2}, & \text{若 } \dfrac{x}{2\pi} \in \mathbf{Z} \\[2mm] \dfrac{1}{n+1} \cdot \dfrac{1 - \cos(n+1)t}{2(1 - \cos t)}, & \text{若 } \dfrac{x}{2\pi} \notin \mathbf{Z} \end{cases}$$

關於 Dirichlet 核與 Fejér 核，我們寫出一些基本性質如下。

【定理 6】（Dirichlet 核與 Fejér 核的基本性質）

(1)對每個 $n \in N$ 及每個 $x \in R$，恆有

$$D_n(x) = \frac{1}{2} + \cos x + \cos 2x + \cdots + \cos nx \ ;$$

$$F_n(x) = \frac{1}{n+1}(D_0(x) + D_1(x) + D_2(x) + \cdots + D_n(x)) \ 。$$

(2)對每個 $n \in N \bigcup \{0\}$ 及每個 $x \in R$，恆有

$$D_n(-x) = D_n(x) \ , \ F_n(-x) = F_n(x) \ 。$$

(3)對每個 $n \in N \bigcup \{0\}$ 及每個 $x \in R$，恆有

$$\frac{1}{\pi}\int_{-\pi}^{\pi} D_n(t)\,dt = \frac{2}{\pi}\int_0^{\pi} D_n(t)\,dt = 1 \ ;$$

$$\frac{1}{\pi}\int_{-\pi}^{\pi} F_n(t)\,dt = \frac{2}{\pi}\int_0^{\pi} F_n(t)\,dt = 1 \ 。$$

(4)對每個 $n \in N \bigcup \{0\}$ 及每個 $x \in R$，恆有 $F_n(x) \geq 0$。另一方面，對每個正數 $\alpha \in (0,\pi)$，函數列 $\{F_n\}_{n=0}^{\infty}$ 都在 $[-\pi,-\alpha\,]\bigcup[\alpha,\pi\,]$ 上均勻收斂於 0。

證：(1)、(2)與(3)都由定義立即可得。

(4)若 $x \in [-\pi,-\alpha\,]\bigcup[\alpha,\pi\,]$，則對每個 $n \in N$，恆有

$$0 \leq F_n(x) \leq \frac{1}{n+1}\cdot\frac{1}{1-\cos\alpha} \ 。$$

由此立即可得所欲證的結論。 ‖

下面的定理 7，就是 Fejér 在 1904 年所提出的收斂定理。

【定理 7】（Fejér 定理，$R(2\pi)$ 中函數之 Fourier 級數的斂散性）

若 $f: R \to R$ 是屬於集合 $R(2\pi)$ 的一函數，而點 $x \in [-\pi,\pi]$ 使得下述極限存在： $\lim_{t \to 0+}(1/2)(f(x+t)+f(x-t)) = l$ ，則

$\lim_{n\to\infty}\sigma_n(f)(x)=l$。因此，若 f 在 x 的左、右極限都存在，則 $\lim_{n\to\infty}\sigma_n(f)(x)=(1/2)(f(x+)+f(x-))$。

證：首先，我們將 $\sigma_n(f)(x)$ 的表示式加以改變如下：

$$\sigma_n(f)(x)=\frac{1}{\pi}\int_{-\pi}^{\pi}f(x+t)\cdot F_n(t)\,dt$$

$$=\frac{1}{\pi}\int_{0}^{\pi}f(x+t)\cdot F_n(t)\,dt+\frac{1}{\pi}\int_{-\pi}^{0}f(x+t)\cdot F_n(t)\,dt$$

$$=\frac{1}{\pi}\int_{0}^{\pi}f(x+t)\cdot F_n(t)\,dt+\frac{1}{\pi}\int_{0}^{\pi}f(x-t)\cdot F_n(t)\,dt$$

$$=\frac{2}{\pi}\int_{0}^{\pi}\frac{f(x+t)+f(x-t)}{2}\cdot F_n(t)\,dt。$$

由此可得

$$\sigma_n(f)(x)-l=\frac{2}{\pi}\int_{0}^{\pi}\left(\frac{f(x+t)+f(x-t)}{2}-l\right)\cdot F_n(t)\,dt。$$

設 ε 為任意正數，因為 $\lim_{t\to 0+}(1/2)(f(x+t)+f(x-t))=l$，所以，必可找到一個 $\alpha\in(0,\pi/2)$ 使得：當 $0<t<\alpha$ 時，恆有

$$\left|\frac{f(x+t)+f(x-t)}{2}-l\right|<\frac{\varepsilon}{2}。$$

另一方面，因為 f 是有界函數，所以，必可找到一個 $M>0$ 使得：對每個 $t\in R$，恆有 $|f(t)-l|\leq M$。選取一個 $n_0\in N$ 使得 $n_0\geq(4M)/(\varepsilon(1-\cos\alpha))$。於是，當 $n\geq n_0$ 時，可得

$$|\sigma_n(f)(x)-l|\leq\frac{2}{\pi}\int_{0}^{\pi}\left|\frac{f(x+t)+f(x-t)}{2}-l\right|\cdot F_n(t)\,dt$$

$$=\frac{2}{\pi}\int_{0}^{\alpha}\left|\frac{f(x+t)+f(x-t)}{2}-l\right|\cdot F_n(t)\,dt$$

$$+\frac{2}{\pi}\int_{\alpha}^{\pi}\left|\frac{f(x+t)+f(x-t)}{2}-l\right|\cdot F_n(t)\,dt$$

$$\leq\frac{2}{\pi}\int_{0}^{\alpha}\frac{\varepsilon}{2}\cdot F_n(t)\,dt+\frac{2}{\pi}\int_{\alpha}^{\pi}M\cdot F_n(t)\,dt$$

$$\leq \frac{\varepsilon}{2} \cdot \frac{2}{\pi} \int_0^\pi F_n(t)\, dt + \frac{2}{\pi} \int_\alpha^\pi M \cdot \frac{1}{n+1} \cdot \frac{1}{1-\cos\alpha}\, dt$$

$$\leq \frac{\varepsilon}{2} + \frac{2}{\pi} \cdot M \cdot \frac{1}{n_0} \cdot \frac{1}{1-\cos\alpha} \cdot (\pi - \alpha)$$

$$< \varepsilon \, 。$$

由此可知：$\lim_{n\to\infty} \sigma_n(f)(x) = l$。 ‖

前面的定理 7 在 f 是 $R(2\pi)$ 中的一個連續函數時，可得到更好的結論，我們寫成一個定理如下。

【定理 8】（Fejér 定理，$R(2\pi)$ 中連續函數之 Fourier 級數的斂散性）

若 $f: \mathbf{R} \to \mathbf{R}$ 是屬於集合 $R(2\pi)$ 的一個連續函數（亦即：f 是滿足 $f(x+2\pi) = f(x)$（$x \in \mathbf{R}$）的連續函數，）則函數列 $\{\sigma_n(f)\}_{n=0}^\infty$ 在 $\mathbf{R}$ 上均勻收斂於函數 f。

證：依定理 7 可知：對每個 $x \in \mathbf{R}$，恆有 $\lim_{n\to\infty} \sigma_n(f)(x) = f(x)$。

設 ε 為任意正數，因為函數 f 在 $\mathbf{R}$ 上連續且 f 是週期函數，所以，依 §3-6 定理 14，f 在 $\mathbf{R}$ 上均勻連續。於是，必可找到一個 $\alpha \in (0, \pi)$ 使得：當 $x, y \in \mathbf{R}$ 且 $|x - y| \leq \alpha$ 時，恆有 $|f(x) - f(y)| < \varepsilon/2$。

其次，令 $M = \sup\{ |f(x)| \mid x \in \mathbf{R} \}$，並設 $M > 0$。選取一個 $n_0 \in N$ 使得 $n_0 \geq (8M)/(\varepsilon(1-\cos\alpha))$。於是，當 $n \geq n_0$ 時，對每個 $x \in \mathbf{R}$，可得

$$|\sigma_n(f)(x) - f(x)| \leq \frac{2}{\pi} \int_0^\pi \left| \frac{f(x+t)+f(x-t)}{2} - f(x) \right| \cdot F_n(t)\, dt$$

$$= \frac{2}{\pi} \int_0^\alpha \left| \frac{f(x+t)-f(x)}{2} + \frac{f(x-t)-f(x)}{2} \right| \cdot F_n(t)\, dt$$

$$+ \frac{2}{\pi} \int_\alpha^\pi \left| \frac{f(x+t)+f(x-t)}{2} - f(x) \right| \cdot F_n(t)\, dt$$

$$\leq \frac{2}{\pi} \int_0^\alpha \frac{\varepsilon}{2} \cdot F_n(t)\, dt + \frac{2}{\pi} \int_\alpha^\pi 2M \cdot \frac{1}{n+1} \cdot \frac{1}{1-\cos\alpha}\, dt$$

$$\leq \frac{\varepsilon}{2} + \frac{2}{\pi} \cdot 2M \cdot \frac{1}{n_0} \cdot \frac{1}{1-\cos\alpha} \cdot (\pi - \alpha)$$

$$< \varepsilon \text{ 。}$$

由此可知：函數列 $\{\sigma_n(f)\}_{n=0}^{\infty}$ 在 $\pmb{R}$ 上均勻收斂於 f 。 ‖

【定理 9】（Fourier 級數的唯一性）

若函數 $f, g: \pmb{R} \to \pmb{R}$ 是屬於集合 $R(2\pi)$ 的連續函數，而且 f 與 g 的 Fourier 級數相同，則 $f = g$ 。

證：因為 f 與 g 的 Fourier 級數相同，所以，對每個 $x \in \pmb{R}$ ，$\sigma_n(f)(x) = \sigma_n(g)(x)$ 恆成立。於是，依定理 8，可得

$$f(x) = \lim_{n \to \infty} \sigma_n(f)(x) = \lim_{n \to \infty} \sigma_n(g)(x) = g(x) \text{ 。}$$

由此可知：$f = g$ 。 ‖

【定理 10】（三角多項式在連續週期函數中的稠密性）

若 $f: \pmb{R} \to \pmb{R}$ 是屬於集合 $R(2\pi)$ 的一個連續函數，而且對每個 $n \in \pmb{N}$ ，恆有

$$\int_{-\pi}^{\pi} f(x) \cos nx \, dx = \int_{-\pi}^{\pi} f(x) \sin nx \, dx = 0 \text{ ，}$$

則 $f = 0$ 。

證：依假設，f 的 Fourier 級數為 0。因此，依定理 9，可得 $f = 0$ 。 ‖

利用定理 8 的均勻收斂性，可以證明集合 $R(2\pi)$ 中函數的 Parseval 等式，這是 Marc-Antoine Parseval（？～1836）在 1799 年所得出的。在證明此定理之前，我們需要交待另一個重要性質以為應用，首先寫出一個定義：若 $c_0, c_1, \cdots, c_n$ ， $d_1, d_2, \cdots, d_n$ 為實數，而且 $c_n^2 + d_n^2 \neq 0$ ，則 $c_0/2 + \sum_{k=1}^{n} (c_k \cos kx + d_k \sin kx)$ 稱為是一個 n 次三角多項式（trigonometric polynomial）。對於集合 $R(2\pi)$ 中每個函數 f ，$s_n(f)(x)$ 與 $\sigma_n(f)(x)$ 都是至多 n 次的三角多項式。

【定理 11】（與函數 f 距離最近的三角多項式）

若 $f: \mathbf{R} \to \mathbf{R}$ 是屬於集合 $R(2\pi)$ 的一個函數，而其 Fourier 級數為

$$f(x) \sim \frac{1}{2}a_0 + \sum_{k=1}^{\infty}(a_k \cos kx + b_k \sin kx)\ ,$$

則對每個三角多項式 $t_n(x) = c_0/2 + \sum_{k=1}^{n}(c_k \cos kx + d_k \sin kx)$，恆有

$$\int_{-\pi}^{\pi}(f(x) - t_n(x))^2\,dx \geq \int_{-\pi}^{\pi}(f(x) - s_n(f)(x))^2\,dx\ ;$$

而且此不等式中等號成立的充要條件是：

$$a_0 = c_0\ ,\ a_1 = c_1\ ,\ \cdots\ ,\ a_n = c_n\ ,\ b_1 = d_1\ ,\ b_2 = d_2\ ,\ \cdots\ ,\ b_n = d_n\ 。$$

證：根據 Fourier 係數的定義與定理 2 的證明中最後部分的等式，可得

$$\frac{1}{\pi}\int_{-\pi}^{\pi}(f(x) - t_n(x))^2 dx$$

$$= \frac{1}{\pi}\int_{-\pi}^{\pi}(f(x))^2 dx - \frac{2}{\pi}\int_{-\pi}^{\pi}f(x)\,t_n(x)\,dx + \frac{1}{\pi}\int_{-\pi}^{\pi}(t_n(x))^2 dx$$

$$= \frac{1}{\pi}\int_{-\pi}^{\pi}(f(x))^2 dx - a_0 c_0 - 2\sum_{k=1}^{n}(a_k c_k + b_k d_k)$$

$$+ \frac{1}{2}c_0^2 + \sum_{k=1}^{n}(c_k^2 + d_k^2)$$

$$= \frac{1}{\pi}\int_{-\pi}^{\pi}(f(x))^2 dx - \left(\frac{1}{2}a_0^2 + \sum_{k=1}^{n}(a_k^2 + b_k^2)\right)$$

$$+ \frac{1}{2}(a_0 - c_0)^2 + \sum_{k=1}^{n}((a_k - c_k)^2 + (b_k - d_k)^2)$$

$$\geq \frac{1}{\pi}\int_{-\pi}^{\pi}(f(x))^2 dx - \left(\frac{1}{2}a_0^2 + \sum_{k=1}^{n}(a_k^2 + b_k^2)\right)$$

$$= \frac{1}{\pi}\int_{-\pi}^{\pi}(f(x) - s_n(f)(x))^2 dx\ 。$$

這就是所欲證的不等式。進一步地，若等號成立，則

$$\frac{1}{2}(a_0 - c_0)^2 + \sum_{k=1}^{n} ((a_k - c_k)^2 + (b_k - d_k)^2) = 0 \ \circ$$

由此得 $a_0 = c_0$，$a_1 = c_1$，$\cdots$，$a_n = c_n$，$b_1 = d_1$，$b_2 = d_2$，$\cdots$，$b_n = d_n$。$\parallel$

【定理 12】（集合 $R(2\pi)$ 中各函數的 Parseval 等式）

若 f：$\mathbf{R} \to \mathbf{R}$ 是屬於集合 $R(2\pi)$ 的一個函數，則

$$\lim_{n \to \infty} \int_{-\pi}^{\pi} (f(x) - s_n(f)(x))^2 \, dx = 0 \ \circ \qquad (*)$$

亦即：若 f 的 Fourier 級數為 $a_0/2 + \sum_{n=1}^{\infty} (a_n \cos nx + b_n \sin nx)$，則

$$\frac{1}{\pi} \int_{-\pi}^{\pi} (f(x))^2 dx = \frac{1}{2} a_0^2 + \sum_{n=1}^{\infty} (a_n^2 + b_n^2) \ \circ \qquad (**)$$

證：根據定理 4 的證明中有關 $(f(x) - s_n(f)(x))^2$ 在 $[-\pi, \pi]$ 上的 Riemann 積分之等式，可知定理中的 (*) 式與 (**) 式等價。令 $M = \sup \{ |f(x)| \mid x \in [-\pi, \pi] \}$，並設 $M > 0$。

設 ε 為任意正數。因為函數 f 在區間 $[-\pi, \pi]$ 上可 Riemann 積分，所以，必可找到區間 $[-\pi, \pi]$ 的一個分割 $P = \{ [x_0, x_1], [x_1, x_2], \cdots, [x_{r-1}, x_r] \}$，其中，$x_0 = -\pi$ 而且 $x_r = \pi$，使得 $0 \le U(f, P) - L(f, P) < \varepsilon/(8M)$。定義一個滿足 $g(x + 2\pi) = g(x)$（$x \in \mathbf{R}$）的函數 g：$\mathbf{R} \to \mathbf{R}$ 如下：對於 $[-\pi, \pi]$ 中每個 x，若 $x \in [x_{i-1}, x_i]$，$i = 1, 2, \cdots, r$，則令

$$g(x) = \frac{x_i - x}{x_i - x_{i-1}} \cdot f(x_{i-1}) + \frac{x - x_{i-1}}{x_i - x_{i-1}} \cdot f(x_i) \ \circ$$

顯然地，函數 g 在 $[-\pi, \pi]$ 上的圖形就是連接下述 $r+1$ 個點所成的多邊形曲線：$(x_0, f(x_0))$、$(x_1, f(x_1))$、$\cdots$、$(x_r, f(x_r))$。因此，對每個 $i = 0, 1, \cdots, r$，恆有 $g(x_i) = f(x_i)$，而且 $g(-\pi) = f(-\pi) = f(\pi) = g(\pi)$。由此可知：$g$：$\mathbf{R} \to \mathbf{R}$ 是連續函數。對於 $[-\pi, \pi]$ 中

每個 x，若 $x \in [x_{i-1}, x_i]$，$i = 1, 2, \cdots, r$，則

$$\left| f(x) - g(x) \right| \leq \frac{x_i - x}{x_i - x_{i-1}} \cdot \left| f(x) - f(x_{i-1}) \right| + \frac{x - x_{i-1}}{x_i - x_{i-1}} \cdot \left| f(x) - f(x_i) \right|$$
$$\leq M_i(f) - m_i(f) \text{,}$$

其中，$M_i(f)$ 與 $m_i(f)$ 分別是函數 f 在 $[x_{i-1}, x_i]$ 上的最小上界與最大上界。於是，可得

$$\int_{-\pi}^{\pi} (f(x) - g(x))^2 dx = \sum_{i=1}^{r} \int_{x_{i-1}}^{x_i} (f(x) - g(x))^2 dx$$
$$\leq \sum_{i=1}^{r} (M_i(f) - m_i(f))^2 (x_i - x_{i-1})$$
$$\leq 2M \sum_{i=1}^{r} (M_i(f) - m_i(f)) (x_i - x_{i-1})$$
$$= 2M (U(f, P) - L(f, P))$$
$$< \frac{\varepsilon}{4} \text{。}$$

另一方面，因為 g 是屬於集合 $R(2\pi)$ 的一個連續函數，所以，依定理 8，函數列 $\{\sigma_n(g)\}_{n=0}^{\infty}$ 在 $\mathbf{R}$ 上均勻收斂於函數 g。於是，對於正數 $(\varepsilon/(8\pi))^{1/2}$，必可找到一個 $n_0 \in \mathbf{N}$ 使得：當 $n \geq n_0$ 時，$\left| g(x) - \sigma_n(g)(x) \right| < (\varepsilon/(8\pi))^{1/2}$ 對每個 $x \in \mathbf{R}$ 恆成立。由此可得

$$\int_{-\pi}^{\pi} (g(x) - \sigma_n(g)(x))^2 dx \leq \int_{-\pi}^{\pi} \frac{\varepsilon}{8\pi} dx = \frac{\varepsilon}{4} \text{。}$$

於是，當 $n \geq n_0$ 時，依定理 11，可得

$$\int_{-\pi}^{\pi} (f(x) - s_n(f)(x))^2 dx \leq \int_{-\pi}^{\pi} (f(x) - \sigma_n(g)(x))^2 dx$$
$$= \int_{-\pi}^{\pi} ((f(x) - g(x)) + (g(x) - \sigma_n(g)(x)))^2 dx$$
$$\leq 2 \int_{-\pi}^{\pi} (f(x) - g(x))^2 dx + 2 \int_{-\pi}^{\pi} (g(x) - \sigma_n(g)(x))^2 dx$$
$$< \frac{\varepsilon}{2} + \frac{\varepsilon}{2} = \varepsilon \text{。}$$

由此可知本定理所欲證的(*)式成立。 ‖

【例 10】在例 8 中，函數 h 的 Fourier 級數如下：

$$h(x) \sim \frac{4}{\pi} \sum_{n=1}^{\infty} \frac{\sin(2n-1)x}{2n-1} \; 。$$

依定理 12，可得

$$\sum_{n=1}^{\infty} \frac{16}{\pi^2} \cdot \frac{1}{(2n-1)^2} = \frac{1}{\pi} \int_{-\pi}^{\pi} (h(x))^2 dx = \frac{1}{\pi} \int_{-\pi}^{\pi} 1 \, dx = 2 \; ，$$

$$\sum_{n=1}^{\infty} \frac{1}{(2n-1)^2} = \frac{\pi^2}{8} \; 。$$

另一方面，當 $x = 0$ 或 $x = \pi$ 或 $x = -\pi$ 時，$(1/2)(h(x+) + h(x-)) = 0$ 恆成立；而函數 h 的 Fourier 級數在此三個點都收斂於 0，亦即：$\lim_{n\to\infty} s_n(h)(x) = 0$，由此進一步得 $\lim_{n\to\infty} \sigma_n(h)(x) = 0$，這也驗證了定理 7 的結果。 ‖

　　丁、Fourier 級數的的斂散性

　　在前面的定理 7 與定理 8 中，我們得出了關於 Fourier 級數的兩個收斂性定理，但它們所討論的都是 Fourier 級數的 Fejér 和函數列 $\{\sigma_n(f)\}$，而不是部分和函數列 $\{s_n(f)\}$。事實上，儘管連續週期函數的 Fourier 級數之 Fejér 和函數列會均勻收斂，但是它的部分和函數列卻可能在某些點發散，也就是說，2π - 週期的連續函數的 Fourier 級數可能在某些點發散。早在 1871 年，Paul du Bois-Reymond（1831～1889）就舉出過此種例子，不過，他給出的例子頗為複雜，下面我們所舉的例子是 Fejér 在 1904 年所提出的。

【例 11】對每個 $n \in N$，函數 f_n 　$R \to R$ 定義如下：

$$f_n(x) = (2 \sin 2^{n^3+1} x) \cdot \sum_{k=1}^{2^{n^3}} \frac{1}{k} \sin kx \; ， \qquad x \in R \; 。$$

接著，定義函數 $f \quad R \to R$ 如下：

$$f(x) = \sum_{n=1}^{\infty} \frac{1}{n^2} \cdot f_n(x) , \qquad x \in R \text{。}$$

我們將證明函數 f 的 Fourier 級數在點 $x = 0$ 發散。

先證明：對每個 $n \in N$ 及每個 $x \in R$，恆有 $|f(x)| \leq 2(\pi + 1)$。設 $m, k \in N$ 且 $m \leq k \leq 2^{n^3}$，則仿 §9-1 例 10 的證明可知：對每個 $x \in (0, \pi)$，恆有

$$\left| \sin mx + \sin(m+1)x + \cdots + \sin kx \right| \leq \left| \csc(x/2) \right| \text{。}$$

於是，可得

$$\left| \sum_{k=m}^{2^{n^3}} \frac{1}{k} \sin kx \right| = \left| \sum_{k=m}^{2^{n^3}} \left(\frac{1}{k} - \frac{1}{k+1} \right) \sum_{r=m}^{k} \sin rx + \frac{1}{2^{n^3}+1} \sum_{r=m}^{2^{n^3}} \sin rx \right|$$

$$\leq \left| \sum_{k=m}^{2^{n^3}} \left(\frac{1}{k} - \frac{1}{k+1} \right) + \frac{1}{2^{n^3}+1} \right| \cdot \left| \csc \frac{x}{2} \right|$$

$$= \frac{1}{m} \left| \csc \frac{x}{2} \right| \text{。}$$

令 m 表示大於 π/x 的最小整數，則可得

$$\left| \sum_{k=1}^{2^{n^3}} \frac{1}{k} \sin kx \right| \leq \sum_{k=1}^{m-1} \frac{1}{k} \left| \sin kx \right| + \left| \sum_{k=m}^{2^{n^3}} \frac{1}{k} \sin kx \right|$$

$$\leq \sum_{k=1}^{m-1} \frac{1}{k} \cdot kx + \frac{1}{m} \left| \csc \frac{x}{2} \right| \leq (m-1)x + \frac{x}{\pi} \cdot \frac{\pi}{x} \leq \pi + 1 \text{。}$$

上式倒數第二個不等號 $\leq$ 使用了下述性質：若 $x \in [0, \pi]$，則 $\sin(x/2) \geq x/\pi$。由上述結果可知：對每個 $n \in N$ 及每個 $x \in (0, \pi)$，恆有 $|f_n(x)| \leq 2(\pi + 1)$。更進一步地，因為 $f_n(0) = f_n(\pi) = 0$，而且 f_n 是以 2π 為週期的偶函數，所以，可知 $|f_n(x)| \leq 2(\pi + 1)$ 對每個 $n \in N$

及每個 $x \in \mathbf{R}$ 都成立。

其次，因為對每個 $n \in \mathbf{N}$ 及每個 $x \in \mathbf{R}$，恆有 $(1/n^2)|f_n(x)|$ $\leq 2(\pi+1)/n^2$，而且 $\sum_{n=1}^{\infty}(2(\pi+1)/n^2)$ 是收斂級數，所以，依 Weierstrass M-檢驗法，可知函數項級數 $\sum_{n=1}^{\infty}(1/n^2)f_n(x)$ 在 $\mathbf{R}$ 上均勻收斂於和函數 $f: \mathbf{R} \to \mathbf{R}$。因為每個 f_n 都是連續函數，所以，f 是 $\mathbf{R}$ 上的連續函數且滿足 $f(x+2\pi)=f(x)$（$x \in \mathbf{R}$）。

設函數 f 的 Fourier 級數為 $a_0/2 + \sum_{n=1}^{\infty}(a_n \cos nx + b_n \sin nx)$。因為對每個 $x \in \mathbf{R}$，恆有 $f(-x)=f(x)$，所以，對每個 $n \in \mathbf{N}$，恆有 $b_n = 0$。另一方面，對每個 $m \in \mathbf{Z}$，$m \geq 0$，因為函數 $x \mapsto \cos mx$ 是有界函數，所以，函數項級數 $\sum_{n=1}^{\infty}(1/n^2)f_n(x)\cos mx$ 在 $\mathbf{R}$ 上均勻收斂於和函數 $f(x)\cos mx$。依 §9-1 定理 7，可得

$$a_m = \frac{1}{\pi}\int_{-\pi}^{\pi} f(x)\cos mx\, dx = \sum_{n=1}^{\infty} \frac{1}{n^2} \cdot \frac{1}{\pi}\int_{-\pi}^{\pi} f_n(x)\cos mx\, dx \,\text{。} \quad (*)$$

由此可知：要求得函數 f 的 Fourier 級數，需要使用所有 f_n 的 Fourier 級數。對每個 $n \in \mathbf{N}$，依 f_n 的定義，可得

$$f_n(x) = \sum_{k=1}^{2^{n^3}} \frac{1}{k}\left(\cos\left(2^{n^3+1}-k\right)x - \cos\left(2^{n^3+1}+k\right)x\right)\,\text{。}$$

顯然地，上式右端就是函數 f_n 的 Fourier 級數，它共含 2^{n^3+1} 個係數不為 0 的項，這些項是由 $\cos(2^{n^3}x)$ 至 $\cos(3 \cdot 2^{n^3}x)$，中間少了 $\cos(2^{n^3+1}x)$。因為函數 f_{n+1} 的 Fourier 級數中係數不等於 0 的 $2^{(n+1)^3+1}$ 項由 $\cos(2^{(n+1)^3}x)$ 至 $\cos(3 \cdot 2^{(n+1)^3}x)$，而 $3 \cdot 2^{n^3} < 2^{(n+1)^3}$，所以，函數 f_n 與函數 f_{n+1} 的 Fourier 級數不會含有「同類」項。換言之，對每個 $m \in \mathbf{N}$，至多只有一個 $n \in \mathbf{N}$ 能滿足 $2^{n^3} \leq m \leq 3 \cdot 2^{n^3}$。因此，在前面 a_m 的無窮級數表示式 $(*)$ 中，至多只有一項不等於 0。由此可知：函數 f 的 Fourier 級數是由所有函數 $(1/n^2)f_n$ 的 Fourier 級數依序銜接而成，沒有任何兩項可以合併。

最後，我們考慮數列 $\{s_m(f)(0)\}_{m=0}^{\infty}$。因為對每個 $n \in N$ ，恆有 $f_n(0) = 0$ ，所以，當 $m = 3 \cdot 2^{n^3}$ 時，$s_m(f)(0) = 0$。但是，當 $m = 2^{n^3+1} - 1$ 時，得

$$s_m(f)(0) = \sum_{r=1}^{n-1} \frac{1}{r^2} \cdot f_r(0) + \frac{1}{n^2} \sum_{k=1}^{2^{n^3}} \frac{1}{k} > \frac{1}{n^2} \cdot \ln(2^{n^3}) = n \ln 2 \; 。$$

於是，$\overline{\lim}_{m \to \infty} s_m(f)(0) = +\infty$ ，即 f 的 Fourier 級數在點 $x = 0$ 發散。‖

要討論 Fourier 級數的斂散性，我們先討論一個充要條件。這個充要條件將告訴我們：對集合 $R(2\pi)$ 中的任何函數 f 而言，雖然在計算 Fourier 係數時，我們需要知道函數 f 在整個週期區間 $[-\pi, \pi]$ 上的函數值。但當我們要討論函數 f 的 Fourier 級數在點 x 是否收斂時，我們只需要知道函數 f 在點 x 的某個鄰域內的函數值。更清處地說，若集合 $R(2\pi)$ 中的兩函數 f 與 g 在點 x 的某個鄰域內各點的值都相等，則不論 f 與 g 在其他點的值相異有多大，f 與 g 的 Fourier 級數在點 x 的斂散性相同。

【定理 13】（Fourier 級數在點 x 收斂的一個充要條件）

若 $f: R \to R$ 是屬於集合 $R(2\pi)$ 的一個函數，$x \in R$ ，$l \in R$ ，則 f 的 Fourier 級數在點 x 收斂於 l 的充要條件是：可找到一個正數 $\alpha \in [0, \pi/2]$ 使得

$$\lim_{n \to \infty} \int_0^{\alpha} \left(\frac{f(x+2t) + f(x-2t)}{2} - l \right) \cdot \frac{\sin(2n+1)t}{t} \, dt = 0 \; 。$$

證：所謂函數 f 的 Fourier 級數在點 x 收斂於 l ，乃是表示 $\lim_{n \to \infty} (s_n(f)(x) - l) = 0$。因此，我們先討論 $s_n(f)(x)$ 的表示式。根據 Dirichlet 核的定義，對每個 $n \in N$ 及每個 $x \in R$ ，可得

$$s_n(f)(x) = \frac{1}{\pi} \int_{-\pi}^{\pi} f(x+t) \cdot D_n(t) \, dt$$

$$= \frac{1}{\pi} \int_0^{\pi} f(x+t) \cdot D_n(t) \ dt + \frac{1}{\pi} \int_{-\pi}^0 f(x+t) \cdot D_n(t) \ dt$$

$$= \frac{1}{\pi} \int_0^{\pi} f(x+t) \cdot D_n(t) \ dt + \frac{1}{\pi} \int_0^{\pi} f(x-t) \cdot D_n(t) \ dt$$

$$= \frac{1}{\pi} \int_0^{\pi} \frac{f(x+t) + f(x-t)}{2} \cdot \frac{\sin((2n+1)t/2)}{\sin(t/2)} \ dt$$

$$= \frac{2}{\pi} \int_0^{\frac{\pi}{2}} \frac{f(x+2t) + f(x-2t)}{2} \cdot \frac{\sin(2n+1)t}{\sin t} \ dt \ \circ$$

另一方面，依定理 6 (3)，可知

$$\frac{2}{\pi} \int_0^{\frac{\pi}{2}} \frac{\sin(2n+1)t}{\sin t} \ dt = \frac{1}{\pi} \int_0^{\pi} \frac{\sin((2n+1)t/2)}{\sin(t/2)} \ dt = 1 \ \circ$$

由此可得

$$s_n(f)(x) - l = \frac{2}{\pi} \int_0^{\frac{\pi}{2}} \left(\frac{f(x+2t) + f(x-2t)}{2} - l \right) \cdot \frac{\sin(2n+1)t}{\sin t} \ dt \ \circ$$

在以下的證明中，為了減少符號的冗長，我們以 $\varphi(t)$ 表示下式：

$$\varphi(t) = \frac{f(x+2t) + f(x-2t)}{2} - l \ , \qquad t \in \boldsymbol{R} \ \circ$$

對每個 $\alpha \in (0, \pi/2]$，函數 $x \mapsto \varphi(t)/\sin t$ 在 $[\alpha, \pi/2]$ 上可 Riemann 積分。我們依此定義一個以 2π 為週期的函數 $g_\alpha : \boldsymbol{R} \to \boldsymbol{R}$ 如下：

$$g_\alpha(t) = \begin{cases} \varphi(t)/\sin t, & t \in [\alpha, \pi/2] \\ 0, & t \in [-\pi, \pi] - [\alpha, \pi/2] \end{cases}$$

顯然地，函數 g_α 屬於集合 $R(2\pi)$，所以，依定理 5 (2)的 Riemann-Lebesgue 引理，可得

$$\lim_{n \to \infty} \int_{-\pi}^{\pi} g_\alpha(t) \sin nt \ dt = 0 \ ,$$

$$\lim_{n \to \infty} \int_{-\pi}^{\pi} g_\alpha(t) \sin(2n+1)t \ dt = 0 \ ,$$

$$\lim_{n\to\infty} \int_\alpha^{\frac{\pi}{2}} \varphi(t) \frac{\sin(2n+1)t}{\sin t}\, dt = 0 \; \text{。}$$

由此可知：數列 $\{\, s_n(f)(x)\,\}_{n=0}^\infty$ 收斂於 l 的充要條件是可找到一個 $\alpha \in (0,\pi/2]$ 使得

$$\lim_{n\to\infty} \int_0^\alpha \varphi(t) \frac{\sin(2n+1)t}{\sin t}\, dt = 0 \; \text{。}$$

對每個 $\alpha \in (0,\pi/2]$，定義一個以 2π 為週期的函數 $h_\alpha : R \to R$ 如下：

$$h_\alpha(t) = \begin{cases} \varphi(t)\,((1/\sin t) - (1/t)), & t \in (0,\alpha] \\ 0, & t \in [-\pi,\pi] - (0,\alpha] \end{cases}$$

因為函數 $t \mapsto (1/\sin t) - (1/t)$ 在點 $t = 0$ 的極限為 0，所以，每個函數 h_α 都屬於集合 $R(2\pi)$。於是，依定理 5 (2) 的 Riemann-Lebesgue 引理，可得

$$\lim_{n\to\infty} \int_{-\pi}^\pi h_\alpha(t) \sin nt\, dt = 0 \; \text{，}$$

$$\lim_{n\to\infty} \int_{-\pi}^\pi h_\alpha(t) \sin(2n+1)t\, dt = 0 \; \text{，}$$

$$\lim_{n\to\infty} \int_0^\alpha \varphi(t)\,(\frac{1}{\sin t} - \frac{1}{t})\sin(2n+1)t\, dt = 0 \; \text{。}$$

因此，數列 $\{s_n(f)(x)\}_{n=0}^\infty$ 收斂於 l 的充要條件是可找到一個 $\alpha \in (0,\pi/2]$ 使得

$$\lim_{n\to\infty} \int_0^\alpha \varphi(t) \frac{\sin(2n+1)t}{t}\, dt = 0 \; \text{，或}$$

$$\lim_{n\to\infty} \int_0^\alpha (\frac{f(x+2t)+f(x-2t)}{2} - l)\frac{\sin(2n+1)t}{t}\, dt = 0 \; \text{。} \;\; \|$$

利用定理 13，我們可證明 Dini 檢驗法（Dini test）。

【定理 14】（Dini 檢驗法）

設 $f : R \to R$ 是屬於集合 $R(2\pi)$ 的一個函數，$x \in R$。若可找到

實數 $l \in \mathbf{R}$ 及正數 $\alpha \in (0, \pi/2]$ 使得下述瑕積分收斂：

$$\int_{0+}^{\alpha} \left| \frac{f(x+2t) + f(x-2t) - 2l}{t} \right| dt \text{，}$$

則函數 f 的 Fourier 級數在點 x 收斂於 l。

證：我們將函數 $t \mapsto (f(x+2t) + f(x-2t) - 2l)/2$ 記為 $\varphi(t)$。

設 ε 為任意正數。因為上述瑕積分收斂，所以，函數 $t \mapsto |\varphi(t)/t|$ 在 $(0, \alpha]$ 上的瑕積分收斂。於是，必可找到一個 $\delta \in (0, \alpha)$ 使得

$$\int_{0+}^{\delta} \left| \frac{\varphi(t)}{t} \right| dt < \frac{\varepsilon}{2} \text{。}$$

其次，因為函數 $t \mapsto \varphi(t)/t$ 在 $[\delta, \alpha]$ 上可 Riemann 積分，所以，仿照定理 13 的證明中定義函數 g_α 而引用 Riemann-Lebesgue 定理，可得

$$\lim_{n \to \infty} \int_{\delta}^{\alpha} \frac{\varphi(t)}{t} \sin(2n+1) t \, dt = 0 \text{。}$$

於是，必可找到一個 $n_0 \in \mathbf{N}$ 使得：當 $n \geq n_0$ 時，恆有

$$\left| \int_{\delta}^{\alpha} \frac{\varphi(t)}{t} \sin(2n+1) t \, dt \right| < \frac{\varepsilon}{2} \text{。}$$

由此可知：當 $n \geq n_0$ 時，可得

$$\left| \int_0^{\alpha} \left(\frac{f(x+2t) + f(x-2t)}{2} - l \right) \frac{\sin(2n+1) t}{t} dt \right|$$

$$\leq \left| \int_0^{\delta} \frac{\varphi(t)}{t} \sin(2n+1) t \, dt \right| + \left| \int_{\delta}^{\alpha} \frac{\varphi(t)}{t} \sin(2n+1) t \, dt \right|$$

$$\leq \int_{0+}^{\delta} \left| \frac{\varphi(t)}{t} \right| dt + \left| \int_{\delta}^{\alpha} \frac{\varphi(t)}{t} \sin(2n+1) t \, dt \right|$$

$$< \varepsilon \text{。}$$

前面的證明表示下述極限成立：

$$\lim_{n \to \infty} \int_0^{\alpha} \left(\frac{f(x+2t) + f(x-2t)}{2} - l \right) \frac{\sin(2n+1) t}{t} dt = 0 \text{。}$$

依定理 13，可知數列 $\{\, s_n(f)(x)\,\}_{n=0}^{\infty}$ 收斂於 l。 $\|$

下面的定理 15，Dirichlet 在 1829 年證明了遞增函數的情形，而後在 1893 年 Camille Jordan（1838～1922，法國人）把它推廣到「局部」有界變差函數的情形。

【定理 15】（Dirichlet-Jordan 定理）

設 $f: \boldsymbol{R} \to \boldsymbol{R}$ 是屬於集合 $R(2\pi)$ 的一個函數，$x \in \boldsymbol{R}$。若存在一個正數 α 使得 f 在 $[\,x-\alpha,\,x+\alpha\,]$ 上為有界變差函數，則函數 f 的 Fourier 級數在點 x 收斂於和 $(\,f(x+)+f(x-)\,)/2$。因此，若 f 又在點 x 連續，則其 Fourier 級數在點 x 收斂於和 $f(x)$。

證：依定理 13，我們只需證明

$$\lim_{n\to\infty}\int_0^{\frac{\alpha}{2}} \varphi(t)\,\frac{\sin(2n+1)t}{t}\,dt = 0\ ,$$

其中，$\varphi(t)=(1/2)(\,f(x+2t)+f(x-2t)-f(x+)-f(x-)\,)$。因為函數 f 在閉區間 $[\,x-\alpha,\,x+\alpha\,]$ 上為有界變差，所以，依 §6-2 定理 5，函數 φ 在 $[\,0,\alpha/2\,]$ 上為有界變差而且 $\varphi(0+)=0$。於是，必可找到兩個遞增函數 $g,h:\,[\,0,\alpha/2\,]\to\boldsymbol{R}$ 使得 $\varphi=g-h$ 而且 $g(0+)=h(0+)=0$。因此，依 §3-1 定理 4，我們可以直接假設 φ 為 $(\,0,\alpha/2\,]$ 上的遞增函數（且 $\varphi(0+)=0$）。

設 ε 為任意正數。因為下述瑕積分收斂：

$$\int_0^{+\infty}\frac{\sin t}{t}\,dt=\frac{\pi}{2}\ ,$$

所以，必可找到一個正數 M 使得：對任意 $x,y\in[\,0,+\infty)$，$x\le y$，恆有

$$\left|\int_x^y\frac{\sin t}{t}\,dt\right|\le M\ .$$

因為 $\varphi(0+)=0$，所以，必可找到一個 $\beta\in(\,0,\alpha/2\,]$ 使得：對每個

$t \in (0, \beta]$，恆有 $|\varphi(t)| < \varepsilon/(2M)$。因為 φ 是 $[0, \beta]$ 上的遞增函數，而函數 $t \mapsto (\sin(2n+1)t)/t$ 是 $[0, \beta]$ 上的連續函數（請注意：此函數在點 $t = 0$ 的值定義為 $2n+1$，）所以，依 §6-3 定理 17(3)，必可找到一個 $\gamma \in [0, \beta]$ 使得

$$\int_0^\beta \varphi(t) \frac{\sin(2n+1)t}{t}\, dt = \varphi(\beta) \int_\gamma^\beta \frac{\sin(2n+1)t}{t}\, dt \,\text{。}$$

將上式右端再作變數代換，即得

$$\left| \int_0^\beta \varphi(t) \frac{\sin(2n+1)t}{t}\, dt \right| = |\varphi(\beta)| \left| \int_{(2n+1)\gamma}^{(2n+1)\beta} \frac{\sin t}{t}\, dt \right|$$

$$\leq \frac{\varepsilon}{2M} \cdot M = \frac{\varepsilon}{2} \,\text{。}$$

另一方面，因為函數 $t \mapsto \varphi(t)/t$ 在 $[\beta, \alpha/2]$ 上可 Riemann 積分，所以，依 Riemann-Lebesgue 引理，仿上述定理 14 證明中第二段，必可找到一個 $n_0 \in N$ 使得：當 $n \geq n_0$ 時，恆有

$$\left| \int_\beta^{\frac{\alpha}{2}} \frac{\varphi(t)}{t} \sin(2n+1)t\, dt \right| < \frac{\varepsilon}{2} \,\text{。}$$

於是，當 $n \geq n_0$ 時，可得

$$\left| \int_0^{\frac{\alpha}{2}} \varphi(t) \frac{\sin(2n+1)t}{t}\, dt \right|$$

$$\leq \left| \int_0^\beta \varphi(t) \frac{\sin(2n+1)t}{t}\, dt \right| + \left| \int_\beta^{\frac{\alpha}{2}} \frac{\varphi(t)}{t} \sin(2n+1)t\, dt \right|$$

$$< \varepsilon \,\text{。}$$

由此可知下述極限成立：

$$\lim_{n \to \infty} \int_0^{\frac{\alpha}{2}} \varphi(t) \frac{\sin(2n+1)t}{t}\, dt = 0 \,\text{。}$$

依定理 13，可知數列 $\{ s_n(f)(x) \}_{n=0}^\infty$ 收斂於 $(f(x+) + f(x-))/2$。‖

下面我們要討論集合 $R(2\pi)$ 中的連續且在有限閉區間上有界變差的函數的 Fourier 級數，但我們需要先證明一個有關一般級數的重要定理。

【定理 16】（Hardy 定理）

設 $\sum_{n=0}^{\infty} x_n$ 為 $\boldsymbol{R}^k$ 中一無窮級數。對每個 $n \in N \cup \{0\}$，令

$$s_n = x_0 + x_1 + \cdots + x_n \ , \ \sigma_n = \frac{1}{n+1}(s_0 + s_1 + \cdots + s_n) \ 。$$

若點列 $\{\sigma_n\}_{n=0}^{\infty}$ 收斂於 s 而且點列 $\{nx_n\}_{n=0}^{\infty}$ 為有界點列，則點列 $\{s_n\}_{n=0}^{\infty}$ 也收斂於 s，亦即：級數 $\sum_{n=0}^{\infty} x_n$ 收斂於和 s。

證：設 $n \in N \cup \{0\}$，對每個 $k \in N$，令

$$\sigma_{n,k} = \frac{1}{k}(s_n + s_{n+1} + \cdots + s_{n+k-1}) \ ,$$

則很容易證得下列二等式：

$$\sigma_{n,k} = (1 + \frac{n}{k})\sigma_{n+k-1} - \frac{n}{k}\sigma_{n-1} \ ,$$

$$\sigma_{n,k} = s_n + \sum_{r=1}^{k-1}(1 - \frac{r}{k})x_{n+r} \ 。$$

設 ε 為任意正數。因為點列 $\{nx_n\}_{n=0}^{\infty}$ 為有界，所以，可選取一個 $L > 0$ 使得 $\|nx_n\| \leq L$ 對每個 $n \in N$ 都成立。其次，再選取一個正數 M 使得 $M \geq (3L)/\varepsilon$。因為點列 $\{\sigma_n\}_{n=0}^{\infty}$ 收斂於 s，所以，必可找到一個 $n_0 \in N$ 使得：當 $n \geq n_0$ 時，恆有 $\|\sigma_n - s\| \leq \varepsilon/(3(1+M))$。對每個 $n \in N$，令 $k_n = [(n\varepsilon)/(3L)] + 1$，則得

$$\frac{n\varepsilon}{3L} < k_n \leq \frac{n\varepsilon}{3L} + 1 \ , \quad \frac{n}{k_n} < M \ , \quad \frac{k_n - 1}{n} \leq \frac{\varepsilon}{3L} \ 。$$

我們將證明：當 $n > n_0$ 時，可得 $\|s_n - s\| < \varepsilon$。因此，點列 $\{s_n\}_{n=0}^{\infty}$ 收斂於 s。

對每個 $n \in N$，$n > n_0$，可得

$$\left\| s_n - s \right\| \leq \left\| s_n - \sigma_{n,k_n} \right\| + \left\| \sigma_{n,k_n} - s \right\|$$

$$\leq \sum_{r=1}^{k_n-1}(1-\frac{r}{k_n})\cdot\frac{L}{n+r}+(1+\frac{n}{k_n})\left\| \sigma_{n+k_n-1}-s \right\|+\frac{n}{k_n}\left\| \sigma_{n-1}-s \right\|$$

$$< (k_n-1)\frac{L}{n}+(1+M)\cdot\frac{\varepsilon}{3(1+M)}+M\cdot\frac{\varepsilon}{3(1+M)}$$

$$< \frac{\varepsilon}{3}+\frac{\varepsilon}{3}+\frac{\varepsilon}{3}=\varepsilon \circ$$

這就是所欲證的結果。 ‖

【定理 17】 （Hardy 定理推廣至函數項級數）

設 $\{f_n\ A\to R^k\}_{n=0}^{\infty}$ 為一函數列。對每個 $n\in N\bigcup\{0\}$ ，令

$$s_n = f_0+f_1+\cdots+f_n \,,\ \sigma_n = \frac{1}{n+1}(s_0+s_1+\cdots+s_n) \circ$$

若函數列 $\{\sigma_n\}_{n=0}^{\infty}$ 在 A 上均勻收斂於函數 $s\ A\to R^k$ 而且函數列 $\{nf_n\}_{n=0}^{\infty}$ 在 A 上均勻有界，亦即：存在一個正數 L 使得：對每個 $n\in N\bigcup\{0\}$ 及每個 $x\in A$ ，恆有 $\left\| nf_n(x) \right\|\leq L$ ，則函數列 $\{s_n\}_{n=0}^{\infty}$ 也在 A 上均勻收斂於 $s\ A\to R^k$ ，亦即：函數項級數 $\sum_{n=0}^{\infty}f_n$ 在 A 上均勻收斂於和函數 $s\ A\to R^k$ 。

證：與定理 16 證法相同。 ‖

【定理 18】 （$R(2\pi)$ 中連續、有界變差函數的 Fourier 級數）

若 $f\ R\to R$ 是屬於集合 $R(2\pi)$ 的一個連續、有界變差函數，則 f 的 Fourier 級數在 R 上均勻收斂於函數 f。

證：因為 f 是 $R(2\pi)$ 中的一個連續函數，所以，依定理 8，函數列 $\{\sigma_n(f)\}_{n=0}^{\infty}$ 在 R 上均勻收斂於函數 f。依系理 17，只需證明函數列 $\{n(a_n\cos nx+b_n\sin nx)\}_{n=0}^{\infty}$ 在 R 上均勻有界即可，其中數列 $\{a_n\}_{n=0}^{\infty}$ 與 $\{b_n\}_{n=0}^{\infty}$ 的各項是 f 的 Fourier 係數。事實上，我們要證明數列 $\{na_n\}_{n=0}^{\infty}$ 與數列 $\{nb_n\}_{n=0}^{\infty}$ 都是有界數列。於是，對每個 $x\in R$ ，因為

$$\left| n\left(a_n \cos nx + b_n \sin nx \right) \right| \le n\left| a_n \right| + n\left| b_n \right| \,,$$

所以，函數列 $\{ n\left(a_n \cos nx + b_n \sin nx \right) \}_{n=0}^{\infty}$ 在 $\boldsymbol{R}$ 上均勻有界。

因為 f 在區間 $[-\pi, \pi]$ 上為有界變差，所以，可以找到兩個遞增的非負函數 $g, h : [-\pi, \pi] \to [0, +\infty)$ 使得：對每個 $x \in [-\pi, \pi]$，$f(x) = g(x) - h(x)$ 恆成立。因為 g 與 h 是遞增的非負函數而每個 $\cos nx$ 都是連續函數，所以，依 §6-3 定理 17(3)，必可找到二實數 α_n 與 β_n 使得

$$\int_{-\pi}^{\pi} g(x) \cos nx\, dx = g(\pi) \int_{\alpha_n}^{\pi} \cos nx\, dx = -\frac{1}{n} g(\pi) \sin n\alpha_n \,,$$

$$\int_{-\pi}^{\pi} h(x) \cos nx\, dx = h(\pi) \int_{\beta_n}^{\pi} \cos nx\, dx = -\frac{1}{n} h(\pi) \sin n\beta_n \,.$$

於是，可得

$$\begin{aligned}
\left| na_n \right| &= n \left| \frac{1}{\pi} \int_{-\pi}^{\pi} f(x) \cos nx\, dx \right| \\
&\le \frac{n}{\pi} \left| \frac{1}{n} g(\pi) \sin n\alpha_n \right| + \frac{n}{\pi} \left| \frac{1}{n} h(\pi) \sin n\beta_n \right| \\
&\le \frac{1}{\pi} \left(\left| g(\pi) \right| + \left| h(\pi) \right| \right) \,.
\end{aligned}$$

同理可得

$$\left| nb_n \right| \le \frac{1}{\pi} \left(\left| g(\pi) \right| + \left| h(\pi) \right| \right) \,. \;\|$$

請注意：定理 18 中證明 $\{na_n\}_{n=0}^{\infty}$ 與 $\{nb_n\}_{n=0}^{\infty}$ 是有界數列，這並不必使用 f 是連續函數，只要是 $R(2\pi)$ 中的有界變差函數就具有這個性質。

本小節所要討論的最後一個斂散問題，乃是針對有左、右導數的點，說明如下。設 $f : \boldsymbol{R} \to \boldsymbol{R}$ 為一函數，$c \in \boldsymbol{R}$。若 f 在點 c 的右極限 $f(c+)$ 存在，而且極限

$$\lim_{t \to 0+} \frac{f(c+t) - f(c+)}{t}$$

存在，則此極限稱為函數 f 在點 c 的**右導數**（right-handed derivative），記為 $f'(c+)$。同理，可定義 f 在 c 的**左導數**（left-handed derivative），記為 $f'(c-)$。

【定理 19】（Jordan 定理）

設 $f: R \to R$ 是屬於集合 $R(2\pi)$ 的一個函數，$x \in R$。若函數 f 在點 x 的左、右導數都存在，則 f 的 Fourier 級數在點 x 收斂於和 $(f(x+) + f(x-))/2$。因此，若 f 又在點 x 連續，則其 Fourier 級數在點 x 收斂於和 $f(x)$。

證：因為 $f'(x+)$ 存在，所以，可得

$$\lim_{t \to 0+} \frac{f(x+2t) - f(x+)}{t} = 2f'(x+)。$$

由此可知：函數 $t \mapsto (f(x+2t) - f(x+))/t$ 的不連續點都來自於 f 的不連續點。因此，依 §5-3 定理 5 的 Lebesgue 條件，由 f 在 $[0, \pi]$ 上可 Riemann 積分，可知函數 $t \mapsto (f(x+2t) - f(x+))/t$ 在 $[0, \pi/2]$ 上可 Riemann 積分。仿照定理 13 的證明中定義函數 g_α 而引用 Riemann-Lebesgue 定理，可得

$$\lim_{n \to \infty} \int_0^{\frac{\pi}{2}} (f(x+2t) - f(x+)) \cdot \frac{\sin(2n+1)t}{t} \, dt = 0。$$

同理，可得

$$\lim_{n \to \infty} \int_0^{\frac{\pi}{2}} (f(x-2t) - f(x-)) \cdot \frac{\sin(2n+1)t}{t} \, dt = 0。$$

依定理 13，可知函數 f 的 Fourier 級數在點 x 收斂於和 $(f(x+) + f(x-))/2$。∥

在具有左、右導數的函數中，我們要就其中性質較為良好的函數

再討論其 Fourier 級數。

【定義 3】設 $f\ [a,b] \to \mathbf{R}$ 為一函數。若在 f 的定義域 $[a,b]$ 中存在有限多個點 $a = x_0 < x_1 < \cdots < x_n = b$ 使得：

　　(1)對每個 $x \in [a,b] - \{x_0, x_1, \cdots, x_n\}$，$f'(x)$ 都存在；

　　(2) $f'(x_0+)$ 與 $f'(x_n-)$ 存在，而且對每個 $i = 1, 2, \cdots, n-1$，$f'(x_i+)$ 與 $f'(x_i-)$ 都存在；

　　(3) f' 在每個 $[x_{i-1}, x_i]$ 上連續，$i = 1, 2, \cdots, n$；

則稱函數 f 在 $[a,b]$ 上**分段平滑**（piecewise smooth）。

　　依 §6-2 定理 3，分段平滑的函數必是有界變差函數，對於集合 $R(2\pi)$ 中的分段平滑的連續函數，我們有下列更進一步的結果。

【定理 20】（$R(2\pi)$ 中分段平滑的連續函數的 Fourier 級數）

　　若 $f\ \ \mathbf{R} \to \mathbf{R}$ 是屬於集合 $R(2\pi)$ 的連續函數，且 f 在每個有限閉區間上分段平滑，則

　　(1)級數 $\sum_{n=1}^{\infty} (|a_n| + |b_n|)$ 是收斂級數，其中的 a_n（$n \geq 0$）與 b_n（$n \geq 1$）是 f 的 Fourier 係數。

　　(2) f 的 Fourier 級數在 $\mathbf{R}$ 上絕對且均勻收斂於函數 f。

證：(1)因為函數 f 在有限閉區間 $[-\pi, \pi]$ 上分段平滑，所以，必存在有限多個點 $-\pi = x_0 < x_1 < \cdots < x_n = \pi$ 使得定義 3 中的三個性質成立。因為函數 f' 在每個開區間 (x_{i-1}, x_i) 上連續且有界，所以，不論函數 f' 在點 $x_0, x_1, \cdots, x_n$ 之值如何定義，f' 在每個 $[x_{i-1}, x_i]$ 上都可 Riemann 積分。由此可知：函數 f' 在 $[-\pi, \pi]$ 上可 Riemann 積分。另一方面，因為函數 f 滿足 $f(x + 2\pi) = f(x)$（$x \in \mathbf{R}$），所以，對每個 $x \in [-\pi, \pi] - \{x_0, x_1, \cdots, x_n\}$ 及每個 $n \in \mathbf{Z}$，恆有 $f'(x + 2n\pi) = f'(x)$。由此可知：我們可定義 $f'(x_i + 2n\pi) = f'(x_i)$，$n \in \mathbf{Z}$，$i = 0, 1, \cdots, n$，使得 f' 滿足 $f'(x + 2\pi) = f'(x)$（$x \in \mathbf{R}$）。於是，f' 是屬於集合 $R(2\pi)$ 的一個函數。

對每個 $n \in N \cup \{0\}$，若函數 $g : R \to R$ 是函數 $x \mapsto n\, f(x) \sin nx$ 的一個反導函數，令函數 $h : R \to R$ 定義為 $h(x) = f(x) \cos nx + g(x)$，則 h 是 R 上的連續函數，而且對每個 $x \in [-\pi, \pi] - \{x_0, x_1, \cdots, x_n\}$，恆有 $h'(x) = f'(x) \cos nx$。將函數 h' 在每個 $[x_{i-1}, x_i]$ 上應用微積分基本定理，即得

$$
\begin{aligned}
\frac{1}{\pi} \int_{-\pi}^{\pi} f'(x) \cos nx\, dx &= \frac{1}{\pi} \sum_{i=1}^{n} \int_{x_{i-1}}^{x_i} f'(x) \cos nx\, dx \\
&= \frac{1}{\pi} \sum_{i=1}^{n} \left(h(x_i) - h(x_{i-1}) \right) \\
&= \frac{1}{\pi} \left(h(\pi) - h(-\pi) \right) = \frac{1}{\pi} \left(g(\pi) - g(-\pi) \right) \\
&= \frac{1}{\pi} \int_{-\pi}^{\pi} n\, f(x) \sin nx\, dx = n b_n \, 。
\end{aligned}
$$

同理，對每個 $n \in N$，可得

$$
\frac{1}{\pi} \int_{-\pi}^{\pi} f'(x) \sin nx\, dx = -n a_n \, 。
$$

因此，函數 f' 的 Fourier 級數為

$$
\begin{aligned}
f'(x) &\sim \sum_{n=1}^{\infty} \left(n b_n \cos nx - n a_n \sin nx \right) \\
&= \sum_{n=1}^{\infty} \left(a_n \cos nx + b_n \sin nx \right)' \, 。
\end{aligned} \tag{*}
$$

依定理 5 (3)，級數 $\sum_{n=1}^{\infty} (n b_n)/n$ 與 $\sum_{n=1}^{\infty} (n a_n)/n$ 都是絕對收斂級數。因此，級數 $\sum_{n=1}^{\infty} (|a_n| + |b_n|)$ 是收斂級數。（請注意：上述(*)式的意義是：$R(2\pi)$ 中的連續且分段平滑的函數的 Fourier 級數可逐項微分而得出導函數的 Fourier 級數。）

　　⑵依⑴及 Weierstrass M - 檢驗法，可知 f 的 Fourier 級數在 R 上均勻收斂。再依定理 19，可知和函數為 f。 ‖

在第 1-16 題中，試證各等式在各自的區間上成立。

1.若 $x \in (-\dfrac{\pi}{2}, \dfrac{\pi}{2})$，則 $\displaystyle\sum_{n=1}^{\infty} \dfrac{(-1)^{n-1}}{2n-1} \cos (2n-1)x = \dfrac{\pi}{4}$。

2.若 $x \in (-\dfrac{\pi}{2}, \dfrac{\pi}{2})$，則

$$\sum_{n=1}^{\infty} \dfrac{(-1)^{n-1}}{2n-1} \sin (2n-1)x = \dfrac{1}{2} \ln (\sec x + \tan x)。$$

3.若 $x \in [-\pi, \pi]$，則 $\displaystyle\sum_{n=1}^{\infty} \dfrac{(-1)^{n-1}}{n^2} \cos nx = -\dfrac{1}{4}x^2 + \dfrac{1}{12}\pi^2$。

4.若 $x \in [0, \pi]$，則 $\displaystyle\sum_{n=1}^{\infty} \dfrac{1}{(2n-1)^2} \cos (2n-1)x = \dfrac{1}{8}(\pi^2 - 2\pi x)$。

5.若 $x \in [-\pi, 0]$，則 $\displaystyle\sum_{n=1}^{\infty} \dfrac{1}{(2n-1)^2} \cos (2n-1)x = \dfrac{1}{8}(\pi^2 + 2\pi x)$。

6.若 $x \in [-\dfrac{\pi}{2}, \dfrac{\pi}{2}]$，則 $\displaystyle\sum_{n=1}^{\infty} \dfrac{(-1)^{n-1}}{(2n-1)^2} \sin (2n-1)x = \dfrac{1}{4}\pi x$。

7.若 $x \in [\dfrac{\pi}{2}, \dfrac{3\pi}{2}]$，則 $\displaystyle\sum_{n=1}^{\infty} \dfrac{(-1)^{n-1}}{(2n-1)^2} \sin (2n-1)x = \dfrac{1}{4}(\pi^2 - \pi x)$。

8.若 $x \in [0, 2\pi]$，則 $\displaystyle\sum_{n=1}^{\infty} \dfrac{1}{n^3} \sin nx = \dfrac{1}{12}(x^3 - 3\pi x^2 + 2\pi^2 x)$。

9.若 $x \in [-\pi, \pi]$，則 $\displaystyle\sum_{n=1}^{\infty} \dfrac{(-1)^{n-1}}{n^3} \sin nx = \dfrac{1}{12}(\pi^2 x - x^3)$。

10.若 $x \in [0, \pi]$，則 $\displaystyle\sum_{n=1}^{\infty} \dfrac{1}{(2n-1)^3} \sin (2n-1)x = \dfrac{1}{8}(\pi^2 x - \pi x^2)$。

11.若 $x \in [-\pi, 0]$，則 $\displaystyle\sum_{n=1}^{\infty} \dfrac{1}{(2n-1)^3} \sin (2n-1)x = \dfrac{1}{8}(\pi^2 x + \pi x^2)$。

12.若 $x \in [-\dfrac{\pi}{2}, \dfrac{\pi}{2}]$，則 $\displaystyle\sum_{n=1}^{\infty} \dfrac{(-1)^{n-1}}{(2n-1)^3} \cos(2n-1)x = \dfrac{1}{8}(\dfrac{1}{4}\pi^3 - \pi x^2)$。

13.若 $x \in [0, 2\pi]$，則

$$\sum_{n=1}^{\infty} \dfrac{1}{n^4} \cos nx = \dfrac{1}{48}(2\pi^2(x-\pi)^2 - (x-\pi)^4) - \dfrac{7}{720}\pi^4 \text{ 。}$$

14.若 $x \in [-\pi, \pi]$，則

$$\sum_{n=1}^{\infty} \dfrac{(-1)^{n-1}}{n^4} \cos nx = \dfrac{1}{48}(x^4 - 2\pi^2 x^2 + \dfrac{7}{15}\pi^4) \text{ 。}$$

15.若 $x \in [0, \pi]$，則

$$\sum_{n=1}^{\infty} \dfrac{1}{(2n-1)^4} \cos(2n-1)x = \dfrac{1}{96}(4\pi x^3 - 6\pi^2 x^2 + \pi^4) \text{ 。}$$

16.若 $x \in [-\dfrac{\pi}{2}, \dfrac{\pi}{2}]$，則

$$\sum_{n=1}^{\infty} \dfrac{(-1)^{n-1}}{(2n-1)^4} \sin(2n-1)x = \dfrac{1}{96}(3\pi^2 x - 4\pi x^3) \text{ 。}$$

在第 17-22 題中，試利用本節所證三角級數之和證明各等式。

17.$1 + \dfrac{1}{5} - \dfrac{1}{7} - \dfrac{1}{11} + \dfrac{1}{13} + \dfrac{1}{17} - \dfrac{1}{19} - \dfrac{1}{23} + + - - \cdots = \dfrac{\pi}{3}$。

18.$1 + \dfrac{1}{3} - \dfrac{1}{5} - \dfrac{1}{7} + \dfrac{1}{9} + \dfrac{1}{11} - \dfrac{1}{13} - \dfrac{1}{15} + + - - \cdots = \dfrac{\pi}{2\sqrt{2}}$。

19.$1 - \dfrac{1}{5} + \dfrac{1}{7} - \dfrac{1}{11} + \dfrac{1}{13} - \dfrac{1}{17} + \dfrac{1}{19} - \dfrac{1}{23} + - \cdots = \dfrac{\pi}{2\sqrt{3}}$。

20.$1 - \dfrac{1}{3^3} + \dfrac{1}{5^3} - \dfrac{1}{7^3} + \dfrac{1}{9^3} - \dfrac{1}{11^3} + \dfrac{1}{13^3} - \dfrac{1}{15^3} + - \cdots = \dfrac{\pi^3}{32}$。

21.$1 + \dfrac{1}{3^3} - \dfrac{1}{5^3} - \dfrac{1}{7^3} + \dfrac{1}{9^3} + \dfrac{1}{11^3} - \dfrac{1}{13^3} - \dfrac{1}{15^3} + + - - \cdots = \dfrac{3\sqrt{2}\pi^3}{128}$。

22.$1 - \dfrac{1}{3^4} - \dfrac{1}{5^4} + \dfrac{1}{7^4} + \dfrac{1}{9^4} - \dfrac{1}{11^4} - \dfrac{1}{13^4} + \dfrac{1}{15^4} + - - + \cdots = \dfrac{11\sqrt{2}\pi^4}{1536}$。

在第 23-30 題中，f 是集合 $R(2\pi)$ 中一函數，試求其 Fourier 級數。

23.若 $x \in (-\pi, 0)$ ，$f(x) = a$ ；若 $x \in (0, \pi)$ ，$f(x) = b$ ；
$f(0) = f(\pi) = f(-\pi) = (a+b)/2$ 。

24.若 $x \in (-\pi, \pi)$ ，$f(x) = x$ ；$f(\pi) = f(-\pi) = 0$ 。

25.若 $x \in (0, 2\pi)$ ，$f(x) = x$ ；$f(0) = f(2\pi) = \pi$ 。

26.若 $x \in (0, 2\pi)$ ，$f(x) = x^2$ ；$f(0) = f(2\pi) = 2\pi^2$ 。

27.若 $x \in (-\pi, \pi)$ ，$f(x) = x^3$ ；$f(\pi) = f(-\pi) = 0$ 。

28.若 $x \in [-\pi, \pi]$ ，$f(x) = |\sin x|$ 。

29.若 $x \in [-\pi, \pi]$ ，$f(x) = |\cos x|$ 。

30.若 $x \in [-\pi, \pi]$ ，$f(x) = \sin ax$ ，其中 $a \in R$ ，$a \notin Z$ 。

在第 31-34 題中，試利用第 28 題的結果證明各等式。

31. $\displaystyle\sum_{n=1}^{\infty} \frac{1}{4n^2 - 1} = \frac{1}{2}$ 。

32. $\displaystyle\sum_{n=1}^{\infty} \frac{(-1)^n}{4n^2 - 1} = \frac{1}{2} - \frac{\pi}{4}$ 。

33. $\displaystyle\sum_{n=1}^{\infty} \frac{(-1)^n}{16n^2 - 1} = \frac{1}{2} - \frac{\pi}{4\sqrt{2}}$ 。

34. $\displaystyle\sum_{n=1}^{\infty} \frac{1}{(4n^2 - 1)^2} = \frac{\pi^2 - 8}{16}$ 。

35.設 $a \in R$ ，$a \notin Z$ 。函數 $f \quad R \to R$ 屬於集合 $R(2\pi)$ 且對每個
$x \in [-\pi, \pi]$ ，恆有 $f(x) = \cos ax$ 。試求函數 f 的 Fourier 級數，
並利用所得 Fourier 級數導出 §9-3 例 11 中 $\pi a \cot \pi a$ 的展開式。

36.設 $f \quad R \to R$ 是屬於集合 $R(2\pi)$ 的一個函數。

　(1)對每個 $n \in N$ ，試計算 $\dfrac{1}{\pi} \displaystyle\int_{-\pi}^{\pi} (f(x) - \sigma_n(f)(x))^2 \, dx$ 。

　(2)試證：若 f 是 R 上的連續函數，則

$$\lim_{n \to \infty} \frac{1}{(n+1)^2} \sum_{k=1}^{n} k^2 (a_k^2 + b_k^2) = 0 \, 。$$

37.試證：若 $f, g \quad R \to R$ 是屬於集合 $R(2\pi)$ 的兩個函數，則

$$\frac{1}{\pi} \int_{-\pi}^{\pi} f(x) g(x) \, dx = \frac{1}{2} a_0 c_0 + \sum_{n=1}^{\infty} (a_n c_n + b_n d_n) ，$$

其中，a_n $(n \geq 0)$ 與 b_n $(n \geq 1)$ 是 f 的 Fourier 係數，而 c_n $(n \geq 0)$ 與 d_n $(n \geq 1)$ 是 g 的 Fourier 係數。

38.若 $f \quad R \rightarrow R$ 是屬於集合 $R(2\pi)$ 的一個函數，其 Fourier 級數為

$$f(x) \sim \frac{a_0}{2} + \sum_{n=1}^{\infty} (a_n \cos nx + b_n \sin nx) \text{。}$$

試證：對每個 $[a, b] \subset [-\pi, \pi]$，恆有

$$\int_a^b f(x)\,dx = \frac{a_0}{2}(b-a) + \sum_{n-1}^{\infty} \int_a^b (a_n \cos nx + b_n \sin nx)\,dx \text{。}$$

亦即：上述 Fourier 級數可逐項積分。

（提示：定義一個屬於 $R(2\pi)$ 中的函數 $g \quad R \rightarrow R$，使得：當 $x \in [a, b]$ 時，$g(x) = 1$；當 $x \in (-\pi, \pi) - [a, b]$ 時，$g(x) = 0$。將函數 f 與 g 應用第 37 題的結果。）

第 *10* 章

瑕積分

在第五章所介紹的 Riemann 積分中，我們有兩項基本的要求。第一：積分區域是（有 Jordan 容量的）有界集合；第二：被積分函數是有界函數。當這兩項要求有一項不成立時，Riemann 積分的定義就不適用。但在許多應用中，我們常會遇到這兩項要求至少有一項不成立的情形，數學上自然要因應此種情況。瑕積分的概念就是為因應此種情況所引進的方法之一。

瑕積分的概念通常在微積分課程中就有所涉及，但與瑕積分概念相關的收斂理論，卻無法在微積分課程中完成。它與無窮級數的收斂理論有許多平行的性質，通常要借助於高等微積分的相關概念才能做清楚且完整的討論。

10-1 單變數函數的兩種瑕積分

要討論 Riemann 積分的兩項要求之外的積分問題，自然會有兩種形式的瑕積分，其一是積分區間為無限區間的情形，我們通常稱它為第一類型的瑕積分；其二是被積分函數在某些點附近無界的情形，我們通常稱它為第二類型的瑕積分。這兩種形式的瑕積分，其收斂理論

與性質非常相似，在下面的討論中，我們大多只證明第一類型的情形，而將第二類型留給讀者自行證明。此外，在本章所給的定義與定理中，我們大都以 Riemann-Stieltjes 積分的形式來敘述，以達到一般化的結果，讀者若將 $\alpha(x)$ 令為 x，它就是 Riemann 積分的形式。至於本章所舉的例子，大都以 Riemann 積分的形式為主。

甲、瑕積分的意義與基本性質

【定義 1】設 $f, \alpha : [a, +\infty) \rightarrow \boldsymbol{R}$ 為二函數。若函數 f 對函數 α 在 $[a, +\infty)$ 的每個緊緻子區間上都可 Riemann-Stieltjes 積分，則下式右端的極限稱為函數 f 對函數 α 在 $[a, +\infty)$ 上的**瑕積分**（improper integral），以下式左端的記號表之：

$$\int_a^{+\infty} f(x)\, d\alpha(x) = \lim_{t \to +\infty} \int_a^t f(x)\, d\alpha(x) \,\text{。}$$

若上式右端的極限存在，則稱上式左端的瑕積分**收斂**（convergent），否則稱之為**發散**（divergent）。若 $\alpha(x) = x$，則上述瑕積分稱為函數 f 在 $[a, +\infty)$ 上的瑕積分。

設 $f, \alpha : (-\infty, b] \rightarrow \boldsymbol{R}$ 為二函數。若函數 f 對函數 α 在 $(-\infty, b]$ 的每個緊緻子區間上都可 Riemann-Stieltjes 積分，則函數 f 對函數 α 在 $(-\infty, b]$ 上的瑕積分可仿定義 1 的方法定義為

$$\int_{-\infty}^b f(x)\, d\alpha(x) = \lim_{t \to -\infty} \int_t^b f(x)\, d\alpha(x) \,\text{。}$$

【定義 2】設 $f, \alpha : (a, b] \rightarrow \boldsymbol{R}$ 為二函數。若函數 f 對函數 α 在 $(a, b]$ 的每個緊緻子區間上都可 Riemann-Stieltjes 積分，則下式右端的極限稱為函數 f 對函數 α 在 $(a, b]$ 上的**瑕積分**，以下式左端的記號表之：

$$\int_{a+}^b f(x)\, d\alpha(x) = \lim_{t \to a+} \int_t^b f(x)\, d\alpha(x) \,\text{。}$$

若上式右端的極限存在，則稱上式左端的瑕積分**收斂**（convergent），

否則稱之為**發散**（divergent）。若 $\alpha(x) = x$，則上述瑕積分稱為函數 f 在 $(a, b]$ 上的瑕積分。

在定義 2 中所定義的第二類型瑕積分，主要為討論在點 a 的右側附近為無界（unbounded）的函數的積分問題。但在定義 2 的敘述中，我們並沒有特別做這樣要求，理由是定義 2 對在點 a 的右側附近有界的函數也適用，且看下面的定理。

【定理 1】（有界函數的瑕積分可視為 Riemann-Stieltjes 積分）

設 $f : (a, b] \to \mathbf{R}$ 與 $\alpha : [a, b] \to \mathbf{R}$ 為二函數。若函數 f 在 $(a, b]$ 上有界、函數 α 在點 a 右連續、而且 f 對 α 在 $(a, b]$ 的每個緊緻子區間上都可 Riemann-Stieltjes 積分，則瑕積分

$$\int_{a+}^{b} f(x) \, d\alpha(x)$$

收斂。更進一步地，若將 f 的定義域擴大到包含 a，則不論 $f(a)$ 定義為何數，f 對 α 在 $[a, b]$ 上都可 Riemann-Stieltjes 積分，而且 Riemann-Stieltjes 積分值等於上述瑕積分的收斂值。

證：留給讀者利用後面的 Cauchy 收斂條件來證明。 ‖

設 $f, \alpha : [a, b) \to \mathbf{R}$ 為二函數。若函數 f 對函數 α 在 $[a, b)$ 的每個緊緻子區間上都可 Riemann-Stieltjes 積分，則 f 對 α 在 $[a, b)$ 上的瑕積分可仿定義 2 的方法定義為

$$\int_{a}^{b-} f(x) \, d\alpha(x) = \lim_{t \to b-} \int_{a}^{t} f(x) \, d\alpha(x) \text{。}$$

除了前述兩種類型的瑕積分之外，還可將有限多個此兩類瑕積分相加而形成混合型瑕積分。舉例如下：

⑴若函數 $f : \mathbf{R} \to \mathbf{R}$ 對函數 $\alpha : \mathbf{R} \to \mathbf{R}$ 在 $\mathbf{R}$ 的每個緊緻子區間上都可 Riemann-Stieltjes 積分，則 f 對 α 在 $\mathbf{R}$ 上的瑕積分定義為

$$\int_{-\infty}^{+\infty} f(x) \, d\alpha(x) = \int_{-\infty}^{a} f(x) \, d\alpha(x) + \int_{a}^{+\infty} f(x) \, d\alpha(x) \text{，} a \in \mathbf{R} \text{。}$$

⑵若函數 $f:(a,b) \to R$ 對函數 $\alpha:(a,b) \to R$ 在 (a,b) 的每個緊緻子區間上都可 Riemann-Stieltjes 積分，則 f 對 α 在 (a,b) 上的瑕積分定義為

$$\int_{a+}^{b-} f(x)\,d\alpha(x) = \int_{a+}^{c} f(x)\,d\alpha(x) + \int_{c}^{b-} f(x)\,d\alpha(x) , \quad c \in (a,b) 。$$

⑶若函數 $f:(a,c)\bigcup(c,b) \to R$ 對函數 $\alpha:(a,c)\bigcup(c,b) \to R$ 在集合 $(a,c)\bigcup(c,b)$ 的每個緊緻子區間上都可 Riemann-Stieltjes 積分，則 f 對 α 在集合 $(a,c)\bigcup(c,b)$ 上的瑕積分定義為

$$\int_{a}^{b} f(x)\,d\alpha(x) = \int_{a}^{c-} f(x)\,d\alpha(x) + \int_{c+}^{b} f(x)\,d\alpha(x) 。$$

請注意：在上述的混合型瑕積分中，只有當右端的兩個瑕積分都收斂時，才稱此混合型瑕積分收斂。換句話說，當右端的兩個瑕積分至少有一個發散時，此混合型瑕積分就稱為發散。另一方面，根據定義 1，上述⑴中的瑕積分定義為

$$\int_{-\infty}^{+\infty} f(x)\,d\alpha(x) = \lim_{s \to -\infty} \int_{s}^{a} f(x)\,d\alpha(x) + \lim_{t \to +\infty} \int_{a}^{t} f(x)\,d\alpha(x) 。$$

上式右端的兩個極限必須獨立計算，兩變量 s 與 t 乃是各自獨立地分別趨向 $-\infty$ 與 $+\infty$，它們之間完全沒有關係。但當上式右端兩個極限都存在時，兩極限之和卻可以用下式來計算：

$$\lim_{t \to +\infty} \int_{-t}^{t} f(x)\,d\alpha(x)$$
$$= \lim_{t \to +\infty} \left(\int_{-t}^{a} f(x)\,d\alpha(x) + \int_{a}^{t} f(x)\,d\alpha(x) \right) 。 \tag{*}$$

當此極限(*)存在時，其極限值稱為瑕積分⑴的 **Cauchy 主值**（Cauchy's principal value），記為

$$(CPV) \int_{-\infty}^{+\infty} f(x)\,d\alpha(x) = \lim_{t \to +\infty} \int_{-t}^{t} f(x)\,d\alpha(x) 。$$

當在 R 上的一個瑕積分收斂時，它的收斂值等於它的 Cauchy 主值。但一個瑕積分的 Cauchy 主值存在時，該瑕積分卻不一定收斂，且看

下例。

【例 1】設 $f(x) = \alpha(x) = x$，$x \in \mathbf{R}$，則

$$\int_0^{+\infty} f(x)\,d\alpha(x) = \lim_{t \to +\infty} \int_0^t x\,dx = \lim_{t \to +\infty} (\frac{1}{2}t^2) = +\infty \text{，}$$

$$\int_{-\infty}^0 f(x)\,d\alpha(x) = \lim_{s \to -\infty} \int_s^0 x\,dx = \lim_{s \to -\infty} (-\frac{1}{2}s^2) = -\infty \text{。}$$

因為上述二瑕積分都發散，所以，瑕積分

$$\int_{-\infty}^{+\infty} f(x)\,d\alpha(x)$$

也發散。另一方面，此瑕積分的 Cauchy 主值為

$$\text{(CPV)} \int_{-\infty}^{+\infty} f(x)\,d\alpha(x) = \lim_{t \to +\infty} \int_{-t}^t x\,dx = \lim_{t \to +\infty} 0 = 0 \text{。} \parallel$$

下面我們討論瑕積分的一些基本性質。

【定理 2】（瑕積分與各種運算）

　　設 $f, g, \alpha : [a, +\infty) \to \mathbf{R}$ 為三函數，$c \in \mathbf{R}$。若函數 f 與函數 g 對函數 α 在 $[a, +\infty)$ 上的瑕積分都收斂，則

　　⑴函數 $f + g$ 對函數 α 在 $[a, +\infty)$ 上的瑕積分收斂，而且

$$\int_a^{+\infty} (f(x) + g(x))\,d\alpha(x) = \int_a^{+\infty} f(x)\,d\alpha(x) + \int_a^{+\infty} g(x)\,d\alpha(x) \text{。}$$

　　⑵函數 $f - g$ 對函數 α 在 $[a, +\infty)$ 上的瑕積分收斂，而且

$$\int_a^{+\infty} (f(x) - g(x))\,d\alpha(x) = \int_a^{+\infty} f(x)\,d\alpha(x) - \int_a^{+\infty} g(x)\,d\alpha(x) \text{。}$$

　　⑶函數 cf 對函數 α 在 $[a, +\infty)$ 上的瑕積分收斂，而且

$$\int_a^{+\infty} c\,f(x)\,d\alpha(x) = c \cdot \int_a^{+\infty} f(x)\,d\alpha(x) \text{。}$$

證：依 §3-3 定理 4 及 §6-1 定理 1 立即可得。 $\parallel$

定理 2 的性質對第二類型瑕積分也成立。

【定理 3】（瑕積分的 Cauchy 收斂條件）

若 f, $\alpha : [\, a, +\infty\,) \to \boldsymbol{R}$ 為二函數，則 f 對 α 在 $[\, a, +\infty\,)$ 上的瑕積分收斂的充要條件是：f 對 α 在 $[\, a, +\infty\,)$ 的每個緊緻子區間上都可 Riemann-Stieltjes 積分，而且對每個正數 ε，都可找到一個 $t_0 \in [\, a, +\infty\,)$ 使得：當 $t > s \geq t_0$ 時，恆有

$$\left| \int_s^t f(x)\, d\alpha(x) \right| < \varepsilon \; 。$$

證：必要性：假設 f 對 α 在 $[\, a, +\infty\,)$ 上的瑕積分收斂。設 ε 為任意正數，依假設，必可找到一個 $t_0 \in [\, a, +\infty\,)$ 使得：當 $t \geq t_0$ 時，恆有

$$\left| \int_a^t f(x)\, d\alpha(x) - \int_a^{+\infty} f(x)\, d\alpha(x) \right| < \frac{\varepsilon}{2} \; 。$$

於是，當 $t > s \geq t_0$ 時，可得

$$\left| \int_s^t f(x)\, d\alpha(x) \right| \leq \left| \int_a^t f(x)\, d\alpha(x) - \int_a^s f(x)\, d\alpha(x) \right|$$

$$\leq \left| \int_a^t f(x)\, d\alpha(x) - \int_a^{+\infty} f(x)\, d\alpha(x) \right|$$

$$+ \left| \int_a^s f(x)\, d\alpha(x) - \int_a^{+\infty} f(x)\, d\alpha(x) \right|$$

$$< \frac{\varepsilon}{2} + \frac{\varepsilon}{2} = \varepsilon \; 。$$

充分性：假設定理的條件成立。依假設及實數系的完備性，必有一個實數 s 使得

$$\lim_{n \to \infty} \int_a^{a+n} f(x)\, d\alpha(x) = s \; 。 \tag{*}$$

設 ε 為任意正數，依假設，必可找到一個 $t_0 \in [\, a, +\infty\,)$ 使得：當 $t > s \geq t_0$ 時，恆有

$$\left| \int_s^t f(x)\, d\alpha(x) \right| < \frac{\varepsilon}{2} \; 。$$

另一方面，因為前面的(*)式成立，所以，必可找到一個 $n_0 \in \boldsymbol{N}$ 使得：

單變數函數的兩種瑕積分

當 $n \in N$ 且 $n \geq n_0$ 時，恆有

$$\left| \int_a^{a+n} f(x)\, d\alpha(x) - s \right| < \frac{\varepsilon}{2} \, 。$$

令 $t_1 = \max \{ t_0 + 1, a + n_0 \}$。對每個 $t \geq t_1$，令 $n = [\, t - a \,]$，則可得 $t \geq a + n \geq t_0$ 且 $n \geq n_0$。於是，可得

$$\left| \int_a^t f(x)\, d\alpha(x) - s \right| \leq \left| \int_a^{a+n} f(x)\, d\alpha(x) - s \right| + \left| \int_{a+n}^t f(x)\, d\alpha(x) \right|$$

$$< \frac{\varepsilon}{2} + \frac{\varepsilon}{2} = \varepsilon \, 。$$

由此可知

$$\lim_{t \to +\infty} \int_a^t f(x)\, d\alpha(x) = s \, 。 \; \|$$

【定理 4】（瑕積分的分段計算）

設 $f, \alpha : [\, a, +\infty) \to \mathbf{R}$ 為二函數，$b \in (\, a, +\infty)$，則 f 對 α 在 $[\, a, +\infty)$ 上的瑕積分收斂的充要條件是：f 對 α 在 $[\, b, +\infty)$ 上的瑕積分收斂，而且 f 對 α 在 $[\, a, b\,]$ 上可 Riemann-Stieltjes 積分。更進一步地，當此二性質成立時，可得

$$\int_a^{+\infty} f(x)\, d\alpha(x) = \int_a^b f(x)\, d\alpha(x) + \int_b^{+\infty} f(x)\, d\alpha(x) \, 。$$

證：依 §6-1 定理 3 及 §3-3 定理 4 立即可得。 $\|$

【定理 5】（瑕積分的分部積分法）

設 $f, \alpha : [\, a, +\infty) \to \mathbf{R}$ 為二函數。若下列三性質中有二性質成立，則第三性質必成立：

(1) f 對 α 在 $[\, a, +\infty)$ 上的瑕積分收斂；

(2) α 對 f 在 $[\, a, +\infty)$ 上的瑕積分收斂；

(3) 極限 $\lim\limits_{t \to +\infty} f(t)\alpha(t)$ 存在。

更進一步地，當此三性質成立時，可得

$$\int_a^{+\infty} f(x)\,d\alpha(x) = \lim_{t \to +\infty} f(t)\alpha(t) - f(a)\alpha(a) - \int_a^{+\infty} \alpha(x)\,df(x) \,\text{。}$$

證：對每個 $t \in [a, +\infty)$ ，依 §6-1 定理 5，不論是 f 對 α 在 $[a, t]$ 上可 Riemann-Stieltjes 積分，或是 α 對 f 在 $[a, t]$ 上可 Riemann-Stieltjes 積分，都可得

$$\int_a^t f(x)\,d\alpha(x) = f(t)\alpha(t) - f(a)\alpha(a) - \int_a^t \alpha(x)\,df(x) \,\text{。} \tag{*}$$

當本定理所敘述的三性質中有二性質成立時，必是(*)式左端的 Riemann-Stieltjes 積分對每個 $t \in [a, +\infty)$ 都存在，或是(*)式右端的 Riemann-Stieltjes 積分對每個 $t \in [a, +\infty)$ 都存在。由此可知：當本定理的三性質中有二性質成立時，(*)式對每個 $t \in [a, +\infty)$ 都成立。此等式共有三項含有 t ，令 t 趨向 $+\infty$ 時，因為有兩項的極限存在，所以，第三項的極限必存在，而且定理的等式成立。‖

定理 5 的性質對第二類型瑕積分也成立。在下面的定理 6 中，第一類型與第二類型的瑕積分會被連繫起來。

【定理 6】（瑕積分的變數代換法之一）

設 $f, \alpha : [c, d) \to R$ 為二函數，其中 d 是大於 c 的實數或 d 為 $+\infty$ 。若函數 f 對函數 α 在 $[c, d)$ 上的瑕積分收斂，而 $g :$ $[a, b) \to [c, d)$ 是嚴格遞增的連續函數且 $g([a, b)) = [c, d)$ ，其中 b 是大於 a 的實數或 b 為 $+\infty$ ，則函數 $f \circ g$ 對函數 $\alpha \circ g$ 在 $[a, b)$ 上的瑕積分收斂，而且

$$\int_a^{b-} (f \circ g)(x)\,d(\alpha \circ g)(x) = \int_c^{d-} f(y)\,d\alpha(y) \,\text{。}$$

請注意：當 b 是 $+\infty$ 時，上式中的 $b-$ 也是 $+\infty$ ； d 的情形亦同。

證：因為 $g : [a, b) \to [c, d)$ 是嚴格遞增的連續函數且 $g([a, b))$ $= [c, d)$ ，所以，對每個 $s \in (a, b)$ ，恆有 $g(s) \in (c, d)$ ，且 $g(a) = c$ 、 $\lim_{s \to b-} g(s) = d$ 。對每個 $s \in (a, b)$ ，因為 f 對 α 在 $[c, d)$ 上的瑕積

分收斂，所以，f 對 α 在 $[c, g(s)]$ 上可 Riemann-Stieltjes 積分。依 §6-1 定理 4，可知函數 $f \circ g$ 對函數 $\alpha \circ g$ 在 $[a, s]$ 上可 Riemann-Stieltjes 積分，而且

$$\int_a^s (f \circ g)(x) \, d(\alpha \circ g)(x) = \int_c^{g(s)} f(y) \, d\alpha(y) \text{。} \tag{*}$$

上式右端視為 s 的函數時，它是函數 g 與下述函數的合成函數：

$$t \mapsto \int_c^t f(y) \, d\alpha(y) \text{，} \quad t \in [c, d) \text{。}$$

因為 $\lim_{s \to b-} g(s) = d$、而且對每個 $s \in [a, b)$，恆有 $g(s) \neq d$，所以，依 §3-3 定理 6，可得

$$\lim_{s \to b-} \int_c^{g(s)} f(y) \, d\alpha(y) = \lim_{t \to d-} \int_c^t f(y) \, d\alpha(y) \text{。}$$

因為 f 對 α 在 $[c, d)$ 上的瑕積分收斂，所以，上式右端的極限就是此瑕積分的收斂值。於是，將上述(*)式兩端令 s 自左側趨近 b，即得本定理欲證的等式。‖

　　將定理 6 中的 $\alpha(x)$ 令為 x 時，可得另一種形式的變數代換法。

【定理 7】（瑕積分的變數代換法之二）

　　設 $f : [c, d) \to \mathbf{R}$ 為一函數，其中 d 是大於 c 的實數或 d 為 $+\infty$。若函數 f 在 $[c, d)$ 上的瑕積分收斂，而 $g : [a, b) \to [c, d)$ 是嚴格遞增的可微分函數、g' 在 $[a, b)$ 上連續、且 $g([a, b)) = [c, d)$，其中 b 是大於 a 的實數或 b 為 $+\infty$，則函數 $(f \circ g)g'$ 在 $[a, b)$ 上的瑕積分收斂，而且

$$\int_a^{b-} (f \circ g)(x) \, g'(x) dx = \int_c^{d-} f(y) \, dy \text{。}$$

請注意：當 b 是 $+\infty$ 時，上式中的 $b-$ 也是 $+\infty$；d 的情形亦同。

證：依定理 6 證明的前半段可知：對每個 $s \in (a, b)$，函數 $f \circ g$ 對函數 g 在 $[a, s]$ 上可 Riemann-Stieltjes 積分，而且

$$\int_a^s (f \circ g)(x)\, dg(x) = \int_c^{g(s)} f(y)\, dy \ \text{。}$$

因為 g 在 $[a,b)$ 上可微分而且 g' 在 $[a,b)$ 上連續，所以，依§6-1 定理 7，對每個 $s \in (a,b)$，函數 $(f \circ g)g'$ 在 $[a,s]$ 上可 Riemann 積分，而且

$$\int_a^s (f \circ g)(x)\, dg(x) = \int_a^s (f \circ g)(x) g'(x)\, dx \ \text{。}$$

於是，對每個 $s \in (a,b)$，恆有

$$\int_a^s (f \circ g)(x) g'(x)\, dx = \int_c^{g(s)} f(y)\, dy \ \text{。}$$

令 s 自左側趨近 b，即得

$$\int_a^{b^-} (f \circ g)(x)\, g'(x)dx = \int_c^{d^-} f(y)\, dy \ \text{。} \ \|$$

定理 6 與定理 7 中的函數 g 也可以是嚴格遞減函數 g：$(b,a] \to [c,d)$，$g((b,a]) = [c,d)$，相關的等式自然要做調整。

【定理 8】（瑕積分與次序關係）

若函數 $f, g : [a, +\infty) \to R$ 對遞增函數 $\alpha : [a, +\infty) \to R$ 在 $[a, +\infty)$ 上的瑕積分都收斂，而且每個 $x \in [a, +\infty)$ 都滿足 $f(x) \le g(x)$，則

$$\int_a^{+\infty} f(x)\, d\alpha(x) \le \int_a^{+\infty} g(x)\, d\alpha(x) \ \text{。}$$

證：依定義 1、§6-3 定理 11 及§3-3 定理 14 即得。$\|$

定理 8 的性質對第二類型瑕積分也成立。

【定理 9】（瑕積分與絕對值）

設函數 $f, \alpha : [a, +\infty) \to R$ 為二函數。若 α 是遞增函數，f 對 α 在 $[a, +\infty)$ 的每個緊緻子區間上都可 Riemann-Stieltjes 積分，而且 $|f|$ 對 α 在 $[a, +\infty)$ 上的瑕積分收斂，則 f 對 α 在 $[a, +\infty)$ 上的瑕積分也

收斂，而且

$$\left| \int_a^{+\infty} f(x)\, d\alpha(x) \right| \leq \int_a^{+\infty} \left| f(x) \right| d\alpha(x) \circ$$

證：設 ε 為任意正數。因為 $|f|$ 對 α 在 $[a, +\infty)$ 上的瑕積分收斂，所以，依定理 3 的 Cauchy 收斂條件，必可找到一個 $t_0 \in [a, +\infty)$ 使得：當 $t > s \geq t_0$ 時，恆有

$$\int_s^t \left| f(x) \right| d\alpha(x) < \varepsilon \circ$$

於是，依 §6-3 定理 12，當 $t > s \geq t_0$ 時，恆有

$$\left| \int_s^t f(x)\, d\alpha(x) \right| \leq \int_s^t \left| f(x) \right| d\alpha(x) < \varepsilon \circ$$

依定理 3 的 Cauchy 收斂條件，可知 f 對 α 在 $[a, +\infty)$ 上的瑕積分收斂。

另一方面，對每個 $t \in [a, +\infty)$，依 §6-3 定理 12，可得

$$\left| \int_a^t f(x)\, d\alpha(x) \right| \leq \int_a^t \left| f(x) \right| d\alpha(x) \circ$$

令 t 趨向 $+\infty$，即得本定理的不等式。 ‖

定理 9 的性質對第二類型瑕積分也成立。

【定理 10】（瑕積分與數列或級數）

若函數 $f, \alpha : [a, +\infty) \to \mathbf{R}$ 為二函數，則函數 f 對函數 α 在 $[a, +\infty)$ 上的瑕積分收斂於 $s \in \mathbf{R}$ 的充要條件是：

⑴ f 對 α 在 $[a, +\infty)$ 的每個緊緻子區間上都可 Riemann-Stieltjes 積分；

⑵ 對於 $[a, +\infty)$ 中每個發散於 $+\infty$ 的數列 $\{a_n\}_{n=1}^{\infty}$，恆有

$$\lim_{n \to \infty} \int_a^{a_n} f(x)\, d\alpha(x) = s \text{ ，或}$$

$$\sum_{n=0}^{\infty} \int_{a_n}^{a_{n+1}} f(x)\, d\alpha(x) = s \text{ ，其中 } a_0 = a \circ$$

證：必要性：設 f 對 α 在 $[a, +\infty)$ 上的的瑕積分收斂於 s。依定義 1 即知性質(1)成立。設 $\{a_n\}_{n=1}^{\infty}$ 是 $[a, +\infty)$ 中一個發散於 $+\infty$ 的數列，而 ε 為任意正數。因為 f 對 α 在 $[a, +\infty)$ 上的的瑕積分收斂於 s，所以，必可找到一個 $t_0 \in [a, +\infty)$ 使得：當 $t > t_0$ 時，恆有

$$\left| \int_a^t f(x)\, d\alpha(x) - s \right| < \varepsilon \ 。$$

因為 $\lim_{n \to \infty} a_n = +\infty$，所以，必可找到一個 $n_0 \in N$ 使得：當 $n \geq n_0$ 時，恆有 $a_n > t_0$。於是，當 $n \geq n_0$ 時，可得

$$\left| \int_a^{a_n} f(x)\, d\alpha(x) - s \right| < \varepsilon \ 。$$

由此可知性質(2)成立。

充分性：我們採用間接證法。假設 f 對 α 在 $[a, +\infty)$ 上的的瑕積分沒有收斂於 s，但性質(1)成立，則必可找到一個正數 ε_0 使得：不論 t 是 $[a, +\infty)$ 中任何元素，都可找到一個 $a_t \geq t$ 使得

$$\left| \int_a^{a_t} f(x)\, d\alpha(x) - s \right| \geq \varepsilon_0 \ 。$$

於是，對每個 $n \in N$，選取一個 $a_n \in [a, +\infty)$ 使得 $a_n \geq n$ 而且

$$\left| \int_a^{a_n} f(x)\, d\alpha(x) - s \right| \geq \varepsilon_0 \ 。 \tag{*}$$

因為每個 $n \in N$ 都滿足 $a_n \geq n$，所以，$\{a_n\}_{n=1}^{\infty}$ 是 $[a, +\infty)$ 中一個發散於 $+\infty$ 的數列。另一方面，因為每個 $n \in N$ 都使(*)式成立，所以，假設條件(2)中的極限式不成立。 ‖

定理 10 的性質對第二類型瑕積分也成立。另外，定理 10 的證明所用的方法應與 §3-3 定理 3 比較。

乙、瑕積分舉例

【例 2】設 p 為一常數，試討論瑕積分 $\int_1^{+\infty} \dfrac{1}{x^p}\,dx$ 的斂散性。

解：若 $p \neq 1$，則 x^{-p} 的一個反導函數為 $x^{1-p}/(1-p)$。若 $p = 1$，則 x^{-1} 的一個反導函數為 $\ln x$。因此，可得

(1)若 $p > 1$，則 $\displaystyle\int_1^{+\infty} \dfrac{1}{x^p}\,dx = \lim_{t \to +\infty} \dfrac{t^{1-p}-1}{1-p} = \dfrac{1}{p-1}$。

(2)若 $p = 1$，則 $\displaystyle\int_1^{+\infty} \dfrac{1}{x^p}\,dx = \lim_{t \to +\infty} \ln t = +\infty$。

(3)若 $p < 1$，則 $\displaystyle\int_1^{+\infty} \dfrac{1}{x^p}\,dx = \lim_{t \to +\infty} \dfrac{t^{1-p}-1}{1-p} = +\infty$。

由此可知：上述瑕積分收斂的充要條件是 $p > 1$。‖

【例 3】設 p 為一常數，$p > 0$，試討論瑕積分 $\int_{0+}^{1} \dfrac{1}{x^p}\,dx$ 的斂散性。

解：根據上例中所提的反導函數，可得

(1)若 $p > 1$，則 $\displaystyle\int_{0+}^{1} \dfrac{1}{x^p}\,dx = \lim_{t \to 0+} \dfrac{1-t^{1-p}}{1-p} = +\infty$。

(2)若 $p = 1$，則 $\displaystyle\int_{0+}^{1} \dfrac{1}{x^p}\,dx = \lim_{t \to 0+} (-\ln t) = +\infty$。

(3)若 $p < 1$，則 $\displaystyle\int_{0+}^{1} \dfrac{1}{x^p}\,dx = \lim_{t \to 0+} \dfrac{1-t^{1-p}}{1-p} = \dfrac{1}{1-p}$。

由此可知：上述瑕積分收斂的充要條件是 $0 < p < 1$。請注意：當 $p \leq 0$ 時，函數 x^{-p} 在 $[0,1]$ 上可 Riemann 積分。‖

【例 4】設 $a < b$，試證瑕積分 $\int_{a+}^{b-} \dfrac{1}{\sqrt{(x-a)(b-x)}}\,dx$ 收斂並求其值。

解：因為 $(x-a)(b-x) = (a-b)^2/4 - [\,x-(a+b)/2\,]^2$，所以，可得

$$\int \dfrac{1}{\sqrt{(x-a)(b-x)}}\,dx = \sin^{-1}\dfrac{2x-a-b}{b-a} + C\,。$$

於是，可得

$$\int_{a+}^{b-} \frac{1}{\sqrt{(x-a)(b-x)}} \, dx = \lim_{\substack{t \to b- \\ s \to a+}} \left(\sin^{-1} \frac{2t-a-b}{b-a} - \sin^{-1} \frac{2s-a-b}{b-a} \right) = \pi \, 。$$

由此可知：上述瑕積分收斂，其收斂值為 π 。 ‖

前面三個例子中的瑕積分，我們都是先求出被積分函數的反導函數之後，再對相關的 Riemann 積分求所要的極限或檢驗斂散性。但並非所有瑕積分都能如此做，因為有些瑕積分的被積分函數的反導函數，可能很不容易計算或是根本無法以初等函數來表示，這類函數的 Riemann 積分可能無法正確地表示出來，但其相對應的一些瑕積分卻可能可以計算，這就需要瑕積分的收斂理論中的特殊性質了，下面我們舉出五個例子。

【例 5】試求瑕積分 $\int_0^{+\infty} \frac{1}{1+x^4} \, dx$ 之值。

解 1：本例中的被積分函數為 $1/(1+x^4)$，其反導函數為

$$\frac{1}{4\sqrt{2}} \ln \left(\frac{x^2+\sqrt{2}x+1}{x^2-\sqrt{2}x+1} \right) + \frac{1}{2\sqrt{2}} \tan^{-1}(\sqrt{2}x+1) + \frac{1}{2\sqrt{2}} \tan^{-1}(\sqrt{2}x-1) \, 。$$

由此可得

$$\begin{aligned}
\int_0^{+\infty} \frac{1}{1+x^4} \, dx &= \lim_{t \to +\infty} \int_0^t \frac{1}{1+x^4} \, dx \\
&= 0 + \frac{1}{2\sqrt{2}} \left(\frac{\pi}{2} - \frac{\pi}{4} \right) + \frac{1}{2\sqrt{2}} \left(\frac{\pi}{2} + \frac{\pi}{4} \right) \\
&= \frac{\pi}{2\sqrt{2}} \, 。
\end{aligned}$$

前面的解法看似很簡短，實際上，反導函數的計算有些冗長。

解 2：令 I 表示本例中的瑕積分，則

$$I = \int_0^1 \frac{1}{1+x^4}\,dx + \int_1^{+\infty} \frac{1}{1+x^4}\,dx$$

$$= \int_1^{+\infty} \frac{1}{1+y^{-4}} \cdot \frac{1}{y^2}\,dy + \int_0^1 \frac{1}{1+y^{-4}} \cdot \frac{1}{y^2}\,dy \qquad (\text{令 } y = \frac{1}{x})$$

$$= \int_1^{+\infty} \frac{y^2}{1+y^4}\,dy + \int_0^1 \frac{y^2}{1+y^4}\,dy \; 。$$

由此可得

$$I = \frac{1}{2} \int_0^1 \frac{1+y^2}{1+y^4}\,dy + \frac{1}{2} \int_1^{+\infty} \frac{1+y^2}{1+y^4}\,dy$$

$$= \frac{1}{2} \int_{0+}^1 \frac{1+y^{-2}}{(y-y^{-1})^2+2}\,dy + \frac{1}{2} \int_1^{+\infty} \frac{1+y^{-2}}{(y-y^{-1})^2+2}\,dy$$

$$= \frac{1}{2} \int_{-\infty}^0 \frac{1}{z^2+2}\,dz + \frac{1}{2} \int_0^{+\infty} \frac{1}{z^2+2}\,dz \qquad (\text{令 } z = y - \frac{1}{y})$$

$$= \lim_{s \to -\infty} [\, 0 - \frac{1}{2\sqrt{2}} \tan^{-1}(\frac{s}{\sqrt{2}}) \,] + \lim_{t \to +\infty} [\, \frac{1}{2\sqrt{2}} \tan^{-1}(\frac{t}{\sqrt{2}}) - 0 \,]$$

$$= \frac{\pi}{2\sqrt{2}} \; 。 \;\|$$

【例 6】試證瑕積分 $\int_{0+}^{\frac{\pi}{2}} \ln(\sin x)\,dx$ 收斂並求其值。

證：當 $x \in (0, \pi/2)$ 時，依分部積分法，可得

$$\int \ln(\sin x)\,dx = x \cdot \ln(\sin x) - \int x \cdot \frac{\cos x}{\sin x}\,dx \; 。$$

因為函數 $x \mapsto x \cot x$ 在區間 $(0, \pi/2]$ 上連續且有界，所以，依定理 1，此函數在 $(0, \pi/2]$ 上的瑕積分收斂。更進一步地，因為 $\lim_{x \to 0} x \cdot \ln(\sin x) = 0$，所以，依定理 5，可知函數 $x \mapsto \ln(\sin x)$ 在區間 $(0, \pi/2]$ 上的瑕積分收斂，而且

$$\int_{0+}^{\frac{\pi}{2}} \ln(\sin x)\,dx = -\int_{0+}^{\frac{\pi}{2}} x\cot x\,dx \; \text{。}$$

令 I 表示本例中的瑕積分，則

$$I = \int_{0+}^{\frac{\pi}{2}} \ln(\sin x)\,dx$$

$$= 2\int_{0+}^{\frac{\pi}{4}} \ln(\sin 2y)\,dy$$

$$= \frac{\pi}{2}\ln 2 + 2\int_{0+}^{\frac{\pi}{4}} \ln(\sin y)\,dy + 2\int_{0}^{\frac{\pi}{4}} \ln(\cos y)\,dy$$

$$= \frac{\pi}{2}\ln 2 + 2\int_{0+}^{\frac{\pi}{4}} \ln(\sin y)\,dy + 2\int_{\frac{\pi}{4}}^{\frac{\pi}{2}} \ln(\sin y)\,dy$$

$$= \frac{\pi}{2}\ln 2 + 2I \; \text{，}$$

$$I = -\frac{\pi}{2}\ln 2 \quad \text{。} \parallel$$

【例 7】 試證瑕積分 $\int_{0}^{+\infty} e^{-x^2}\,dx$ 收斂並求其值。

證：對每個正數 t，令

$$I(t) = \int_{0}^{t} e^{-x^2}\,dx \; \text{，}$$

$$R_t = [\,0, t\,] \times [\,0, t\,] \subset \mathbf{R}^2$$

$$C_t = \{(x, y) \in \mathbf{R}^2 \,\big|\, x^2 + y^2 \le t^2, x \ge 0,. y \ge 0\} \; \text{，}$$

$$D_t = \{(x, y) \in \mathbf{R}^2 \,\big|\, x^2 + y^2 \le 2t^2, x \ge 0,. y \ge 0\} \; \text{。}$$

依 §5-1 系理 16 或練習題 10，可得

$$(I(t))^2 = \left(\int_{0}^{t} e^{-x^2}dx\right)\left(\int_{0}^{t} e^{-y^2}dy\right) = \int_{R_t} e^{-x^2-y^2}d(x, y) \; \text{。}$$

因為 $C_t \subset R_t \subset D_t$，而函數 $(x, y) \mapsto e^{-x^2-y^2}$ 是一個正函數，所以，依 §5-3 定理 17，可得

$$\int_{C_t} e^{-x^2-y^2}d(x, y) \le \int_{R_t} e^{-x^2-y^2}d(x, y) \le \int_{D_t} e^{-x^2-y^2}d(x, y) \; \text{。}$$

另一方面，依§5-3 系理 26 的極坐標變數代換法，可得

$$\int_{C_t} e^{-x^2-y^2} d(x,y) = \int_0^{\frac{\pi}{2}} d\theta \int_0^t r\, e^{-r^2} dr = \frac{\pi}{4}(1-e^{-t^2})\ ,$$

$$\int_{D_t} e^{-x^2-y^2} d(x,y) = \int_0^{\frac{\pi}{2}} d\theta \int_0^{\sqrt{2}\,t} r\, e^{-r^2} dr = \frac{\pi}{4}(1-e^{-2t^2})\ 。$$

由此可知：不論 t 是任何正數，恆有

$$\frac{\pi}{4}(1-e^{-t^2}) \leq (I(t))^2 \leq \frac{\pi}{4}(1-e^{-2t^2})\ 。$$

令 t 趨向 $+\infty$，即得

$$\lim_{t\to+\infty} (I(t))^2 = \frac{\pi}{4}\ ,$$

$$\int_0^{+\infty} e^{-x^2} dx = \frac{\sqrt{\pi}}{2}\ 。\ \|$$

【例 8】已知瑕積分 $\int_0^{+\infty} \dfrac{\sin x}{x} dx$ 收斂（參看§10-2 例 11），試求其值。

解：因為本例的瑕積分收斂，所以，依定理 10，可得

$$\int_0^{+\infty} \frac{\sin x}{x} dx = \lim_{n\to\infty} \int_0^{(n+\frac{1}{2})\pi} \frac{\sin x}{x} dx$$

$$= \lim_{n\to\infty} \int_0^{\frac{\pi}{2}} \frac{\sin(2n+1)y}{y} dy\ 。\qquad (令\ x = (2n+1)y)$$

定義函數 $f : [\,0, \pi/2\,] \to \boldsymbol{R}$ 如下：對每個 $y \in [\,0, \pi/2\,]$，令

$$f(y) = \begin{cases} \dfrac{1}{y} - \dfrac{1}{\sin y}, & y \in (\,0, \pi/2\,] \\[2mm] 0, & y = 0 \end{cases}$$

因為 f 在 $[\,0, \pi/2\,]$ 上連續，所以，f 在 $[\,0, \pi/2\,]$ 上可 Riemann 積分。於是，依§9-4 系理 5 的 Riemann-Lebesgue 引理，可得

$$\lim_{n\to\infty} \int_0^{\frac{\pi}{2}} \left(\frac{1}{y} - \frac{1}{\sin y} \right) \sin(2n+1) y \, dy = 0 \, .$$

於是，可得

$$\int_0^{+\infty} \frac{\sin x}{x} dx$$

$$= \lim_{n\to\infty} \int_0^{\frac{\pi}{2}} \frac{\sin(2n+1)y}{\sin y} dy$$

$$= \lim_{n\to\infty} \int_0^{\frac{\pi}{2}} (1 + 2\cos 2y + 2\cos 4y + \cdots + +2\cos 2ny) \, dy$$

$$= \lim_{n\to\infty} (\frac{\pi}{2} + 0 + 0 + \cdots + 0)$$

$$= \frac{\pi}{2} \, . \, \|$$

【例 9】 （收斂級數可表示成某函數對 [x] 在 [0 , +∞) 上的瑕積分）

設 $\sum_{n=1}^{\infty} a_n$ 為一級數，定義函數 f: $[0, +\infty) \to R$ 如下：

$$f(x) = \begin{cases} a_n, & x \in (n-1, n] \quad n \in N \\ 0, & x = 0 \end{cases}$$

對每個正數 t，依 §6-1 定理 12，可得

$$\int_0^t f(x) \, d[x] = \sum_{n=1}^{[t]} f(n) = \sum_{n=1}^{[t]} a_n \, .$$

若級數 $\sum_{n=1}^{\infty} a_n$ 收斂，則令 t 趨向 +∞ 即得

$$\int_0^{+\infty} f(x) \, d[x] = \sum_{n=1}^{\infty} a_n \, . \, \|$$

下面的例子，要用來做為兩個性質不成立的反例。

【例 10】定義一函數 $f:[1,+\infty) \to \boldsymbol{R}$ 如下：對每個 $n \in \boldsymbol{N}$，令

$$f(x) = \begin{cases} (-1)^{n-1}n, & n \le x < n+(1/2)n^{-2} \\ 0, & n+(1/2)n^{-2} \le x < n+1 \end{cases}$$

對每個 $t \in [1,+\infty)$，令 $n=[t]$，再就 t 的值分成兩種情形：

⑴若 $t \in [n,n+(1/2)n^{-2})$，則

$$\int_1^t f(x)\,dx = \sum_{k=1}^{n-1} \frac{(-1)^{k-1}}{2k} + (-1)^{n-1}n(t-n)\;;$$

$$\int_1^t \left| f(x) \right|\,dx = \sum_{k=1}^{n-1} \frac{1}{2k} + n(t-n)\;。$$

⑵若 $t \in [n+(1/2)n^{-2},n+1)$，則

$$\int_1^t f(x)\,dx = \sum_{k=1}^{n} \frac{(-1)^{k-1}}{2k}\;;$$

$$\int_1^t \left| f(x) \right|\,dx = \sum_{k=1}^{n} \frac{1}{2k}\;。$$

因為對每個 $t \in [1,+\infty)$，恆有

$$\left| \int_1^t f(x)\,dx - \sum_{k=1}^{[t]-1} \frac{(-1)^{k-1}}{2k} \right| \le \frac{1}{2[t]}\;,$$

$$\int_1^t \left| f(x) \right|\,dx \ge \sum_{k=1}^{[t]-1} \frac{1}{2k}\;,$$

而且 $\sum_{k=1}^{\infty} ((-1)^{k-1}/(2k))$ 收斂、$\sum_{k=1}^{\infty} (1/(2k))$ 發散，所以，可知

$$\int_1^{+\infty} f(x)\,dx \text{ 收斂}，\quad \int_1^{+\infty} \left| f(x) \right|\,dx \text{ 發散} 。 \;\|$$

前面的例子說明了兩個現象，其一：當函數 f 的瑕積分收斂時，函數 $|f|$ 的瑕積分不一定收斂。亦即：定理 9 的逆敘述不成立；其二：當函數 f 在 $[a,+\infty)$ 上的瑕積分收斂時，$f(x)$ 不一定會隨著 x 趨向 $+\infty$ 而趨近 0，這與收斂的無窮級數性質不同。事實上，在例 10 中的

函數 f，當 x 趨向 $+\infty$ 時是無界函數。

練習題　10－1

在第 1-20 題中，試判定各瑕積分的斂散性；若收斂，並求其值。

1. $\displaystyle\int_0^{+\infty} \frac{1}{x^2+9} dx$ 。

2. $\displaystyle\int_0^{+\infty} xe^{-x^2} dx$ 。

3. $\displaystyle\int_2^{+\infty} \frac{1}{x(\ln x)^2} dx$ 。

4. $\displaystyle\int_2^{+\infty} \frac{1}{x^2+x-2} dx$ 。

5. $\displaystyle\int_0^{+\infty} \frac{x}{(1+x)^3} dx$ 。

6. $\displaystyle\int_1^{+\infty} \frac{\ln x}{x^2} dx$ 。

7. $\displaystyle\int_0^{+\infty} x^n e^{-x} dx$ ， $n \in \boldsymbol{N}$ 。

8. $\displaystyle\int_0^{+\infty} \frac{1}{(1+x^2)^{n+1}} dx$ ， $n \in \boldsymbol{N}$ 。

9. $\displaystyle\int_0^{2-} \frac{1}{\sqrt{4-x^2}} dx$ 。

10. $\displaystyle\int_0^{\frac{\pi}{2}-} \frac{\cos x}{\sqrt{1-\sin x}} dx$ 。

11. $\displaystyle\int_{0+}^{1} (\ln x)^n dx$ ， $n \in \boldsymbol{N}$ 。

12. $\displaystyle\int_0^{1-} \frac{x^n}{\sqrt{1-x}} dx$ ， $n \in \boldsymbol{N}$ 。

13. $\displaystyle\int_0^{+\infty} e^{-ax}\cos bx \, dx$ ， $a>0$ ， $b \in \boldsymbol{R}$ 。

14. $\displaystyle\int_{0+}^{1} x^{n-1} \ln x \, dx$ ， $n \in \boldsymbol{N}$ 。

15. $\displaystyle\int_{-\infty}^{+\infty} \frac{1+x}{1+x^2} dx$ 。

16. $\displaystyle\int_0^2 \frac{1}{1-x} dx$ 。

17. $\displaystyle\int_{0+}^{+\infty} \frac{\ln x}{1+x^2} dx$ 。

18. $\displaystyle\int_{0+}^{+\infty} \frac{x \ln x}{(1+x^2)^2} dx$ 。

19. $\displaystyle\int_0^{+\infty} \sqrt{x}\, e^{-x} dx$ 。

20. $\displaystyle\int_0^{+\infty} x^{2n+1} e^{-x^2} dx$ ， $n \in \boldsymbol{N}$ 。

21. 試證： $\displaystyle\int_0^{\frac{\pi}{2}-} \ln(\cos x)dx = \int_{0+}^{\frac{\pi}{2}} \ln(\sin x)dx$ 。由此可得：

$$\int_{0+}^{\frac{\pi}{2}-} \ln(\tan x)dx = 0$$ 。

22.試證：$\displaystyle\int_{0}^{+\infty}\frac{1}{\cosh ax}dx=\frac{\pi}{2|a|}$，其中 $a\neq 0$。

23.試證：$\displaystyle\int_{0+}^{+\infty}\frac{\sin ax}{x}dx=\frac{|a|}{a}\cdot\frac{\pi}{2}$，其中 $a\neq 0$。

24.試證：$\displaystyle\int_{0+}^{+\infty}\frac{\sin x\cos ax}{x}dx$ 的值分別如下：

(1)若 $|a|<1$，則其值為 $\pi/2$。

(2)若 $|a|=1$，則其值為 $\pi/4$。

(3)若 $|a|>1$，則其值為 0。

25.試證：$\displaystyle\int_{0+}^{1-}\frac{\ln x}{\sqrt{1-x^2}}dx=-\frac{\pi}{2}\ln 2$。

26.試證：$\displaystyle\int_{0+}^{\pi-}x\ln(\sin x)\,dx=-\frac{\pi^2}{2}\ln 2$。

$\underline{10-2}$ 瑕積分斂散性檢驗法

在本節裡，我們將討論有關瑕積分斂散性的各種檢驗法。

甲、絕對收斂性的檢驗法

當被積分函數是非負函數時，其瑕積分的斂散性可以仿照正項級數以比較檢驗法來判定。

【定理 1】（正項瑕積分收斂的一個充要條件）

設 $f:[a,+\infty)\to[0,+\infty)$ 為一非負函數，而 $\alpha:[a,+\infty)\to R$ 為一遞增函數。若 f 對 α 在 $[a,+\infty)$ 的每個緊緻子區間上都可 Riemann-Stieltjes 積分，則 f 對 α 在 $[a,+\infty)$ 上的瑕積分收斂的充要條件是下述集合有上界：

$$\left\{\int_{a}^{t}f(x)\,d\alpha(x)\mid t\in[a,+\infty)\right\}。$$

當此條件成立時，f 對 α 在 $[a,+\infty)$ 上的瑕積分就收斂於上述集合的最小上界。

證：必要性：設 f 對 α 在 $[a,+\infty)$ 上的瑕積分收斂於 s，則對每個 $t \in [a,+\infty)$，依 §10-1 定理 4 與定理 8，可得

$$\int_a^t f(x)\,d\alpha(x) = \int_a^{+\infty} f(x)\,d\alpha(x) - \int_t^{+\infty} f(x)\,d\alpha(x)$$

$$\leq \int_a^{+\infty} f(x)\,d\alpha(x) = s \ \circ$$

充分性：設定理中的條件成立，並設

$$s = \sup\left\{\int_a^t f(x)\,d\alpha(x) \ \middle|\ t \in [a,+\infty)\right\} ,$$

則 $s \in \boldsymbol{R}$。

設 ε 為任意正數，依 s 的定義，必可找到一個 $t_0 \in [a,+\infty)$ 使得

$$\int_a^{t_0} f(x)\,d\alpha(x) \geq s - \varepsilon \ \circ$$

因為 f 為非負函數而 α 為遞增函數，所以，依 §6-3 定理 11 及 s 的定義，可知：當 $t \geq t_0$ 時，恆有

$$s - \varepsilon \leq \int_a^{t_0} f(x)\,d\alpha(x) \leq \int_a^t f(x)\,d\alpha(x) \leq s ,$$

$$\left| \int_a^t f(x)\,d\alpha(x) - s \right| < \varepsilon \ \circ$$

由此可知

$$\int_a^{+\infty} f(x)\,d\alpha(x) = \lim_{t \to \infty} \int_a^t f(x)\,d\alpha(x) = s \ \circ \ \parallel$$

定理 1 的性質對第二類型瑕積分也成立。

【定理 2】（以數列的極限表示非負函數的瑕積分）

設 $f:[a,+\infty) \to [0,+\infty)$ 為一非負函數，而 $\alpha:[a,+\infty) \to \boldsymbol{R}$ 為一遞增函數。若 f 對 α 在 $[a,+\infty)$ 的每個緊緻子區間上都可 Riemann-Stieltjes 積分，則對 $[a,+\infty)$ 中每一個發散於 $+\infty$ 的數列

$\{a_n\}_{n=1}^{\infty}$，恆有

$$\int_a^{+\infty} f(x)\,d\alpha(x) = \lim_{n\to\infty} \int_a^{a_n} f(x)\,d\alpha(x) \text{。}$$

因此，若可找到 $[a,+\infty)$ 中一個發散於 $+\infty$ 的數列 $\{a_n\}_{n=1}^{\infty}$，使得上式右端的極限存在，則 f 對 α 在 $[a,+\infty)$ 上的瑕積分收斂。

證：若 f 對 α 在 $[a,+\infty)$ 上的瑕積分收斂，則依 §10-1 定理 10，可知定理的等式成立。

設 f 對 α 在 $[a,+\infty)$ 上的瑕積分發散。因為 f 為非負函數而 α 為遞增函數，所以，依 §6-3 定理 11，可知函數

$$t \mapsto \int_a^t f(x)\,d\alpha(x)$$

是遞增函數。因為 f 對 α 在 $[a,+\infty)$ 上的瑕積分發散，所以，可知

$$\lim_{t\to+\infty} \int_a^t f(x)\,d\alpha(x) = +\infty \text{。}$$

設 M 為任意正數，必可找到一個 $t_0 \in [a,+\infty)$ 使得：當 $t \geq t_0$ 時，恆有

$$\int_a^t f(x)\,d\alpha(x) \geq M \text{。}$$

因為 $\{a_n\}_{n=1}^{\infty}$ 發散於 $+\infty$，所以，必可找到一個 $n_0 \in N$ 使得：當 $n \geq n_0$ 時，恆有 $a_n \geq t_0$。於是，當 $n \geq n_0$ 時，恆有

$$\int_a^{a_n} f(x)\,d\alpha(x) \geq M \text{。}$$

由此可知

$$\lim_{n\to\infty} \int_a^{a_n} f(x)\,d\alpha(x) = +\infty \text{。} \parallel$$

定理 2 中的最後一個結論，在 f 不是非負函數時可能不成立，參看練習題 17。另一方面，定理 2 的性質對第二類型瑕積分也成立。

【定理 3】（正項瑕積分的比較檢驗法）

設 $f:[a,+\infty) \to R$ 為一函數，$\alpha:[a,+\infty) \to R$ 為一遞增函數，而且 f 對 α 在 $[a,+\infty)$ 的每個緊緻子區間上都可 Riemann-Stieltjes 積分。

(1)若可找到一個非負函數 $g:[b,+\infty) \to [0,+\infty)$ ，其中 $b \in [a,+\infty)$ ，使得函數 g 對函數 α 在 $[b,+\infty)$ 上的瑕積分收斂，而且對每個 $x \in [b,+\infty)$ ，恆有 $|f(x)| \le g(x)$ ，則函數 f 對函數 α 在 $[a,+\infty)$ 上的瑕積分**絕對收斂**（absolutely convergent），亦即：函數 $|f|$ 對函數 α 在 $[a,+\infty)$ 上的瑕積分收斂。

(2)若可找到一個非負函數 $h:[c,+\infty) \to [0,+\infty)$ ，其中 $c \in [a,+\infty)$ ，使得函數 h 對函數 α 在 $[c,+\infty)$ 上的瑕積分發散，而且對每個 $x \in [c,+\infty)$ ，恆有 $f(x) \ge h(x)$ ，則函數 f 對函數 α 在 $[a,+\infty)$ 上的瑕積分發散。

證：(1)因為 g 是非負函數、α 是遞增函數、而且 g 對 α 在 $[b,+\infty)$ 上的瑕積分收斂，所以，對每個 $t \in [b,+\infty)$ ，恆有

$$\int_b^t g(x)\,d\alpha(x) \le \int_b^{+\infty} g(x)\,d\alpha(x) < +\infty \circ$$

另一方面，因為 f 對 α 在 $[a,+\infty)$ 的每個緊緻子區間上都可 Riemann-Stieltjes 積分，而 α 是遞增函數，所以，依§6-3 定理 12，可知 $|f|$ 對 α 在 $[a,+\infty)$ 的每個緊緻子區間上都可 Riemann-Stieltjes 積分。於是，對每個 $t \in [b,+\infty)$ ，恆有

$$\int_b^t |f(x)|\,d\alpha(x) \le \int_b^t g(x)\,d\alpha(x) \le \int_b^{+\infty} g(x)\,d\alpha(x) \circ$$

依定理 1，可知 $|f|$ 對 α 在 $[b,+\infty)$ 上的瑕積分收斂。因為 $|f|$ 對 α 在 $[a,b]$ 上可 Riemann-Stieltjes 積分，所以，依§10-1 定理 4，可知 $|f|$ 對 α 在 $[a,+\infty)$ 上的瑕積分收斂。

(2)因為 h 對 α 在 $[c,+\infty)$ 上的瑕積分發散，而且對每個 $x \in [c,+\infty)$ ，恆有 $f(x) \ge h(x) \ge 0$ ，所以，依(1)，f 對 α 在 $[c,+\infty)$

上的瑕積分發散。再依§10-1 定理 4，可知 f 對 α 在 $[a,+\infty)$ 上的瑕積分發散。‖

定理 3 的性質對第二類型瑕積分也成立。

【定理 4】（比較檢驗法的極限形式）

設 $f:[a,+\infty)\to[0,+\infty)$ 為一非負函數，$\alpha:[a,+\infty)\to R$ 為一遞增函數，而且 f 對 α 在 $[a,+\infty)$ 的每個緊緻子區間上都可 Riemann-Stieltjes 積分。

⑴若可找到一個非負函數 $g:[a,+\infty)\to[0,+\infty)$，使得 g 對 α 在 $[a,+\infty)$ 上的瑕積分收斂，而且 $\overline{\lim}_{x\to+\infty}(f(x)/g(x))<+\infty$，則 f 對 α 在 $[a,+\infty)$ 上的瑕積分也收斂。

⑵若可找到一個非負函數 $h:[a,+\infty)\to[0,+\infty)$，使得 h 對 α 在 $[a,+\infty)$ 上的瑕積分發散，而且 $\underline{\lim}_{x\to+\infty}(f(x)/h(x))>0$ 或 $\underline{\lim}_{x\to+\infty}(f(x)/h(x))=+\infty$，則 f 對 α 在 $[a,+\infty)$ 上的瑕積分也發散。

證：⑴令 $l=\overline{\lim}_{x\to+\infty}(f(x)/g(x))$。依§3-3 定理 8，必可找到一個 $b\in[a,+\infty)$ 使得：當 $x\in[b,+\infty)$ 時，恆有

$$0\le\frac{f(x)}{g(x)}\le l+1 \;\text{ 或 }\; 0\le f(x)\le(l+1)\,g(x)。$$

因為 g 對 α 在 $[b,+\infty)$ 上的瑕積分收斂，所以，$(l+1)\,g$ 對 α 在 $[b,+\infty)$ 上的瑕積分收斂。於是，依定理 3 ⑴，f 對 α 在 $[a,+\infty)$ 上的瑕積分也收斂。

⑵與⑴的證明相似。‖

定理 4 的性質對第二類型瑕積分也成立。

【定理 5】（用函數 x^{-p} 判定第一類型瑕積分的斂散性）

設 $f:[a,+\infty)\to R$ 為一函數，而且 f 在 $[a,+\infty)$ 的每個緊緻子區間上都可 Riemann 積分。

(1)若可找到一個 $p > 1$ 使得極限 $\lim_{x \to +\infty} x^p f(x)$ 存在，則 f 在 $[a, +\infty)$ 上的瑕積分絕對收斂。

(2)若可找到一個 $0 < p \leq 1$ 使得：極限 $\lim_{x \to +\infty} x^p f(x)$ 存在但極限值不等於 0 或 $\lim_{x \to +\infty} x^p f(x) = \pm\infty$，則 f 在 $[a, +\infty)$ 上的瑕積分發散。

證：(1)依定理 4 (1)及 §10-1 例 2 立即可得。

(2)當 $\lim_{x \to +\infty} x^p f(x) > 0$ 或 $+\infty$ 時，依定理 4 (2)及 §10-1 例 2 立即可得所要的結果。當 $\lim_{x \to +\infty} x^p f(x) < 0$ 或 $-\infty$ 時，可得 $\lim_{x \to +\infty} x^p (-f(x)) > 0$ 或 $+\infty$，所以，依前一情形可得所要的結果。‖

【例 1】因為 $\lim_{x \to +\infty} x^2 e^{-x^2} = 0$，所以，下述瑕積分收斂：

$$\int_0^{+\infty} e^{-x^2} dx \, 。 \; \|$$

【例 2】因為 $\lim_{x \to +\infty} x^{5/4} (\cos x / \sqrt{1+x^3}) = 0$，所以，下述瑕積分收斂：

$$\int_0^{+\infty} \frac{\cos x}{\sqrt{1+x^3}} dx \, 。 \; \|$$

【例 3】因為 $\lim_{x \to +\infty} x(1/\sqrt{1+x^2}) = 1$，所以，下述瑕積分發散：

$$\int_0^{+\infty} \frac{1}{\sqrt{1+x^2}} dx \, 。 \; \|$$

【例 4】試就 a 與 b 之值討論瑕積分 $\int_1^{+\infty} \frac{(e^{x^{-1}} - 1)^a}{\ln(1+x^{-1})^b} dx$ 的斂散性。

解：令 $f(x)$ 表示被積分函數，則

$$f(x) = \left(\frac{e^{x^{-1}} - 1}{x^{-1}} \right)^a \left(\frac{\ln(1+x^{-1})}{x^{-1}} \right)^{-b} \cdot x^{b-a} \, 。$$

因為上式右端的前兩個因式在 x 趨向 $+\infty$ 時的極限都存在（其值都等於 1），所以，對任意 $p \in \mathbf{R}$，極限 $\lim_{x \to +\infty} x^p f(x)$ 存在的充要條件是

$b-a+p \leq 0$。因為存在一個正數 $p>1$ 使得 $b-a+p \leq 0$ 的充要條件是 $a-b>1$，所以，本例的瑕積分收斂的充要條件是 $a-b>1$。 ‖

定理 5 的性質對第二類型瑕積分也成立，但因為所須的函數不同，所以，我們將它敘述於下。

【定理 6】（用函數 $(x-a)^{-p}$ 判定第二類型瑕積分的斂散性）

設 $f:(a,b] \to \boldsymbol{R}$ 為一函數，而且 f 在 $(a,b]$ 的每個緊緻子區間上都可 Riemann 積分。

⑴若可找到一個 $0<p<1$ 使得極限 $\lim_{x \to a+}(x-a)^p f(x)$ 存在，則 f 在 $(a,b]$ 上的瑕積分絕對收斂。

⑵若可找到一個 $p \geq 1$ 使得：極限 $\lim_{x \to a+}(x-a)^p f(x)$ 存在但極限值不等於 0 或 $\lim_{x \to a+}(x-a)^p f(x)=\pm\infty$，則 f 在 $(a,b]$ 上的瑕積分發散。

證：仿定理 5 並根據 §10-1 例 3 立即可得。 ‖

【例 5】因為 $\lim_{x \to 0+} x^{1/4}\ln x=0$，所以，下述瑕積分絕對收斂：

$$\int_{0+}^{\frac{1}{2}} \frac{\ln x}{\sqrt{x}}dx。 ‖$$

【例 6】因為 $\lim_{x \to 0+} x^{1/4}\ln(\sin x)=0$，所以，下述瑕積分絕對收斂：

$$\int_{0+}^{\frac{\pi}{2}} \frac{\ln(\sin x)}{\sqrt{x}}dx。 ‖$$

【例 7】因為 $\lim_{x \to 0+} x^3 e^{1/x}=+\infty$，所以，下述瑕積分發散：

$$\int_{0+}^{1} x^2 e^{1/x}dx。 ‖$$

有些例子可以直接利用 Cauchy 收斂條件、數列或比較檢驗法來判定斂散性。

【例 8】試證：不論 a 是任何正數，瑕積分 $\int_0^{+\infty} x^a \sin x\, dx$ 都發散。

證：對每個 $n \in N$，恆有

$$\int_{2n\pi}^{(2n+1)\pi} x^a \sin x\, dx \geq \int_{2n\pi}^{(2n+1)\pi} (2n\pi)^a \sin x\, dx = 2\,(2n\pi)^a \geq 2\,(2\pi)^a \,.$$

因為上式右端是與 n 無關的固定正數，所以，依 Cauchy 收斂條件，本例的瑕積分發散。 ‖

【例 9】試證瑕積分 $\int_0^{+\infty} \dfrac{1}{1 + x^4 \sin^2 x}\, dx$ 收斂。

證：首先注意到：對每個 $x \in [\,0\,,\pi/2\,]$，恆有 $(\,2/\pi\,)\,x \leq \sin x \leq x$。考慮發散於 $+\infty$ 的數列 $\{n\pi\}_{n=1}^\infty$。對每個 $n \in N$，可得

$$\int_0^{(n+1)\pi} \frac{1}{1 + x^4 \sin^2 x}\, dx$$

$$= \sum_{k=0}^n \int_{k\pi}^{(k+1)\pi} \frac{1}{1 + x^4 \sin^2 x}\, dx = \sum_{k=0}^n \int_0^\pi \frac{1}{1 + (x + k\pi)^4 \sin^2 x}\, dx$$

$$\leq \sum_{k=0}^n \int_0^\pi \frac{1}{1 + k^4 \pi^4 \sin^2 x}\, dx = 2 \sum_{k=0}^n \int_0^{\frac{\pi}{2}} \frac{1}{1 + k^4 \pi^4 \sin^2 x}\, dx$$

$$\leq 2 \sum_{k=0}^n \int_0^{\frac{\pi}{2}} \frac{1}{1 + k^4 \pi^4 (4x^2 / \pi^2)}\, dx = \pi + 2 \sum_{k=1}^n \left(\frac{1}{2k^2 \pi} \tan^{-1}(k^2 \pi^2) \right)$$

$$\leq \pi + 2 \sum_{k=1}^n \left(\frac{1}{2k^2 \pi} \cdot \frac{\pi}{2} \right) < \pi + \frac{\pi^2}{12} \,.$$

由此可知：上述的 Riemann 積分數列是有界遞增數列。依實數系的完備性，此數列收斂。依定理 2，本例的瑕積分收斂。 ‖

乙、條件收斂性的檢驗法

　　在瑕積分的收斂理論中，也有條件收斂的概念。若函數 $f:$ $[\,a\,,+\infty\,) \to R$ 對函數 α：$[\,a\,,+\infty\,) \to R$ 在 $[\,a\,,+\infty\,)$ 上的瑕積分收斂，但是函數 $|\,f\,|$ 對函數 α 在 $[\,a\,,+\infty\,)$ 上的瑕積分發散，則稱函數 f

對函數 α 在 $[a,+\infty)$ 上的瑕積分為**條件收斂**（conditionally convergent）。

在瑕積分的條件收斂性檢驗法中，也有 Abel 檢驗法及 Dirichlet 檢驗法。

【定理 7】（瑕積分的 Abel 檢驗法）

設 $f,g:[a,+\infty)\to \boldsymbol{R}$ 為二函數。若

⑴g 是連續函數而且 g 在 $[a,+\infty)$ 上的瑕積分收斂；

⑵f 是 $[a,+\infty)$ 上的有界單調函數；

則函數 fg 在 $[a,+\infty)$ 上的瑕積分收斂。

證：選取一個正數 M 使得：對每個 $x\in[a,+\infty)$，恆有 $|f(x)|\leq M$。並設 f 是遞增函數。

設 ε 為任意正數。因為 g 在 $[a,+\infty)$ 上的瑕積分收斂，所以，依 §10-1 定理 3 的 Cauchy 收斂條件，必可找到一個 $t_0\in[a,+\infty)$ 使得：當 $t>s\geq t_0$ 時，恆有

$$\left|\int_s^t g(x)\,dx\right|<\frac{\varepsilon}{2M}\,.$$

對任意 $t>s\geq t_0$，因為 g 在 $[s,t]$ 上連續，而 f 在 $[s,t]$ 上遞增，所以，依 §6-3 定理 17 ⑵的積分均值定理，必可找到一個 $r\in[s,t]$ 使得

$$\int_s^t f(x)g(x)\,dx = f(s)\int_s^r g(x)\,dx + f(t)\int_r^t g(x)\,dx\,.$$

於是，可得

$$\left|\int_s^t f(x)g(x)\,dx\right| \leq |f(s)|\left|\int_s^r g(x)\,dx\right| + |f(t)|\left|\int_r^t g(x)\,dx\right|$$

$$\leq M\cdot\frac{\varepsilon}{2M} + M\cdot\frac{\varepsilon}{2M} = \varepsilon\,.$$

依 §10-1 定理 3 的 Cauchy 收斂條件，可知 fg 在 $[a,+\infty)$ 上的瑕積分

收斂。∥

定理 7 的性質對第二類型瑕積分也成立。

【定理 8】（瑕積分的 Dirichlet 檢驗法）

設 f, g：$[a, +\infty) \rightarrow \mathbf{R}$ 為二函數。若

⑴g 是連續函數，而且可以找到一個正數 K 使得每個 $t \in [a, +\infty)$ 都滿足

$$\left| \int_a^t g(x)\, dx \right| \leq K \; ;$$

⑵f 是 $[a, +\infty)$ 上的單調函數，而且 $\lim_{x \to +\infty} f(x) = 0 \; ;$

則函數 fg 在 $[a, +\infty)$ 上的瑕積分收斂。

證：假設 f 是遞增函數。設 ε 是任意正數，因為 $\lim_{x \to +\infty} f(x) = 0$，必可找到一個 $t_0 \in [a, +\infty)$ 使得：當 $x \geq t_0$ 時，恆有

$$\left| f(x) \right| < \frac{\varepsilon}{4K} \; 。$$

對任意 $t > s \geq t_0$，因為 g 在 $[s, t]$ 上連續，而 f 在 $[s, t]$ 上遞增，所以，依 §6-3 定理 17 ⑵的積分均值定理，必可找到一個 $r \in [s, t]$ 使得

$$\int_s^t f(x)g(x)\, dx = f(s) \int_s^r g(x)\, dx + f(t) \int_r^t g(x)\, dx \; 。$$

於是，可得

$$\left| \int_s^t f(x)g(x)\, dx \right| \leq \left| f(s) \right| \left| \int_s^r g(x)\, dx \right| + \left| f(t) \right| \left| \int_r^t g(x)\, dx \right|$$

$$\leq \left| f(s) \right| \left(\left| \int_a^s g(x)\, dx \right| + \left| \int_a^r g(x)\, dx \right| \right)$$

$$+ \left| f(t) \right| \left(\left| \int_a^r g(x)\, dx \right| + \left| \int_a^t g(x)\, dx \right| \right)$$

$$\leq \frac{\varepsilon}{4K}(K + K) + \frac{\varepsilon}{4K}(K + K) = \varepsilon \; 。$$

依§10-1 定理 3 的 Cauchy 收斂條件，可知 fg 在 $[a,+\infty)$ 上的瑕積分收斂。‖

定理 8 的性質對第二類型瑕積分也成立。下面的例 10 是定理 8 的自然結果，它頗為有用。

【例 10】若 $f : [a,+\infty) \to [0,+\infty)$ 是遞減函數且 $\lim_{x \to +\infty} f(x) = 0$，$p,q \in \mathbf{R}$ 且 $p \neq 0$，則下述二瑕積分都收斂：

$$\int_a^{+\infty} f(x) \cos(px+q)\,dx \;, \qquad \int_a^{+\infty} f(x) \sin(px+q)\,dx \;。$$

事實上，若 f 在 $[a,+\infty)$ 上的瑕積分收斂，則上述二瑕積分都絕對收斂。

證：因為 $p \neq 0$，所以，對每個 $t \in [a,+\infty)$，恆有

$$\left| \int_a^t \cos(px+q)\,dx \right| = \left| \frac{1}{p}(\sin(pt+q) - \sin(pa+q)) \right| \leq \frac{2}{|p|} \;,$$

$$\left| \int_a^t \sin(px+q)\,dx \right| = \left| \frac{1}{p}(\cos(pa+q) - \cos(pt+q)) \right| \leq \frac{2}{|p|} \;。$$

於是，依定理 8 立即可得。‖

【例 11】設 $a > 0$，試就正數 p 討論下述二瑕積分的斂散性：

$$\int_a^{+\infty} \frac{\cos x}{x^p}\,dx \;, \qquad \int_a^{+\infty} \frac{\sin x}{x^p}\,dx \;。$$

何時絕對收斂？何時條件收斂？

證：當 $p > 1$ 時，因為對每個 $x \in [a,+\infty)$，恆有

$$\left| \frac{\cos x}{x^p} \right| \leq \frac{1}{x^p} \;, \qquad \left| \frac{\sin x}{x^p} \right| \leq \frac{1}{x^p} \;,$$

所以，依定理 3 (1) 及§10-1 例 2，可知本例的兩個瑕積分都絕對收斂。

設 $0 < p \leq 1$。因為函數 $x \mapsto x^{-p}$ 是遞減函數而且 $\lim_{x \to +\infty} x^{-p} = 0$，

所以，依例 10，可知上述兩個積分都收斂。另一方面，對每個 $x \in [a, +\infty)$，恆有

$$\left| \frac{\cos x}{x^p} \right| \geq \frac{\cos^2 x}{x^p} = \frac{1 + \cos 2x}{2x^p} \ ,$$

$$\left| \frac{\sin x}{x^p} \right| \geq \frac{\sin^2 x}{x^p} = \frac{1 - \cos 2x}{2x^p} \ 。 \tag{*}$$

仍依例 10，可知函數 $x \mapsto (\cos 2x)/(2x^p)$ 在 $[a, +\infty)$ 上的瑕積分收斂。但因為 $0 < p \leq 1$，所以，依 §10-1 例 2，可知函數 $x \mapsto 1/(2x^p)$ 在 $[a, +\infty)$ 上的瑕積分發散。因此，函數 $x \mapsto (1 \pm \cos 2x)/(2x^p)$ 在 $[a, +\infty)$ 上的瑕積分發散。依上述(*)式及定理 3 ⑵，可知下述二瑕積分發散：

$$\int_a^{+\infty} \left| \frac{\cos x}{x^p} \right| dx \ , \qquad \int_a^{+\infty} \left| \frac{\sin x}{x^p} \right| dx \ 。$$

因此，本例中的兩個瑕積分在 $0 < p \leq 1$ 時條件收斂。∥

將例 11 的結果應用到 $p = 1$ 的情形。因為函數 $x \mapsto \sin x / x$ 在 $(0, a]$ 上有界，所以，依 §10-1 定理 1，此函數在 $(0, a]$ 上的瑕積分收斂。依例 11 及 §10-1 定理 4，可知下述瑕積分收斂：

$$\int_{0+}^{+\infty} \frac{\sin x}{x} dx \ 。$$

此瑕積分的收斂值等於 $\pi/2$，我們已在 §10-1 例 8 計算過。

【例 12】試證：若 $\alpha > 1$，則下述二瑕積分收斂：

$$\int_0^{+\infty} \cos(x^\alpha) \, dx \ , \qquad \int_0^{+\infty} \sin(x^\alpha) \, dx \ 。$$

證：因為函數 $x \mapsto \cos(x^\alpha)$ 與 $x \mapsto \sin(x^\alpha)$ 在 $[0, 1]$ 上可 Riemann 積分，所以，我們只需證明函數 $x \mapsto \cos(x^\alpha)$ 與 $x \mapsto \sin(x^\alpha)$ 在 $[1, +\infty)$ 上的瑕積分收斂即可。對每個 $t \in [1, +\infty)$，在 $[1, t]$ 上令 $y = x^\alpha$ 作變

數代換，則得

$$\int_1^t \cos(x^\alpha)\,dx = \frac{1}{\alpha}\int_1^{t^\alpha} \frac{\cos y}{y^{(\alpha-1)/\alpha}}\,dy \ ,$$

$$\int_1^t \sin(x^\alpha)\,dx = \frac{1}{\alpha}\int_1^{t^\alpha} \frac{\sin y}{y^{(\alpha-1)/\alpha}}\,dy \ 。$$

因為 $0<(\alpha-1)/\alpha<1$，所以，依例 11，當 t 趨向 $+\infty$ 時（t^α 也趨向 $+\infty$），上述兩式右端的極限都存在，因而左端的極限也都存在。 ‖

請注意：例 12 中兩個收斂瑕積分，其被積分函數在 x 趨向 $+\infty$ 時不會趨近 0。

在例 12 中的兩個瑕積分，當 $\alpha=2$ 時稱為 Fresnel 積分，以紀念 Augustin Fresnel（1788-1827，法國人），它們的值為

$$\int_0^{+\infty} \cos(x^2)\,dx = \int_0^{+\infty} \sin(x^2)\,dx = \frac{\sqrt{2\pi}}{4} \ 。$$

在這裡我們無法作詳細計算來求出此值，常見的方法是利用複變數函數論中的留數理論（theory of residues）來計算。

練習題　10－2

在第 1-10 題中，試判定各瑕積分的斂散性。

1. $\displaystyle\int_1^{+\infty} \frac{1}{\sqrt{x+x^3}}\,dx$ 。

2. $\displaystyle\int_1^{+\infty} \frac{\sin x}{x\sqrt{1+x^2}}\,dx$ 。

3. $\displaystyle\int_2^{+\infty} \frac{\sin x^{-1}}{\ln x}\,dx$ 。

4. $\displaystyle\int_0^{+\infty} \frac{\sin^2 x}{x}\,dx$ 。

5. $\displaystyle\int_{0+}^{1} \frac{1}{\sqrt{x+x^2}}\,dx$ 。

6. $\displaystyle\int_{0+}^{1} \frac{\ln x}{\sqrt{x}}\,dx$ 。

7. $\displaystyle\int_{1+}^{2} \frac{\sqrt{x}}{\ln x}\,dx$ 。

8. $\displaystyle\int_1^{+\infty} \sin\left(\frac{1}{x^2}\right)dx$ 。

9. $\int_2^{+\infty} (\ln x)\, e^{-x}\, dx$ 。 10. $\int_2^{+\infty} \dfrac{\cos x}{x\,(\ln x)^2}\, dx$ 。

在第 11-14 題中，試討論那些 p 與 q 可使瑕積分收斂。

11. $\int_0^1 x^p (1-x)^q\, dx$ 。 12. $\int_0^{\frac{\pi}{2}} x^p \sin^q x\, dx$ 。

13. $\int_0^{+\infty} \dfrac{x^q}{1+x^p}\, dx$ 。 14. $\int_0^{\frac{\pi}{2}} \dfrac{1}{\sin^p x \cos^q x}\, dx$ 。

在第 15-16 題中，試判定各瑕積分的絕對收斂性。

15. $\int_1^{+\infty} \dfrac{x \sin x}{1+x^p}\, dx$ 。 16. $\int_0^{\frac{\pi}{2}} \dfrac{\sin x^{-1}}{x^p}\, dx$ 。

17. 定義一個函數 $f:[1,+\infty)\to R$ 如下：若 $x\in(2n-1,2n]$，$n\in N$，則令 $f(x)=1$；若 $x\in(2n,2n+1]$，$n\in N$，則令 $f(x)=-1$；又 $f(1)=1$。試證：函數 f 在 $[1,+\infty)$ 上的瑕積分發散，但下述數列收斂：

$$\left\{ \int_1^{2n} f(x)\, dx \right\}_{n=1}^{\infty} 。$$

18. 若函數 $f:[0,+\infty)\to R$ 為單調函數，而且 f 在 $[0,+\infty)$ 上的瑕積分收斂，試證：$\lim_{x\to+\infty} x\, f(x)=0$。

$\underline{10-3}$ 瑕積分的均勻收斂

在瑕積分的許多應用中，我們經常遇到含有參數（parameter）的瑕積分。為了要處理此種情況，我們必須引進瑕積分對其參數均勻收斂的概念。

所謂含有一參數的瑕積分，其意義如下：設 $J\subset R$ 是 R 的任意非空子集，而 $f:[a,+\infty)\times J\to R$ 與 $\alpha:[a,+\infty)\to R$ 為二函數，對每個 $y\in J$，考慮函數 $x\mapsto f(x,y)$ 對函數 α 在 $[a,+\infty)$ 上的瑕積分

$$\int_a^{+\infty} f(x,y)\,d\alpha(x) ,$$

這就是含有參數 y 的瑕積分。對於第二類型瑕積分，也可以類似地定義含參數的瑕積分。對於此種瑕積分，我們可以仿照函數項級數來討論其收斂理論。

甲、均勻收斂的意義及基本性質

【定義 1】設 $f:[a,+\infty)\times J\to R$ 與 $\alpha:[a,+\infty)\to R$ 為二函數，其中 $J\subset R$。

⑴若對每個 $y\in J$，函數 $f(\cdot,y):x\mapsto f(x,y)$ 對函數 α 在 $[a,+\infty)$ 上的瑕積分收斂，其值記為

$$F(y)=\int_a^{+\infty} f(x,y)\,d\alpha(x) ,\quad y\in J ,$$

則稱函數 $f(\cdot,y)$ 對函數 α 在 $[a,+\infty)$ 上的瑕積分在集合 J 上**逐點收斂**（converge pointwise on J）於 $F(y)$。

⑵進一步地，若對每個正數 ε，都可找到一個 $t_0\in[a,+\infty)$ 使得：當 $t>t_0$ 時，對每個 $y\in J$，恆有

$$\left|\int_a^t f(x,y)\,d\alpha(x)-F(y)\right|<\varepsilon ,$$

則稱函數 $f(\cdot,y)$ 對函數 α 在 $[a,+\infty)$ 上的瑕積分在集合 J 上**均勻收斂**（converge uniformly on J）於 $F(y)$。

將定義 1 ⑵與 §3-2 定義 2 比較，不難發現兩定義中所用的「均勻」一詞的意義是相同的。因此，我們也有與 §3-2 定理 3 相類似的定理。

【定理 1】（以範數描述均勻收斂性）

設 $f:[a,+\infty)\times J\to R$ 與 $\alpha:[a,+\infty)\to R$ 為二函數，其中 $J\subset R$。若對每個 $y\in J$，函數 $f(\cdot,y):x\mapsto f(x,y)$ 對函數 α 在

$[\,a\,,+\infty)$ 上的瑕積分都收斂，則此收斂在 J 上為均勻收斂的充要條件是：

$$\lim_{t\to+\infty}\sup_{y\in J}\left|\int_t^{+\infty}f(x,y)\,d\alpha(x)\right|=0 \text{。}$$

證：仿 §3-2 定理 3 立即可得。 ‖

定理 1 的性質對第二類型瑕積分也成立。

【例 1】試討論瑕積分 $\displaystyle\int_0^{+\infty}y\,e^{-xy}\,dx$ 在 $[\,0\,,+\infty)$ 上的均勻收斂性。

解：因為當 $y>0$ 時，對每個 $t\geq0$，可得

$$\int_t^{+\infty}y\,e^{-xy}\,dx=\int_{ty}^{+\infty}e^{-z}\,dz=e^{-ty} \text{。}$$

由此可得

$$\sup_{y\geq0}\left|\int_t^{+\infty}y\,e^{-xy}\,dx\right|=\sup_{y\geq0}e^{-ty}=1 \text{。}$$

因此，依定理 1，此瑕積分在 $[\,0\,,+\infty)$ 上沒有均勻收斂。另一方面，若 $a>0$，則

$$\lim_{t\to+\infty}\sup_{y\geq a}\left|\int_t^{+\infty}y\,e^{-xy}\,dx\right|=\lim_{t\to+\infty}\sup_{y\geq a}e^{-ty}=\lim_{t\to+\infty}e^{-ta}=0 \text{。}$$

因此，依定理 1，若 $a>0$，此瑕積分在 $[\,a\,,+\infty)$ 上均勻收斂。 ‖

例 1 中的瑕積分，其收斂值 $F:[\,0\,,+\infty)\to\mathbf{R}$ 如下：

$$F(y)=\begin{cases}1, & y>0\\ 0, & y=0\end{cases}$$

【定理 2】（均勻收斂的 Cauchy 收斂條件）

設 $f:[\,a\,,+\infty)\times J\to\mathbf{R}$ 與 $\alpha:[\,a\,,+\infty)\to\mathbf{R}$ 為二函數，其中 $J\subset\mathbf{R}$。若對每個 $y\in J$，函數 $f(\cdot,y)$ 對函數 α 在 $[\,a\,,+\infty)$ 上的瑕積分都收斂，則此收斂在 J 上為均勻收斂的充要條件是：對每個正數 ε，

都可找到一個$t_0 \in [a, +\infty)$使得：當$t > s > t_0$時，對每個$y \in J$，恆有

$$\left| \int_s^t f(x, y) \, d\alpha(x) \right| < \varepsilon \, \text{。}$$

證：仿§3-2定理2立即可得。‖

定理2的性質對第二類型瑕積分也成立。

【定理3】（瑕積分與函數列的均勻收斂）

設$f : [a, +\infty) \times J \to \mathbf{R}$與$\alpha : [a, +\infty) \to \mathbf{R}$為二函數，其中$J \subset \mathbf{R}$。若對每個$y \in J$，函數$f(\cdot, y)$對函數$\alpha$在$[a, +\infty)$上的瑕積分都收斂，則此收斂在$J$上為均勻收斂的充要條件是：對於$[a, +\infty)$中每個發散於$+\infty$的數列$\{a_n\}_{n=1}^{\infty}$，下述函數列在$J$上均勻收斂且極限相同：

$$\{ y \mapsto \int_a^{a_n} f(x, y) \, d\alpha(x) \}_{n=1}^{\infty} \, \text{。}$$

證：必要性：仿§10-1定理10中必要性的證明立即可得。

充分性：我們採用間接證法。假設前述收斂並非在J上均勻收斂，則必可找到一個正數ε_0使得：不論t是$[a, +\infty)$中任何元素，都可找到一個$a_t \geq t$及一個$y_t \in J$使得

$$\left| \int_a^{a_t} f(x, y_t) \, d\alpha(x) - \int_a^{+\infty} f(x, y_t) \, d\alpha(x) \right| \geq \varepsilon_0 \, \text{。}$$

於是，對每個$n \in \mathbf{N}$，選取一個$a_n \in [a, +\infty)$及一個$y_n \in J$使得$a_n \geq n$而且

$$\left| \int_a^{a_n} f(x, y_n) \, d\alpha(x) - \int_a^{+\infty} f(x, y_n) \, d\alpha(x) \right| \geq \varepsilon_0 \, \text{。} \tag{*}$$

因為每個$n \in \mathbf{N}$都滿足$a_n \geq n$，所以，數列$\{a_n\}_{n=1}^{\infty}$發散於$+\infty$。另一方面，因為每個$n \in \mathbf{N}$都使(*)式成立，所以，該函數列雖然逐點收斂，但在J上卻沒有均勻收斂。‖

當 f 是非負函數時，定理 3 的結果可以改進如下。

【定理 4】（以函數列判定非負函數瑕積分的均勻收斂）

若 $f: [a, +\infty) \times J \to [0, +\infty)$ 是非負函數，而 $\alpha : [a, +\infty) \to R$ 為遞增函數，其中 $J \subset R$，則函數 $f(\cdot, y)$ 對函數 α 在 $[a, +\infty)$ 上的瑕積分在 J 上均勻收斂的充要條件是：可在 $[a, +\infty)$ 中找到一個發散於 $+\infty$ 的數列 $\{a_n\}_{n=1}^{\infty}$，使得下述函數列在 J 上均勻收斂：

$$\{ y \mapsto \int_a^{a_n} f(x, y) \, d\alpha(x) \}_{n=1}^{\infty} \circ$$

證：留為習題。 ‖

定理 3 與定理 4 的性質對第二類型瑕積分也成立。

【定理 5】（均勻收斂與各種運算）

設 $f, g : [a, +\infty) \times J \to R$ 與 $\alpha : [a, +\infty) \to R$ 為三函數，其中 $J \subset R$。若函數 $f(\cdot, y)$ 與 $g(\cdot, y)$ 對函數 α 在 $[a, +\infty)$ 上的瑕積分都在 J 上均勻收斂，則

(1)函數 $f(\cdot, y) + g(\cdot, y)$ 對函數 α 在 $[a, +\infty)$ 上的瑕積分在 J 上均勻收斂。

(2)函數 $f(\cdot, y) - g(\cdot, y)$ 對函數 α 在 $[a, +\infty)$ 上的瑕積分在 J 上均勻收斂。

(3)對每個 $c \in R$，函數 $c \cdot f(\cdot, y)$ 對函數 α 在 $[a, +\infty)$ 上的瑕積分在 J 上均勻收斂。

(4)對每個有界函數 $h : J \to R$，函數 $h(y) f(\cdot, y)$ 對函數 α 在 $[a, +\infty)$ 上的瑕積分在 J 上均勻收斂。

證：仿 §3-2 定理 5 與定理 7 立即可得。 ‖

定理 5 的性質對第二類型瑕積分也成立。

乙、均勻收斂的檢驗法

【定理 6】（均勻收斂的 Weierstrass M-檢驗法）

設 $f:[a,+\infty)\times J \to R$ 為一函數，其中 $J \subset R$，而 $\alpha:$ $[a,+\infty)\to R$ 為遞增函數。若可找到一個非負函數 $M:$ $[a,+\infty)\to[0,+\infty)$ 使得

(1)對每個 $y \in J$，函數 $f(\cdot,y)$ 對函數 α 在 $[a,+\infty)$ 的每個緊緻子區間上都可 Riemann-Stieltjes 積分；

(2)對每個 $x \in [a,+\infty)$ 及每個 $y \in J$，恆有 $|f(x,y)| \leq M(x)$；

(3)函數 M 對函數 α 在 $[a,+\infty)$ 上的瑕積分收斂；

則函數 $f(\cdot,y)$ 對函數 α 在 $[a,+\infty)$ 上的瑕積分在 J 上均勻收斂。

證：設 ε 為任意正數。因為函數 M 對 α 在 $[a,+\infty)$ 上的瑕積分收斂，所以，依 §10-1 定理 3 的 Cauchy 收斂條件，必可找到一個 $t_0 \in [a,+\infty)$ 使得：當 $t > s > t_0$ 時，恆有

$$\left| \int_s^t M(x)\,d\alpha(x) \right| < \varepsilon \text{。}$$

因為對每個 $x \in [a,+\infty)$ 及每個 $y \in J$，恆有 $|f(x,y)| \leq M(x)$，而且 α 為遞增函數，所以，當 $t > s > t_0$ 時，對每個 $y \in J$，依 §6-3 定理 11 及定理 12，可得

$$\left| \int_s^t f(x,y)\,d\alpha(x) \right| \leq \int_s^t |f(x,y)|\,d\alpha(x) \leq \int_s^t M(x)\,d\alpha(x) < \varepsilon \text{。}$$

依本節定理 2 的 Cauchy 收斂條件，可知函數 $f(\cdot,y)$ 對函數 α 在 $[a,+\infty)$ 上的瑕積分在 J 上均勻收斂。 $\|$

定理 6 的性質對第二類型瑕積分也成立。

【例 2】 試討論瑕積分 $\int_0^{+\infty} xe^{-x^2}\cos xy\,dx$ 在 R 上的均勻收斂性。

解：因為對每個 $x \in [0,+\infty)$ 及每個 $y \in R$，恆有 $\left| xe^{-x^2}\cos xy \right| \leq xe^{-x^2}$，而且

$$\int_0^{+\infty} xe^{-x^2}\,dx = \frac{1}{2} ,$$

所以，依 Weierstrass M-檢驗法，可知本例的瑕積分在 $\boldsymbol{R}$ 上均勻收斂。‖

【例 3】試討論瑕積分 $\int_0^{+\infty} e^{-xy}\sin x\,dx$ 在 $[\,0\,,+\infty)$ 上的均勻收斂性。

解：首先注意到：當 $y=0$ 時，本例的瑕積分發散。因此，依後面的定理 7，本例的瑕積分不會在 $(\,0\,,+\infty)$ 上均勻收斂。

設 $a>0$ 。因為對每個 $x\in[\,0\,,+\infty)$ 及每個 $y\in[\,a\,,+\infty)$ ，$\left|e^{-xy}\sin x\right| \le e^{-ax}$ 恆成立，而且

$$\int_0^{+\infty} e^{-ax}\,dx = \frac{1}{a} ,$$

所以，依 Weierstrass M-檢驗法，可知對每個正數 a，本例的瑕積分在 $[\,a\,,+\infty)$ 上均勻收斂。‖

【定理 7】（均勻收斂範圍的聚集點）

設 $f:[\,a\,,+\infty)\times[\,c\,,d\,]\to \boldsymbol{R}$ 為連續函數，而 $\alpha:[\,a\,,+\infty)\to \boldsymbol{R}$ 為遞增函數。若函數 $f(\cdot,y)$ 對函數 α 在 $[\,a\,,+\infty)$ 上的瑕積分在每個點 $y\in[\,c\,,d\,)$ 都收斂，但在點 $y=d$ 發散，則函數 $f(\cdot,y)$ 對函數 α 在 $[\,a\,,+\infty)$ 上的瑕積分在 $[\,c\,,d\,)$ 上沒有均勻收斂。

證：我們採用間接證法。假設 $f(\cdot,y)$ 對 α 在 $[\,a\,,+\infty)$ 上的瑕積分在 $[\,c\,,d\,)$ 上均勻收斂。

設 ε 為任意正數。依前面的假設及定理 2 的 Cauchy 收斂條件，必可找到一個 $t_0\in[\,a\,,+\infty)$ 使得：當 $t>s>t_0$ 時，對每個 $y\in[\,c\,,d\,)$ ，恆有

$$\left|\int_s^t f(x,y)\,d\alpha(x)\right| < \varepsilon 。$$

當 $t>s>t_0$ 時，因為 f 在 $[\,s\,,t\,]\times[\,c\,,d\,]$ 上連續且 α 為遞增函數，所以，

依§6-3 定理 18，可得

$$\left| \int_s^t f(x,d)\,d\alpha(x) \right| = \lim_{y \to d-} \left| \int_s^t f(x,y)\,d\alpha(x) \right| \le \varepsilon$$

依§10-1 定理 3 的 Cauchy 收斂條件，可知函數 $f(\cdot,d)$ 對函數 α 在 $[a,+\infty)$ 上的瑕積分收斂，此與定理的假設不和。 ∥

Weierstrass M-檢驗法所應用的對象乃是絕對收斂且均勻收斂的情形，對於非絕對收斂的均勻收斂情形，我們還是要根據 Abel 檢驗法與 Dirichlet 檢驗法。

【定理 8】（均勻收斂的 Abel 檢驗法）

設 $f,g : [a,+\infty) \times J \to R$ 為二函數，其中 $J \subset R$。若

⑴ g 是連續函數，而且函數 $g(\cdot,y)$ 在 $[a,+\infty)$ 上的瑕積分在 J 上均勻收斂；

⑵對每個 $y \in J$，函數 $f(\cdot,y)$ 是單調函數，而且 f 是有界函數；

則函數 $f(\cdot,y)\,g(\cdot,y)$ 在 $[a,+\infty)$ 上的瑕積分在 J 上均勻收斂。

證：因為 f 是有界函數，所以，可選一個 $M > 0$ 使得：對每個 $x \in [a,+\infty)$ 及每個 $y \in J$，恆有 $|f(x,y)| \le M$。

設 ε 為任意正數。因為函數 $g(\cdot,y)$ 在 $[a,+\infty)$ 上的瑕積分在 J 上均勻收斂，所以，依定理 2 的 Cauchy 收斂條件，可找到一個 $t_0 \in [a,+\infty)$ 使得：當 $t > s > t_0$ 時，對每個 $y \in J$，恆有

$$\left| \int_s^t g(x,y)\,dx \right| < \frac{\varepsilon}{2M}。$$

當 $t > s > t_0$ 時，對每個 $y \in J$，因為函數 $f(\cdot,y)$ 在 $[s,t]$ 上單調而函數 $g(\cdot,y)$ 在 $[s,t]$ 上連續，所以，依§6-3 定理 17⑵的積分均值定理，必可找到一個 $r_y \in [s,t]$ 使得

$$\int_s^t f(x,y)g(x,y)\,dx = f(s,y) \int_s^{r_y} g(x,y)\,dx + f(t,y) \int_{r_y}^t g(x,y)\,dx。$$

於是，可得

$$\left| \int_s^t f(x,y)g(x,y)\,dx \right|$$

$$\leq \left| f(s,y) \right| \left| \int_s^{r_y} g(x,y)\,dx \right| + \left| f(t,y) \right| \left| \int_{r_y}^t g(x,y)\,dx \right|$$

$$\leq M \cdot \frac{\varepsilon}{2M} + M \cdot \frac{\varepsilon}{2M} = \varepsilon \text{。}$$

依定理 2 的 Cauchy 收斂條件，可知函數 $f(\cdot,y)\,g(\cdot,y)$ 在 $[a,+\infty)$ 上的瑕積分在 J 上均勻收斂。 ‖

定理 8 的性質對第二類型瑕積分也成立。

【定理 9】（均勻收斂的 Dirichlet 檢驗法）

設 $f,g:[a,+\infty)\times J \to \boldsymbol{R}$ 為二函數，其中 $J \subset \boldsymbol{R}$。若

⑴ g 是連續函數，而且可找到一個正數 K 使得：對每個 $t \in [a,+\infty)$ 及每個 $y \in J$，恆有

$$\left| \int_a^t g(x,y)\,dx \right| \leq K \ ;$$

⑵對每個 $y \in J$，函數 $f(\cdot,y)$ 都是單調函數，而且當 x 趨向 $+\infty$ 時，函數 $f(\cdot,y)$ 在 J 上均勻趨近 0；

則函數 $f(\cdot,y)\,g(\cdot,y)$ 在 $[a,+\infty)$ 上的瑕積分在 J 上均勻收斂。

證：設 ε 為任意正數。因為依假設條件⑵，當 x 趨向 $+\infty$ 時，函數 $f(\cdot,y)$ 在 J 上均勻趨近 0，所以，必可找到一個 $t_0 \in [a,+\infty)$ 使得：當 $x \geq t_0$ 時，對每個 $y \in J$，恆有 $\left| f(x,y) \right| \leq \varepsilon/(4K)$。於是，當 $t > s > t_0$ 時，對每個 $y \in J$，因為函數 $f(\cdot,y)$ 在 $[s,t]$ 上單調而函數 $g(\cdot,y)$ 在 $[s,t]$ 上連續，所以，依 §6-3 定理 17 ⑵的積分均值定理，必可找到一個 $r_y \in [s,t]$ 使得

$$\int_s^t f(x,y)g(x,y)dx = f(s,y)\int_s^{r_y} g(x,y)dx + f(t,y)\int_{r_y}^t g(x,y)dx \text{。}$$

於是，可得

$$\left| \int_s^t f(x,y)g(x,y)\,dx \right|$$

$$\leq \left| f(s,y) \right| \left| \int_s^{r_y} g(x,y)\,dx \right| + \left| f(t,y) \right| \left| \int_{r_y}^t g(x,y)\,dx \right|$$

$$\leq \left| f(s,y) \right| \left(\left| \int_a^s g(x,y)\,dx \right| + \left| \int_a^{r_y} g(x,y)\,dx \right| \right)$$

$$+ \left| f(t,y) \right| \left(\left| \int_a^{r_y} g(x,y)\,dx \right| + \left| \int_a^t g(x,y)\,dx \right| \right)$$

$$\leq \frac{\varepsilon}{4K}(K+K) + \frac{\varepsilon}{4K}(K+K) = \varepsilon \; 。$$

依定理 2 的 Cauchy 收斂條件，可知函數 $f(\cdot,y)\,g(\cdot,y)$ 在 $[\,a,+\infty)$ 上的瑕積分在 J 上均勻收斂。 ‖

定理 8 的性質對第二類型瑕積分也成立。

【例 4】試證瑕積分 $\int_0^{+\infty} e^{-xy}\,\dfrac{\sin x}{x}\,dx$ 在 $[\,0,+\infty)$ 上均勻收斂。

證：對所有 $x,y \in [\,0,+\infty)$ ，令

$$f(x,y) = e^{-xy} \;, \qquad g(x,y) = \begin{cases} \dfrac{\sin x}{x}, & x \neq 0 \\ 1, & x = 0 \end{cases} 。$$

對每個 $y \in [\,0,+\infty)$ ，函數 $f(\cdot,y)$ 是遞減函數；而且對所有 $x,y \in [\,0,+\infty)$ ，恆有 $\left| f(x,y) \right| \leq 1$ 。另一方面，依 §10-2 例 11，函數 $\sin x/x$ 在 $[\,0,+\infty)$ 上的瑕積分收斂，所以，函數 $g(\cdot,y)$ 在 $[\,0,+\infty)$ 上的瑕積分在 $[\,0,+\infty)$ 上均勻收斂。依 Abel 檢驗法，可知本例的瑕積分在 $[\,0,+\infty)$ 上均勻收斂。 ‖

【例 5】試討論瑕積分 $\int_0^{+\infty} \dfrac{\cos xy}{x+y}\,dx$ 在 $[\,0,+\infty)$ 上的均勻收斂性。

解：首先，當 $y=0$ 時，被積分函數為 $1/x$ ，它在 $(\,0,1\,]$ 與 $[\,1,+\infty)$ 上

的瑕積分都發散。因此，$1/x$ 在 $(0,+\infty)$ 上的瑕積分發散。依定理 7，本例的瑕積分在 $(0,+\infty)$ 上沒有均勻收斂。

設 $a>0$。對每個 $y\in[a,+\infty)$，函數 $x\mapsto 1/(x+y)$ 在 $[0,+\infty)$ 上遞減，而且 $|1/(x+y)|<1/x$ 恆成立。由此可知：當 x 趨近 $+\infty$ 時，函數 $x\mapsto 1/(x+y)$ 在區間 $[a,+\infty)$ 上均勻趨近 0。另一方面，函數 $(x,y)\mapsto \cos xy$ 是連續函數，而且對每個 $t\in[0,+\infty)$ 及每個 $y\in[a,+\infty)$，恆有

$$\left|\int_0^t \cos xy\,dx\right| = \left|\frac{1}{y}(\sin ty-0)\right| \le \frac{1}{a} \, \text{。}$$

依 Dirichlet 檢驗法，可知對每個正數 a，本例瑕積分在 $[a,+\infty)$ 上均勻收斂。‖

【例 6】試證：若 $p\in(0,2)$，則下述瑕積分在 $(0,+\infty)$ 的每個緊緻子集上都均勻收斂：

$$\int_0^{+\infty} \frac{\sin xy}{x^p}\,dx \, \text{。}$$

解：我們只需考慮 $(0,+\infty)$ 中形如 $[a,b]$ 的緊緻子區間。根據 p 的值，我們分成 $p\in(1,2)$ 與 $p\in(0,1]$ 兩種情形。在兩種情形中，都需要將瑕積分分成在 $(0,1]$ 與 $[1,+\infty)$ 上的兩部分來考慮。

⑴設 $p\in(1,2)$。因為 $\left|(\sin xy)/x^p\right| \le 1/x^p$ 而函數 $x\mapsto 1/x^p$ 在 $[1,+\infty)$ 上的瑕積分收斂，所以，依 Weierstrass M-檢驗法，可知函數 $x\mapsto (\sin xy)/x^p$ 在 $[1,+\infty)$ 上的瑕積分在 $\boldsymbol{R}$ 上均勻收斂。另一方面，因為當 $x>0$ 且 $y\in(0,b]$ 時恆有

$$\left|\frac{\sin xy}{x^p}\right| \le \frac{xy}{x^p} = \frac{y}{x^{p-1}} \le \frac{b}{x^{p-1}} \, \text{，}$$

而函數 $x\mapsto b/x^{p-1}$ 在 $(0,1]$ 上的瑕積分收斂，所以，依 Weierstrass M-檢驗法，可知函數 $x\mapsto (\sin xy)/x^p$ 在 $(0,1]$ 上的瑕積分在 $(0,b]$ 上均

匀收斂。因此，當 $p \in (1,2)$ 時，函數 $x \mapsto (\sin xy)/x^p$ 在 $(0,+\infty)$ 上的瑕積分在 $(0,b]$ 上均匀收斂。

⑵設 $p \in (0,1]$。因為連續函數 $g(x,y) = \sin xy$ 在 $y \in [a,+\infty)$ 時滿足

$$\left| \int_1^t g(x,y)\,dx \right| = \left| \frac{1}{y} (\cos y - \cos ty) \right| \leq \frac{2}{y} \leq \frac{2}{a} \,,$$

而函數 $f(x,y) = x^{-p}$ 在 $[1,+\infty)$ 上遞減，而且當 x 趨向 $+\infty$ 時此函數（對 y 而言）在 $[a,+\infty)$ 上均匀趨近 0，所以，依 Dirichlet 檢驗法，可知函數 $x \mapsto (\sin xy)/x^p$ 在 $[1,+\infty)$ 上的瑕積分在 $[a,+\infty)$ 上均匀收斂。另一方面，當 $0 < p < 1$ 時，因為 $\left| (\sin xy)/x^p \right| \leq 1/x^p$，而且函數 $x \mapsto 1/x^p$ 在 $(0,1]$ 上的瑕積分收斂，所以，依 Weierstrass M-檢驗法，可知函數 $x \mapsto (\sin xy)/x^p$ 在 $(0,1]$ 上的瑕積分在 $\boldsymbol{R}$ 上均匀收斂。當 $p = 1$ 時，因為 $\lim_{x \to 0} (\sin xy)/x = y$，所以，此瑕積分可視為下述函數在 $[0,1]$ 的 Riemann 積分：

$$h(x,y) = \begin{cases} \dfrac{\sin xy}{x}, & x \in (0,1] \\ y, & x = 0 \end{cases}$$

因為函數 h 在 $[0,1] \times [a,b]$ 上連續，所以，下述函數是 $[0,1] \times [a,b]$ 上的連續函數（參看練習題 22）：

$$H(t,y) = \int_t^1 h(x,y)\,dx \,\text{。}$$

設 ε 是任意正數，因為函數 H 在 $[0,1] \times [a,b]$ 上均匀連續，所以，必可找到一個 $\delta > 0$ 使得：當 $(t_1,y_1),(t_2,y_2) \in [0,1] \times [a,b]$ 滿足 $\| (t_1,y_1) - (t_2,y_2) \| < \delta$ 時，恆有 $|H(t_1,y_1) - H(t_2,y_2)| < \varepsilon$。令 $t_0 = \delta$，則當 $0 < s < t < t_0$ 時，對每個 $y \in [a,b]$，恆有 $\| (s,y) - (t,y) \| < \delta$，所以，得

$$\left| \int_s^t \frac{\sin xy}{x} dx \right| = \left| H(s,y) - H(t,y) \right| < \varepsilon \; \circ$$

依定理 2 的 Cauchy 收斂條件，可知函數 $x \mapsto (\sin xy)/x$ 在 $(0,1]$ 上的瑕積分在 $[a,b]$ 上均勻收斂。因此，當 $p \in (0,1]$ 時，函數 $x \mapsto (\sin xy)/x^p$ 在 $(0,+\infty)$ 上的瑕積分在 $[a,b]$ 上均勻收斂。 $\parallel$

丙、均勻收斂瑕積分與連續、微分、積分的關係

均勻收斂的瑕積分，與均勻收斂的函數列相似地，都和連續性、可微分性、可積分性等有密切的關係。下面我們討論這些性質，並將利用這些性質來進行計算。

【定理 10】（瑕積分的均勻收斂性與連續性）

若函數 $f: [a,+\infty) \times [c,d] \to \boldsymbol{R}$ 為一連續函數，又函數 $\alpha: [a,+\infty) \to \boldsymbol{R}$ 在 $[a,+\infty)$ 的每個緊緻子區間上都是有界變差，而且函數 $f(\cdot,y)$ 對函數 α 在 $[a,+\infty)$ 上的瑕積分在 $[c,d]$ 上均勻收斂，對每個 $y \in [c,d]$，令

$$F(y) = \int_a^{+\infty} f(x,y) \, d\alpha(x) \; ,$$

則 F 是 $[c,d]$ 上的連續函數。

證：對每個 $n \in \boldsymbol{N}$，令 $F_n : [c,d] \to \boldsymbol{R}$ 定義如下

$$F_n(y) = \int_a^{a+n} f(x,y) \, d\alpha(x) \; \circ$$

因為 f 在每個 $[a,a+n] \times [c,d]$ 上連續而 α 是 $[a,a+n]$ 上的有界變差函數，所以，依 §6-3 定理 18，每個 F_n 都是 $[c,d]$ 上的連續函數。另一方面，因為 $f(\cdot,y)$ 對 α 在 $[a,+\infty)$ 上的瑕積分在 $[c,d]$ 上均勻收斂，而數列 $\{a+n\}_{n=1}^{\infty}$ 發散於 $+\infty$，所以，依定理 3，函數列 $\{F_n\}_{n=1}^{\infty}$ 在 $[c,d]$ 上均勻收斂於函數 F。因為每個 F_n 都在 $[c,d]$ 上連續，所以，依 §3-2 定理 10，F 是 $[c,d]$ 上的連續函數。 $\parallel$

定理 10 的結論可表示如下：對每個 $y_0 \in [c,d]$，恆有

$$\lim_{y \to y_0} \int_a^{+\infty} f(x,y) \, d\alpha(x) = \int_a^{+\infty} f(x,y_0) \, d\alpha(x)$$

$$= \int_a^{+\infty} \lim_{y \to y_0} f(x,y) \, d\alpha(x) \text{ 。}$$

這個表示式使我們可進一步將定理 10 推廣到極限的情形。我們敘述於下，證明留為習題。（參看練習題 25。）

【定理 11】（瑕積分的均勻收斂性與極限）

設 $f : [a,+\infty) \times [c,d] \to \boldsymbol{R}$ 與 $\alpha : [a,+\infty) \to \boldsymbol{R}$ 為二函數，$y_0 \in [c,d]$。若

⑴對每個 $y \in [c,d]$，函數 $f(\cdot,y)$ 在 $[a,+\infty)$ 上連續；

⑵函數 α 在 $[a,+\infty)$ 的每個緊緻子區間上都是有界變差；

⑶函數 $f(\cdot,y)$ 對函數 α 在 $[a,+\infty)$ 上的瑕積分在 $[c,d]$ 上均勻收斂；

⑷當 y 趨近 y_0 時，函數 f 關於 x 在 $[a,+\infty)$ 的每個緊緻子區間上都均勻趨近函數 $\phi : [a,+\infty) \to \boldsymbol{R}$（定義參看練習題 23）；

則函數 ϕ 對函數 α 在 $[a,+\infty)$ 上的瑕積分收斂，而且

$$\lim_{y \to y_0} \int_a^{+\infty} f(x,y) \, d\alpha(x) = \int_a^{+\infty} \phi(x) \, d\alpha(x) \text{ 。}$$

證：留為習題。（提示：可使用練習題 23 與 24 的結果。）

請注意：定理 11 的假設⑴中要求每個函數 $f(\cdot,y)$ 在 $[a,+\infty)$ 上連續，這是為保證極限函數 ϕ 對函數 α 在 $[a,+\infty)$ 上的瑕積分收斂。在將定理 11 應用到實際例子時，若已知函數 ϕ 對函數 α 在 $[a,+\infty)$ 上的瑕積分收斂，則假設⑴中只須要求每個函數 $f(\cdot,y)$ 在 $[a,+\infty)$ 的每個緊緻子區間上都對函數 α 可 Riemann-Stieltjes 積分即可。下面的定理 12 也有類似的狀況，定理 12 後面的例 8 就屬這種情形。

請注意：在定理 11 中，若將緊緻區間 $[c,d]$ 改為 $[c,+\infty)$，且

將 y_0 改為 $+\infty$ 時，其結論仍成立，證明方法與定理 11 的證明類似。更進一步地，我們也可將緊緻區間 $[c,d]$ 改為集合 N，且將 y_0 改為 $+\infty$，所得的結果是有關函數列的性質，我們敘述於下。

【定理 12】（瑕積分的均勻收斂性與函數列的極限）

　　設 $\{f_n : [a,+\infty) \to R\}$ 為一函數列。若

　　⑴對每個 $n \in N$，函數 f_n 在 $[a,+\infty)$ 上連續；

　　⑵函數 f_n 在 $[a,+\infty)$ 上的瑕積分在 N 上均勻收斂；

　　⑶函數列 $\{f_n\}$ 在 $[a,+\infty)$ 的每個緊緻子區間上都均勻收斂，其極限函數為 $f : [a,+\infty) \to R$；

則 f 在 $[a,+\infty)$ 上的瑕積分收斂，而且

$$\lim_{n\to\infty} \int_a^{+\infty} f_n(x)\,dx = \int_a^{+\infty} f(x)\,dx \ \text{。}$$

證：與定理 11 的證明相似。‖

【例 7】試討論下述瑕積分在 $[0,+\infty)$ 的均勻收斂性：

$$\int_0^{+\infty} xy^2 e^{-xy}\,dx \ \text{。}$$

解：對每個 $y \in [0,+\infty)$，令

$$F(y) = \int_0^{+\infty} xy^2 e^{-xy}\,dx \ \text{，}$$

則可得

$$F(y) = \begin{cases} 1, & y > 0 \\ 0, & y = 0 \end{cases}$$

因為函數 $(x,y) \mapsto xy^2 e^{-xy}$ 在 $[0,+\infty) \times [0,+\infty)$ 上連續，但函數 F 在點 0 不連續，所以，此瑕積分在包含 0 的任何區間上都沒有均勻收斂。

　　另一方面，若 $a > 0$，則

$$\lim_{t \to +\infty} \sup_{y \ge a} \left| \int_t^{+\infty} xy^2 e^{-xy}\,dx \right| = \lim_{t \to +\infty} \sup_{y \ge a} (ty+1)e^{-ty}$$

$$= \lim_{t \to +\infty} (ta+1)\,e^{-ta} = 0 \ \text{。}$$

因此，依定理 1，可知對每個正數 a，本例的瑕積分在 $[\,a, +\infty\,)$ 上均勻收斂。 ‖

【例 8】試計算極限 $\displaystyle\lim_{n \to \infty} \int_0^n (1+\dfrac{x^2}{n})^{-n}\,dx$ 之值。

解：對每個 $n \in N$，定義函數 $f_n : [\,0, +\infty\,) \to R$ 如下：

$$f_n(x) = \begin{cases} (1+\dfrac{x^2}{n})^{-n}, & x \in [\,0, n\,] \\[2mm] 0, & x > n \ \text{。} \end{cases}$$

對每個 $x \in [\,0, +\infty\,)$，數列 $\{\,f_n(x)\,\}_{n=1}^{\infty}$ 只有前面有限多項為 0，所以，得

$$\lim_{n \to \infty} f_n(x) = \lim_{n \to \infty}(1+\dfrac{x^2}{n})^{-n} = e^{-x^2} \ \text{。}$$

也就是說，函數列 $\{\,f_n\,\}_{n=1}^{\infty}$ 在 $[\,0, +\infty\,)$ 上逐點收斂於函數 $f(x) = e^{-x^2}$。因為對每個 $n \in N$ 及每個 $x \in [\,0, +\infty\,)$，恆有 $(1+x^2/(n+1))^{-n-1}$ $\leq (1+x^2/n)^{-n}$，所以，對每個 $t \in [\,0, +\infty\,)$，令 $m = [\,t\,]+1$，則對每個 $x \in [\,0, t\,]$，數列 $\{\,f_n(x)\,\}_{n=m}^{\infty}$ 都是單調遞減，而且每個 $f_n\,(n \geq m)$ 及 f 都在 $[\,0, t\,]$ 上連續。依 §3-2 定理 8 的 Dini 定理，可知函數列 $\{\,f_n\,\}_{n=m}^{\infty}$ 在 $[\,0, t\,]$ 上均勻收斂於 f，進一步知函數列 $\{\,f_n\,\}_{n=1}^{\infty}$ 在 $[\,0, t\,]$ 上均勻收斂於 f。另一方面，對每個 $n \in N$ 及每個 $x \in [\,0, +\infty\,)$，恆有

$$f_n(x) \leq (1+x^2)^{-1} \ \text{。}$$

因為函數 $x \mapsto (1+x^2)^{-1}$ 在 $[\,0, +\infty\,)$ 上的瑕積分收斂，所以，依 Weierstrass *M*-檢驗法，可知函數 f_n 在 $[\,0, +\infty\,)$ 上的瑕積分在 N 上均勻收斂。依定理 12（參看定理 11 後面第一段的說明）及 §10-1 例 7，可得

$$\lim_{n \to \infty} \int_0^n (1 + \frac{x^2}{n})^{-n}\, dx = \lim_{n \to \infty} \int_0^{+\infty} f_n(x)\, dx = \int_0^{+\infty} e^{-x^2}\, dx = \frac{\sqrt{\pi}}{2} \, \text{。} \parallel$$

【定理 13】（瑕積分的均勻收斂性與微分）

設 $f: [a, +\infty) \times [c, d] \to \boldsymbol{R}$ 與 $\alpha: [a, +\infty) \to \boldsymbol{R}$ 為二函數。若

⑴函數 f 對 y 的偏導函數 $D_2 f$ 在 $[a, +\infty) \times [c, d]$ 上連續；

⑵α 在 $[a, +\infty)$ 的每個緊緻子區間上都是有界變差；

⑶對每個 $y \in [c, d]$，函數 $f(\cdot, y)$ 對函數 α 在 $[a, +\infty)$ 上的瑕積分收斂於 $F(y)$；

⑷函數 $D_2 f(\cdot, y)$ 對函數 α 在 $[a, +\infty)$ 上的瑕積分在 $[c, d]$ 上均勻收斂於 $G(y)$；

則對每個 $y \in [c, d]$，恆有 $F'(y) = G(y)$，亦即：

$$\frac{d}{dy} \int_a^{+\infty} f(x, y)\, d\alpha(x) = \int_a^{+\infty} \frac{\partial f}{\partial y}(x, y)\, d\alpha(x) \, \text{。}$$

證：對每個 $y \in [c, d]$ 及每個 $n \in \boldsymbol{N}$，令

$$F_n(y) = \int_a^{a+n} f(x, y)\, d\alpha(x) \, \text{。}$$

依假設條件⑶及 §10-1 定理 10，可知函數列 $\{F_n\}_{n=1}^{\infty}$ 在 $[c, d]$ 上逐點收斂於 F。其次，因為 $D_2 f$ 是連續函數，所以，依 §6-3 定理 20，可知函數 F_n 在 $[c, d]$ 上可微分，而且對每個 $y \in [c, d]$，恆有

$$F_n'(y) = \int_a^{a+n} D_2 f(x, y)\, d\alpha(x) \, \text{。}$$

另一方面，依假設條件⑷，因為函數 $D_2 f(\cdot, y)$ 對函數 α 在 $[a, +\infty)$ 上的瑕積分在 $[c, d]$ 上均勻收斂於 $G(y)$，所以，依本節定理 3，可知函數列 $\{F_n'\}_{n=1}^{\infty}$ 在 $[c, d]$ 上均勻收斂於 G。於是，依 §3-2 定理 13，可知函數 F 在 $[c, d]$ 上可微分，而且對每個 $y \in [c, d]$，恆有 $F'(y) = G(y)$。$\parallel$

【例 9】試求瑕積分 $\int_0^{+\infty} e^{-xy} \dfrac{\sin x}{x}\, dx$ 的值。

解：依例 4，此瑕積分在 $[\,0, +\infty)$ 上均勻收斂，令其收斂值為 $F(y)$。顯然地，

$$\frac{\partial}{\partial y}\left(e^{-xy} \frac{\sin x}{x}\right) = -e^{-xy}\sin x\ 。$$

對每個正數 a，依例 3 的解可知：函數 $x \longmapsto -e^{-xy}\sin x$ 在 $[\,0, +\infty)$ 上的瑕積分在 $[\,a, +\infty)$ 上均勻收斂。因此，依定理 13，對每個 $y \in [\,a, +\infty)$，恆有

$$F'(y) = \int_0^{+\infty} -e^{-xy}\sin x\, dx = -\frac{1}{1+y^2}\ 。 \tag{*}$$

因為(*)式對每個正數 a 所對應的區間 $[\,a, +\infty)$ 中的每個點 y 都成立，所以，(*)式對每個 $y \in (\,0, +\infty)$ 都成立。因此，可得

$$F(y) = -\tan^{-1}y + C\ , \qquad y \in (\,0, +\infty)\ ,$$

其中 C 為一常數。由此進一步得

$$C = \lim_{y \to +\infty} F(y) + \lim_{y \to +\infty} \tan^{-1}y\ 。$$

對每個 $y \in (\,0, +\infty)$，因為

$$\left| F(y)\right| \leq \int_0^{+\infty} \left| e^{-xy}\frac{\sin x}{x}\right| dx \leq \int_0^{+\infty} e^{-xy}\, dx = \frac{1}{y}\ ,$$

所以，$\lim_{y \to +\infty} F(y) = 0$，$C = \pi/2$。由此得

$$\int_0^{+\infty} e^{-xy}\frac{\sin x}{x}\, dx = \frac{\pi}{2} - \tan^{-1}y\ 。\ \parallel$$

【例 10】試求瑕積分 $\int_0^{+\infty} e^{-x^2}\cos 2x\, dx$ 的值。

解：此瑕積分的被積分函數的反導函數無法用簡單函數來表示，因而不能直接求得瑕積分。我們先考慮下述含參數的瑕積分：

$$\int_0^{+\infty} e^{-x^2} \cos 2xy \, dx \, \text{。}$$

令 $f(x,y) = e^{-x^2} \cos 2xy$ ，$x, y \in [0, +\infty)$ ，則可得

$$D_2 f(x,y) = -2xe^{-x^2} \sin 2xy \, , \qquad x, y \in [0, +\infty) \, \text{。}$$

顯然地，f 與 $D_2 f$ 都在 $[0, +\infty) \times [0, +\infty)$ 上連續。另一方面，因為對 $[0, +\infty)$ 中的所有 x 與 y，恆有

$$\left| f(x,y) \right| \le e^{-x^2} \, , \quad \left| D_2 f(x,y) \right| \le 2xe^{-x^2} \, ,$$

而且函數 $x \mapsto e^{-x^2}$ 與函數 $x \mapsto 2xe^{-x^2}$ 在 $[0, +\infty)$ 上的瑕積分都收斂，所以，依 Weierstrass M-檢驗法，函數 $f(\cdot, y)$ 與函數 $D_2 f(\cdot, y)$ 在 $[0, +\infty)$ 上的瑕積分都在 $[0, +\infty)$ 上均勻收斂。對每個 $y \in [0, +\infty)$ ，令

$$F(y) = \int_0^{+\infty} e^{-x^2} \cos 2xy \, dx \, \text{。}$$

因為

$$\int -2xe^{-x^2} \sin 2xy \, dx = e^{-x^2} \sin 2xy - 2y \int e^{-x^2} \cos 2xy \, dx \, ,$$

所以，依定理 13，可得

$$F'(y) = \int_0^{+\infty} -2xe^{-x^2} \sin 2xy \, dx = -2y \int_0^{+\infty} e^{-x^2} \cos 2xy \, dx$$
$$= -2yF(y) \, \text{。}$$

於是，$F(y) = Ce^{-y^2}$ ，其中 C 為一常數。因為 $F(0) = \sqrt{\pi}/2$ ，所以，$C = \sqrt{\pi}/2$ ，進一步得

$$F(y) = \frac{\sqrt{\pi}}{2} e^{-y^2} \, ,$$

$$\int_0^{+\infty} e^{-x^2} \cos 2x \, dx = F(1) = \frac{\sqrt{\pi}}{2e} \, \text{。} \, \|$$

【例 11】設 a 為常數，$a > 0$，試求瑕積分 $\int_0^{+\infty} \dfrac{\cos xy}{x^2 + a^2} dx$ 與 $\int_0^{+\infty} \dfrac{x \sin xy}{x^2 + a^2} dx$ 的值。

解：因為對 $[\,0, +\infty)$ 中的所有 x 與 y，恆有 $\left| (\cos xy)/(x^2 + a^2) \right|$ $\leq 1/(x^2 + a^2)$，而函數 $x \mapsto 1/(x^2 + a^2)$ 在 $[\,0, +\infty)$ 的瑕積分收斂，所以，依 Weierstrass M-檢驗法，可知函數 $x \mapsto (\cos xy)/(x^2 + a^2)$ 在 $[\,0, +\infty)$ 上的瑕積分在 $[\,0, +\infty)$ 上均勻收斂。另一方面，因為當 $x \geq a$ 時，函數 $x \mapsto x/(x^2 + a^2)$ 遞減，而且此函數在 x 趨向 $+\infty$ 時的極限為 0；同時，若 $c > 0$，則對每個 $t \in [\, a, +\infty)$ 及每個 $y \geq c$，恆有

$$\left| \int_a^t \sin xy \, dx \right| \leq \frac{2}{y} \leq \frac{2}{c} ,$$

所以，依 Dirichlet 檢驗法，可知：對每個正數 c，函數 $x \mapsto$ $(x \sin xy)/(x^2 + a^2)$ 在 $[\, a, +\infty)$ 上的瑕積分在 $[\, c, +\infty)$ 上均勻收斂。對每個 $y \in [\,0, +\infty)$，令

$$F(y) = \int_0^{+\infty} \frac{\cos xy}{x^2 + a^2} dx ,$$

$$G(y) = \int_0^{+\infty} \frac{x \sin xy}{x^2 + a^2} dx 。$$

因為函數 $(x, y) \mapsto (-x \sin xy)/(x^2 + a^2)$ 是函數 $(x, y) \mapsto$ $(\cos xy)/(x^2 + a^2)$ 對 y 的偏導函數，而且此偏導函數為連續函數，所以，依定理 13 及例 9 的論證，可得

$$F'(y) = \int_0^{+\infty} \frac{-x \sin xy}{x^2 + a^2} dx = -G(y) , \qquad y \in (\,0, +\infty) 。$$

因為對每個 $y \in (\,0, +\infty)$，恆有

$$\int_0^{+\infty} \frac{\sin xy}{x} dx = \frac{\pi}{2} ,$$

將兩式相加，即得

$$F'(y) + \frac{\pi}{2} = \int_0^{+\infty} \frac{a^2 \sin xy}{x(x^2 + a^2)} dx \, , \qquad y \in (\, 0 \, , +\infty \,) \, \circ$$

將上式右端的瑕積分再引用定理 13，即得

$$F''(y) = \int_0^{+\infty} \frac{a^2 \cos xy}{x^2 + a^2} dx = a^2 \, F(y) \, , \qquad y \in (\, 0 \, , +\infty \,) \, \circ$$

上述等式指出：函數 F 是二階常微分方程式 $u'' - a^2 u = 0$ 的一個解。依常微分方程式論中的結果，此方程式的一般解為 $u(y) = C_1 e^{ay} + C_2 e^{-ay}$，其中的 C_1 與 C_2 為常數。因為對每個 $y \in [\, 0 \, , +\infty \,)$，恆有

$$\left| F(y) \right| \le \int_0^{+\infty} \frac{1}{x^2 + a^2} dx = \frac{\pi}{2a} \, ,$$

而函數 $y \mapsto e^{ay}$ 在 $[\, 0 \, , +\infty \,)$ 是無界函數，所以，函數 F 是 $y \mapsto C_2 e^{-ay}$ 的形式。因為 $F(0) = \pi/(2a)$，所以，$C_2 = \pi/(2a)$。於是，得

$$F(y) = \int_0^{+\infty} \frac{\cos xy}{x^2 + a^2} dx = \frac{\pi}{2a} e^{-ay} \, , \qquad y \in [\, 0 \, , +\infty \,) \, \circ$$

再根據前面所得的等式，可得

$$G(y) = -F'(y) = \frac{\pi}{2} e^{-ay} \, , \qquad y \in (\, 0 \, , +\infty \,) \, \circ$$

請注意：因為 $G(0) = 0$，所以，上述 $G(y)$ 的等式在 $y = 0$ 時不成立。依定理 7，此現象表示函數 $x \mapsto (-x \sin xy)/(x^2 + a^2)$ 在 $[\, 0 \, , +\infty \,)$ 上的瑕積分在 $[\, 0 \, , +\infty \,)$ 上沒有均勻收斂。‖

【定理 14】（瑕積分的均勻收斂性與 Riemann-Stieltjes 積分）

　　若函數 $f : [\, a \, , +\infty \,) \times [\, c \, , d \,] \to \mathbf{R}$ 為一連續函數，函數 $\alpha : [\, a \, , +\infty \,) \to \mathbf{R}$ 在 $[\, a \, , +\infty \,)$ 的每個緊緻子區間上都是有界變差，函數 $\beta : [\, c \, , d \,] \to \mathbf{R}$ 在 $[\, c \, , d \,]$ 上為有界變差，而且函數 $f(\cdot, y)$ 對函數 α 在 $[\, a \, , +\infty \,)$ 上的瑕積分在 $[\, c \, , d \,]$ 上均勻收斂，則

$$\int_c^d \left[\int_a^{+\infty} f(x,y)\, d\alpha(x) \right] d\beta(y) = \int_a^{+\infty} \left[\int_c^d f(x,y)\, d\beta(y) \right] d\alpha(x) \,\text{。}$$

證：對每個 $y \in [c,d]$ 及每個發散於 $+\infty$ 的數列 $\{a_n\}_{n=1}^{\infty}$，令

$$F(y) = \int_a^{+\infty} f(x,y)\, d\alpha(x) \,\text{，}$$

$$F_n(y) = \int_a^{a_n} f(x,y)\, d\alpha(x) \,\text{。}$$

因為函數 f 在每個 $[a,a_n] \times [c,d]$ 上連續而且 α 在每個 $[a,a_n]$ 上為有界變差，所以，依 §6-3 定理 18，可知每個 F_n 都是 $[c,d]$ 上的連續函數。另一方面，因為函數 $f(\cdot,y)$ 對 α 在 $[a,+\infty)$ 上的瑕積分在 $[c,d]$ 上均勻收斂，所以，依定理 3，函數列 $\{F_n\}$ 在 $[c,d]$ 上均勻收斂於函數 F。於是，F 是 $[c,d]$ 上的連續函數。因為函數 β 是 $[c,d]$ 上的有界變差函數，所以，F 及每個 F_n 都對 β 在 $[c,d]$ 上可 Riemann-Stieltjes 積分。因為 $\{F_n\}$ 在 $[c,d]$ 上均勻收斂於 F，所以，依 §6-3 定理 23，可得

$$\int_c^d F(y)\, d\beta(y) = \lim_{n \to \infty} \int_c^d F_n(y)\, d\beta(y) \,\text{。}$$

另一方面，因為 f 在 $[a,a_n] \times [c,d]$ 上連續，所以，依 §6-3 定理 21，可得

$$\int_c^d F_n(y)\, d\beta(y) = \int_c^d \left[\int_a^{a_n} f(x,y)\, d\alpha(x) \right] d\beta(y)$$

$$= \int_a^{a_n} \left[\int_c^d f(x,y)\, d\beta(y) \right] d\alpha(x) \,\text{。}$$

令 n 趨向 ∞，即得

$$\int_c^d F(y)\, d\beta(y) = \lim_{n \to \infty} \int_a^{a_n} \left[\int_c^d f(x,y)\, d\beta(y) \right] d\alpha(x) \,\text{。}$$

因為上式右端的極限對每個發散於 $+\infty$ 的數列 $\{a_n\}_{n=1}^{\infty}$ 都存在且極限值都相等，所以，依 §10-1 定理 10，上式右端所對應的瑕積分收斂，而且

$$\int_c^d \left[\int_a^{+\infty} f(x,y)\, d\alpha(x) \right] d\beta(y) = \int_a^{+\infty} \left[\int_c^d f(x,y)\, d\beta(y) \right] d\alpha(x) \circ \parallel$$

【例 12】試證：若 $b > a > 0$ ，則 $\int_0^{+\infty} \dfrac{e^{-ax} - e^{-bx}}{x}\, dx = \ln\left(\dfrac{b}{a}\right)$ 。

解：考慮函數 $(x,y) \mapsto e^{-xy}$ ， $(x,y) \in [0, +\infty) \times [a, b]$ ，則得

$$\frac{e^{-ax} - e^{-bx}}{x} = \int_a^b e^{-xy}\, dy \circ$$

因為對每個 $x \in [0, +\infty)$ 及每個 $y \in [a, b]$ ，恆有 $e^{-xy} \leq e^{-ax}$ ，而函數 $x \mapsto e^{-ax}$ 在 $[0, +\infty)$ 上的瑕積分收斂，所以，依 Weierstrass M-檢驗 法，可知函數 $x \mapsto e^{-xy}$ 在 $[0, +\infty)$ 上的瑕積分在 $[a, b]$ 上均勻收斂。 因為 $(x,y) \mapsto e^{-xy}$ 是連續函數，所以，依定理 14，可得

$$\int_0^{+\infty} \frac{e^{-ax} - e^{-bx}}{x}\, dx = \int_0^{+\infty} \left[\int_a^b e^{-xy}\, dy \right] dx = \int_a^b \left[\int_0^{+\infty} e^{-xy}\, dx \right] dy$$
$$= \int_a^b \frac{1}{y}\, dy = \ln\left(\frac{b}{a}\right) \circ \parallel$$

【例 13】設 $b > a > 0$ ，試求瑕積分 $\int_0^{+\infty} \dfrac{e^{-ax} - e^{-bx}}{x} \sin x\, dx$ 的值。

解：考慮函數 $(x,y) \mapsto e^{-xy} \sin x$ ， $(x,y) \in [0, +\infty) \times [a, b]$ ，則得

$$\frac{e^{-ax} - e^{-bx}}{x} \sin x = \int_a^b e^{-xy} \sin x\, dy \circ$$

因為對每個 $(x,y) \in [0, +\infty) \times [a, b]$ ，恆有 $\left| e^{-xy} \sin x \right| \leq e^{-ax}$ ，而函數 $x \mapsto e^{-ax}$ 在 $[0, +\infty)$ 上的瑕積分收斂，所以，依 Weierstrass M-檢驗 法，函數 $x \mapsto e^{-xy} \sin x$ 在 $[0, +\infty)$ 上的瑕積分在 $[a, b]$ 上均勻收斂。 因為 $(x,y) \mapsto e^{-xy} \sin x$ 是連續函數，所以，依定理 14，可得

$$\int_0^{+\infty} \frac{e^{-ax} - e^{-bx}}{x} \sin x\, dx = \int_0^{+\infty} \left[\int_a^b e^{-xy} \sin x\, dy \right] dx$$
$$= \int_a^b \left[\int_0^{+\infty} e^{-xy} \sin x\, dx \right] dy$$

$$= \int_a^b \frac{1}{1+y^2} \, dy = \tan^{-1}b - \tan^{-1}a \, \circ \, \|$$

定理 14 中的性質，乃是說明積分的互換，不過，此定理中的積分一為瑕積分、另一為 Riemann-Stieltjes 積分。下面的定理 15 討論兩個瑕積分互換的問題。

【定理 15】（瑕積分可互換的充分條件之一）

設 $f:[a,+\infty) \times [c,+\infty) \to [0,+\infty)$、$\alpha:[a,+\infty) \to \mathbf{R}$ 與 $\beta:[c,+\infty) \to \mathbf{R}$ 為三函數。若

(1) f 為非負函數，而 α 與 β 為遞增函數；

(2) 對每個 $s \in [a,+\infty)$，恆有

$$\int_a^s \left[\int_c^{+\infty} f(x,y) \, d\beta(y) \right] d\alpha(x) = \int_c^{+\infty} \left[\int_a^s f(x,y) \, d\alpha(x) \right] d\beta(y) \, ;$$

(3) 對每個 $t \in [c,+\infty)$，恆有

$$\int_c^t \left[\int_a^{+\infty} f(x,y) \, d\alpha(x) \right] d\beta(y) = \int_a^{+\infty} \left[\int_c^t f(x,y) \, d\beta(y) \right] d\alpha(x) \, ;$$

則當下式兩端的逐次瑕積分（iterated improper integral）中有一收斂時，另一逐次瑕積分也收斂，而且兩逐次瑕積分之值相等，亦即：

$$\int_c^{+\infty} \left[\int_a^{+\infty} f(x,y) \, d\alpha(x) \right] d\beta(y) = \int_a^{+\infty} \left[\int_c^{+\infty} f(x,y) \, d\beta(y) \right] d\alpha(x) \, \circ$$

證：設欲證之等式的左端收斂。因為 f 為非負函數，而 α 為遞增函數，所以，對每個 $s \in [a,+\infty)$ 及每個 $y \in [c,+\infty)$，恆有

$$\int_a^s f(x,y) \, d\alpha(x) \le \int_a^{+\infty} f(x,y) \, d\alpha(x) \, \circ$$

因為 β 為遞增函數，所以，依 §10-2 定理 3 的比較檢驗法及前面的假設，可得

$$\int_c^{+\infty} \left[\int_a^s f(x,y) \, d\alpha(x) \right] d\beta(y) \le \int_c^{+\infty} \left[\int_a^{+\infty} f(x,y) \, d\alpha(x) \right] d\beta(y) \, \circ$$

依假設條件(2)，可知對每個 $s \in [a, +\infty)$，恆有

$$\int_a^s \left[\int_c^{+\infty} f(x, y) \, d\beta(y) \right] d\alpha(x) \le \int_c^{+\infty} \left[\int_a^{+\infty} f(x, y) \, d\alpha(x) \right] d\beta(y) \text{ 。}$$

令 s 趨向 $+\infty$，即得

$$\int_a^{+\infty} \left[\int_c^{+\infty} f(x, y) \, d\beta(y) \right] d\alpha(x)$$
$$\le \int_c^{+\infty} \left[\int_a^{+\infty} f(x, y) \, d\alpha(x) \right] d\beta(y) \text{ 。} \qquad (*)$$

由此式可知所欲證之等式的右端收斂。

　　仿此，設欲證之等式的右端收斂，而利用假設條件(3)，則可知所欲證之等式的左端收斂，而且不等式(*)的另一方向不等式也成立。綜合兩不等式，可知定理的等式成立。‖

【定理 16】（瑕積分可互換的充分條件之二）

　　設函數 $f : [a, +\infty) \times [c, +\infty) \to \mathbf{R}$ 為連續函數，而函數 $\alpha : [a, +\infty) \to \mathbf{R}$ 與 $\beta : [c, +\infty) \to \mathbf{R}$ 都是遞增函數。若可找到二函數 $M : [a, +\infty) \to [0, +\infty)$ 與 $N : [c, +\infty) \to [0, +\infty)$ 使得

　　(1) M 對 α 在 $[a, +\infty)$ 上的瑕積分收斂，N 對 β 在 $[c, +\infty)$ 上的瑕積分也收斂；

　　(2) 對每個 $(x, y) \in [a, +\infty) \times [c, +\infty)$，恆有

$$|f(x, y)| \le M(x)N(y) \text{ ；}$$

則兩個逐次瑕積分都收斂，且其值相等，亦即：

$$\int_c^{+\infty} \left[\int_a^{+\infty} f(x, y) \, d\alpha(x) \right] d\beta(y) = \int_a^{+\infty} \left[\int_c^{+\infty} f(x, y) \, d\beta(y) \right] d\alpha(x) \text{ 。}$$

證：定義一個非負函數 $g : [a, +\infty) \times [c, +\infty) \to \mathbf{R}$ 如下：對每個 $(x, y) \in [a, +\infty) \times [c, +\infty)$，令 $g(x, y) = f(x, y) + M(x)N(y)$，則恆有

$$0 \le g(x, y) \le 2M(x)N(y) \text{ 。}$$

對每個 $s \in [a, +\infty)$，因為函數 M 對函數 α 在 $[a, +\infty)$ 上的瑕積分收斂，所以，M 對 α 在 $[a, s]$ 上可 Riemann-Stieltjes 積分。於是，函數 M 在 $[a, s]$ 上有界，亦即：可找到一個 $k \geq 0$ 使得：對每個 $x \in [a, s]$，恆有 $0 \leq M(x) \leq k$。再依假設條件(2)可知：對每個 $x \in [a, s]$ 及每個 $y \in [c, +\infty)$，恆有 $|f(x, y)| \leq k \cdot N(y)$。因為函數 N 對函數 β 在 $[c, +\infty)$ 上的瑕積分收斂，所以，依 Weierstrass M-檢驗法，可知函數 $f(x, \cdot)$ 對函數 β 在 $[c, +\infty)$ 上的瑕積分在 $[a, s]$ 上均勻收斂。因為 f 是連續函數，所以，依定理 14，可知

$$\int_a^s \left[\int_c^{+\infty} f(x, y)\, d\beta(y) \right] d\alpha(x) = \int_c^{+\infty} \left[\int_a^s f(x, y)\, d\alpha(x) \right] d\beta(y) \text{。}$$

因為 M 對 α 在 $[a, +\infty)$ 上的瑕積分收斂且 N 對 β 在 $[c, +\infty)$ 上的瑕積分收斂，所以，可得

$$\int_a^s \left[\int_c^{+\infty} M(x)N(y)\, d\beta(y) \right] d\alpha(x)$$

$$= \int_c^{+\infty} \left[\int_a^s M(x)N(y)\, d\alpha(x) \right] d\beta(y)$$

$$= \left[\int_a^s M(x)\, d\alpha(x) \right]\left[\int_c^{+\infty} N(y)\, d\beta(y) \right] \text{。}$$

將兩等式相加，即得

$$\int_a^s \left[\int_c^{+\infty} g(x, y)\, d\beta(y) \right] d\alpha(x) = \int_c^{+\infty} \left[\int_a^s g(x, y)\, d\alpha(x) \right] d\beta(y) \text{。}$$

換言之，定理 15 的假設條件(2)對函數 g 成立。同理，定理 15 的假設條件(3)對函數 g 也成立。

另一方面，因為 $0 \leq g(x, y) \leq 2M(x)N(y)$，$\alpha$ 與 β 都是遞增函數，而且

$$\int_a^{+\infty} \left[\int_c^{+\infty} M(x)N(y)\, d\beta(y) \right] d\alpha(x)$$

$$= \int_c^{+\infty} \left[\int_a^{+\infty} M(x)N(y)\, d\alpha(x) \right] d\beta(y)$$

$$= \left[\int_a^{+\infty} M(x)\, d\alpha(x) \right]\left[\int_c^{+\infty} N(y)\, d\beta(y) \right] , \qquad\qquad (*)$$

所以，依比較檢驗法，可知函數 g 的兩個逐次瑕積分都收斂。依定理 15，函數 g 的兩個逐次瑕積分之值相等。因為(*)式成立且 $f(x,y)=g(x,y)-M(x)N(y)$，所以，函數 f 的兩個逐次瑕積分都收斂且相等。‖

【定理 17】（瑕積分可互換的充分條件之三）

設 $f:[a,+\infty)\times[c,+\infty)\to \boldsymbol{R}$、$\alpha:[a,+\infty)\to \boldsymbol{R}$ 與 $\beta:[c,+\infty)\to \boldsymbol{R}$ 為三函數。若

⑴f 為連續函數，而 α 與 β 為遞增函數；

⑵函數 $f(\cdot,y)$ 對函數 α 在 $[a,+\infty)$ 上的瑕積分在 $[c,+\infty)$ 上均勻收斂；

⑶函數 $f(x,\cdot)$ 對函數 β 在 $[c,+\infty)$ 上的瑕積分在 $[a,+\infty)$ 上均勻收斂；

⑷下述函數 $F(\cdot,t)$ 對函數 α 在 $[a,+\infty)$ 上的瑕積分在 $[c,+\infty)$ 上均勻收斂：

$$F(x,t) = \int_c^t f(x,y)\, d\beta(y) ;$$

則 f 的兩個逐次瑕積分都收斂且其值相等。

證：我們將證明下述極限存在，而且 f 的兩個逐次瑕積分的收斂值都等於下述極限值：

$$\lim_{t\to+\infty} \int_a^{+\infty} F(x,t)\, d\alpha(x) 。$$

設 ε 為任意正數。因為 $F(\cdot,t)$ 對 α 在 $[a,+\infty)$ 上的瑕積分在 $[c,+\infty)$ 上均勻收斂，所以，可找到一個 $s_0\in[a,+\infty)$ 使得：當 $s\geq s_0$ 時，對每個 $t\in[c,+\infty)$，恆有

$$\left| \int_a^s F(x,t)\, d\alpha(x) - \int_a^{+\infty} F(x,t)\, d\alpha(x) \right| < \frac{\varepsilon}{3} 。$$

選取一個 $s \geq s_0$，則對每個 $t \in [c, +\infty)$，因為 f 在 $[a, s] \times [c, t]$ 上連續而 α 與 β 為遞增函數，所以，依 §6-3 定理 21，可得

$$\int_a^s F(x,t)\,d\alpha(x) = \int_a^s \left[\int_c^t f(x,y)\,d\beta(y) \right] d\alpha(x)$$

$$= \int_c^t \left[\int_a^s f(x,y)\,d\alpha(x) \right] d\beta(y) \; 。$$

令 t 趨向 $+\infty$，因為 $f(x, \cdot)$ 對 β 在 $[c, +\infty)$ 上的瑕積分在 $[a, +\infty)$ 上均勻收斂，所以，依定理 14，可得

$$\lim_{t \to +\infty} \int_a^s F(x,t)\,d\alpha(x) = \int_a^s \left[\int_c^{+\infty} f(x,y)\,d\beta(y) \right] d\alpha(x)$$

$$= \int_c^{+\infty} \left[\int_a^s f(x,y)\,d\alpha(x) \right] d\beta(y) \; 。 \qquad (*)$$

由此可知：必可找到一個 $t_0 \in [c, +\infty)$ 使得：當 $t_2 > t_1 \geq t_0$. 時，恆有

$$\left| \int_a^s F(x,t_1)\,d\alpha(x) - \int_a^s F(x,t_2)\,d\alpha(x) \right| < \frac{\varepsilon}{3} \; 。$$

因此，當 $t_2 > t_1 \geq t_0$. 時，可得

$$\left| \int_a^{+\infty} F(x,t_1)\,d\alpha(x) - \int_a^{+\infty} F(x,t_2)\,d\alpha(x) \right|$$

$$\leq \left| \int_a^{+\infty} F(x,t_1)\,d\alpha(x) - \int_a^s F(x,t_1)\,d\alpha(x) \right|$$

$$+ \left| \int_a^s F(x,t_1)\,d\alpha(x) - \int_a^s F(x,t_2)\,d\alpha(x) \right|$$

$$+ \left| \int_a^s F(x,t_2)\,d\alpha(x) - \int_a^{+\infty} F(x,t_2)\,d\alpha(x) \right|$$

$$< \frac{\varepsilon}{3} + \frac{\varepsilon}{3} + \frac{\varepsilon}{3} = \varepsilon \; 。$$

仿 §10-1 定理 3 的 Cauchy 條件，可知下述極限存在：

$$\lim_{t \to +\infty} \int_a^{+\infty} F(x,t)\,d\alpha(x) \; 。$$

對每個 $t \in [c, +\infty)$，因為 $f(\cdot, y)$ 對 α 在 $[a, +\infty)$ 上的瑕積分在

$[c,t]$ 上均勻收斂，所以，可得

$$\lim_{t\to+\infty}\int_a^{+\infty} F(x,t)\,d\alpha(x) = \lim_{t\to+\infty}\int_a^{+\infty}\left[\int_c^t f(x,y)\,d\beta(y)\right]d\alpha(x)$$

$$= \lim_{t\to+\infty}\int_c^t\left[\int_a^{+\infty} f(x,y)\,d\alpha(x)\right]d\beta(y)$$

$$= \int_c^{+\infty}\left[\int_a^{+\infty} f(x,y)\,d\alpha(x)\right]d\beta(y) \text{。} \qquad (**)$$

另一方面，設 ε 為任意正數，因為函數 $F(\cdot,t)$ 對函數 α 在 $[a,+\infty)$ 上的瑕積分在 $[c,+\infty)$ 上均勻收斂，所以，可找到一個 $s_1\in[a,+\infty)$ 使得：當 $s\geq s_1$ 時，對每個 $t\in[c,+\infty)$，恆有

$$\left|\int_a^s F(x,t)\,d\alpha(x) - \int_a^{+\infty} F(x,t)\,d\alpha(x)\right| < \varepsilon \text{。}$$

令 t 趨向 $+\infty$，則依前面的極限式(*)與(**)可得：對每個 $s\geq s_1$，恆有

$$\left|\int_a^s\left[\int_c^{+\infty} f(x,y)\,d\beta(y)\right]d\alpha(x) - \int_c^{+\infty}\left[\int_a^{+\infty} f(x,y)\,d\alpha(x)\right]d\beta(y)\right| \leq \varepsilon \text{。}$$

令 s 趨向 $+\infty$，即得

$$\left|\int_a^{+\infty}\left[\int_c^{+\infty} f(x,y)\,d\beta(y)\right]d\alpha(x) - \int_c^{+\infty}\left[\int_a^{+\infty} f(x,y)\,d\alpha(x)\right]d\beta(y)\right| \leq \varepsilon \text{。}$$

因為上式對所有正數 ε 都成立，所以，f 的兩個逐次瑕積分相等。 ∥

【例 14】設 $a>0$，試考慮函數 $f(x,y)=xe^{-x^2(1+y^2)}$ 在 $[a,+\infty)\times[0,+\infty)$ 上的逐次瑕積分以證明下述等式：

$$\int_0^{+\infty}\frac{e^{-a^2 y^2}}{1+y^2}\,dy = \sqrt{\pi}\,e^{a^2}\int_a^{+\infty} e^{-x^2}\,dx \text{。}$$

證：令 $M(x)=xe^{-x^2}$（$x\geq a$）及 $N(y)=e^{-a^2 y^2}$（$y\geq 0$），則下列二瑕積分收斂：

$$\int_a^{+\infty} xe^{-x^2}\,dx = \frac{1}{2}e^{-a^2} \text{；}$$

$$\int_0^{+\infty} e^{-a^2y^2}\, dy = \frac{\sqrt{\pi}}{2a} \quad;$$

而且對每個 $(x,y) \in [\, a\, ,+\infty\,) \times [\, 0\, ,+\infty\,)$，$\left| f(x,y) \right| \le M(x)N(y)$ 恆成立。依定理 16，函數 f 在 $[\, a\, ,+\infty\,) \times [\, 0\, ,+\infty\,)$ 上的兩個逐次瑕積分都收斂且其值相等：

$$\int_0^{+\infty} \left[\int_a^{+\infty} xe^{-x^2(1+y^2)}\, dx \right] dy = \int_0^{+\infty} \frac{e^{-a^2(1+y^2)}}{2(1+y^2)}\, dy \quad,$$

$$\int_a^{+\infty} \left[\int_0^{+\infty} xe^{-x^2(1+y^2)}\, dy \right] dx = \frac{\sqrt{\pi}}{2} \int_a^{+\infty} e^{-x^2}\, dx \quad。$$

由此可知

$$\int_0^{+\infty} \frac{e^{-a^2(1+y^2)}}{2(1+y^2)}\, dy = \frac{\sqrt{\pi}}{2} \int_a^{+\infty} e^{-x^2}\, dx \quad。$$

上式兩端乘以 $2e^{a^2}$，即得所欲證的等式。‖

練習題　10－3

在第 1-8 題中，試討論各瑕積分的均勻收斂的範圍。

1. $\displaystyle\int_0^{+\infty} \frac{1}{x^2+y^2}\, dx$ 。 　　 2. $\displaystyle\int_0^{+\infty} e^{-x}\cos xy\, dx$ 。

3. $\displaystyle\int_0^{+\infty} \frac{1}{x^2+y}\, dx$ 。 　　 4. $\displaystyle\int_0^{+\infty} e^{-x^2-y^2/x^2}\, dx$ 。

5. $\displaystyle\int_0^{+\infty} x^n e^{-x^2}\cos xy\, dx$ 。 　 6. $\displaystyle\int_1^{+\infty} e^{-xy} \cdot \frac{\cos x}{x^p}\, dx$ ，$(\, p>0\,)$ 。

7. $\displaystyle\int_0^{+\infty} \frac{\sin xy}{x}\, dx$ 。 　　 8. $\displaystyle\int_0^{+\infty} \frac{\sin x^2}{1+x^y}\, dx$ 。

9. (1) 試證：對每個 $y>0$，恆有

$$\int_0^{+\infty} e^{-x^2 y}\, dx = \frac{1}{2}\sqrt{\frac{\pi}{y}} \quad。$$

(2)利用(1)的結果進一步證明：對每個 $y > 0$ 及每個 $n \in \mathbf{N}$ ，恆有

$$\int_0^{+\infty} x^{2n} e^{-x^2 y} \, dx = \frac{1 \times 3 \times \cdots \times (2n-1)}{2^{n+1}} \cdot \frac{\sqrt{\pi}}{y^{n+1/2}} \ 。$$

10.試證：對每個 $y \geq 0$ ，恆有

$$\int_0^{+\infty} x^{-2} (1 - e^{-x^2 y}) \, dx = \sqrt{\pi y} \ 。$$

11.試證：對每個 $a > 0$ 及每個 $y \in \mathbf{R}$ ，恆有

$$\int_0^{+\infty} e^{-ax^2} \cos xy \, dx = \frac{1}{2} \sqrt{\frac{\pi}{a}} \cdot e^{-y^2/(4a)} \ 。$$

12.試證：對每個 $y > 0$ 及每個 $z \in \mathbf{R}$ ，恆有

$$\int_0^{+\infty} e^{-xy} \cdot \frac{1 - \cos xz}{x^2} \, dx = z \tan^{-1} \frac{z}{y} - \frac{y}{2} \ln (y^2 + z^2) + y \ln y \ 。$$

13.試證下述等式成立：

$$\int_0^{+\infty} \frac{1 - \cos x}{x^2} \, dx = \int_0^{+\infty} \frac{\sin^2 x}{x^2} \, dx = \frac{\pi}{2} \ 。$$

14.(1)試證：對每個 $y \geq 0$ ，恆有

$$\int_0^{+\infty} e^{-x^2 - y^2/x^2} \, dx = \frac{\sqrt{\pi}}{2} e^{-2y} \ 。$$

(2)利用(1)的結果進一步證明：對每個 $y \geq 0$ 及每個 $z > 0$ ，恆有

$$\int_0^{+\infty} e^{-x^2 z^2 - y^2/x^2} \, dx = \frac{\sqrt{\pi}}{2z} e^{-2yz} \ 。$$

15.試證下述等式成立：

$$\int_0^{+\infty} \frac{\tan^{-1} \pi x - \tan^{-1} x}{x} \, dx = \frac{\pi}{2} \ln \pi \ 。$$

16.試證：對每個 $c > 0$ 及每對 $b > a$ ，恆有

$$\int_0^{+\infty} e^{-cx} \cdot \frac{\sin bx - \sin ax}{x} \, dx = \tan^{-1} \frac{b}{c} - \tan^{-1} \frac{a}{c} \ \circ$$

17.試證：對每對 $b > a$，恆有

$$\int_{0+}^{+\infty} \frac{e^{-a^2 x^2} - e^{-b^2 x^2}}{x^2} \, dx = \sqrt{\pi} \, (b-a) \ \circ$$

18.試證：對每對 $b > a$，恆有

$$\int_{0+}^{+\infty} \left(e^{-a^2/x^2} - e^{-b^2/x^2} \right) dx = \sqrt{\pi} \, (b-a) \ \circ$$

19.試證：對每個 $a \in \mathbf{R}$，$a \neq \pm 1$，恆有

$$\int_0^{+\infty} \frac{\sin x \sin ax}{x} \, dx = \frac{1}{2} \ln \left| \frac{1+a}{1-a} \right| \ \circ$$

20.若 $f : [\,0, +\infty) \to \mathbf{R}$ 為連續函數而且函數 $x \mapsto f(x)/x$ 在 $[\,0, +\infty)$ 上的瑕積分收斂，試證：對每對 $b > a > 0$，恆有

$$\int_0^{+\infty} \frac{f(ax) - f(bx)}{x} \, dx = f(0) \cdot \ln \left(\frac{b}{a} \right) \ \circ$$

21.若函數 $f : [\,0, +\infty) \to \mathbf{R}$ 在 $[\,0, +\infty)$ 上連續，導函數 f' 在 $(\,0, +\infty)$ 上連續，而且 $\lim_{x \to +\infty} f(x) = c$，試證：

(1)對每對 $b > a > 0$，下述瑕積分在 $[\,a, b\,]$ 上均勻收斂：

$$\int_0^{+\infty} f'(xy) \, dx \ \circ$$

(2)對每對 $b > a > 0$，恆有

$$\int_0^{+\infty} \frac{f(ax) - f(bx)}{x} \, dx = (f(0) - c) \cdot \ln \left(\frac{b}{a} \right) \ \circ$$

22.若 $f : [\,a, b\,] \times [\,c, d\,] \to \mathbf{R}$ 連續函數，對每個 $(t, y) \in [\,a, b\,] \times [\,c, d\,]$，令

$$F(t, y) = \int_t^b f(x, y) \, dx \ ,$$

試證：F 是 $[a,b]\times[c,d]$ 上的連續函數。

23. 設 $f:[a,b]\times J\to R$ 與 $\phi:[a,b]\to R$ 為二函數，其中 $J\subset R$，$y_0\in J^d$。若對每個正數 ε，必可找到一個 $\delta>0$ 使得：當 $0<|y-y_0|<\delta$ 時，$|f(x,y)-\phi(x)|<\varepsilon$ 對每個 $x\in[a,b]$ 都成立，則稱：當 y 趨近 y_0 時，函數 f 在區間 $[a,b]$ 上均勻趨近函數 ϕ（approach ϕ uniformly）。試證：若對每個 $y\in J$，函數 $f(\cdot,y)$ 都是 $[a,b]$ 上的連續函數，而且當 y 趨近 y_0 時，函數 f 在 $[a,b]$ 上均勻趨近函數 ϕ，則函數 ϕ 在 $[a,b]$ 上連續。

24. 設 $f:[a,b]\times J\to R$、$\phi:[a,b]\to R$ 與 $\alpha:[a,b]\to R$ 為三函數，其中 $J\subset R$，$y_0\in J^d$。若對每個 $y\in J$，函數 $f(\cdot,y)$ 都是 $[a,b]$ 上的連續函數；函數 α 在 $[a,b]$ 上有界變差；而且當 y 趨近 y_0 時，函數 f 在 $[a,b]$ 上均勻趨近函數 ϕ；試證：

$$\lim_{y\to y_0}\int_a^b f(x,y)\,d\alpha(x)=\int_a^b\phi(x)\,d\alpha(x)\ 。$$

25. 試證定理 11。

26. 設 $f:[0,+\infty)\to R$ 為一函數。若對某些 $s\in(0,+\infty)$，函數 $x\mapsto f(x)e^{-sx}$ 在 $[0,+\infty)$ 上的瑕積分收斂，其值記為

$$\hat{f}(s)=\int_0^{+\infty}f(x)e^{-sx}dx，$$

則函數 $\hat{f}$ 稱為函數 f 的 **Laplace** 變換（Laplace transform）。試求下列各函數的 Laplace 變換，並寫出其收斂範圍：

(1) $f(x)=x^n$，$n\in N\bigcup\{0\}$。

(2) $f(x)=e^{ax}$，$a\in R$。

(3) $f(x)=x^n e^{ax}$，$a\in R$，$n\in N$。

(4) $f(x)=\sin ax$，$a\in R$。

(5) $f(x)=\sinh ax$，$a\in R$。

27. 試證：$\displaystyle\int_{0+}^{1-}\frac{\ln x}{1-x}dx=-\frac{\pi^2}{6}$。（提示：將 $(1-x)^{-1}$ 展成冪級數。）

瑕積分的均勻收斂

28.試證：$\displaystyle\int_{0+}^{1-}\frac{\ln x}{1+x}\,dx = -\frac{\pi^2}{12}$ 。

29.試證：$\displaystyle\int_{0+}^{1-}\frac{\ln x}{1-x^2}\,dx = -\frac{\pi^2}{8}$ 。

30.試證：$\displaystyle\int_{0+}^{+\infty}\frac{x}{\sinh xy}\,dx = \frac{\pi^2}{4y^2}$ 。

$10-4$ Euler 積分

在本節裡，我們要討論在實際應用中經常出現的兩個瑕積分，它們統稱為 Euler 積分（Eulerian integrals）。這兩個瑕積分將分別用來定義成兩個重要函數，它們是 Gamma 函數與 Beta 函數。本節將分別討論兩個函數的性質。

甲、Gamma 函數的意義及基本性質

要定義 Gamma 函數，我們需要先討論下述含參數的瑕積分的斂散性：

$$\int_{0+}^{+\infty} t^{x-1}e^{-t}\,dt \, 。$$

這是一個混合型瑕積分，在討論斂散性時，我們需要分別討論下述兩個瑕積分：

$$\int_{1}^{+\infty} t^{x-1}e^{-t}\,dt \, , \qquad \int_{0+}^{1} t^{x-1}e^{-t}\,dt \, 。$$

首先討論前一個瑕積分的斂散性：不論 x 是任何實數，依 L'Hospital 法則，可得

$$\lim_{t\to+\infty} t^2(t^{x-1}e^{-t}) = \lim_{t\to+\infty}\frac{t^{x+1}}{e^t} = 0 \, ,$$

所以，依§10-2 系理 5，可知前一個瑕積分對每個 $x \in R$ 都是絕對收斂。更進一步地，若 $[a,b]$ 是 R 的任意緊緻子區間，則對每個 $t \in [1,+\infty)$ 及每個 $x \in [a,b]$，恆有

$$\left| t^{x-1}e^{-t} \right| \leq t^{b-1}e^{-t} \ 。$$

因為函數 $t \mapsto t^{b-1}e^{-t}$ 在 $[1,+\infty)$ 上的瑕積分收斂，所以，依 Weierstrass M-檢驗法，可知函數 $t \mapsto t^{x-1}e^{-t}$ 在 $[1,+\infty)$ 上的瑕積分在 $[a,b]$ 上均勻收斂。

　　至於後一個瑕積分的斂散性卻沒有這麼良好。若 $x \geq 1$，則函數 $t \mapsto t^{x-1}e^{-t}$ 在 $[0,1]$ 上可 Riemann 積分，它當然收斂。當 $x < 1$ 時，因為對某個 $p \in (0,1)$ 而言，極限 $\lim_{t \to 0+} t^p (t^{x-1}e^{-t})$ 存在的充要條件是 $p+x-1 \geq 0$，所以，可找到一個 $p \in (0,1)$ 使得 $\lim_{t \to 0+} t^p (t^{x-1}e^{-t})$ 存在的充要條件是 $x > 0$。換言之，後一個瑕積分只在 $(0,+\infty)$ 上每個點逐點收斂，而在 $(-\infty,0]$ 上每個點都發散。更進一步地，若 $[a,b]$ 是集合 $(0,+\infty)$ 的任意緊緻子區間，則對每個 $t \in (0,1]$ 及每個 $x \in [a,b]$，恆有

$$\left| t^{x-1}e^{-t} \right| \leq t^{a-1}e^{-t} \ 。$$

因為函數 $t \mapsto t^{a-1}e^{-t}$ 在 $(0,1]$ 上的瑕積分收斂，所以，依 Weierstrass M-檢驗法，可知函數 $t \mapsto t^{x-1}e^{-t}$ 在 $(0,1]$ 上的瑕積分在 $[a,b]$ 上均勻收斂。

　　利用前面的結果，可以定義一個函數如下。

【定義 1】函數 $\Gamma : R - \{n \in Z \mid n \leq 0\} \to R$ 定義如下：
　　⑴若 $x > 0$，則

$$\Gamma(x) = \int_{0+}^{+\infty} t^{x-1}e^{-t}dt \ 。$$

　　⑵若 $-n < x < -n+1$，$n \in N$，則 $0 < x+n < 1$，依⑴定義 $\Gamma(x+n)$；令

$$\Gamma(x) = \frac{1}{x(x+1)\cdots(x+n-1)} \cdot \Gamma(x+n) \text{ 。}$$

函數 Γ 稱為 **Gamma 函數**（Gamma function）。

定義 1 中的(2)何以如此定義，在證明過定理 1 (3)後會加以說明。

【定理 1】（Gamma 函數的基本性質）

　　(1) $\Gamma(1) = 1$ 。

　　(2)若 $x > 0$，則 $\Gamma(x+1) = x\,\Gamma(x)$ 。

　　(3)若 $x > 0$ 且 $n \in N$，則 $\Gamma(x+n) = (x+n-1)\cdots(x+1)x\,\Gamma(x)$ 。

　　(4)若 $n \in N$，則 $\Gamma(n) = (n-1)!$ 。由此可知：Gamma 函數乃是階乘函數的**延拓**（extension）。

　　(5) $\Gamma(1/2) = \sqrt{\pi}$ 。

證：(1)依定義即得。

　　(2)因為 $x > 0$，所以，依定義 1 (1)，可得

$$\Gamma(x+1) = \int_{0+}^{+\infty} t^x e^{-t} dt = -t^x e^{-t} \Big|_{t \to 0+}^{t \to +\infty} + \int_{0+}^{+\infty} x t^{x-1} e^{-t} dt$$

$$= x \int_{0+}^{+\infty} t^{x-1} e^{-t} dt = x\,\Gamma(x) \text{ 。}$$

　　(3)由(2)及數學歸納法立即可得。

　　(4)在(3)中令 $x = 1$ 立即可得。

　　(5)在 $\Gamma(1/2)$ 的定義中作變數代換 $s = \sqrt{t}$，即得

$$\Gamma(\frac{1}{2}) = \int_{0+}^{+\infty} t^{-1/2} e^{-t} dt = 2 \int_{0+}^{+\infty} e^{-s^2} ds = \sqrt{\pi} \text{ 。 } \|$$

在證明過定理 1 (3)之後，不難了解定義 1 (2)的定義，就是要將定理 1 (3)中的性質延拓到負實數，使得下述性質成立：若 $x \in R$，但 x 不是負整數、也不等於 0，則對每個 $n \in N$，恆有

$$\Gamma(x+n) = (x+n-1)\cdots(x+1)x\,\Gamma(x) \text{ 。}$$

請注意：在上式中，不論 $x+n$ 為正或為負，該等式都成立。此式也指

出：Gamma 函數在 $(0,+\infty)$ 上各點的函數值，可完全由其在 $(0,1]$ 上的值來決定。另一方面，Gamma 函數的定義域還能繼續擴大使它包含 0 及所有負整數嗎？答案是：若要將定義域擴大而使所得函數仍然是連續函數，則這是不可能的。參看定理 2(3)及定理 4。

【定理 2】（Gamma 函數的基本分析性質）

(1) Gamma 函數 Γ 是連續函數。

(2) 若 $x > 0$ ，則 $\Gamma(x) > 0$ 。若 $x \in (-n, -n+1)$ ，$n \in N$ ，則 $(-1)^n \Gamma(x) > 0$ 。

(3) $\lim_{x \to 0+} \Gamma(x) = +\infty$ 。

(4) Gamma 函數在其定義域上可無限次微分，亦即：其各階導函數都存在且連續。

(5) 在 $(0,+\infty)$ 中，Gamma 函數 Γ 是凸函數。

證：(1)依定義 1 前面的兩段說明，因為連續函數 $t \mapsto t^{x-1}e^{-t}$ 在 $(0,+\infty)$ 上的瑕積分在 $(0,+\infty)$ 的每個緊緻子集上都均勻收斂，所以，依 §10-3 定理 10，Gamma 函數 Γ 在 $(0,+\infty)$ 上每個點都連續。

對每個 $n \in N$ ，因為函數 $x \mapsto (x(x+1)\cdots(x+n-1))^{-1}$ 在 $(-n, -n+1)$ 上連續，而且依前段結果，函數 $x \mapsto \Gamma(x+n)$ 在 $(-n, -n+1)$ 上也連續，所以，Gamma 函數 Γ 在 $(-n, -n+1)$ 上連續。

(2) 因為對每個 $t \in (0,+\infty)$ 及每個 $x \in (0,+\infty)$ ，恆有 $t^{x-1}e^{-t} > 0$ ，所以，依定義，$\Gamma(x) > 0$ 。

若 $x \in (-n, -n+1)$ ，$n \in N$ ，則因為 $x(x+1)\cdots(x+n-1)$ 是 n 個負數的乘積而且 $\Gamma(x+n) > 0$ ，所以，$\Gamma(x)$ 與 $(-1)^n$ 同號，亦即：$(-1)^n \Gamma(x) > 0$ 。

(3)對每個 $x > 0$ ，因為

$$\Gamma(x) = \int_{0+}^{+\infty} t^{x-1}e^{-t}dt \geq \int_{0+}^{1} t^{x-1}e^{-t}dt \geq \int_{0+}^{1} t^{x-1}e^{-1}dt = \frac{1}{ex} ,$$

所以，可得 $\lim_{x \to 0+} \Gamma(x) = +\infty$ 。

⑷對每個 $(t, x) \in (0, +\infty) \times (0, +\infty)$ ，令 $f(t, x) = t^{x-1} e^{-t}$ ，則函數 f 對第二個變數的偏導函數為 $D_2 f(t, x) = t^{x-1} e^{-t} \ln t$ 。若 $[a, b]$ 是 $(0, +\infty)$ 的任意緊緻子區間，則對每個 $x \in [a, b]$ ，恆有

$$\left| D_2 f(t, x) \right| \leq t^{a-1} \cdot 1 \cdot (-\ln t) = t^{a-1}(-\ln t) , \qquad t \in (0, 1] ;$$

$$\left| D_2 f(t, x) \right| \leq t^{b-1} \cdot e^{-t} \cdot t = t^b e^{-t} , \qquad\qquad t \in [1, +\infty) 。$$

因為函數 $t \mapsto t^{a-1}(-\ln t)$ 在 $(0, 1]$ 上的瑕積分與函數 $t \mapsto t^b e^{-t}$ 在 $[1, +\infty)$ 上的瑕積分都收斂，所以，依 Weierstrass M-檢驗法，可知函數 $D_2 f$ 在 $(0, +\infty)$ 上的瑕積分在 $(0, +\infty)$ 的每個緊緻子區間 $[a, b]$ 上都均勻收斂。依 §10-3 定理 13，可知對每個 $x \in [a, b]$ ，$\Gamma'(x)$ 存在而且

$$\Gamma'(x) = \int_{0+}^{+\infty} t^{x-1} e^{-t} \ln t \, dt 。 \tag{*}$$

因為 $[a, b]$ 是 $(0, +\infty)$ 的任意緊緻子區間，所以，可知(*)式對 $(0, +\infty)$ 的的每個 x 都成立。其次，由(*)式出發，反覆重複前面的過程，依數學歸納法，可知對每個 $x \in (0, +\infty)$ 及每個 $n \in N$ ，$\Gamma^{(n)}(x)$ 都存在，而且

$$\Gamma^{(n)}(x) = \int_{0+}^{+\infty} t^{x-1} e^{-t} (\ln t)^n \, dt 。$$

由此可知：Gamma 函數 Γ 在 $(0, +\infty)$ 上可無限次微分。

最後，若 $x < 0$ 且 $-x \notin N$ ，任選一個 $m \in N$ 使得 $x + m > 0$ ，則可得

$$\Gamma(x) = \frac{1}{x(x+1) \cdots (x+m-1)} \cdot \Gamma(x+m) 。$$

因為 Γ 在 $(0, +\infty)$ 上可無限次微分，所以，由上式的右端可知 Γ 在 $(-\infty, 0) - Z$ 上也可無限次微分。

⑸對每個 $t \in (0, +\infty)$ 及每個 $x \in (0, +\infty)$ ，恆有 $t^{x-1} e^{-t} (\ln t)^2$

> 0，所以，可得

$$\Gamma''(x) = \int_{0+}^{+\infty} t^{x-1} e^{-t} (\ln t)^2 \, dt > 0 \, \circ$$

由此可知：Γ 是 $(0, +\infty)$ 上的凸函數。$\|$

根據定理 2(2)，在集合 $(-\infty, 0) - \mathbf{Z}$ 的各個區間中，Γ 的函數值負、正交錯著出現。因此，在 y 軸左側，$y = \Gamma(x)$ 的圖形交錯地出現在 x 軸的下、上方。

乙、Gamma 函數的其他表示法及關係式

因為 Gamma 函數是利用瑕積分來定義，所以，適當的變數代換可以引出其他形式的表示式。例如：令 $s = \sqrt{t}$，則得

$$\Gamma(x) = 2 \int_{0+}^{+\infty} s^{2x-1} e^{-s^2} \, ds \, , \qquad x > 0 \, \circ$$

令 $s = t/c$（$c > 0$），則得

$$\Gamma(x) = c^x \int_{0+}^{+\infty} s^{x-1} e^{-cs} \, ds \, , \qquad x > 0 \, \circ$$

除了這些很容易導出的表示式之外，Gamma 函數還可以利用極限、無窮級數或無窮乘積來表示，我們介紹如下。

【定理 3】（Gamma 函數的 Gauss 表示法）
對每個 $x \in \mathbf{R}$，x 不是負整數、也不等於 0，恆有

$$\Gamma(x) = \lim_{n \to \infty} \frac{n^x n!}{x(x+1)\cdots(x+n)} \, , \qquad \text{或寫成}$$

$$\lim_{n \to \infty} \frac{\Gamma(x+n)}{\Gamma(n) \, n^x} = 1 \, \circ$$

證：(1)先設 $0 \le x \le 1$。對每個 $n \in \mathbf{N}$，當 $0 < t \le n$ 時，恆有

$$t^x \le n^x \, , \qquad n^{x-1} \le t^{x-1} \, \circ$$

由此可得

$$n^{x-1}\int_0^n t^n e^{-t}dt \le \int_0^n t^{n+x-1}e^{-t}dt \le n^x \int_0^n t^{n-1}e^{-t}dt \; 。 \qquad (*)$$

另一方面，當 $t \ge n$ 時，恆有

$$n^x \le t^x \; , \qquad t^{x-1} \le n^{x-1} \; 。$$

由此可得

$$n^x \int_n^{+\infty} t^{n-1}e^{-t}dt \le \int_n^{+\infty} t^{n+x-1}e^{-t}dt \le n^{x-1}\int_n^{+\infty} t^n e^{-t}dt \; 。 \qquad (**)$$

根據分部積分法，可知

$$\int_n^{+\infty} t^n e^{-t}dt = n^n e^{-n} + n\int_n^{+\infty} t^{n-1}e^{-t}dt \; 。$$

代入(**)式，即得

$$-n^{n+x-1}e^{-n} + n^{x-1}\int_n^{+\infty} t^n e^{-t}dt \le \int_n^{+\infty} t^{n+x-1}e^{-t}dt$$

$$\le n^x \int_n^{+\infty} t^{n-1}e^{-t}dt + n^{n+x-1}e^{-n} \; 。 \qquad (***)$$

將(*)式與(***)式相加，即得

$$-n^{n+x-1}e^{-n} + n^{x-1}\int_0^{+\infty} t^n e^{-t}dt \le \int_0^{+\infty} t^{n+x-1}e^{-t}dt$$

$$\le n^x \int_0^{+\infty} t^{n-1}e^{-t}dt + n^{n+x-1}e^{-n} \; ;$$

$$-n^{n+x-1}e^{-n} + n^{x-1}\,\Gamma(n+1) \le \Gamma(x+n) \le n^x\,\Gamma(n) + n^{n+x-1}e^{-n} \; ;$$

$$-\frac{n^n e^{-n}}{n!} + 1 \le \frac{\Gamma(x+n)}{\Gamma(n)\,n^x} \le 1 + \frac{n^n e^{-n}}{n!} \; 。$$

只需證明 $\lim_{n\to\infty}(n^n e^{-n}/n!) = 0$，即知欲證的結果在 $0 \le x \le 1$ 時成立。

對每個 $n \in N$，令 $a_n = (n^n e^{-n}\sqrt{n})/n!$，則可得

$$\frac{a_{n+1}}{a_n} = \frac{(1+1/n)^{n+1/2}}{e} \; 。$$

對每個 $n \in N$，曲線 $y = 1/x$、直線 $y = 0$、直線 $x = n$ 與直線 $x = n+1$

所圍區域的面積等於 $\ln(1+1/n)$ ，而曲線 $y=1/x$ 過點 $(n+1/2,(n+1/2)^{-1})$ 的切線、直線 $y=0$、直線 $x=n$ 與直線 $x=n+1$ 所圍梯形區域的面積等於 $2/(2n+1)$ 。因為函數 $x \mapsto 1/x$ 在 $(0,+\infty)$ 上是凸函數，所以，前一區域的面積較大，亦即：

$$\ln(1+\frac{1}{n}) \geq \frac{2}{2n+1} \ ,$$

$$\left(1+\frac{1}{n}\right)^{n+1/2} \geq e \ 。$$

由此可知：數列 $\{a_n\}_{n=1}^{\infty}$ 是遞增數列。另一方面，因為函數 $x \mapsto \ln x$ 在 $(0,+\infty)$ 上是凹函數，所以，對每個 $k \in N$，曲線 $y=\ln x$、直線 $y=0$、直線 $x=k-1/2$ 與直線 $x=k+1/2$ 所圍區域的面積，小於曲線 $y=\ln x$ 過點 $(k,\ln k)$ 的切線、直線 $y=0$、直線 $x=k-1/2$ 與直線 $x=k+1/2$ 所圍梯形區域的面積 $\ln k$ 。於是，對每個 $n \in N$，可得

$$\int_1^n \ln x \, dx = \int_1^{3/2} \ln x \, dx + \sum_{k=2}^{n-1} \int_{k-1/2}^{k+1/2} \ln x \, dx + \int_{n-1/2}^n \ln x \, dx$$

$$\leq 1 + \sum_{k=2}^{n-1} \ln k + \frac{1}{2} \ln n \ ,$$

$$n \ln n - n + 1 \leq 1 + \ln(n!) - \ln \sqrt{n} \ ,$$

$$a_n = \frac{n^n e^{-n} \sqrt{n}}{n!} \leq 1 \ 。$$

由此可知：數列 $\{a_n\}_{n=1}^{\infty}$ 是有界數列。依實數系的完備性，可知數列 $\{a_n\}_{n=1}^{\infty}$ 是收斂數列。於是，

$$\lim_{n \to \infty} \frac{n^n e^{-n}}{n!} = (\lim_{n \to \infty} a_n)(\lim_{n \to \infty} \frac{1}{\sqrt{n}}) = 0 \ 。$$

⑵再證一般情形。設 $x \in R$，而 x 不是負整數、也不等於 0。令 $m=[x]$，則 $0 \leq x-m < 1$，而且當 $x<0$ 時，恆有 $x \neq m$。依⑴的結果，可得

$$\lim_{n \to \infty} \frac{\Gamma(x-m+n)}{\Gamma(n)\, n^{x-m}} = 1 \; \circ$$

因為當 $n > m$ 時，可得

$$\frac{\Gamma(x+n)}{\Gamma(n)\, n^{x}} = \frac{(x+n-1)(x+n-2)\cdots(x+n-m)}{n^{m}} \cdot \frac{\Gamma(x-m+n)}{\Gamma(n)\, n^{x-m}} \; ,$$

所以，可得

$$\lim_{n \to \infty} \frac{\Gamma(x+n)}{\Gamma(n)\, n^{x}} = 1 \; \circ \; \|$$

定理 3 中的極限式，在 §8-4 例 14 與練習題 19⑵已出現過。

利用 Gauss 表示法，可證明 Weierstrass 表示法。

【定理 4】（Gamma 函數的 Weierstrass 表示法）

對每個 $x \in \boldsymbol{R}$， x 不是負整數、也不等於 0，恆有

$$\Gamma(x) = e^{-\gamma x} \cdot \frac{1}{x} \cdot \prod_{n=1}^{\infty} \frac{e^{x/n}}{1+x/n} \; \circ$$

其中的 γ 是 Euler 常數： $\gamma = \lim_{n \to \infty} (1 + 1/2 + 1/3 + \cdots + 1/n - \ln n) \circ$

證：對每個 $n \in \boldsymbol{N}$， $n > 1$，令

$$P_n = \frac{1}{x} \cdot \prod_{k=1}^{n-1} \frac{e^{x/k}}{1+x/k} = \Gamma(n)\, e^{s_n x} \prod_{k=0}^{n-1} \frac{1}{x+k} \; ,$$

其中， $s_n = 1 + 1/2 + 1/3 + \cdots + 1/(n-1) \circ$ 於是，得

$$\Gamma(x) = \frac{\Gamma(x+n)}{x(x+1)(x+2)\cdots(x+n-1)}$$

$$= \frac{P_n\, \Gamma(x+n)}{\Gamma(n)\, e^{s_n x}} = P_n\, e^{-(s_n - \ln n)\, x} \frac{\Gamma(x+n)}{\Gamma(n)\, n^{x}} \; \circ$$

依定理 3，可得

$$\lim_{n \to \infty} P_n = \Gamma(x)\, e^{\gamma x} \; ,$$

$$\frac{1}{x} \cdot \prod_{n=1}^{\infty} \frac{e^{x/n}}{1+x/n} = \Gamma(x)\,e^{\gamma x} \ ,$$

$$\Gamma(x) = e^{-\gamma x} \cdot \frac{1}{x} \cdot \prod_{n=1}^{\infty} \frac{e^{x/n}}{1+x/n} \ 。 \ \|$$

【定理 5】（Gamma 函數的一個重要性質）

在 $(0, +\infty)$ 上，函數 $\ln \circ \Gamma$ 是一個凸函數。

證：對每個 $x > 0$，依定理 4 的 Weierstrass 表示法及 §8-4 定理 11，可得

$$\ln \Gamma(x) = -\gamma\, x - \ln x + \sum_{n=1}^{\infty} \left(\frac{x}{n} - \ln\left(1 + \frac{x}{n}\right) \right) \ 。$$

將上式右端逐項對 x 微分所得的級數為

$$-\gamma - \frac{1}{x} + \sum_{n=1}^{\infty} \left(\frac{1}{n} - \frac{1}{n+x} \right) = -\gamma - \frac{1}{x} + \sum_{n=1}^{\infty} \frac{x}{n(n+x)} \ 。 \qquad (*)$$

對每個正數 a，因為對每個 $n \in N$ 及每個 $x \in (0, a]$，恆有 $|x/n(n+x)| \le a/n^2$，而且 $\sum_{n=1}^{\infty} (a/n^2)$ 是收斂級數，所以，依 Weierstrass M-檢驗法，函數項級數(*)在每個 $(0, a]$ 上都均勻收斂。依 §3-2 定理 13，可知函數項級數(*)的和函數就是 $(\ln \circ \Gamma)'$，亦即：對每個 $x \in (0, a]$，恆有

$$(\ln \Gamma(x))' = -\gamma - \frac{1}{x} + \sum_{n=1}^{\infty} \frac{x}{n(n+x)} \ 。$$

因為 a 是任意正數，所以，上述等式對每個 $x \in (0, +\infty)$ 都成立。

將函數項級數(*)的每一項對 x 微分，所得的級數為

$$\frac{1}{x^2} + \sum_{n=1}^{\infty} \frac{1}{(n+x)^2} \ 。$$

顯然地，此函數項級數在每個 $(0, a]$ 上都均勻收斂。仿前段的論證可知：對每個 $x \in (0, +\infty)$，恆有

$$(\ln \Gamma(x))'' = \frac{1}{x^2} + \sum_{n=1}^{\infty} \frac{1}{(n+x)^2} \; \text{。}$$

因為對每個 $x \in (0, +\infty)$ ，恆有 $(\ln \Gamma(x))'' > 0$ ，所以，函數 $\ln \circ \Gamma$ 在 $(0, +\infty)$ 上是凸函數。 ‖

定理 5 中的性質是 Gamma 函數的刻劃條件之一，且看下述定理。

【定理 6】（Gamma 函數的刻劃條件）

若函數 $f : (0, +\infty) \to (0, +\infty)$ 滿足下述三條件：

⑴ $f(1) = 1$ ；

⑵對每個 $x \in (0, +\infty)$ ，恆有 $f(x+1) = x f(x)$ ；

⑶函數 $\ln \circ f$ 在 $(0, +\infty)$ 上是凸函數；

則對每個 $x \in (0, +\infty)$ ，恆有 $f(x) = \Gamma(x)$ 。

證：因為 f 與 Γ 都具有⑵的性質，所以，我們只需證明：對每個 $x \in (0, 1]$ ，恆有 $f(x) = \Gamma(x)$ 。

設 $x \in (0, 1]$ 。對每個 $n \in N$ ， $n \geq 2$ ，因為 $\ln \circ f$ 是 $(0, +\infty)$ 上的凸函數，而 $(n-1, \ln f(n-1))$ 、 $(n, \ln f(n))$ 與 $(n+x, \ln f(n+x))$ 是其圖形上的三個點，所以，可得

$$\frac{\ln f(n-1) - \ln f(n)}{(n-1) - n} \leq \frac{\ln f(n+x) - \ln f(n)}{(n+x) - n} \; \text{。}$$

再考慮其圖形上的另三個點 $(n, \ln f(n))$ 、 $(n+x, \ln f(n+x))$ 與 $(n+1, \ln f(n+1))$ ，即得

$$\frac{\ln f(n+x) - \ln f(n)}{(n+x) - n} \leq \frac{\ln f(n+1) - \ln f(n)}{(n+1) - n} \; \text{。}$$

根據條件⑴與⑵，可得 $f(n-1) = (n-2)!$ 及 $f(n) = (n-1)!$ 。代入上述二不等式，即得

$$\ln (n-1) \leq \frac{\ln f(n+x) - \ln (n-1)!}{x} \leq \ln n \; \text{，}$$

$$(n-1)^x (n-1)! \leq f(n+x) \leq n^x (n-1)! \ \text{。}$$

根據條件⑵及數學歸納法，可得 $f(n+x) = (x+n-1)(x+n-2)\cdots xf(x)$。於是，對每個 $x \in (0,1]$ 及每個 $n \in N$，$n \geq 2$，恆有

$$\frac{(n-1)^x (n-1)!}{x(x+1)\cdots(x+n-1)} \leq f(x) \leq \frac{n^x n!}{x(x+1)\cdots(x+n)} \cdot \frac{x+n}{n} \ \text{。}$$

依夾擠原理及定理 3，可得

$$f(x) = \lim_{n\to\infty} \frac{n^x n!}{x(x+1)\cdots(x+n)} = \Gamma(x) \ \text{。}$$

這就是所欲證的結果。 $\|$

下面我們要利用定理 6 的刻劃條件來證明 Gauss 的乘積公式及 Legendre 等式，但我們需要使用 Stirling 公式。

【定理 7】（Stirling 公式）

$$\lim_{n\to\infty} \frac{n^n e^{-n} \sqrt{2\pi n}}{n!} = 1 \ \text{。}$$

證：對每個 $n \in N$，令 $a_n = (n^n e^{-n} \sqrt{n})/n!$，則依定理 3 的證明，可知 $\{a_n\}_{n=1}^{\infty}$ 是遞增數列且其極限不大於 1，設其極限為 r。另一方面，依 §8-4 練習題 7，可得

$$\lim_{n\to\infty} \frac{2\times4\times\cdots\times(2n)}{1\times3\times\cdots\times(2n-1)} \cdot \frac{1}{\sqrt{n}} = \sqrt{\pi} \ \text{。}$$

將分母補上適當因數使它成為階乘，即得

$$\lim_{n\to\infty} \frac{2^{2n}(n!)^2}{(2n)!\sqrt{n}} = \sqrt{\pi} \ \text{。}$$

將 $n!$ 以 $(n^n e^{-n}\sqrt{n})/a_n$ 代入上式左端，則得

$$\frac{2^{2n}(n!)^2}{(2n)!\sqrt{n}} = \frac{2^{2n}((n^{2n} e^{-2n} n)/a_n^2)}{((2^{2n} n^{2n} e^{-2n}\sqrt{2n})/a_{2n})\sqrt{n}} = \frac{a_{2n}}{a_n^2} \cdot \frac{1}{\sqrt{2}} \ \text{。}$$

因為上式左端的極限為 $\sqrt{\pi}$ ，而右端的極限為 $1/(r\sqrt{2})$ ，所以，得 $r = 1/\sqrt{2\pi}$ ，亦即：

$$\lim_{n\to\infty}\frac{n^n e^{-n}\sqrt{n}}{n!} = \frac{1}{\sqrt{2\pi}} \ ,$$

$$\lim_{n\to\infty}\frac{n^n e^{-n}\sqrt{2\pi n}}{n!} = 1 \ 。$$

這就是所欲證的結果。 $\parallel$

【定理 8】（Gauss 乘積公式）

　　若 $x \in (0, +\infty)$ 而 $p \in N$ ，則

$$\Gamma(\frac{x}{p})\Gamma(\frac{x+1}{p})\cdots\Gamma(\frac{x+p-1}{p}) = \frac{(2\pi)^{(p-1)/2}}{p^{x-1/2}}\cdot\Gamma(x) \ 。$$

證：定義 $f\colon (0, +\infty) \to (0, +\infty)$ 如下：對每個 $x \in (0, +\infty)$ ，令

$$f(x) = c\cdot p^x\,\Gamma(\frac{x}{p})\Gamma(\frac{x+1}{p})\cdots\Gamma(\frac{x+p-1}{p}) \ ,$$

其中，$c = \left(p\cdot\prod_{k=1}^{p}\Gamma(k/p)\right)^{-1}$ 。

　　顯然地，$f(1) = 1$ 。對每個 $x > 0$ ，可得

$$f(x+1) = c\cdot p^{x+1}\,\Gamma(\frac{x+1}{p})\Gamma(\frac{x+2}{p})\cdots\Gamma(\frac{x+p-1}{p})\Gamma(\frac{x+p}{p})$$

$$= c\cdot p\cdot p^x\,\Gamma(\frac{x+1}{p})\Gamma(\frac{x+2}{p})\cdots\Gamma(\frac{x+p-1}{p})\frac{x}{p}\Gamma(\frac{x}{p})$$

$$= xf(x) \ 。$$

其次，設 $x, y \in (0, +\infty)$ 而 $t \in [0, 1]$ ，因為 $\ln\circ\Gamma$ 是凸函數，所以，得

$\ln f((1-t)x + ty)$

$$= \ln c + \ln p^{(1-t)x+ty} + \sum_{k=0}^{p-1}\ln\Gamma(\frac{(1-t)x+ty+k}{p})$$

$$= \ln c + \ln p^{(1-t)x} + \ln p^{ty} + \sum_{k=0}^{p-1}\ln\Gamma((1-t)\cdot\frac{x+k}{p} + t\cdot\frac{y+k}{p})$$

$$\leq \ln c + (1-t)\ln p^x + t\ln p^y + (1-t)\sum_{k=0}^{p-1}\ln\Gamma(\frac{x+k}{p})$$

$$+ t\sum_{k=0}^{p-1}\ln\Gamma(\frac{y+k}{p})$$

$$= (1-t)\ln f(x) + t\ln f(y) \,\text{。}$$

由此可知：$\ln\circ f$ 是 $(0,+\infty)$ 上的的凸函數。依定理 6 的刻劃條件可知：對每個 $x\in(0,+\infty)$ ，恆有 $f(x)=\Gamma(x)$ 。我們只需證明 $c^{-1}=\sqrt{p}\,(2\pi)^{(p-1)/2}$ 即可。對每個 $k=1,2,\cdots,p$ ，依定理 3 的 Gauss 表示法，可得

$$\Gamma(\frac{k}{p}) = \lim_{n\to\infty}\frac{n^{k/p}n!\,p^{n+1}}{k(k+p)\cdots(k+np)}\,\text{。}$$

將各式相乘，即得

$$c^{-1} = p\,\Gamma(\frac{1}{p})\Gamma(\frac{2}{p})\cdots\Gamma(\frac{p}{p}) = p\lim_{n\to\infty}\frac{n^{(p+1)/2}(n!)^p\,p^{np+p}}{(np+p)!}$$

$$= p\lim_{n\to\infty}\left(\frac{n!}{n^n e^{-n}\sqrt{2\pi n}}\right)^p\left(\frac{(np+p)^{np+p}e^{-np-p}\sqrt{2\pi(np+p)}}{(np+p)!}\right)\times$$

$$\left(\frac{n^{np+p+1/2}(2\pi)^{(p-1)/2}}{(n+1)^{np+p+1/2}e^{-p}\sqrt{p}}\right)$$

$$= p\cdot 1\cdot 1\cdot\frac{(2\pi)^{(p-1)/2}}{\sqrt{p}}$$

$$= \sqrt{p}\,(2\pi)^{(p-1)/2}\,\text{。}$$

這就是所欲證的結果。‖

【定理 9】（Legendre 等式）

　　若 $x>0$ ，則 $\Gamma(x)\,\Gamma(x+\frac{1}{2}) = 2^{1-2x}\sqrt{\pi}\,\Gamma(2x)$ 。

證：對每個 $x\in(0,+\infty)$ 及 $p\in N$ ，在定理 8 中以 px 代入 x ，即得

$$\Gamma(x)\Gamma(x+\frac{1}{p})\cdots\Gamma(x+\frac{p-1}{p})=\frac{(2\pi)^{(p-1)/2}}{p^{px-1/2}}\cdot\Gamma(px) \circ$$

在上式令 $p=2$，即得

$$\Gamma(x)\Gamma(x+\frac{1}{2})=\frac{(2\pi)^{1/2}}{2^{2x-1/2}}\cdot\Gamma(2x)=2^{1-2x}\sqrt{\pi}\Gamma(2x) \circ \parallel$$

丙、Beta 函數的意義及基本性質

定義 Gamma 函數所使用的瑕積分，通常稱為第一種 Euler 積分，下面的瑕積分則稱為第二種 Euler 積分：

$$\int_{0+}^{1-} t^{x-1}(1-t)^{y-1}\,dt \circ$$

這是一個含有兩個參數的混合型瑕積分，在討論它的斂散性時，我們需要分別討論下述兩個瑕積分：

$$\int_{0+}^{\frac{1}{2}} t^{x-1}(1-t)^{y-1}\,dt , \qquad \int_{\frac{1}{2}}^{1-} t^{x-1}(1-t)^{y-1}\,dt \circ$$

對於前一個瑕積分的斂散性，我們說明如下：因為對每個 $t\in[0,1/2]$，恆有 $1-t\geq1/2$，所以，不論 y 是任何實數，$(1-t)^{y-1}$ 都是 $[0,1/2]$ 上的連續函數。於是，若 $x\geq1$，則函數 $t\mapsto t^{x-1}(1-t)^{y-1}$ 在 $[0,1/2]$ 上連續，它在 $[0,1/2]$ 上的積分是 Riemann 積分，這自然收斂。若 $0<x<1$，則因為每個 $t\in(0,1/2]$ 都滿足

$$0\leq t^{x-1}(1-t)^{y-1}\leq t^{-(1-x)}(1+2^{1-y}) ,$$

而且 $0<1-x<1$，所以，依 §10-2 系理 6，可知函數 $t\mapsto t^{x-1}(1-t)^{y-1}$ 在 $(0,1/2]$ 上的瑕積分收斂。綜合前面的結果，可知：不論 y 是任何實數，只要 $x>0$，則函數 $t\mapsto t^{x-1}(1-t)^{y-1}$ 在 $(0,1/2]$ 上的瑕積分必收斂。

至於後一個瑕積分的斂散性，則可借助前一個瑕積分來說明。令 $s=1-t$ 作變數代換，則得

$$\int_{\frac{1}{2}}^{1-} t^{x-1}(1-t)^{y-1}\,dt = \int_{0+}^{\frac{1}{2}} s^{y-1}(1-s)^{x-1}\,ds \text{ 。}$$

依前段的結果，可知：不論 x 是任何實數，只要 $y>0$，則函數 $t \mapsto t^{x-1}(1-t)^{y-1}$ 在 $[1/2,1)$ 上的瑕積分必收斂。

綜合兩段的結果，可知：若 $x>0$ 且 $y>0$，則函數 $t \mapsto t^{x-1}(1-t)^{y-1}$ 在 $(0,1)$ 上的瑕積分必收斂。更進一步地，若 a 與 b 為任意正數，則對每個 $t \in (0,1)$、每個 $x \in [a,+\infty)$ 及每個 $y \in [b,+\infty)$，恆有

$$0 \le t^{x-1}(1-t)^{y-1} \le t^{a-1}(1-t)^{b-1} \text{ 。}$$

因為函數 $t \mapsto t^{a-1}(1-t)^{b-1}$ 在 $(0,1)$ 上的瑕積分收斂，所以，依 Weierstrass M-檢驗法，可知函數 $t \mapsto t^{x-1}(1-t)^{y-1}$ 在 $(0,1)$ 上的瑕積分在 $[a,+\infty) \times [b,+\infty)$ 上均勻收斂。利用前面的結果，可以定義一個函數如下。

【定義 2】對每個 $(x,y) \in (0,+\infty) \times (0,+\infty)$，令

$$B(x,y) = \int_{0+}^{1-} t^{x-1}(1-t)^{y-1}\,dt \text{ 。}$$

函數 $B : (0,+\infty) \times (0,+\infty) \to \boldsymbol{R}$ 稱為 **Beta 函數**（Beta function）。

【定理 10】（Beta 函數的基本性質）

⑴對每個 $(x,y) \in (0,+\infty) \times (0,+\infty)$，恆有 $B(x,y) = B(y,x)$。

⑵若 $x>0$ 且 $y>1$，則 $B(x,y) = \dfrac{y-1}{x+y-1} \cdot B(x,y-1)$。

若 $x>1$ 且 $y>0$，則 $B(x,y) = \dfrac{x-1}{x+y-1} \cdot B(x-1,y)$。

⑶對每個 $(x,y) \in (0,+\infty) \times (0,+\infty)$，恆有

$$B(x,y) = 2\int_{0+}^{\frac{\pi}{2}-} \sin^{2x-1}\theta \cos^{2y-1}\theta\,d\theta \text{ 。}$$

⑷對每個 $(x,y) \in (0,+\infty) \times (0,+\infty)$，恆有

$$B(x,y) = \int_{0+}^{+\infty} \frac{t^{x-1}}{(1+t)^{x+y}}\, dt \; \text{。}$$

證：(1)令 $s = 1 - t$ 作變數代換，則得

$$B(x,y) = \int_{0+}^{1-} t^{x-1}(1-t)^{y-1}\, dt = \int_{0+}^{1-} (1-s)^{x-1} s^{y-1}\, ds = B(y,x) \; \text{。}$$

(2)首先注意到：對每個 $t \in (0,1)$ 及任意 $x, y \in \mathbf{R}$，恆有

$$t^x(1-t)^{y-2} = t^{x-1}(1-t)^{y-2} - t^{x-1}(1-t)^{y-1} \; \text{。}$$

利用分部積分法，當 $x > 0$ 且 $y > 1$ 時，可得

$$
\begin{aligned}
B(x,y) &= \int_{0+}^{1-} t^{x-1}(1-t)^{y-1}\, dt \\
&= \frac{1}{x} t^x (1-t)^{y-1} \Big|_{t\to 0+}^{t\to 1-} + \frac{y-1}{x} \int_{0+}^{1-} t^x (1-t)^{y-2}\, dt \\
&= \frac{y-1}{x} \int_{0+}^{1-} t^{x-1}(1-t)^{y-2}\, dt - \frac{y-1}{x} \int_{0+}^{1-} t^{x-1}(1-t)^{y-1}\, dt \\
&= \frac{y-1}{x} B(x, y-1) - \frac{y-1}{x} B(x,y) \; \text{。}
\end{aligned}
$$

移項、合併、化簡，得

$$B(x,y) = \frac{y-1}{x+y-1} \cdot B(x, y-1) \; \text{。}$$

另一等式可由上述等式及(1)求得。

(3)令 $\theta = \sin^{-1} \sqrt{t}$ 作變數代換，則

$$
\begin{aligned}
B(x,y) &= \int_{0+}^{1-} t^{x-1}(1-t)^{y-1}\, dt \\
&= \int_{0+}^{\frac{\pi}{2}^-} \sin^{2x-2}\theta \cos^{2y-2}\theta \cdot 2\sin\theta \cos\theta\, d\theta \\
&= 2 \int_{0+}^{\frac{\pi}{2}^-} \sin^{2x-1}\theta \cos^{2y-1}\theta\, d\theta \; \text{。}
\end{aligned}
$$

(4)令 $s = t/(1-t)$ 作變數代換，則得

$$B(x,y) = \int_{0+}^{1-} t^{x-1}(1-t)^{y-1}\,dt$$

$$= \int_{0+}^{+\infty} \frac{s^{x-1}}{(1+s)^{x-1}} \cdot \frac{1}{(1+s)^{y-1}} \cdot \frac{1}{(1+s)^2}\,ds$$

$$= \int_{0+}^{+\infty} \frac{s^{x-1}}{(1+s)^{x+y}}\,ds \text{ 。} \;\|$$

下面的定理 11，要討論 Gamma 函數與 Beta 函數的的關係。

【定理 11】（Gamma 函數與 Beta 函數的的關係）

若 $x,y > 0$，則 $B(x,y) = \dfrac{\Gamma(x)\,\Gamma(y)}{\Gamma(x+y)}$ 。

證：對每個正數 a，令

$$R_a = [\,0,a\,] \times [\,0,a\,] \subset \boldsymbol{R}^2$$
$$C_a = \{(\,s,t\,) \in \boldsymbol{R}^2 \;\big|\; s^2 + t^2 \le a^2, s \ge 0, t \ge 0\} \text{，}$$
$$D_a = \{(\,s,t\,) \in \boldsymbol{R}^2 \;\big|\; s^2 + t^2 \le 2a^2, s \ge 0, t \ge 0\} \text{，}$$

則 $C_a \subset R_a \subset D_a$ 。另一方面，對每個 $x \in (\,0,+\infty\,)$，令

$$\Gamma_a(x) = \int_{0+}^{a} 2s^{2x-1} e^{-s^2}\,ds \text{，}$$

則 $\lim_{a \to +\infty} \Gamma_a(x) = \Gamma(x)$ 。對任意正數 x 與 y，恆有

$$\Gamma_a(x)\,\Gamma_a(y) = \left(\int_{0+}^{a} 2s^{2x-1} e^{-s^2}\,ds \right)\left(\int_{0+}^{a} 2t^{2y-1} e^{-t^2}\,dt \right)$$
$$= \int_{R_a} 4\, s^{2x-1} t^{2y-1} e^{-s^2-t^2}\,d(s,t) \text{ 。}$$

因為 $C_a \subset R_a \subset D_a$，而函數 $(s,t) \mapsto 4\,s^{2x-1} t^{2y-1} e^{-s^2-t^2}$ 是非負函數，所以，可得

$$\int_{C_a} 4\, s^{2x-1} t^{2y-1} e^{-s^2-t^2}\,d(s,t) \le \int_{R_a} 4\, s^{2x-1} t^{2y-1} e^{-s^2-t^2}\,d(s,t) \text{，}$$
$$\int_{R_a} 4\, s^{2x-1} t^{2y-1} e^{-s^2-t^2}\,d(s,t) \le \int_{D_a} 4\, s^{2x-1} t^{2y-1} e^{-s^2-t^2}\,d(s,t) \text{ 。}$$

依 §5-3 系理 26 的極坐標變數代換法，可得

$$\int_{C_a} 4\, s^{2x-1} t^{2y-1} e^{-s^2-t^2}\, d(s,t)$$

$$= 4 \int_0^{\frac{\pi}{2}} \cos^{2x-1}\theta \ \sin^{2y-1}\theta \, d\theta \int_0^a r^{2x+2y-1} e^{-r^2}\, dr$$

$$= B(x,y)\, \Gamma_a(x+y) \text{ 。}$$

同理，可得

$$\int_{D_a} 4\, s^{2x-1} t^{2y-1} e^{-s^2-t^2}\, d(s,t) = B(x,y)\, \Gamma_{\sqrt{2}a}(x+y) \text{ 。}$$

由此可知：不論 a 是任何正數，恆有

$$B(x,y)\, \Gamma_a(x+y) \le \Gamma_a(x)\, \Gamma_a(y) \le B(x,y)\, \Gamma_{\sqrt{2}a}(x+y) \text{ 。}$$

令 a 趨向 $+\infty$，即得

$$B(x,y)\, \Gamma(x+y) = \Gamma(x)\, \Gamma(y) \text{ 。}$$

這就是所欲證的結果。 ∥

　　由於 Beta 函數可以利用 Gamma 函數來表示，所以，Gamma 函數的分析性質可直接轉移給 Beta 函數。

【定理 12】（Beta 函數的基本分析性質）

　⑴ Beta 函數 B 是 $(0,+\infty) \times (0,+\infty)$ 上的連續函數。

　⑵ 若 $x, y > 0$ ，則 $B(x,y) > 0$ 。

　⑶ 對每個 $y \in (0,+\infty)$ ，恆有 $\lim_{x\to 0+} B(x,y) = +\infty$ 。

　⑷ Beta 函數可無限次微分，亦即：它的所有偏導函數都存在且都連續。

　⑸ 對每個 $y \in (0,+\infty)$ ，函數 $x \mapsto B(x,y)$ 是凸函數。

　　利用定理 11，我們可以導得 Gamma 函數的其它性質。

【定理 13】（Euler 等式）

若 $x \in R$ 且 x 不是整數，則 $\Gamma(x)\,\Gamma(1-x) = \dfrac{\pi}{\sin \pi x}$。

證：(1)先假設定理的等式對區間 $(0,1)$ 中每個點 x 都成立，而設 $y \in R$ 且 y 不是整數。令 $n = [y]$，則可得 $n < y < n+1$，$-n < 1-y < -n+1$。由此可知：$y-n$ 與 $n+1-y$ 都屬於 $(0,1)$ 而且 $(y-n)+(n+1-y) = 1$。依假設，可得

$$\Gamma(y-n)\,\Gamma(n+1-y) = \frac{\pi}{\sin \pi(y-n)} = \frac{(-1)^n \pi}{\sin \pi y}。$$

另一方面，依定理 1(3)，可得

$$\Gamma(y-n) = \frac{\Gamma(y)}{(y-1)(y-2)\cdots(y-n)},$$
$$\Gamma(n+1-y) = (n-y)(n-1-y)\cdots(1-y)\Gamma(1-y)。$$

兩式相乘，即得

$$\Gamma(y)\,\Gamma(1-y) = (-1)^n\,\Gamma(y-n)\,\Gamma(n+1-y) = \frac{\pi}{\sin \pi y}。$$

(2)其次，設 $x \in (0,1)$。依定理 11 及定理 10(4)，可得

$$\Gamma(x)\,\Gamma(1-x) = B(x, 1-x) = \int_{0+}^{+\infty} \frac{t^{x-1}}{1+t}\,dt$$
$$= \int_{0+}^{1} \frac{t^{x-1}}{1+t}\,dt + \int_{1}^{+\infty} \frac{t^{x-1}}{1+t}\,dt。$$

我們先討論上式右端第一個瑕積分。因為 $(1+t)^{-1} = \sum_{n=0}^{\infty}(-1)^n t^n$ 的收斂半徑為 1，所以，此函數項級數在 $(0,1)$ 的每個緊緻子區間上都均勻收斂。此外，因為函數 $t \mapsto t^{x-1}$ 在 $(0,1)$ 的每個緊緻子區間上都有界，所以，依 §9-1 定理 4，可知函數項級數 $\sum_{n=0}^{\infty}(-1)^n t^{n+x-1}$ 在 $(0,1)$ 的每個緊緻子區間上都均勻收斂。另一方面，對每個 $n \in N$ 及每個 $t \in (0,1)$，恆有

$$\left| \sum_{k=0}^{n-1} (-1)^k \, t^{k+x-1} \right| = \left| \frac{t^{x-1}(1-(-t)^n)}{1+t} \right| \le 2t^{x-1} \;,$$

而函數 $t \mapsto 2t^{x-1}$ 在 $(0,1]$ 上的瑕積分收斂，所以，依 Weierstrass M-檢驗法，可知函數 $t \mapsto \sum_{k=0}^{n-1}(-1)^k t^{k+x-1}$ 在 $(0,1]$ 上的瑕積分在 N 上均勻收斂。依 §10-3 定理 12，可得

$$\int_{0+}^{1} \frac{t^{x-1}}{1+t} \, dt = \sum_{n=0}^{\infty} \int_{0+}^{1} (-1)^n \, t^{n+x-1} dt = \sum_{n=0}^{\infty} \frac{(-1)^n}{x+n} \;。$$

其次考慮第二個瑕積分。令 $s = 1/t$ 作變數代換，得

$$\int_{1}^{+\infty} \frac{t^{x-1}}{1+t} \, dt = \int_{0+}^{1} \frac{s^{-x}}{1+s} \, ds \;。$$

上式右端的瑕積分與前段所討論的第一個瑕積分型式相同，僅有的不同處只是被積分函數的分子的次數由 $x-1$ 換成 $-x$。但因為 $x-1$ 與 $-x$ 都屬於 $(-1,0)$，所以，僅有的不同處不會影響其結論，亦即：

$$\int_{1}^{+\infty} \frac{t^{x-1}}{1+t} \, dt = \int_{0+}^{1} \frac{s^{-x}}{1+s} \, ds = \sum_{n=0}^{\infty} \int_{0+}^{1} (-1)^n \, s^{n-x} ds = \sum_{n=0}^{\infty} \frac{(-1)^n}{n-x+1}$$

$$= \sum_{n=1}^{\infty} \frac{(-1)^{n-1}}{n-x} = \sum_{n=1}^{\infty} \frac{(-1)^n}{x-n} \;。$$

將兩式合併，即得

$$\Gamma(x)\,\Gamma(1-x) = \int_{0+}^{1} \frac{t^{x-1}}{1+t} \, dt + \int_{1}^{+\infty} \frac{t^{x-1}}{1+t} \, dt$$

$$= \frac{1}{x} + \sum_{n=1}^{\infty} \left(\frac{(-1)^n}{x+n} + \frac{(-1)^n}{x-n} \right) = \frac{1}{x} + \sum_{n=1}^{\infty} \frac{2\,(-1)^n\,x}{x^2-n^2}$$

$$* = \pi \csc \pi x = \frac{\pi}{\sin \pi x} \;。$$

上式註有(*)號的等號乃是根據 §9-3 練習題 12。 ‖

利用定理 13 的等式，我們可以求得 $\sin x$ 與 $\cos x$ 的無窮乘積展開

式。

【例 1】試證：對每個 $x \in \mathbf{R}$，恆有

(1) $\sin \pi x = \pi x \prod_{n=1}^{\infty} (1 - \dfrac{x^2}{n^2})$ 。

(2) $\cos \pi x = \prod_{n=1}^{\infty} (1 - \dfrac{4x^2}{(2n-1)^2})$ 。

證：留為習題。 ‖

【例 2】設 $b > a > 0$，試求下述瑕積分的值：

$$\int_{0+}^{+\infty} \frac{x^{a-1}}{1+x^b} dx \text{ 。}$$

解：因為

$$\lim_{x \to +\infty} \frac{x^{a-1}/(1+x^b)}{1/x^{b-a+1}} = 1 \text{ ，}$$

而函數 $x \mapsto 1/x^{b-a+1}$ 在 $[1, +\infty)$ 上的瑕積分收斂，所以，函數 $x \mapsto x^{a-1}/(1+x^b)$ 在 $[1, +\infty)$ 上的瑕積分收斂。因為

$$\lim_{x \to 0+} \frac{x^{a-1}/(1+x^b)}{x^{a-1}} = 1 \text{ ，}$$

而函數 $x \mapsto x^{a-1}$ 在 $(0, 1]$ 上的瑕積分收斂，所以，函數 $x \mapsto x^{a-1}/(1+x^b)$ 在 $(0, 1]$ 上的瑕積分收斂。

令 $y = x^b$ 作變數代換，則得

$$\int_{0+}^{+\infty} \frac{x^{a-1}}{1+x^b} dx = \int_{0+}^{+\infty} \frac{y^{(a-1)/b}}{1+y} \cdot \frac{1}{b} \cdot y^{1/b-1} dy = \frac{1}{b} \int_{0+}^{+\infty} \frac{y^{a/b-1}}{1+y} dy$$

$$= \frac{1}{b} B(\frac{a}{b}, 1 - \frac{a}{b}) = \frac{1}{b} \cdot \frac{\pi}{\sin(a\pi/b)} \text{ 。} \text{‖}$$

【例3】設 $a, p, q > 0$，試求下述瑕積分的值：

$$\int_{0+}^{1-} \frac{x^{p-1}(1-x)^{q-1}}{(a+x)^{p+q}} dx \;。$$

解：令 $y = x/(1-x)$ 作變數代換，則得

$$\int_{0+}^{1-} \frac{x^{p-1}(1-x)^{q-1}}{(a+x)^{p+q}} dx$$

$$= \int_{0+}^{+\infty} \frac{(y/(1+y))^{p-1}(1/(1+y))^{q-1}}{((ay+y+a)/(1+y))^{p+q}} \cdot \frac{1}{(1+y)^2} dy$$

$$= \int_{0+}^{+\infty} \frac{y^{p-1}}{((a+1)y+a)^{p+q}} dy \;。$$

再令 $z = (a+1)y/a$ 作變數代換，則得

$$\int_{0+}^{1-} \frac{x^{p-1}(1-x)^{q-1}}{(a+x)^{p+q}} dx = \int_{0+}^{+\infty} \frac{(az/(a+1))^{p-1}}{(az+a)^{p+q}} \cdot \frac{a}{a+1} dz$$

$$= \int_{0+}^{+\infty} \frac{1}{a^q(a+1)^p} \cdot \frac{z^{p-1}}{(1+z)^{p+q}} dz$$

$$= \frac{1}{a^q(a+1)^p} \cdot B(p,q) \;。 \;\|$$

練習題　10－4

在第 1-12 題中，利用 Euler 積分計算下列積分。

1. $\int_0^1 \sqrt{x-x^2}\, dx$ 。

2. $\int_0^a x^2 \sqrt{a^2-x^2}\, dx$ ，$(a>0)$ 。

3. $\int_0^{\frac{\pi}{2}} \sin^{2n}\theta\, dx$ ，$(n \in N)$ 。

4. $\int_0^{+\infty} x^{2n} e^{-x^2}\, dx$ ，$(n \in N)$ 。

5. $\int_{0+}^1 (-\ln x)^p\, dx$ ，$(p>-1)$ 。

6. $\int_{0+}^{1-} \frac{1}{\sqrt{-x\ln x}}\, dx$ 。

7. $\int_0^{+\infty} \dfrac{x^3}{(1+x)^7}\,dx$ 。

8. $\int_0^{+\infty} e^{-t^{1/p}}\,dt$ ，$(p>0)$ 。

9. $\int_0^{1^-} \dfrac{1}{\sqrt{1-x^4}}\,dx$ 。

10. $\int_0^{1^-} \dfrac{x^2}{\sqrt{1-x^4}}\,dx$ 。

11. $\int_{0+}^{1^-} x^{a-1}(1-x^b)^{-1/2}\,dx$ ，$(a,b>0)$ 。

12. $\int_0^{+\infty} e^{-x^p}\,dx$ ，$(p>0)$ 。

13. 試證 Gamma 函數 Γ 在 $(\,0,+\infty\,)$ 上恰有一個極小點 x_0 而且 $1<x_0<2$ 。

　　（ $x_0=1.461632145\cdots$ ，$\Gamma(x_0)=0.885603\cdots$ 。這是 Gauss 所得的結果。）

14. 試證： $\Gamma'(1)=-\gamma$ ，其中 γ 是 Euler 常數。

15. 試證： $\Gamma'(1/2)=-(\,\gamma+\ln 2\,)\sqrt{\pi}$ 。

16. 下面是導出 Legendre 等式的另一種方法：

　　(1)試證：對每個 $x\in(\,0,1\,)$ ，恆有

$$\frac{(\,\Gamma(x)\,)^2}{\Gamma(2x)} = 2\int_0^{\frac{1}{2}} t^{x-1}(1-t)^{x-1}dt \text{ 。}$$

　　(2)令 $s=(1-2t)^2$ ，導出 Legendre 等式。

17. 導出 Legendre 等式再一種方法：

　　(1)利用定理 10(3)證明：對每個 $x\in(\,0,1\,)$ ，恆有

$$B(x,x) = 2^{1-2x}\, B(x,\tfrac{1}{2}) \text{ 。}$$

　　(2)利用(1)導出 Legendre 等式。

18. 試證下式成立：

$$\lim_{n\to\infty}\int_0^n (1-\frac{t}{n})^n\, t^{x-1}dt = \Gamma(x) \text{ 。}$$

19. 試證 Euler 乘積公式：對每個 $x>0$ ，恆有

$$\Gamma(x) = \frac{1}{x} \prod_{n=1}^{\infty} \left((1+\frac{1}{n})^x (1+\frac{x}{n})^{-1} \right) \, \text{。}$$

20. 設 $a_1, a_2, \cdots, a_m, b_1, b_2, \cdots, b_m \in \mathbf{R}$ 滿足 $\sum_{k=1}^{m} a_k = \sum_{k=1}^{m} b_k$，且所有 a_k 與 b_k 都不是負整數，試證下式左端的無窮乘積收斂，而且下述等式成立：

$$\prod_{n=1}^{\infty} \left(\frac{(n+a_1)(n+a_2)\cdots(n+a_m)}{(n+b_1)(n+b_2)\cdots(n+b_m)} \right)$$

$$= \frac{\Gamma(1+b_1)\Gamma(1+b_2)\cdots\Gamma(1+b_m)}{\Gamma(1+a_1)\Gamma(1+a_2)\cdots\Gamma(1+a_m)} \, \text{。}$$

21. 試證例 1。

22. 試證 Beta 函數的下述性質：對所有 $x, y, z \in (0, +\infty)$，下列等式恆成立：

(1) $x B(x, y+1) = y B(x+1, y)$。

(2) $B(x, y) = B(x+1, y) + B(x, y+1)$。

(3) $(x+y) B(x, y+1) = y B(x, y)$。

(4) $B(x, y) B(x+y, z) = B(y, z) B(y+z, x)$。

23. 試證：對每個 $x \in (0, +\infty)$ 及每個 $n \in \mathbf{N}$，恆有

$$B(x, n+1) = \frac{n!}{x(x+1)\cdots(x+n)} \, \text{。}$$

24. 試求下述瑕積分之值：

$$\int_{-1}^{1} (1+t)^{x-1}(1-t)^{y-1} dt \, \text{。}$$

25. 試證下式成立：

$$\gamma = \frac{1}{2} - \int_{1}^{+\infty} \frac{x - [x] - 1/2}{x^2} dx \, \text{。}$$

（提示：利用 §6-1 練習題 13。）

參考書目

Apostol, T. M., *Mathematical Analysis*, Second Edition, Addison-Wesley, Reading, Mass., 1974.

Bartle, R. G., *The Elements of Real Analysis*, Second Edition, John Wiley & Sons, New York, 1976.

Buck, R. C., *Advanced Calculus*, Third Edition, McGraw-Hill, New York, 1978.

Courant, R. & John, F., *Introduction to Calculus and Analysis*, Springer-Verlag, New York, 1989.

Davis, H. F. & Snider A. D., *Introduction to Vector Analysis*, Fifth Edition, Allyn-Bacon, Boston, Mass., 1987.

Fleming, W. H., *Functions of Several Variables*, Addison-Wesley, Reading, Mass., 1965.

Fitzpatrick, P. M., *Advanced Calculus*, PWS Publishing, Boston, Mass., 1966.

Hummel, J. A., *Introduction to Vector Functions*, Addison-Wesley, Reading, Mass., 1967.

Knopp, K., *Theory and Application of Infinite Series*, Hafner, New York, 1951.

Loomis, L. H. & Sternberg, S., *Advanced Calculus*, Revised Edition, Jones-Bartlett, Boston, Mass., 1990.

Rudin, W., *Principles of Mathematical Analysis*, Third Edition, McGraw-Hill, New York, 1976.

Widder, D. V., *Advanced Calculus*, Prentice-Hall, Englewood Cliffs, J., 1961.

朱時，數學分析札記，貴州省教育出版社，1994 年。

宋國柱，任福賢，許紹溥，姜東平，數學分析教程，南京大學出版社，

南京，1992 年。

林義雄，林紹雄，理論分析初步，問學出版社，台北，1977 年。

林義雄，林紹雄，理論分析，正中書局，台北，1981 年。

符 號 索 引

名詞索引

Weierstrass *M*-檢驗法，Weierstrass *M*-test， 310, 469

【二畫】

二重點列，double sequence， 269

二重極限定理，double limit theorem， 271

二重級數，double series， 274

二重級數定理，double series theorem， 278

二項式級數，binomial series， 369

【三畫】

三角級數，trigonometric series， 390

三角多項式，trigonometric polynomial， 407

【四畫】

分部積分法，integration by parts， 6

反向等價，orientation-reversing equivalent， 79

方向分量，direction components， 83

方向餘弦，direction cosines， 83

分段平滑曲線，piecewise smooth curve， 84

切向量，tangent vector， 93

切平面，tangent plane， 137

分割，partition， 153

分段平滑曲面，piecewise smooth surface， 163

比較檢驗法，comparison test， 219, 276, 454

方根檢驗法，root test， 223

比值檢驗法，ratio test， 224

分段平滑，piecewise smooth， 424

§6−1

7. (1) $\dfrac{2}{5}$　　(2) $-\dfrac{\pi}{2}$　　(3) 56　　(4) $e^{\frac{\pi}{2}} - 1$　　(6) $\dfrac{1}{2}$　　(6) 1

§7−1

2. (1) $\ln(\sqrt{2} + 1)$　　(2) $15 + 2\ln 2$　　(3) 20

7. (1) $\dfrac{\sqrt{1 + \sec^2 t}}{\sec^2 t}$　　(2) $\dfrac{2t}{(2t^2 + 1)^2}$　　(3) $\dfrac{2\sqrt{2}}{3(t^2 + 2)^2}$

8. (1) $u_T(t) = (-\sin t\cos t, \cos^2 t, \sin t)$

$\quad u_N(t) = (\dfrac{-\cos 2t}{\sqrt{1 + \cos^2 t}}, \dfrac{-\sin 2t}{\sqrt{1 + \cos^2 t}}, \dfrac{\cos t}{\sqrt{1 + \cos^2 t}})$

(2) $u_T(t) = (\dfrac{2t}{2t^2 + 1}, \dfrac{2t^2}{2t^2 + 1}, \dfrac{1}{2t^2 + 1})$

$\quad u_N(t) = (\dfrac{-2t^2 + 1}{2t^2 + 1}, \dfrac{2t}{2t^2 + 1}, \dfrac{-2t}{2t^2 + 1})$

(3) $u_T(t) = (\dfrac{6\cos t}{3t^2 + 6}, \dfrac{3t^2}{3t^2 + 6}, \dfrac{-6\sin t}{3t^2 + 6}, \dfrac{6t}{3t^2 + 6})$

$\quad u_N(t) = (\dfrac{(-t^2 - 2)\sin t - 2t\cos t}{\sqrt{2}(t^2 + 2)}, \dfrac{2t}{\sqrt{2}(t^2 + 2)},$

$\qquad\qquad \dfrac{(-t^2 - 2)\cos t + 2t\sin t}{\sqrt{2}(t^2 + 2)}, \dfrac{-t^2 + 2}{\sqrt{2}(t^2 + 2)})$

9. $\begin{cases} x = a(t + \sin t) \\ y = a(-1 + \cos t) \end{cases}$

10. (1) $3x + y + \sqrt{2}z - 2\sqrt{2} - \sqrt{2}\ln\sqrt{2} = 0$　　(2) $2x - y - 2z - 3 = 0$

§7-2

1. $\dfrac{256}{15}a^3$

2. $9 + \dfrac{75}{4}\sin^{-1}\dfrac{4}{5}$

3. $\dfrac{16\sqrt{2}}{143}$

4. $1 + \sqrt{2}$

5. $2a^2$

6. $2(e^a - 1) + \dfrac{a\pi\, e^a}{4}$

7. $2\pi\, a^2$

8. $-\dfrac{\pi\, a^3}{3}$

10. $\dfrac{4}{3}$

11. 0

12. 13

13. $\dfrac{\pi\, a^2(1+b)}{2}$

14. $-2\pi\, a^2$

15. $-\dfrac{2}{3}$

16. $(1)\, f(x,y) = \sin(x+y)$ $(2)\, f(x,y) = xy^2 + x^2\cos y$

$(3)\, f(x,y) = \dfrac{x}{y}$ $(4)\, f(x,y) = \tan^{-1}\dfrac{x}{y}$

$(5)\, f(x,y,z) = x^2 y^2 + xz + y^2 z^3$ $(6)\, f(x) = \dfrac{1}{2}\lVert x \rVert^2$

$(7)\, f(x) = \dfrac{1}{3}\lVert x \rVert^3$ $(8)\, f(x) = \lVert x \rVert$

$(9)\ f(x) = \ln \|\ x\ \|$ $\qquad\qquad$ $(10)\ f(x) = \dfrac{1}{\alpha + 2}\ \|\ x\ \|^{\alpha + 2}$

§7–3

1. $|\sigma| = \{(x, y, z) \in \mathbf{R}^3\ \Big|\ \dfrac{x^2}{a^2} - \dfrac{y^2}{b^2} = 4z\}$。

2. $|\sigma| = \{(x, y, z) \in \mathbf{R}^3\ \Big|\ \dfrac{x^2}{a^2} + \dfrac{y^2}{b^2} - \dfrac{z^2}{c^2} = 1, \dfrac{y}{b} - \dfrac{z}{c} \neq 0\}$

3. $\dfrac{2(2\sqrt{2} - 1)\pi a^2}{3}$

4. $\sqrt{2}\pi$

5. $\pi a \sqrt{a^2 + b^2} + \pi b^2 \ln \dfrac{a + \sqrt{a^2 + b^2}}{b}$

6. 4π

§7–4

1. $\pi^2 (\ a\sqrt{a^2 + 1} + \ln(a + \sqrt{a^2 + 1}))$

2. πa^3

3. $\dfrac{8 - 5\sqrt{2}}{6}\pi a^4$

6. $4\pi a^3$

7. 0

8. $\dfrac{4}{3}\pi abc$

9. $\dfrac{\pi}{24}$

10. 當原點是 V 的外點時，面積分的值為 0；當原點是 V 的內點時，面積分的值為 4π 。

11. $-\sqrt{3}\pi$

12. $3a^2$

13. $(\ yz\ ,\ -zx\ ,\ 0\ )$

§8−1

1. 此級數收斂，其和為 0。

2. 此級數發散

3. 此級數發散

4. 此級數發散

5. 此級數收斂，其和為 $1-\sqrt{2}$ 。

6. 此級數收斂，其和為 $\dfrac{3}{4}$ 。

7. 此級數發散

8. 此級數收斂，其和為 1。

9. 當 $|a|\neq 1$ 時，此級數都收斂。

   當 $|a|<1$ 時，其和為 $\dfrac{a}{1-a}$ ；當 $|a|>1$ 時，其和為 $\dfrac{1}{1-a}$ 。

10. 當 $|a|<1$ 時，此級數收斂，其和為 $\dfrac{1}{(1-a)^2}$ ；當 $|a|\geq 1$ 時，此級數發散。

21. 兩個問題的答案都是否定的。

23. 是

§8−2

1. 此級數收斂

2. 此級數發散

3. 此級數收斂

4. 此級數收斂

5. 此級數收斂

6. 此級數收斂

7. 此級數發散

8. 此級數發散

9. 此級數發散

10. 此級數收斂

11. 此級數收斂

12. 此級數收斂

13. 此級數收斂

14. 此級數收斂

15. 當 $a > 0$ 時，此級數收斂；當 $a \leq 0$ 時，此級數發散。

16. 當 $a > b$ 時，此級數收斂；當 $a < b$ 時，此級數發散。當 $a = b$ 時，此級數可能收斂、可能發散。

17. 此級數收斂

18. 此級數收斂

19. 此級數發散

20. 此級數收斂

21. 此級數收斂

22. 此級數發散

23. 此級數收斂

24. 當 $p > \dfrac{1}{2}$ 時，此級數收斂；當 $p \leq \dfrac{1}{2}$ 時，此級數發散。

25. 當 $|a| < 2$ 時，此級數收斂；當 $|a| \geq 2$ 時，此級數發散。

26. 當 $\beta - \alpha > 2$ 時，此級數收斂；當 $\beta - \alpha \leq 2$ 時，此級數發散。

27. 當 $p > \dfrac{3}{2}$ 時，此級數收斂；當 $p \leq \dfrac{3}{2}$ 時，此級數發散。

28. 此級數收斂

29. 當 $\beta > \alpha + \gamma$ 時，此級數收斂；當 $\beta \leq \alpha + \gamma$ 時，此級數發散。

30. 當 $\alpha < p$ 時，此級數收斂；當 $\alpha \geq p$ 時，此級數發散。

32. 此級數發散

33. 此級數收斂

34. 此級數發散

35. 當 $p > 2$ 時，此級數收斂；當 $p \leq 2$ 時，此級數發散。

43. 當 $b > 1$ 時，此級數收斂；當 $b \leq 1$ 時，此級數發散。

§8-3

1. 此級數絕對收斂

2. 此級數絕對收斂

3. 此級數發散

4. 此級數絕對收斂

5. 此級數發散

6. 此級數條件收斂

7. 此級數條件收斂

8. 此級數發散

9. 此級數條件收斂

10. 當 $p > 1$ 時，此級數絕對收斂。當 $0 < p \leq 1$ 時，此級數條件收斂；當 $p \leq 0$ 時，此級數發散。

11. 此級數條件收斂

12. 此級數條件收斂

13. 此級數發散

16. $\dfrac{2}{3} \ln 2$

19. 當 $p > 1$ 時，此級數絕對收斂；當 $p = 1$ 時，此級數條件收斂；當 $p < 1$ 時，此級數發散。

20. 當 $|x| < \dfrac{\pi}{4}$ 時，此級數絕對收斂；當 $|x| = \dfrac{\pi}{4}$ 時，此級數條件收斂；

當 $\dfrac{\pi}{4} < |x| \leq \dfrac{\pi}{2}$ 時，此級數發散。

21. 此級數收斂

22. 此級數收斂

29. (1) $\displaystyle\sum_{n=0}^{\infty}\left(\sum_{k=0}^{n}(-1)^{n-k}(k+1)(n-k+1)\right)x^n$ ， $|x|<1$ 。　　(2) 1

31. $\displaystyle\lim_{m,n\to\infty}\frac{1}{m+n}=\lim_{m\to\infty}\lim_{n\to\infty}\frac{1}{m+n}=\lim_{n\to\infty}\lim_{m\to\infty}\frac{1}{m+n}=0$ 。

32. $\displaystyle\lim_{m,n\to\infty}\frac{m}{m+n}$ 不存在； $\displaystyle\lim_{m\to\infty}\lim_{n\to\infty}\frac{m}{m+n}=0$ ； $\displaystyle\lim_{n\to\infty}\lim_{m\to\infty}\frac{m}{m+n}=1$ 。

33. $\displaystyle\lim_{m,n\to\infty}(-1)^{m+n}(\frac{1}{m}+\frac{1}{n})=0$ ； $\displaystyle\lim_{m\to\infty}\lim_{n\to\infty}(-1)^{m+n}(\frac{1}{m}+\frac{1}{n})$ 與

$\displaystyle\lim_{n\to\infty}\lim_{m\to\infty}(-1)^{m+n}(\frac{1}{m}+\frac{1}{n})$ 都不存在。

34. $\displaystyle\lim_{m,n\to\infty}(-1)^{m+n}$ 、 $\displaystyle\lim_{m\to\infty}\lim_{n\to\infty}(-1)^{m+n}$ 與 $\displaystyle\lim_{n\to\infty}\lim_{m\to\infty}(-1)^{m+n}$ 都不存在。

35. $\displaystyle\lim_{m,n\to\infty}\frac{(-1)^m}{n}=\lim_{m\to\infty}\lim_{n\to\infty}\frac{(-1)^m}{n}=0$ ， $\displaystyle\lim_{n\to\infty}\lim_{m\to\infty}\frac{(-1)^m}{n}$ 不存在。

36. $\displaystyle\lim_{m,n\to\infty}\frac{(-1)^m n}{m+n}$ 與 $\displaystyle\lim_{m\to\infty}\lim_{n\to\infty}\frac{(-1)^m n}{m+n}$ 不存在； $\displaystyle\lim_{n\to\infty}\lim_{m\to\infty}\frac{(-1)^m n}{m+n}=0$ 。

37. $\displaystyle\lim_{m,n\to\infty}\frac{\sin m}{n}=\lim_{m\to\infty}\lim_{n\to\infty}\frac{\sin m}{n}=0$ ， $\displaystyle\lim_{n\to\infty}\lim_{m\to\infty}\frac{\sin m}{n}$ 不存在。

38. $\displaystyle\lim_{m,n\to\infty}\frac{m}{n^2}\sum_{k=1}^{n}\sin\frac{k}{m}$ 不存在， $\displaystyle\lim_{m\to\infty}\lim_{n\to\infty}\frac{m}{n^2}\sum_{k=1}^{n}\sin\frac{k}{m}=0$ ，而 $\displaystyle\lim_{n\to\infty}\lim_{m\to\infty}$

$\dfrac{m}{n^2}\displaystyle\sum_{k=1}^{n}\sin\frac{k}{m}=\frac{1}{2}$ 。

44. $\alpha>2$

§ 8-4

1. $\dfrac{1}{3}$

2. 2

3. 2

4. $\dfrac{2}{3}$

8. $\dfrac{1}{2\sqrt{2}}$

10. 1

§9−1

8. 和函數 f 為：若 $x \neq 0$，則 $f(x) = 1 + x^2$；$f(0) = 0$。

15. $\dfrac{1}{2}\ln 2$

16. $\ln 2$

§9−2

1. 此冪級數的收斂半徑為 1

2. 此冪級數的收斂半徑為 1

3. 此冪級數的收斂半徑為 0

4. 此冪級數的收斂半徑為 4

5. 此冪級數的收斂半徑為 $+\infty$

6. 此冪級數的收斂半徑為 $\dfrac{1}{3}$

7. 此冪級數的收斂半徑為 $\dfrac{1}{e}$

8. 此冪級數的收斂半徑為 e

9. 此冪級數的收斂半徑為 1

10. 此冪級數的收斂半徑為 1

11. 此冪級數的收斂半徑為 $\sqrt{e}$

12. 此冪級數的收斂半徑為 1

13. 此冪級數的收斂半徑為 $\dfrac{1}{3}$

14. 此冪級數的收斂半徑為 $\dfrac{1}{4}$

15. 此冪級數的收斂半徑為 $+\infty$

16. 此冪級數的收斂半徑為 1

17. 此冪級數的收斂範圍為 $(-1,1]$

18. 此冪級數的收斂範圍為 $(-2,2)$

19. 此冪級數的收斂範圍為 $[-1,1]$

20. 此冪級數的收斂範圍為 $(-\dfrac{1}{4},\dfrac{1}{4})$

21. 此級數的收斂範圍為 $[0,+\infty)$

22. 級數的收斂範圍為 $(-\infty,-\dfrac{1}{2})\cup(\dfrac{1}{2},+\infty)$

23. $\dfrac{1}{2}\ln\left(\dfrac{1+x}{1-x}\right)$, $x\in(-1,1)$ 。

24. $\dfrac{x}{(1-x)^2}$, $x\in(-1,1)$ 。

25. $\dfrac{1}{2}x^2\tan^{-1}x-\dfrac{1}{2}x+\dfrac{1}{2}\tan^{-1}x$, $x\in[-1,1]$ 。

26. $\dfrac{1}{2}\ln\left(\dfrac{1+4x}{1-4x}\right)-\dfrac{1}{2}\ln(1-4x^2)$, $x\in(-\dfrac{1}{4},\dfrac{1}{4})$ 。

27. 若 $x\in[-1,1)$ 且 $x\neq 0$ ，則 $f(x)=\dfrac{1-x}{x}\ln(1-x)+1$ ； $f(1)=1$ ；
$f(0)=0$ 。

28. $\dfrac{1}{\sqrt{2}}(\tan^{-1}(\sqrt{2}x+1)+\tan^{-1}(\sqrt{2}x-1))$, $x\in[-1,1]$ 。

29. 4

30. 8

31. 3^{m+1}

32. 3

§ 9–3

14. $\displaystyle\sum_{k=1}^{\infty}\frac{1}{k^2}=\frac{\pi^2}{6}$; $\qquad\qquad\displaystyle\sum_{k=1}^{\infty}\frac{1}{k^4}=\frac{\pi^4}{90}$;

$\displaystyle\sum_{k=1}^{\infty}\frac{1}{k^6}=\frac{\pi^6}{945}$; $\qquad\qquad\displaystyle\sum_{k=1}^{\infty}\frac{1}{k^8}=\frac{\pi^8}{9450}$;

$\displaystyle\sum_{k=1}^{\infty}\frac{1}{k^{10}}=\frac{\pi^{10}}{93555}$ 。

15. $\displaystyle\sum_{k=1}^{\infty}\frac{(-1)^{k-1}}{2k-1}=\frac{\pi}{4}$; $\qquad\displaystyle\sum_{k=1}^{\infty}\frac{(-1)^{k-1}}{(2k-1)^3}=\frac{\pi^3}{32}$;

$\displaystyle\sum_{k=1}^{\infty}\frac{(-1)^{k-1}}{(2k-1)^5}=\frac{5\pi^5}{1536}$; $\qquad\displaystyle\sum_{k=1}^{\infty}\frac{(-1)^{k-1}}{(2k-1)^7}=\frac{61\pi^7}{184320}$ 。

18. $\dfrac{1}{2}$

19. $\dfrac{1}{2}(\sqrt{2}-1)$

20. $\ln 3-\ln 2$

21. 依題意，$c\neq 0$ 且 $-c\notin N$。進一步假設 $ab\neq 0$ 且 $-a,-b\notin N$ 的情況下：

(1)當 $a+b-c<0$ 時，此冪級數的收斂範圍為 $[-1,1]$ ；

(2)當 $0\leq a+b-c<1$ 時，此冪級數的收斂範圍為 $[-1,1)$ ；

(3)當 $a+b-c\geq 1$ 時，此冪級數的收斂範圍為 $(-1,1)$ 。

23. (1)此冪級數的收斂半徑為 $+\infty$

§ 9–4

23. $f(x)\sim\dfrac{a+b}{2}-\dfrac{2(a-b)}{\pi}\displaystyle\sum_{n=1}^{\infty}\frac{\sin(2n-1)x}{2n-1}$

24. $f(x)\sim\displaystyle\sum_{n=1}^{\infty}\frac{2(-1)^{n-1}\sin nx}{n}$

25. $f(x)\sim\pi-\displaystyle\sum_{n=1}^{\infty}\frac{2\sin nx}{n}$

26. $f(x) \sim \dfrac{4\pi^2}{3} + \displaystyle\sum_{n=1}^{\infty}\left(\dfrac{4\cos nx}{n^2} - \dfrac{4\pi\sin nx}{n}\right)$

27. $f(x) \sim \displaystyle\sum_{n=1}^{\infty}\dfrac{(-1)^{n-1}(2n^2\pi^2 - 12)\sin nx}{n^3}$

28. $f(x) \sim \dfrac{2}{\pi} - \dfrac{4}{\pi}\displaystyle\sum_{n=1}^{\infty}\dfrac{\cos 2nx}{4n^2 - 1}$

29. $f(x) \sim \dfrac{2}{\pi} + \dfrac{4}{\pi}\displaystyle\sum_{n=1}^{\infty}\dfrac{(-1)^{n-1}\cos 2nx}{4n^2 - 1}$

30. $f(x) \sim \dfrac{2}{\pi}\displaystyle\sum_{n=1}^{\infty}\dfrac{(-1)^{n-1}n\sin a\pi}{n^2 - a^2}\sin nx$

35. $f(x) \sim \dfrac{\sin a\pi}{a\pi} + \dfrac{2a}{\pi}\displaystyle\sum_{n=1}^{\infty}\dfrac{(-1)^{n-1}\sin a\pi}{n^2 - a^2}\cos nx$

36. $(1)\dfrac{1}{\pi}\displaystyle\int_{-\pi}^{\pi}(f(x))^2 dx - \dfrac{1}{2}a_0^2 - \displaystyle\sum_{k=1}^{n}\dfrac{(n+1)^2 - k^2}{(n+1)^2}(a_k^2 + b_k^2)$

§10−1

1. 此瑕積分收斂，其值為 $\dfrac{\pi}{6}$。

2. 此瑕積分收斂，其值為 $\dfrac{1}{2}$。

3. 此瑕積分收斂，其值為 $\dfrac{1}{\ln 2}$。

4. 此瑕積分收斂，其值為 $\dfrac{2}{3}\ln 2$。

5. 此瑕積分收斂，其值為 $\dfrac{1}{2}$。

6. 此瑕積分收斂，其值為 1。

7. 此瑕積分收斂，其值為 $n!$。

8. 此瑕積分收斂，其值為 $\dfrac{\pi}{2}\cdot\dfrac{1}{2}\cdot\dfrac{3}{4}\cdot\dfrac{5}{6}\cdots\dfrac{2n-3}{2n-2}$。

9. 此瑕積分收斂，其值為 $\dfrac{\pi}{2}$。

10. 此瑕積分收斂，其值為 2。

11. 此瑕積分收斂，其值為 $(-1)^n n!$。

12. 此瑕積分收斂，其值為 $\dfrac{2^{2n+1}(n!)^2}{(2n+1)!}$。

13. 此瑕積分收斂，其值為 $\dfrac{a}{a^2+b^2}$。

14. 此瑕積分收斂，其值為 $-\dfrac{1}{n^2}$。

15. 此瑕積分發散。

16. 此瑕積分發散。

17. 此瑕積分收斂，其值為 0。

18. 此瑕積分收斂，其值為 0。

19. 此瑕積分收斂，其值為 $\dfrac{\sqrt{\pi}}{2}$。

20. 此瑕積分收斂，其值為 $\dfrac{n!}{2}$。

§10−2

1. 此瑕積分收斂

2. 此瑕積分絕對收斂

3. 此瑕積分發散

4. 此瑕積分發散

5. 此瑕積分收斂

6. 此瑕積分收斂

7. 此瑕積分發散

8. 此瑕積分收斂

9. 此瑕積分收斂

10. 此瑕積分絕對收斂

11. 當 $p>-1$ 且 $q>-1$ 時，此瑕積分收斂。

12. 當 $p+q>-1$ 時，此瑕積分收斂。

13. 當 $p-q>1$ 時，此瑕積分收斂。

14. 當 $p<1$ 且 $q<1$ 時，此瑕積分收斂。

15. 當 $p>2$ 時，此瑕積分絕對收斂；當 $1<p\leq 2$ 時，此瑕積分條件收斂。

16. 當 $p<1$ 時，此瑕積分絕對收斂；當 $1\leq p<2$ 時，此瑕積分條件收斂。

§10-3

1. 對每個 $a>0$，此瑕積分在 $[a,+\infty)$ 上及 $(-\infty,-a]$ 上都均勻收斂。

2. 此瑕積分在 R 上均勻收斂。

3. 對每個 $a>0$，此瑕積分在 $[a,+\infty)$ 上均勻收斂。

4. 此瑕積分在 R 上均勻收斂。

5. 此瑕積分在 R 上均勻收斂。

6. 此瑕積分在 $[0,+\infty)$ 上均勻收斂。

7. 對不含 0 的任意緊緻區間 $[a,b]$，此瑕積分在 $[a,b]$ 上均勻收斂。

8. 此瑕積分在 $[0,+\infty)$ 上均勻收斂。

26. $(1)\hat{f}(s)=\dfrac{n!}{s^{n+1}}$ ， $s\in(0,+\infty)$ 。

$(2)\hat{f}(s)=\dfrac{1}{s-a}$ ， $s\in(a,+\infty)$ 。

$(3)\hat{f}(s)=\dfrac{n!}{(s-a)^{n+1}}$ ， $s\in(a,+\infty)$ 。

$(4)\hat{f}(s)=\dfrac{a}{s^2+a^2}$ ， $s\in(0,+\infty)$ 。

$(5)\hat{f}(s)=\dfrac{a}{s^2-a^2}$ ， $s\in(a,+\infty)$ 。

§10-4

1. $\dfrac{\pi}{8}$

2. $\dfrac{a^4 \pi}{16}$

3. $\dfrac{(2n)!\,\pi}{2^{2n+1}(n!)^2}$

4. $\dfrac{(2n)!\sqrt{\pi}}{2^{2n+1}n!}$

5. $\Gamma(p+1)$

6. $\sqrt{2\pi}$

7. $\dfrac{1}{60}$

8. $p \cdot \Gamma(p)$

9. $\dfrac{(\Gamma(1/4))^2}{4\sqrt{2\pi}}$

10. $\dfrac{\pi\sqrt{2\pi}}{(\Gamma(1/4))^2}$

11. $\dfrac{\sqrt{\pi}\,\Gamma(a/b)}{b\,\Gamma(a/b+1/2)}$

12. $\dfrac{1}{p} \cdot \Gamma(\dfrac{1}{p})$

24. $2^{x+y-1}B(x,y)$

國家圖書館出版品預行編目資料

高等微積分／趙文敏著. －－初版. －－臺北
市：五南, 2000-2005 [民89-94]
　　冊；　公分
參考書目：面
含索引
ISBN 978-957-11-2151-2(上冊：平裝)
ISBN 978-957-11-3874-9(下冊：平裝)

1.微積分

314.1　　　　　　　　　　89010784

5B02

高等微積分(下)

作　　者 ― 趙文敏（339.3）

發 行 人 ― 楊榮川

總 經 理 ― 楊士清

總 編 輯 ― 楊秀麗

主　　編 ― 王正華

責任編輯 ― 金明芬

出 版 者 ― 五南圖書出版股份有限公司

地　　址：106台北市大安區和平東路二段339號4樓

電　　話：(02)2705-5066　　傳　　真：(02)2706-6100

網　　址：https://www.wunan.com.tw

電子郵件：wunan@wunan.com.tw

劃撥帳號：01068953

戶　　名：五南圖書出版股份有限公司

法律顧問　林勝安律師事務所　林勝安律師

出版日期　2005年4月初版一刷
　　　　　2020年12月初版五刷

定　　價　新臺幣600元

經典永恆・名著常在

五十週年的獻禮——經典名著文庫

五南，五十年了，半個世紀，人生旅程的一大半，走過來了。
思索著，邁向百年的未來歷程，能為知識界、文化學術界作些什麼？
在速食文化的生態下，有什麼值得讓人雋永品味的？

歷代經典・當今名著，經過時間的洗禮，千錘百鍊，流傳至今，光芒耀人；
不僅使我們能領悟前人的智慧，同時也增深加廣我們思考的深度與視野。
我們決心投入巨資，有計畫的系統梳選，成立「經典名著文庫」，
希望收入古今中外思想性的、充滿睿智與獨見的經典、名著。
這是一項理想性的、永續性的巨大出版工程。
不在意讀者的眾寡，只考慮它的學術價值，力求完整展現先哲思想的軌跡；
為知識界開啟一片智慧之窗，營造一座百花綻放的世界文明公園，
任君遨遊、取菁吸蜜、嘉惠學子！